全国高职高专教育建筑工程技术专业新理念教材

U0819543

建筑施工技术

（第二版）

主　编　张　伟　徐　淳

同濟大學 出版社
TONGJI UNIVERSITY PRESS

内 容 提 要

本书按照高职高专土建类专业培养目标的要求，以培养实用、技能型人才为目的，以毕业后即可迅速上岗为导向编写。

书中内容编排从建筑施工实际出发，按施工工艺的顺序分成土方工程施工，基础工程施工，脚手架工程与垂直运输，钢筋混凝土主体结构工程施工，砌体工程施工，防水工程施工，装饰工程施工，钢结构工程施工，预应力混凝土工程施工等九个单元。全书采用连环画和框图形式图解每个建筑施工项目的工艺流程；并以表格形式讲解工作重点、注意事项和质量检查标准；以漫画形式分析常见质量事故并总结处理办法，教材编写深入浅出，图文并茂。

本书针对的培养岗位是施工员、建造师助理、监理员、设计师助手、自主创业的工程管理者。

本书是高职高专建筑工程技术专业教材，也可供土建类其他专业选择使用，同时可作为成人教育、相关职业岗位培训教材以及有关的工程技术人员的参考或自学用书。

图书在版编目（CIP）数据

建筑施工技术/张伟，徐淳主编．--2版．--上海：同济大学出版社，2014.12（2019.8重印）

ISBN 978-7-5608-5695-7

Ⅰ．①建… Ⅱ．①张… ②徐… Ⅲ．①建筑工程—工程施工—施工技术—高等职业教育—教材 Ⅳ．①TU74

中国版本图书馆CIP数据核字（2014）第276390号

全国高职高专教育建筑工程技术专业新理念教材

建筑施工技术（第二版）

张　伟　徐　淳　主编

责任编辑　杨宁霞　高晓辉　　责任校对　徐春莲　　封面设计　陈益平

出版发行　同济大学出版社

（www.tongjipress.com.cn　地址：上海市四平路1239号　邮编：200092　电话：021-65985622）

经　　销　全国各地新华书店

印　　刷　常熟市大宏印刷有限公司

开　　本　787 mm×1092 mm　1/16

印　　张　26

字　　数　648 000

版　　次　2015年1月第2版　2019年8月第4次印刷

书　　号　ISBN 978-7-5608-5695-7

定　　价　49.00元

编委会

序

“十一五”期间，中央财政投入100亿元专项资金支持职业技术教育发展，其中包括建设100所示范性高职学院计划，各省市也纷纷实施省级示范性高职院校建设计划，极大地改善了办学条件，有力地促进了高等职业教育由规模扩张向内涵提升的转变。

但是，我国高等职业教育的办学水平和教学质量尚待迅速提高。课程、教材、师资等“软件”建设明显滞后于校园、设备、场地等“硬件”建设。课程建设与教学改革是提高教学质量的核心，也是专业建设的重点和难点。在我国现有办学条件下，教材是保证教学质量的重要环节。用什么样的教材来配合学校的专业建设、来引导教师的教学行为是当前大多数院校翘首以盼需要解决的课题。

同济大学出版社依托同济大学在土木建筑学科教学、科研的雄厚实力，借助同济大学在职业教育领域研究的领先优势，组织了强有力的编辑服务团队，着力打造高品质的土建类高等职业教育教材。他们按照教育部教高［2006］16号文件精神，在全国高职高专土建施工类专业教学指导分委员会的指导下，组织全国土建专业特色鲜明的高职院校的专业带头人和骨干教师，分别于2008年7月和10月召开了“高职高专土建类专业新理念教材”研讨会，在广泛交流和充分讨论的基础上，确立了教材编写的指导思想。具体主要体现在以下四个方面：

一、体系上顺应基于工作过程系统的课程改革方向

我国高等职业教育课程改革正处于由传统的学科型课程体系向工作过程系统化课程体系转变的过程中，为了既顺应这一改革发展方向又便于各个学校选用，这套教材又分为两个系列，分别称之为“传统教材”和“新体系教材”。“传统教材”系列的书名与传统培养方案中的课程设置一致，教材内容的选定完全符合传统培养方案的课程要求，仅在内容先后顺序的编排上会按照教学方法改革的要求有所调整。“新体系教材”则基于建设类高职教育三阶段培养模式的特点，对第一阶段的教学内容进行了梳理和整合，形成了《建筑构造与识图》、《建筑结构与力学》等新的课程名称，或在原有的课程名称下对课程内容进行了调整。针对第二阶段提高学生综合职业能力的教学要求编写了系列综合实训教材。

二、内容上对应行业标准和职业岗位的能力要求

建筑工程技术专业所对应的职业岗位主要有施工员、造价员、质量员、安全员、资料员等，课程大纲制定的依据是职业岗位对知识和技能的要求，即相关职业资格标准。教材内容组织注重体现建筑施工领域的新技术、新工艺、新材料、新设备。表达方式上紧密结合现行规范、规程等行业标准，忠实于规范、规程的条文内容，但避免对条文进行简单罗列。另外在每章的开始，列出本章所涉及的关键词的中、英文对照，以方便学生对专业英语的了解和学习。

三、结构上适应以职业行动为导向的教学法实施

职业教育的目的不是向学生灌输知识，而是培养学生的职业能力，这就要求教师以职业行动为导向开展教学活动。本套教材在结构安排上努力考虑到教学双方对教材的这一要求，采用了项目、单元、任务的层次结构。以实际工程作为理论知识的载体，按施工过程排序教学内容，用项目案例作为教学素材，根据劳动分工或工作阶段划分学习单元，通过完成任务实现教学目标。目的是让学生得到涉及整个施工过程的、与施工技术直接相关的、与施工操作步骤和技术管理规章一致的、体现团队工作精神的一体化教育，也便于教师运用行动导向教学法，融“教、学、做”为一体的方法开展教学活动。

四、形式上呼应高职学生的学习心理诉求，接应现代教育媒体技术

针对高职学生的心智特点，本套教材在表现形式上作了较大的调整。大幅增加图说的成分，充分体现图说的优势；版式编排形式新颖；装帧精美、大方、实用，以提高学生的学习兴趣，改善教学效果。同时，利用现代教育媒体技术的表现手法，开发了与教材配套的教学课件可供下载。利用视频动画解释理论原理，展现实际工程中的施工过程，克服了传统纸质教材的不足。

在同济大学出版社同仁和全体作者的共同努力下，“高职高专土建施工类专业新理念教材”正在努力实践着上述理念。我们有理由相信该套教材的出版和使用将有益于高职学生良好学习习惯的形成，有助于教师先进教学方法的实施，有利于学校课程改革和专业建设的推进，并最终有效地促进学生职业能力和综合素质的提高。我们也深信，随着在教学实践过程中不断改进和完善，这套教材会成为我国高职土建施工类专业的精品教材，成为我国高等职业教育内涵建设的样板教材，为我国土建施工类专业人才的培养作出贡献。

高职高专教育土建类专业教学指导委员会

土建施工类专业指导分委员会

第二版前言

改革开放三十年以来，随着经济建设的快速发展，我国建筑领域也随之发生了翻天覆地的变化，建筑规模与总量不断增大，建设速度也在迅速提高，因此，建筑施工领域专业技术人才需求旺盛。人才培养必须结合建筑工程施工的实际要求，有针对性地进行。

针对建筑施工技术实践性强的特点，以就业后即可迅速上手操作为导向，本教材的编写注重培养学生的自学能力，拓宽学生的工程视野，为学生提供了解决工程实际问题的思路与方法。打破传统教材的编写模式，立足实用，做到少、精、浅、实。

本教材从建筑施工实际出发，将实施过程分为三个层次进行编写。首先，按施工工艺的顺序划分为九个单元：单元 1 土方工程施工，单元 2 基础工程施工，单元 3 脚手架工程与垂直运输，单元 4 钢筋混凝土主体结构工程施工，单元 5 砌体工程施工，单元 6 防水工程施工，单元 7 装饰工程施工，单元 8 钢结构工程施工，单元 9 预应力混凝土工程施工。其次，将每个单元细分为若干项目。最后，针对每个项目按五个步骤进行讲解和阐述。步骤 1 框图式讲解工作流程，步骤 2 以连环画图解工作过程，步骤 3 叙述工作重点和注意事项，步骤 4 以表格形式讲解质量检查标准，步骤 5 以表格和漫画形式分析常见质量事故并总结处理办法。教材编写时还加入了一些新技术、新方法，以使学生能了解建筑行业的前沿科技。

本书在每一单元前给出了教学方法和教学学时建议，也给出了中英文的关键词。每一单元后的思考与训练，采用提供案例由学生写分析报告和要求学生设计案例的两种模式，旨在培养学生分析问题、解决问题的能力。让学生将来在具体工作岗位上能根据在校学习时的一幕幕场景训练迅速适应现场施工管理的实际，尽早完成从在校学生到工程技术管理者的角色转换。

本教材主要是让学生掌握“怎么做”的问题，而不是论述“为什么这么做”。为了体现“学以致用、能力为本”的职业教育思想，我们以岗位要求作为教材的编写目标，以技术等级考核标准为培养学生的目的。

本教材针对的培养岗位是施工单位的施工员、建造师助理、监理单位的监理员、设计单位的设计师助手、自主创业的工程管理者。

本书由深圳职业技术学院的张伟、徐淳主编，负责大纲拟定、全书统稿。单元1、2、3、4由深圳职业技术学院徐淳编写，单元6由华润置地（湖南）有限公司熊礼编写，单元5、7、9由深圳职业技术学院张伟编写，单元8由浙江建设职业技术学院胡铁敏编写。

本书CAD图由各章编者绘制，全书的漫画由张讯绘制。

本书在编写过程中参考了不少文献资料，在此谨向原著作者们致以诚挚的谢意。

由于编者水平有限，书中难免有不足之处，恳请读者批评指正。

本书电子课件下载网址 http：//pan. baidu. com/，登录名为 building_structure@126. com，密码为 jzjg123，请需要的读者至该网址下载。读者也可以将本书的意见和建议发送至 183637703@qq. com，我们将及时给予回复。

编　者

2014年10月

目　录

单元1
土方工程施工

单元概述：通过学习了解场地平整的施工过程，掌握常见质量事故的处理方法及基本的土方工程计算方法，了解土方平衡与调配的原则与计算；掌握基坑开挖的工作流程和工作重点；掌握土方回填压实的工作流程和工作重点；了解岩石及土的分类和基坑的监测与排水、降水的方法；了解常见基坑支护方法的工作流程和工作重点。

学习目标：

1. 通过学习能进行场地平整土石方量的计算，能组织场地平整工程施工。
2. 通过学习能组织基坑（槽）、管沟工程的开挖施工和土方回填压实工程施工。
3. 通过学习具有旁站监督土石方开挖、土方回填压实、基坑开挖支护工程施工的能力。

教学建议：采用案例教学法，先从小的案例教学入手，采用连环画形式图解工作流程，采用漫画形式分析常见质量事故及处理方法。针对不同的案例，设计不同的问题，请学生解答，并由学生讨论分析不同的答案的优劣。布置学生分组搜集资料设计场地平整工程、基坑（槽）开挖工程、管沟开挖工程、土方回填压实工程的施工案例，并进行案例讨论和评比。

学时建议：总学时数建议为 10 学时，其中，项目 1.1（场地平整）建议 4 学时，项目 1.2（土方开挖与回填压实）建议 4 学时，项目 1.3（基坑支护）建议 2 学时。

关键词：场地平整（land-leveling operation）；土方的平衡计算（balance calculation of earthwork）；土方开挖（excavation work）；回填压实（backfill consolidation）；基坑（槽）（foundation pit（trench））；管沟（pipe trench）；支撑（support）；排水（drain）；基坑支护（deep excavation retaining）

项目 1.1　场地平整

学习重点：

1. 掌握场地平整的施工流程及常见质量事故的处理方法；
2. 掌握基本的土方工程计算方法；
3. 了解土方平衡与调配的原则与计算方法。

1.1.1　场地平整

1. 工作流程

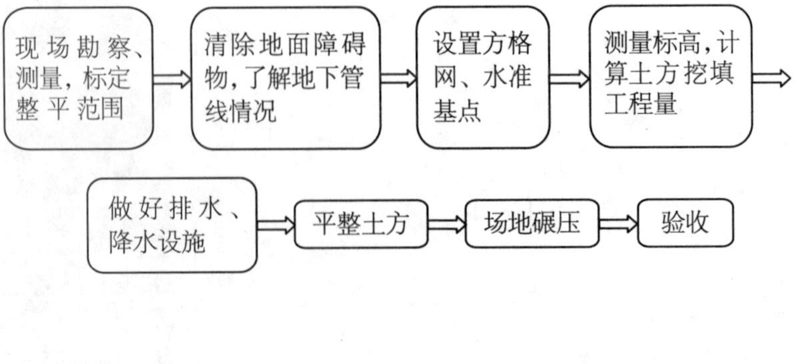

2. 工作过程示意（图 1-1）

(a) 现场勘察、测量，标定整平范围

(b) 清除地面障碍物，了解地下管线情况

(c) 设置方格网、水准基点、计算土方挖填工程量

(d) 布置排水、降水设施

(e) 平整土方

(f) 场地碾压

图 1-1　场地平整的工作过程示意

3. 工作重点

（1）查勘施工现场，了解场地平整范围内地面上障碍物和堆积物的情况，收集地面下的管线、防空洞等的详细资料，了解邻近建筑和周边道路的情况。编制施工方案，确定开挖的路线、顺序、范围、标高、排水沟、集水井位置，以及挖去的土方堆放地点；做好施工机具、劳力使用计划；通过图纸的交底会审，熟悉土层地质情况，了解场地平整范围、场地平整标高及验收标准。绘制施工总平面布置图及土方开挖图。

（2）设 10 m × 10 m 或 20 m × 20 m 方格网，在各方格点上做控制桩，并测出各标桩处的自然地形、标高，计算挖、填土方量。

（3）做好排水、降水设施，设置临时性或永久性排水沟。对于大城市中的场地平整工程，在土石方车辆驶入市政道路前，必须经过洗车池，冲洗车辆后的污水必须经沉淀池沉淀后方可排入市政管网。

（4）平面控制桩和水准控制点应采取可靠措施加以保护，并定期复测和检查。场地平整应经常测量和校核其平面位置、水平标高和边坡坡度是否符合设计要求。开挖的土方不应堆在边坡边缘。

（5）大面积平整土方宜采用挖土机、推土机、铲运机等挖填、推运、平整土方。在平整过程中要交错用压路机压实。

（6）按《房屋建筑与装饰工程工程量计算规范》（GB 50854—2013），建筑物场地厚度小于或等于 ±300 mm 的挖、填、运、找平，按平整场地列项，厚度大于 ±300 mm 的按挖一般土方列项。

土方施工常用机械设备见图 1-2。

(a) 推土机　(b) 铲运机　(c) 挖掘机　(d) 压路机

图 1-2　土方施工常用机械

4. 质量检查

平整后的场地表面应逐点检查，检查点为每 100 ~ 400 m² 取 1 点，但不少于 10 点；长度、宽度和边坡均为每 20 m 取 1 点，每边不少于 1 点，其质量检验标准应符合表 1-1 的要求。

表 1-1　土方开挖工程质量检验标准

项	序	项　目	允许偏差或允许值/mm					检验方法
			柱基基坑基槽	挖方场平工程		管沟	地（路）面基层	
				人工	机械			
主控项目	1	标高	-50	±30	±50	-50	-50	水准仪
	2	长度、宽度（由设计中心线向两边量）	+200 -50	+300 -100	+500 -150	+100	—	经纬仪，用钢尺量
	3	边坡	设计要求					观察或用坡度尺检查

（续表）

项	序	项　　目	允许偏差或允许值					检验方法
			柱基基坑基槽	挖方场平工程		管沟	地（路）面基层	
				人工	机械			
一般项目	1	表面平整度	20	20	50	20	20	用 2 m 靠尺和楔形塞尺检查
	2	基底土性	设计要求					观察或土样分析

注：地（路）面基层的偏差只适用于直接在挖、填方上做地（路）面的基层。

5. 常见的质量事故及处理方法

常见的质量事故及处理方法参见图 1-3 和表 1-2。

(a) 超挖或标高不到位　　(b) 挖断地下管线

图 1-3　场地平整常见的质量事故

表 1-2　场平工程常遇问题及预防、处理方法

名称、现象	产生原因	预防措施及处理方法
超挖或标高不到位	1. 开挖前未做好测量放线工作。 2. 方格网太疏。 3. 方格网上的控制桩未保护好	1. 根据给定的国家永久性控制坐标和水准点，引测到现场，在施工区域设置测量控制网，做好测量和校核。 2. 合理设置方格网间距，经常测量和校核平面位置、水平标高。 3. 对平面控制桩和水准控制点采取可靠的保护措施，并定期复测和检查
挖断地下管线	开工前对现场存在的管线等地下构筑物未勘查调查清楚	开工前详细查勘和了解施工现场，对存在疑问的场地可挖探沟，探沟深度要在场地平整控制标高以下

1.1.2 场地平整的土方量计算

土方量的计算方法有：方格网法和横截面法。在编制场地平整土方工程施工组织设计或施工方案时需进行土方的平衡调配，在验收土方工程时，也需要进行土方工程量的计算。

1. 方格网法

适用于地形较平缓或台阶宽度较大的地段。计算方法较复杂，但精度较高，其计算步骤和方法如下：

1）划分方格网

根据已有地形图（一般用1∶500的地形图）将欲计算场地划分成若干个方格网，尽量与测量的纵、横坐标网对应。方格一般采用20 m×20 m或40 m×40 m，将相应设计标高和自然地面标高分别标注在方格点的右上角和右下角。将自然地面标高与设计地面标高的差值，即各角点的施工高度（挖或填），标在方格网的左上角，挖方为（-），填方为（+）。

2）计算零点位置

在一个方格网内同时有填方或挖方时，应先算出方格网边上的零点的位置，并标注于方格网上，连接零点即得填方区与挖方区的分界线（即零线）。

零点的位置按下式计算（图1-4（a））：

$$x_1 = \frac{h_1}{h_1 + h_2} \cdot a; \qquad x_2 = \frac{h_2}{h_1 + h_2} \cdot a \tag{1-1}$$

式中 x_1，x_2——角点至零点的距离（m）；

h_1，h_2——相邻两角点的施工高度（m），均用绝对值；

a——方格网的边长（m）。

为省略计算，亦可采用图解法直接求出零点位置，如图1-4（b）所示，方法是用尺在各角上标出相应比例，用尺相接，与方格相交点即为零点位置。这种方法可避免计算（或查表）出现的错误。

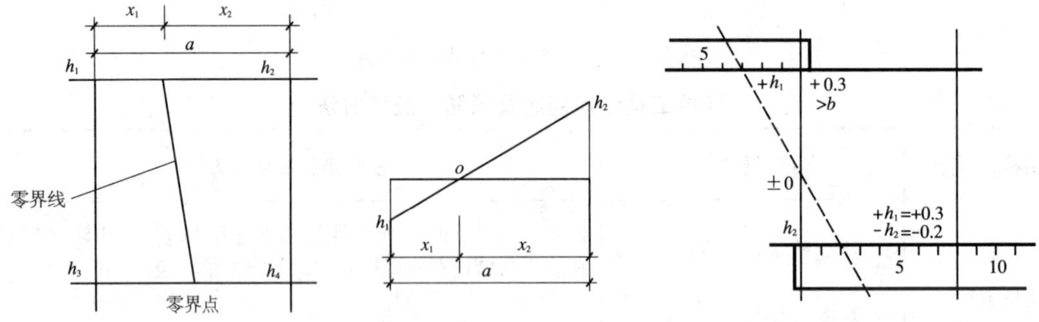

(a) 零点位置示意图　　(b) 零点位置图解法

图1-4 零点位置

3）计算土方工程量

按方格网底面积图形和表1-3所列体积计算公式计算每个方格内的挖方或填方量，或用查表法计算，有关计算用表见表1-3。

表 1-3　　　　常用方格网点计算公式

项　目	图　　式	计算公式
一点填方或挖方（三角形）	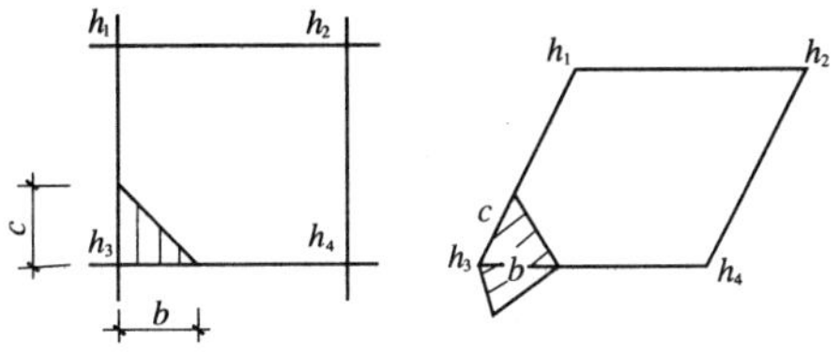	$V=\frac{1}{2}bc\frac{\sum h}{3}=\frac{bch_3}{6}$ 当 $b=c=a$ 时，$V=\frac{a^2h_3}{6}$
二点填方或挖方（梯形）	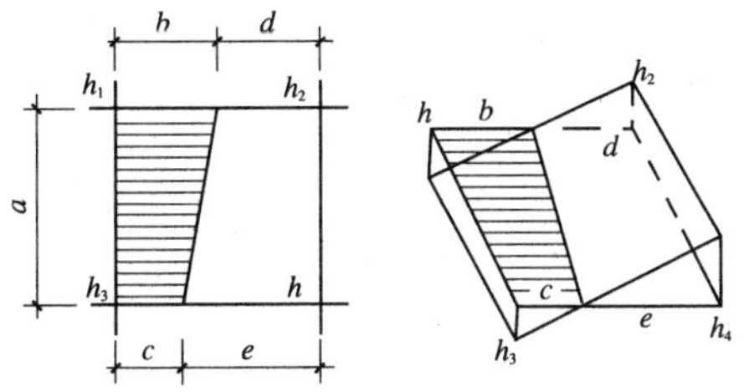	$V_+=\frac{b+c}{2}a\frac{\sum h}{4}=\frac{a}{8}(b+c)(h_1+h_3)$ $V_-=\frac{d+e}{2}a\frac{\sum h}{4}=\frac{a}{8}(d+e)(h_2+h_4)$
三点填方或挖方（五角形）	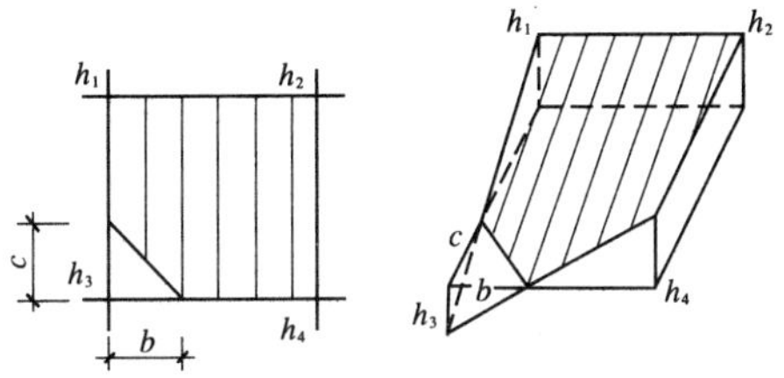	$V=\left(a^2-\frac{bc}{2}\right)\frac{\sum h}{5}$ $=\left(a^2-\frac{bc}{2}\right)\frac{h_1+h_2+h_4}{5}$
四点填方或挖方（正方形）	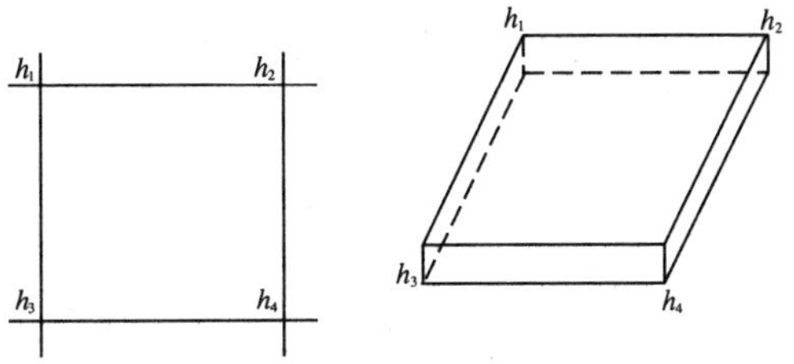	$V=\frac{a^2}{4}\sum h=\frac{a^2}{4}(h_1+h_2+h_3+h_4)$

注：1. a 为方格网的边长（m）；b，c 为零点到一角的边长（m）；h_1，h_2，h_3，h_4 为方格网四角点的施工高程（m），用绝对值代入；$\sum h$ 为填方或挖方施工高程的总和（m），用绝对值代入；V 为挖方或填方的体积（m^3）。

2. 本表公式是按各计算图形底面积乘以平均施工高程而得出的。

4）计算土方总量

将挖方区（或填方区）所有方格计算土方量汇总，即得该场地挖方和填方的总土方量。

【例 1-1】 某场地平整，方格网如图 1-5 所示，方格边长为 20 m×20 m，试计算挖填总土方工程量。

【解】 （1）划分方格网，标注高程。

根据图 1-5 方格各点的设计标高和自然地面标高，计算方格各点的施工高度，标注于图 1-6 中各点的左角上。

（2）计算零点位置。

从图 1-6 中可看出 1—7，7—8，8—14，9—15，10—16，11—17，12—18 七条方格边两端角的施工高度符号不同，表示此方格边上有零点存在，由公式（1-1）计算：

1—7 线 $x_1 = \dfrac{0.7 \times 20}{0.7 + 6.29} = 1.83$

7—8 线 $x_1 = \dfrac{0.7 \times 20}{0.7 + 0.35} = 13.33$

8—14 线 $x_1 = \dfrac{0.35 \times 20}{0.35 + 7.25} = 0.92$

9—15 线 $x_1 = \dfrac{3.5 \times 20}{3.5 + 3.2} = 10.45$

10—16 线 $x_1 = \dfrac{5.38 \times 20}{5.38 + 1.35} = 15.99$

11—17 线 $x_1 = \dfrac{5.7 \times 20}{5.7 + 1.25} = 16.4$

12—18 线 $x_1 = \dfrac{0.28 \times 20}{0.28 + 7.85} = 0.69$

将各零点标注于图 1-6，并将零点线连接起来。

（3）计算土方工程量。

按表 1-3 中的公式，将计算结果标注于图 1-6 中。

（4）汇总全部土方工程量。

全部挖方量：$\sum V_- = -(2\,187.209\,2 + 3\,126 + 4\,099 + 4\,043 + 4\,567 + 0.358\,0 + 109.436 + 586.968 + 897.203 + 1\,209.676\,3) = -20\,825.850\,2\ \text{m}^3$

全部填方量：$\sum V_+ = 17.076 + 3\,537.337\,1 + 747.959 + 154.245 + 49.465 + 16.409 = 4\,522.491\,1\ \text{m}^3$

挖填平衡后需要外运的土方量：

$\sum V = -20\,825.850\,2 + 4\,522.491\,1 = -16\,303.359\,1\ \text{m}^3$

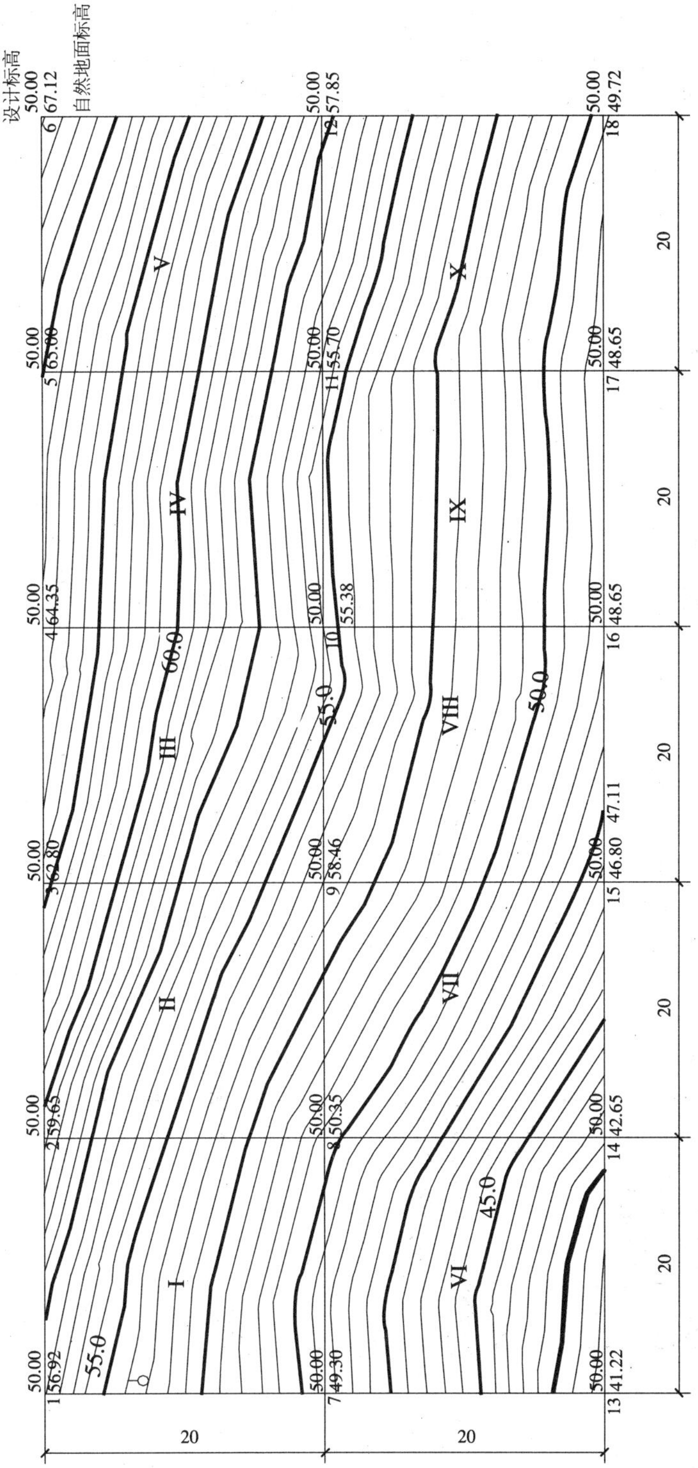

图1-5　方格角点标高、方格编号、角点编号图
（图中，Ⅰ，Ⅱ，Ⅲ等为方格编号，1，2，3等为角点号）

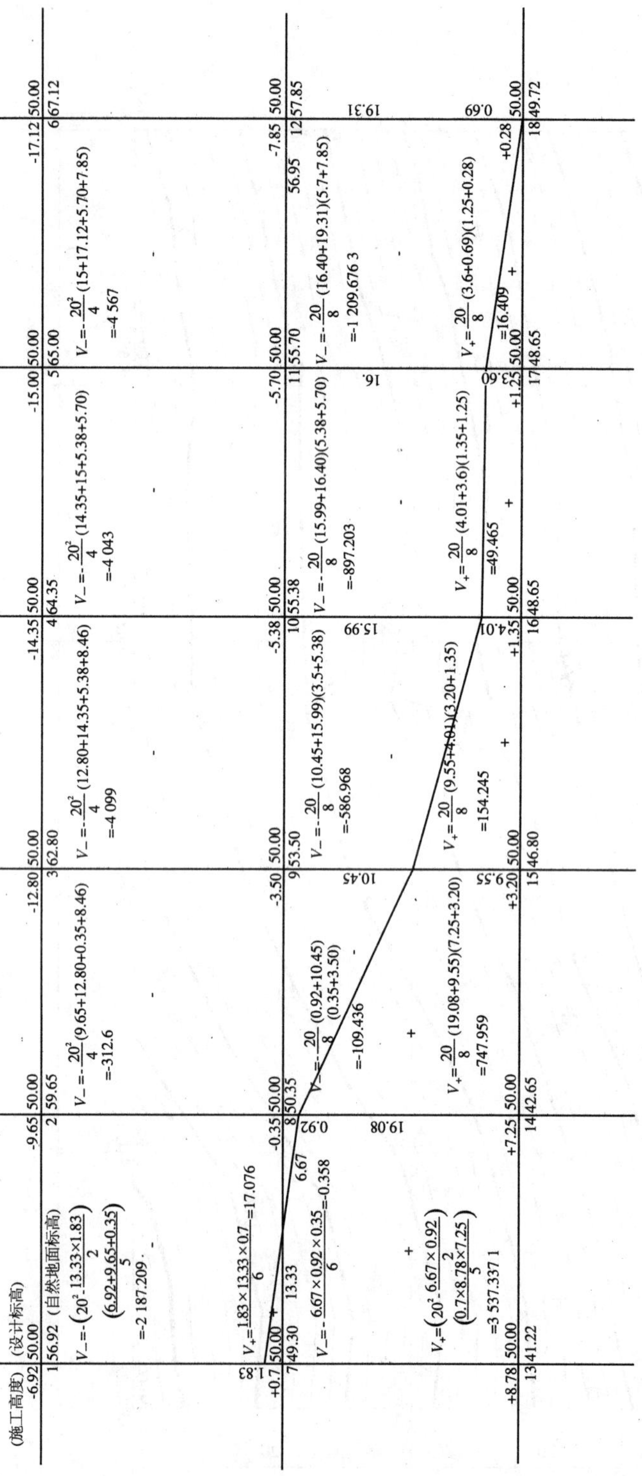

图 1-6　零线、角点挖填高度图

2. 横截面法

横截面法适于地形起伏变化较大地区，或者地形狭长、挖填深度较大又不规则的地区采用，计算方法较为简单方便，但精度较低。其计算步骤和方法如下。

1）划分横截面

根据地形图、竖向布置或现场测绘，将要计算的场地划分成横截面 AA′，BB′，CC′，……使截面尽量垂直于等高线或主要建筑物的边长，各截面间的间距可以不等，一般可为 10 m 或 20 m，在平坦地区可大些，但最大不大于 100 m。

2）画横截面图形

按比例绘制每个横截面的自然地面和设计地面的轮廓线。自然地面轮廓线与设计地面轮廓线之间的面积，即为挖方或填方的截面。

3）计算横截面面积

按表 1-4 横截面面积计算公式，计算每个截面的挖方或填方截面面积。

表 1-4　　常用横断面计算公式

横截面图式	截面积计算公式
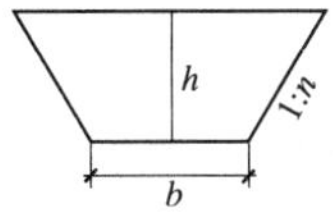	$A = h(b + nb)$
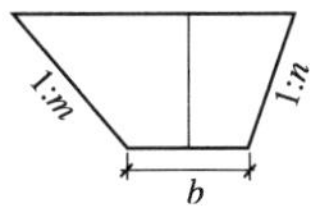	$A = h\left[b + \dfrac{h(m+n)}{2}\right]$
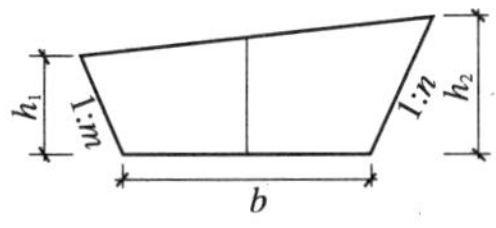	$A = b\dfrac{h_1 + h_2}{2} + nh_1h_2$
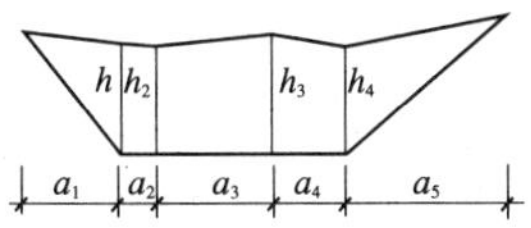	$A = h_1\dfrac{a_1 + a_2}{2} + h_2\dfrac{a_2 + a_3}{2} + h_3\dfrac{a_3 + a_4}{2} + h_4\dfrac{a_4 + a_5}{2}$
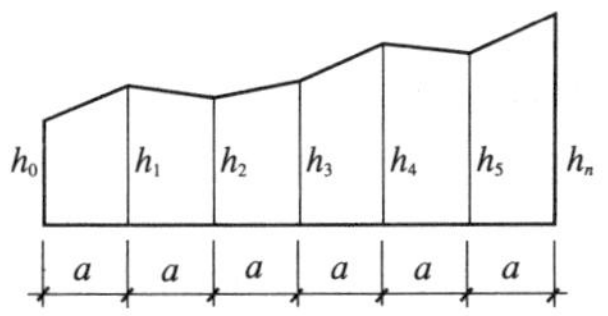	$A = \dfrac{a}{2}(h_0 + 2h + h_n)$；$h = h_1 + h_2 + h_3 + h_4 + h_5$

4）计算土方量

根据横截面面积计算土方量公式为:

$$V = \frac{A_1 + A_2}{2} \cdot s \tag{1-2}$$

式中 V——相邻两横截面间的土方量（m^3）;

A_1，A_2——相邻两横截面的挖（-）（或填（+））的截面积（m^2）;

s——相邻两横截面的间距（m）。

5）土方量汇总（表1-5）

表1-5　土方量汇总表

截面	填方面积/m^2	挖方面积/m^2	截面间距/m	填方体积/m^3	挖方体积/m^3
$A—A'$					
$B—B'$					
$C—C'$					
⋮					
合计					

【例1-2】 某场地平整，方格网如图1-5所示，方格边长为20 m×20 m，试用截面法计算挖填总土方工程量。

【解】 (1) 划分方格网、标注高程。根据图1-5方格各点的设计标高和自然地面标高，计算方格各点的施工高度，标注于图1-6中各点的左角上。

(2) 将要计算的场地划分成横截面AA′，BB′，CC′，……（图1-7），各截面间的间距为10 m。

(3) 画横截面图形，按比例绘制每个横截面的自然地面和设计地面的轮廓线。自然地面轮廓线与设计地面轮廓线之间的面积，即为挖方或填方的截面（图1-8）。

(4) 计算横截面面积，按表1-4横截面面积计算公式，计算每个截面的挖方或填方截面面积（图1-8）。

(5) 按式（1-2）计算土方量。

$$V_{AB} = \frac{A_1 + A_2}{2} \cdot s = \frac{-26.65 - 15.75}{2} \times 10 = -212\ m^3$$

$$V_{BC} = \frac{-15.75 + 25.75}{2} \times 10 = 50\ m^3;\ V_{CD} = \frac{25.75 + 98.25}{2} \times 10 = 620\ m^3$$

$$V_{DE} = \frac{98.25 + 161.25}{2} \times 10 = 1\,297.5\ m^3;\ V_{EF} = \frac{161.25 + 209.125}{2} \times 10 = 1\,851.875\ m^3$$

$$V_{FG} = \frac{209.125 + 235.15}{2} \times 10 = 2\,221.375\ m^3;\ V_{HI} = \frac{233.875 + 248.375}{2} \times 10 = 2\,411.25\ m^3$$

$$V_{HJ} = \frac{248.375 + 281.5}{2} \times 10 = 2\,649.375\ m^3;\ V_{JK} = \frac{281.5 + 325.6}{2} \times 10 = 3\,035.5\ m^3$$

(6) 土方量汇总。

$$V = -212 + 50 + 620 + 1\,297.5 + 1\,851.875 + 2\,221.375 + 2\,345.125 + 2\,411.25 + 2\,649.35 + 3\,035.5 = 16\,269.975\ m^3$$

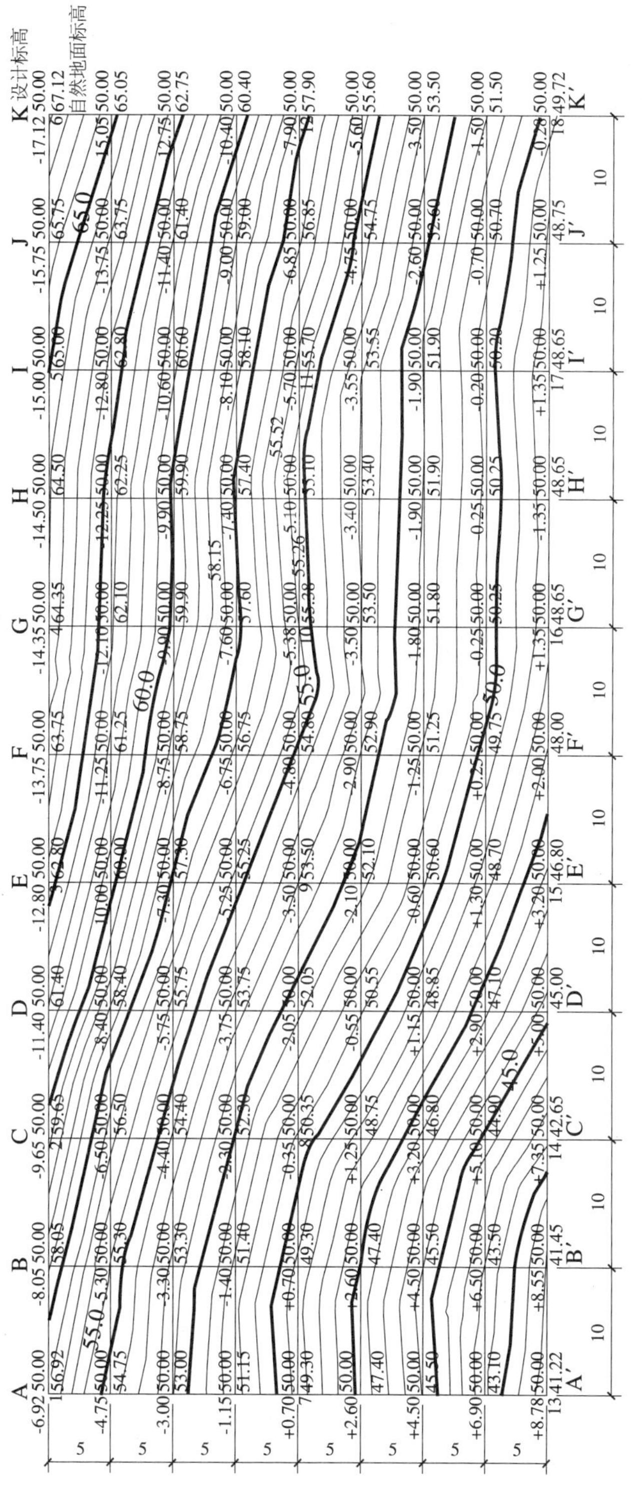

图 1-7　横截面法计算土方量

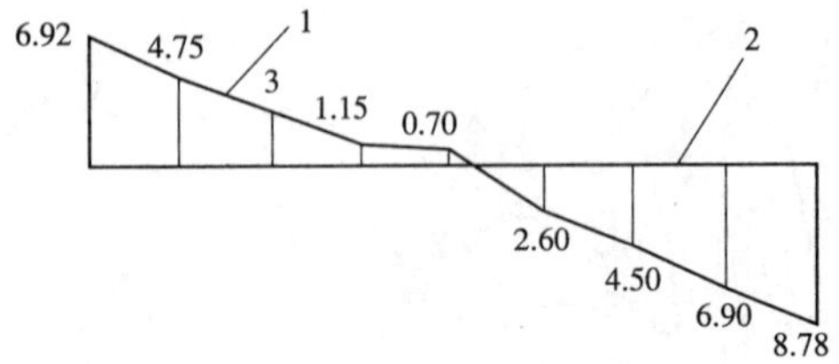

$$A_1 = \frac{a}{2}(h_0 + 2h + h_n)$$
$$= \frac{5}{2}[6.92 + 2 \times (4.75 + 3 + 1.15 + 0.7 - 2.6 - 4.5 - 6.9) - 8.78]$$
$$= -26.65$$

A—A′

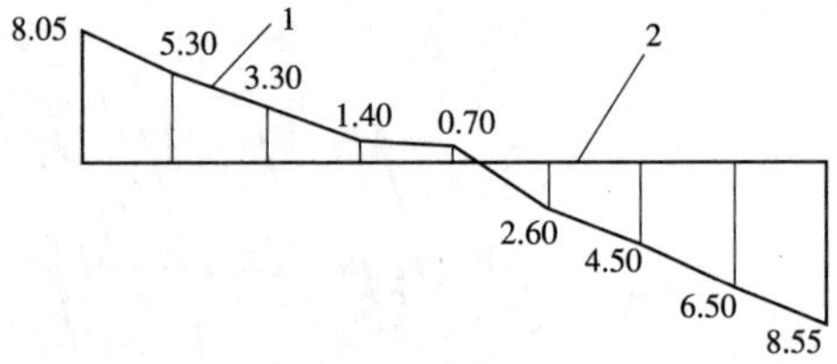

$$A_2 = \frac{a}{2}(h_0 + 2h + h_n)$$
$$= \frac{5}{2}[8.05 + 2 \times (5.3 + 3.3 + 1.4 + 0.7 - 2.6 - 4.5 - 6.5) - 8.55]$$
$$= -15.75$$

B—B′

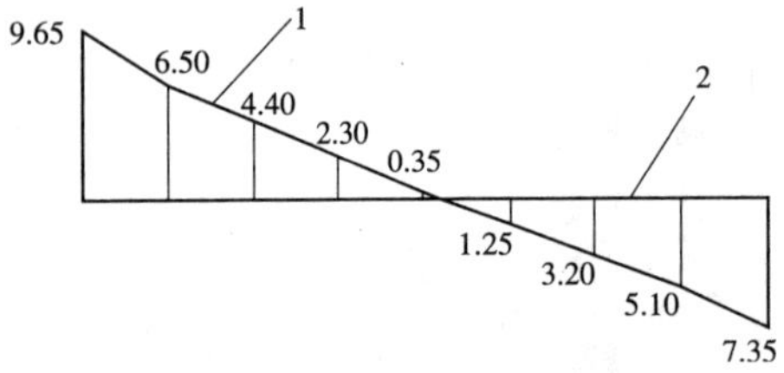

$$A_3 = \frac{a}{2}(h_0 + 2h + h_n)$$
$$= \frac{5}{2}[9.65 + 2 \times (6.5 + 4.4 + 2.3 + 0.35 - 1.25 - 3.20 - 5.10) - 7.35] = 25.75$$

C—C′

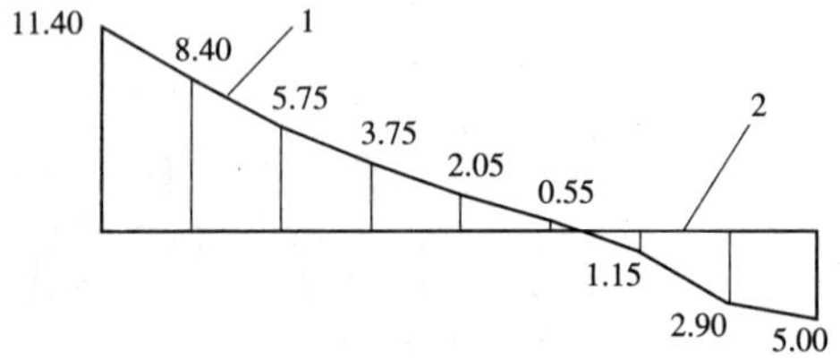

$$A_4 = \frac{a}{2}(h_0 + 2h + h_n)$$
$$= \frac{5}{2}[11.4 + 2 \times (8.4 + 5.75 + 3.75 + 2.05 + 0.55 - 1.15 - 2.90) - 5.0] = 98.25$$

D—D′

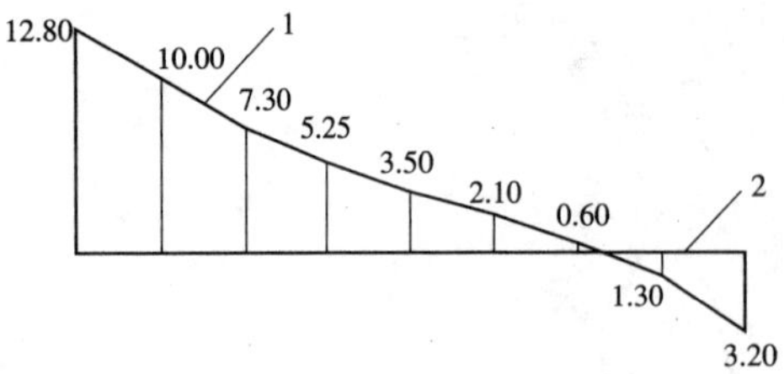

$$A_5 = \frac{a}{2}(h_0 + 2h + h_n)$$
$$= \frac{5}{2}[12.8 + 2 \times (10 + 7.3 + 5.25 + 3.50 + 2.10 + 0.60 - 1.30) - 3.2] = 161.25$$

E—E′

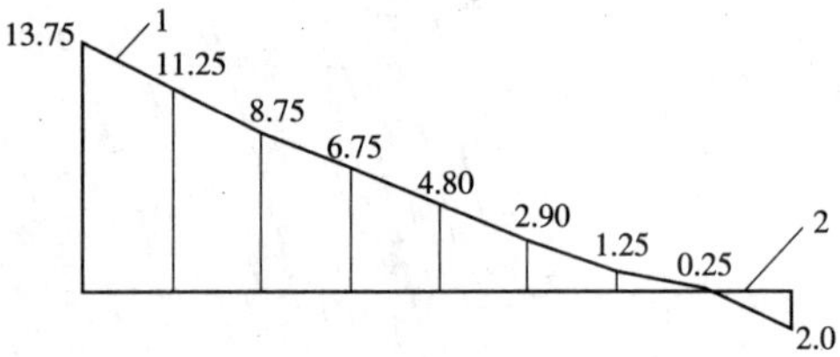

$$A_6 = \frac{a}{2}(h_0 + 2h + h_n)$$
$$= \frac{5}{2}[13.75 + 2 \times (11.25 + 8.75 + 6.75 + 4.80 + 2.90 + 1.25 + 0.25) - 2.00] = 209.125$$

F—F′

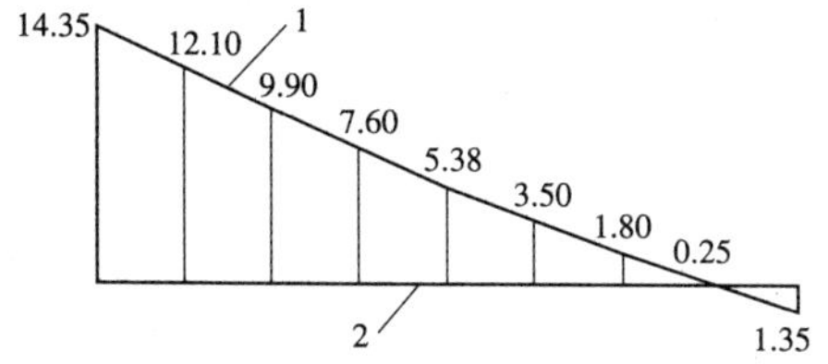

$$A_7 = \frac{a}{2}(h_0 + 2h + h_n)$$
$$= \frac{5}{2}[14.35 + 2 \times (12.10 + 9.90 + 7.60 + 5.38 + 3.50 + 1.80 + 0.25) - 1.35] = 235.15$$

G—G'

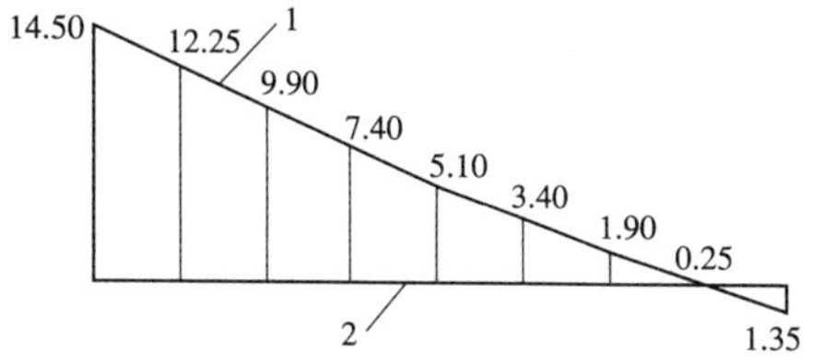

$$A_8 = \frac{a}{2}(h_0 + 2h + h_n)$$
$$= \frac{5}{2}[14.5 + 2 \times (12.25 + 9.90 + 7.40 + 5.10 + 3.40 + 1.90 + 0.25) - 1.35] = 233.875$$

H—H'

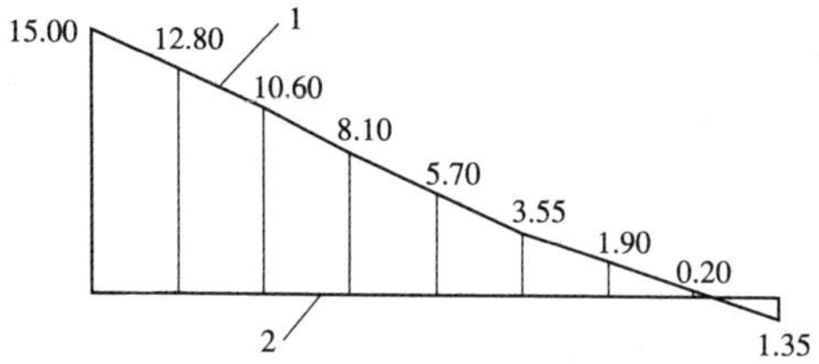

$$A_9 = \frac{a}{2}(h_0 + 2h + h_n)$$
$$= \frac{5}{2}[15.00 + 2 \times (12.80 + 10.60 + 8.10 + 5.70 + 3.55 + 1.90 + 0.20) - 1.35] = 248.375$$

I—I'

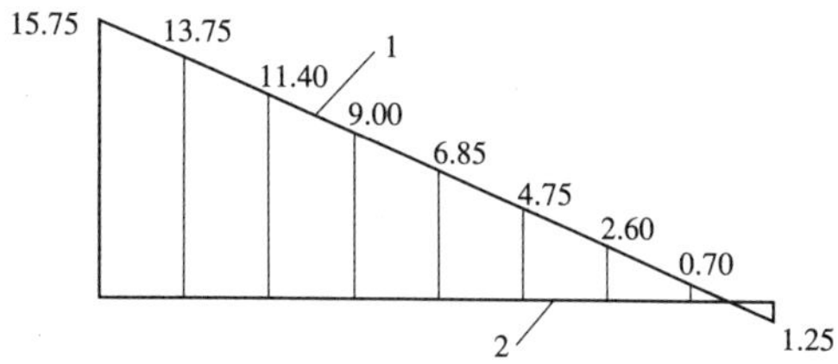

$$A_{10} = \frac{a}{2}(h_0 + 2h + h_n)$$
$$= \frac{5}{2}[15.75 + 2 \times (13.75 + 11.40 + 9.00 + 6.85 + 4.75 + 2.60 + 0.70) - 1.25] = 281.5$$

J—J'

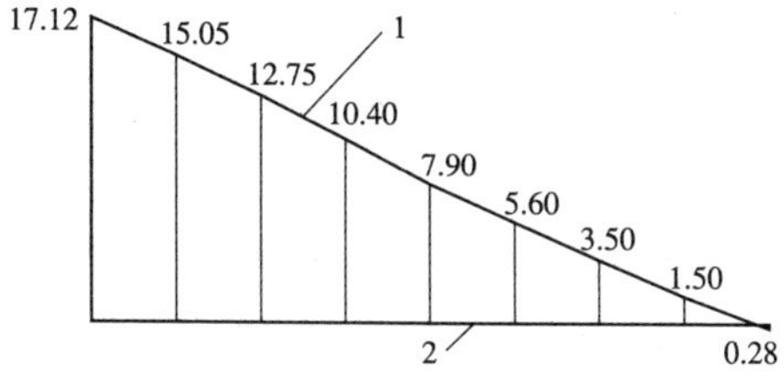

K—K'

$$A_{11} = \frac{a}{2}(h_0 + 2h + h_n)$$
$$= \frac{5}{2}[17.12 + 2 \times (15.05 + 12.75 + 10.40 + 7.90 + 5.60 + 3.50 + 1.50) - 0.28] = 325.6$$

（1—自然地面；2—设计地面）

图 1-8　横截面示意图

1.1.3　土方的平衡与调配计算

计算出土方的施工标高、挖填区面积、挖填区土方量，并考虑各种变动因素（如土的松散率、压缩率、沉降量等）进行调整后，应对土方进行综合平衡与调配。土方平衡（balance calculation of earthwork）调配工作是土方规划设计的一项重要内容，其目的在于使土方运输量或土方运输成本为最低的条件下，确定填、挖方区土方的调配方向和数量，从而达到缩短工期和提高经济效益的目的。

进行土方平衡与调配，必须综合考虑工程和现场情况、进度要求和土方施工方法，以及分期分批施工工程的土方堆放和调运问题，经过全面研究，确定平衡调配的原则之后，才可着手进行土方平衡与调配工作，如划分土方调配区，计算土方的平均运距、单位土方的运价，确定土方的最优调配方案。

1. 土方的平衡与调配原则

(1) 挖方与填方基本达到平衡，减少重复倒运。

(2) 挖（填）方量与运距的乘积之和尽可能为最小，即总土方运输量或运输费用最小。

(3) 好土应用在回填密实度要求较高的地区，以避免出现质量问题。

(4) 取土或弃土应尽量不占农田或少占农田，弃土尽可能有规划地造田。

(5) 分区调配应与全场调配相协调，避免只顾局部平衡，任意挖填而破坏全局平衡。

(6) 调配应与地下构筑物的施工相结合，地下设施的填土，应留土后填。

(7) 选择恰当的调配方向、运输路线、施工顺序，避免土方运输出现对流和乱流现象，同时便于机具调配、机械化施工。

2. 土方平衡与调配的步骤及方法

土方平衡与调配需编制相应的土方调配图，其步骤如下：

(1) 划分调配区。在平面图上先划出挖填区的分界线，并在挖方区和填方区适当划出若干调配区，确定调配区的大小和位置。划分时应注意以下几点：

① 划分应与房屋和构筑物的平面位置相协调，并考虑开工顺序、分期施工顺序。

② 调配区大小应满足土方施工用主导机械的行驶操作尺寸要求。

③ 调配区范围应和土方工程量计算用的方格网相协调。一般可由若干个方格组成一个调配区。

④ 当土方运距较大或场地范围内土方调配不能达到平衡时，可考虑就近借土或弃土，此时一个借土区或一个弃土区可作为一个独立的调配区。

(2) 计算各调配区的土方量并标明在图上。

(3) 计算各挖、填方调配区之间的平均运距，即挖方区土方重心至填方区土方重心的距离，取场地或方格网中的纵横两边为坐标轴，以一个角作为坐标原点（图1-9），按下式求出各挖方或填方调配区土方重心坐标 X_0 及 Y_0：

$$X_0 = \frac{\sum (x_i V_i)}{\sum V_i};Y_0 = \frac{\sum (y_i V_i)}{\sum V_i} \qquad (1\text{-}3)$$

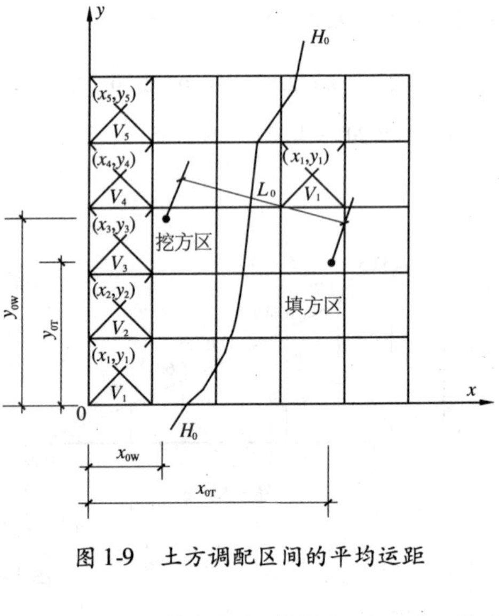

图 1-9 土方调配区间的平均运距

式中 x_i，y_i——i 块方格的重心坐标；

V_i——i 块方格的土方量。

填、挖方区之间的平均运距 L_0 为

$$L_0 = \sqrt{(x_{0T} - x_{0W})^2 + (y_{0T} - y_{0W})^2} \qquad (1\text{-}4)$$

式中　x_{0T}，y_{0T}——填方区的重心坐标；

x_{0W}，y_{0W}——挖方区的重心坐标。

一般情况下，亦可用作图法近似地求出调配区的形心位置0以代替重心坐标。重心求出后，标于图上，用比例尺量出每对调配区的平均运输距离（L_{11}，L_{12}，L_{13}，……）。

所有填挖方调配区之间的平均运距均须一一计算，并将计算结果列于土方平衡与运距表内(表1-6)。

表1-6　　土方平衡与运距表

挖方区＼填方区	B_1	B_2	B_3	B_j	…	B_n	挖方量/m^3
A_1	L_{11} X_{11}	L_{12} X_{12}	L_{13} X_{13}	L_{1j} X_{1j}	…	L_{1n} X_{1n}	a_1
A_2	L_{21} X_{21}	L_{22} X_{22}	L_{23} X_{23}	L_{2j} X_{2j}	…	L_{2n} X_{2n}	a_2
A_3	L_{31} X_{31}	L_{32} X_{32}	L_{33} X_{33}	L_{3j} X_{3j}	…	L_{3n} X_{3n}	a_3
A_i	L_{i1} X_{i1}	L_{i2} X_{i2}	L_{i3} X_{i3}	L_{ij} X_{ij}	…	L_{in} X_{in}	A_i
⋮					⋮		
A_m	L_{m1} X_{m1}	L_{m2} X_{m2}	L_{m3} X_{m3}	L_{mj} X_{mj}	…	L_{mn} X_{mn}	a_m
填方量/m^3	b_1	b_2	b_3	b_4	…	b_n	$\sum_{i=1}^{m} a_i = \sum_{j=1}^{n} b_j$

注：L_{11}，L_{12}，L_{13}，……为挖填方之间的平均运距。
　　X_{11}，X_{12}，X_{13}，……为调配土方量。

当填、挖方调配区之间的距离较远，采用自行式铲运机或其他运土工具沿现场道路或规定路线运土时，其运距应按实际情况进行计算。

（4）确定土方最优调配方案。对于线性规划中的运输问题，可以用“表上作业法”来求解，使总土方运输量 $W = \sum_{i=1}^{m}\sum_{j=1}^{n} L_{ij} \cdot X_{ij}$ 为最小值，即为最优调配方案。其中，L_{ij}为各调配区之间的平均运距（m）；X_{ij}为各调配区的土方量（m^3）。

(5) 绘出土方调配图。根据以上计算，标出调配方向、土方数量及运距（平均运距再加施工机械前进、倒退和转弯必需的最短长度）。

项目 1.2　土方开挖与回填压实

学习重点：

1. 了解岩石及土的分类；
2. 掌握基坑开挖的工作流程和工作重点；
3. 掌握土方回填压实的工作流程和工作重点；
4. 了解基坑监测和排水、降水的方法。

1.2.1　土（岩）的现场鉴别方法

土（岩）的现场鉴别方法参见图 1-10 和表 1-7—表 1-10 所示。

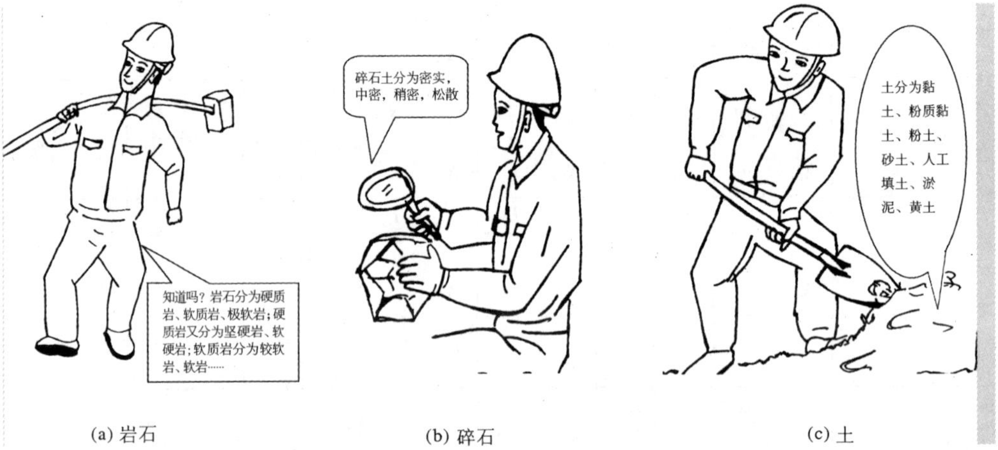

图 1-10　土（岩）的分类示意

表 1-7　　岩石坚硬程度等级的定性分类

坚硬程度等级		定性鉴定	代表性岩石
硬质岩	坚硬岩	锤击声清脆，有回弹，震手，难击碎，基本无吸水反应	未风化-微风化的花岗岩、闪长岩、辉绿岩、玄武岩、安山岩、片麻岩、石英岩、硅质砾岩、石英砂岩、硅质石灰岩等
	较硬岩	锤击声较清脆，有轻微回弹，稍震手，较难击碎；有轻微吸水反应	1. 微风化的坚硬岩； 2. 未风化-微风化的大理岩、板岩、石灰岩、钙质砂岩等

（续表）

坚硬程度等级		定性鉴定	代表性岩石
软质岩	较软岩	锤击声不清脆，无回弹，较易击碎；指甲可刻出印痕	1. 中风化的坚硬岩和较硬岩； 2. 未风化-微风化的凝灰岩、千枚岩、砂质泥岩、泥灰岩等
	软　岩	锤击声哑，无回弹，有凹痕，易击碎；浸水后，可捏成团	1. 强风化的坚硬岩和较硬岩； 2. 中风化的较软岩； 3. 未风化-微风化的泥质砂岩、泥岩等
极软岩		锤击声哑，无回弹，有较深凹痕，手可捏碎；浸水后，可捏成团	1. 风化的软岩； 2. 全风化的各种岩石； 3. 各种半成岩

表 1-8　　碎石土密实度现场鉴别方法

密实度	骨架颗粒含量和排列	可挖性	可钻性
密　实	骨架颗粒含量大于总重的70%，呈交错排列，连续接触	锹镐挖掘困难，用撬棍方能松动，井壁一般较稳定	钻进极困难，冲击钻探时，钻杆、吊锤跳动剧烈，孔壁较稳定
中　密	骨架颗粒含量等于总重的60%～70%，呈交错排列，大部分接触	锹镐可挖掘，井壁有掉块现象，从井壁取出大颗粒处，能保持颗粒凹面形状	钻进较困难，冲击钻探时，钻杆、吊锤跳动不剧烈，孔壁有坍塌现象
稍　密	骨架颗粒含量等于总重的55%～60%，排列混乱，大部分不接触	锹可以挖掘，井壁易坍塌，从井壁取出大颗粒后，砂土立即坍落	钻进较容易，冲击钻探时，钻杆稍有跳动，孔壁易坍塌
松　散	骨架颗粒含量小于总重的55%，排列十分混乱，绝大部分不接触	锹易挖掘，井壁极易坍塌	钻进很容易，冲击钻探时，钻杆无跳动，孔壁极易坍塌

表 1-9　　黏性土等的现场鉴别

土的名称	湿润时用刀切	湿土用手捻摸时的感觉	土的状态		湿土搓条情况
			干土	湿土	
黏土	切面光滑，有粘刀阻力	有滑腻感，感觉不到有沙粒，水分较大，很黏手	土块坚硬，用锤才能打碎	易黏着物体，干燥后不易剥去	塑性大，能搓成直径小于0.5 mm的长条（长度不短于手掌），手持一端不易断裂
粉质黏土	稍有光滑面，切面平整	稍有滑腻感，有黏滞感，感觉到有少量沙黏	土块用力可压碎	能黏着物体，干燥后较易剥去	有塑性，能搓成直径为2～3 mm的土条

(续表)

土的名称	湿润时用刀切	湿土用手捻摸时的感觉	土的状态		湿土搓条情况
			干土	湿土	
粉土	无光滑面，切面稍粗糙	有轻微黏滞感或无黏滞感，感觉到沙粒较多、粗糙	土块用手捏或抛扔时易碎	不易黏着物体，干燥后一碰就掉	塑性小，能搓成直径为 2 ~ 3 mm的短条
砂土	无光滑面，切面粗糙	无黏滞感，感觉到全是沙粒、粗糙	松散	不能黏着物体	无塑性，不能搓成土条

表 1-10 人工填土、淤泥、黄土、泥炭的现场鉴别

土的名称	观察颜色	夹杂物质	形状（构造）	浸入水中的现象	湿土搓条情况	干燥后强度
人工填土	无固定颜色	砖瓦碎块、垃圾、炉灰等	夹杂物显露于外，构造无规律	大部分变为稀软淤泥，其余部分为碎瓦、炉渣，在水中单独出现	一般能搓成 3 mm 土条，但易断，遇有杂质甚多时，就不能搓条	干燥后部分杂质脱落，故无定形，稍微施加压力即行破碎
淤泥	灰黑色有臭味	池沼中有半腐朽的细小动植物遗体，如草根、小螺壳等	夹杂物经仔细观察可以发觉，构造常呈层状，但有时不明显	外观无显著变化，在水面出现气泡	一般淤泥质土接近于粉土，故能搓成 3 mm 土条（长至少 30 mm），容易断裂	干燥后体积显著收缩，强度不大，锤击时呈粉末状，用手指能捻碎
黄土	黄褐两色的混合色	有白色粉末出现在纹理之中	夹杂物质常清晰显见，构造上有垂直大孔（肉眼可见）	即行崩散而分成散的颗粒集团，在水面上出现很多白色液体	搓条情况与正常的粉质黏土类似	一般黄土相当于粉质黏土，干燥后的强度很高，手指不易捻碎
泥炭（腐殖土）	深灰或黑色	有半腐朽的动植物遗体，其含量超过 60%	夹杂物有时可见，构造无规律	极易崩，变为稀软淤泥，其余部分为植物根、动物残体渣滓悬浮于水中	一般能搓成 1 ~ 3 mm 土条，但残渣甚多时仅能搓成 3 mm 以上土条	干燥后大量收缩，部分杂质脱落，故有时无定形

1.2.2 基坑（槽）开挖

土方施工时常用的机械有推土机、铲运机、挖掘机（包括正铲、反铲、拉铲、抓铲等）、装载机等。为了充分发挥机械效率，节省机械费用，要根据基础的形式、工程规模、开挖深度、地质情况、地下水情况、土方量、运距、现场和机具设备条件、工期要求，以及土方机械的特点等合理选择施工机械。

1. 工作流程

测量放线 → 切线分层开挖 → 排水、降水 → 修坡 → 整平 → 留足预留土层

2. 工作流程示意（图1-11）

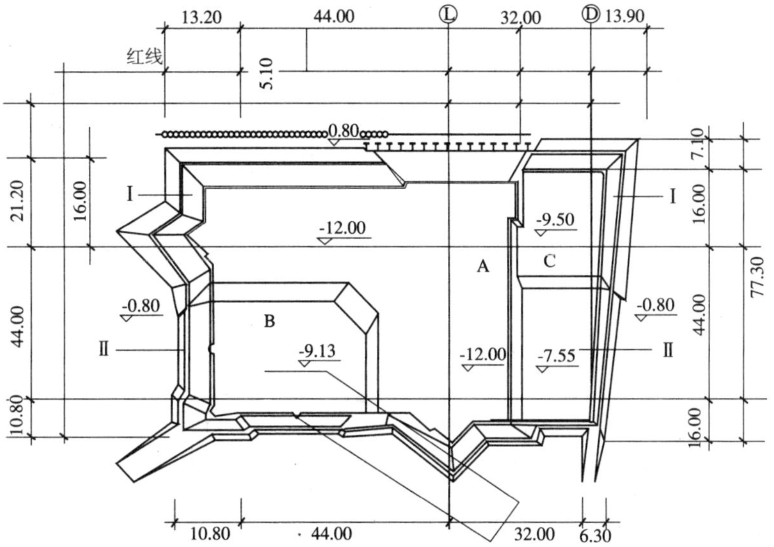

(a) 测量放线

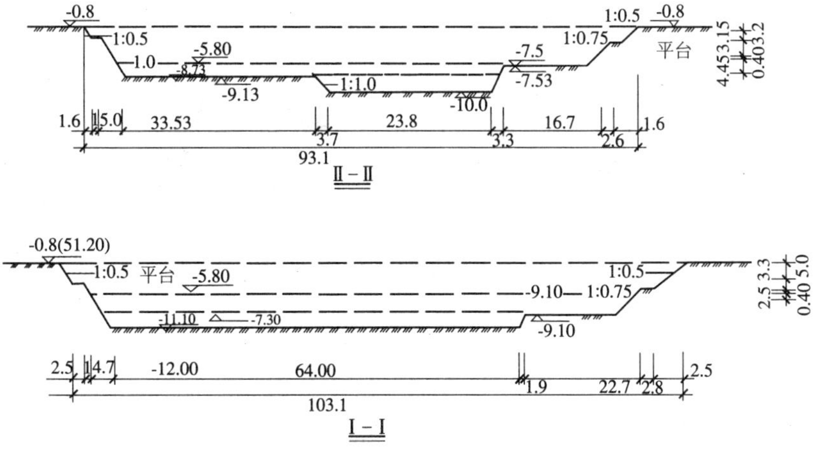

(b) 切线分层开挖

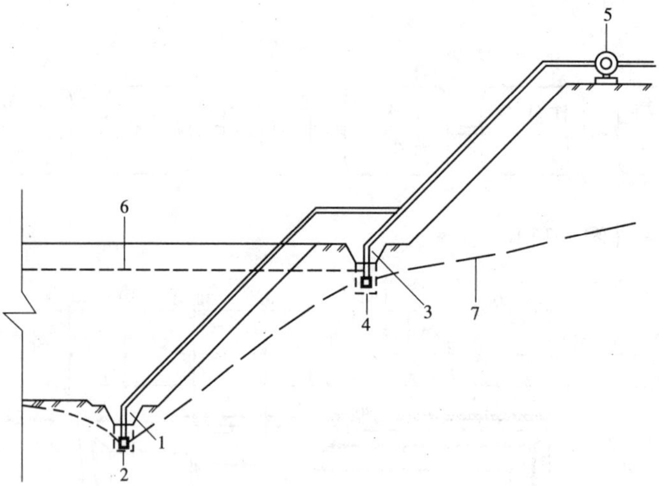

1—三层排水沟；2—三层集水井；3—二层排水沟；4—二层集水井；
5—水泵；6—原地下水位线；7—降低后地下水位线

(c) 排水、降水

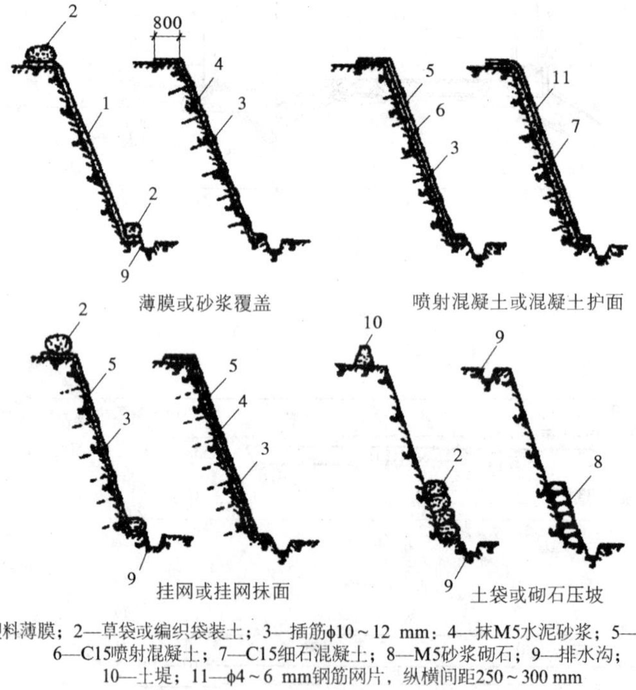

1—塑料薄膜；2—草袋或编织袋装土；3—插筋ϕ10～12 mm；4—抹M5水泥砂浆；5—20钢丝网；
6—C15喷射混凝土；7—C15细石混凝土；8—M5砂浆砌石；9—排水沟；
10—土堤；11—ϕ4～6 mm钢筋网片，纵横间距250～300 mm

(d) 修坡

图 1-11 基坑开挖工作流程

（1）浅基坑（槽）（foundation pit（trench））开挖，应先进行测量定位，抄平放线，定出开挖长度。

（2）按放线分块（段）分层挖土。根据土质和水文情况，采取在四侧或两侧直立开挖或放坡，以保证施工操作安全。

（3）在地下水位以下挖土，应在基坑（槽）四侧或两侧挖好临时排水沟和集水井，或采用井点降水，将水位降低至坑、槽底以下500 mm，以利土方开挖（excavation work）。降水工作应持续到基础（包括地下水位下回填土）施工完成。雨季施工时，基坑（槽）应分段开挖，挖好一段浇筑一段垫层，并在基槽两侧围以土堤或挖排水沟，以防地面雨水流入基坑槽，同时应经常检查边坡和支撑情况，以防止坑壁受水浸泡造成塌方。

（4）基坑开挖应尽量防止对地基土的扰动，当基坑挖好后不能立即进行下道工序时，应预留15～30 cm一层土不挖，待下道工序开始再挖至设计标高。采用机械开挖基坑时，为避免破坏基底土，应在基底标高以上预留15～30 cm的土层由人工挖掘修整。

（5）基坑开挖时，应对平面控制桩、水准点、基坑平面位置、水平标高、边坡坡度等经常复测检查。

（6）基坑挖完后应进行验槽，做好记录，当发现地基土质与地质勘探报告、设计要求不符时，应及时与有关人员研究处理。

3. 工作重点

（1）当土质为天然湿度、构造均匀、水文地质条件良好（即不会发生坍滑、移动、松散或不均匀下沉），且无地下水时，开挖基坑可不必放坡。采取直立开挖不加支护，但挖方深度应按表1-11的规定。基坑长度应稍大于基础长度，如超过表1-11规定的深度，应根据土质和施工具体情况进行放坡，以保证不塌方。其临时性挖方的边坡值可按表1-12采用。放坡后基坑上口宽度由基坑底面宽度及边坡坡度决定，坑底宽度每边应比基础宽出15～30 cm，以便施工操作。开挖宽度较大的基坑，当在局部地段无法放坡，或下部土方受到基坑尺寸限制不能放较大坡度时，应在下部坡脚采取加固措施。如采用短桩与横隔板支撑（support）或砌砖、毛石或用编织袋、草袋装土堆砌临时矮挡土墙保护坡脚。

表1-11　基坑（槽）和管沟（pipe trench）不加支撑时的容许深度

项次	土的种类	容许深度/m
1	密实、中密的砂子和碎石类土（充填物为砂土）	1.00
2	硬塑、可塑的粉质黏土及粉土	1.25
3	硬塑、可塑的黏土和碎石类土（充填物为黏性土）	1.5
4	坚硬的黏土	2.00

表1-12　临时性挖方边坡值

土的类别		边坡值（高：宽）
砂土（不包括细砂、粉砂）		1:1.25～1:1 50
一般性黏土	硬	1:0.75～1:1.00
	硬　塑	1:1～1:1.25
	软	1:1.5或更缓

(续表)

土的类别		边坡值（高：宽）
碎石类土	充填坚硬、硬塑黏性土	1:0.5～1:1.0
	充填砂土	1:1～1:1.5

注：1. 有成熟施工经验，可不受本表限制。设计有要求时，应符合设计标准。
2. 如采用降水或其他加固措施，也不受本表限制。
3. 开挖深度对软土不超过4 m，对硬土不超过8 m。

（2）当开挖基坑（槽）的土体含水量大而不稳定，或基坑较深，或受到周围场地限制而需用较陡的边坡或直立开挖而土质较差时，应采用临时性支撑加固，加固方法见表1-13。基坑、槽每边的宽度应比基础宽15～20 cm，以便于设置支撑加固结构。挖土时，土壁要求平直，挖好一层，支一层支撑。挡土板要紧贴土面，并用小木桩或横撑木顶住挡板。

（3）基坑、基槽、管沟的支撑方法如表1-13所示。

表1-13　　基坑、基槽、管沟的支撑方法

支撑方式	简　图	支撑方法及适用条件
间断式水平支撑	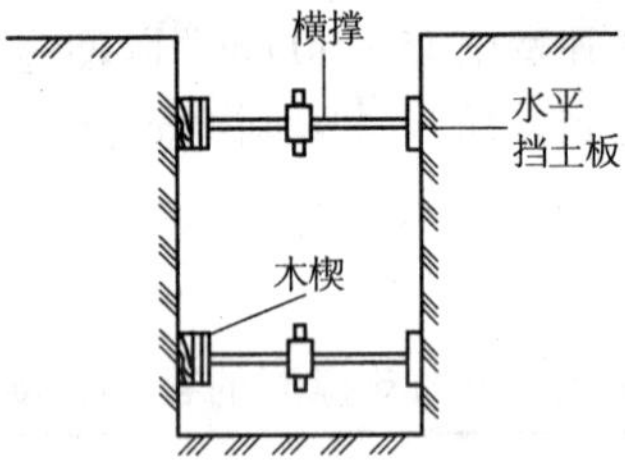	两侧挡土板水平放置，用工具式或木横撑借木楔顶紧，挖一层土，支顶一层，适于能保持立壁的干土或天然湿度的黏土类土。地下水很少，深度在2 m以内
断续式水平支撑	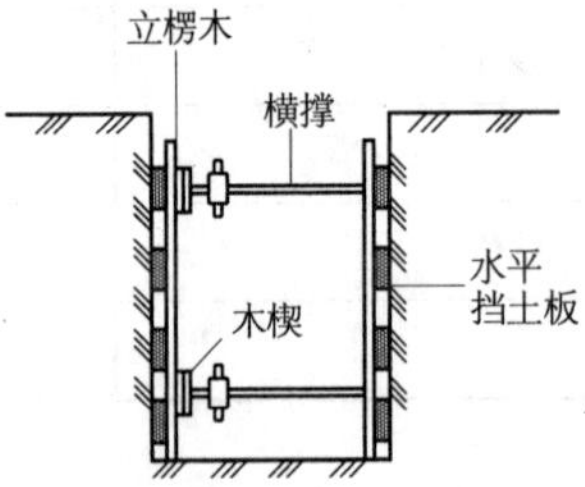	挡土板水平放置，中间留出间隔，并在两侧同时对称立竖方木，再用工具式或木横撑上、下顶紧，适于能保持直立壁的干土或天然湿度的黏土类土。地下水很少，深度在3 m以内
连续式水平支撑	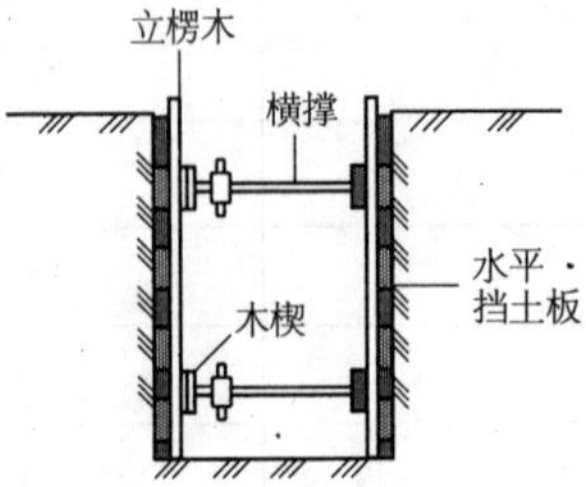	挡土板水平连续放置，不留间隙，然后两侧同时对称立竖方木，上、下各顶一根撑木。端头加木楔顶紧适于较松散的干土或天然湿度的黏土类土。地下水很少，深度为3～5 m

(续表)

支撑方式	简　　图	支撑方法及适用条件
连续式或间断式垂直支撑	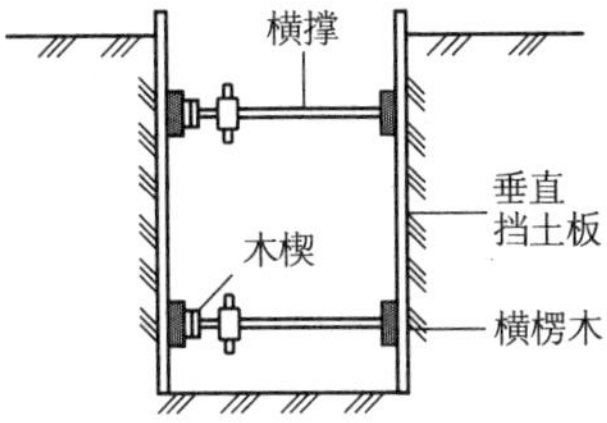	挡土板垂直放置，可连续或留适当间隙，然后每侧上、下各水平顶一根方木，再用横撑顶紧。适于土质较松散或湿度很高的土。地下水较少，深度不限
水平垂直混台式支撑	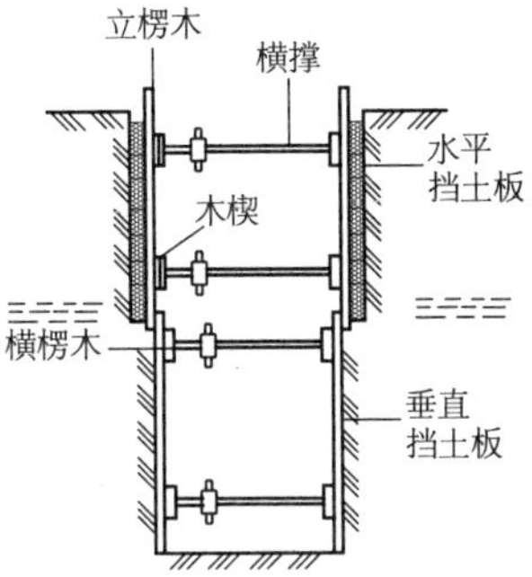	沟槽上部连续式水平支撑，下部设连续式垂直支撑。适于沟槽深度较大，下部有含水土层的情况
斜柱支撑	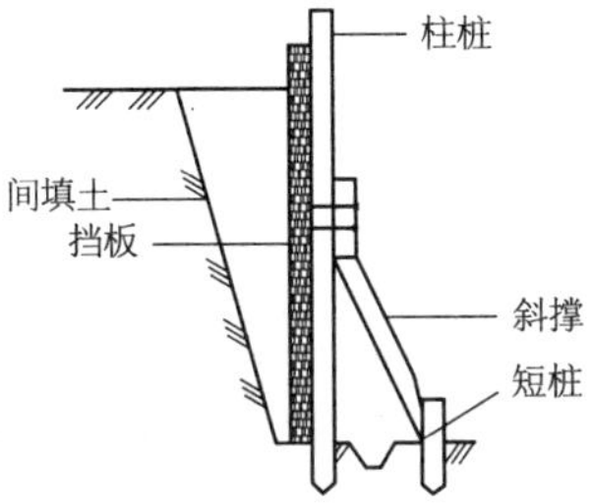	水平挡土板钉在柱桩内侧，柱桩外侧用斜撑支顶，斜撑底端支在木桩上，在挡土板内侧回填土。适于开挖较大型、深度不大的基坑或使用机械挖土时
锚拉支撑	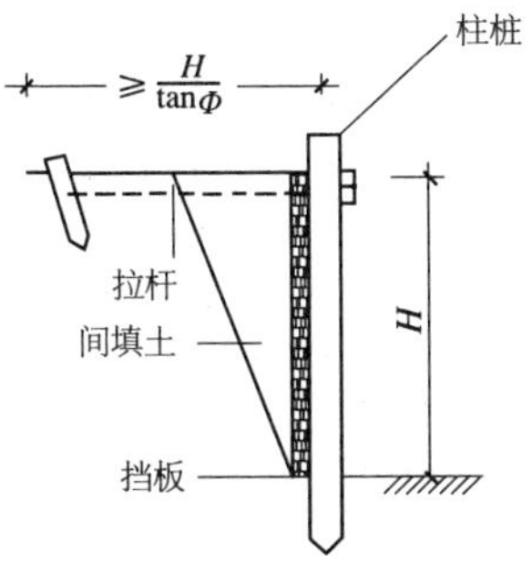	水平挡土板支在柱桩的内侧，柱桩一端打入土中，另一端用拉杆与锚桩拉紧，在挡土板内侧回填土。适于开挖较大型、深度不大的基坑或使用机械挖土，不能安设横撑时使用

(续表)

支撑方式	简　　图	支撑方法及适用条件
型钢桩横挡板支撑	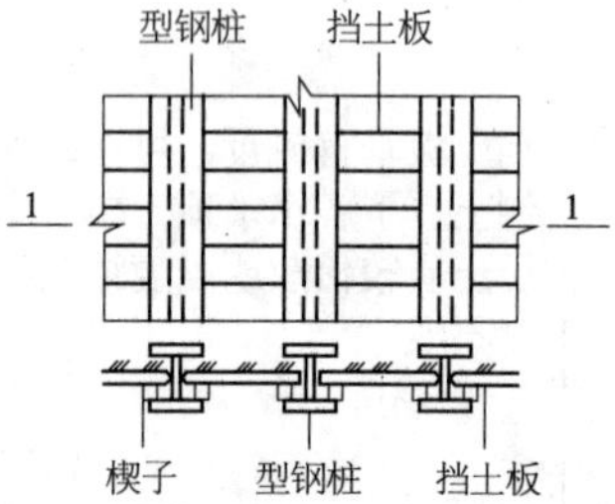	沿挡土位置预先打入钢轨、工字钢或H型钢桩，间距1.0~1.5 m。然后边挖方，边将3~6 cm厚的挡土板塞进钢桩之间挡土，并在横向挡板与型钢桩之间打上楔子，使横板与土体紧密接触。适于地下水位较低、深度不很大的一般黏性或砂土层中使用
短桩横隔板支撑	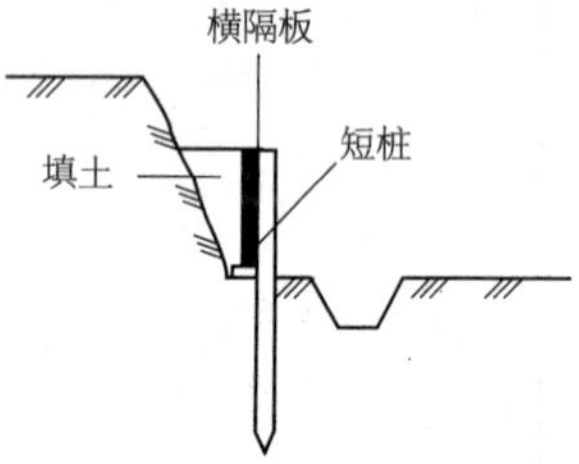	打入小短木桩，部分打入土中，部分露出地面，钉上水平挡土板，在背面填土、夯实。适于开挖宽度大的基坑，当部分地段下部放坡不够时使用
临时挡土墙支撑	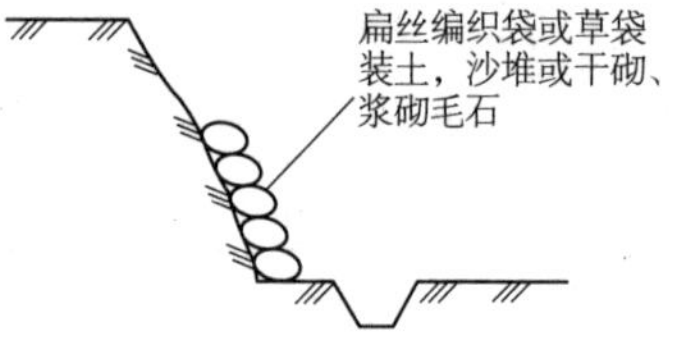	沿坡脚用砖、石叠砌或用装水泥的聚丙烯扁丝编织袋、草袋装土、砂堆砌，使坡脚保持稳定。适于开挖宽度大的基坑，当部分地段下部放坡不够时使用
挡土灌注桩支护	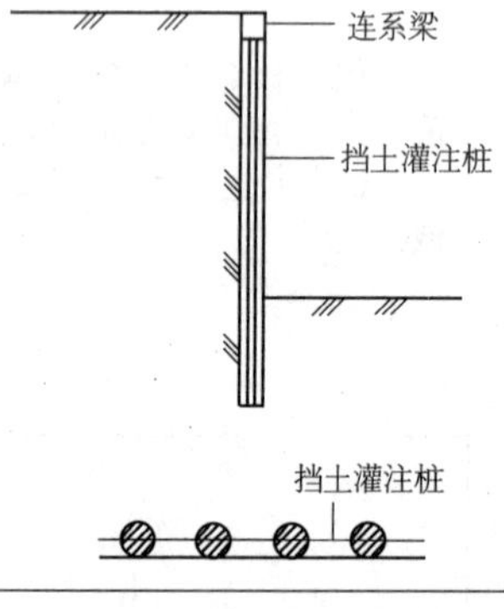	在开挖基坑的周围，用钻机或洛阳铲成孔，桩径ϕ400~500 mm，现场灌筑钢筋混凝土桩，桩间距为1.0~1.5 m，在桩间土方挖成外拱形，使之起土拱作用。适用于开挖较大、较浅（<5 m）基坑，邻近有建筑物，不允许背面地基有下沉、位移时采用
叠袋式挡墙支护	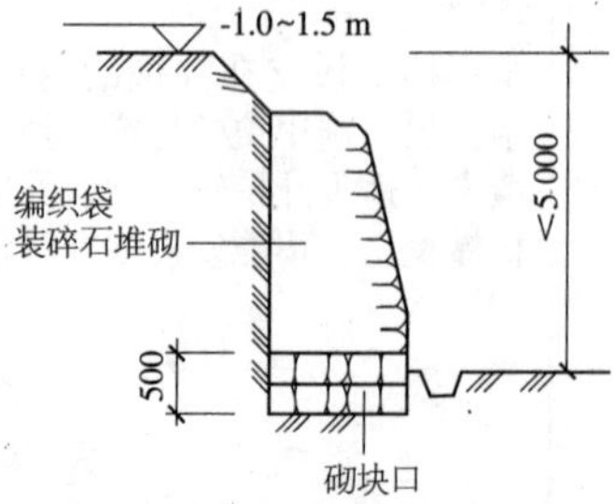	采用编织袋或草袋装碎石（砂砾石或土）堆砌成重力式挡墙作为基坑的支护。在墙下部砌500 mm厚块石基础，墙底宽1 500~2 000 mm。顶宽500~1 200 mm，顶部适当放坡卸土1.0~1.5 m。表面抹砂浆保护。适用于一般黏性土、面积大、开挖深度应在5 m以内的浅基坑支护

4. 土石的可松性

自然状态下的土称为原状土，开挖后土颗粒变松散，体积增大，如再将其用以回填，虽经压实但仍不能恢复至原状土相同的体积，土的这种经扰动而体积改变的性质称为土的可松性。用于表达土的可松性程度的系数称为可松性系数，有最初可松性系数和最终可松性系数，表示为

$$K_s = \frac{V_2}{V_1};K'_s = V_3/V_1$$

式中 K_s——最初可松性系数；

K'_s——最终可松性系数；

V_1——原状土的体积；

V_2——土经开挖后的松散体积；

V_3——土经回填压实后的体积。

土的可松性对土方量的平衡调配、确定场地设计标高、计算运土机具的数量，填土挖方所需体积等均有直接影响。

【例1-3】 某工程需开挖一段沟槽，沟槽宽2 m，深2 m，长100 m，已知土的可松性系数 $K_s = 1.3$，$K'_s = 1.05$，为坚硬的黏土，安装直径1 200 mm的混凝土排水管后土方回填压实。请计算：

(1) 挖方量。

(2) 留下回填土后，余方要全部运走，计算预留土量及弃土量。

【解】 (1) 挖方量 $V_1 = 2 \times 2 \times 100 = 400\ m^3$

(2) 土经开挖后的松散体积：$V_2 = K_3 \times V_1 = 1.3 \times 400 = 520\ m^3$

管道体积 $= \pi R^2 \times 100 = 3.14 \times 0.6^2 \times 100 = 113.04\ m^3$

回填土（压实）体积：$V_3 = 400 - 113.04 = 286.96\ m^3$

回填土所需的原状土体积：$V'_1 = V_3/K'_s = 286.96/1.05 = 273.3\ m^3$

预留回填土体积：$V'_2 = 1.3 \times 273.3 = 355.3\ m^3$

弃土量：$V_2 - V'_2 = 520 - 355.3 = 164.7 m^3$

1.2.3 深基坑土方开挖方案

1. 放坡挖土

放坡开挖是最经济的挖土方案。当基坑开挖深度不大（软土地区挖深不超过4 m；地下水位低、土质较好地区挖深亦可较大）、周围环境又允许时，均可采用放坡开挖，放坡坡度经计算确定。

1) 工作流程

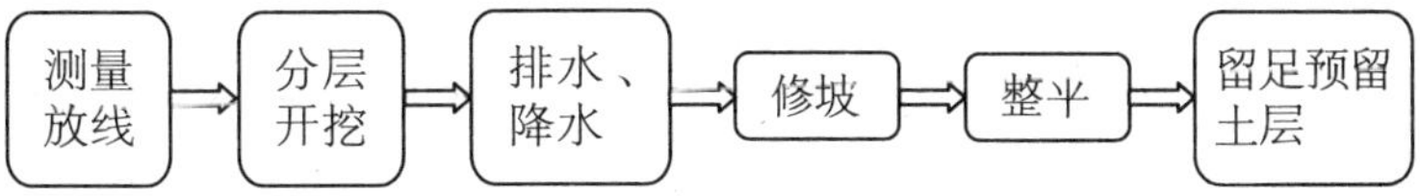

2）工作重点

开挖深度较大的基坑，宜设置多级平台分层开挖，每级平台的宽度不宜小于1.5 m。

如有地下水，放坡开挖应采取有效措施降低坑内水位和排除地表水，防止地表水和坑内排出的水倒流回渗入基坑。在地下水位较高的软土地区，应在降水达到要求后再进行土方开挖。采用分层开挖的方式进行开挖，分层挖土厚度不宜超过2.5 m。挖土时要注意保护工程桩。防止碰撞或因挖土过快、高差过大使工程桩受侧压力而倾斜。对土质较差且施工工期较长的基坑，对边坡宜采用钢丝网水泥喷浆或用高分子聚合材料覆盖等措施进行护坡。

采用机械挖土时，坑底应保留200～300 mm厚基土，用人工清理整平，防止坑底土扰动。待挖至设计标高后，应清除浮土，经验槽合格后，及时进行垫层施工。

放坡开挖要验算边坡稳定，坑顶不宜堆土或堆载（材料或设备），遇有不可避免的附加荷载，在进行边坡稳定性验算时，应计入附加荷载的影响。

2. 中心岛（墩）式挖土（图1-12）

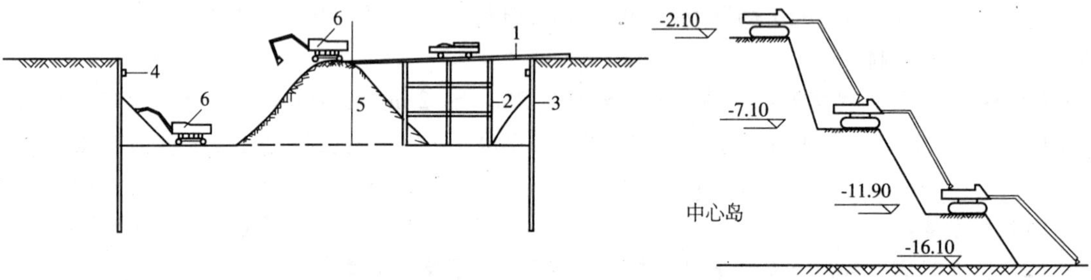

1—栈桥；2—支架（尽可能利用工程桩）；3—围护墙；4—腰梁；5—土墩；6—挖土设备

(a) 中心岛(墩)式挖土示意图

(b) 挖出中心土墩时挖土机布置

图1-12 中心岛（墩）式挖土

中心岛（墩）式挖土，宜用于大型基坑，支护结构的支撑形式为角撑、环梁式或边桁（框）架式，中间具有较大空间的情况。此时可利用中间的土墩作为支点搭设栈桥，挖土机可利用栈桥下到基坑挖土，运土的汽车亦可利用栈桥进入基坑运土，这样可以加快挖土和运土的速度。

1）工作流程

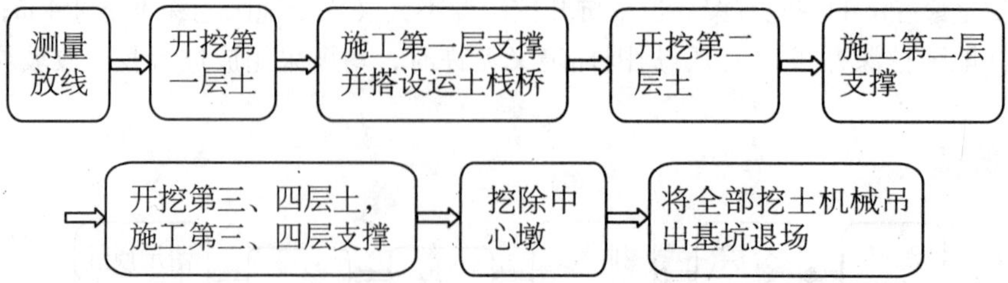

2）工作流程示意（图1-13）

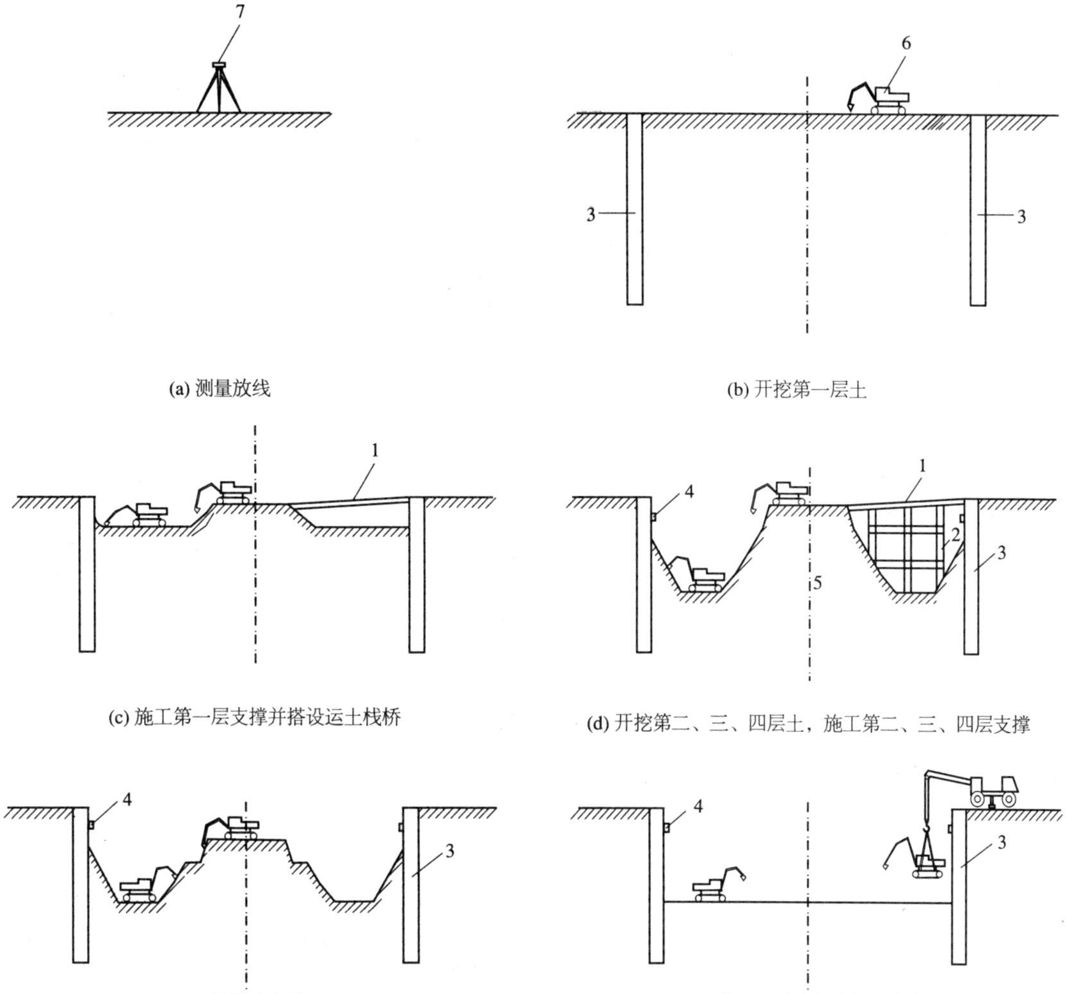

(a) 测量放线　(b) 开挖第一层土

(c) 施工第一层支撑并搭设运土栈桥　(d) 开挖第二、三、四层土，施工第二、三、四层支撑

(e) 挖除中心墩　(f) 将全部挖土机械吊出基坑退场

1—栈桥；2—支架（尽可能利用工程桩）；3—围护墙；4—腰梁；5—土墩；6—挖土设备；7—测量设备

图1-13　中心岛（墩）式挖土的工作流程示意

3）工作重点

中心岛（墩）式挖土，中间土墩的留土高度、边坡的坡度、挖土层次与高差都要经过仔细研究确定。由于在雨季遇有大雨，土墩边坡易滑坡，必要时对边坡尚需加固。

挖土亦分层开挖，多数是先全面挖去第一层，然后中间部分留置土墩，周围部分分层开挖。开挖多用反铲挖土机。如基坑深度大，则用向上逐级传递方式进行装车外运。

整个的土方开挖顺序，要遵循开槽支撑、先撑后挖、分层开挖、严禁超挖的原则。挖土时，除支护结构设计允许外，挖土机和运土车辆不得直接在支撑上行走和操作。

土方挖至设计标高后，对有钻孔灌筑桩的工程，宜边破桩头边浇筑垫层，尽可能早一些浇筑垫层，以便利用垫层（必要时可加厚作配筋垫层）对围护墙起支撑作用，以减少围护墙的变形。

挖土机挖土时严禁碰撞工程桩、支撑、立柱和降水的井点管。分层挖土时，层高不宜过大，以免土方侧压力过大使工程桩变形倾斜，在软土地区尤为重要。

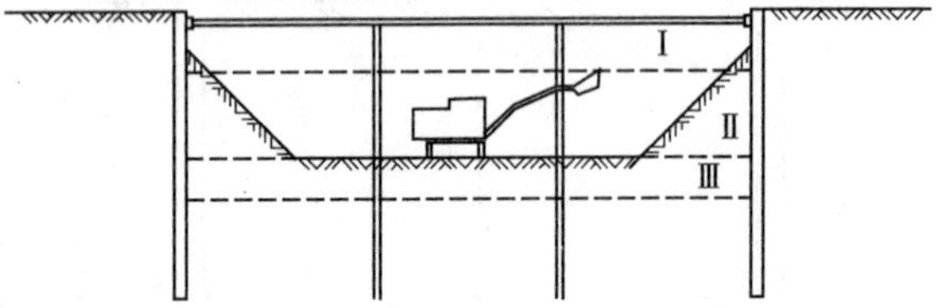

图 1-14　盆式挖土

3. 盆式挖土

盆式挖土，是先开挖基坑中间部分的土，周围四边留土坡，土坡最后挖除（图 1-14）。

1）工作流程

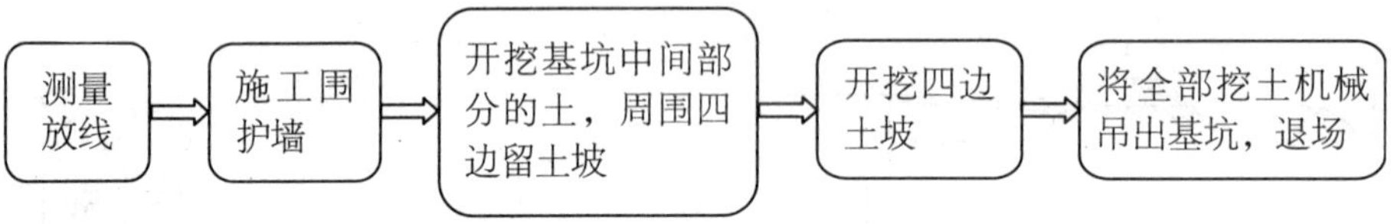

2）工作流程示意（图 1-15）

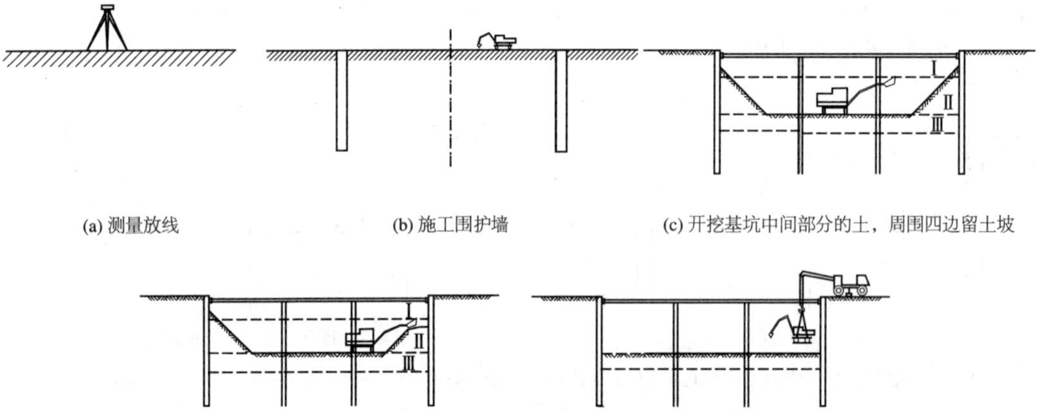

(a) 测量放线　(b) 施工围护墙　(c) 开挖基坑中间部分的土，周围四边留土坡

(d) 开挖四边土坡　(e) 将全部挖土机械吊出基坑，退场

图 1-15　盆式挖土工作流程示意

3）工作重点

盆式挖土方式的优点是，周边的土坡对围护墙有支撑作用，有利于减少围护墙的变形。其缺点是，大量的土方不能直接外运，需集中提升后装车外运。

盆式挖土周边留置的土坡，其宽度、高度和坡度大小由计算确定，留得过小，对围护墙支撑作用不明显，失去盆式挖土的意义。如坡度太陡不利于边坡稳定，在挖土过程中可能失稳滑动，不但失去对围护墙的支撑作用，影响施工，而且有损于工程桩的质量。

4. 深基坑开挖注意事项及应急处理

（1）防止深基坑挖土后土体回弹变形过大。

（2）防止边坡失稳，防止桩位移和倾斜。

（3）配合深基坑支护结构施工。

（4）土方开挖有时会引起围护墙或邻近建筑物、管线等产生一些异常现象，此时需要配合有关人员及时进行处理，处理措施见表 1-14。

表 1-14　　深基坑开挖的应急措施

异常现象	应急措施
围护墙渗水与漏水	对渗水量较小，可采用坑底设沟排水的方法。对渗水量较大，但没有泥沙带出时，在渗漏较严重的部位先在围护墙上水平（略向上）打入一根钢管，内径为 20 ~ 30 mm，使其穿透支护墙体进入墙背土体内，由此将水从该管引出，而后在管边围护墙的薄弱处用防水混凝土或砂浆修补封堵，待修补封堵的混凝土或砂浆达到一定强度后，再将钢管出水口封住。对渗、漏水量很大的情况，如漏水位置离地面不深，可将支护墙背开挖至漏水位置下 500 ~ 1 000 mm，在支护墙后用密实混凝土进行封堵。如漏水位置埋深较大，则可在墙后采用压密注浆方法
防止围护墙侧向位移发展	针对不同的支护形式，可采用加快垫层施工，加厚垫层厚度，加设支撑或拉锚，采用配筋垫层或设置坑底支撑等方法
流沙及管涌的处理	对轻微的流沙现象，在基坑开挖后可采用加快垫层浇筑或加厚垫层的方法“压注”流沙。对较严重的流沙应增加坑内降水措施，使地下水位降至坑底以下 0.5 ~ 1 m。降水是防治流沙的最有效的方法。 管涌一般发生在围护墙附近，如果管涌十分严重也可在支护墙前再打设一排钢板桩，在钢板桩与支护墙间进行注浆，钢板桩底应与支护墙底标高相同，顶面与坑底标高相同，钢板桩的打设宽度应比管涌范围宽 3 ~ 5 m
临近建筑位移的控制	当位移或沉降值达到报警值后，应立即采取措施。对建筑沉降的控制一般可根据基坑开挖进程，连续跟踪注浆。对沉降很大，而压密注浆又不能控制的建筑，如其基础是钢筋混凝土的，则可考虑采用静力锚杆压桩的方法。如果条件许可，在基坑开挖前对邻近建筑物下的地基或支护墙背土体先进行加固处理，如采用压密注浆、搅拌桩、静力锚杆压桩等加固措施，此时施工较为方便，效果更佳
管线位移的控制	对地下管线离开基坑较远，但开挖后引起的位移或沉降又较大的情况，可在管线靠基坑一侧设置封闭桩。在管线边开挖隔离沟也对控制位移有一定作用，隔离沟应与管线有一定距离，其深度宜与管线埋深接近或略深，在靠管线一侧还应做出一定坡度。 对地下管线离基坑较近的情况，可采用管线架空的方法。管线架空后要与围护墙后的土体基本分离

1.2.4 土方回填压实（backfill consolidation）

1. 工作流程

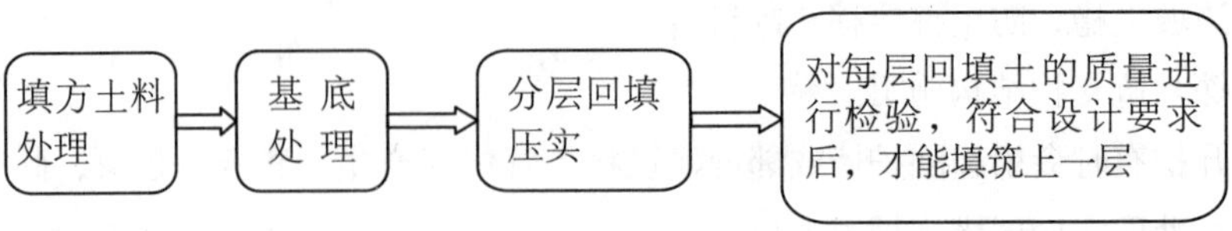

2. 工作流程示意（图 1-16）

(a) 填方土料处理　　(b) 基底处理　　(c) 分层回填压实

图 1-16　土方回填压实工作流程示意

3. 工作重点

1）土料要求与含水量控制

填方土料应符合设计要求，以保证填方的强度和稳定性。当设计无要求时，应符合以下规定：①碎石类土、砂土和爆破石渣（粒径不大于每层铺土厚的 2/3），可作为表层下的填料；②含水量符合压实要求的黏性土，可作为各层填料；③淤泥和淤泥质土，一般不能用作填料。

填土土料含水量的大小，直接影响到夯实（碾压）质量，在夯实（碾压）前应先试验，以得到符合密实度要求条件下的最优含水量和最少夯实（或碾压）遍数。含水量过小，夯压（碾压）不实；含水量过大，则易成橡皮土。土料含水量一般以手握成团，落地开花为适宜。含水量过大，应采取翻松、晾干、风干、换土回填、掺入干土或其他吸水性材料等措施；如土料过干，则应预先洒水润湿。当含水量小时，亦可采取增加压实遍数或使用大功率压实机械等措施。

在气候干燥时，须采取加速挖土、运土、平土和碾压过程，以减少土的水分散失。当填料为碎石类土（充填物为砂土）时，碾压前应充分洒水湿透，以提高压实效果。

2）基底处理

(1) 场地回填应先清除基底上垃圾、草皮、树根，排除坑穴中积水、淤泥和杂物，并应采取措施防止地表清水流入填方区，浸泡地基，造成地基土下陷。

(2) 当填方基底为耕植土或松土时，应将基底充分夯实和碾压密实。

(3) 当填方位于水田、沟渠、池塘或含水量很大的松散土地段。应根据具体情况采取排水疏干，或将淤泥全部挖出换土、抛填片石、填砂砾石、翻松、掺石灰等措施进行处理。

（4）当填土场地地面陡于1/5时，应先将斜坡挖成阶梯形，阶高0.2～0.3 m，阶宽大于1 m，然后分层填土，以利接合和防止滑动。

3）人工填土要求

用手推车送土，用铁锹、耙、锄等工具进行回填土。填土应从场地最低部分开始，由一端向另一端自下而上分层铺填。每层虚铺厚度，用人工木夯夯实时不大于20 cm，用打夯机械夯实时不大于25 cm。深浅坑（槽）相连时，应先填深坑（槽），填平后与浅坑全面分层填夯。如采取分段填筑，交接处应填成阶梯形。墙基及管道回填应在两侧用细土同时均匀回填、夯实，防止墙基及管道中心线位移。

夯填土采用人工，按次序进行，一夯压半夯。较大面积人工回填用打夯机夯实，两机平行时其间距不得小于3 m；在同一夯打路线上，前后间距不得小于10 m。

4）机械填土要求

铺土应分层进行，每次铺土厚度不大于30～50 cm（视所用压实机械的要求而定）。每层铺土后，利用填土机械将地表面刮平。填土程序一般尽量采取横向或纵向分层卸土，以利行驶时初步压实。

5）填土的压实

（1）密实度要求。填方的密实度要求和质量指标通常以压密系数λ_c表示。密实度要求一般由设计根据工程结构性质、使用要求以及土的性质确定，如未作规定，可参考表1-15确定。

表1-15　　压实填土的质量控制

结构类型	填土部位	压实系数	控制含水量
砌体承重结构和框架结构	在地基主要受力层范围内	≥0.97	$\omega_{op}\pm2$
	在地基主要受力层范围以下	≥0.95	
排架结构	在地基主要受力层范围内	≥0.96	$\omega_{op}\pm2$
	在地基主要受力层范围以下	≥0.94	
地坪垫层以下及基础底面标高以上的压实填土，压实系数不应小于0.94			

（2）填土应尽量采用同类土填筑，并宜控制土的含水率在最优含水量范围内。当采用不同的土填筑时，应按土类有规则地分层铺填，将透水性大的土层置于透水性较小的土层之下，不得混杂使用，边坡不得用透水性较小的土封闭，以利水分排出和基土稳定，并避免在填方内形成水囊和产生滑动现象。

（3）填土应从最低处开始，由下向上分层铺填碾压或夯实。

（4）在地形起伏之处，应做好接槎。筑1∶2阶梯形边坡，每台阶高可取50 cm、宽100 cm。分段填筑时每层接缝处应做成大于1∶1.5的斜坡，碾迹重叠0.5～1.0 m，上、下层错缝距离不应小于1 m。接缝部位不得在基础、墙角、柱墩等重要部位。

（5）填土应预留一定的下沉高度，以备在行车、堆重或干湿交替等自然因素作用下，土体逐渐沉落密实。预留沉降量根据工程性质、填方高度、填料种类、压实系数和地基情况等因素确定。

当土方用机械分层夯实时，其预留下沉高度（以填方高度的百分数计）对砂土为1.5%；对粉质黏土为3% ~3.5%。

6）压实排水要求

（1）填土层如有地下水或滞水时，应在四周设置排水沟和集水井，将水位降低。

（2）已填好的土如遭水浸，应把稀泥铲除后，方能进行下一道工序。

（3）填土区应保持一定横坡，或中间稍高两边稍低，以利排水。当天填土，应在当天压实。

4. 质量检查

（1）填土施工过程中应检查排水措施，每层填筑厚度、含水量控制和压实程序。

（2）对有密实度要求的填方，在夯实或压实之后，要对每层回填土的质量进行检验，一般采用环刀法（或灌沙法）取样测定，或用小轻便触探仪直接通过锤击数来检验干密度和密实度，符合设计要求后，才能填筑上层。

（3）基坑和室内填土，每层按100 ~ 500 m^2 取样1组；场地平整填方，每层按400 ~ 900 m^2 取样1组；基坑和管沟回填每20 ~ 50 m^2 取样1组，但每层均不少于1组，取样部位在每层压实后的下半部。用灌沙法取样应为每层压实后的全部深度。

（4）填方施工结束后应检查标高、边坡坡度、压实程度等。检验标准见表1-16。

表1-16　　填土工程质量检验标准　　单位：mm

项	序	检验项目	允许偏差或允许值					检查方法
			桩基、基坑、基槽	场地平整		管沟	地（路）面基础层	
				人工	机械			
主控项目	1	标高	-50	±30	±50	-50	-50	水准仪
	2	分层压实系数	设计要求					按规定方法
一般项目	1	回填土料	设计要求					取样检查或直观鉴别
	2	分层厚度及含水量	设计要求					水准仪及抽样检查
	3	表面平整度	20	20	30	20	20	用靠尺或水准仪

1.2.5 基坑监测

在基坑开挖与支护结构使用期间，对较重要的支护结构需要进行监测。通过对支护结构和周围环境的监测，能随时掌握土层和支护结构内力的变化情况，以及邻近建筑物、地下管线和道路的变形情况。

1. 支护结构的监测

支护结构的监测项目与监测方法见表1-17。

表 1-17 支护结构监测项目与监测方法

监测对象		监测项目	监测方法	备注
支护结构	围护墙	侧压力、弯曲应力、变形	土压力计、孔隙水压力计、测斜仪、应变计、钢筋计、水准仪等	验证计算的荷载、内力、变形时需监测的项目
	支撑（锚杆）	轴力、弯曲应力	应变计、钢筋计、传感器	验证计算的内力
	腰梁（围檩）	轴力、弯曲应力	应变计、钢筋计、传感器	验证计算的内力
	立柱	沉降、抬起	水准仪	观测坑底隆起的项目之一

2. 周围环境监测

受基坑挖土等施工的影响，基坑周围的地层会发生不同程度的变形，对周围的建筑物、道路、地下管线都可能产生影响，特别是在软弱复杂地层施工时，因基坑开挖、降水、地下结构的施工，会引起地层变形，对周围环境产生不利影响。因此在进行基坑支护结构监测的同时，还必须对周围的环境进行监测。监测的内容主要有：坑外地形的变形、邻近建筑物的沉降和倾斜、地下管线的沉降和倾斜、地下管线的沉降和位移等。

1.2.6 排水与降水

在基坑工程施工过程中，要通过采取合理的排水（drain）、降水措施来降低地下水，满足支护结构和挖土施工的要求，同时要保证不因地下水位的变化，对基坑周围的环境和设施带来危害。

开挖深度浅时，可边开挖边用排水沟和集水井进行集水明排。在软土地区基坑开挖深度超过 3 m，一般就要用井点降水。当因降水危及基坑及周边环境安全时，可采用截水或回灌方法。

当基坑底为隔水层且层底作用有承压水时，应进行坑底突涌验算，必要时可采取水平封底隔渗或钻孔减压措施，保证坑底土层稳定。

1. 集水明沟法

当基坑开挖深度不很大，基坑涌水量不大时，常采用集水明排法，此方法简单、经济。

明沟、集水井排水多是在基坑的两侧或四周设置排水明沟，在基坑四角或每隔 30 ~ 40 m 设置集水井，使基坑渗出的地下水通过排水明沟汇集于集水井内，然后用水泵将其排出基坑外（图 1-17）。排水明沟宜布置在拟建建筑基础边 0.4 m 以外，沟边缘离开边坡坡脚应不小于 0.3 m，排水明沟的底面应比挖土面低 0.3 ~ 0.4 m。集水井底面应比沟底面低 0.5 m 以上，并随基坑的挖深而加深，以保持水流畅通。

2. 降水（图 1-18）

降水，即在基坑土方开挖之前，用真空（轻型）井点、喷射井点或管井深入含水层内，用不断抽水方式使地下水位下降至坑底以下，同时使土体产生固结以方便土方开挖。当基坑（槽）宽度小于 6 m，且降水深度不超过 6 m 时，可采用单排井点，布置在地下水上游一侧；当基坑（槽）宽度大于 6 m，或土质不良，渗透系数较大时，宜采用双排井点，布置在基坑（槽）的两侧；当基坑面积较大时，宜采用环形井点，可在地下水的下游方向留置挖土运输通道。

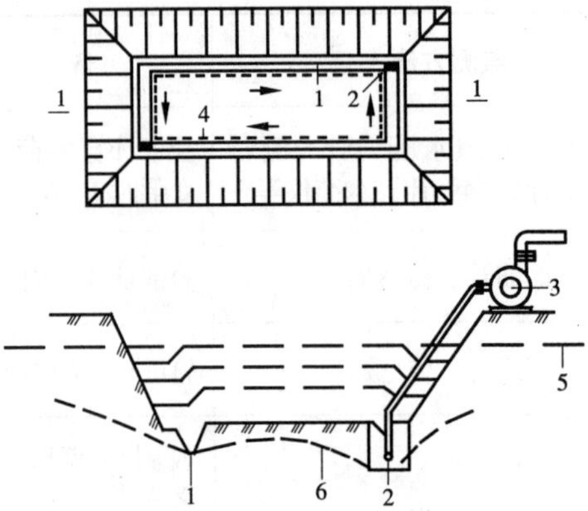

1—排水明沟；2—集水井；3—离心式水泵；
4—设备基础或建筑物基础边线；
5—原地下水位线；6—降低后地下水位线

(a) 明沟、集水井排水方法

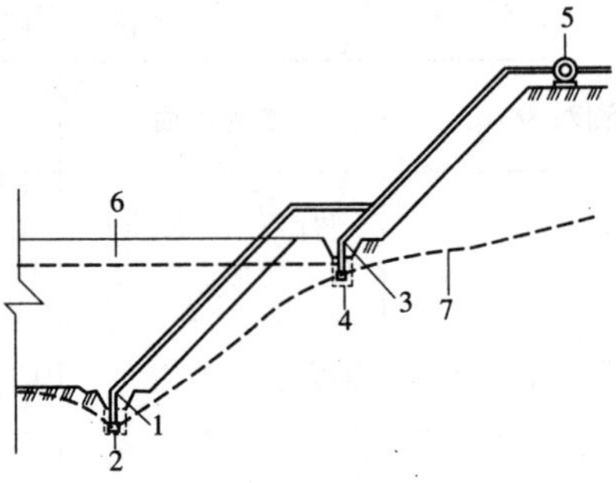

1—底层排水沟；2—底层集水井；
3—二层排水沟；4—二层集水井；5—水泵；
6—原地下水位线；7—降低后地下水位线

(b) 分层明沟、集水井排水法

图 1-17　集水明排法

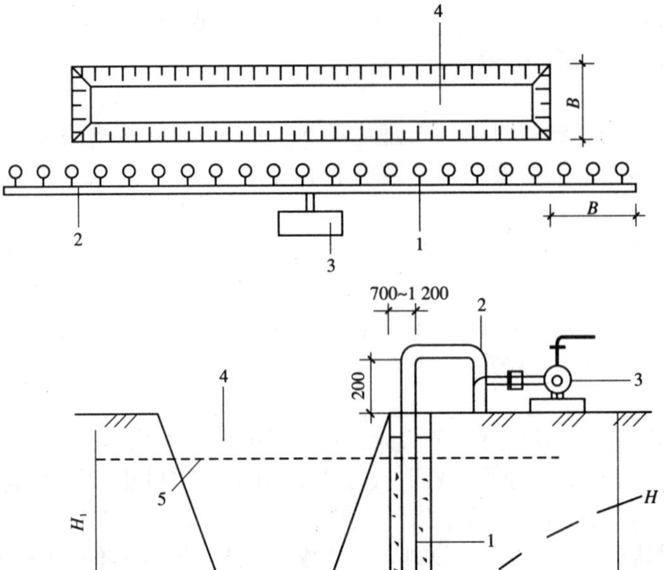

1—井点管；2—集水总管；3—抽水设备；4—基坑；5—原地下水位线；6—降低后地下水位线；H—井点管长度；
H_1—井点埋设面至基础底面的距离；h—降低后地下水位至基坑底面的安全距离，一般取0.5 ~ 1.0 m；
L—井点管中心至基坑外边的水平距离；l—滤管长度；B—开挖基坑上口宽度

(a) 单排线状井点布置

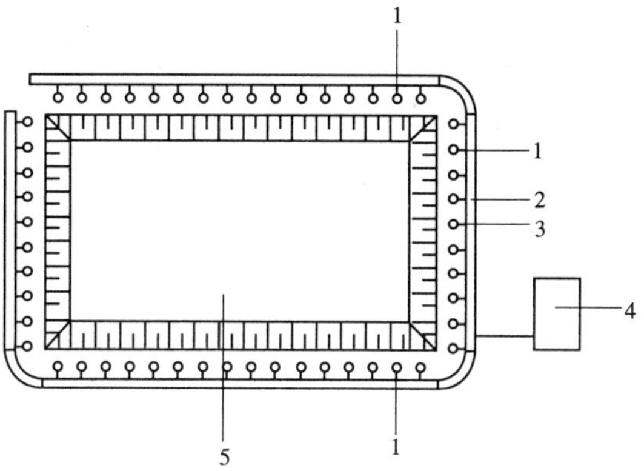

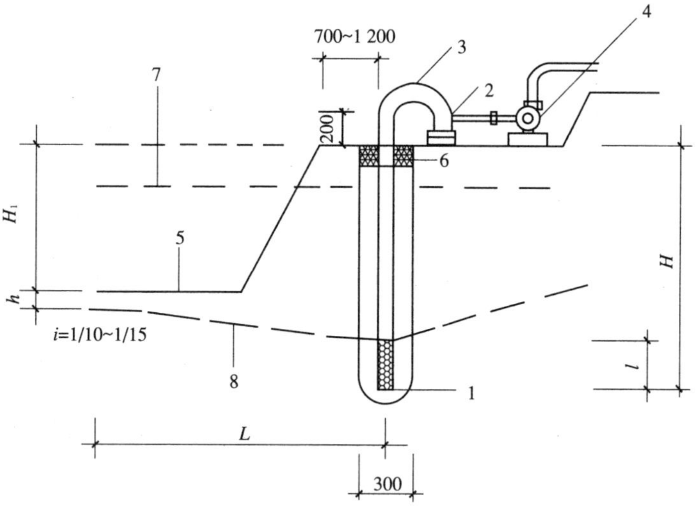

1—1

1—井点；2—集水总管；3—弯联管；4—抽水设备；5—基坑；6—填黏土；7—原地下水位线；8—降低后地下水位线；H—井点管埋置深度；H_1—井点埋设面至基础底面的距离；h—降低后地下水位至基坑底面的安全距离，一般取0.5～1.0 m；L—井点管中心至基坑中心的水平距离；l—滤管长度

(b) 环形井点布置

图 1-18　井点布置

3. 回灌技术（图1-19）

（1）采用回灌井点。降水对周围环境的影响，是由于土壤内地下水流失造成的。回灌井点技术即在降水井点和要保护的建（构）筑物之间打设一排井点。在降水井点抽水的同时，通过回灌井点向土层内灌入一定数量的水（即降水井点抽出的水），形成一道隔水帷幕。从而阻止或减少回灌井点外侧被保护的建（构）筑物地下的地下水流失，使地下水位基本保持不变，这样就不会因降水使地基自重应力增加而引起地面沉降。

采用回灌井点时，回灌井点与降水井点的距离不宜小于6 m，回灌水量要适当，过小无效。过大会从边坡或钢板桩缝隙流入基坑。

(2) 采用砂沟、砂井回灌。在降水井点与被保护建（构）筑物之间设置砂井作为回灌井，沿砂井布置一排砂沟，将降水井点抽出的水，适时、适量排入砂沟，再经砂井回灌到地下。实践证明亦能收到良好效果。

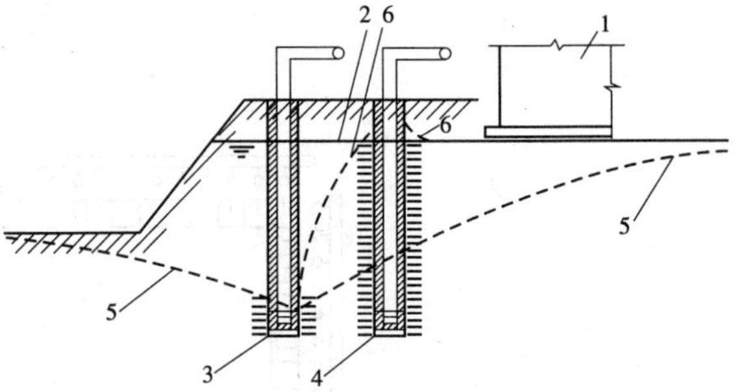

1—已有建筑；2—原水位线；3—降水井点；4—回灌井点；5—基坑内降低后的水位线；6—回灌后水位线

图 1-19　回灌技术

4. 截水（图 1-20）

截水即利用截水帷幕切断基坑外的地下水流入基坑内部。截水帷幕目前常用注浆、旋喷法、深层搅拌水泥土桩挡墙等。

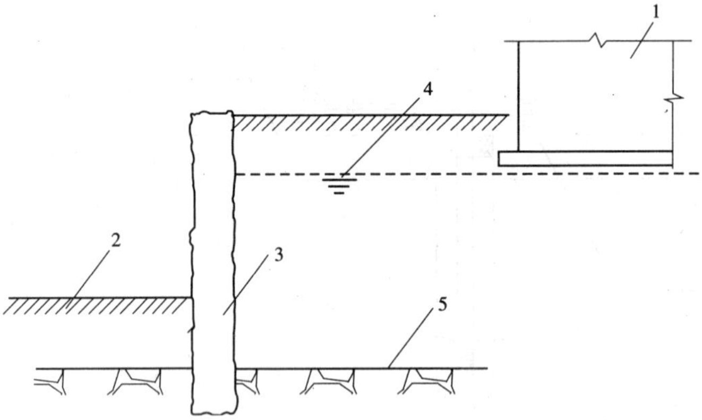

1—已有建筑；
2—基坑；
3—深层搅拌水泥土桩挡墙；
4—地下水位；
5—隔水层

图 1-20　截水

项目 1.3　基坑支护

学习重点：了解几种基坑支护方法的工作流程和工作重点。

1.3.1　钢板桩施工

钢板桩支护具有施工速度快，可重复使用的特点。常用的钢板桩有 U 形和 Z 形，还有直腹板式、H 形和组合式钢板桩。常用的钢板桩施工机械有自由落锤、气动锤、柴油锤、振动锤，使用较多的是振动锤。

1. 工作流程

测量放线 ⇒ 钢板桩检验矫正，选择合适打桩机具 ⇒ 钢板桩打设 ⇒ 钢板桩的拔除

2. 工作重点

1）打入方式选择（图1-21）

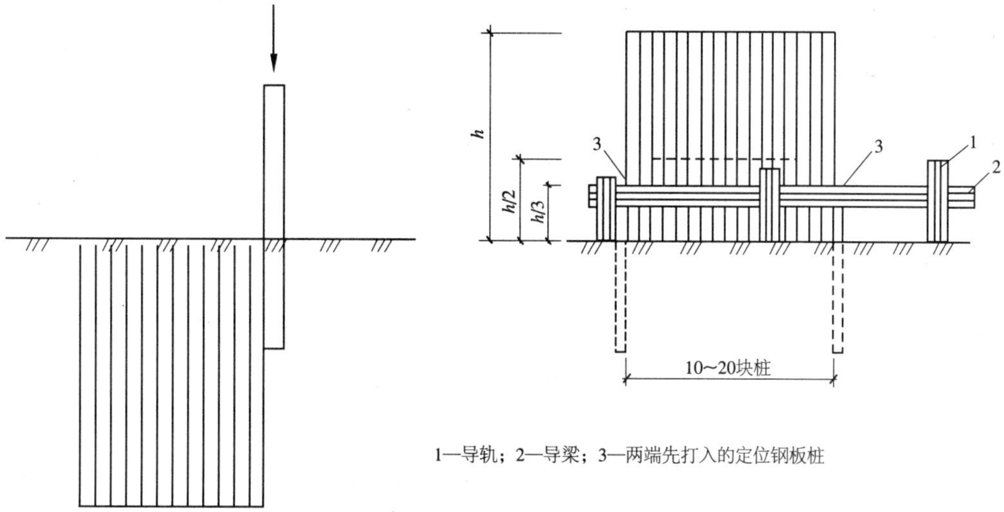

(a) 单独打入法　　(b) 屏风式打入法

图1-21　钢板桩打入方式

（1）单独打入法。这种方法是从板桩墙的一角开始，逐块（或两块为一组）打设，直至工程结束，根据板桩与板桩之间的锁扣方式可分为大锁扣扣打施工法和小锁扣扣打施工法。这种方法只适用于板桩墙要求不高且板桩长度较小的情况。

（2）屏风式打入法。这种方法是将10～20根钢板桩成排插入导架内，呈屏风状，然后再分批施打。用这种方法打设板桩墙比较多，它耗费的辅助材料不多，但能保证质量。

2）钢板桩拔除

为便于修整后重复使用，在进行基坑回填土时，要拔除钢板桩。拔除前要研究钢板桩拔除顺序、拔除时间及桩孔处理方法。

3. 钢板桩打设中常见问题的原因及处理方法（图1-22，表1-18）

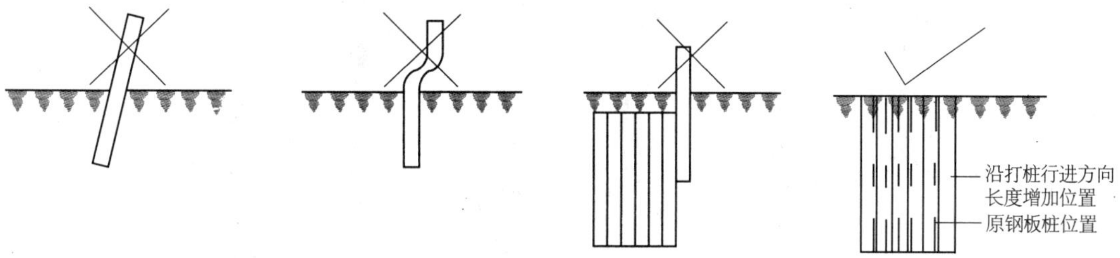

(a) 倾斜　　(b) 扭转　　(c) 共连　　(d) 水平伸长

图1-22　钢板桩打设中常见问题［(a)，(b)，(c) 为错误做法，(d) 为正确做法］

表 1-18　　钢板桩打设中常见问题的原因及处理方法

常见问题	原　因	处理方法
倾斜（板桩头部向打桩行进方向倾斜）	被打桩与邻桩锁口间阻力较大，而打桩行进方向的贯入阻力小	施工过程中用仪器随时检查、控制、纠正；发生倾斜时用钢丝绳拉住桩身，边拉边打，逐步纠正；对先打的板桩适度预留偏差（反向惯斜）
扭转	锁口是铰式连接	在打桩行进方向用卡板锁住板桩的前锁口；在钢板桩与围檩之间的两边空隙内，设滑轮支架，制止板桩下沉中的转动；在两块板桩锁口扣搭处的两边，用垫铁和木棒填实
共连（打板桩时和已打入的邻桩一起下沉）	钢板桩倾斜弯曲，使槽口阻力增加	发生板桩倾斜及时纠正；把相邻已打好的桩（数块）用角铁电焊临时固定
水平伸长（沿打桩行进方向长度增加）	钢板桩锁口扣搭处有空隙	属正常现象。对四角要求封闭的挡墙，设计时要考虑水平伸长值，可在轴线修正时纠正

1.3.2　水泥土墙施工

深层搅拌水泥土桩墙，是采用水泥作为固化剂，通过特制的深层搅拌机械，在地基深处就地将软土和水泥强制搅拌形成水泥土，利用水泥和软土之间所产生的一系列物理—化学反应，使软土硬化成整体性的，并有一定强度的挡土、防渗墙。

1. 工作流程

测量放线 ⇒ 桩机就位 ⇒ 预搅下沉 ⇒ 提升喷浆搅拌 ⇒ 重复下沉搅拌 ⇒ 重复提升搅拌 ⇒ 成桩结束

2. 工作流程示意（图 1-23）

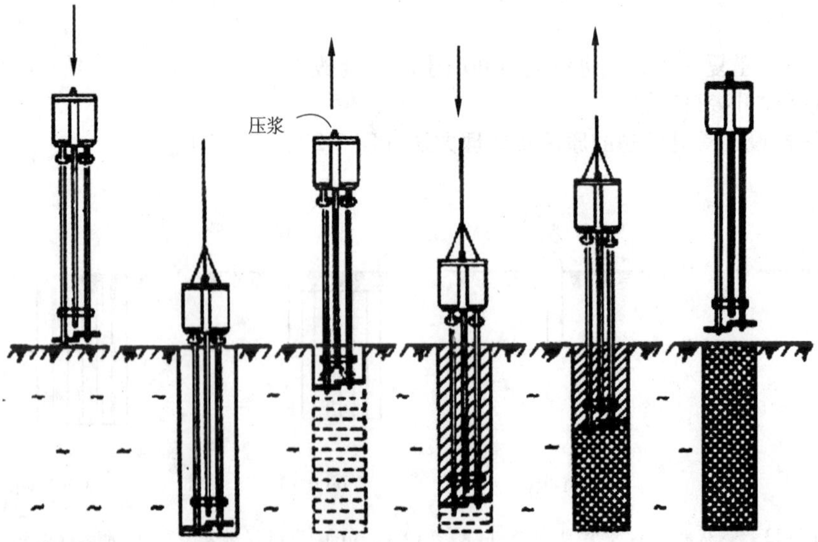

(a)桩机就位　(b)预搅下沉　(c)桩提升喷浆搅拌　(d)重复下沉搅拌　(e)重复提升搅拌　(f)成桩结束

图 1-23　深层搅拌水泥土桩墙

3. 工作重点

1）就位

深层搅拌桩机开行达到指定桩位，对中。当地面起伏不平时应注意调整机架的垂直度。

2）预搅下沉

深层搅拌机运转正常后，启动搅拌机电机，使搅拌机沿导向架切土搅拌下沉。如遇硬黏土等下沉速度太慢，可以适当补给清水以利钻进。深层搅拌机预搅下沉到一定深度后，开始拌制水泥浆。

3）提升喷浆搅拌

深层搅拌机下沉到达设计深度后，开启灰浆泵将水泥浆压入地基土中，此后边喷浆、边旋转、边提升深层搅拌机，直至设计桩顶标高。

4）沉钻复搅

再次沉钻进行复搅，如果水泥掺入比较大或因土质较密在提升时不能将应喷入土中的水泥浆全部喷完时，可在重复下沉搅拌时予以补喷，即采用“二次喷浆，三次搅拌”工艺，但此时仍应注意喷浆的均匀性。第二次喷浆量不宜过少，可控制在单桩总喷浆量的30%～40%，因为过少的水泥浆很难做到沿全桩均匀分布。

5）重复提升搅拌

边旋转、边提升，重复搅拌至桩顶标高，并将钻头提出地面。

4. 水泥土墙施工中常见问题及处理方法（表1-19）

表1-19　　水泥土墙施工中常见问题及处理方法

常见问题	原　因	处理方法
钻进困难	遇到地下障碍物，遇到密实的黏土层、粉砂层、细砂层	改进钻头、适当注水钻进
发生断浆	压浆泵故障，管路阻塞	排除故障，疏通管路
注浆不均匀	提升速度与注浆速度不协调	对现场土层进行工艺试桩，改进工艺
桩顶缺浆	注浆过快或提升过慢	协调提升速度与注浆速度
浆液多余	注浆太慢或提升过快	
其　他	样槽开挖太浅、太小	加深、加宽样槽
	成桩速度过快	放慢施工速度
	布桩过密	采用格栅式布置，减少密排桩
	土层有局部软弱层或带状软弱层，注浆压力扩散	调整施工顺序，先施工水泥土墙外排桩，将基坑封闭，使压力向坑内扩散

1.3.3 地下连续墙施工

地下连续墙施工工艺，是用特制的挖槽机械，在泥浆护壁下开挖一个单元槽段的沟槽，清底后放入钢筋笼，用导管浇筑混凝土至设计标高，一个单元槽段即施工完毕。各单元槽段间由特制的接头连接，形成连续的钢筋混凝土墙体。工程开挖土方时，地下连续墙可用作支护结构，既挡土又挡水，地下连续墙还可同时用作建筑物的承重结构。

1. 工作流程

成槽 ⇒ 吊放接头管（接头箱） ⇒ 吊放钢筋笼 ⇒ 浇筑混凝土 ⇒ 拔出接头管（接头箱）

2. 工作流程示意（图 1-24）

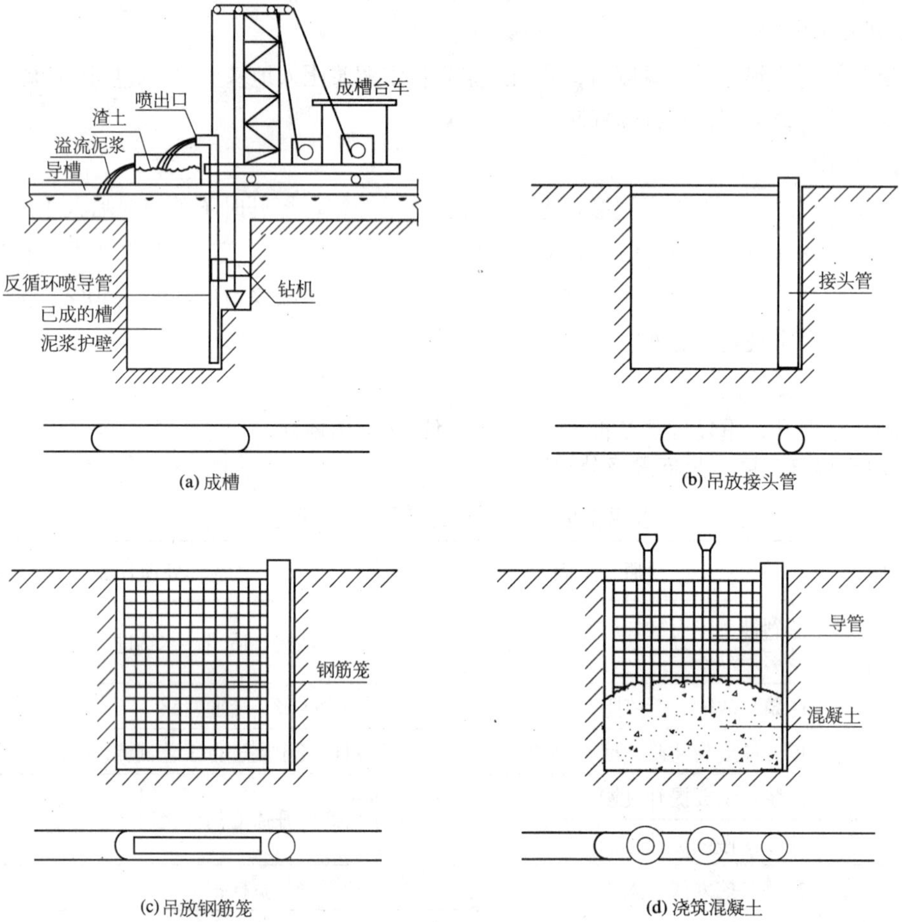

图 1-24　地下连续墙施工流程图

3. 工作重点

（1）挖导沟、筑导墙。导墙可起到挡土墙的作用，同时可以作为测量的基准，也可作为挖槽机械轨道的支承，还能起到存蓄泥浆的作用。

导墙的施工程序为：平整场地→测量定位→挖槽及处理弃土→绑扎钢筋→支模板→浇筑混凝土→拆模并设置横撑→导墙外侧回填土（如无外侧模板，可不进行此项工作）。

（2）泥浆护壁。在地下连续墙的施工中，需要泥浆来护壁、清渣，同时泥浆还可作为挖土的润滑剂和机具的冷却剂。泥浆的费用占了地下连续墙工程费用的一定比例，所以如何合理配置和正确使用泥浆，不仅是挖槽成功的一个关键工序，而且还是控制投资成本的重要一环。

(3) 挖槽。挖槽要选择合理的施工机械，科学地划分施工单元槽段，施工中要防止槽壁坍塌。

(4) 钢筋笼加工和吊放。制作钢筋笼，要确保钢筋的根数、位置、间距，按配筋图施工，最好按单元槽段做成整体，如果需分段制作，吊放时再连接，宜采用绑条焊接。钢筋笼的起吊、运输、吊放应制定周密的施工方案，不允许在此过程中产生不能恢复的变形（图1-25）。

图1-25　地下连续墙钢筋笼吊放

(5) 地下连续墙的接头。一个单元槽段挖好后，在槽段的端部用吊车放入接头管，然后吊放钢筋笼并浇筑混凝土，在混凝土浇筑后3～5 h，当混凝土强度达到0.05～0.2 MPa时，开始拔接头管，每隔20～30 min提拔一次，每次上拔30～100 cm，应在混凝土浇筑结束后8 h以内将接头管全部拔出。

(6) 浇筑混凝土。采用导管浇筑混凝土，在浇筑过程中，导管下口总是埋在混凝土内1.5 m以上，最深不宜超过9 m，在施工中要随时掌握混凝土的浇筑量、混凝土上升高度和导管埋入深度，浇筑时导管可以上下抽动，但不能做横向运动，槽内混凝土面上升速度不宜小于2 m/h。考虑到浮浆，混凝土面需要超浇30～50 cm，留待以后凿去。

4. 地下连续墙施工中常见问题及处理方法（表1-20）

表1-20　地下连续墙施工常遇问题、预防措施及处理方法

常见问题	原　因	处理方法
糊钻（在黏性土层成槽，黏土附在多头钻刀片上产生抱钻现象）	在软塑黏土层钻进，进尺过快，钻渣多。出浆口堵塞。在黏性土层成孔，钻速过慢，未能将切削泥土甩开	施钻时注意控制钻进速度，发生糊钻现象，可提出槽孔清除钻头上的泥渣
槽壁坍塌（局部孔壁坍塌水位突然下降，孔口冒细密的水泡，出土量增加，而不见进尺，钻机负荷显著增加）	(1) 遇软弱土层或流沙层或在松软砂层中钻进，进尺过快，或空转时间太长； (2) 护壁泥浆选择不当，泥浆配制不合要求，起不到护壁作用； (3) 地下水位过高，或孔内出现承压水； (4) 成槽后搁置时间过长，泥浆沉淀； (5) 槽内泥浆液面降低，或下雨使地下水位急剧上升； (6) 槽段过长，或地面附加荷载过大等	(1) 控制进尺，不要过快或空转过久； (2) 适当加大泥浆密度，成槽应根据土质情况选用合适泥浆，并通过试验确定泥浆密度； (3) 控制槽段液面高于地下水位0.5 m以上； (4) 槽段成孔后，及时放钢筋笼并浇筑混凝土； (5) 根据钻进情况，随时调整泥浆密度和液面标高； (6) 单元槽段一般不超过两个槽段，注意地面荷载不要过大

(续表)

常见问题	原　因	处理方法
钢筋笼难以放入（吊放钢筋笼被卡或搁住）	(1) 槽壁凹凸不平或弯曲； (2) 钢筋笼尺寸不准，纵向接头处产生弯曲吊放时产生变形	(1) 成孔要保持槽壁面平整； (2) 严格控制钢筋笼外形尺寸，其长宽应比槽孔小 100 ~ 120 mm；钢筋笼接长时使上段垂直对正下段，再进行焊接，并对称施焊。如因槽壁弯曲钢筋笼不能放入，应修整后再放
钢筋笼上浮	(1) 钢筋笼太轻，槽底沉渣过多； (2) 导管埋入深度过大，或混凝土浇灌速度过慢，钢筋笼被托起上浮	(1) 钢筋笼在导墙上设置锚固点固定钢筋笼，清除槽底沉渣； (2) 加快浇灌速度，控制导管的最大埋深不超过 6 m
接头管拔不出	(1) 接头管本身弯曲，或安装不直； (2) 抽拔接头管千斤顶能力不够，或不同步； (3) 拔管时间未掌握好，混凝土已经终凝，使摩阻力增大；混凝土浇灌时未经常上下活动接头管； (4) 接头管表面的耳槽盖漏盖	(1) 接头管制作垂直度应在 1/1 000 以内，安装时必须垂直插入，偏差不大于 50 mm； (2) 拔管装置能力应大于 1.5 摩阻力； (3) 接头管抽拔要掌握时机，混凝土初凝后即应上下活动。每 10 ~ 15 min 活动一次，混凝土浇筑后 3.5 ~ 4 h 应开始顶拔，5 ~ 8 h 内将管子拔出； (4) 盖好上月牙槽盖
夹层（地下连续墙壁混凝土内存在夹泥层）	(1) 导管摊铺面积不够，部分位置灌筑不到，被泥渣填充； (2) 灌筑管埋置深度不够，泥渣从底口进入混凝土内； (3) 导管接头不严密，泥浆掺入导管内； (4) 首批灌筑混凝土量不足； (5) 混凝土未连续浇灌造成间断或浇灌时间过长，后浇灌的混凝土顶破顶层上升，与泥渣混合； (6) 导管提升过猛，或测深错误，导管底口超出原混凝土面，底口涌入泥浆	(1) 多槽段灌筑时，应设 2 ~ 3 个导管同时灌筑； (2) 导管埋入混凝土深度应不小于 1.5 m； (3) 导管接头应采用粗丝扣，设橡胶圈密封； (4) 首批灌入混凝土量要足够充分，使其有一定的冲击量，能把泥浆从导管中挤出； (5) 保持快速连续进行，中途停歇时间不超过 15 min，槽内混凝土上升速度不应低于 2 m/h； (6) 导管上升速度不要过猛；采取快速浇灌，防止时间过长塌孔

注：1. 严重塌孔，要拔出钻头填入优质钻土待沉积密实重新下钻；局部坍塌，可加大泥浆密度，已塌土体可用钻机搅成碎块抽出。

2. 遇塌孔可将沉积在混凝土上的泥土吸出，继续灌筑；如混凝土凝固，可将导管提出，将混凝土清出，重新下导管灌筑混凝土；混凝土已凝固出现夹层，应在清除后采取压浆补强方法处理。

1.3.4 逆作（筑）法施工

1. 工作流程

浇筑地下连续墙 → 浇筑或打下中间支承柱 → 然后开挖土方至地下一层顶面底标高处 → 浇筑该层的楼盖结构(留有部分工作孔) → 通过工作孔逐层向下施工各层地下室结构 → 同时向上逐层施工地上结构 → 这样上、下同时进行施工，直至工程结束

2. 工作流程示意（图1-26）

（1）“逆作法”施工，根据地下一层的顶板结构封闭还是敞开，分为“封闭式逆作法”和“敞开式逆作法”。前者在地下一层的顶板结构完成后，上部结构和地下结构可以同时进行施工，有利于缩短总工期；后者上部结构和地下结构不能同时进行施工，只是地下结构自上而下的逆向逐层施工。还有一种方法称为“半逆作法”，又称“局部逆作法”。其施工特点是：开挖基坑时，采用盆式挖土，先放坡开挖基坑中心部位的土体，靠近围护墙处留土以平衡坑外的土压力，待基坑中心部位开挖至坑底后，由下而上顺作施工基坑中心部位地下结构至地下一层顶，然后同时浇筑留土处和基坑中心部位地下一层的顶板，用作围护墙的水平支撑，而后进行周边地下结构的逆作施工，上部结构亦可同时施工。

（2）“逆作法”施工能缩短工程施工的总工期。具有多层地下室的高层建筑，如采用传统方法施工，其总工期为地下结构工期加地上结构工期，再加装修等所占之工期。而用“封闭式逆作法”施工，一般情况下只有地下一层占部分绝对工期，而其他各层地下室可与地上结构同时施工，不占绝对工期，因此可以缩短施工的总工期。

（3）“逆作法”施工基坑变形小，能减少深基坑施工对周围环境的影响。采用逆作法施工，是利用地下室的楼盖结构作为支护结构。地下连续墙的水平支撑体系，其刚度比临时支撑的刚度大得多，而且没有拆撑、换撑工况，因而可减少围护墙在侧压力作用下的侧向变形。此外，挖土期间用作围护墙的地下连续墙，在地下结构逐层向下施工的过程中，成为地下结构的一部分，而且与柱（或隔墙）、楼盖结构共同作用，结果可减少地下连续墙的沉降，即减少了竖向变形。这一切都使逆作法施工可最大限度地减少对周围相邻建筑物、道路和地下管线的影响，在施工期间可保证其正常使用。

（4）“逆作法”施工简化了基坑的支护结构，有明显的经济效益。采用逆作法施工，一般地下室外墙与基坑围护墙采用两墙合一的形式，一方面省去了单独设立的围护墙；另一方面可在工程用地范围内最大限度扩大地下室面积，增加有效使用面积。此外，围护墙的支撑体系由地下室楼盖结构代替，省去大量支撑费用。而且楼盖结构即支撑体系，还可以解决特殊平面形状建筑或局部楼盖缺失所带来的布置支撑的困难，并使受力更加合理。由于上述原因，再加上总工期的缩短，因而在软土地区对于具有多层地下室的高层建筑，采用逆作法施工具有明显的经济效益。

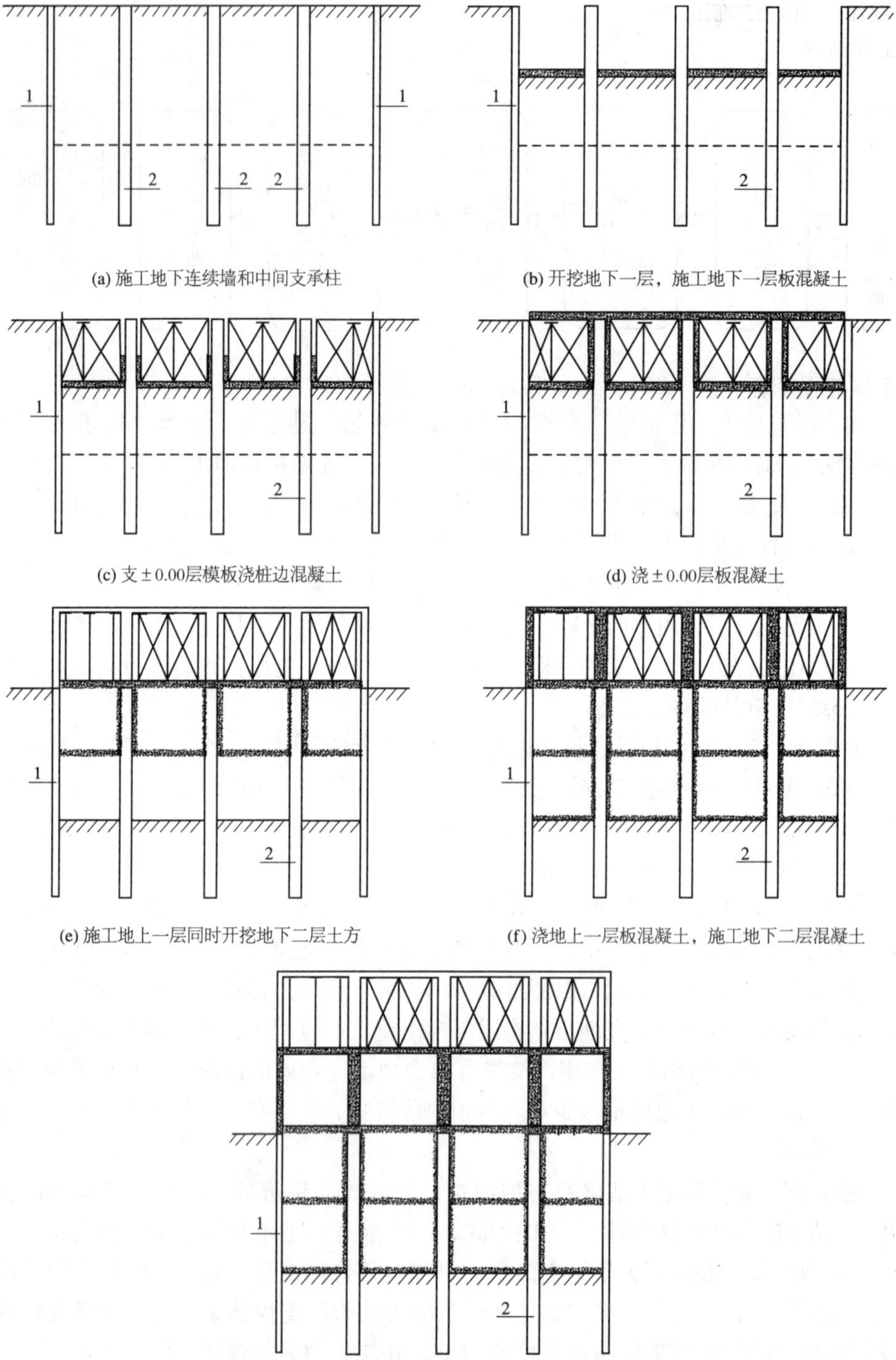

(a) 施工地下连续墙和中间支承柱

(b) 开挖地下一层，施工地下一层板混凝土

(c) 支±0.00层模板浇桩边混凝土

(d) 浇±0.00层板混凝土

(e) 施工地上一层同时开挖地下二层土方

(f) 浇地上一层板混凝土，施工地下二层混凝土

(g) 施工地上二层混凝土

1—地下连续墙；2—中间支承柱

图1-26　逆作（筑）法施工

（5）“逆作法”施工期间，楼面恒载和施工荷载等通过中间支承柱传入基坑底部，压缩土体，可减少土方开挖后的基坑隆起，同时中间支承柱作为底板的支点，使底板内力减小，而且无抗浮问题存在，使底板设计更趋合理。

3. 工作重点

（1）选择逆作施工形式。逆作法分为“封闭式逆作法”、“敞开式逆作法”、“半逆作法”三种施工形式。

对于工期要求短，或经过综合经济比较，经济效益显著的工程，在技术可行的条件下应优先选用“封闭式逆作法”。当地下室结构复杂、工期要求不紧、技术力量相对不足时，应考虑“敞开式逆作法”或“半逆作法”。半逆作法多用于地下结构面积较大的工程。

（2）施工洞孔布置。合理布置出土口、上人口、通风孔。

（3）中间支承柱（中柱桩）施工。中间支承柱多采用灌注桩方法进行施工，成孔方式视土质和地下水位而定。施工质量要求要高于常规施工方法。

（4）确定降水方案。一般多采用深井泵或加真空的深井泵来降低地下水位。降水时一定要在坑内水位降至各工况挖土面以下1.0 m以后，方可开始挖土施工。施工中要定时记录坑内外的水位，以便掌握挖土时间和降水速度。

（5）地下室土方开挖。挖土先从出土口处开始，逐皮逐层推进，为防止坍塌伤人，开挖的土方坡面不宜大于75°，严禁掏挖。

（6）地下室结构施工。地下室结构尽可能利用土模浇筑梁板楼盖结构，对于地面梁板或地下各层梁板，挖至其设计标高后，将土面整平夯实，浇筑一层C10厚约100 mm的素混凝土，然后刷一层隔离层，就可以施工楼板钢筋。对于梁模板，土质好时按梁的截面尺寸挖出沟槽作为土胎模，土质较差时，可用模板搭设或采用砖模。

4. 逆作法施工存在的问题

（1）多利用人工开挖和运输，机械化程度较低。逆作法施工挖土是在顶部封闭状态下进行，基坑中还分布有一定数量的中间支承柱（亦称中柱桩）和降水用井点管，在目前尚缺乏小型、灵活、高效的小型挖土机械情况下，使挖土的难度增大。

（2）对于层高较高的地下室，有时需另设临时水平支撑或加大围护墙的断面及配筋。因为逆作法用地下室楼盖作为水平支撑，支撑位置受地下室层高的限制，无法调整。

（3）逆作法施工需设中间支承柱，作为地下室楼盖的中间支承点，承受结构自重和施工荷载。为方便施工，数量不宜过多，此时可采用加设临时钢立柱，但会提高施工费用。

（4）对地下连续墙、中间支承柱与底板和楼盖的连接节点需进行特殊处理。如何减少地下连续墙和底板的沉降差异在设计方面尚需研究。

（5）需要配备专用设备。在地下封闭的工作面内施工，要求使用低于36 V的低电压。还需增设一些垂直运输土方和材料设备的专用设备及地下施工需要的通风、照明设备。

思考与训练

1. 土方计算。

某厂房场地平整，部分方格网如图1-27所示，方格边长为20 m×20 m，分别用方格网法和横截面法计算挖填总土方工程量。

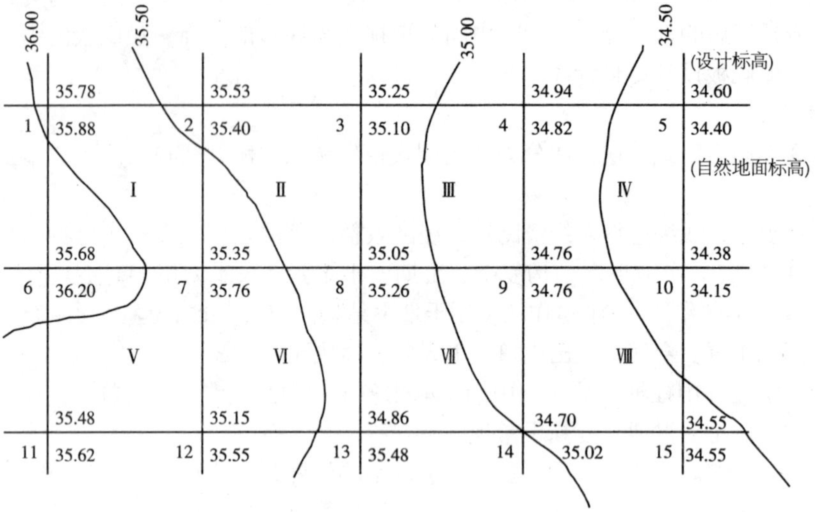

（图中Ⅰ，Ⅱ，Ⅲ等为方格编号，1，2，3等为角点号）

图 1-27　方格角点标高、方格编号、角点编号图

2. 试写出某土方回填工程的主要施工方法及施工工艺。

工程概况：某工程地下2层，地上30层，为箱形基础，结构类型为现浇钢筋混凝土框架-剪力墙结构。基槽和车库顶板回填土由现场的存土区或厂外供应；基槽回填时距离结构外墙800 mm范围内采用2∶8（质量比）灰土回填，其余部位采用素土回填夯实，压实系数大于0.95；主要用于绿化和园林。

基槽采用人工辅以打夯机回填，采用小型机械或人工手推车运土；车库顶板用人工辅以蛙式打夯机夯填1 000 mm厚的土方后，方可采用小型机械运输作业。机械选用自重不大于6 t的静压机进行碾压压实作业，但严禁使用振动压路机进行压实作业。

单元2 基础工程施工

单元概述：通过学习掌握浅基础施工的工作流程和工作重点，掌握浅基础施工中常见的质量事故产生的原因及处理方法；掌握常见桩基础施工的工作流程和工作重点；掌握桩基础施工常见的质量事故及处理方法；掌握常用地基处理方法的工作流程、工作重点及质量检验方法。

学习目标：

1. 通过学习能够组织浅基础、桩基础、地基处理工程的施工。
2. 通过学习具备现场施工员的工作能力。
3. 通过学习能够监督检查浅基础、桩基础、地基处理工程的施工。
4. 通过学习具备旁站监理员的工作能力。

教学建议：采用案例教学法，先从小的案例教学入手，用连环画形式图解工作流程；用漫画形式分析常见质量事故及处理方法；针对不同的案例设计不同的问题，请学生解答，并由学生讨论分析不同的答案。布置学生分组搜集资料设计浅基础工程、桩基础工程、地基处理工程的施工案例，并进行案例讨论和评比。

学时建议：总学时建议为 12 学时，其中项目 2.1 浅基础施工建议 4 学时，项目 2.2 桩基础施工建议 4 学时，项目 2.3 地基处理建议 2 学时。

关键词：条形基础（strip footing）；独立基础（singing footing）；筏板基础（floating foundation）；箱形基础（box foundation）；桩基础（pile foundation）；预制桩（precast pile）；钻孔灌注桩（bored pile）；人工挖孔桩（hang drilling pile）；灌注桩后注浆（cast-in-place pile post grouting）；地基处理（ground treatment）

项目 2.1　浅基础施工

学习重点：

1. 掌握浅基础的工作流程及工作重点。
2. 掌握浅基础施工的质量事故产生的原因及处理方法。

2.1.1　无筋扩展基础

无筋扩展基础是指由砖、毛石、混凝土或毛石混凝土、灰土和三合土等材料组成的墙下条形基础（strip footing）或柱下独立基础（singing footing）。无筋扩展基础适用于多层民用建筑和轻型厂房。

1. 工作流程

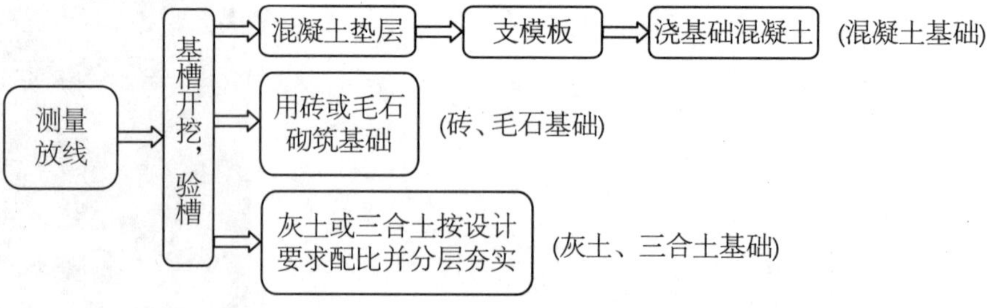

2. 工作流程示意（图 2-1）

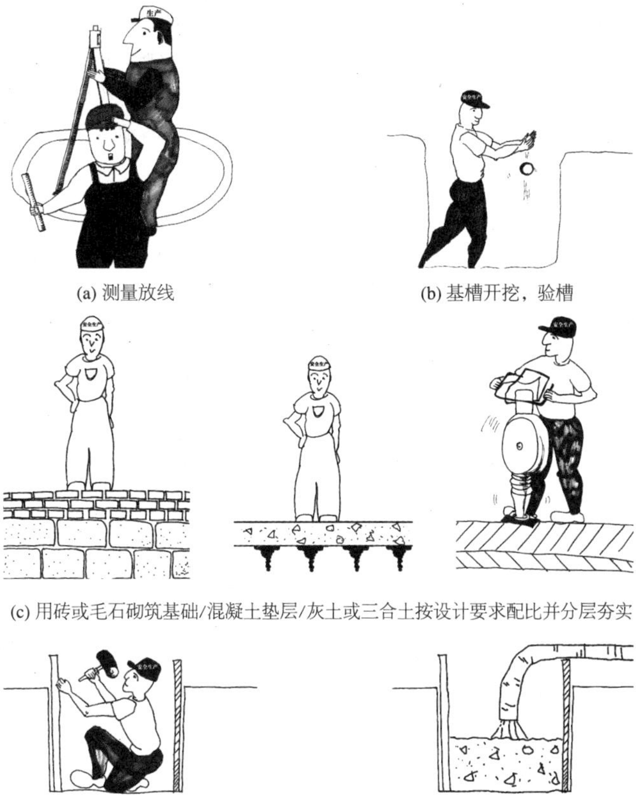

(a) 测量放线　(b) 基槽开挖，验槽

(c) 用砖或毛石砌筑基础/混凝土垫层/灰土或三合土按设计要求配比并分层夯实

(d) 支模板　(e) 浇基础混凝土

图 2-1　无筋扩展基础工作流程

3. 工作重点

（1）达到设计要求的深度和持力层后，要组织地勘、监理、建设方、施工方、设计方验槽，合格后，清除表层浮土及扰动土，不留积水，并马上进行垫层的施工。

（2）基槽检验要点：

① 核对基坑的位置、平面尺寸、坑底标高。

② 核对基坑土质和地下水情况。逐段或按每个建筑物单元详细检查槽底土质是否与勘察报告中所提持力层相符，检查槽底土质时，应仔细观察刚开挖的、结构未被破坏的原状土，检验人员应亲自挖土观察，冬季时应注意槽底土是否有冰冻现象。在城市中应特别注意基底有无杂填土及其分布情况；当持力层土质软弱或不均匀，或有软弱下卧层时，根据需要可利用轻便触探或微型贯入仪等，以查明持力层的密度和均匀性，以及软弱下卧层的厚度及分布情况。

③ 检查地下水情况。为了保持土的天然状态，不容许基槽内积水，如发现有积水，应立即掏除并检验淹没处土的湿度变化，湿度变化大时，应采取处理措施。

④ 查明基底是否有异常。空穴、古墓、古井、防空掩体及地下埋设物的位置、深度、性状。基底如为干硬或稍湿的黏性土层，验槽时可采用铁碇拍底检查古井、墓穴及虚土等。

4. 常见质量事故及处理措施

1）基坑底有浮土或已扰动土未清理干净

严格清底检查、验槽及清底验收合格后，立即进行垫层施工。施工运料砖石等应沿斜板滑下，以免扰动基槽地基土质。若槽底土被践踏而受到扰动时，基础施工前应将扰动部分清除至硬底为止，如不能完全清除或槽底位于地下水位以下土的湿度较大、土质较软时，应先铺一层砂石垫层，将浮土挤紧，然后再施工基础。干砂地基，在基础施工前应适当洒水夯实。基槽开挖后应防止水浸和土受冻。

2）基坑超挖

开工前，根据设计要求试挖几个基坑，并请地勘、监理、建设方、施工方、设计方验槽，确定持力层的验收标准，再大面积施工。

3）地基的局部处理方法

根据基槽检验查明的局部异常的地基，在查明原因和范围后均应妥善处理。具体处理方法应根据地基情况、工程地质及施工条件而有所不同，最终应以使建筑物的各个部位沉降尽量趋于一致，以减小地基的不均匀沉降为处理原则。常见的处理方法有以下几种。

（1）人工杂填土、坑穴、淤泥等软弱土层的处理方法（图2-2）。①一般当坑的范围较小深度不大时，可将其虚土全部挖除，使坑底及四壁均见天然土为止，然后采用与坑边的天然土压缩性相接近的材料回填。当天然土为中密的可塑的黏性土时，可用1∶9 或2∶8 灰土（质量比）分层夯实回填；如为较密实的黏性土应用3∶7 的灰土分层夯实回填；如为砂层时，可用砂或级配砂石回填，回填应分层夯实或用平板振捣器振密，每层厚度不应大于200 mm。②当坑的范围较大或因其他条件限制，基槽不能开挖太宽，槽底挖不到天然土层时，则应将该范围的基槽适当加宽或将基础挖深，做1∶2 踏步与两端相接，必要时应加强上部结构。

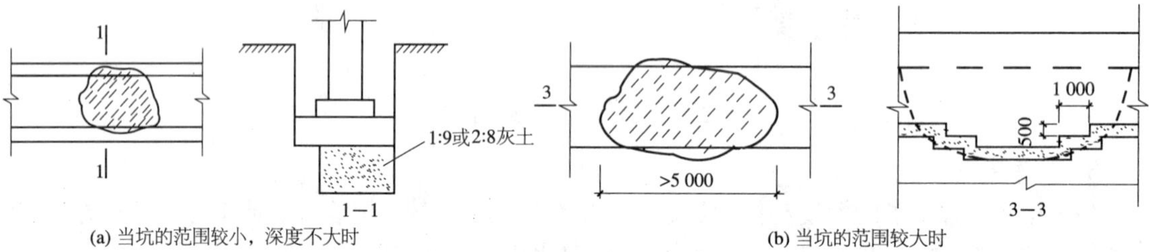

图 2-2　人工杂填土、坑穴、淤泥等软弱土层的处理方法

（2）砖井或土井的处理方法。当井内土层已密实时，应将井的砖圈拆除1 m，进行处理，并加强上部结构的强度，可采用墙内配筋或做地基梁跨越砖井。如井内回填土不密实，可用大块石将下面软土挤密后再按上述方法进行处理（图2-3）。

（3）局部硬土的处理。当柱基或部分基槽下有过硬土层时，如常见的旧基础、老灰土、大树根、砖窑底等均应挖除，视情况回填土或挖深基础，以防止建筑物产生不均匀沉降，造成上部建筑开裂（图2-4）。

（4）橡皮土的处理。当地基为黏性土，且含水量很大趋于饱和时，要避免直接夯拍，可采用晾槽或掺白灰的办法降低土的含水量。如地基土已发生了颤动现象，则应采取措施，如利用碎石或卵石将泥挤紧或将泥挖出重新回填处理。

（5）如在地基中遇有文物、古墓时应及时与有关部门取得联系后再进行施工。

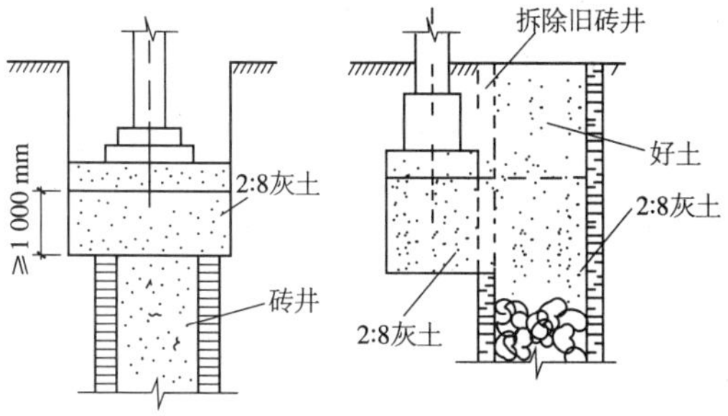

图 2-3　砖井或土井的处理方法

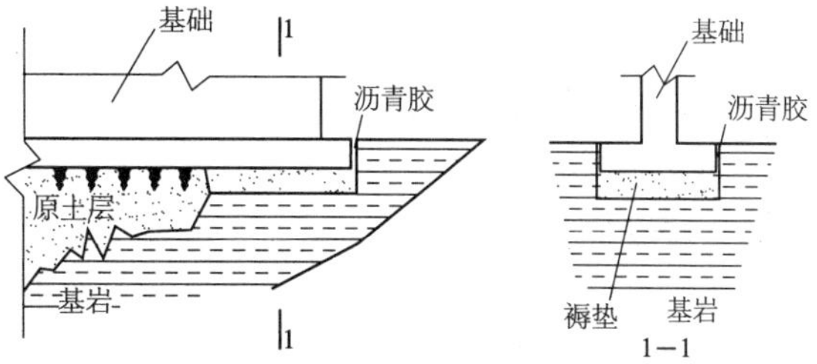

图 2-4　局部硬土的处理

（6）如在地基内发现未经说明的电缆、管道时，切勿自行处理，应与主管部门共同商定施工方法。

2. 1. 2　钢筋混凝土扩展基础

系指柱下钢筋混凝土独立基础和墙下钢筋混凝土条形基础。

1. 工作流程

测量放线 ⇒ 基坑开挖，验槽 ⇒ 混凝土垫层施工 ⇒ 支基础模板 ⇒ 钢筋绑扎 ⇒ 浇基础混凝土

2. 工作流程示意（图 2-5）

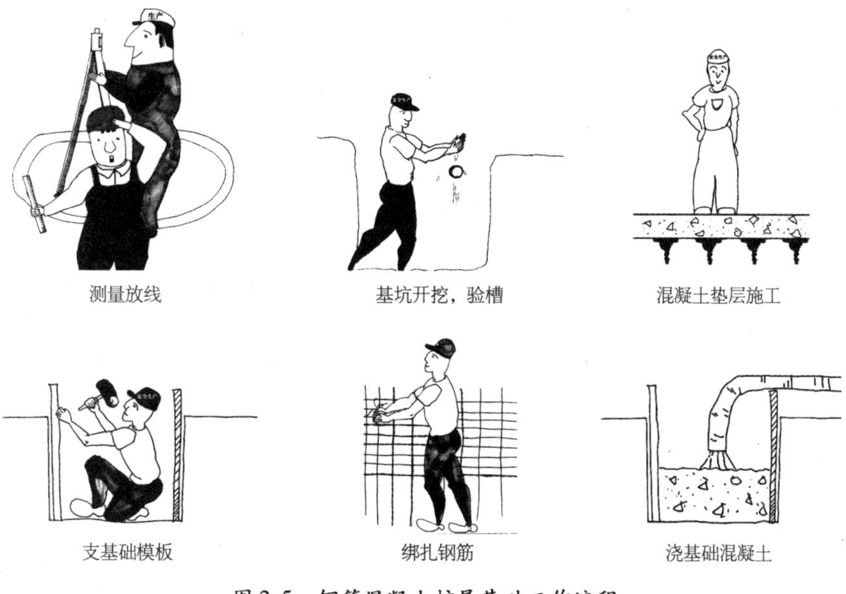

图 2-5　钢筋混凝土扩展基础工作流程

3. 工作重点

（1）做好基槽检验工作，验槽属于隐蔽工程验收，需要有地勘、监理、建设方、施工方、设计方参加，需要检验基底土质和地下水情况是否满足设计要求；需要检查基坑尺寸和基坑深度是否满足设计要求；同时还要查明坑底是否有软弱下卧层，是否有空穴、古墓、古井、防空掩体等。若有地下埋设物要探明位置、深度、性状，并由设计验算是否需要进行处理。

(2) 施工垫层混凝土前，要清除基底浮土、挖除已扰动土，采用降排水措施排除坑底积水。还可采用在基坑周边挖排水沟，通过排水沟排至基坑边的集水井，然后用潜水泵抽除。

(3) 绑扎钢筋和支模板及浇筑基础混凝土的施工要点，将在单元4中详细说明。

4. 常见质量事故及处理措施

同2.1.1节第4条。

2.1.3 筏板基础

筏形基础（floating foundation）分为梁板式和平板式两种类型，梁板式又分正向梁板式和反向梁板式，必要时也可采用柱帽式筏形基础（图2-6）。

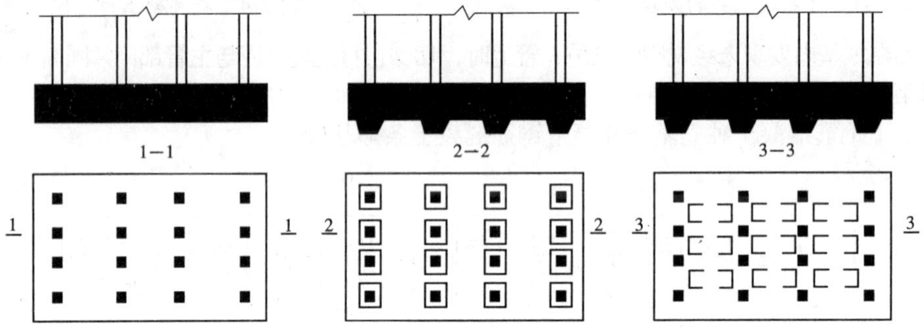

(a) 平板式筏形基础　(b) 带柱帽筏形基础　(c) 肋梁式筏形基础

图2-6 筏形基础的基本类型

1. 工作流程

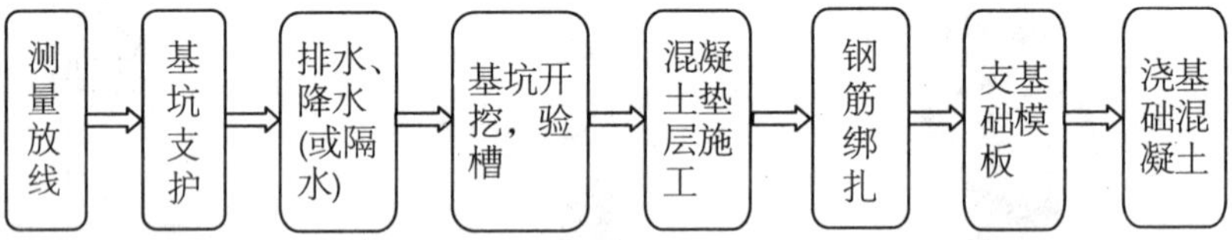

2. 工作流程示意（图2-7）

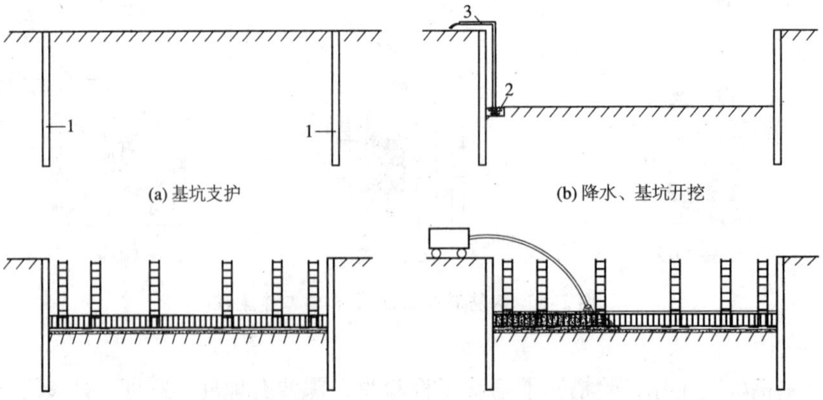

(a) 基坑支护　(b) 降水、基坑开挖

(c) 混凝土垫层施工、钢筋绑扎　(d) 支基础模板浇混凝土

1—支护结构；2—集水坑；3—抽水设备

图2-7 筏形基础的工作流程示意

筏形基础的施工组织设计应根据整个建筑场地、工程地质和水文地质资料以及现场环境等条件进行。施工前应根据工程特点、工程环境、水文地质和气象条件制定监测计划。施工中做好监测记录并及时反馈信息，发现异常情况应及时处理。

3. 工作重点

（1）基坑支护结构应根据当地工程经验，综合考虑水文地质条件、基坑开挖深度、场地条件及周围环境因地制宜进行设计，在场地宽阔，不影响邻近建筑及周围地下构筑物或地下管线的情况下，宜采用放坡开挖，并根据稳定性分析确定坡度。当基坑深度较大不具备自然放坡施工条件或地基土质松软，并有地下水或丰盛上层滞水时应采取支护措施；当基坑开挖危及邻近建、构筑物，道路及地下管线的安全与使用时，开挖也应采取支护措施。

（2）当地下水位影响基坑施工时，应采取人工降低地下水位或隔水措施。降水、隔水方案应根据水文地质资料、基坑开挖深度、支护方式及降水影响区域内的建筑物、管线对降水反应的敏感程度等因素确定。应设置降水观察井，对降水的效果进行观察。当降低地下水位会影响周边建、构筑物，道路及地下管线的安全时，宜采取设置隔水帷幕、回灌井点、回灌沙井、砂沟等措施进行处理。

（3）当采用机械开挖时，应保留200～300 mm土层由人工挖除；基坑边的施工荷载不得超过设计规定的荷载值；冬期施工时，必须采取有效措施，防止基土的冻胀。

（4）基坑开挖完成并经验收后，应立即进行基础施工，防止暴晒和雨水浸泡造成基土破坏。

（5）基础长度超过40 m时，宜设置施工缝，缝宽不宜小于80 cm。在施工缝处，钢筋必须贯通；当主楼与裙房采用整体基础，且主楼基础与裙房基础之间采用后浇带时，后浇带的处理方法应与施工缝相同。

（6）基础混凝土应采用同一品种水泥、掺和料、外加剂和同一配合比。大体积混凝土可采用掺和料和外加剂改善混凝土和易性，减少水泥用量，降低水化热。大体积混凝土宜采用蓄热养护法养护，其内外温差不宜大于25℃，宜采用斜面式薄层浇捣，利用自然流淌形成斜坡，并应采取有效措施，防止混凝土将钢筋推离设计位置。为减少表面收缩裂缝，大体积混凝土必须进行二次抹面工作。混凝土的泌水可采用抽水机抽吸或在侧模上开设泌水孔排除。

（7）基础施工完毕后，基坑应及时回填。回填前应清除基坑中的杂物；回填应在相对的两侧或四周同时均匀进行，并分层夯实。

4. 常见质量事故及处理方法

（1）基坑开挖造成周边管线破坏、道路开裂。应对措施：基坑开挖前要详细了解周边地下管线情况，制定详细合理的基坑开挖和降水方案。

（2）筏板挖至设计标高时，持力层有局部未达到设计要求。应对措施：施工前进行详细的地质勘探，合理设置筏板埋置深度，当出现局部不能满足承载力要求时，可通过修改设计、加深局部筏板的埋置深度来解决。

2.1.4 箱形基础

1. 工作流程

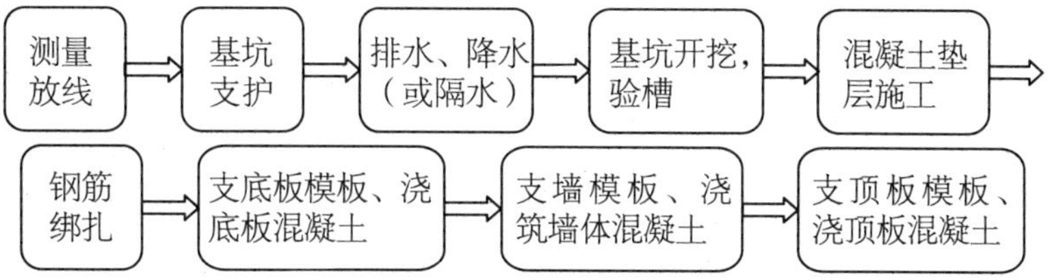

2. 工作流程示意(图 2-8)

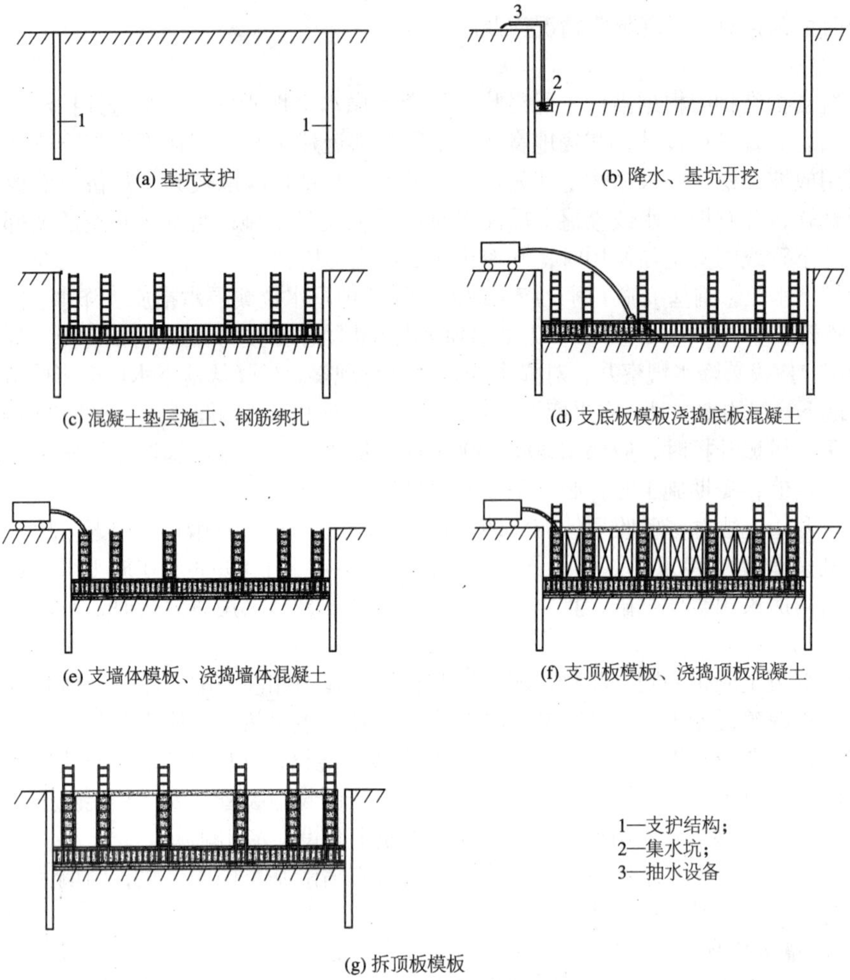

图 2-8 箱形基础的工作流程

3. 工作重点

1)箱形基础(box foundation)底板钢筋绑扎时应注意的问题

(1)放线。除放出基础轴线、墙边线以外,还应放出门窗洞口线、并打 × 示意,门窗洞口与墙身垂直的边线应延伸至墙外不少于 200 mm,以免底板上、下层钢筋绑扎完毕,插入门窗洞口两边暗柱钢筋时,看不清门窗洞口两边位置。如果箱形基础内有框架生根时,放线人员应将柱边线、柱中心线、柱边墙角线全部弹出,以免插筋位置有误。

(2)钢筋马凳放置。钢筋马凳主要用于控制底板上、下层钢筋间距和上层钢筋保护层厚度,正确做法是:马凳底脚放在钢筋混凝土底板砂浆垫块上,不宜放在底板下层钢筋上,也不宜直接把钢筋马凳放在防水保护层上。马凳上皮以上应留出架立钢筋直径、上层钢筋纵横两个方向钢筋直径及保护层厚度的高度。

(3) 钢筋接头位置。底板钢筋受力为地基反力，底板钢筋下筋接头位置在跨中，上筋接头位置在支座，应特别注意：接头位置除满足上述要求外，还应相互错开。

(4) 隐蔽工程检查。隐蔽工程检查应分步进行。下层钢筋绑扎完毕，上层钢筋未铺放时，应进行一次下层钢筋检查，发现问题及时纠正。如果待上层钢筋绑完再查出问题就不便返工了。上层钢筋绑扎完毕应再进行一次检查。

2) 箱形基础底板混凝土浇捣时应注意的问题

(1) 控制好商品混凝土的配合比，尽量降低水泥用量，尽可能缩短商品混凝土运输、浇筑的时间，从而可以适当减少商品混凝土的坍落度，减少干缩裂缝。

(2) 对墙板混凝土进行保温、保湿养护，降低混凝土内、外温差，从而减小温度应力，养护期间保持混凝土表面湿润，避免混凝土表面失水过快而产生收缩裂缝。

(3) 加强施工工序之间的衔接，墙板拆模后应及早进行防水处理，及时回填土，避免基础墙板混凝土长期暴露在空气中造成干缩裂缝。

4. 常见质量事故及处理方法

(1) 开裂。箱形基础容易产生裂缝，可从材料选择、设计方面、施工方面来加以控制。如果出现了裂缝，裂缝的处理不宜过早，应在裂缝稳定后安排下道工序前几天进行。可选用防水性、粘结性、抗裂和耐久性好的材料做表面封闭处理。

(2) 同2.1.3节第4条。

项目2.2 常见桩基础施工

学习重点：

1. 了解常见桩基础（pile foundation）的施工机具。
2. 掌握常见桩基础施工的工作流程和工作重点。
3. 掌握常见桩基础施工中质量事故产生的原因及处理方法。

2.2.1 预制桩施工

1. 打入式预制桩施工

常见的预制桩（precast pile）类型有钢筋混凝土预制桩、预应力管桩、钢管桩和H型钢桩及其他异型钢桩（图2-9）。

(a) 钢筋混凝土预制桩

(b) 预应力管桩

(c) H型钢桩

图2-9 常见的预制桩类型

常见的打桩机械有轨道式打桩架、步履式打桩架、履带打桩架（图2-10）。

(a) 轨道式打桩机

(b) 步履式打桩机

(c) 履带打桩机

图 2-10　常见打桩机械

1）工作流程

测量放线 ⇒ 桩机和桩就位对中调直 ⇒ 锤击下沉 ⇒ 接桩 ⇒ 再锤击、再接桩、再锤击 ⇒ 测贯入度、收锤

2）工作流程示意（图 2-11）

(a) 测量放线

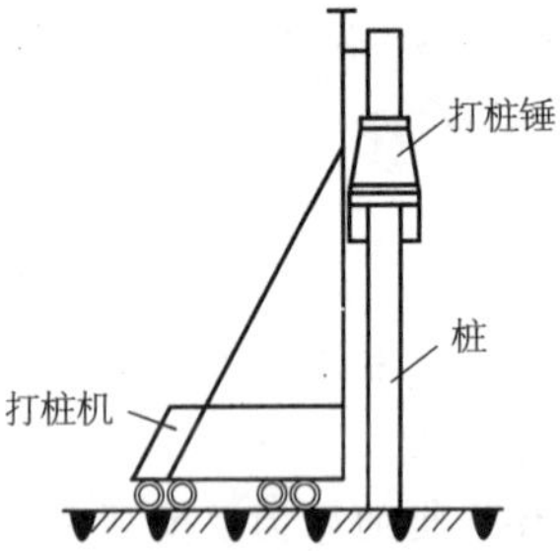

(b) 桩基和桩就位对中调直

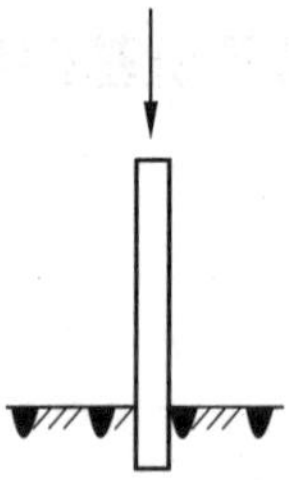

(c) 锤击下沉

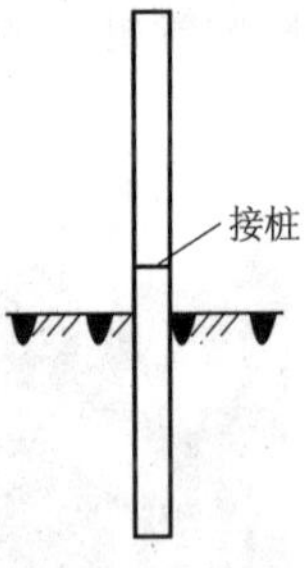

(d) 接桩

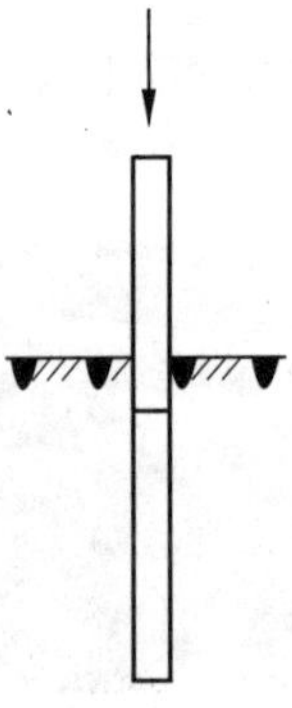

(e) 再锤击、再接桩、再锤击

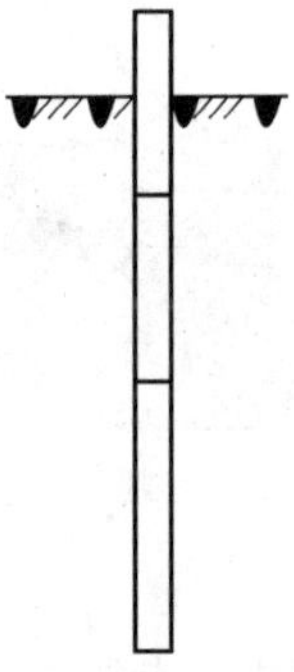

(f) 测贯入度、收锤

图 2-11　预制桩施工工艺流程图示意

3）工作重点

根据桩基平面布置，桩的尺寸、密集程度、深度，桩机移动方便与否以及地基土质情况和施工场地实际情况确定打桩顺序。密集群桩时，通常由内向外对称施打。当靠近已有建筑物时，由已有建筑物朝另一方向施打，根据桩的规格，先长桩后短桩，先大桩后小桩；根据基础的设计标高，宜先深后浅。

按设计要求和地质报告确定配桩长度，当桩位置及垂直度校中后，先轻击几锤，观察桩锤、桩帽，当其与桩身中心线垂直一致后，正常施打。

桩分节打入、在现场接桩。桩的接头形式有焊接、法兰接和硫黄胶泥锚接等（图 2-12），硫黄胶泥锚接适用于软土层，焊接、法兰接可用于各类土层。要对称施焊，焊接层数不少于两层，自然冷却 8 min 后方可施打，严禁用水冷却或焊好即打。

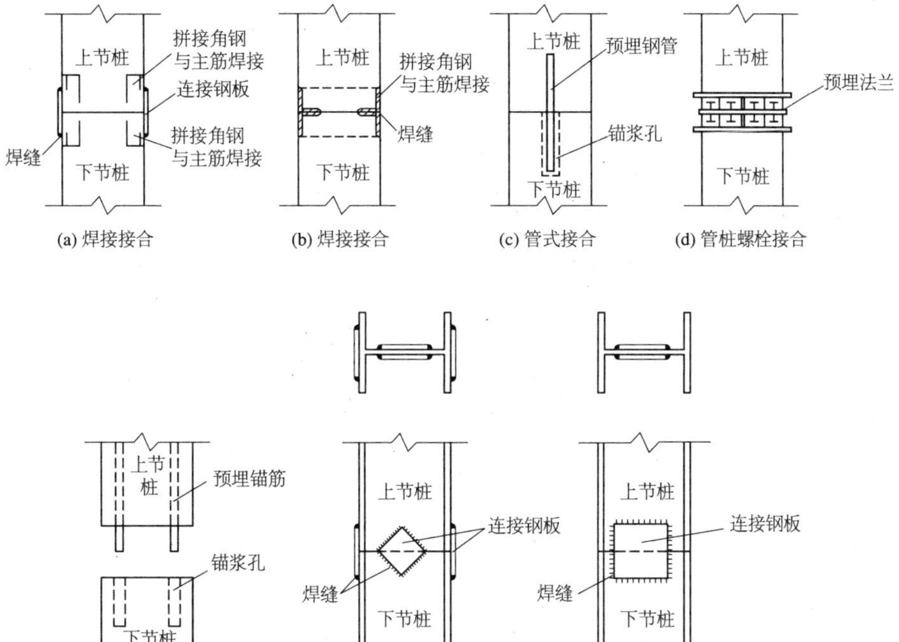

(a) 焊接接合　(b) 焊接接合　(c) 管式接合　(d) 管桩螺栓接合

(e) 硫磺砂浆锚筋接合　(f) H形钢桩接头型式

图 2-12　桩的接头形式

收锤标准：桩端打入一般土层时，以控制桩端设计标高为主，贯入度可做参考。桩端达到坚硬、硬塑的黏性土，中密以上的粉土、砂土、碎石类土、分化岩时，以贯入度控制为主，桩端标高为辅。当贯入度已达到设计要求而桩端标高未达到时，应继续锤击 3 阵，并按每阵 10 击的贯入度不应大于设计规定的数值确认。

当桩顶标高较低时，应用送桩器送桩，送桩深度不宜大于 2 m，送桩前应测桩的垂直度并检查桩顶质量，合格后及时送桩，送桩的最后贯入度应参考相同条件下不送桩时的最后贯入度。送桩后遗留的桩孔应立即回填或覆盖。

4）打桩过程中常见的问题及预防、处理办法（图2-13，表2-1）

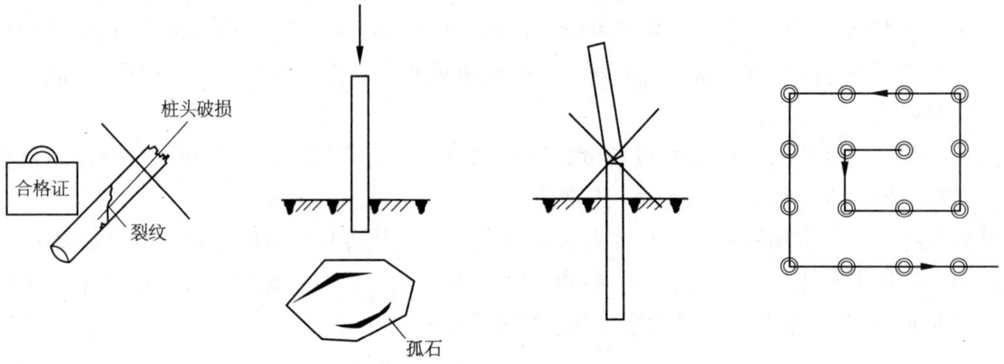

(a) 施工前检查预制桩的出厂合格证及桩身质量　(b) 遇到大块孤石：较浅的挖除，深的用钻钻透或爆碎　(c) 桩身要校准，不能偏位，焊接质量要好　(d) 合理安排打桩顺序

图2-13　预制桩打桩过程中常见的几个问题

表2-1　打（沉）桩常遇问题及预防、处理方法

名称、现象	产生原因	预防措施及处理方法
桩顶位移或上升涌起	(1) 桩入土后，遇到大块孤石或坚硬障碍物，把桩尖挤向一侧。 (2) 桩身不正直，或两节桩或多节桩施工，相接的两节桩不在同一轴线上，造成歪斜。 (3) 在软土地基施工较密集的群柱时，如沉桩次序不当，由一侧向另一侧施打，常会使桩向一侧挤压造成位移或涌起。 (4) 遇流沙，或当桩数较多，土体饱和密实，桩间距较小，在沉桩时土被挤过密而向上隆起，有时使相邻的桩随同一起涌起	(1) 施工前用钎或洛阳铲探明地下障碍物，较浅的挖除，深的用钻钻透或爆碎。 (2) 桩要吊线检查。桩不正直，桩尖不在桩纵轴线上时，不宜使用。一节桩的细长比不宜超过40。 (3) 打桩时，要注意打桩顺序，同时避免打桩期间同时开挖基坑，一般宜间隔14 d。以消散孔隙压力，避免桩位移或涌起；在饱和土中沉桩，采用井点降水、砂井或挖沟降水或排水措施。 (4) 采用“插桩法”，减少土的挤密及孔隙水压力的上升。位移过大，应拔出，移位后再打；位移不大，可用木架顶正，再慢锤打入；障碍物不深，可挖去回填后再打；浮起量大的桩应重新打入
桩身倾斜（桩身垂直偏差过大）	(1) 场地不平，打桩和导杆不直，引起桩身倾斜。 (2) 稳桩时桩不垂直，桩顶不平，桩帽、桩锤及桩不在同一直线上。 (3) 桩制作时桩身弯曲超过规定，桩尖偏离桩的纵轴线较大，桩顶、桩帽倾斜，致使沉入时发生倾斜	(1) 安设桩架的场地应整平，打桩机底盘应保持水平，导杆应吊线保持垂直。 (2) 稳桩时桩应垂直。桩帽、桩锤和桩三者应在同一垂线上。 (3) 桩制作时应控制使桩身弯曲度不大于1%；桩顶应与桩纵轴线保持垂直；桩尖偏离桩纵轴线过大时不宜应用

（续表）

名称、现象	产生原因	预防措施及处理方法
桩头击碎（打桩时，桩顶出现混凝土掉角、破碎、坍塌或被打坏；桩顶钢筋局部或全部外露）	(1) 桩设计未考虑工程地质条件或机具性能，桩顶的混凝土强度等级设计偏低，钢筋网片不足，造成强度不够。 (2) 施工机具选择不当，桩锤选用过大或过小，锤击次数过多，使桩顶混凝土疲劳损坏。 (3) 桩顶与桩帽接触不平，桩帽变形倾斜或桩沉入土中不垂直，造成桩顶局部应力集中而将桩头破碎打坏。 (4) 沉桩时未加缓冲桩或桩垫不合要求，失去缓冲作用，使桩直接承受冲击荷载。 (5) 施工中落锤过高或遇坚硬砂土夹层、大块石等	(1) 桩设计应根据工程地质条件和施工机具性能合理设计桩头，保证有足够的强度。 (2) 沉桩前，应对桩构件进行检查，如桩顶不平或不垂直于桩轴线，应修补后才能使用。检查桩帽与桩的接触面处及桩帽垫木是否平整等，如不平整应进行处理后方能开打。 (3) 沉桩时，沉桩要垂直；桩顶应加草垫、纸袋或胶皮等缓冲垫。如发现损坏，应及时更换。如桩顶已破碎，应更换或加桩垫。如破碎严重，可把桩顶剔平补强，必要时加钢板箍，再重新沉桩
桩身断裂（沉桩时，桩身突然倾斜错位，贯入度突然增大，同时当桩锤跳起后，桩身随之出现回弹）	(1) 桩制作弯曲度过大，桩尖偏离轴线。或沉桩时，桩细长比过大。遇到较坚硬土层，或障碍物，或其他原因出现弯曲，在反复集中荷载作用下，当桩身承受的抗弯强度超过混凝土抗弯强度时，即产生断裂。 (2) 桩在反复施打时，桩身受到拉压，其大于混凝土的抗拉强度时，产生裂缝、剥落而导致断裂。 (3) 桩制作质量差，局部强度低或不密实；或桩在堆放、起吊、运输过程中产生裂缝或断裂。 (4) 桩身打断，接头断裂或桩身劈裂	(1) 施工前查清地下障碍物并清除，检查桩外形尺寸。发现弯曲超过规定或桩尖不在桩纵轴线上时，不得使用。 (2) 沉桩过程中，发现桩不垂直，应及时纠正，或拔出重新沉桩；接桩要保持上下节桩在同一轴线上。 (3) 检查桩的出产合格证，施打前检查桩身质量，有裂缝和断裂破损的桩不能施打。 (4) 已断桩，可采取在一旁补桩的办法处理
接头松脱、开裂（接桩处经锤击后，出现松脱、开裂等现象）	(1) 接头表面留有杂物、油污未清理干净。 (2) 采用硫黄胶泥接桩时，配合比、配制使用温度控制不当，强度达不到要求，在锤击作用下产生开裂。 (3) 采用焊接或法兰连接时，连接铁件或法兰平面不平，存在较大间隙，造成焊接不牢或螺栓不紧；或焊接质量不好，焊缝不连续，不饱满，存在夹渣等缺陷。 (4) 两节桩不在同一直线上，在接桩处产生弯曲。锤击时，接桩处局部产生应力集中而破坏连接	(1) 接桩前，应将连接表面杂质、油污清除干净，采用硫黄胶泥接桩时，严格控制配合比及熬制、使用温度。按操作要求操作，保证连接强度。 (2) 检查连接部件是否牢固、平整，如有问题，应修正后才能使用。 (3) 接桩时，两节桩应在同一轴线上，顶埋连接件应平整服帖。连接好后，应锤击几下再检查一遍，如发现松脱、开裂等现象，应采取补救措施。如重接、补焊、重新拧紧螺栓并把丝扣凿毛，或用电焊焊死

(续表)

名称、现象	产生原因	预防措施及处理方法
沉桩达不到设计控制要求（沉桩未达到设计标高，或最后沉入度控制指标要求）	(1) 地质勘查资料粗糙，地质和持力层起伏标高不明，致使设计桩尖标高与实际不符，达不到设计标高要求；或持力层过高。 (2) 沉桩遇地下障碍物，如大块石、混凝土坑等，或遇坚硬土夹层、砂夹层。 (3) 在新近代砂层沉桩，同一层土的强度差异很大，且砂层越挤越密，有时出现沉不下去的现象；打桩间歇时间过长，摩阻力增大。 (4) 桩锤选择太小或太大，使桩沉不到或超过设计要求的控制标高。 (5) 桩顶打碎或桩身打断，致使桩不能继续打入	(1) 详细探明工程地质情况，必要时应做补勘；正确选择持力层或标高。 (2) 探明地下障碍物，并清除掉，或钻透或爆碎。 (3) 在新近代砂层沉桩，注意打桩次序，减少向一侧挤密的现象。打桩应连续打入，不宜间歇时间过长
桩急剧下沉（桩下沉速度过快，超过正常值）	(1) 遇软土层或土洞。 (2) 桩身弯曲或有严重的横向裂缝；接头破裂或桩尖劈裂。 (3) 落锤过高或接桩不垂直	(1) 遇软土层或土洞应进行补桩或填洞处理。 (2) 沉桩前检查桩垂直度和有无裂缝情况，发现弯曲或裂缝，处理后再沉桩。 (3) 落锤不要过高，将桩拔起检查，改正后重打，或靠近原桩位做补桩处理
桩身跳动，桩锤回弹（桩反复跳动，不下沉或下沉很慢，桩锤回弹）	(1) 桩尖遇树根、坚硬土层。 (2) 桩身弯曲过大，接桩过长。 (3) 落锤过高	(1) 检查原因，穿过或避开障碍物。 (2) 桩身弯曲如超过规定，不得使用；接桩长度不应超过 $40d$。 (3) 操作时注意落锤不应过高，如入土不深，应拔起避开或换桩重打

2. 静力压桩

1）静力压桩的特点

静力压桩施工无噪音、无振动、无污染；压桩力能自动记录，可预估和验证单桩承载力，施工安全可靠。特别适合在建筑稠密及危房附近，环境保护要求严格的地区沉桩。不宜用于地下有较多孤石、障碍物或有 4 m 以上硬隔离层的情况。其相关施工机具见图 2-14。

2）工作流程

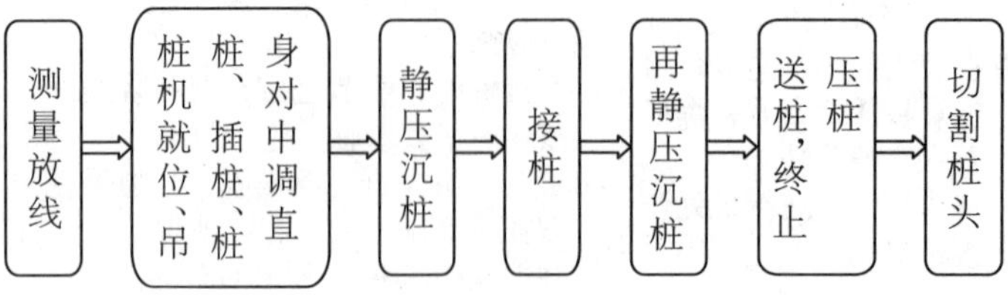

图 2-14 静力压桩的施工机具

3）工作流程示意（图 2-15）

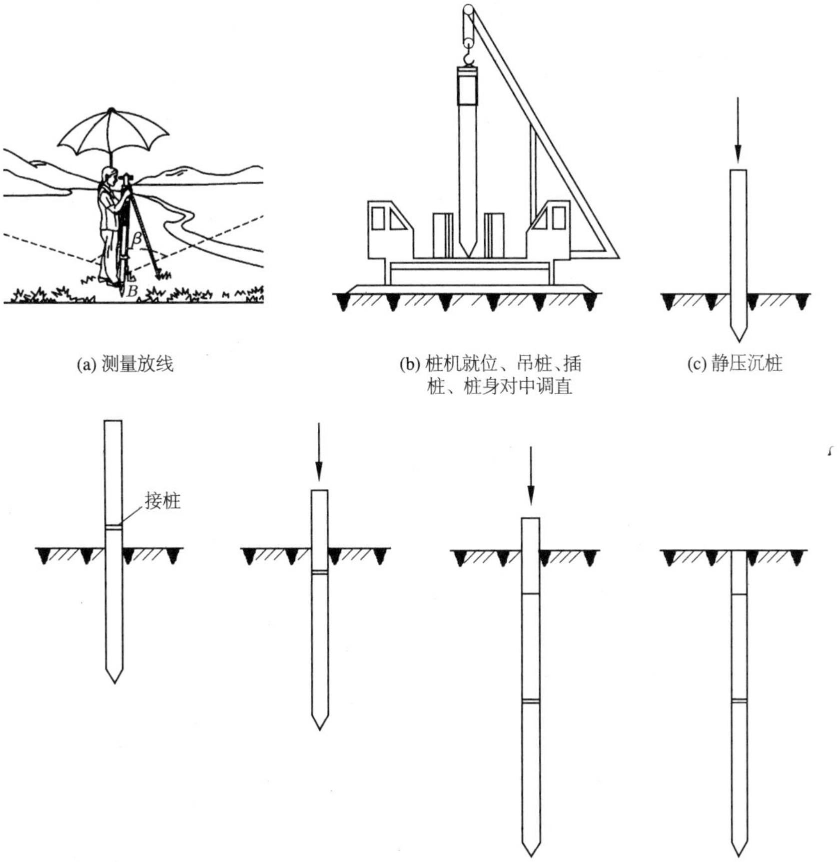

(a) 测量放线　(b) 桩机就位、吊桩、插桩、桩身对中调直　(c) 静压沉桩

(d) 接桩　(e) 再静压沉桩　(f) 送桩，终止压桩　(g) 切割桩头

图 2-15　静力压桩工作流程示意

4）工作重点

压桩过程中要认真记录桩入土深度和压力表读数的关系，以判断桩的质量及承载力，当压力表读数突然上升或下降时，要停机分析原因。压桩时应连续进行。送桩时可不采用送桩器，只需用一节长度超过要求送桩深度的桩，放在被送桩顶上便可以送桩，送桩深度不宜超过 8 m。

5）常遇问题及预防处理方法（表 2-2）

表 2-2　静力压桩常遇问题及防治、处理方法

常遇问题	产生原因	防治及处理方法
桩压不下去	（1）桩端停在砂层中接桩，中途间断时间过长。 （2）压桩机部分设备工作失灵，压桩停歇时间过长。 （3）施工降水过低，土体中孔隙水排出，压桩时失去超静水压力的润滑作用。 （4）桩尖碰到夹砂层，压桩阻力突然增大，甚至超过压桩机能力而使桩机上抬	（1）避免桩端停在砂层中接桩。 （2）及时检查压桩设备。 （3）降水水位适当，以最大压桩力作用在桩顶。 （4）采取停车再开，忽停忽开的办法，使桩有可能缓慢下沉穿过砂层

(续表)

常遇问题	产生原因	防治及处理方法
桩达不到设计标高	(1) 桩端持力层深度与勘察报告不符。 (2) 桩压至接近设计标高时过早停压，在补压时压不下去	(1) 变更设计桩长。 (2) 改变过早停压的做法
桩架发生较大倾斜	压桩阻力超过压桩能力或者来不及调整平衡	立即停压并采取措施，调整，使其保持平衡
桩身倾斜或位移	(1) 上、下节桩轴线不一致，桩不能保持轴心受压。 (2) 遇横向障碍物	(1) 加强测量工作，及时调整。 (2) 障碍物不深时，可将其挖除，回填后再压；歪斜较大，可利用压桩油缸回程，将土中的桩拔出，回填后重新压桩

2.2.2 灌注桩施工

1. 锤击（振动）沉管灌注桩施工

1）锤击（振动）沉管灌注桩

采用锤击打桩机，将带活瓣桩尖或设置钢筋混凝土预制桩尖（靴）的钢管锤击（振动）沉入土中，然后边浇筑混凝土边拔桩管成桩。主要设备为一般锤击（振动）打桩机，如落锤、柴油锤、蒸汽锤等（图2-16）。

2）工作流程

测量放线 ⇒ 桩机就位对中 ⇒ 锤击（振动）沉入套管 ⇒ 开始浇筑混凝土 ⇒ 边锤击（振动），边拔管，并继续浇筑混凝土 ⇒ 下钢筋笼并继续浇筑混凝土 ⇒ 成型

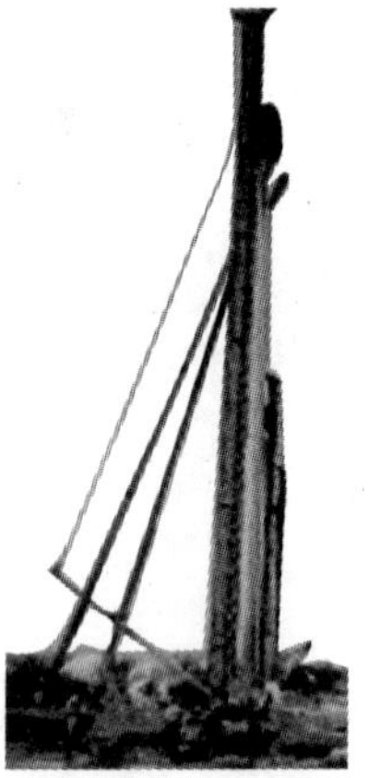

图 2-16　锤击打桩机

3）工作流程示意（图2-17）

(a) 测量放线

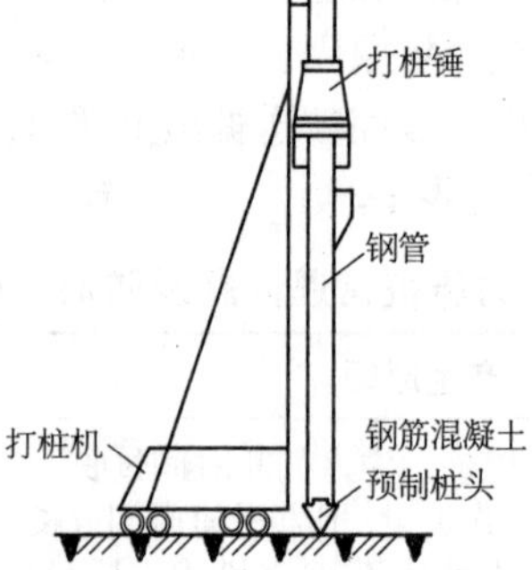

(b) 桩机就位对中

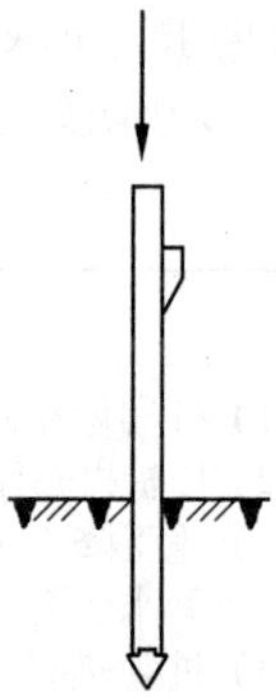

(c) 锤击(振动)沉入套管

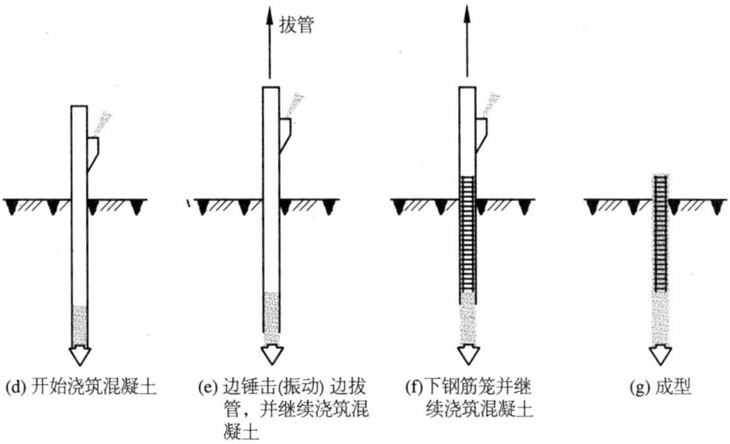

图 2-17 锤击（振动）沉管灌注桩工作流程

4）工作重点

拔管速度要均匀，要边拔边轻击，第一次拔管高度不宜太高，应控制在能容纳第二次需要灌入的混凝土数量为限。宜按桩基施工顺序依次退打，桩中心距在 4 倍桩管外径以内或小于 2 m 时均应跳打，中间空出的桩，须待邻桩混凝土达到设计强度的 50% 以后，方可施打。为提高承载力或对颈缩等缺陷的补救措施，可采用复打，作为补救措施时也可采用半复打或局部复打。

5）施工过程中常见的问题及预防、处理办法（图 2-18，表 2-3）

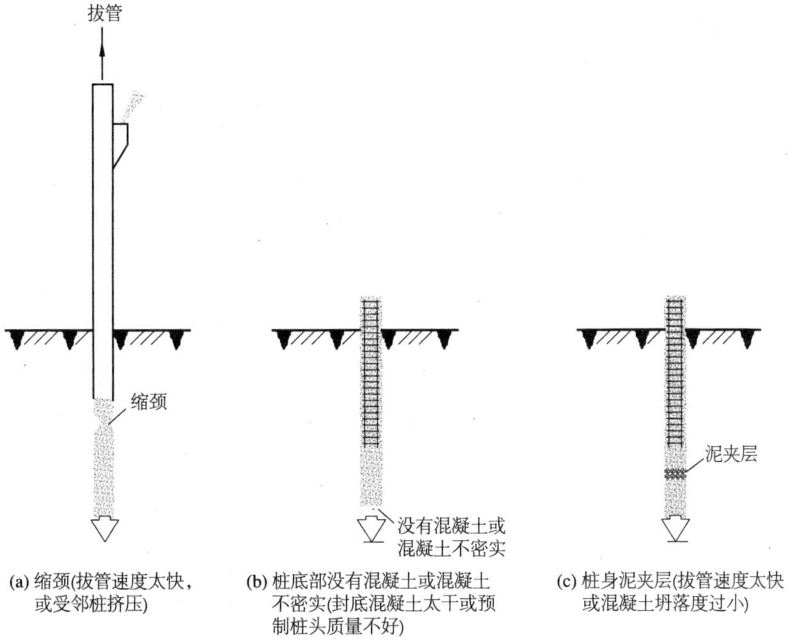

图 2-18 锤击（振动）沉管灌筑桩常遇问题

表 2-3 打桩过程中常见的问题及预防、处理办法

名称及现象	产生原因	预防措施与处理方法
缩颈（瓶颈）（浇筑混凝土后的桩身局部直径小于设计尺寸）	(1) 在地下水位下或饱和淤泥或淤泥质土中沉桩管时，土受强制扰动挤压，土中水和空气未能很快扩散，局部产生孔隙压力，当套管拔出时，混凝土强度尚低，把部分桩体挤成缩颈。 (2) 在流塑淤泥质土中，由于下套管产生的振动作用，使混凝土不能顺利地灌入而被淤泥质土填充进来，而造成缩颈。 (3) 桩身间距过小，施工时受邻桩挤压。 (4) 拔管速度过快，混凝土来不及下落，而被泥土填充。 (5) 混凝土过于干硬或和易性差，拔管时对混凝土产生摩擦力或管内混凝土量过少，混凝土出管的扩散性差，而造成缩颈	(1) 施工时每次向桩管内尽量多装混凝土，借其自重抵消桩身所受的孔隙水压力，一般使管内混凝土高于地面或地下水位 1.0 ~ 1.5 m，使之有一定的扩散力。 (2) 桩间距过小，宜用跳打法施工；沉桩应采取“慢抽密击（振）”；桩拔管速度不得大于 0.8 ~ 1.0 m/min。 (3) 桩身混凝土应用和易性好的低流动性混凝土浇筑。 (4) 桩轻度缩颈，可采用反插法，每次拔管高度以 1.0 m 为宜；局部缩颈宜采用半复打法；桩身多段缩颈宜采用复打法施工
断桩、桩身混凝土坍塌（桩身局部残缺夹有泥土，或桩身的某一部位混凝土坍塌，上部被土填充）	(1) 桩下部遇软弱土层，桩成型后，还未达到初凝强度时，在软硬不同的两层土中振动下沉套管，由于振动对两层土的波速不一样，产生了剪切力把桩剪断。 (2) 拔管时速度过快，混凝土尚未流出套管。周围的土迅速回缩，形成断桩。 (3) 在流态的淤泥质土中，孔壁不能自立，浇筑混凝土时，混凝土密度大于流态淤泥质土，造成混凝土在该层中坍塌。 (4) 桩中心距过近，打邻桩时受挤压（水平力及抽管上拔力）断裂，混凝土终凝不久，受震动和外力扰动	(1) 控制桩中心距大于 3.5 倍桩直径；混凝土终凝不久避免振动和扰动，桩中心过近，可采用跳打或控制时间的方法施工，跳打应在相邻成形的桩达到设计强度的 60% 以上进行。 (2) 认真控制拔管速度，一般以 1.2 ~ 1.5 m/min为宜，对于松散性和流态淤泥质土，不宜多振，以边振边拔为宜。 (3) 已出现断桩，采用复打法解决；在流态的淤泥质土中出现桩身混凝土坍塌时，尽可能不采用套管护壁灌筑桩
拒落（灌完混凝土后拔管时，混凝土不从管底部流出，拔至一定高度后才流出管外，造成桩的下部无混凝土或混凝土不密实）	(1) 在低压缩性粉质黏土层中打、拔管桩，灌完混凝土开始拔管时，活瓣桩尖被周围的土包围压住而打不开，使混凝土无法流出而造成拒落。 (2) 在有地下水的情况下，封底混凝土过干，套管下沉时间较长，在管底形成“塞子”堵住管口，使混凝土无法流出。 (3) 预制桩头混凝土质量较差，强度不够，沉管时桩头被挤入套管内，阻塞混凝土下落	(1) 根据工程和地质条件，合理选择桩长，尽量使桩不进入低压缩性土层。 (2) 在有地下水的情况下，混凝土封底不要过干，套管下沉不要过长，套管沉至设计要求后，应用浮标测量预制桩尖是否进入桩管，如桩尖进入桩管，应作拔出处理。浇筑混凝土后，拔管时应用浮标经常观测测量，检查混凝土是否有阻塞情况；已出现拒落，可在拒落部位采用翻插法处理。 (3) 严格检查预制桩头的强度和规格，防止桩尖在施工时压入桩管

(续表)

名称及现象	产生原因	预防措施与处理方法
桩身夹泥（桩身混凝土内存在泥夹层，使桩身截面减小或隔断）	(1) 在饱和淤泥质土层中施工，拔管速度过快，混凝土骨料粒径过大，坍落度过小，混凝土还未流出管外，土即涌入桩身，造成桩身夹泥。 (2) 采用翻插法时，翻插深度太大，翻插时活瓣向外张开，使孔壁周围的泥挤进桩身，造成桩身夹泥。 (3) 采用复打法时，套管上的泥土未清理干净，而带入桩身混凝土内	(1) 在饱和淤泥质土层中施工，注意控制拔管速度和混凝土骨料粒径（<30 mm）、坍落度（不大于5～7 cm），拔管速度以0.8～1.0 m/min较合适；混凝土应搅拌均匀，和易性要好，拔管时随时用浮标测量，观察桩身混凝土灌入量，发现桩径减小时，应采取措施。 (2) 采用翻插法时，翻插深度不宜超过活瓣长度的2/3。 (3) 复打时，在复打前应把套管上的泥土清除干净
桩身下沉（桩成形后，在相邻桩位下沉套管时，桩顶的混凝土、钢筋或钢筋笼下沉）	(1) 新浇筑的混凝土处于流塑状态，由于相邻桩沉入套管时的振动影响，混凝土骨料自重沉实，造成桩顶混凝土下沉，土塌入混凝土内。 (2) 钢筋的密度比混凝土大，受振动作用，使钢筋或钢筋笼沉入混凝土	在桩顶部分采用较刚干硬性混凝土；钢筋或钢筋笼放入混凝土后，上部用钢管将钢筋或钢筋笼架起，支在孔壁上，可防止相邻桩振动时下沉；指定专人铲去桩顶杂物、浮浆，重新补足混凝土
超量（浇筑混凝土时，混凝土的用量比正常情况下大1倍以上）	(1) 在饱和淤泥质软土中成桩，土受到扰动，强度大大降低，由于混凝土对土壁侧压力作用，而使土壁压缩，桩身扩大。 (2) 地下遇有土洞、坟坑、溶洞、下水道、枯井、防空洞等洞穴	(1) 在饱和淤泥质软土层中成桩，宜先打试验桩，如发现混凝土用量过大，应与设计单位研究改用其他桩型。 (2) 施工前应通过钎探了解工程范围内的地下洞穴情况，如发现洞穴，预先挖开或钻孔，进行填塞处理，再行施工
桩达不到最终控制要求（桩管下沉沉不到设计要求的深度）	(1) 遇有较厚的硬夹层或大块孤石、混凝土块等地下障碍物。 (2) 实际持力层标高起伏较大，超过施工机械能力，桩锤选择太小或太大，使桩沉不到或沉过要求的控制标高。 (3) 振动沉桩机的振动参数（如激振力、振幅、频率等）选择不合适，或因振动压力不够而使套管沉不下去。 (4) 套管长细比过大，刚度较差，在沉管过程中，产生弹性弯曲而使锤击或振动能量减弱，不能传至桩尖处	(1) 认真勘察工程范围内的地下硬夹层及埋设物情况，遇有难以穿透的硬夹层，应用钻机钻透，或将地下障碍物清除干净。 (2) 根据工程地质条件，选用合适的沉桩机械和振动参数。沉桩时，如因正压力不够而沉不下去时，可用加配重或加压的办法来增加正压力；锤击沉管时，如锤击能力不够，可更换大一级的锤。 (3) 套管应有一定的刚度，长细比不宜大于40

2. 钻、挖、冲孔灌注桩施工

1）钻（冲）孔灌注桩的特点及相关施工机具（图2-19）

钻孔灌注桩（bored pile）是采用地质钻机，慢速钻进，采用泥浆护壁，并通过泥浆排渣，可用于各种地质条件；通过调整钻头刀片的尺寸，可适应多种孔径；通过钻杆的接长，成孔深度较深（40～100 m）。在施工无噪音无振动，无挤压，设备简单，操作方便。但成孔速度慢，用水量大，污染环境，适宜于地下水位较高的软、硬土层，如淤泥、黏性土、砂土、软质岩等土层中应用。主要机具设备为：回转钻机。在有孤石的砂砾石层、漂石层、坚硬土层、岩石层常采用冲孔灌注桩，采用冲击式钻机或用卷扬机悬吊冲击钻头（冲锤）上下完往复冲击，将硬质土或岩层破碎成孔，采用泥浆循环排渣或抽渣筒排渣。

(a) 潜水钻机　　(b) 长螺旋钻机　　(c) 冲孔灌注桩桩机

图 2-19　钻（冲）灌注桩施工机具

2）工作流程

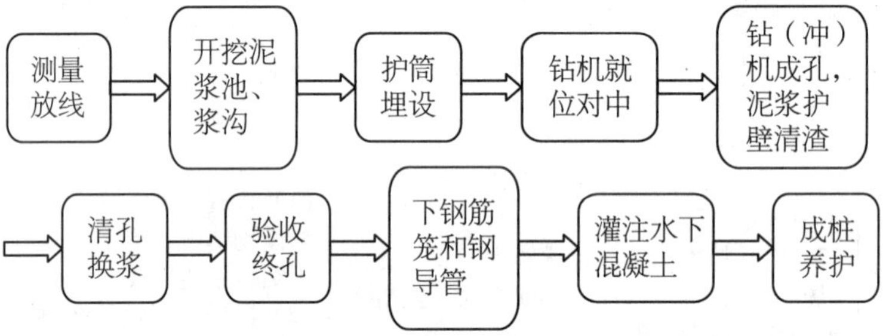

3）工作流程示意（图 2-20）

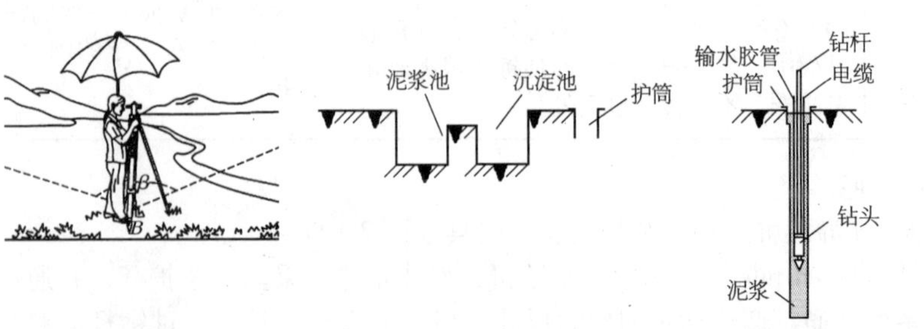

(a) 测量放线　　(b) 开挖泥浆池、浆沟，护筒埋设　　(c) 钻机就位对中成孔，泥浆护壁清渣

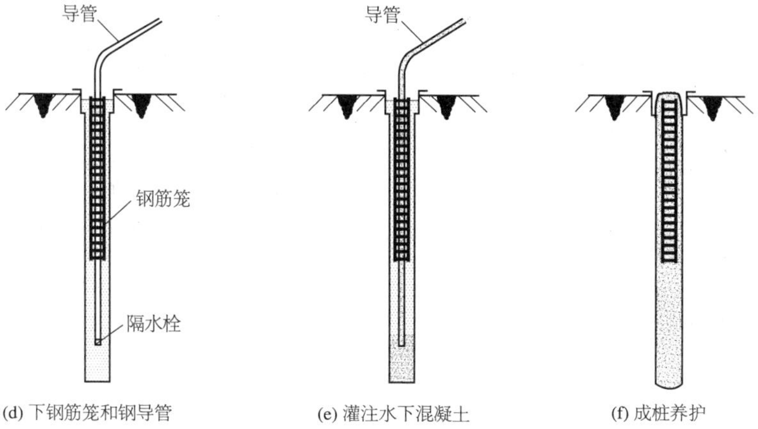

图 2-20　钻孔灌注桩工作流程

4）工作重点

钻（冲）孔时，应随时测定和控制泥浆密度，对于较好的黏土层，可采用自成泥浆护壁。成孔后孔底沉渣要清除干净。沉渣厚度要小于 100 mm，清孔验收合格后，要立即放入钢筋笼，并固定在孔口钢护筒上，钢筋笼检查无误后要马上浇筑混凝土，间隔时间不能超过 4 h。用导管开始浇筑混凝土时，管口至孔底的距离为 300 ~ 500 mm。第一次浇筑时，导管要埋入混凝土下 0. 8 m 以上，以后浇捣时，导管埋深宜为 2 ~ 6 m。

5）常遇问题及预防处理方法

（1）常遇问题示意见图 2-21。

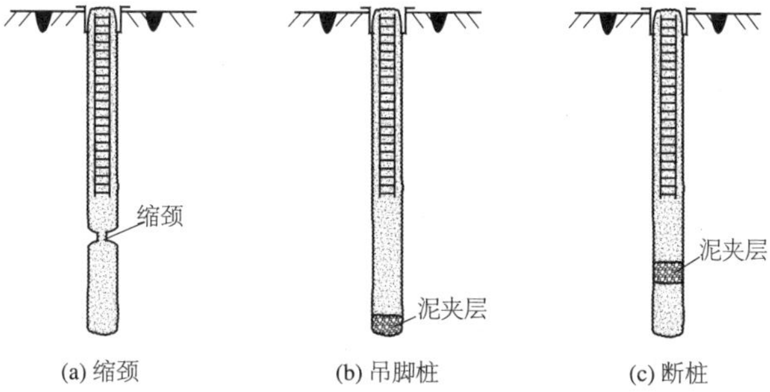

图 2-21　钻孔灌筑桩常遇问题

（2）常遇问题及处理方法见表 2-4。

表 2-4　**钻孔灌筑桩常遇问题及预防处理方法**

常遇问题	产生原因	防治措施及处理方法
坍孔	（1）护筒周围未用黏土填封紧密而漏水，或护筒埋置太浅。 （2）未及时向孔内加泥浆，孔内泥浆面低于孔外水位，或孔内出现承压水降低了静水压力，或泥浆密度不够。 （3）在流沙、软淤泥、破碎地层松散砂层中进钻，进尺太快或停在一处空转时间太长，转速太快	（1）护筒周围用黏土填封紧密。 （2）钻进中及时添加新鲜泥浆，使其高于孔外水位。 （3）遇流沙、松散土层时，适当加大泥浆密度，不要使进尺过快，空转时间过长，轻度坍孔，加大泥浆密度和提高水位；严重坍孔，用黏土泥浆投入，待孔壁稳定后采用低速钻进

(续表)

常遇问题	产生原因	防治措施及处理方法
钻孔偏移(倾斜)	(1) 桩架不稳，钻杆导架不垂直，钻机磨损，部件松动，或钻杆弯曲接头不直。 (2) 土层软硬不匀。 (3) 钻机成孔时，遇较大孤石或探头石，或基岩倾斜未处理，或在粒径悬殊的砂、卵石层中钻进，钻头所受阻力不匀	(1) 安装钻机时，要对导杆进行水平和垂直校正，检修钻孔设备，如钻杆弯曲，及时调换。 (2) 遇软硬土层应控制进尺，低速钻进；偏斜过大时，填入石子、黏土重新钻进，控制钻速，慢速上下提升、下降，往复扫孔纠正。 (3) 如有探头石，宜用钻机钻透，用冲孔机时用低锤密击，把石块打碎；有倾斜基岩时，投入块石，使表面略平，用锤密打
流沙	(1) 孔外水压比孔内大，孔壁松散，使大量流沙涌塞桩底。 (2) 遇粉砂层，泥浆密度不够，孔壁未形成泥皮	(1) 使孔内水压高于孔外水位 0.5 m 以上，适当加大泥浆密度。 (2) 流沙严重时，可抛入碎砖、石、黏土用锤冲入流沙层，做成泥浆结块，使其成坚厚孔壁，阻止流沙涌入
不进尺	(1) 钻头粘满黏土块(糊钻头)，排渣不畅，钻头周围堆积土块。 (2) 合金钻头安装角度不适当，刀具切土过浅	(1) 泥浆密度过大，钻头配重过轻，加强排渣，重新安装刀具角度、形状、排列方向。 (2) 降低泥浆密度，加大配重；糊钻时，可提出钻头，清除泥块后，再施钻
钻孔漏浆	(1) 遇到透水性强或有地下水流动的土层。 (2) 护筒埋设过浅，回填土不密实或护筒接缝不严密，在护筒及脚或接缝处漏浆。 (3) 水头过高使孔壁渗透	(1) 适当加稠泥浆或倒入黏土慢速转动，或在回填土内掺片石、卵石，反复冲击。 (2) 增强护壁、护筒周围及底部接缝，用土回填密实。 (3) 适当控制孔内水头高度，不要使压力过大
钢筋笼偏位、变形、上浮	(1) 钢筋笼过长，未设加劲箍，刚度不够，造成变形。 (2) 钢筋笼上未设垫块或耳环控制保护层厚度，或桩孔本身偏斜或偏位。 (3) 钢筋笼吊放未垂直缓慢放下，而是斜插入孔内。 (4) 孔底沉渣未清理干净，使钢筋笼达不到设计强度。 (5) 当混凝土面至钢筋笼底时，混凝土导管埋深不够，混凝土冲击力使钢筋笼被顶托上浮	(1) 钢筋过长，应分 2 ~ 3 节制作，分段吊放，分段焊接或设加劲箍加强。 (2) 在钢筋笼部分主筋上，应每隔一定距离设置混凝土垫块或焊耳环控制保护层厚度，桩孔本身偏斜、偏位，应在下钢筋笼前，往复扫孔纠正。 (3) 孔底沉渣应置换清水或适当密度泥浆清除；浇灌混凝土时，应将钢筋笼固定在孔壁上或压住。 (4) 混凝土导管应埋入钢筋笼底面以下 1.5 m 以上
吊脚桩	(1) 清孔后泥浆密度过小，孔壁坍塌，或孔底涌进泥浆，或未立即灌混凝土。 (2) 沉渣未除净，残留石渣过厚。 (3) 吊放钢筋骨架导管等物，碰撞孔壁，使泥土坍落孔底	(1) 做好清孔工作，达到要求立即灌筑混凝土。 (2) 注意泥浆密度和使孔内水位经常保持高于孔外水位 0.5 m 以上。 (3) 施工注意保护孔壁，不让重物碰撞；造成孔壁坍塌

(续表)

常遇问题	产生原因	防治措施及处理方法
黏性土层缩颈、糊钻	由于黏性土层有较强的造浆能力和遇水膨胀的特性，使钻孔易于缩颈，或使黏土附在钻头上，产生抱钻、糊钻现象	除严格控制泥浆的黏度增大外，还应适当向孔内投入部分砂砾，防止糊钻；钻头宜采用肋骨的钻头，边钻进边上下反复扩孔，防止缩颈卡钻事故
孔斜	(1) 钻进松散地层中遇有较大的圆孤石或探头石，将钻具挤离钻孔中心轴线。 (2) 钻具由软地层进入陡倾角硬地层，或粒径差别太大的砂砾层钻进时，钻头所受阻力不均。 (3) 钻具导正性差，在超径孔段钻头走偏，以及由于钻机位置发生串动或底座产生局部下沉使其倾斜等	(1) 防止或减少出现探头石，一旦发现探头石，应暂停钻进，先回填黏土和片石，用锥形钻头将探头石挤压在孔壁内，或用冲击钻冲击或将钻机(或钻架)略移向探头石一侧，用十字或一字形冲击钻头猛击，将探头石击碎。如果冲击钻也不能击碎探头石，则可用小直径钻头在探头石上钻孔，或在表面放药包爆破。 (2) 针对地层特征选用优质泥浆，保持孔壁的稳定
断桩	(1) 因首批混凝土多次浇灌不成功，再灌上层出现一层泥夹层而造成断桩。 (2) 孔壁塌方将导管卡住，强力拔管时，使泥水混入混凝土内或导管接头不良，泥水进入管内。 (3) 施工时突然下雨，泥浆冲入桩孔。 (4) 采用排水方法灌筑混凝土，未将水抽干，地下水大量进入，将泥浆带入混凝土中造成夹层；另一方面，由于桩身混凝土采用分层振捣，下面的泥浆被振捣到上面，然后再灌入混凝土振捣，两段混凝土间夹杂泥浆，造成分节脱离，出现断层	(1) 力争首批混凝土浇灌一次成功，钻孔选用较大密度和黏度、胶体率好的泥浆护壁；控制进尺速度。 (2) 保持孔壁稳定；导管接头应用方丝扣连接，并设橡皮圈密封严密；孔口护筒不使埋置太浅；下钢筋笼骨架过程中，不要碰撞孔壁。 (3) 施工时突然下雨，要争取一次性灌筑完毕，灌筑桩严重塌方或导管无法拔出形成断桩，可在一侧补桩；深度不大可挖出；对断桩处作适当处理后，支模重新浇筑混凝土

3. 人工挖孔扩底灌注桩

1) 人工挖孔扩底灌注桩的特点及施工机具

人工挖孔桩（hang drilling pile）是采用人工挖土成孔、扩底，浇筑混凝土成桩。人工挖孔桩单桩承载力高，结构传力明确，沉降量小。桩身垂直度，持力土层情况，清孔清渣情况可直接检查。桩质量可靠，施工机具简单、占场地小，施工无振动，无噪声，不需开挖泥浆池，无环境污染，对周边建筑物没有挤土和振动影响。可多条桩同时开挖，提高施工速度。缺点是人工开挖，劳动强度大，安全性较差。在有流沙、地下水位高、涌水量大的冲积地带及遇含水量高的淤泥、淤泥质土时，不宜采用。

2）工作流程

测量放线定桩位 → 挖第一节桩孔土方 → 支模浇筑第一节混凝土护壁 → 安装垂直运输设备及孔口防护设施 → 挖第二节桩孔土方，校核桩孔垂直度和直径 → 支第二节模板，筑第二节混凝土护壁 → 重复第二节挖土、支模、浇筑混凝土护壁工序，直至设计深度和设计持力层 → 验收后进行扩底 → 排水、清底，检查扩底尺寸和持力层 → 吊放钢筋笼就位 → 浇筑桩身混凝土

3）工作流程示意（图 2-22）

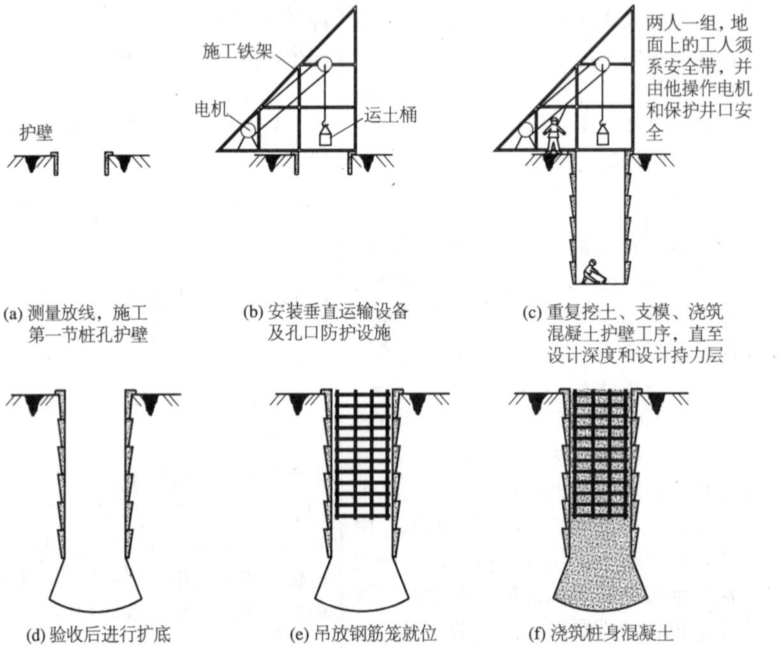

(a) 测量放线，施工第一节桩孔护壁　(b) 安装垂直运输设备及孔口防护设施　(c) 重复挖土、支模、浇筑混凝土护壁工序，直至设计深度和设计持力层

(d) 验收后进行扩底　(e) 吊放钢筋笼就位　(f) 浇筑桩身混凝土

图 2-22　人工挖孔桩工作流程

4）工作重点（图 2-23）

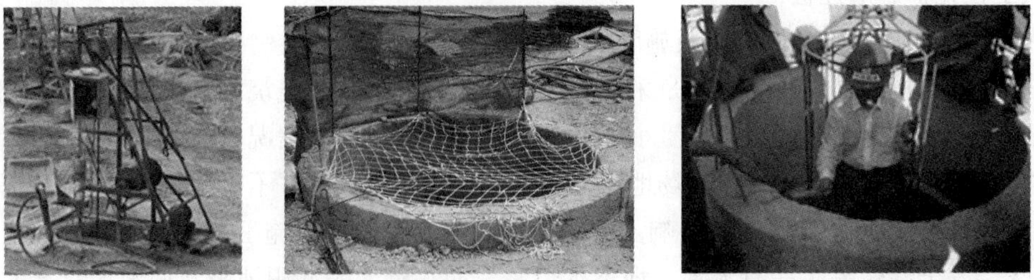

(a) 人工挖孔桩施工机具　(b) 做好孔口防护　(c) 工人下孔用钢吊篮，并做好孔底通风、排水

图 2-23　人工挖孔桩施工工作重点

做好井口防护设施，采用班组制配合施工，井下工人施工时，井口要有操作人员控制提升设备，并做好井口防护。每日开工前必须检测井下的有毒有害气体，当桩孔开挖深度超过 10 m 时，要有专门向井下送风的设备，并做好井下的排水工作。浇筑混凝土时必须采用溜槽，当落距超过 2 m 时，应采用串筒，串筒末端距孔底高度不大于 2 m，随浇随捣，也可采用导管泵送。混凝土要分层振捣密实。

5）常遇问题及预防处理方法（表 2-5）

表 2-5　　挖孔桩常遇问题及预防、处理方法

常遇问题	产生原因	预防措施及处理方法
塌孔	(1) 地下水渗流比较严重。 (2) 混凝土护壁养护期内，孔底积水，抽水后，孔壁周围土层内产生较大水压差，从而易于使孔壁土体失稳。 (3) 土层变化部位挖孔深度大于土体稳定极限高度。 (4) 孔底偏位或超挖，孔壁原状土体结构受到扰动、破坏或松软土层挖孔，未及时支护	(1) 有选择地先挖几个桩孔进行连续降水，使孔底不积水，周围桩土体黏聚力增强，并保持稳定，尽可能避免桩孔内产生较大水压差。 (2) 挖孔深度控制不大于稳定极限高度，并防止偏位或超挖。 (3) 在松软土层挖孔，及时进行支护，对塌方严重孔壁，用砂、石子填塞，并在护壁的相应部位设泄水孔，用以排除孔洞内积水
井涌（流泥）	遇残积土、粉土、特别是均匀的粉细砂土层，当地下水位差很大时，使土颗粒悬浮在水中成流态泥土从井底上涌	遇有局部或厚度大于 1.5 m 的流动性淤泥和可能出现涌土、涌沙时，可采取将每节护壁高度减小到 300～500 mm 并随挖随验，随浇筑混凝土，或采用钢护筒作护壁，或采用有效的降水措施以减轻水压力
护壁裂缝	(1) 护壁过厚，其自重大于土体的极限摩阻力，因而导致下滑，引起裂缝。 (2) 过度抽水后，在桩孔周围造成地下水位大幅度下降，在护壁外产生负摩擦力。 (3) 由于塌方使护壁失去部分支撑的土体下滑，使护壁某一部分受拉而产生环向水平裂缝，同时由于下滑不均匀和护壁四周压力不均，造成较大的弯矩和剪力作用而导致垂直和斜向裂缝	护壁厚度不宜太大，尽量减轻自重，在护壁内适当配 φ10@200 竖向钢筋，上、下节竖钢筋要连接牢靠，以减少环向拉力；桩孔口的护壁导槽要有良好的土体支撑，以保证其强度和稳固；裂缝一般可不处理，但要加强施工监视、观察，发现问题，及时处理
淹井	(1) 井孔内遇较大泉眼或土渗透系数大的砂砾层。 (2) 附近地下水在井孔集中	可在群桩孔中间钻孔，设置深井，用潜水泵降低水位，至桩孔开挖完成，再停止抽水，填砂砾封堵深井
截面大小不一或扭曲	(1) 挖孔时，没能保证每节对中量测桩中心轴线及半径。 (2) 土质松软或遇粉细砂层难以控制半径。 (3) 孔壁支护未严格控制尺寸	(1) 挖孔时，应按每节支护量测桩中心轴线及半径。 (2) 遇松软土层或粉细砂层加强支护。 (3) 严格认真控制支护尺寸

(续表)

常遇问题	产生原因	预防措施及处理方法
超量	(1)挖孔时未每层控制截面，出现超挖。 (2)遇有地下土洞、落水洞，下水道或古墓、坑穴。 (3)孔壁坍落，或成孔后间歇时间过长，孔壁风干或浸水剥落	(1)挖孔时每层每节严格控制截面尺寸。 (2)遇地下洞穴，用3:7灰土（质量比）填补、拍打夯实，并防止孔壁坍落。 (3)成孔后在48 h内浇筑桩混凝土，避免长期搁置

4. 灌注桩后注浆工法

1）灌注桩后注浆工法特点

灌注桩后注浆（cast-in-place pile post grouting）是灌注桩的辅助工法，该技术旨在通过桩底桩侧后注浆固化沉渣（虚土）和泥皮，并加固桩底和桩周一定范围的土体，以大幅提高桩的承载力，增强桩的质量稳定性，减少桩基沉降。它适用于除沉管灌注桩外的钻、挖、冲孔灌注桩。

后注浆管导管应采用钢管，且应与钢筋笼加劲筋绑扎固定或焊接，该导管注浆后可代替纵向主筋，并可与桩身完整性声速检测兼用。

2）工作重点

后注浆管阀要对称布置，不少于2根，对直径1 200 ~ 2 500 mm的桩，宜对称设置3根；对桩长超过15 m且承载力增幅要求较高者，宜采用桩端桩侧复式注浆；可在离桩顶5 ~ 15 m以上，桩顶8 m以下，每隔6 ~ 12 m设置一道桩侧注浆阀。对于非通长配筋桩，下部应有不少于2根与注浆管等长的主筋组成的钢筋笼通底。钢筋笼应沉放到底，不得悬吊，下笼受阻时不得撞笼、墩笼、扭笼。

注浆作业宜于成桩2 d后开始，不宜迟于30 d；对于饱和土中的复式注浆顺序宜先桩侧后桩端，对于非饱和土宜先桩端后桩侧，多断面桩侧注浆应先上后下，桩侧桩端注浆间隔时间不宜少于2 h。桩端注浆应对同一根桩的各注浆导管依次实施等量注浆。

注浆总量和注浆压力均达到设计要求或注浆总量已达到设计值的75%且注浆压力超过设计值时可终止注浆。

项目2.3 地基处理

学习重点：

1. 了解几种地基处理方法的适应范围。
2. 掌握几种地基处理方法的工作流程、工作重点。
3. 掌握几种地基处理方法的质量检验方法。

2.3.1 换填地基

换填地基是将基础底面下要求范围内的软弱土层挖去，用砂石、素土、灰土、工业废渣等材料分层回填夯实，作为地基的持力层，提高基础下部地基强度，并通过垫层的压力扩散作用，降低地基的压应力，减少变形量。同时垫层可起排水作用，地基土中孔隙水可通过垫层快速地排出，能加速下部土层的沉降和固结。

换填法适用于淤泥、淤泥质土、湿陷性黄土、素填土、杂填土地基及暗沟、暗塘等的浅层处理。

1. 工作流程

基坑开挖，验槽 ⇒ 清理基底浮土、淤泥、杂物 ⇒ 按设计要求将换填材料拌和均匀 ⇒ 垫层分层铺设压实

2. 工作流程示意（图 2-24）

(a) 基坑开挖　(b) 清理基底浮土、淤泥、杂物　(c) 按设计要求将换填材料拌和均匀　(d) 垫层分层铺设压实

图 2-24　换填地基工作流程示意

3. 工作重点

（1）垫层施工应根据不同的换填材料选择施工机械。素填土宜采用平碾或羊足碾，砂石等宜用振动碾和振动压实机。当有效夯实深度内土的饱和度小于并接近 0.6 时，可采用重锤夯实。

（2）垫层的施工方法、分层铺填厚度、每层压实遍数等宜通过试验确定。除接触下卧软土层的垫层底层应根据施工机械设备及下卧层土质条件的要求留有足够的厚度外，一般情况下，垫层的分层铺填厚度可取 200 ~ 300 mm。为保证分层压实质量，应控制机械碾压速度。

（3）素土和灰土垫层土料的施工含水量宜控制在最优含水量 $\omega_{op} \pm 2\%$ 的范围内，最优含水量可通过击实试验确定，也可按当地经验取用。

（4）当垫层底部存在古井、古墓、洞穴、旧基础、暗塘等软硬不均的部位时，应根据建筑对不均匀沉降的要求予以处理，并经检验合格后，方可铺填垫层。

（5）严禁扰动垫层下卧层的淤泥或淤泥质土层，防止其被践踏、受冻或受浸泡。在碎石或卵石垫层底部宜设置 150 ~ 300 mm 厚的砂垫层，以防止淤泥或淤泥质土层表面的局部破坏。如淤泥或淤泥质土层厚度较小，在碾压荷载下抛石能挤入该层底面时，可采用抛石挤淤处理。先在软弱土面上堆填块石、片石等，然后将其压入以置换和挤出软弱土。

（6）垫层底面宜设在同一标高上，如深度不同，基坑底土面应挖成阶梯或斜坡搭接，并按先深后浅的顺序进行垫层施工，搭接处应夯压密实。

素土及灰土垫层分段施工时，不得在柱基、墙角及承重窗间墙下接缝。上、下两层的缝距不得小于 500 mm，接缝处应夯压密实。灰土应拌和均匀并应当日铺填夯压。灰土夯实后 3 d 内不得受水浸泡。垫层竣工后，应及时进行基础施工与基坑回填。

（7）重锤夯实的夯锤宜采用圆台形，锤重应大于 2 t。锤底面单位静压力宜为 15 ~ 20 kPa。夯锤落距宜大于 4 m。

重锤夯实宜一夯挨一夯顺序进行，在独立柱基基坑内，宜按先外后里的顺序夯击。同一基坑底面标高不同时，应按先深后浅的顺序逐层夯实。夯击宜分 2 ~ 3 遍进行，累计夯击 10 ~ 15 次，最后两击平均夯沉量，对砂土不应超过 5 ~ 10 mm，对细颗粒土不应超过 10 ~ 20 mm。

（8）当夯击或碾压振动对邻近既有或正在施工中的建筑产生有害影响时，必须采取有效预防措施。

4. 质量检验

(1) 对粉质黏土、灰土、粉煤灰和砂石垫层的施工质量检验可用环刀法、贯入仪、静力触探、轻型动力触探或标准贯入试验检验；对砂石、矿渣垫层可用重型动力触探检验。并均应通过现场试验以设计压实系数所对应的贯入度为标准检验垫层的施工质量。压实系数也可采用环刀法、灌沙法、灌水法，或其他方法检验。

(2) 垫层的施工质量检验必须分层进行，并应在每层的压实系数符合设计要求后铺填上层土。

(3) 采用环刀法检验垫层的施工质量时，取样点应位于每层厚度的2/3深度处。检验点数量，对大基坑每50~100 m^2不应少于1个检验点；对基槽每10~20 m不应少于1个点；每个独立柱基不应少于1个点。采用贯入仪或动力触探检验垫层的施工质量时，每分层检验点的间距应小于4 m。

(4) 竣工验收采用载荷试验检验垫层承载力时，每个单体工程不宜少于3点；对于大型工程则应按单体工程的数量或工程的面积确定检验点数。

2.3.2 强夯地基

强夯法，是用起重机械（起重机或起重机配三角架、龙门架）将大吨位（一般8~30 t）夯锤起吊到6~30 m高度后，自由落下，给地基土以强大的冲击能量的夯击，使土中出现冲击波和很大的冲击应力，迫使土层孔隙压缩，土体局部液化，在夯击点周围产生裂隙，形成良好的排水通道，孔隙水和气体逸出，使土料重新排列，经时效压密达到固结，从而提高地基承载力（图2-25）。该方法是降低其压缩性的一种有效的地基加固方法，也是我国目前最为常用和最经济的深层地基处理方法之一。

图2-25 强夯机和夯锤

强夯法适于加固碎石土、砂土、低饱和度粉土、黏性土、湿陷性黄土、高填土、杂填土以及“围海造地”地基、工业废渣和垃圾地基等的处理；也可用于防止粉土及粉砂的液化，消除或降低大孔土的湿陷性等级；对于高饱和度淤泥、软黏土、泥炭、沼泽土，在采取一定的技术措施后也可采用；还可用于水下夯实。强夯不得用于不允许对工程周围建筑物和设备有一定振动影响的地基加固，必要时，应采取防振、隔振措施。

1. 工作流程

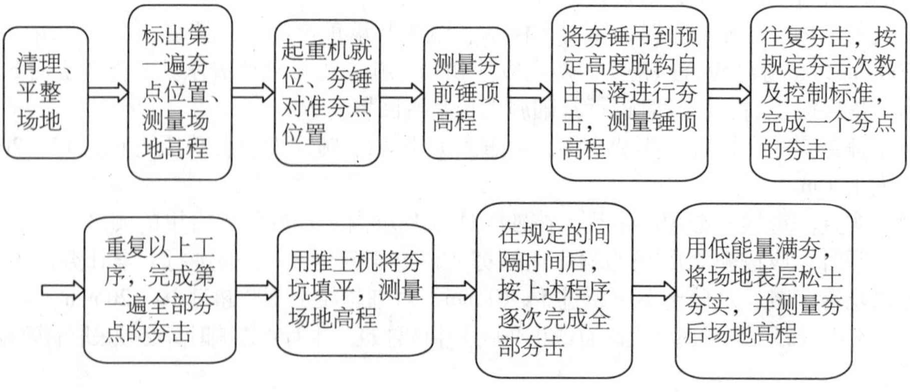

2. 工作重点

(1) 强夯锤质量可取 10 ~ 40 t，其底面形式宜采用圆形或多边形，锤底面积宜按土的性质确定，锤底静接地压力值可取 25 ~ 40 kPa，对于细颗粒土锤底静接地压力宜取较小值。锤的底面宜对称设置若干个与其顶面贯通的排气孔，孔径可取 250 ~ 300 mm。强夯置换锤底静接地压力值可取 100 ~ 200 kPa。

(2) 施工机械宜采用带有自动脱钩装置的履带式起重机或其他专用设备。采用履带式起重机时，可在臂杆端部设置辅助地锚，或采取其他安全措施，防止落锤时机架倾覆。

(3) 当场地表土软弱或地下水位较高，夯坑底积水影响施工时，宜采用人工降低地下水位或铺填一定厚度的松散性材料，使地下水位低于坑底面以下 2 m。坑内或场地积水应及时排除。

(4) 施工前应查明场地范围内的地下构筑物和各种地下管线的位置及标高等，并采取必要的措施，以免因施工而造成损坏。

(5) 当强夯施工所产生的振动对邻近建筑物或设备会产生有害影响时，应设置监测点，并采取挖隔振沟等隔振或防振措施。

3. 质量检验

(1) 检查施工过程中的各项测试数据和施工记录，不符合设计要求时应补夯或采取其他有效措施。强夯置换施工中可采用超重型或重型圆锥动力触探检查置换墩着底情况。

(2) 强夯处理后的地基竣工验收承载力检验，应在施工结束后间隔一定时间方能进行，对于碎石土和砂土地基，其间隔时间可取 7 ~ 14 d；粉土和黏性土地基可取 14 ~ 28 d；强夯置换地基间隔时间可取 28 d。

(3) 强夯处理后的地基竣工验收时，承载力检验应采用原位测试和室内土工试验。强夯置换后的地基竣工验收时，承载力检验除应采用单墩载荷试验检验外，尚应采用动力触探等有效手段查明置换墩着底情况及承载力与密度随深度的变化，对饱和粉土地基允许采用单墩复合地基载荷试验代替单墩载荷试验。

(4) 竣工验收承载力检验的数量，应根据场地复杂程度和建筑物的重要性确定，对于简单场地上的一般建筑物，每个建筑地基的载荷试验检验点不应少于 3 点；对于复杂场地或重要建筑地基应增加检验点数。强夯置换地基载荷试验检验和置换墩着底情况检验数量均不应少于墩点数的 1%，且不应少于 3 点。

2.3.3 水泥土搅拌桩地基

水泥土搅拌法分为深层搅拌法（以下简称湿法）和粉体喷搅法（以下简称干法）。水泥土搅拌法适用于处理正常固结的淤泥与淤泥质土、粉土、饱和黄土、素填土、黏性土以及无流动地下水的饱和松散砂土等地基。当地基土的天然含水量小于 30%（黄土含水量小于 25%）、大于 70% 或地下水的 pH <4 时不宜采用干法。冬期施工时，应注意负温对处理效果的影响。

水泥土搅拌法形成的水泥土加固体，可作为竖向承载的复合地基，基坑工程围护挡墙、被动区加固、防渗帷幕，大体积水泥稳定土等。加固体形状可分为柱状、壁状、格栅状或块状等。

1. 工作流程

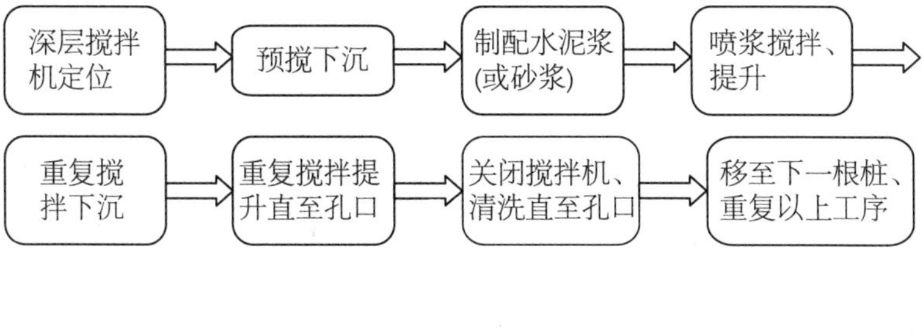

2. 工作流程示意（图 2-26）

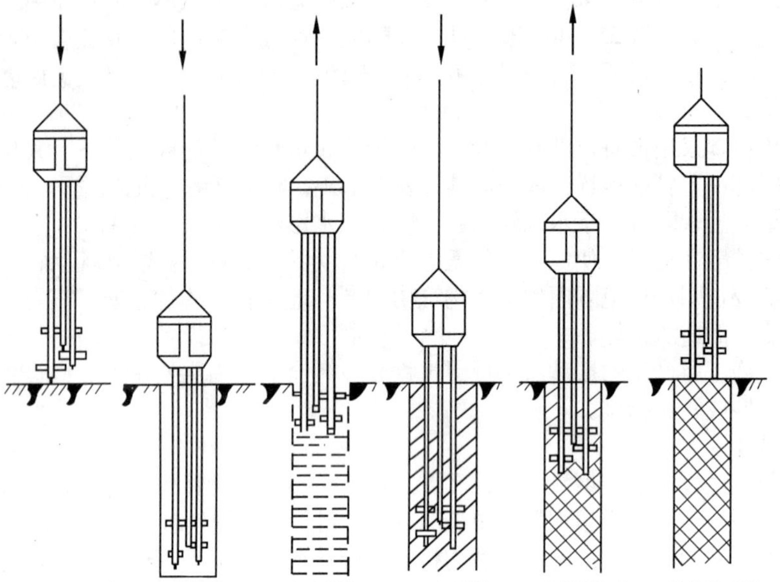

图 2-26 水泥土搅拌桩地基工作流程

3. 工作重点

(1) 水泥土搅拌法施工现场事先应予以平整，必须清除地上和地下的障碍物。遇有明浜、池塘及洼地时应抽水和清淤，回填黏性土料并予以压实，不得回填杂填土或生活垃圾。

(2) 水泥土搅拌桩施工前应根据设计进行工艺性试桩，数量不得少于 2 根。当桩周为成层土时，应对相对软弱土层增加搅拌次数或增加水泥掺量。

(3) 搅拌头翼片的枚数、宽度、与搅拌轴的垂直夹角、搅拌头的回转数、提升速度应相互匹配，以确保加固深度范围内土体的任何一点均能经过 20 次以上的搅拌。

(4) 竖向承载搅拌桩施工时，停浆（灰）面应高于桩顶设计标高 300 ~ 500 mm。在开挖基坑时，应将搅拌桩顶端施工质量较差的桩段用人工挖除。

(5) 施工中应保持搅拌桩机底盘的水平和导向架的竖直，搅拌桩的垂直偏差不得超过 1%；桩位的偏差不得大于 50 mm；成桩直径和桩长不得小于设计值。

4. 质量检查

(1) 成桩 7 d 后，采用浅部开挖桩头（深度宜超过停浆（灰）面下 0.5 m)，目测检查搅拌的均匀性，量测成桩直径。检查量为总桩数的 5%。

(2) 成桩后 3 d 内，可用轻型动力触探（N_{10}）检查每米桩身的均匀性。检验数量为施工总桩数的 1%，且不少于 3 根。

(3) 对相邻桩搭接要求严格的工程，应在成桩 15 d 后，选取数根桩进行开挖，检查搭接情况。

(4) 基槽开挖后，应检验桩位、桩数与桩顶质量，如不符合设计要求，应采取有效补强措施。

2.3.4 注浆地基

高压喷射注浆法适用于处理淤泥、淤泥质土、流塑、软塑或可塑黏性土、粉土、砂土、黄土、素填土和碎石土等地基。高压喷射注浆法可用于既有建筑和新建建筑地基加固，深基坑、地铁等工程的土层加固和防水。

高压喷射注浆法分旋喷、定喷和摆喷三种类别。根据工程需要和土质条件，可分别采用单管法、双管法和三管法。加固形状可分为柱状、壁状、条状和块状。

1. 工作流程

2. 工作流程示意（图 2-27）

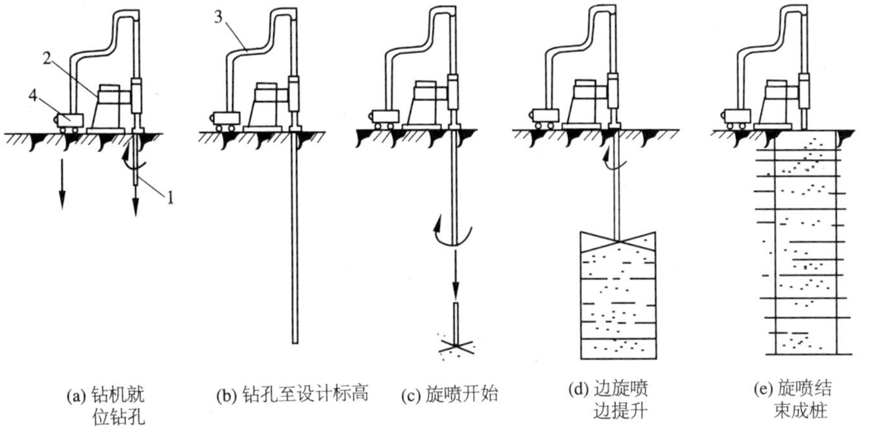

1—旋喷管；2—钻孔机械；3—高压胶管；4—超高压脉冲泵

图 2-27 高压喷射注浆地基工作流程

3. 工作重点

（1）施工前应根据现场环境和地下埋设物的位置等情况，复核高压喷射注浆的设计孔位。

（2）高压喷射注浆的施工参数应根据土质条件、加固要求通过试验或根据工程经验确定，并在施工中严格加以控制。单管法及双管法的高压水泥浆和三管法高压水的压力应大于 20 MPa。

（3）高压喷射注浆的主要材料为水泥，对于无特殊要求的工程，宜采用强度等级为 32.5 级及以上的普通硅酸盐水泥。根据需要可加入适量的外加剂及掺和料。外加剂和掺和料的用量，应根据试验确定。

（4）水泥浆液的水灰比应按工程要求确定，可取 0.8 ~ 1.5，常用 1.0。

（5）高压喷射注浆的施工工序为机具就位、贯入喷射管、喷射注浆、拔管和冲洗等。

（6）喷射孔与高压注浆泵的距离不宜大于 50 m。钻孔的位置与设计位置的偏差不得大于 50 mm。实际孔位、孔深和每个钻孔内的地下障碍物、洞穴、涌水、漏水及与岩土工程勘察报告不符等均应详细记录。

（7）当喷射注浆管贯入土中，喷嘴达到设计标高时，即可喷射注浆。在喷射注浆参数达到规定值后，随即分别按旋喷、定喷或摆喷的工艺要求，提升喷射管，由下而上喷射注浆。喷射管分段提升的搭接长度不得小于 100 mm。

（8）对需要局部扩大加固范围或提高强度的部位，可采用复喷措施。

（9）在高压喷射注浆过程中出现压力骤然下降、上升或冒浆异常时，应查明原因并及时采取措施。

(10) 高压喷射注浆完毕，应迅速拔出喷射管。为防止浆液凝固收缩影响桩顶高程，必要时可在原孔位采用冒浆回灌或第 2 次注浆等措施。

(11) 当处理既有建筑地基时，应采用速凝浆液或跳孔喷射和冒浆回灌等措施，以防喷射过程中地基产生附加变形和地基与基础间出现脱空现象；同时，应对建筑物进行变形监测。

(12) 施工中应做好泥浆处理，及时将泥浆运出或在现场短期堆放后作土方运出。

(13) 施工中应严格按照施工参数和材料用量施工，并如实做好各项记录。

4. 质量检验

(1) 高压喷射注浆可根据工程要求和当地经验采用开挖检查、取芯（常规取芯或软取芯）、标准贯入试验、载荷试验或围井注水试验等方法进行检验，并结合工程测试、观测资料及实际效果综合评价加固效果。

(2) 检验点应布置在下列部位。

①有代表性的桩位；②施工中出现异常情况的部位；③地基情况复杂，可能对高压喷射注浆质量产生影响的部位。

(3) 检验点的数量为施工孔数的 1%，并不应少于 3 点。

(4) 质量检验宜在高压喷射注浆结束 28 d 后进行。

(5) 竖向承载旋喷桩地基竣工验收时，承载力检验应采用复合地基载荷试验和单桩载荷试验。

(6) 载荷试验必须在桩身强度满足试验条件时，并宜在成桩 28 d 后进行。检验数量为桩总数的 0.5% ~1%，且每项单体工程不应少于 3 点。

2.3.5 预压地基

1. 砂井堆载预压地基

砂井堆载预压地基，是在软弱地基中用钢管打孔，灌沙设置砂井作为竖向排水通道，并在砂井顶部设置砂垫层作为水平排水通道。在砂垫层上部压载以增加土中附加应力，使土体中孔隙水较快地通过砂井和砂垫层排出，从而加速土体固结，使地基得到加固。

1) 工作流程

定位、整理桩尖 ⇒ 沉入导管 ⇒ 向导管内灌沙、灌水 ⇒ 拔管 ⇒ 在砂井顶部设置砂垫层 ⇒ 在砂垫层上部堆载

2) 工作流程示意（图 2-28）

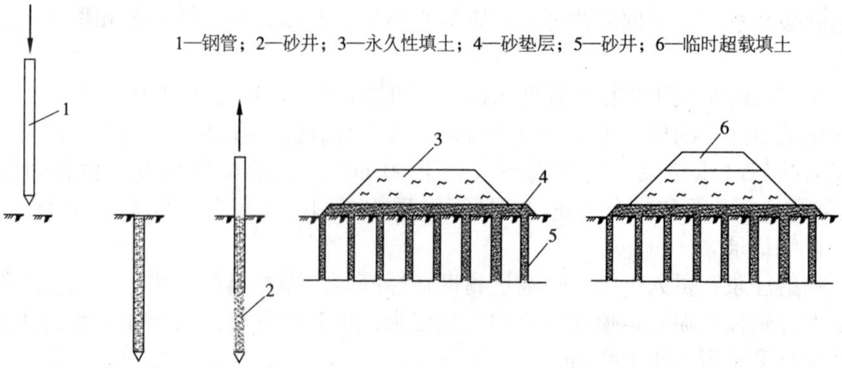

(a) 沉入导管　(b) 向导管内灌沙、灌水　(c) 拔管　(d) 在砂井顶部设置砂垫层　(e) 在砂垫层上部堆载

图 2-28　砂井堆载预压地基示意

3）工作重点

（1）砂井的灌沙量，应按井孔的体积和砂在中密度状态时的干密度计算，其实际灌沙量不得小于灌沙量的95%。灌入砂袋中的砂宜用干砂，并应灌制密实。

（2）在加载过程中应进行竖向变形、边桩水平位移及孔隙水压力等项目的监测，且根据监测资料控制加载速率。

4）质量检查

（1）对不同来源的砂井和砂垫层砂料，必须取样进行颗粒分析和渗透性试验。

（2）对预压工程，应进行地基竖向变形、侧向位移和孔隙水压力等项目的监测。

（3）排水竖井处理深度范围内和竖井底面以下受压土层，经预压所完成的竖向变形和平均固结度应满足设计要求。

（4）应对预压的地基土进行原位十字板剪切试验和室内土工试验，必要时进行现场载荷试验。

2. 真空预压法

真空预压法，是以大气压力作为预压载荷，它是先在需加固的软土地基表面铺设一层透水砂垫层或砂砾层，再在其上覆盖一层不透气的塑料薄膜或橡胶布，四周密封好与大气隔绝，在砂垫层内埋设渗水管道，然后与真空泵连通进行抽气，使透水材料保持较高的真空度，在土的孔隙水中产生负的孔隙水压力，将土中孔隙水和空气逐渐吸出，从而使土体固结（图2-28）。对于渗透系数小的软黏土，为加速孔隙水的排出，也可在加固部位设置砂井、袋装砂井或塑料板等竖向排水系统。

真空预压法适于饱和均质黏性土及含薄层砂夹层的黏性土，特别适于新淤填土、超软土地基的加固，但不适于在加固范围内有足够的水源补给的透水土层，以及无法堆载的倾斜地面和施工场地狭窄的工程进行地基处理。

1）工作流程

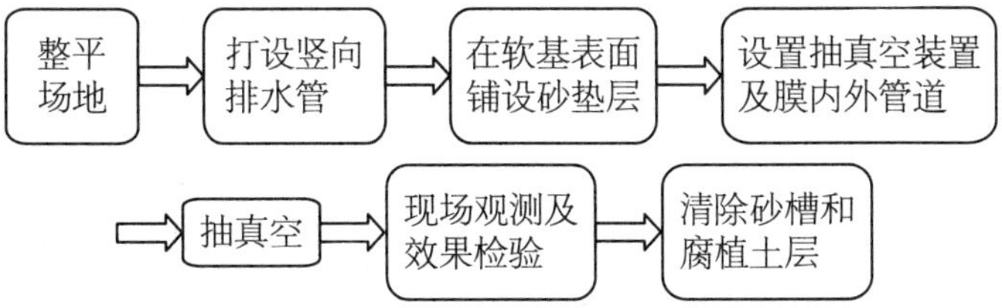

2）工作流程示意（图2-29）

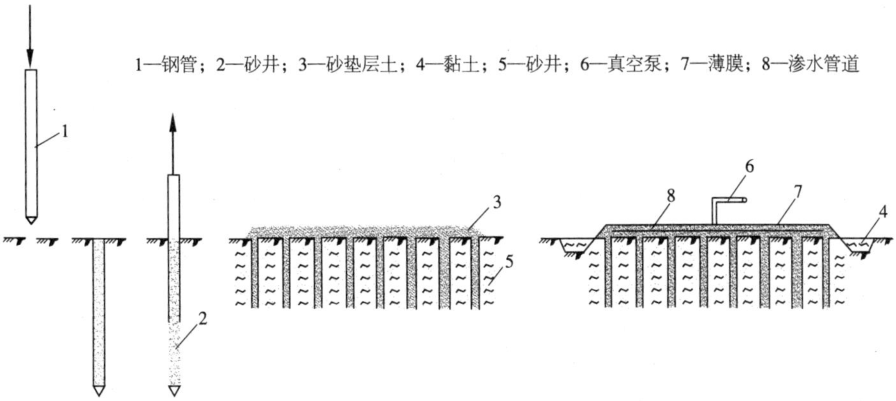

(a) 打设竖向排水管　(b) 在软基表面铺设砂垫层　(c) 设置抽真空装置及膜内外管道、抽真空

图2-29　真空预压工作流程示意

3）真空预压法的特点

(1) 不需要大量堆载，可省去加载和卸载工序，节省大量原材料、能源和运输能力，缩短预压时间；

(2) 真空法所产生的负压使地基土的孔隙水加速排出，可缩短固结时间；同时由于孔隙水排出，渗流速度的增大，地下水位降低，由渗流力和降低水位引起的附加应力也随之增大，提高了加固效果；其负压可通过管路送到任何场地，适应性强；

(3) 孔隙渗流水的流向及渗流力引起的附加应力均指向被加固土体，土体在加固过程中的侧向变形很小，真空预压可一次加足，地基不会发生剪切破坏而引起地基失稳，可有效缩短总的排水固结时间；

(4) 适用于超软黏性土以及边坡、码头、岸边等地基稳定性要求较高的工程地基加固，土愈软，加固效果愈明显；

(5) 所用设备和施工工艺比较简单，无须大量的大型设备，便于大面积使用；

(6) 无噪声、无振动、无污染，可称为文明施工；

(7) 技术经济效果显著，根据国内在天津新港区的大面积实践，当真空度达到600 mmHg，经60 d 抽气，不少井区土的固结度都达到80%以上，地面沉降达57 cm，同时能耗降低1/3，工期缩短2/3，比一般堆载预压降低造价1/3。

4）工作重点

(1) 真空预压法竖向排水系统，设置同砂井（或袋装砂井、塑料排水带）堆载预压法。应先整平场地，设置排水通道，在软基表面铺设砂垫层或在土层中再加设砂井（或埋设袋装砂井、塑料排水带），再设置抽真空装置及膜内外管道。

(2) 砂垫层中水平分布滤管的埋设，一般宜采用条形或鱼刺形（图2-30），铺设距离要适当，使真空度分布均匀，管上部应覆盖100～200 mm 厚的砂层。

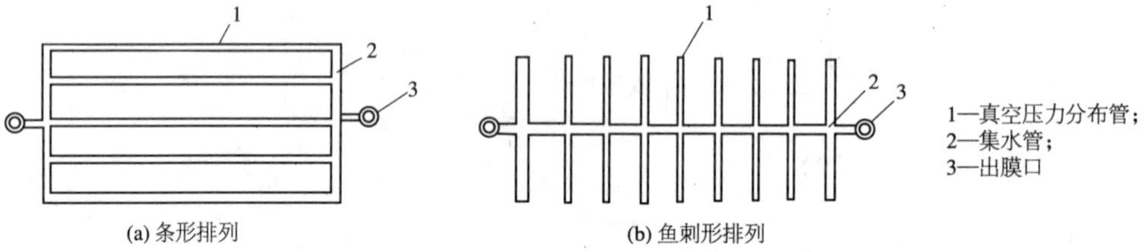

图2-30　真空分布管排列示意图

(3) 砂垫层上密封薄膜，一般采用2～3层聚氯乙烯薄膜，应按先后顺序同时铺设，并在加固区四周，在离基坑线外缘2 m，开挖深0.8～0.9 m的沟槽，将薄膜的周边放入沟槽内，用黏土或粉质黏土回填压实，要求气密性好，密封不漏气，或采用板桩覆水封闭（图2-31），而以膜上全面覆水较好，既密封好又能减缓薄膜的老化。

(4) 当面积较大，宜分区预压，区与区间隔距离以2～6 m为佳。

(5) 做好真空度、地面沉降量、深层沉降、水平位移、孔隙水压力和地下水位的现场测试工作。掌握变化情况，作为检验和评价预压效果的依据，并随时分析。如发现异常，应及时采取措施，以免影响最终加固效果。

(6) 真空预压结束后，应清除砂槽和腐殖土层，避免在地基内形成水平渗水暗道。

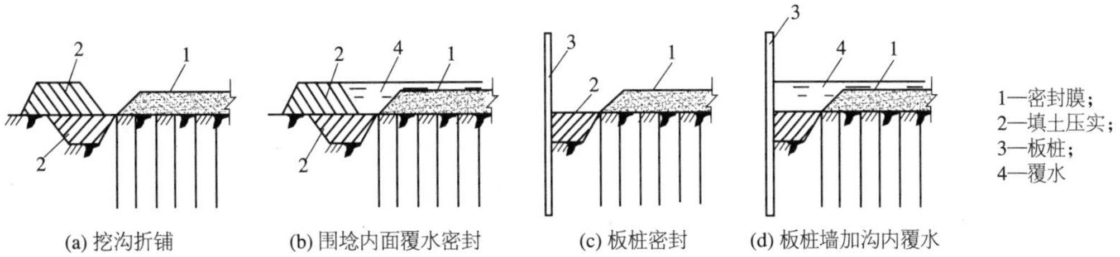

图 2-31　薄膜周边密封方法

3. 质量控制

(1) 施工前应检查施工监测措施、沉降、孔隙水压力等原始数据，排水设施，砂井（包括袋装砂井）或塑料排水带等位置及真空分布管的距离等。

(2) 施工中应检查密封膜的密封性能，真空表读数等。泵及膜内真空度应达到 96 kPa 和 73 kPa 以上的技术要求。

(3) 施工结束后应检查地基土的十字板剪切强度，标贯或静力触探值及要求达到的其他物理力学性能，重要建筑物地基应进行承载力检验。

思考与训练

1. 单项选择题

(1) 筏板基础施工前，如地下水位较高，应降低地下水位以保证在无水情况下进行（　　）。

a. 地质勘探　　b. 施工测量　　c. 上部结构施工　　d. 基坑开挖和基础施工

(2) 筏板基础混凝土浇筑必须留设施工缝时，应设置（　　）。

a. 挡土墙　　b. 隔离带　　c. 止水带　　d. 排水沟

(3) 混凝土浇筑完毕，表面应（　　）养护不少于 7 d。

a. 覆盖　　b. 洒水　　c. 撒干水泥　　d. 覆盖和洒水

(4) 筏板基础当混凝土强度达到设计强度的 30% 时，进行基坑（　　）。

a. 开挖　　b. 回填　　c. 养护　　d. 降水

2. 某地一职工集资楼，桩基为沉管灌注桩，直径 380 mm，桩长在 8.0 m 左右，桩基为条形分布，桩距约 1.50 m，部分复打。该工地场地平整，土层大体可分为：①填土厚 3.20 ~ 3.50 m；②淤泥、淤质层土，厚 0.70 ~ 1.60 m；③黏土粉质，厚 0.9 ~ 1.20 m；④砂土，厚 1.50 ~ 2.30 m；⑤砾精砂，厚度较大。桩基施工完毕后对所有桩进行检测，发现断桩 9 根，其他缺陷桩 18 根。两项占全部桩的 30%。该工程施工时间为 2—3 月份，雨季。从缺陷桩、断桩的开挖验证来看，桩形不平整，直径时大时小，部分桩局部直径很小，有的仅有 100 mm，还有一根桩在 0.8 m 深处不见桩体，到 1.3 m 深才见桩体。桩体变小均有一个慢慢变小的过程（筑龙网下载资料）。

请分析此桩基础工程质量事故产生的原因及如何避免。

3. 某地一银行办公楼，采用沉管灌注桩，大面积整体承台，桩径 380 mm，桩长 4.5 ~ 6.0 m 不等，部分桩复打，桩距 1.50 m。该工程场地平整，岩土特征如下：①耕土；②粉质黏土，粉土；③细砂；④卵砾石；⑤砾砂岩。持力层为卵砾石层，到卵砾石层顶部深约 4.0 m。桩基施工完毕后经检测发现存在缺陷桩达 30%，部分桩基为断桩，桩身强度不稳定，有些桩混凝土强度大于 C20，有些桩混凝土强度只能达到 C10。从桩基表面情况看，前期施工部分桩，桩面良好，强度高，后期施工的部分桩，桩面破碎，强度低，且混凝土的颜色也较浅，缺陷桩集中在后期施工的部分桩基上，经查，该桩基工程施工时间为春节前后，此阶段，水泥用量较大，该工程分别从三个不同厂家调用了水泥，前期施工曾作过试验，混凝土强度良好，但后期改用其他水泥，并未再作配比试验。且由于水泥供应紧张，后期所用水泥质量不好（筑龙网下载资料）。

请分析此桩基础工程质量事故产生的原因及如何避免。

4. 如果你是以上工程的施工员或监理员，请你针对以上工程制定一个沉管灌注桩的施工控制方案。

5. 请搜集钻孔灌注桩或人工挖孔桩或预制桩施工的案例（三种桩型任选一种）资料，并写出分析报告。

6. 本住宅楼最大开间为4.2 m，基础每米荷载约为330 kN/m。采用水泥土搅拌桩加固地基，设计水泥土搅拌桩1 030根，桩径ϕ500 mm，设计桩长6.50 m，制桩长度7.00 m，以第⑤层粉土为桩端持力层，要求单桩极限承载力标准值大于120 kPa，复合地基承载力特征值不小于170 kPa。固化剂为P.032.5普通硅酸盐水泥。掺入量为55 kg/m^3，采用湿法施工处理。请写出水泥土搅拌桩施工程序。

单元3

脚手架工程与垂直运输

单元概述： 通过学习掌握常用落地式脚手架技术要求和安全管理规定，掌握扣件式钢管脚手架和碗扣式钢管脚手架的构造和搭设要求；了解门式钢管脚手架的构造和搭设要求；了解附着升降脚手架的设置和使用要求；了解吊篮的构造和施工注意事项；了解垂直运输设施的类型和高层建筑垂直运输设施配套方案；了解塔机、井字架和龙门架、施工升降机的基本构造和施工安全要求。

学习目标：

1. 通过学习能组织常用落地式脚手架（扣件式钢管脚手架、碗扣式钢管脚手架、门式钢管脚手架）的施工；
2. 通过学习能对脚手架、垂直运输设施进行常规的安全检查；
3. 通过学习具有现场施工员和监理员的工作能力。

教学建议： 采用案例教学法，先从小的案例教学入手，采用连环画形式图解工作流程，采用漫画形式分析常见质量事故及处理方法，针对不同的案例设计不同的问题，请学生解答，并由学生讨论分析不同的答案。布置学生分组搜集资料设计施工案例，并进行案例讨论和评比。

学时建议： 总学时建议为10，其中项目3.1常用落地式脚手架建议6学时，项目3.2常用非落地式脚手架建议2学时，项目3.3垂直运输设施建议2学时。

关键词： 脚手架（scaffold）；搭设（erection）；扣件式钢管脚手架（steel tubular scaffold with couplers in construction）；碗扣式钢管脚手架（cuplock steel tubular scaffold in construction）；门式钢管脚手架（frame scaffoldings with steel tubules in construction）；吊篮（basket）；塔式起重机（tower crane）；龙门架（gantry）；升降机（elevator）

项目3.1 常用落地式脚手架

学习重点：

1. 掌握常用落地式脚手架技术和安全管理；
2. 掌握扣件式钢管脚手架的构造和搭设要求；
3. 掌握碗扣式钢管脚手架的构造和搭设要求；
4. 了解门式钢管脚手架的构造和搭设要求。

3.1.1 脚手架工程技术和安全管理

1. 脚手架工程技术

脚手架（scaffold），是使用杆件、构件和配件所搭设（erection）的，用于施工要求的各种临设性构件。

1）脚手架的分类（图3-1）

（1）按用途划分。分为操作（作业）脚手架，包括砌筑脚手架和装修作业脚手架；防护用脚手架；承重、支撑用脚手架。

（2）按构架方式划分。分为杆件组合式脚手架、框架组合式脚手架、构件组合式脚手架以及具有一定高度和操作平面的平台架。

（3）按脚手架的设置形式划分。分为单排脚手架、双排脚手架、满堂脚手架、满高脚手架、交圈（周边）脚手架和特形脚手架。

（4）按脚手架的支固方式划分。分为落地式脚手架、悬挑脚手架、附墙悬挂脚手架、悬吊式脚手架（吊篮）、附着升降脚手架和水平移动脚手架。

（5）按脚手架平、立杆连接方式划分。分为承插式脚手架、扣接式脚手架和销栓式脚手架。

(a) 砌筑脚手架

(b) 防护用脚手架

(f) 装修脚手架

(c) 支撑脚手架

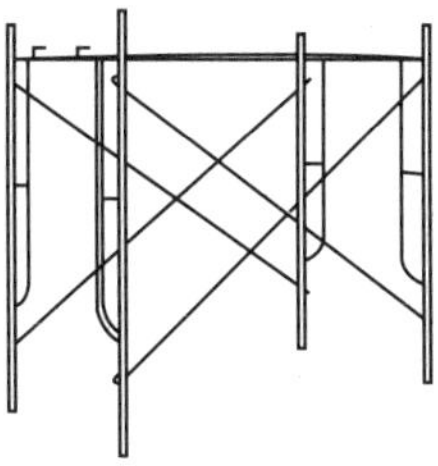

(d) 门式架

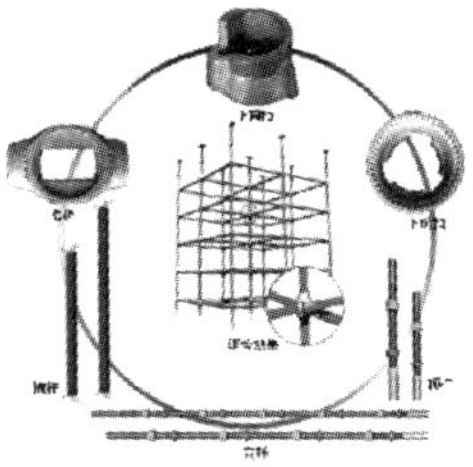

(e) 碗扣式脚手架

图 3-1　脚手架的分类

2）脚手架工程的技术要求

不同的脚手架系列均有其自身的构架特点、使用性能和应用方面的限制；不同的建筑工程对脚手架的设置要求也有其共同性和差异性。因此，在解决施工脚手架的设置问题时，必须从满足施工需要和确保安全的要求出发，综合考虑各种条件和因素，解决实际存在的各种问题。脚手架的构架由构架基本结构、整体稳定和抗侧力杆件、连墙件和卸载装置、作业层设施、其他安全防护设施等五部分组成。各部分的技术要求如下。

（1）对构架基本结构的一般要求。

① 杆部件的质量和允许缺陷应符合规范和设计要求；

② 节点构造尺寸和承载能力应符合规范和设计规定；

③ 具有稳定的结构；

④ 具有可满足施工要求的整体、局部和单肢的稳定承载能力；

⑤ 具有可将脚手架荷载传给地基基础或支承结构的能力。

（2）整体稳定和抗侧力杆件的技术要求。

① 设置的位置和数量应符合规定和需要；

② 必须与基本结构杆件进行可靠连接，以保证共同作用；

③ 抛撑以及其他连接脚手架体和支承物的支、拉杆件，应确保杆件和其两端的连接能满足撑、拉的受力要求；

④ 撑拉件的支承物应具有可靠的承受能力。

（3）连墙件、挑挂和卸载设施。

① 确保连墙点的设置数量；连墙件及其两端连墙点，必须满足抵抗最大计算水平力的需要；与连墙件相连的建筑结构必须具有可靠的支承能力；设置连墙件时，必须保持脚手架立杆垂直，避免产生不利的初始变形。

② 挑、挂设施应能承受挑、挂脚手架所产生的竖向力、水平力和弯矩；要可靠地固结在工程结构上，不能产生过大的变形；对于挑架要确保不晃动，对于挂架和吊篮要保证晃动不大，吊篮要设置定位绳。

③ 将超过搭设限高的脚手架荷载部分地卸载于工程结构承受的措施叫卸载设置。支拉点必须工作可靠并应具有足够的支承能力，严格控制受压构件的长、细比；脚手架在卸载措施处的构造需要加强。

(4) 作业层设施。

作业层设施包括扩宽架面、铺板层、挡脚板、栏杆、围护板网、梯段、过桥等。

① 扩宽部分一般不堆物料并限制使用荷载。

② 铺板一定要满铺，不得花铺，且脚手板必须铺放平整，必要时还要加以固定。

③ 防（围）护设施应按规定的要求设置，间隙要合适，固定要牢固。

3）脚手架工程的安全管理工作（表 3-1）

表 3-1　　脚手架工程多发事故的类型、产生的原因及预防措施

<table>
<tr><th>事故的类型</th><th>产生的原因</th><th>预防措施</th></tr>
<tr><td>整架倾倒或局部垮架</td><td rowspan="2">构架缺陷，构架缺少必需的结构杆件，未按规定数量和要求设连墙件；在使用过程中任意拆除必不可少的杆件和连墙件；构架尺寸过大、承载能力不足或设计安全度不够与严重超载；地基出现过大的不均匀沉降</td><td rowspan="4">必须确保脚手架的构造和防护设施达到承载可靠和使用安全的要求；在编制施工组织设计、技术措施和施工应用中，必须对构件的质量、构架方案、连墙件和作业层的设置要求，脚手架地基或其他支承物的技术要求和处理措施做出明确的安排和规定。必须严格地按照规范、设计要求和有关规定进行脚手架的搭设、使用和拆除，坚决制止乱搭、乱改和乱用情况</td></tr>
<tr><td>整架失稳或垂直坍塌</td></tr>
<tr><td>人员从脚手架上高处坠落</td><td rowspan="2">作业层未按规定设置围挡防护；作业层未满铺脚手架或架面与墙之间的间隙过大；脚手板和杆件因搁置不稳、扎结不牢或发生断裂而坠落</td></tr>
<tr><td>落物伤人（物体打击）</td></tr>
<tr><td>不当操作事故（闪失、碰撞等）</td><td>用力过猛，致使身体失去平衡；在架面上拉车退着行走；拥挤碰撞；集中多人搬运重物或安装较重的构件；架面上的冰雪未清除，造成滑跌</td><td>健全规章制度、加强规范管理、制止和杜绝违章指挥和违章作业；完善防护措施和提高施管人员的自我保护意识和素质</td></tr>
</table>

4）脚手架工程常见事故类型示意（图 3-2）

(a) 脚手架垮塌

(b) 施工人员高处坠落

(c) 安全带、安全帽、防护网很重要

图 3-2 脚手架工程常见事故类型示意

2. 脚手架使用要求

1) 脚手架的搭设规定

(1) 搭设场地应平整、夯实并设置排水措施。

(2) 立于土面之上的立杆底部应加设宽度≥200 mm，厚度≥50 mm 的垫木、垫板或其他刚性垫块，每根立杆的支垫面积应符合设计要求且不得小于 0.15 m^2。

(3) 底端埋入土中的木立杆，其埋置深度不得小于 500 mm，且应在坑底加垫后填土夯实。使用期较长时，埋入部分应做防腐处理。

(4) 在搭设之前，必须对进场的脚手架杆配件进行严格的检查，禁止使用规格和质量不合格的杆配件。

(5) 脚手架的搭设作业，必须在统一指挥下，严格按照以下规定程序进行。

① 按施工设计放线、铺垫板、设置底座或标定立杆位置。

② 周边脚手架应从一个角部开始并向两边延伸交圈搭设；“一”字形脚手架应从一端开始并向另一端延伸搭设。

③ 应按定位依次竖起立杆，将立杆与纵、横向扫地杆连接固定，然后装设第 1 步的纵向和横向平杆，随校正立杆垂直之后予以固定，并按此要求继续向上搭设。

④ 在设置第一排连墙件前，“一”字形脚手架应设置必要数量的抛撑，以确保构架稳定和架上作业人员的安全。边长≥20 m 的周边脚手架，亦应适量设置抛撑。

⑤ 剪刀撑、斜杆等整体拉结杆件和连墙件应随搭升的架子一起及时设置。

⑥ 脚手架处于顶层连墙点之上的自由高度不得大于 6 m。当作业层高出其下连墙件 2 步或 4 m 以上，且其上尚无连墙件时，应采取适当的临时撑拉措施。

(6) 脚手板或其他作业层铺板的铺设应符合以下规定。

① 脚手板或其他铺板应铺平铺稳，必要时应予绑扎固定。

② 脚手板采用对接平铺时，在对接处，与其下两侧支承横杆的距离应控制在 100 ~ 200 mm 之间；采用挂扣式定型脚手板时，其两端挂扣必须可靠地接触支承横杆并与其扣紧。

③ 脚手板采用搭接铺放时，其搭接长度不得小于 200 mm，且应在搭接段的中部设有支撑横杆。铺板严禁出现端头超出支承横杆 250 mm 以上未作固定的探头板。

④ 长脚手板采用纵向铺设时，其下支撑横杆的间距不得大于以下数值：竹串片脚手板为

0.75 m；木脚手板为1.0 m；冲压钢脚手板和钢框组合脚手板为1.5 m（挂扣式定型脚手板除外）。纵铺脚手板应按以下规定部位与其下支承横杆绑扎固定：脚手架的两端和拐角处；沿板长方向每隔15～20 m；坡道的两端；其他可能发生滑动和翘起的部位。

⑤ 采用以下板材铺设架面时，其下支撑杆件的间距不得大于：竹笆板为400 mm，七夹板为500 mm。

（7）当脚手架下部采用双立杆时，主立杆应沿其竖轴线搭设到顶，辅立杆与主立杆之间的中心距不得大于200 mm，且主立杆必须与相交的全部平杆进行可靠连接。

（8）用于支托挑、吊、挂脚手架的悬挑梁、架必须与支承结构可靠连接。其悬臂端应有适当的架设起拱量。同一层各挑梁、架上表面之间的水平误差应不大于20 mm。且应视需要在其间设置整体拉结构件，以保持整体稳定。

（9）装设连墙件或其他撑拉杆件时，应注意掌握撑拉的松紧程度，避免引起杆件和架体的显著变形。

（10）工人在架上进行搭设作业时，作业面上宜铺设必要数量的脚手板并予临时固定。工人必须戴安全帽和佩挂安全带。不得单人进行搭设较重杆配件和其他易发生失衡、脱手、碰撞、滑跌等不安全的作业。

（11）在搭设中不得随意改变构架设计、减少杆配件设置和对立杆纵距作大于或等于100 mm的构架尺寸放大。确有实际情况，需要对构架作调整和改变时，应提交或请示技术主管人员解决。

2）脚手架的使用规定（图3-3）

① 作业层每1 m² 架面上实际的施工荷载（人员、材料和机具重量）不得超过以下的规定值或施工设计值：施工荷载（作业层上人员、器具、材料的重量）的标准值，结构脚手架采取3 kN/m²；装修脚手架取2 kN/m²；吊篮、桥式脚手架等工具式脚手架按实际值取用，但不得低于1 kN/m²。

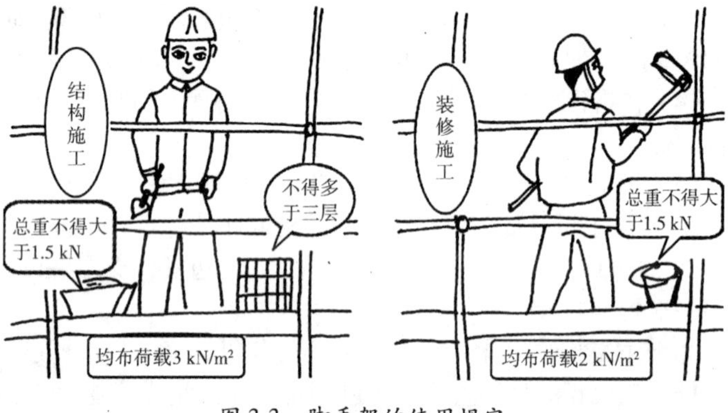

图3-3　脚手架的使用规定

② 在架板上堆放的标准砖不得多于单排立码3层；砂浆和容器总重不得大于1.5 kN；施工设备单重不得大于1 kN，使用人力在架上搬运和安装的构件的自重不得大于2.5 kN。

③ 在架面上设置的材料应码放整齐稳固，不得影响施工操作和人员通行。按通行手推车要求搭设的脚手架应确保车道畅通。严禁上架人员在架面上奔跑、退行或倒退拉车。

④ 作业人员在架上的最大作业高度应以可进行正常操作为度，禁止在架板上加垫器物或单块脚手板以增加操作高度。

⑤ 在作业中，禁止随意拆除脚手架的基本构架杆件、整体性杆件、连接紧固件和连墙件。确因操作要求需要临时拆除时，必须经主管人员同意，采取相应弥补措施，并在作业完毕后，及时予以恢复。

⑥ 工人在架上作业中，应注意自我安全保护和他人的安全，避免发生碰撞、闪失和落物。严禁在架上嬉闹和坐在栏杆上等不安全处休息。

⑦ 人员上、下脚手架必须走设有安全防护的出入通（梯）道，严禁攀爬脚手架上、下。

⑧ 每班工人上架作业时，应先行检查有无影响安全作业的问题存在，在排除和解决后方可开始作业。在作业中发现有不安全的情况和迹象时，应立即停止作业进行检查，解决以后才能恢复正常作业；发现有异常和危险情况时，应立即通知所有架上人员撤离。

⑨ 在每步架的作业完成之后，必须将架上剩余材料物品移至上（下）步架或室内；每日收工前应清理架面，将架面上的材料物品堆放整齐，垃圾清运出去；在作业期间，应及时清理落入安全网内的材料和物品。在任何情况下，严禁自架上向下抛掷材料物品和倾倒垃圾。

3）脚手架的拆除规定

脚手架的拆除作业应按确定的拆除程序进行。连墙件应在位于其上的全部可拆杆件都拆除之后才能拆除。在拆除过程中，凡已松开连接的杆配件应及时拆除运走，避免误扶和误靠已松脱连接的杆件。拆下的杆配件应以安全的方式运出和吊下，严禁向下抛掷。在拆除过程中，应作好配合、协调动作，禁止单人进行拆除较重杆件等危险性的作业。

4）脚手架对基础的要求

良好的脚手架底座和基础、地基，对于脚手架的安全极为重要，在架设脚手架时，必须加设底座、垫木（板）或基础并作好对地基的处理（图3-4）。

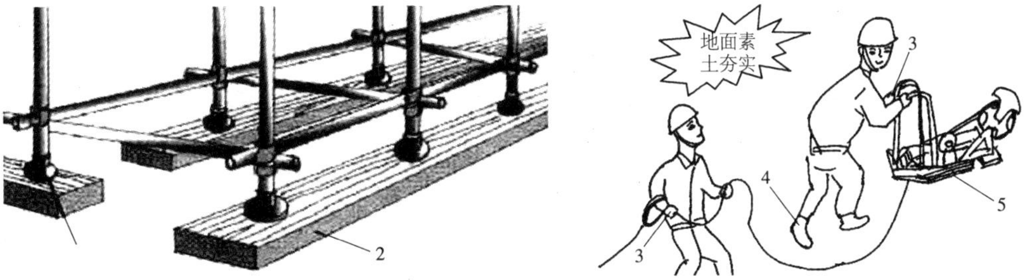

(a) 架设脚手架时须加设底座、垫木(板)　　(b) 地基平整夯实

1—钢板底座；2—硬质木垫块；3—防护手套；4—绝缘防护鞋；5—打夯机

图3-4　脚手架对基础的要求

（1）一般要求。

① 脚手架地基应平整夯实。

② 脚手架的钢立柱不能直接立于土地面上，应加设底座和垫板（或垫木），垫板（木）厚度不小于50 mm。

③ 遇有坑槽时，立杆应下到槽底或在槽上加设底梁（一般可用枕木或型钢梁）。

④ 脚手架地基应有可靠的排水措施，防止积水浸泡地基。

⑤ 脚手架旁有开挖的沟槽时，应控制外立杆距沟槽边的距离：即当架高在30 m以内时，不小于1.5 m；架高为30～50 m时，不小于2.0 m；架高在50 m以上时，不小于2.5 m。当不能满足上述距离时，应核算土坡承受脚手架的能力，不足时可加设挡土墙或其他可靠支护，避免槽壁坍塌危及脚手架安全。

⑥ 位于通道处的脚手架底部垫木（板）应低于其两侧地面，并在其上加设盖板；避免扰动。

（2）一般作法。

① 30 m以下的脚手架，其内立杆大多处在基坑回填土之上。回填土必须严格分层夯实。垫木宜采用长2.0～2.5 m，宽不小于200 mm，厚50～60 mm的木板。垂直于墙面放置（用长4.0 m左

右平行于墙放置亦可)，在脚手架外侧挖一浅排水沟排除雨水。

② 架高超过 30 m 的高层脚手架的基础做法为：采用道木支垫；在地基上加铺 20 cm 厚道渣后铺混凝土预制块或硅酸盐砌块，在其上沿纵向铺放 12 ~ 16 号槽钢。将脚手架立杆坐于槽钢上。

若脚手架地基为回填土，应按规定分层夯实，达到密实度要求；并自地面以下 1 m 深改作三七灰土。

3. 1. 2 扣件式钢管脚手架

扣件式钢管脚手架（steel tubular scaffold with couplers in construction）由钢管杆件用扣件连接而成，具有工作可靠、装拆方便和适应性强等优点，除用来搭设各种形式的脚手架外，还可用于搭设模板支撑架、井架、上料平台架、斜道、栈桥以及其他用途。

1. 扣件和底座的形式

（1）直角扣件（十字扣）用于两根呈垂直交叉钢管的连接；旋转扣件（回转扣）用于两根呈任意角度交叉钢管的连接；对接扣件（筒扣、一字扣）用于两根钢管对接连接（图 3-5）。

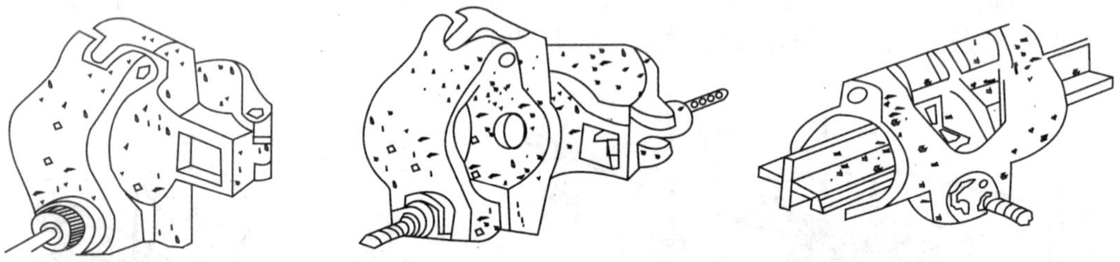

(a) 直角扣件　(b) 旋转扣件　(c) 对接扣件

图 3-5　扣件的形式

（2）标准底座和焊接底座，见图 3-6。

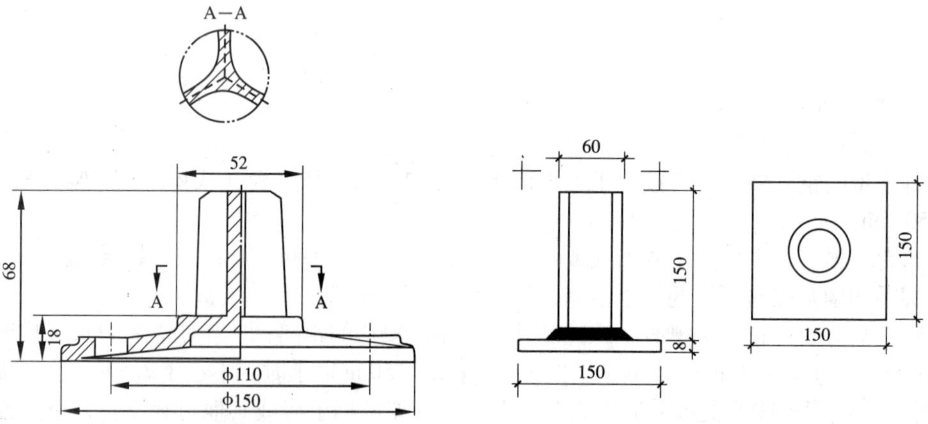

(a) 标准底座　(b) 焊接底座

图 3-6　标准底座和焊接底座

2. 构件的形式

1）外脚手架

外脚手架构件包括立杆、大横杆、小横杆、剪刀撑、连墙件、水平斜拉杆、护栏和挡脚板。

(1) 双排脚手架。双排脚手架的构造情况见图3-7，其构造要求见表3-2。双排脚手架的节点构造见表3-3。

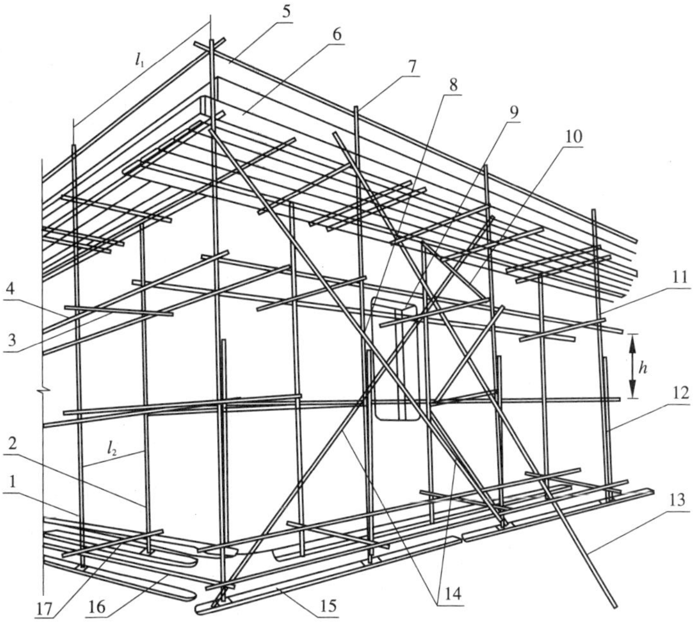

1—外力杆；
2—内力杆；
3—小横杆；
4—大横杆；
5—栏杆；
6—挡脚板；
7—直角扣件；
8—旋转扣件；
9—连墙件；
10—横向斜撑；
11—主力杆；
12—副力杆；
13—抛撑；
14—剪刀撑；
15—垫板；
16—纵向扫地杆；
17—横向扫地杆

图3-7 双排脚手架

表3-2　　双排脚手架各构件的构造要求

杆件	构造要求	简　　图
立杆	单立杆双排脚手架的搭设限高为50 m，当需要搭设50 m以上的脚手架时，35 m以下应采用双立杆，或自35 m起采用分段卸载措施，且上部单立杆的高度应小于30 m。相邻立杆的接头位置应错开布置在不同的步距内，与相近大横杆的距离不宜大于步距的1/3。立杆与大横杆必须用直角扣件扣紧，不得隔步设置或遗漏。当采用双立杆时，必须都用扣件与同一根大横杆扣紧，不得只扣紧1根，以避免其计算长度成倍增加	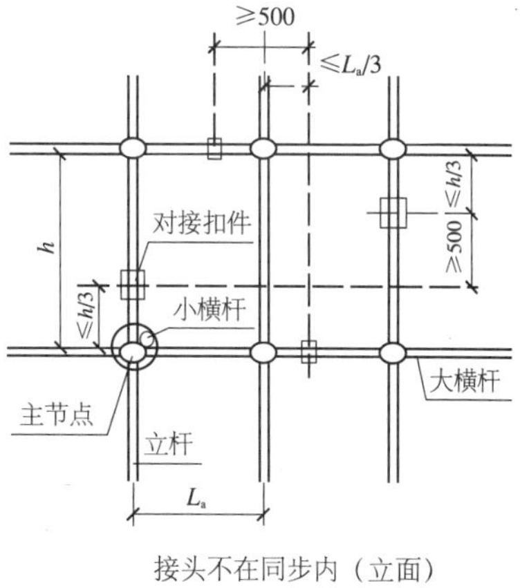 接头不在同步内（立面）
大横杆	大横杆步距为1.5～1.8 m。上、下横杆的接长位置应错开布置在不同的立杆纵距中，与相近立杆的距离不大于纵距的1/3。同一排大横杆的水平偏差不大于该片脚手架总长度的1/250，且不大于50 mm。相邻步架的大横杆应错开布置在立杆的里侧和外侧，以减少立杆偏心受力情况	

（续表）

杆件	构造要求	简　　图
小横杆	小横杆贴近立杆布置（对于双立杆，则设于双立轩之间），搭于大横杆之上并用直角扣件扣紧。在相邻立杆之间根据需要加设 1 根或 2 根。在任何情况下，均不得拆除作为基本构架结构杆件的小横杆	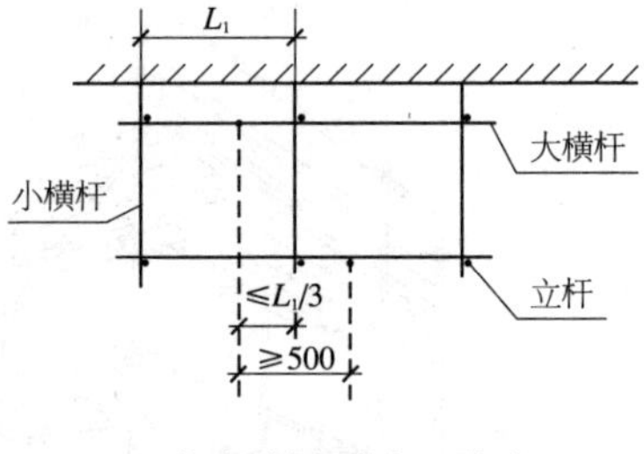 接头不在同跨内（平面）
剪刀撑	剪刀撑 35 m 以下脚手架除在两端设置外，中间每隔12 ~ 15 m 设一道。剪刀撑应连系 3 ~ 4 根立杆，斜杆与地面夹角为 45° ~ 60°；35 m 以上脚手架，沿脚手架两端和转角处起，每 7 ~ 9 根立杆设一道，且每片架子不少于 3 道。剪刀撑应沿架高连续布置，在相邻两排剪刀撑之间，每隔 10 ~ 15 m 高加设一组长剪刀撑。剪刀撑的斜杆除两端用旋转扣件与脚手架的立杆或大横杆扣紧外，在其中间应增加 2 ~ 4 个扣结点	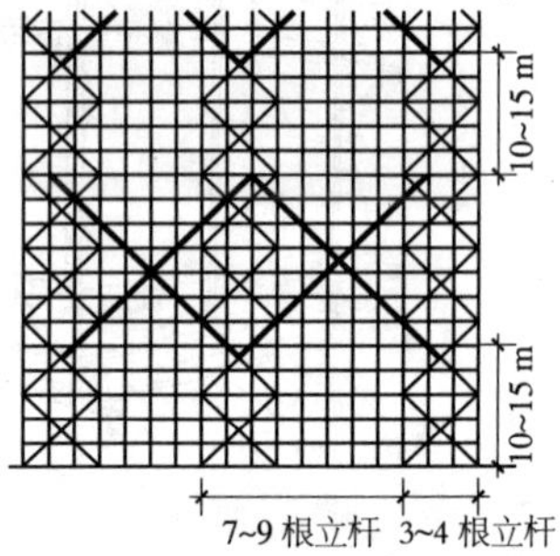
连墙件	可按二步三跨或三步三跨设置，且连墙件一般应设置在框架梁或楼板附近等具有较好抗水平力作用的结构部位	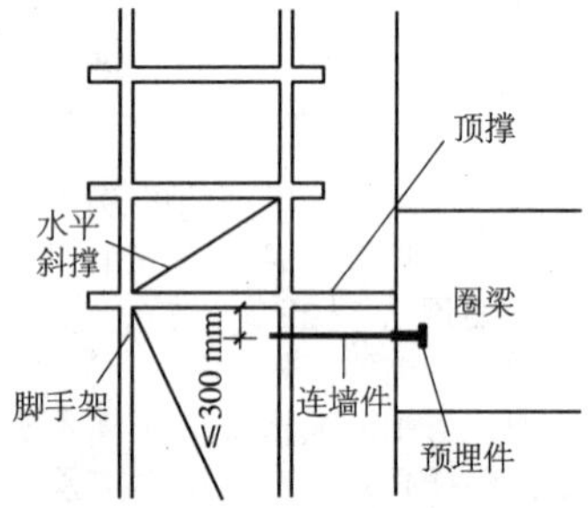
水平斜拉杆	水平斜拉杆设置在有连墙杆的步架平面内，以加强脚手架的横向刚度	
护栏和挡脚板	在铺脚手板的操作层上必须设 2 道护栏和挡脚板。上栏杆高度≥1.1 m。挡脚板亦可用加设一道低栏杆（距脚手板面 0.2 ~ 0.3 m）代替	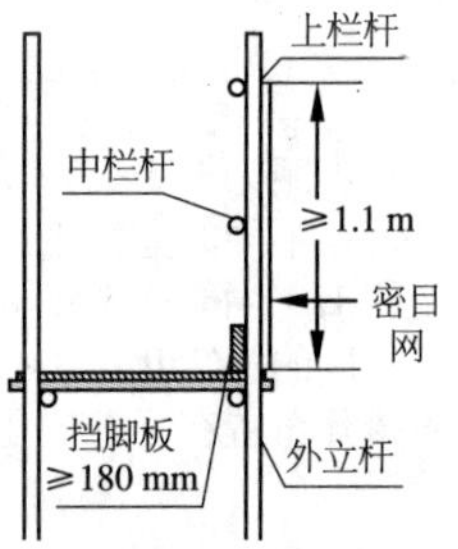

表 3-3　　双排脚手架的节点构造

杆件类型	构造要求	简　图
正交节点	立杆与纵向平杆或横向平杆的正交节点采用直角扣件	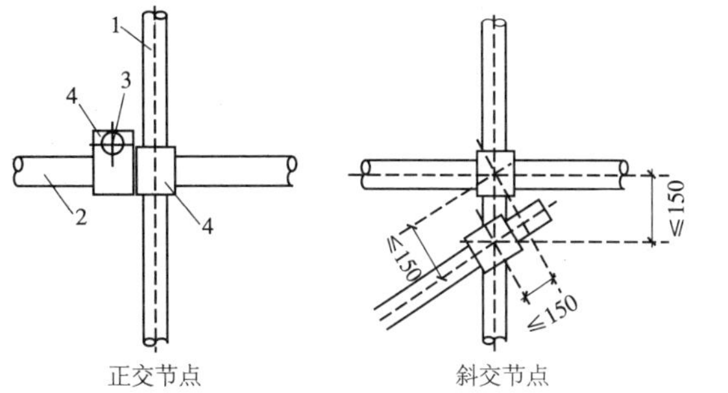 1—立柱；2—纵向平杆；3—横向平杆；4—直角扣件
斜交节点	杆件之间的斜交节点采用旋转扣件	
立杆的对接	错开布置，相邻立杆接头不得设于同步内，错开距离≥500 mm。立杆接头与中心节点相距不大于 $h/3$	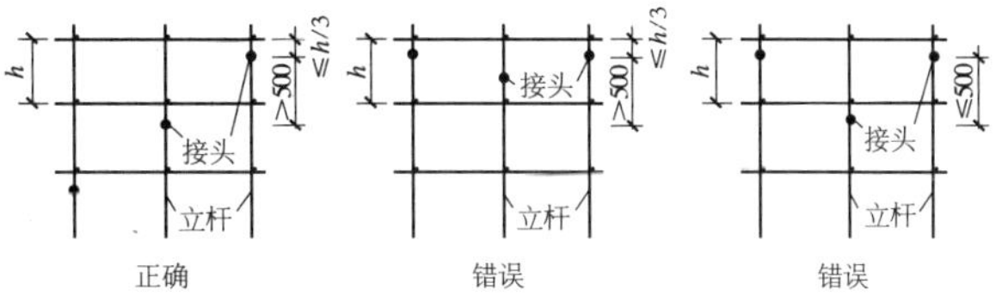
立杆的搭接	为了满足立柱的设计高度要求，可采用立杆搭接方式，用旋转扣件连接，扣件间距不得小于 300 mm 和不大于 500 mm	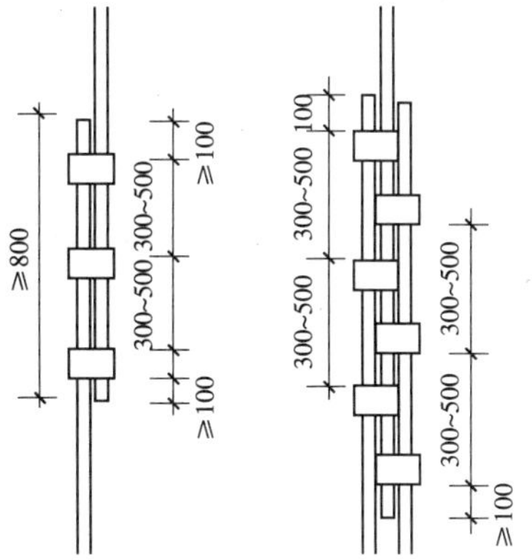
单、双立柱连接	并杆：主辅杆间用旋转扣件连接，底部需采用双杆底座	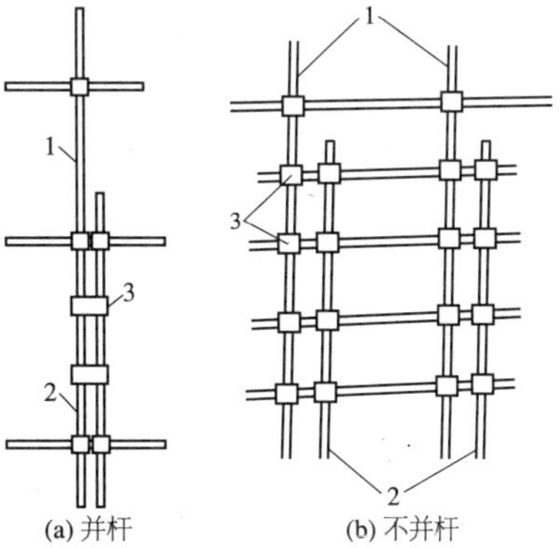 1—主立杆；2—铺立杆；3—直角扣件
	不并杆：主辅杆中心距为 150 ~ 300 mm，在搭接部位增设纵向平杆连接加强	

（续表）

杆件类型	构造要求	简　图
平杆的接长	平杆（主要是纵向平杆）的接长一般应采用对接，对接接头应错开。上、下邻杆接头不得设在同跨内，相距≥500 mm，且应避开跨中	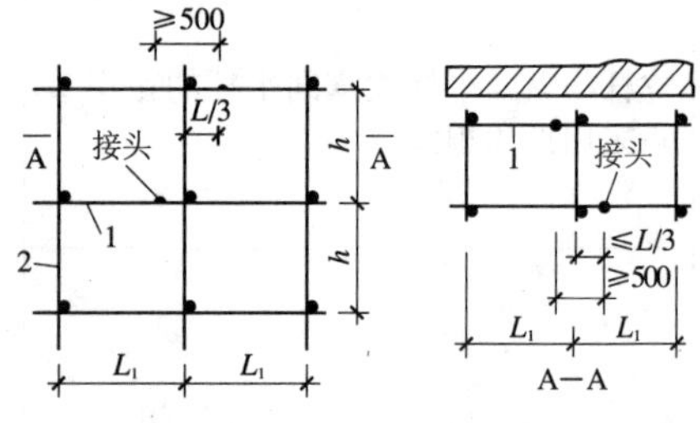 1—纵向平杆；2—立杆
不等高构架连接	当脚手架的基地有坡面、错台、坑沟等不等高情况时，其构架应注意以下三点：①立杆底端必须落在可靠的基地（或结构物）上，若遇土坡，则应离开坡上沿≥500 mm，以确保立杆基底稳定；②在不等高基地区段，相接上扫地杆应至少向下扫地杆方向延伸1跨固定；③严格控制首步架步距≤2 000 mm。否则应增设纵向平杆及相应的横向平杆，以确保立杆承载稳定和操作要求	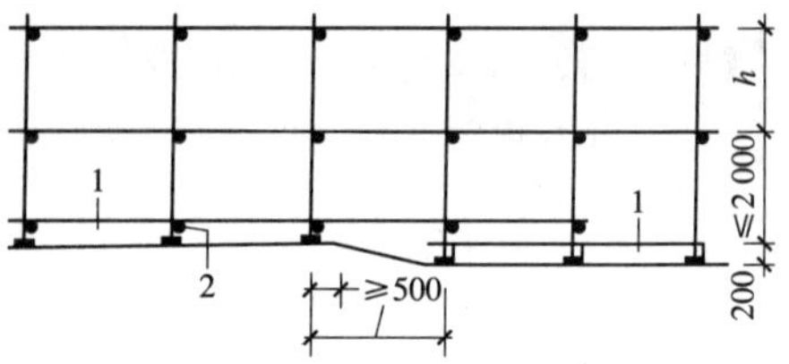 1—纵向扫地杆；2—横向扫地杆
不等步构架连接	由于工程结构和施工要求，必须搭设不同步脚手架时，其交接部位应采取：①平杆向前延伸一跨；②视需要在交接部增加或加强剪刀撑设置；③增设梯杆，方便不等高作业层面通行联系	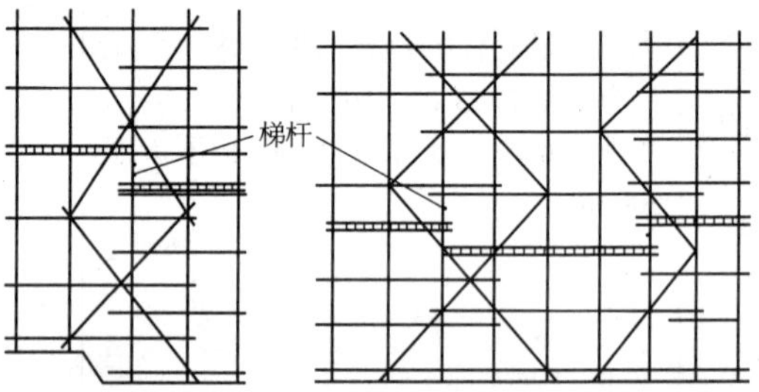

（2）单排脚手架。单排脚手架只有一排立杆。小横杆的另一端搁置在墙体上，构重形式与双排架基本相同，但搭设高度不得超过20 m，即一般只用于6层以下的建筑（仅作防护用的单排外架，其高度不受此限制）；不准用于一些不适于承载和固定的砌体工程。脚手眼的设置部位和孔眼尺寸均有较为严格的限制。一些对外墙面的清水或饰面要求较高的建筑，考虑到墙脚手眼可能造成的质量影响时，也不宜使用单排脚手架。

（3）连墙构造。连墙构造（简称“连墙件”）对外脚手架的安全至关重要。由于连墙件设置数量不足、构造不符合要求，以及被任意拆掉等所造成的事故屡有发生，必须引起高度重视并确保其设置要求。

① 刚性连墙构造。刚性连墙件，是指既能承受拉力和压力作用，又有一定的抗弯和抗扭能力的刚性较好的连墙构造。即它一方面能抵抗脚手架相对于墙体的里倒和外张变形，同时也能对立杆的纵向弯曲变形有一定的约束作用，从而提高脚手架的抗失稳能力。扣件式钢管脚手架的刚性

连墙构造有9种常用形式，如图3-8所示。

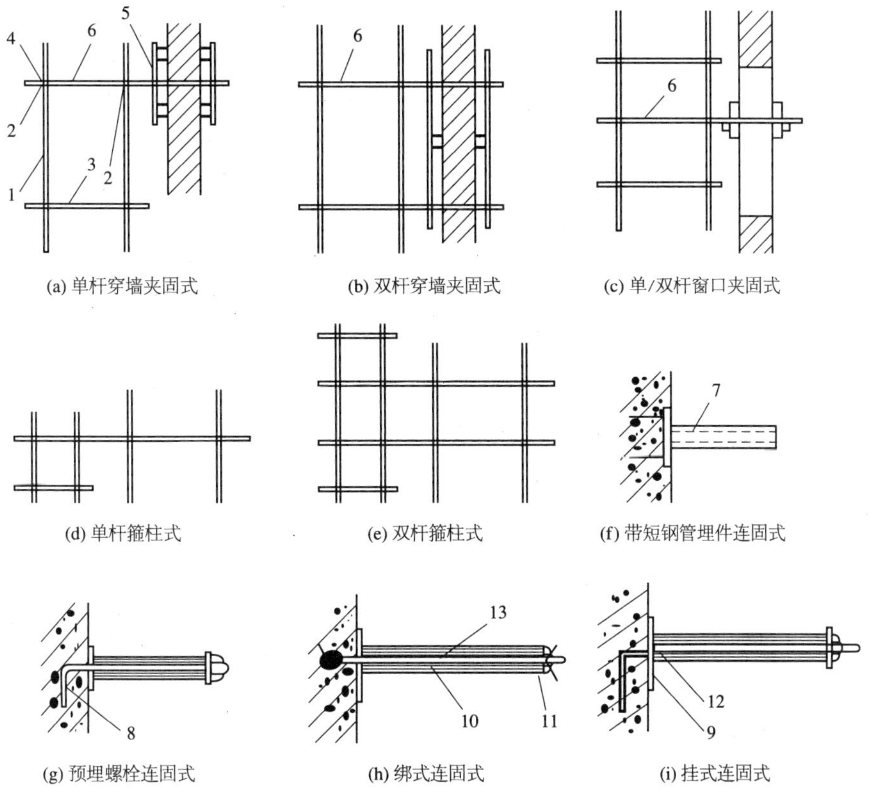

(a) 单杆穿墙夹固式　(b) 双杆穿墙夹固式　(c) 单/双杆窗口夹固式

(d) 单杆箍柱式　(e) 双杆箍柱式　(f) 带短钢管埋件连固式

(g) 预埋螺栓连固式　(h) 绑式连固式　(i) 挂式连固式

1—立杆；2—纵向平杆（大横杆）；3—横向平杆（小横杆）；4—直角扣件；5—短钢管；6—适长钢管；7—带短钢管预埋件；8—带长弯头的预埋螺栓；9—带短弯头螺栓；10—带支承板的ϕ48钢套管；11—ϕ16短钢筋；12—预埋ϕ16挂环；13—双股绞结8号钢丝

图3-8　刚性连墙构造

② 柔性连墙构造。柔性连墙件，是只能承受拉力作用，或只能承受拉力和压力作用，而不具有抗弯、抗扭能力的、刚度较差的连墙构造。它的作用只能限制脚手架向外倾倒或向里倾倒，而对脚手架的抗失稳能力并无帮助，因此在使用上受到限制。纯受拉连墙件只能用于三层以下房屋；纯拉压连墙件一般只能用在高度≤24 m的建筑工程中。扣件式钢管脚手架的柔性连墙构造有2种形式（图3-9）。

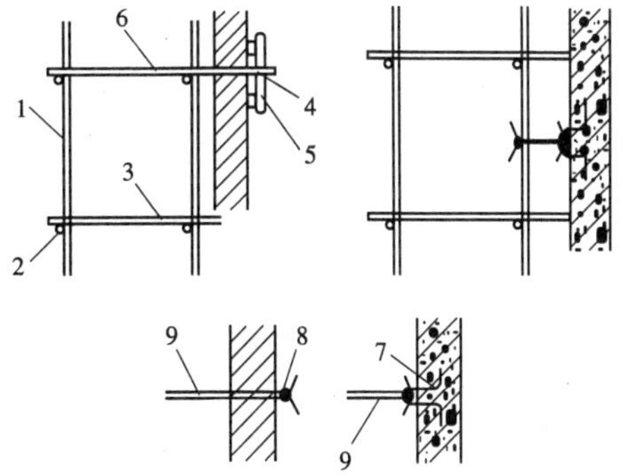

1—立杆；2—大横杆；3—小横杆；4—直角扣件；5—短钢管；6—适长钢管（或用小横杆）；7—预埋件；8—短钢筋；9—双股8号钢丝

图3-9　柔性连墙构造形式

③ 连墙构造设置的注意事项。确保杆件间的连接可靠，扣件必须拧紧，垫木必须夹持稳固，防止脱出；装设连墙件时，应保持立杆的垂直度要求，避免拉固时产生变形；当连墙件轴向荷载（水平力）的计算值大于6 kN时，应增设扣件以加强其抗滑动能力，

特别是在遇有强风袭来之前，应检查和加固连墙措施，以保架子安全；连墙构造中的连墙杆或拉筋应垂直于墙面设置，并呈水平位置或稍可向脚手架一端倾斜，但不容许向上翘起（图3-10）。

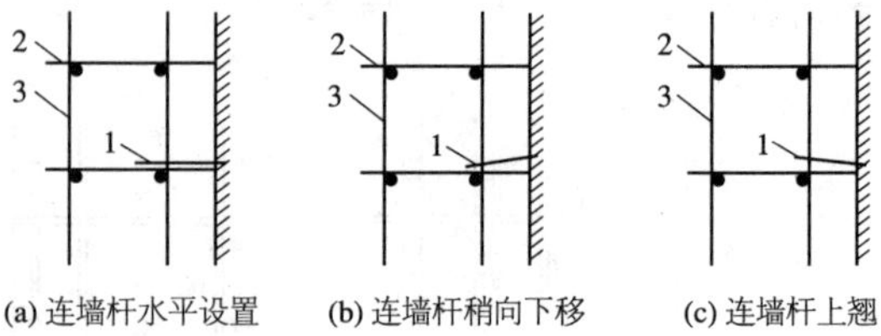

1—连墙杆；2—小横杆；3—立柱

图 3-10　连墙杆的构造

（4）挑扩作业面。在不采取斜支加强构造的情况下，脚手架横向平杆伸出立杆之外的长度不得大于600 mm，允许铺2块脚手板，但只允许靠立杆的一块脚手板有施工荷载（站人或放材料）。当遇有阳台、挑篷及其他突出墙面构造的限制、使内立杆距外墙面≥600 mm时，应视操作的需要（即施工荷载的分布情况）采用挑支构造扩宽作业层面（图3-11）。以上构造形式可用于内扩、外扩和内、外都扩。

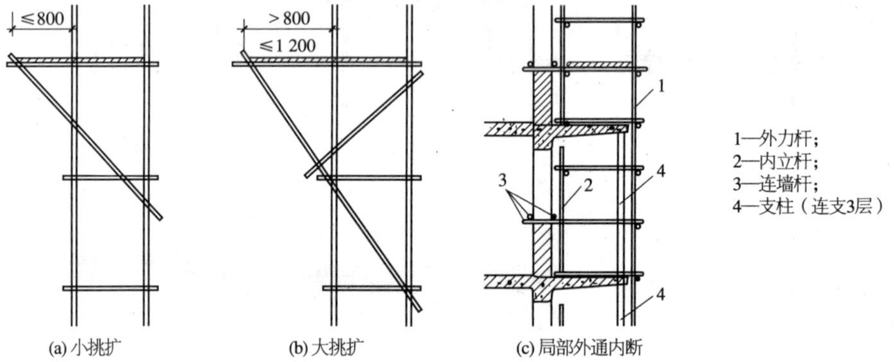

图 3-11　挑扩作业面

当外墙面有全墙宽连续阳台、雨篷、遮阳板时，宜采用图3-11（a），(b）挑扩作业面构架；当为局部不连通阳台时，在阳台部位亦可采用如图3-11（c）所示的“外通内断”作法，即双排脚手架的外立杆处于阳台外，内立杆采用短立杆支架于阳台之上，但必须遵照以下要求搭设：①内立杆与外立杆必须用不少于3道的横向平杆相联结，且下面一道应靠内立杆底部设置；②每1个阳台处必须设1个连墙件（可用1～2根适长的横向平杆伸入室内、按相应连墙构造搭设）；③在阳台外边加设可调钢立柱或50 mm×100 mm方木立柱支顶，支柱间距应≤4 m，且作业层阳台之下连续支顶不少于3层；④纵向水平杆应沿全墙宽连续设置，以加强构架的整体性。在确定构架的步距时，应照顾到这一要求；⑤杆件连接必须可靠；⑥内立杆的底部可加设宽本垫板，但不允许用砖支垫。

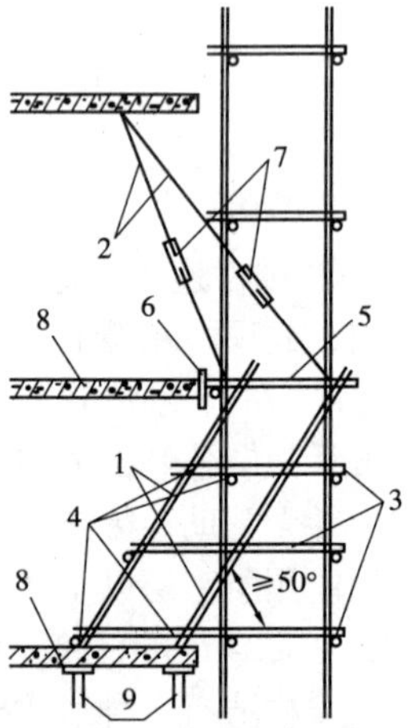

1—支杆；2—拉杆；3—横向加强杆；4—纵向拉结杆；5—顶杆；6—垫板；7—花篮螺丝；8—框架梁或楼板；9—支柱（需要时）

图 3-12　局部卸载构造

（5）局部卸载构造。当需要搭设高度超过50 m的脚手架时，自架高30 m起，可采用局部卸载装置，将其上的部分荷载传给工程结构，以确保脚手架使用的安全。局部卸载构造的形式见图3-12。

（6）门洞构造。外脚手架需要开设通道门洞时，根据开洞宽度，可采用在洞口上挑空 1 ~ 2 根立杆并相应增加斜杆加强的构造方式，如图 3-13 所示（图中虚线所指为设置斜杆的平面）。当门洞较宽，需挑空 2 根以上立杆时，亦可采用以 φ48 钢管杆件焊制的定型梁。架高≥20 m 时，门洞边立柱一般需采用双立杆。

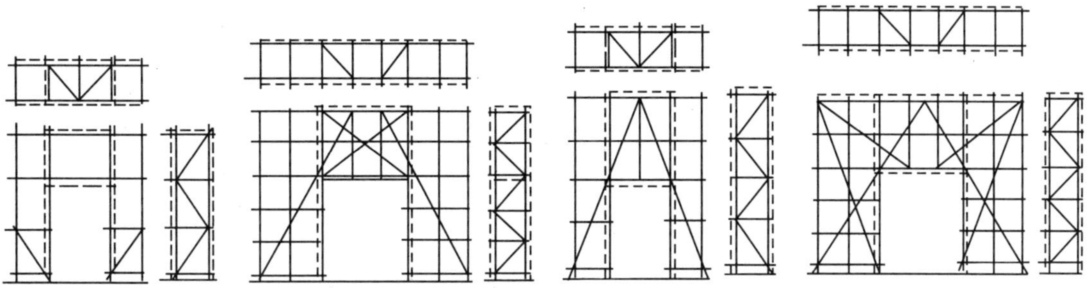

图 3-13　门洞构造

2）里脚手架和满堂脚手架

里脚手架为室内作业架。里脚手架依作业要求和场地条件搭设，常为“一”字形的分段脚手架，可采用双排或单排架。为装修作业架时，铺板宽度不少于 2 块板或 0. 6 m；为砌筑作业架时，铺板 3 ~ 4 块，宽度应不小于 0. 9 m。当作业层高大于 2. 0 m 时，应按高处作业规定，在架子外侧设栏杆防护；用于高大厂房和厅堂的高度大于或等于 4. 0 m 的里脚手架应参照外脚手架的要求搭设；用于一般层高墙体的砌筑作业架，亦应设置必要的抛撑，以确保架子稳定。单层抹灰脚手架的构架要求虽较砌筑架为低，但必须保证稳定、安全和操作的需要；砌筑用里脚手架的构架形式示于图 3-14 中。

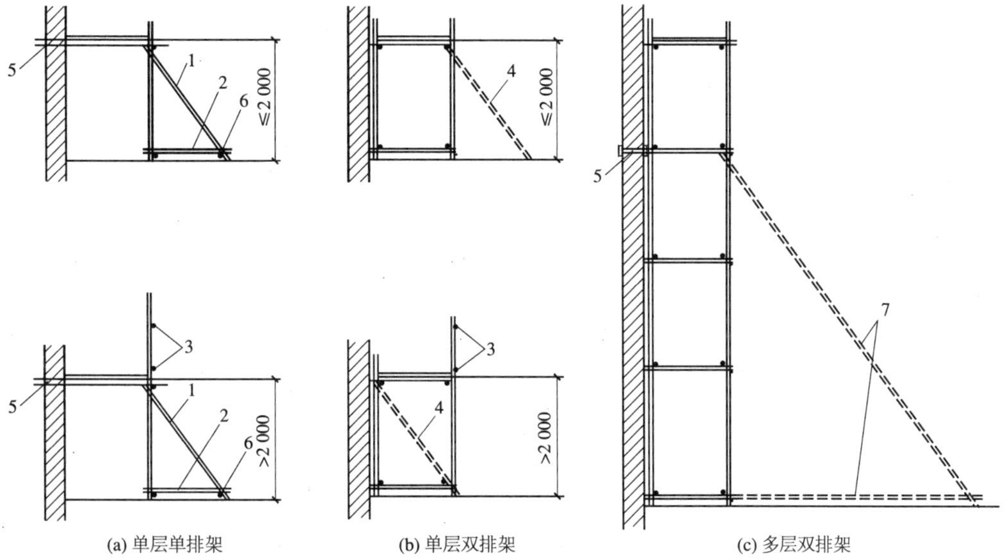

1—抛撑；2—扫地杆；3—栏杆；4—视需要设置的斜杆和抛撑；5—连墙点；
6—纵向连接杆；7—无连墙件设置的抛撑

图 3-14　里脚手架

满堂脚手架用于室内平面满设时，采用纵、横向各超过3排立杆的整块形落地式多立杆脚手架，可用于天棚安装和装修作业以及其他大面积的高处作业。荷载除本身自重外，还有作业面上的施工荷载。用于大面积楼板模板的支撑架亦多采用满堂脚手架形式，但承受的是模板和楼板自重及其上施工荷载，对构架有更高一些的要求。满堂脚手架的一般构造形式见图3-15。满堂脚手架也需设置一定数量的剪刀撑或斜杆，以确保在施工荷载偏于一边时，整个架子不会出现变形。

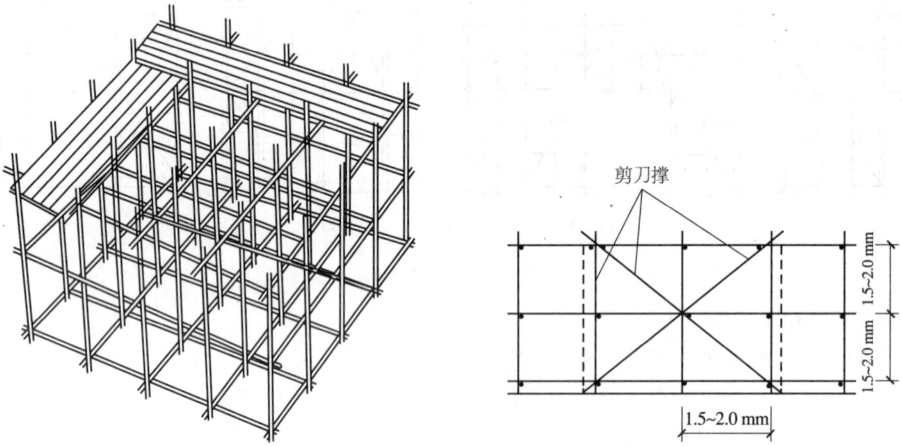

图3-15　满堂脚手架

3）斜道和人梯

当在工程未有可供利用的楼梯或楼梯与垂直运输设施不能满足施工人员上、下和材料运输的需要时，可考虑在脚手架中（或外附）设置斜道和人梯（踏步梯）。

（1）斜道。斜道分人行、运料兼用斜道（简称“斜道”、“坡道”）和专用运料斜道（简称“运料斜道”、“运料坡道”）。斜道宜附着于双排以上的脚手架或建筑物设置。单独设置的斜道（例如基坑运输坡道），应视需要设置抛撑或拉杆、缆绳固定。普通斜道宽度应不小于1.0 m，坡度宜采用1∶2.5～3.5（高∶长）；运料斜道宽度应大于1.2 m，坡道宜采用1∶5～6。附着于脚手架的斜道，“一”字形斜道只宜在高9 mm以下的脚手架上采用，高6 m以上的脚手架宜采用“之”字形斜道。“一”字形普通斜道的里排立杆可以与脚手架的外排立杆共用，“之”字形普通斜道和运料斜道因架板自重和施工荷载较大，其构架需单独设计和验算，以确保使用安全。斜道的一般构造形式示于图3-16中。

（2）人梯。采用斜道供操作人员上、下，固然安全可靠，但工料用量较多。因此在一般建筑物上大多不用斜道而用人梯。根据建筑物和所用脚手架的情况，分别采用不同类型的梯子。高梯，高度不大的架子（10 m以内）可用高梯上、下。梯子要坚实，不得有缺层，梯阶高度不大于40 cm。梯子架设的坡度以60°为宜，底端应支设稳固，上端用绳绑在架子上。两梯连接使用时，连接处要绑扎牢固，必要时可设支撑加固。对于短梯，当脚手架为多立杆式、框式或桥式脚手架时，可在脚手架或支承架上设置短爬梯；在单层工业厂房上采用吊脚手架或挂脚手架时，也可以专门搭设一孔上人井架设置短爬梯。爬梯上端用挂钩挂在脚手架的横杆上，底部支在脚手架上，并保持60°～80°的倾角。爬梯一般长2.5～2.8 m，宽40 cm；阶距30 cm。可用$\phi 25 \times 2.5$钢管作

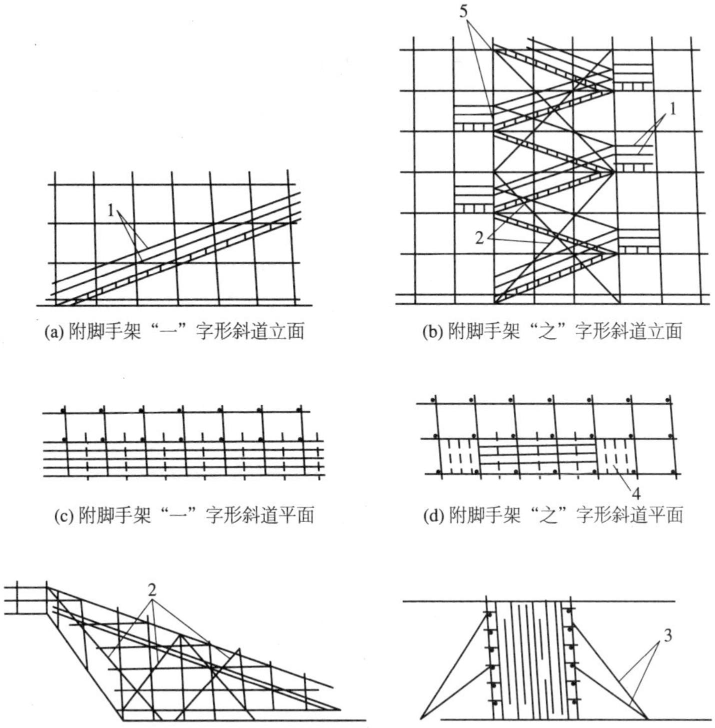

(a) 附脚手架“一”字形斜道立面　(b) 附脚手架“之”字形斜道立面

(c) 附脚手架“一”字形斜道平面　(d) 附脚手架“之”字形斜道平面

(e) 基坑运料斜道力面　(f) 基坑运料斜道侧面

1—栏杆；2—剪刀撑；3—抛撑；4—休息平台

图 3-16　斜道构造形式

梯帮，ϕ14 钢筋作梯步焊接而成，并在上端焊不大于 16 挂钩。

4）踏步梯

用短钢管和花纹钢板焊成踏步板，用扣件将其扣结到斜放的钢管上，构成踏步梯，梯宽700 ~ 800 mm，供施工人员上下，相当方便（图 3-17）。

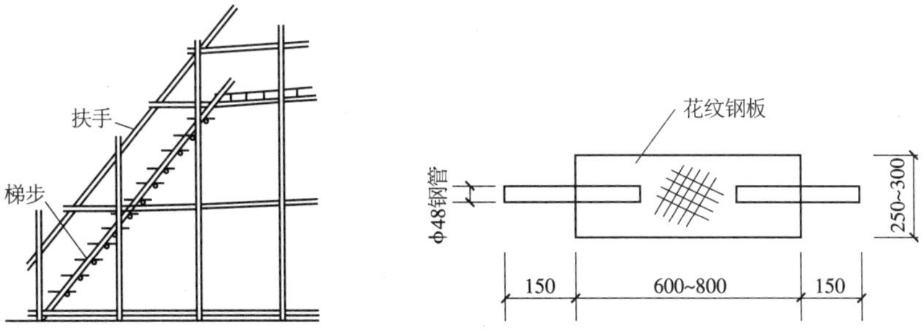

(a) 扣结式踏步梯　(b) 梯步大样

图 3-17　踏步梯

3. 地基和基础

立杆的地基和基础构造可按表 3-4 的要求处理。当土质等情况与表不符合时，可按前述地基计算规定进行设计和验算。搭设在楼面上的脚手架，其立杆底端亦应设底座或垫板，并根据立柱集中荷载进行楼面结构验算。

表 3-4　　立杆地基基础构造

搭设高度 h	地基土质		
	中、低压缩性且压缩性均匀	回填土	高压缩性或压缩性不均匀
≤24 m	夯实原土，立杆底座置于面积不小于 0.75 m^2 垫块、垫木上	土夹石或灰土回填夯实，立杆底座置于面积不小于 0.10 m^2 的混凝土垫块或垫木上	夯实原土，铺设宽度不小于 200 mm 的通长槽钢或垫木
25~35 m	垫块、垫木面积不小于 0.1 m^2，其余同上	夹砂石回填夯实，其余同上	夯实原土，铺厚度不小于 200 mm 砂垫层，其余同上
36~50 m	垫块、垫木面积不小于 0.15 m^2 或铺通长槽钢或木板，其余同上	砂夹石回填夯实，垫块或垫木面积不小于 0.15 m^2 或铺通长槽钢或木板	夯实原土，铺 150 mm 厚道渣夯实，再铺通长槽钢或垫木，其余同上

注：表中混凝土垫块厚度不小于 200 mm；垫木厚度不小于 50 mm。

4. 搭设作业

1）搭设工作流程

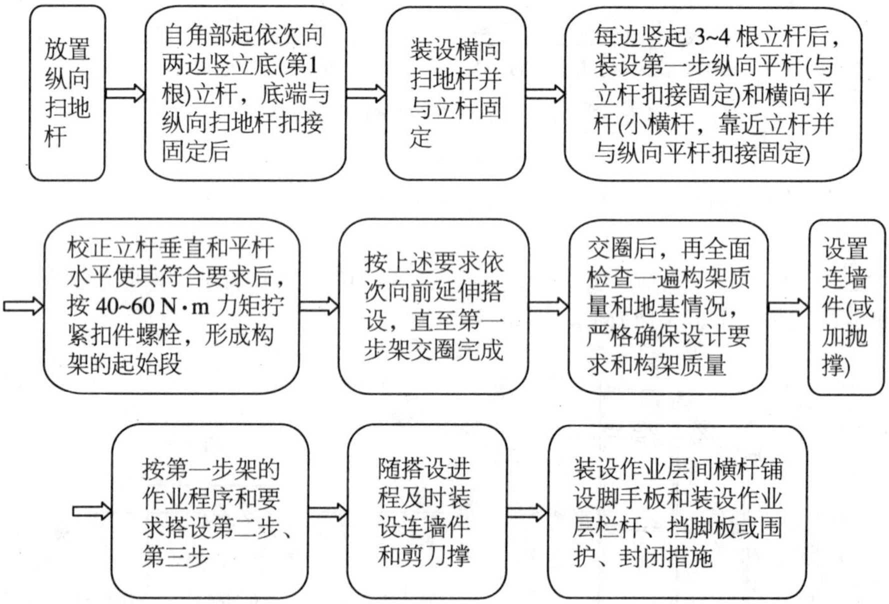

2）搭设流程示意

搭设工作流程见图 3-18。

3）搭设作业注意事项

（1）严禁 ϕ48 和 ϕ51 钢管及其相应扣件混用。

（2）底立杆应按立杆接长要求选择不同长度的钢管交错设置，至少应有两种适合的不同长度的钢管作立杆。

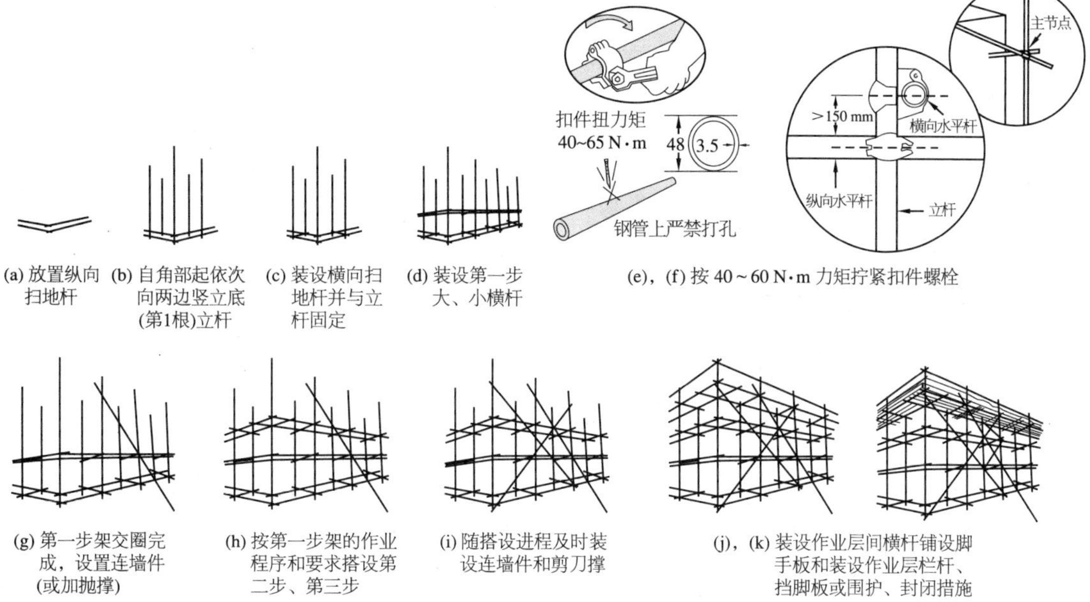

图 3-18　扣件式钢管脚手架搭设工作流程

（3）在设置第一排连墙件前，应约每隔 6 跨设一道抛撑，以确保架子稳定。

（4）一定要采取先搭设起始段而后向前延伸的方式，当两组作业时，可分别从相对角开始搭设。

（5）连墙件和剪刀撑应及时设置，不得滞后超过 2 步。

（6）杆件端部伸出扣件之外的长度不得小于 100 mm。

（7）在顶排连墙件之上的架高（以纵向平杆计）不得多于 3 步，否则应每隔 6 跨加设 1 道撑拉措施。

（8）剪刀撑的斜杆与基本构架结构杆件之间至少有 3 道连接，其中，斜杆的对接或搭接接头部位至少有 1 道连接。

（9）周边脚手架的纵向平杆必须在角部交圈并与立杆连接固定。因此，东西两面和南北两面的作业层（步）有一交汇搭接固定所形成的小错台，铺板时应处理好交接处的构造。当要求周边铺板高度一致时，角部应增设立杆和纵向平杆（至少与 3 根立杆连接），如图 3-19 所示。

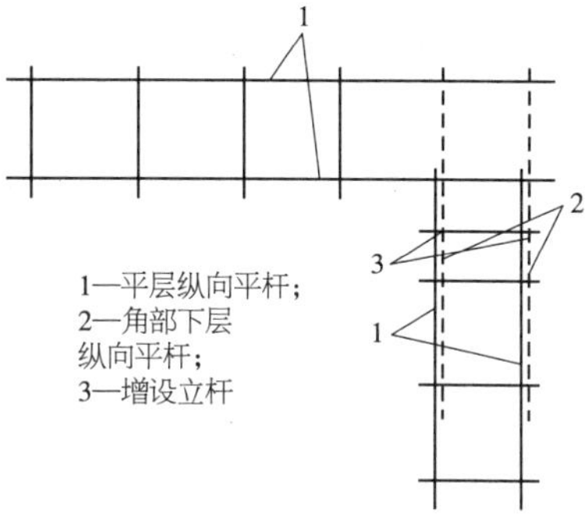

图 3-19　平层时角部纵向平杆交圈设置做法

（10）对接平板脚手板时，对接处的两侧必须设置间横杆。

（11）作业层的栏杆和挡脚板一般应设在立杆的内侧。栏杆接长亦应符合对接或搭接的相应规定。

3.1.3　碗扣式钢管脚手架

碗扣式钢管脚手架（cuplock steel tubular scaffold in construction），是一种杆件轴心相交（接）的承插锁周式钢管脚手架，采用带连接件的定型杆件，组装简便，具有比扣件式钢管脚手架较强的稳定承载能力，不仅可以组装各式脚手架，而且更适合构造各种支撑架，特别是重载支撑架。

碗扣式钢管脚手架采用每隔 0.6 m 设 1 套碗扣接头的定型立杆和两端焊有接头的定型横杆，并实现杆件的系列标准化。碗扣接头是该脚手架系统的核心部件，它由上、下碗扣，横杆接头和上碗扣的限位销等组成（图 3-20）。

(a) 碗扣式脚手架

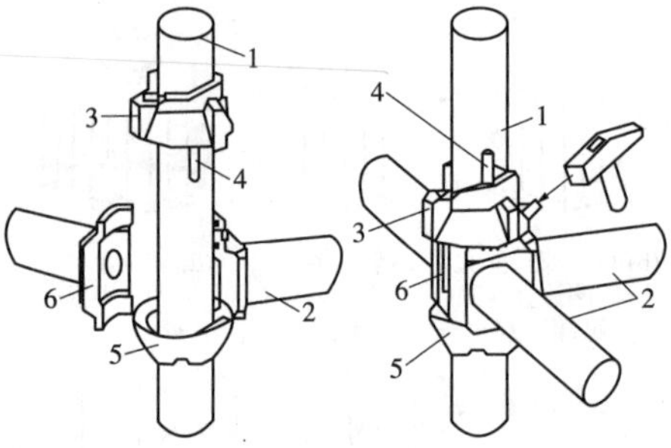

(b) 碗扣接头

1—立杆；2—横杆；3—上碗扣；4—限位销；5—下碗扣；6—横杆接头

图 3-20 碗扣式脚手架

1. 性能特点

（1）多功能。能根据具体施工要求，组成不同组架尺寸、形状和承载能力的单、双排脚手架，支撑架，支撑柱，物料提升架，爬升脚手架，悬挑架等多种功能的施工装备。也可用于搭设施工棚、料棚、灯塔等构筑物。特别适合于搭设曲面脚手架和重载支撑架。

（2）高功效。该脚手架常用杆件中最长为 3 130 mm，重 17.07 kg。整架拼拆速度比常规快 3 ~ 5 倍，拼拆快速省力，工人用一把铁锤即可完成全部作业，避免了螺栓操作带来的诸多不便。

（3）通用性强。主构件均采用普通的扣件式钢管脚手架之钢管，可用扣件同普通钢管连接，通用性强。

（4）承载力大。立杆连接是同轴心承插，横杆同立杆靠碗扣接头连接，接头具有可靠的抗弯、抗剪、抗扭力学性能。而且各杆件轴心线交于一点，节点在框架平面内。因此，结构稳固可靠，承载力大。

（5）安全可靠。接头设计时，考虑到上碗扣螺旋摩擦力和自重力作用，使接头具有可靠的自锁能力。作用于横杆上的荷载通过下碗扣传递给立杆，下碗扣具有很强的抗剪能力（最大为 199 kN），上碗扣即使没被压紧，横杆接头也不致脱出而造成事故。同时配备有安全网支架、间横杆、脚手板、挡脚板、架梯、挑梁、连墙撑等杆配件，使用安全可靠。

（6）易于加工。主构件用 $\phi48\times3.5$，Q235 焊接钢管，制造工艺简单，成本适中，可直接对现有扣件式脚手架进行加工改造，不需要复杂的加工设备。

（7）不易丢失。该脚手架无零散易丢失扣件，把构件丢失减少到最小程度。

（8）维修少。该脚手架构件消除了螺栓连接，构件经碰耐磕，一般锈蚀不影响拼拆作业，不需特殊养护、维修。

（9）便于管理。构件系列标准化，构件外表涂以橘黄色，美观大方，构件堆放整齐，便于现场材料管理，满足文明施工要求。

（10）易于运输。该脚手架最长构件 3 130 mm，最重构件 40.53 kg，便于搬运和运输。

2. 杆配件规格及构造要求

碗扣式钢管脚手架的原设计杆配件，共计有 23 类、53 种规格。按其用途可分为主构件、辅助构件、专用构件三类。

（1）主构件共有 6 类，见表 3-5。

表 3-5　　　　主构件及其构造要求

杆件类型	构造要求	简　图
立杆	立杆是脚手架的主要受力杆件，由一定长度的 ф8 × 3.5，Q235 钢管上每隔 0.60 m 安装一套碗扣接头，并在其顶端焊接立杆连接管制成。立杆有 3.0 m 和 1.8 m 两种规格	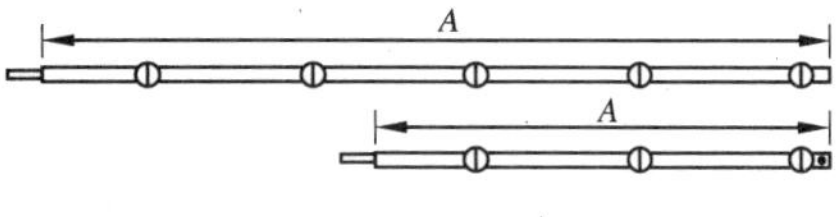 A = 1 800/3 000
顶杆	顶杆即顶部立杆，其顶端设有立杆连接管，便于在顶端插入托撑或可调托撑等。有 2.1 m，1.50 m，0.90 m 三种规格。主要用于支撑架、支撑柱、物料提升架等的顶部，以解决由于立杆顶部有内销管，无法插入托撑的问题，但也相应增加了杆件种类，而且立杆、顶杆不通用，利用率低。有的模板脚手架工程有限公司，将立杆的内销管改为下套管，取消了顶杆，实现了立杆和顶杆的统一，使用效果好	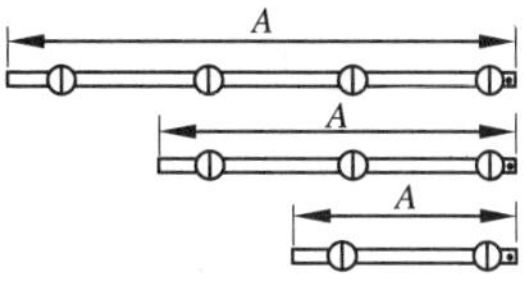 A = 900/1 500/2 100
横杆	组成框架的横向连接杆件，由一定长度的 ф48 × 3.5，Q235 钢管两端焊接横杆接头制成，有 2.4 m，1.80 m，1.5 m，1.2 m，0.9 m，0.6 m，0.3 m 等 7 种规格。为适应模板早拆支撑的要求（模数为 300 mm 的两个早拆模板间一般留 50 mm 宽迟拆条），增加了规格为 950 mm，1 250 mm，1 550 mm，1 850 mm 的横杆	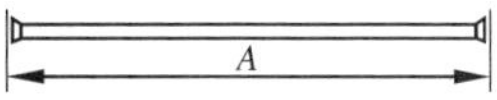 A = 300/600/900/1 200/1 500/1 800/2 400
单排横杆	主要用作单排脚手架的横向水平横杆，只在 ф48 × 3.5，Q235 钢管一端焊接横杆接头，有 1.4 m，1.8 m 两种规格	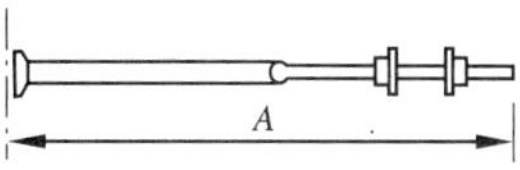 A = 1 400/1 800
斜杆	斜杆是为增强脚手架稳定强度而设计的系列构件。在 ф48 × 2.2，Q235 钢管两端铆接斜杆接头制成，斜杆接头可转动。同横杆接头一样可装在下碗扣内，形成节点斜杆。有 1.69 m，2.163 m，2.343 m，2.546 m，3.00 m 等五种规格，分别适用于 1.20 m × 1.20 m，1.20 m × 1.80 m，1.50 m × 1.80 m，1.80 m × 1.80 m，1.80 m × 2.40 m 五种框架平面	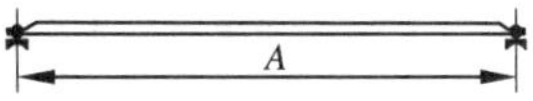 A = 1 697/2 163/2 343/2 546/3 000
底座	底座是安装在立杆根部，防止其下沉，并将上部荷载分散传递给地基基础的构件。有以下三种：垫座、立杆可调座、立杆粗细调座	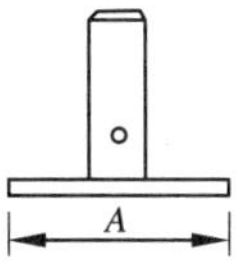 垫座 A=150 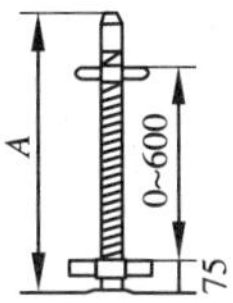 立杆可调座 A=523/823 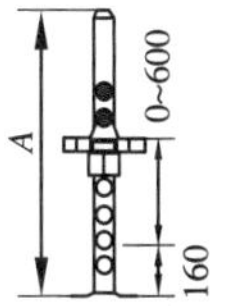 立杆粗细调座 A=784

(2) 辅助构件。辅助构件是用于作业面及附壁拉结等的杆部件，共有13类，见表3-6。

表3-6　　辅助构件及其构造要求

杆件类型		构造要求	简　图
用于作业面的辅助构件	间横杆	为满足其他普通钢脚手板和木脚手板的需要而设计的构件，由 φ48×3.5，Q235 钢管两端焊接“∩”形钢板制成，可搭设于主架横杆之间的任意部位，用以减小支承间距或支撑挑头脚手板。有1.2 m，(1.2+0.3) m和(1.2+0.6) m三种规格	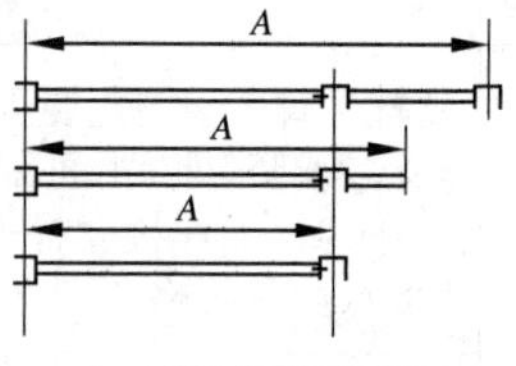 A=1 200/1 500/1 800
	脚手板	配套设计的脚手板由2 mm厚钢板制成，宽度为270 mm，其面板上冲有防滑孔，两端焊有挂钩可牢靠地挂在横杆上，不会滑动。有1.20 m，1.5 m，1.80 m和2.4 m四种规格	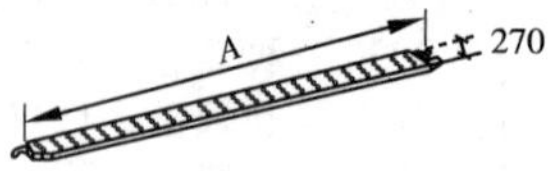 A=1 200/1 500/1 800/2 400
	斜道板	用于搭设车辆及行人栈道，只有一种规格。坡度为1∶3，由2 mm厚钢板制成。宽度为540 mm，长度为1 897 mm，上面焊有防滑条	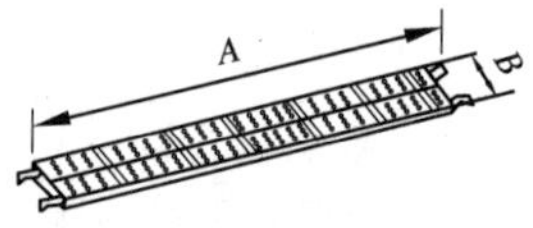 A=1 897；B=540
	挡脚板	挡脚板可设在作业层外侧边缘相邻两立杆间，以防止作业人员踏出脚手架。用2 mm厚钢板制成。有1.2 m，1.50 m，1.80 m三种规格	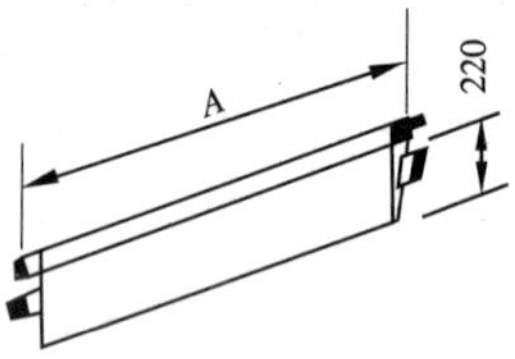 A=1 200/1 500/1 800
	挑梁	为扩展作业平台而设计的构件，有窄挑梁和宽挑梁。窄挑梁由一端焊有横杆接头的钢管制成，悬挑宽度为0.30 m，可在需要位置与碗扣接头连接。宽挑梁由水平杆、斜杆、垂直杆组成，悬挑宽度为0.60 m，也是用碗扣接头同脚手架连成一整体，其外侧垂直杆上可再接立杆	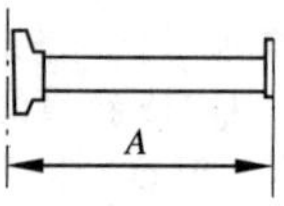 窄挑梁(A=300)　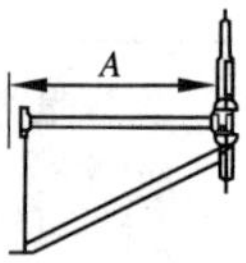 宽挑梁(A=600)
	架梯	用于作业人员上下脚手架通道，由钢踏步板焊在槽钢上制成，两端有挂钩，可牢固地挂在横杆上。其长度为2 546 mm，宽度为540 mm，可在1 800 mm×1 800 mm框架内架设。普通1 200 mm廊道宽的脚手架刚好装两组，可成折线上升，并可用斜杆、横杆作栏杆扶手	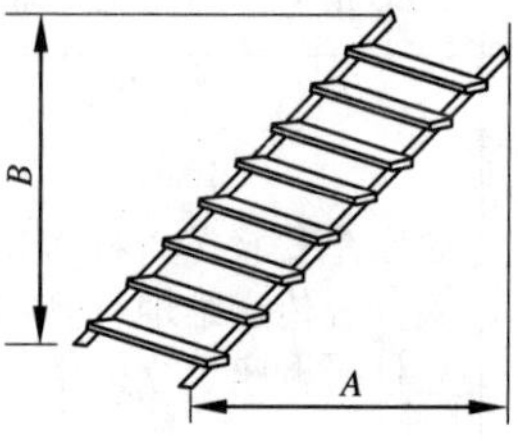 A=1 800　B=1 800

（续表）

<table>
<tr><th colspan="2">杆件类型</th><th>构造要求</th><th>简　　图</th></tr>
<tr><td rowspan="4">用于连接的辅助构件</td><td>立杆连接销</td><td>立杆连接销是立杆之间连接的销定构件，为弹簧钢销扣结构，由 ϕ10 mm 钢筋制成。有一种规格（LLX）</td><td rowspan="2">
立杆连接销
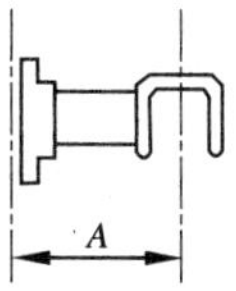

直角撑A=125</td></tr>
<tr><td>直角撑</td><td>为连接两交叉的脚手架而设计的构件，由 ϕ48 × 3.5，Q235 钢管一端焊接横杆接头，另一端焊接“∩”形卡制成</td></tr>
<tr><td>连墙撑</td><td>连墙撑是使脚手架与建筑物的墙体结构等牢固连接。加强脚手架抵御风荷载及其他水平荷载的能力，防止脚手架倒塌且增强稳定承载力的构件。为便于施工，分别设计了碗扣式连墙撑和扣件式连墙撑两种形式。其中碗扣式连墙撑可直接用碗扣接头同脚手架连在一起，受力性能好；扣件式连墙撑是用钢管和扣件同脚手架相连。位置可随意设置，不受碗扣接头位置的限制，使用方便</td><td>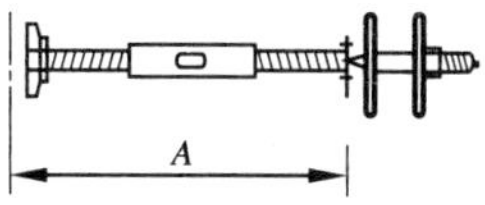

连墙撑(砖墙固定用)
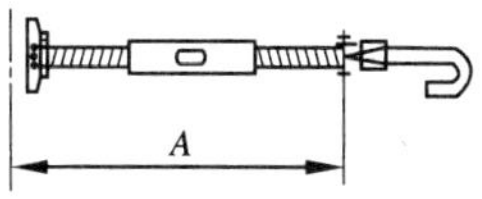

连墙撑(混凝土墙固定用)
A = 415 ~ 625</td></tr>
<tr><td>高层卸荷拉结杆</td><td>高层卸荷拉结杆是高层脚手架卸荷专用构件，由预埋件、拉杆、索具螺旋扣、管卡等组成，其一端用预埋件固定在建筑物上，另一端用管卡同脚手架立杆连接，通过调节中间的索具螺旋扣，把脚手架吊在建筑物上，达到卸荷目的</td><td>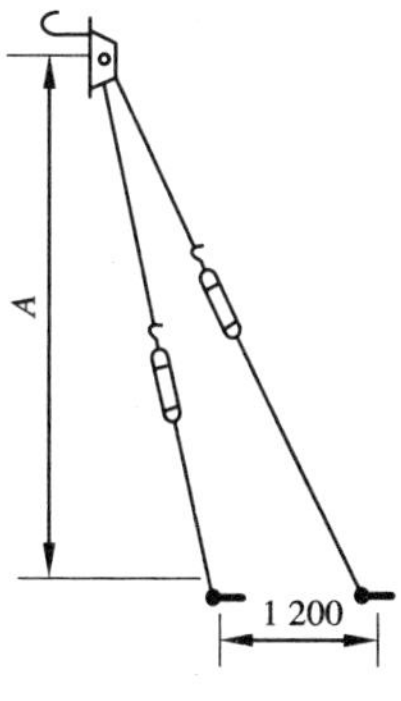

A = 2 100</td></tr>
<tr><td rowspan="2">其他用途辅助构件</td><td>立杆托撑</td><td>插入顶杆上端，用作支撑架顶托，以支撑横梁等承载物。由“U”形钢板焊接连接管制成</td><td>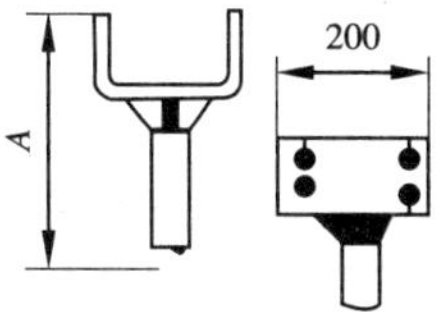

A = 288</td></tr>
<tr><td>立杆可调托撑</td><td>作用同立杆托撑，只是长度可调，可调范围为 0 ~ 600 mm</td><td>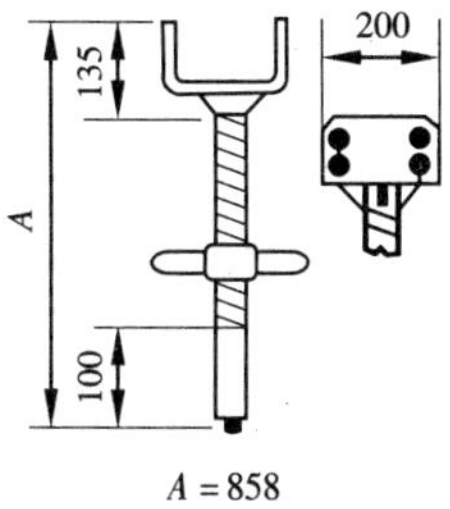

A = 858</td></tr>
</table>

(续表)

杆件类型		构造要求	简　图
其他用途辅助构件	横托撑	用作重载支撑架横向限位，或墙模板的侧向支撑构件。由 ϕ48 × 3.5，Q235 钢管焊接横杆接头，并装配托撑组成，可直接用碗扣接头同支撑架连在一起。其长度为 400 mm。也可根据需要加工	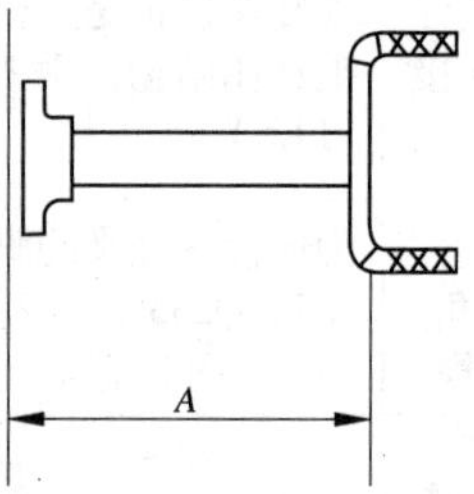 A = 400
	可调横托撑	把横托撑中的托撑换成可调托撑（或可调底座）即成可调横托撑，可调范围为 0 ~ 300 mm	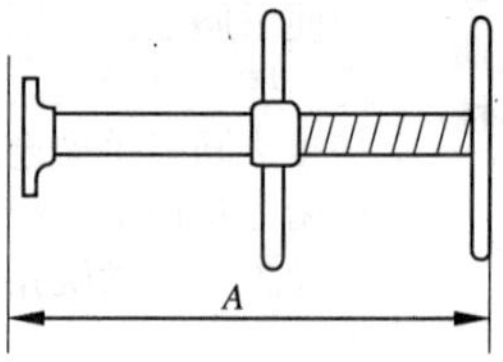 A = 449 ~ 749
	安全网支架	安全网支架是固定于脚手架上，用以绑扎安全网的构件，由拉杆和撑杆组成，可直接用碗扣接头连接固定	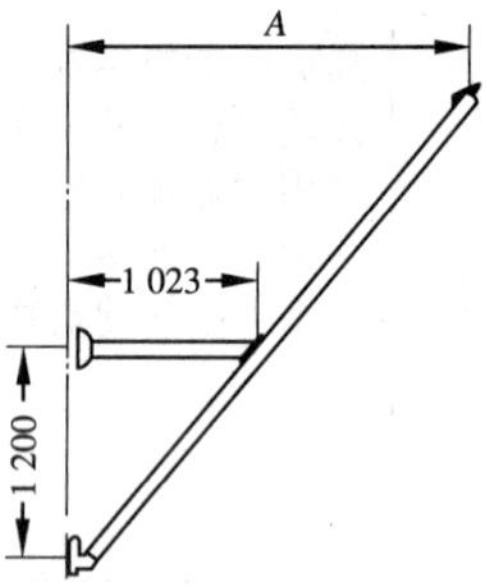 A = 2 300

（3）专用构件：用作专门用途的构件。共有四类，见表 3-7。

表 3-7　　专用构件及其构造要求

杆件类型		构造要求	简　图
	支撑柱垫座	支撑柱垫座是安装于支撑柱底部，均匀传递其荷载的垫座。由底板、筋板和焊于底板上的 4 个柱销制成，可同时插入支撑柱的 4 个立杆内，从而增强支撑柱的整体受力性能	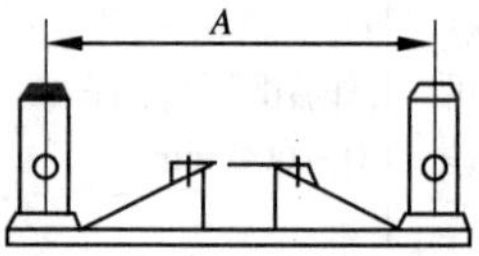 A = 300

（续表）

杆件类型		构造要求	简　图
支撑柱专用构件	支撑柱转角座	作用同支撑柱垫座，但可以转动，使支撑柱不仅可用作垂直方向支撑，而且可以用作斜向支撑，其可调偏角为 ±10°	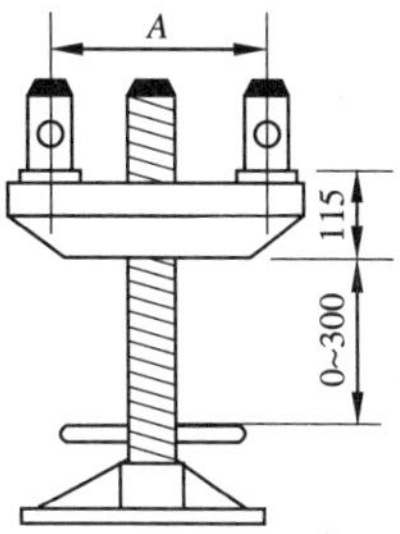 A = 300
	支撑柱可调座	对支撑柱底部和顶部均适用，安装于底部作用同支撑柱垫座，但高度可调，可调范围为 0 ~ 300 mm；安装于顶部即为可调托撑，同立杆可调托撑不同的是它作为一个构件需要同时插入支撑柱 4 根立杆内，使支撑柱成为一体	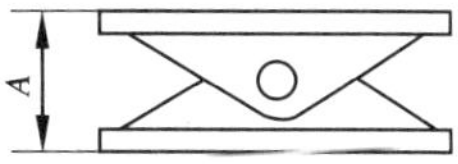 A = 100
其他	提升滑轮	提升滑轮是为提升小物料而设计的构件，与宽挑梁配套使用。由吊柱、吊架和滑轮等组成，其中吊柱可直接插入宽挑梁的垂直杆中固定	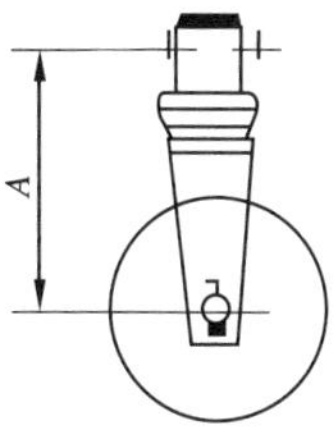 A = 108
	悬挑架	悬挑架是为悬挑脚手架专门设计的一种构件，由挑杆和撑杆等组成，挑杆和撑杆用碗扣接头固定在楼内支承架上，可直接从楼内挑出，在其上搭设脚手架，不需要埋设预埋件。挑出脚手架宽度设计为 0. 90 m	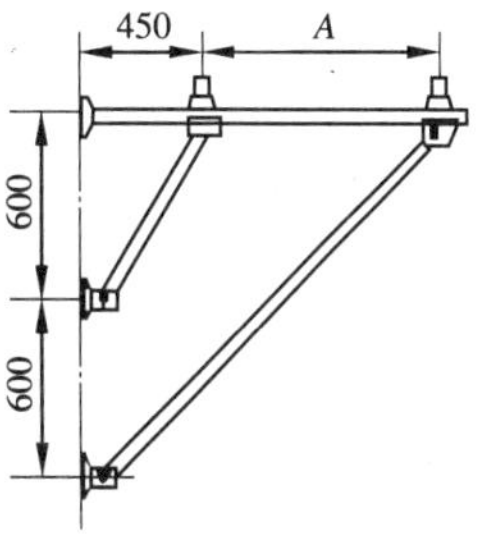 A = 900
	爬升挑梁	爬升挑梁是为爬升脚手架而设计的一种专用构件，可用它作依托，在其上搭设悬空脚手架，并随建筑物升高而爬升。由 ϕ48 × 3. 5，Q235 钢管、挂销、可调底座等组成，爬升脚手架宽度为 0. 90 m	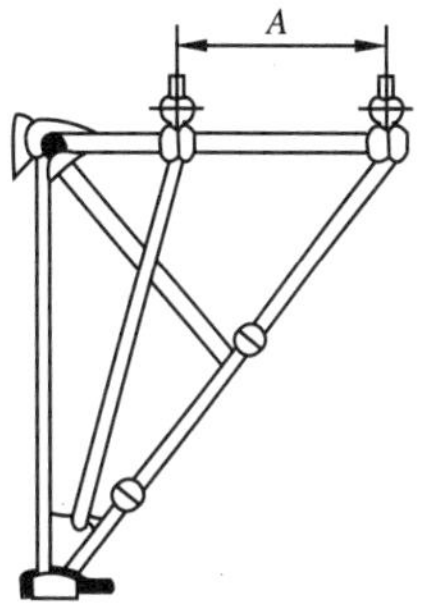 A = 900

3. 双排外脚手架

用碗扣式钢管脚手架可方便地搭设双排外脚手架，拼拆快速省力。且特别适于搭设曲面脚手架和高层脚手架，目前，用其搭设“一杆到顶”（即脚手架全高均采用单立杆）的落地式脚手架的最大高度已达90. 3 m。

1）构造类型

（1）重型架。这种结构脚手架取较小的立杆纵距（0. 90 m或1. 20 m），用于重载作业或作为高层外脚手架的底部架。对于高层脚手架，为了提高其承载力和搭设高度，采取上、下分段，每段立杆纵距不等的组架方式，见图3-21。

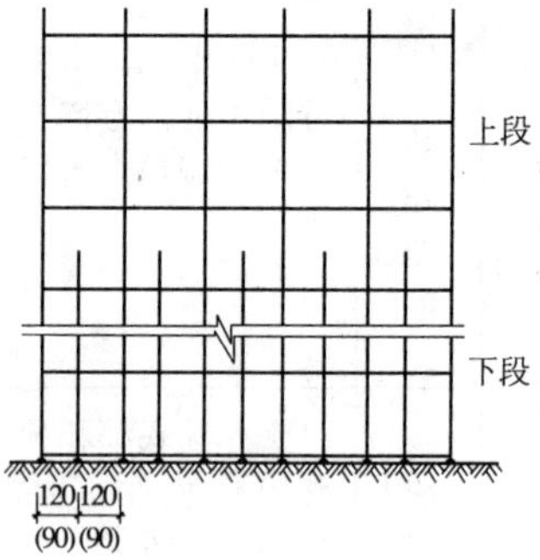

图3-21　立杆纵距不等的组架方式

（2）普通架。是最常用的一种，构造尺寸为1. 50 m（立杆纵距）×1. 20 m（立杠横距）×1. 80 m（横杆步距）（以下表示同）或1. 80 m×1. 20 m×1. 80 m。可作为砌墙、模板工程等结构施工用脚手架。

（3）轻型架。主要用于装修、维护等作业荷载要求的脚手架，构架尺寸为2. 40 m×1. 20 m×1. 80 m。另外，也可根据场地和作业荷载要求搭设窄脚手架和宽脚手架。

2）组架构造

表3-8　各杆件的构造要求和计算简图

杆件名称	构造要求	简　图
斜杆	斜杆同立杆连接的节点构造	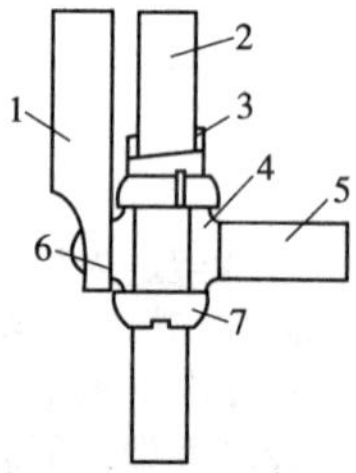1—斜杆；2—立杆；3—限位销；4—横杆接头；5—横杆；6—斜杆接头；7—下碗扣
	斜杆设置可增强脚手架结构的整体刚度，提高其稳定承载能力。斜杆接头同横杆接头装在同一碗扣接头内为节点斜杆，斜杆接头同横杆接头不装在同一碗扣接头内为非节点斜杆，斜杆应尽量布置在框架节点上	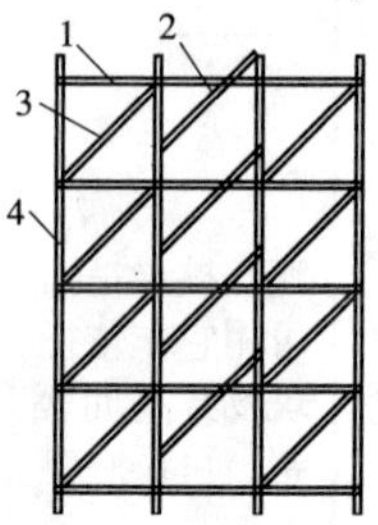1—横杆；2—非节点斜杆；3—节点斜杆；4—立杆

(续表)

杆件名称	构造要求	简　图
斜杆	用钢管和扣件设置大剪刀撑（包括竖向剪刀撑以及纵向水平剪刀撑），既可减少碗扣式斜杆的用量，又能使脚手架的受力性能得到改善。竖向剪刀撑的设置应与碗扣式斜杆的设置相配合，一般高度在30 m以下的脚手架，可每隔4～6跨设置一组沿全高连续搭设的剪刀撑，每道剪刀撑跨越5～7根立杆，设剪刀撑的跨内不再设碗扣式斜杆；对于高度在30 m以上的高层脚手架，应沿脚手架外侧以及全高方向连续设置，两组剪刀撑之间用碗扣式斜杆。对于30 m以上的高层脚手架，应每隔3～5步架设置一层连续的闭合的纵向水平剪刀撑	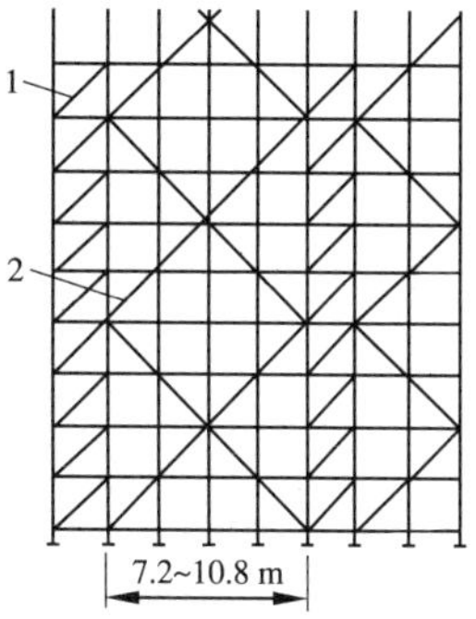 1—碗扣斜杆；2—剪刀撑
连墙撑布置	连墙撑是脚手架与建筑物之间的连接件，除防止脚手架倾倒、承受偏心荷载和水平荷载作用外，还可加强稳定约束、提高脚手架的稳定承载能力	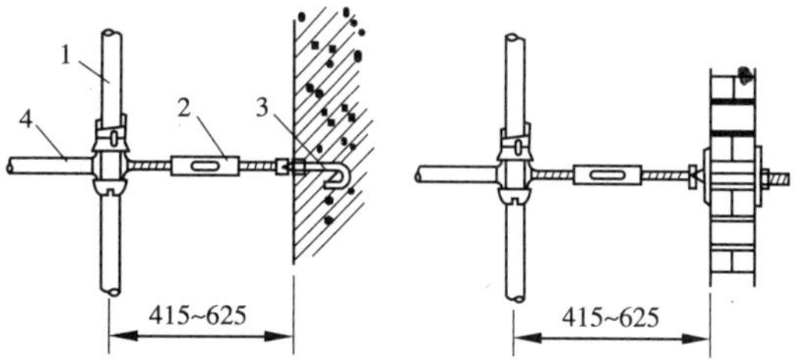 混凝土墙固定连墙撑　　砖墙固定连墙撑 1—脚手架立杆；2—连墙撑；3—预埋件；4—脚手架横杆
脚手板设置	脚手板可以使用碗扣式脚手架配套设计的钢制脚手板，也可使用其他普通脚手板、木脚手板、竹脚手板等。使用配套的钢脚手板时，必须将其两端的挂钩牢固地挂在横杆上，不得浮放；其他类型脚手板应配合间横杆一块使用。即在未处于构架横杆之上的脚手板端设间横杆作支撑。在作业层及其下面一层要满铺脚手板	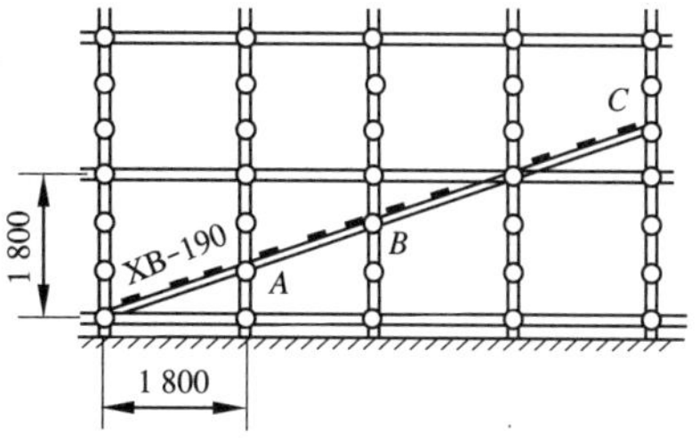

(续表)

杆件名称	构造要求	简　图
斜道板及人行梯设置	斜脚手板可作为行人及车辆的栈道，一般限在1.8 m跨距的脚手架上使用，升坡为1∶3，在斜道板框架两侧，应该设置横杆和斜杆作为扶手和护栏	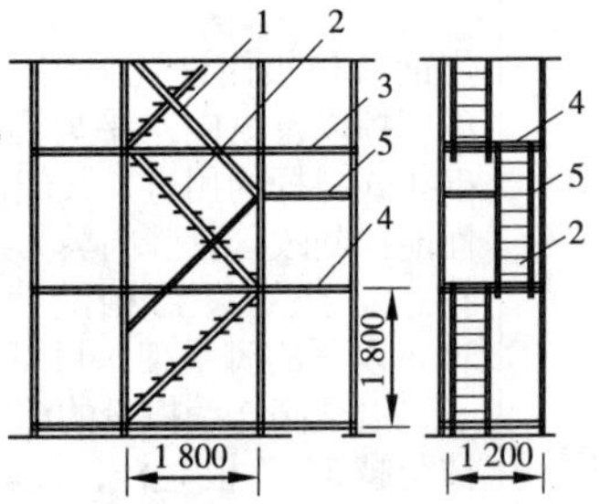 1—扶手斜杆；2—梯子；3—横杆； 4—脚手板；5—横杆
架梯	设在1.8 m×1.8 m框架内，其上有挂钩，直接挂在横杆上。梯子宽为540 mm，一般1.2 m宽脚手架正好布置两个，可在一个框架高度内折线布置。人行梯转角处的水平框架要铺设脚手板，在立面框架上安装斜杆和横杆作为扶手	
挑梁的设置	当遇到某些建筑物有倾斜或凹进凸出时，窄挑梁上可铺设一块脚手板；宽挑梁上可铺设两块脚手板。其外侧立柱可用立杆接长，以便装防护栏杆。挑梁一般只作为作业人员的工作平台，不容许堆放重物。在设置挑梁的上、下两层框架的横杆层上要加设连墙撑。把窄挑梁连续设置在同一立杆内侧每个碗扣接头内，可组成爬梯，爬梯步距为0.60 m	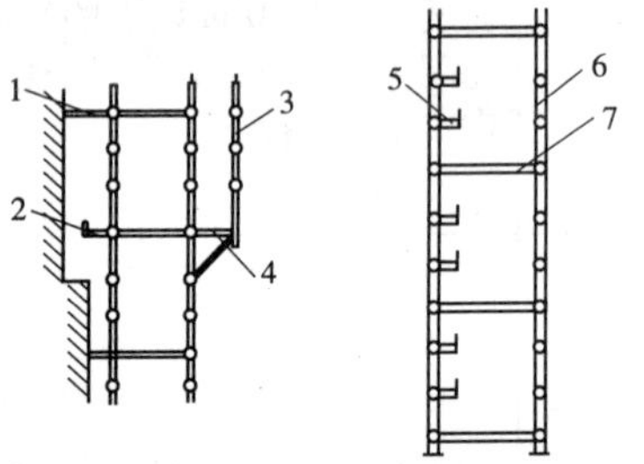 挑梁设置构造　　窄挑梁组成爬梯构造 1—连墙撑；2—窄挑梁；3—立杆；4—宽挑梁； 5—窄挑梁；6—立杆；7—横杆
提升滑轮设置	随着建筑物的升高，当人递料不太方便时，可采用物料提升滑轮来提升小物料及脚手架物件。其提升重量应不超过100 kg。提升滑轮要与宽挑梁配套使用，使用时，将滑轮插入宽挑梁垂直杆下端的固定孔中，并用销钉锁定	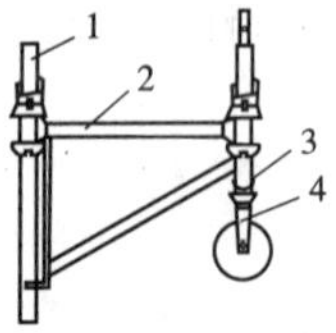 1—脚手架立杆；2—宽挑梁； 3—立杆连接销；4—提升滑轮
安全网防护设置	一般沿脚手架外侧要满挂封闭式安全网（立网），并应与脚手架立杆、横杆绑扎牢固，绑扎间距应不大于0.30 m。根据规定在脚手架底部和层间设置水平安全网，使用安全网支架。安全网支架可直接用碗扣接头固定在脚手架上	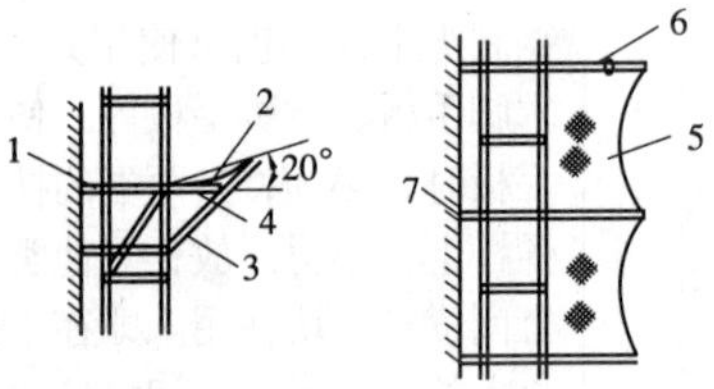 1—连墙撑；2—安全网；3—安全网支架撑杆； 4—安全网支架拉杆；5—安全网； 6—安全网支架；7—连墙撑

（续表）

杆件名称	构造要求	简　图
高层卸荷拉结杆设置	高层卸荷拉结杆主要是为减轻脚手架荷载而设计的一种构件。其设置依脚手架高度和荷载而定，一般每30 m高卸荷一次，但总高度在50 m以下的脚手架可不用卸荷	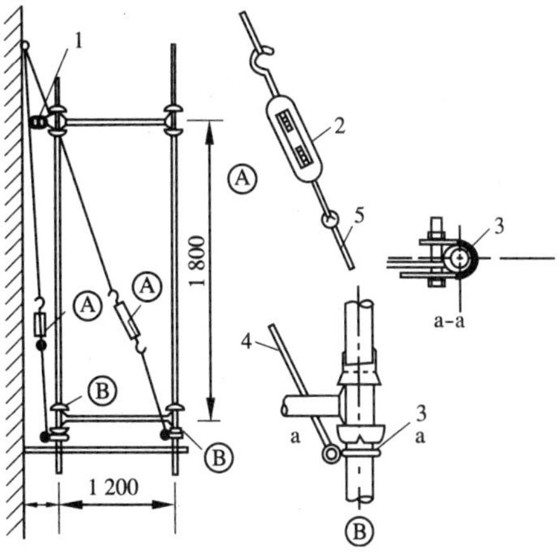 1—连墙撑；2—ϕ20 花篮螺栓；3—ϕ50 卡环； 4—ϕ16 拉结杆；5—ϕ16 拉结杆
直角交叉	对一般方形建筑物的外脚手架，在拐角处两直角交叉的排架要连在一起，以增强脚手架的整体稳定性。连接形式有两种：一种是直接拼接法；另一种是直角撑搭接	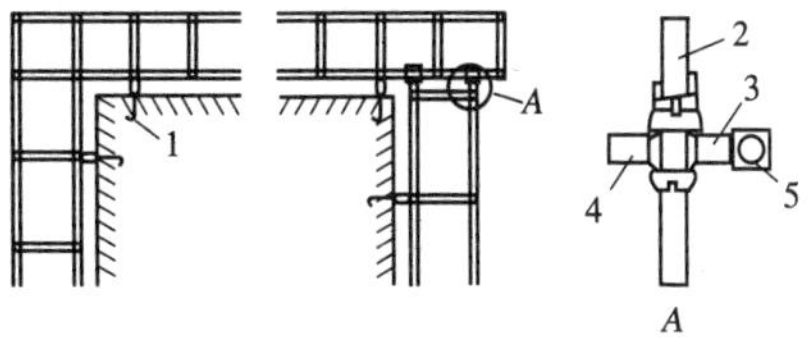 1—连墙撑；2—立杆；3—直角撑； 4—横杆；5—横杆
曲线布置	进行曲线布置。两横杆轴线最小夹角为75°。内、外排用同样长度的横杆可以实现0°～15°的转角	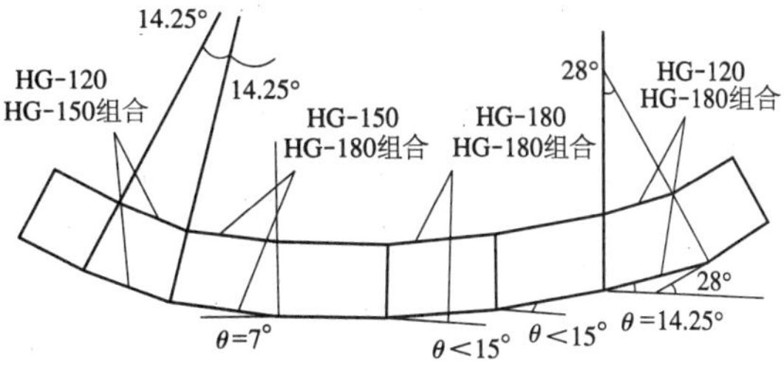

4. 组装方法及要求

根据布架设计，在已处理好的地基上安放立杆底座（立杆垫座或立杆可调座）。然后将立杆插在其上，采用3.0 m和1.8 m两种不同长度立杆相互交错、参差布置。如图3-22所示，上面各层均采用3.0 m长立杆接长，顶部再用1.80 m长立杆找齐（或同一层用同一种规格立杆，最后找齐)，以避免立杆接头处于同一水平面上。架设在坚实平整的地基基础上的脚手架，其立杆底座可直接用立杆垫座；地势不平或高层及重载脚手架底部应用立杆可调座；当相邻立杆地基高差小于0.60 m时，可直接用立杆可调座调整立杆高度，使立杆碗扣接头处于同一水平面内；当相邻立杆地基高差大于0.60 m时，则先调整立杆节间（即对于高差超过0.60 m的地基，立杆相应增长一个节间（0.60 m)，使同一层碗扣接头高差小于0.60 m，再用立杆可调座调整高度，使其处于同一水平面内，如图3-22所示。

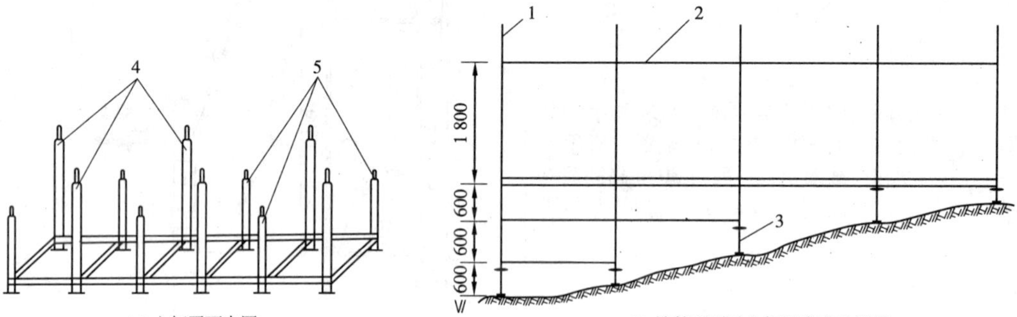

(a) 立杆平面布置　　(b) 地基不平时立杆及底座的设置

1—立杆；2—横杆；3—可调底座；4—3.0 m长立杆；5—1.8 m长立杆

图3-22　组架方法

在装立杆时应及时设置扫地横杆，将所装立杆连成一整体，以保证立杆的整体稳定性。立杆同横杆的连接是靠碗扣接头锁定，连接时，先将上碗扣滑至限位销以上并旋转，使其搁在限位销上。将横杆接头插入下碗扣，待应装横杆接头全部装好后，落下上碗扣并预锁紧。

碗扣式脚手架的底层组架最为关键。其组装质量直接影响到整架的质量，因此，要严格控制搭设质量。当组装完两层横杆后，首先应检查并调整水平框架的直角度和纵向直线度（对曲线布置的脚手架应保证立杆的正确位置)；其次应检查横杆的水平度，并通过调整立杆可调座使横杆间的水平偏差小于1/400L；同时应逐个检查立杆底脚，并确保所有立杆不浮地、不松动。当底层架子符合搭设要求后，检查所有碗扣接头，并锁紧。在搭设过程中，应随时注意检查上述内容，并调整。

立杆的接长是靠焊于立杆顶端的连接管承插而成，立杆插好后，使上部立杆底端连接孔同下部立杆顶端连接孔对齐，插入立杆连接销并锁定。

3.1.4　门（框组）式钢管脚手架

以门形、梯形以及其他变化形式钢管框架为基本构件，与连接杆（构）件、辅件和各种功能配件组合而成的脚手架，统称为“框组式钢管脚手架”（frame scaffoldings with steel tubules in construction)。

门式钢管脚手架的搭设高度，当两层同时作业的施工总荷载不超过3 kN/m^{2}时，可以搭设60 m高；当为3～5 kN/m^{2}时，则限制在45 m以下。

门式钢管脚手板由门式框架（门架)、交叉支撑（十字拉杆）和水平架（平行架、平架）或脚手板构成基本单元（图3-23)。将基本单元相互连接起来并增加

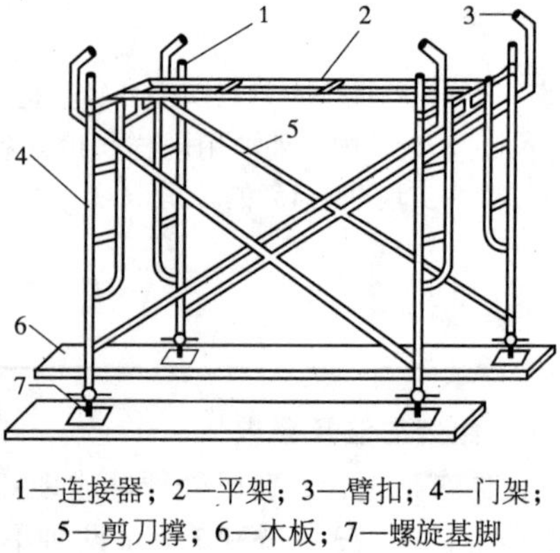

1—连接器；2—平架；3—臂扣；4—门架；5—剪刀撑；6—木板；7—螺旋基脚

图3-23　门式脚手架的基本组合单元

梯子、栏杆等部件构成整片脚手架（图 3-24）。

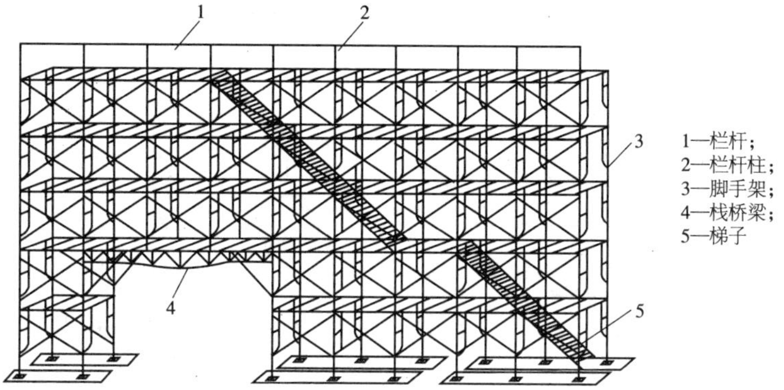

图 3-24　门式外脚手架

1. 主要部件及其构造要求（表 3-9）

表 3-9　门式脚手架的主要部件及构造要求

杆件类型	构造要求和简图	
基本单元部件	简图	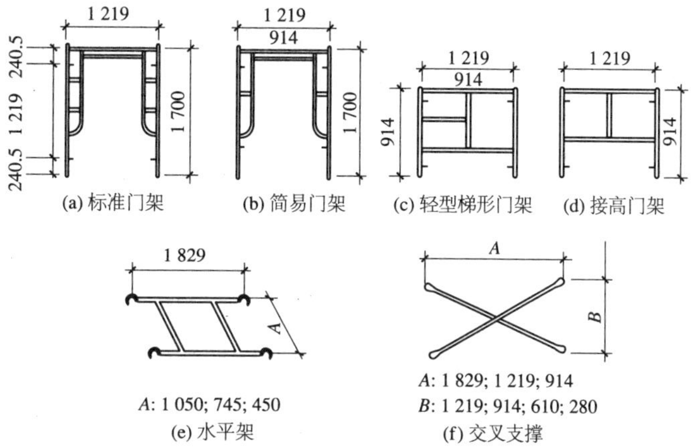
	构造要求	门架是门式脚手架的主要部件，有多种不同形式。标准型是最基本的形式，主要用于构成脚手架的基本单元，一般常用的标准型门架的宽度为 1.219 m，高度有 1.9 m 和 1.7 m。门架之间的连接，在垂直方向使用连接棒和锁臂，在脚手架纵向使用交叉支撑，在架顶水平面使用水平架或脚手板。交叉支撑和水平架的规格根据门架的间距来选择，一般多采用 1.8 m

(续表)

杆件类型	构造要求和简图	
底座和托座底座	简图	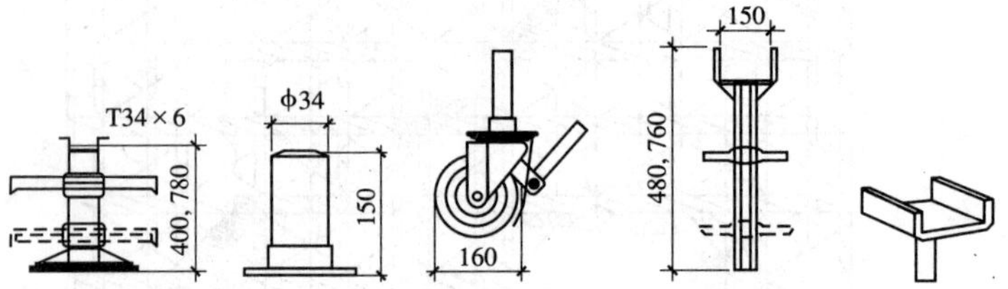 (a) 可调底座 (b) 简易底座 (c) 脚轮 (d) 可调U形顶托 (e) 简易U形托
	构造要求	可调底座可调高 200 ~ 550 mm，主要用于支模架以适应不同支模高度的需要。简易底座只起支承作用，无调高功能，使用它时要求地面平整。带脚轮底座多用于操作平台，以满足移动的需要。托座有平板和 U 形两种，置于门架竖杆的上端，多带有丝杠以调节高度，主要用于支模架
其他部件	简图	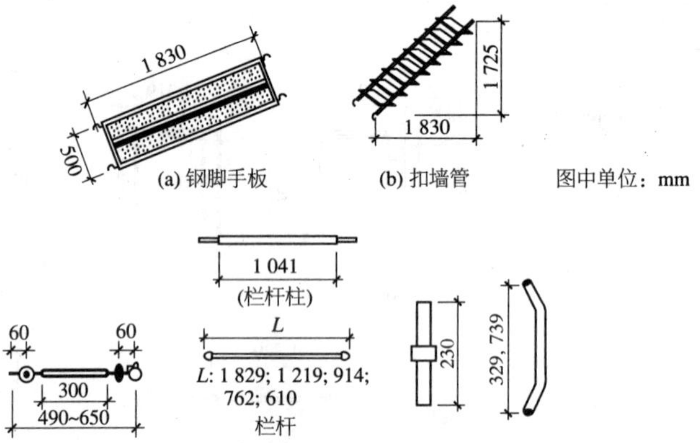 (a) 钢脚手板 (b) 扣墙管 图中单位：mm (c) 梯子 (d) 栏杆和栏杆柱 (e) 连接棒和锁臂
	构造要求	脚手板一般为钢脚手板，其两端带有挂扣，搁置在门架的横梁上并扣紧。梯子为设有踏步的斜梯，分别扣挂在上、下两层门架的横梁上。扣墙器和扣墙管都是确保脚手架整体稳定的拉结件

2. 连接形式

门式钢管脚手架部件之间的连接基本不用螺栓结构，而是采用方便可靠的自锚结构。主要形式见表 3-10。

表 3-10　　连接形式及构造要求

杆件类型	构造要求和简图	
制动片式	简图	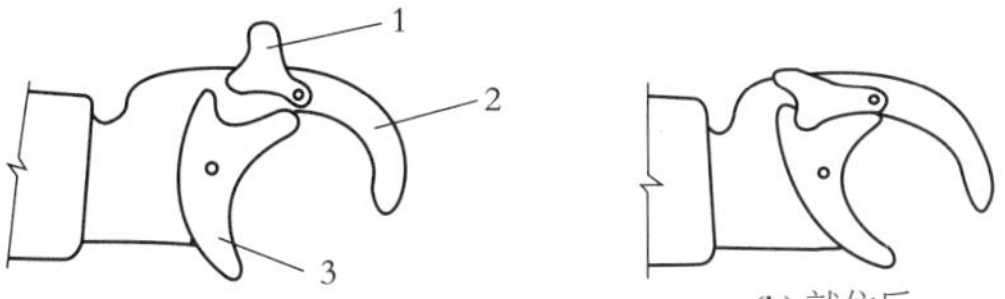 (a) 安装前　(b) 就位后 1—主制动片； 2—固定片 δ=6； 3—被制动片
	构造要求	在作为挂扣的固定片上，铆上主制动片和被制动片，安装前使二者处于脱开位置，开口尺寸大于门架横梁直径，就位后，将被制动片推至实线位置，主制动片即自行落下，将被制动片卡住，使脚手板（或水平梁架）自锚于门架上
滑动片式	简图	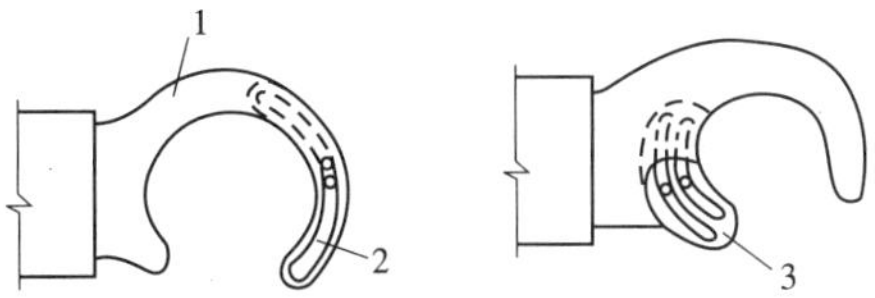 滑动片式挂扣（一）　滑动片式挂扣（二） 1—固定片 δ=8； 2—滑动片； 3—限位片
	构造要求	滑动片式挂扣（一）：在固定片上设一滑动片，安装前使滑动片位于虚线位置，就位后利用滑动片的自重，将其推下，开口尺寸缩小以锚住横梁。 滑动片式挂扣（二）：在挂钩式连接片上设一限位片，安装前置于虚线位置，就位后顺槽滑至实线位置，因限位片受力方向异于滑槽方向达到自锚。这种构造多用于梯子与门架横梁的连接上
弹片式	简图	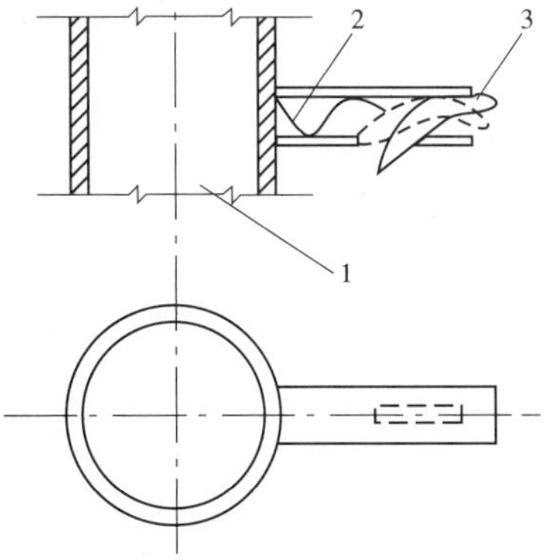 1—门架钢管； 2—弹片； 3—刀片
	构造要求	在门架竖管的连接部位焊一外径为 12 mm 的薄壁钢管，其下端开槽，内设刀片式固定片和弹簧片。安装时将两端钻有孔洞的剪刀撑推入，此时因孔的直径小于固定片外突尺寸而将固定片向内挤压至虚线位置，直至通过后再行弹出，达到自锚

(续表)

<table>
<tr><th>杆件类型</th><th colspan="2">构造要求和简图</th></tr>
<tr><td rowspan="2">偏重片式</td><td>简图</td><td>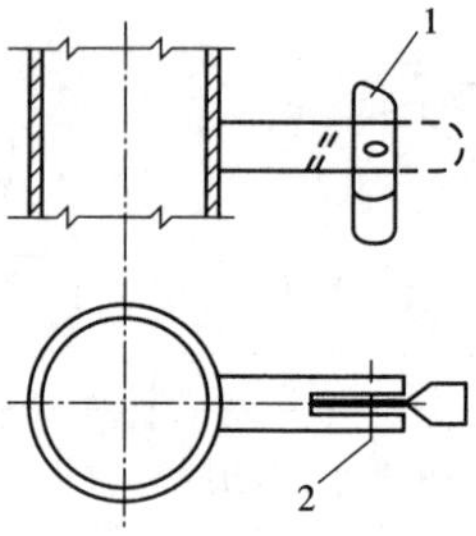1—φ10圆钢偏重片；
2—铆钉</td></tr>
<tr><td>构造要求</td><td>在门架竖管上焊一段端头开槽的 φ12 圆钢，槽呈坡形，上口长 23 mm，下口长 20 mm，槽内设一偏重片（用 φ10 圆钢制成厚 2 mm、一端保持原直径），在其近端处开一椭圆形孔，安装时置于虚线位置，其端部斜面与槽内斜面相合，不会转动，就位后将偏重片稍向外拉，自然旋转到实线位置达到自锚</td></tr>
<tr><td rowspan="2">栈桥梁与门架的连接构造</td><td>简图</td><td>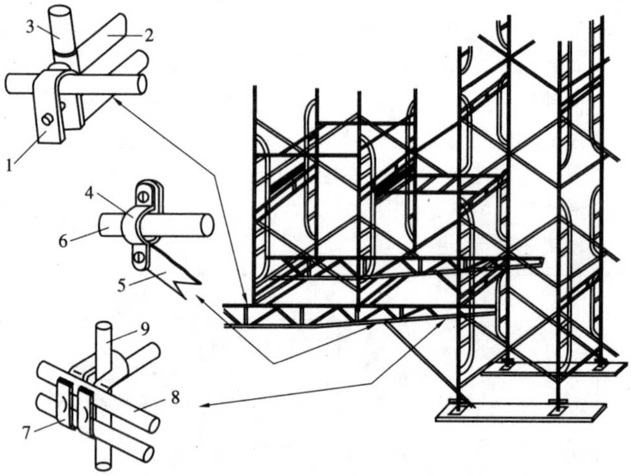1—架座；2—横梁；3—连接棒；4—卡扣；5—拉杆；6—栈桥梁下弦杆；
7—架侧环；8—栈桥梁；9—门架顶部竖杆</td></tr>
<tr><td>构造要求</td><td>栈桥梁端与门架连接用架侧环；栈桥梁与其上门架连接用架座；栈桥梁与门架竖杆之间的拉杆用卡扣</td></tr>
</table>

3. 搭设技术要求和注意事项

1）基底处理

应确保地基具有足够的承载力。在脚手架荷载作用下不发生塌陷和显著的不均匀沉降。当采用可调底座时，其地基处理和加设垫板（木）的要求同扣件式钢管脚手架。当不采用可调底座时，必须采取以下三项措施，以确保脚手架的构造和使用要求。

（1）基底必须严格夯实抄平。当基底处于较深的填土层之上或者架高超过 40 m 时。应加做厚度不小于 400 mm 的灰土层或厚度不小于 200 mm 的钢筋混凝土基础梁（沿纵向），其上再加设垫板或垫木。

（2）严格控制第一步门架顶面的标高，其水平误差不得大于 5 mm（超出时，应塞垫铁板予以调整）。

（3）在脚手架的下部加设通常的大横杆（ϕ48 脚手管，用异径扣件与门架连接），并不少于三步（图 3-25（a）），且内外侧均需设置。

2）分段搭设与卸载构造的做法

当不能落地架设或搭设高度超过规定（45 m 或轻载的 60 m）时，可分别采取从楼板伸出支挑构造的分段搭设方式或支挑卸载方式，如图 3-25（b），（c）所示或前述相适合的挑支方式，并经过严格设计（包括对支承建筑结构的验算）后予以实施。

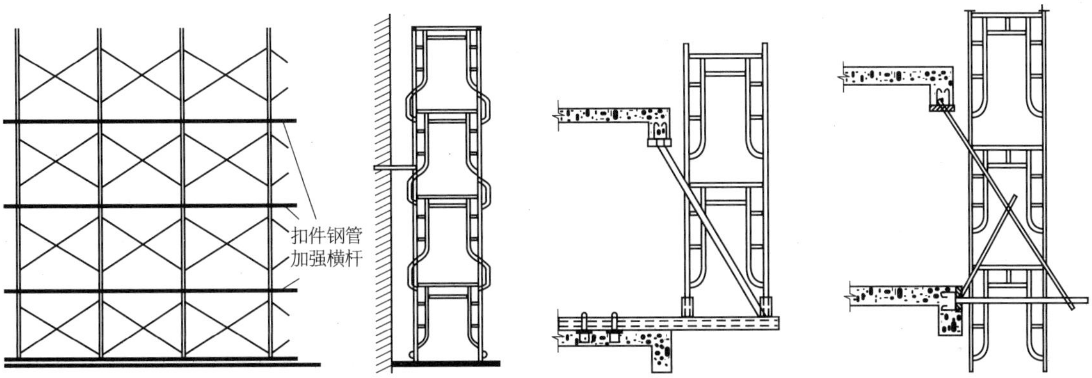

(a) 防止不均匀沉降的整体加固做法　　(b) 分段搭设构造　　(c) 分段卸载构造

图 3-25　搭设技术要求

3）脚手架搭设工作流程

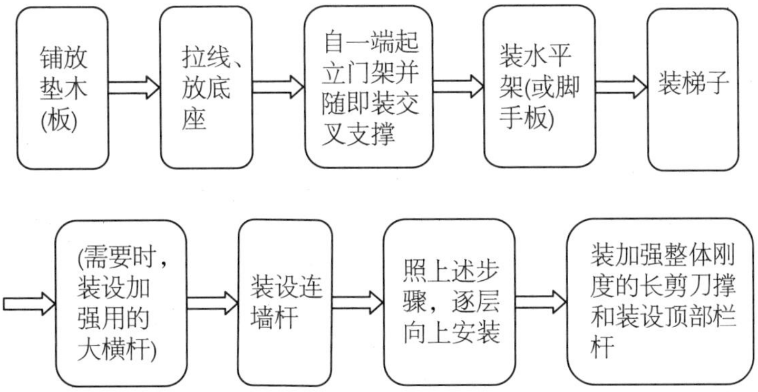

4）脚手架搭设流程示意

门式脚手架架设工作流程如图 3-26 所示。

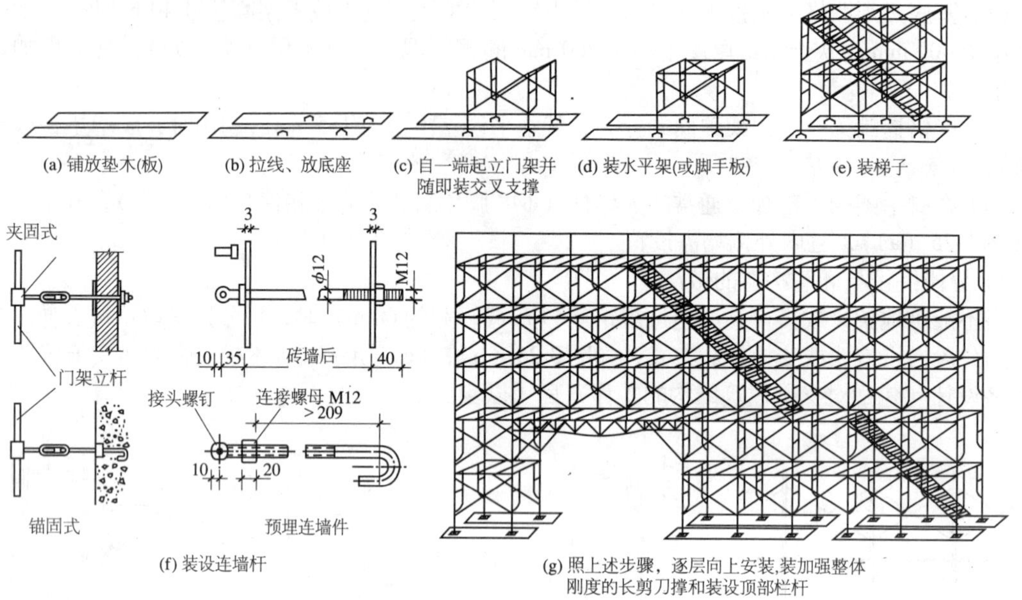

图 3-26　门式脚手架搭设工作流程

5）脚手架垂直度和水平度的调整

脚手架的垂直度（表现为门架竖管轴线的偏移）和水平度（架平面方向和水平方向）对于确保脚手架的承载性能至关重要（特别是对于高层脚手架），其注意事项为：

（1）严格控制首层门型架的垂直度和水平度。在装上以后要逐片地、仔细地调整好，使门架竖杆在两个方向的垂直偏差都控制在 2 mm 以内，门架顶部的水平偏差控制在 5 mm 以内。随后在门架的顶部和底部用大横杆和扫地杆加以固定。

（2）接门架时上下门架竖杆之间要对齐，对中的偏差不宜大于 3 mm，同时注意调整门架的垂直度和水平度。

（3）及时装设连墙杆，以避免架子横向发生偏斜。

6）确保脚手架的整体刚度

（1）门架之间必须满设交叉支撑。当架高小于或等于 45 m 时，水平架应至少两步设一道；当架高大于 45 m 时，水平架必须每步设置（水平架可用挂扣式脚手板和水平加固杆替代），其间连接应可靠。

（2）因进行作业需要临时拆除脚手架内侧交叉拉杆时，应先在该层里侧上部加设大横杆，以后再拆除交叉拉杆。作业完毕后应立即将交叉拉杆重新装上，并将大横杆移到下一或上一作业层上。

（3）整片脚手架必须适量设置水平加固杆（即大横杆）。前三层宜隔层设置，三层以上则每隔 3 ~ 5 层设置一道。

（4）在架子外侧面相隔 3 ~ 5 个架距设置剪刀撑。

（5）使用连墙管或连墙器将脚手架和建筑结构紧密连接，连墙点的最大间距，在垂直方向为 6 m，在水平方向为 8 m。

（6）做好脚手架的转角处理。利用回转扣直接把两片门架的竖管扣接起来，利用钢管和扣件把处于角部两边的门架连接起来，在转角处要适当增加连墙点的布设密度。

4. 主要形式

门式钢管脚手架有许多用途，除用于搭设内、外脚手架外，还可用于搭设活动工作台、梁板模板的支撑、临时看台和观礼台、临时仓库和工棚以及其他用途的作业架子。

表 3-11　　门式钢管脚手架的形式和简图

形式	构造要求	简　图
外脚手架	门架立杆离墙面净距不宜大于 150 mm，否则应采取内挑架板或其他安全封盖措施。上人楼梯段的架设可以集中设置亦可分开设置。当施工场地狭窄时，最初几步脚手架可采用宽度较窄的简易门架。使用托架或挑梁过渡到标准门架。脚手架下部需要留门洞时，可使用栈桥梁搭设。但最多不得超过 3 跨，且架高不宜超过 15 层，并应复算栈桥梁的承载能力。需要设置垂直运输井字架时，井字架应设在脚手架的外侧，进入建筑物的通道可采用扣件式钢管脚手架搭设	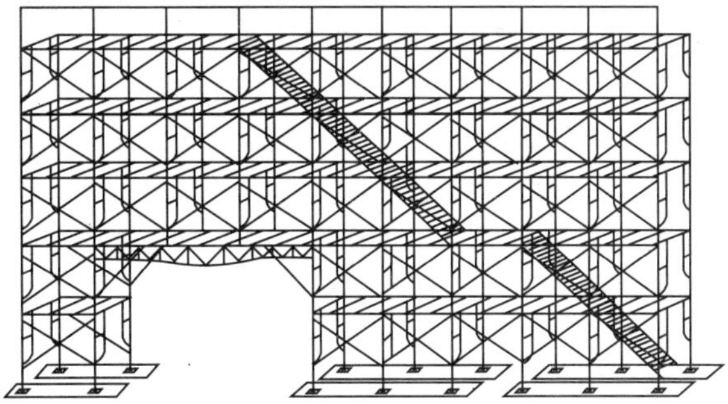
里脚手架	作为砌筑里脚手架，一般只需搭设一层。采用高度为 1.7 m 的标准型门架，能适应 3.3 m 以下层高的墙体砌筑；当层高 3.3～4.2 m，可加设可调底座。当层高大于 4.2 m 时，可再接一层高 0.9～1.5 m 的梯形门架	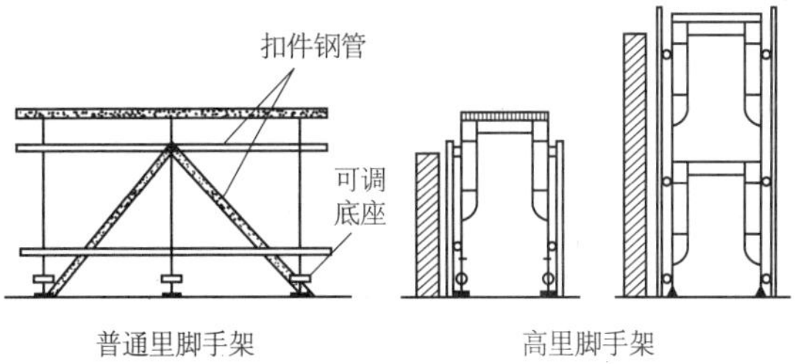
满堂脚手架	将门架按纵排和横排均匀排开，门架间的间距在一个方向上为 1.83 m，用剪刀撑连接；另一个方向为 1.5～2.0 m，用脚手钢管连接，其上满铺脚手板，其高度的调节方法同里脚手架。当层高大于 5.2 m 时，可使用 2 层以上的标准门架搭起，用于宾馆、饭店、展览馆等建筑物的高大的厅堂顶棚装修，非常方便	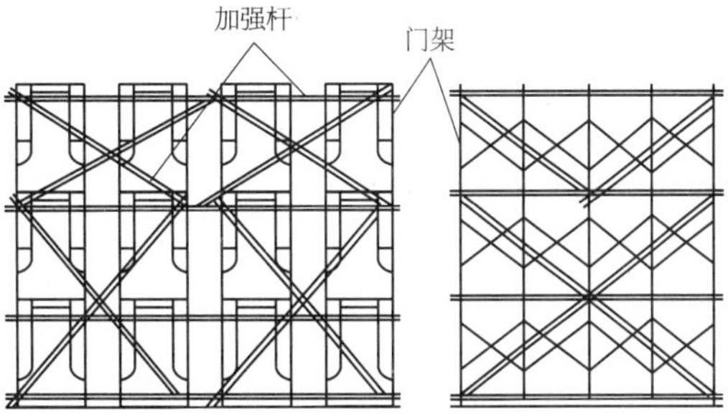
活动工作台	使用梯形门架可以搭设组装方便、使用灵活的操作平台，利用门架上的梯步上下，不用搭设上人梯。所示为用二榀架组成，底部设有带丝杠千斤顶的行走轮，可以调节高度。当小平台的操作面积不够时，也可用几排平行梯形门架组成大平台	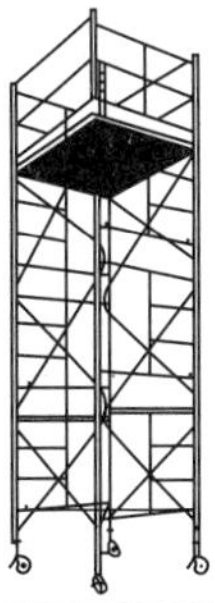

项目 3. 2　常用非落地式脚手架

学习重点：

1. 了解附着升降脚手架的设置和使用要求。
2. 了解吊篮（basket）的构造和施工注意事项。

非落地式脚手架包括附着升降脚手架、挑脚手架、吊篮和挂脚手架，即采用附着、挑、吊、挂方式设置的悬空脚手架。它们由于避免了落地式脚手架用材多、搭设量大的缺点，因而特别适合高层建筑施工使用，以及各种不便或不必搭设落地式脚手架的情况。其中前三种大量使用。

3. 2. 1　附着升降脚手架的设置和使用

凡采用附着于工程结构、依靠自身提升设备实现升降的悬空脚手架，统称为附着升降脚手架。由于它具有沿工程结构爬升（降）的状态属性，因此，也可称为“爬升脚手架”或简称“爬架”。

附着升降脚手架系在挑、吊、挂脚手架的基础上增加升降功能所形成并发展起来的、具有较高技术含量的高层建筑脚手架，它的依靠自身设施实现升降的功能是挑、挂脚手架所没有的，而其架面的操作条件也大大优于单独使用的各式吊篮，当建筑物的高度在 80 m 以上时，其经济性则更为显著。

1. 附着升降脚手架的类别

附着支承即将脚手架附着于工程边侧结构（墙体、框架）之侧并支承和传递脚手架荷载的附着构造，按附着支承方式可划分成 7 种，见表 3-12。

表 3-12　附着升降脚手架的类别及简图

形式	构造要求	简　　图
套框（管）式附着升降脚手架	由交替附着于墙体结构的固定框架和滑动框架（可沿固定框架滑动）构成的附着升降脚手架	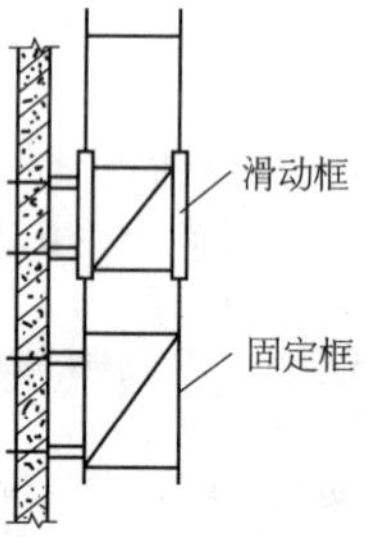
导轨式附着升降脚手架	架体沿附着于墙体结构的导轨升降的脚手架	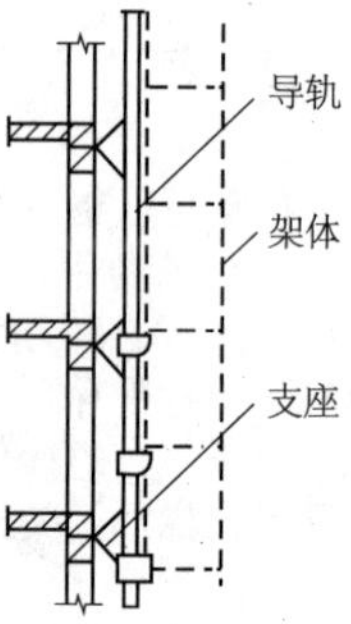

(续表)

形式	构造要求	简图
导座式附着升降脚手架	带导轨架体沿附着于墙体结构的导座升降的脚手架	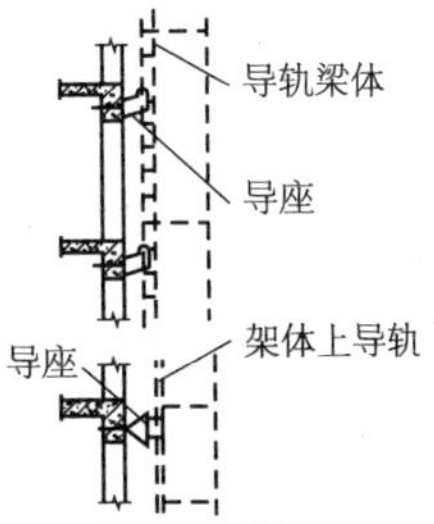
挑轨式附着升降脚手架	架体悬吊于带防倾导轨的挑梁架（固定于工程结构的）下并沿导轨升降的脚手架	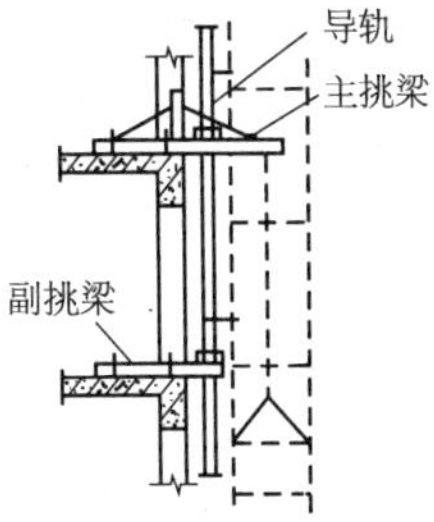
套轨式附着升降脚手架	架体与固定支座相连并沿套轨支座升降，固定支座与套轨支座交替与工程结构附着的升降脚手架	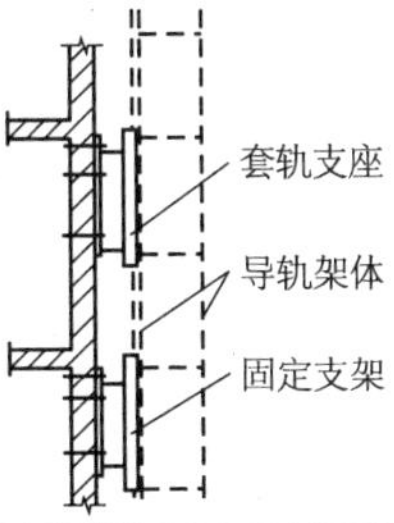
吊套式附着升降脚手架	采用吊拉式附着支承，架体可沿套框升降的附着升降脚手架	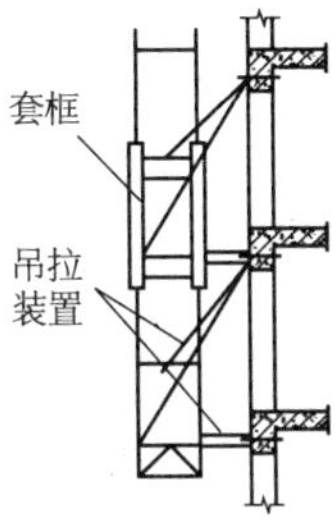
吊轨式附着升降脚手架	采用设导轨的吊拉式附着支承，架体沿导轨升降的脚手架	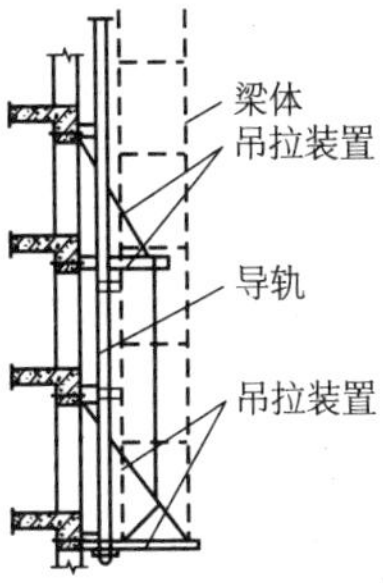

附着升降脚手架可单跨（片）升降，即每次单独升降一节（跨）架体的附着升降脚手架；也可整体升降，即每次升降2节（跨）以上架体，乃至四周全部架体的附着升降脚手架；还可采用互爬升降。即相邻架体互为支托并交替提升（或落下）的附着升降脚手架。

附着升降脚手架的提升设备共有4种，即手动葫芦、电动葫芦、小型卷扬机和液压升降设备。手动葫芦只用于分段（1~2跨架体）提升和互爬提升；电动葫芦可用于分段和整体提升；卷扬提升方式用得较少，而液压提升方式则仍处在技术的不断发展之中。

2. 附着升降脚手架的基本组成部分

附着升降脚手架由架体、附着支承、提升机构和设备、安全装置和控制系统等4个基本部分构成。

表3-13　　附着升降脚手架的基本组成部分及构造

形式	构造要求	简　　图
架体	附着升降脚手架的架体由竖向主框架、水平梁架和架体板构成。其中，竖向主框架既是构成架体的边框架，也是与附着支承构造连接，并将架体荷载传给工程结构承受的架体主承传载构造。水平梁架的设置也是加强架体的整体性和刚度的重要措施。除竖向主框架和水平梁架的其余架体部分称为“架体板”	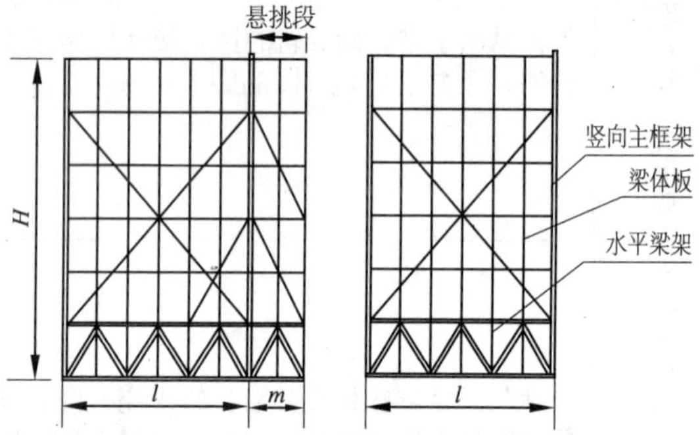
附着支承	基本构造有挑梁、拉杆、导轨、导座（或支座、锚固件）和套框（管）5种，并视需要组合使用	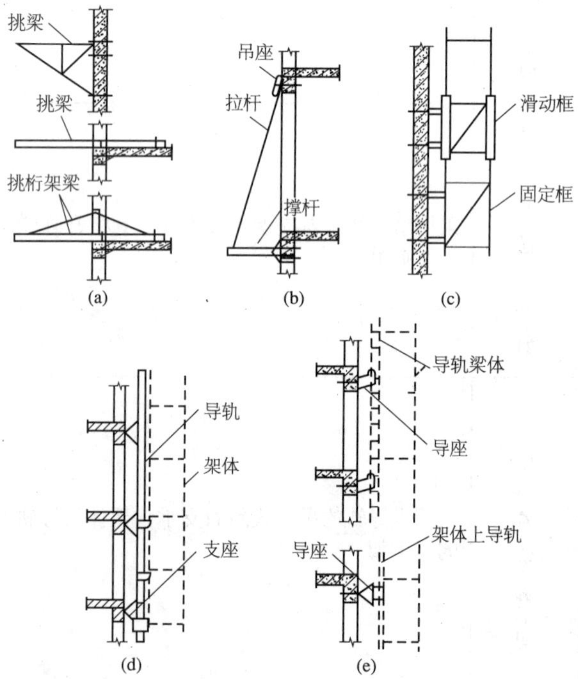

(续表)

<table>
<tr><th>形式</th><th>构造要求</th><th>简 图</th></tr>
<tr><td>提升机构和设备</td><td>提升机构取决于提升设备，共有吊升、顶升和爬升 3 种</td><td>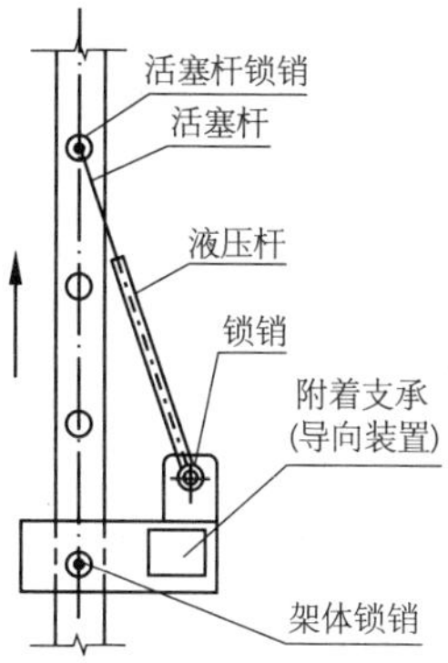

顶升
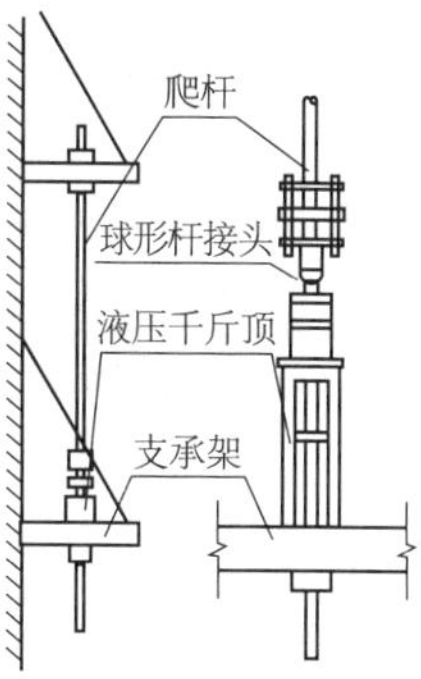

爬升</td></tr>
<tr><td>安全装置和控制系统</td><td>包括防坠和防倾装置，防倾采用防倾导轨及其他适合的控制架体水平位移的构造。防坠装置则为防止架体坠落的装置，即一旦因断链（绳）等造成架体坠落时，能立即动作，及时将架体制停在防坠杆等支持构造上。防坠装置的制动有棘轮棘爪、楔块斜面自锁、摩擦轮斜面自锁、楔块套管、偏心凸轮、摆针等多种类型，一般都能达到制停的要求</td><td>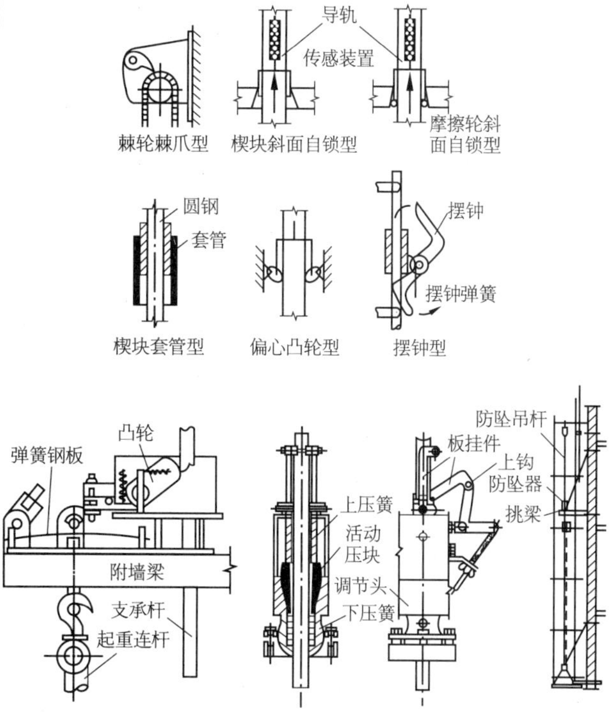
</td></tr>
</table>

3.2.2 吊篮

采用悬吊方式设置的脚手架称为"吊脚手架"，其形式有吊架（悬吊梁式或满堂式工作台）和吊篮（悬吊篮式工作台），主要用于装修和维修工程施工，已成为高层建筑外装修作业脚手(图3-27)。

(a) 吊篮

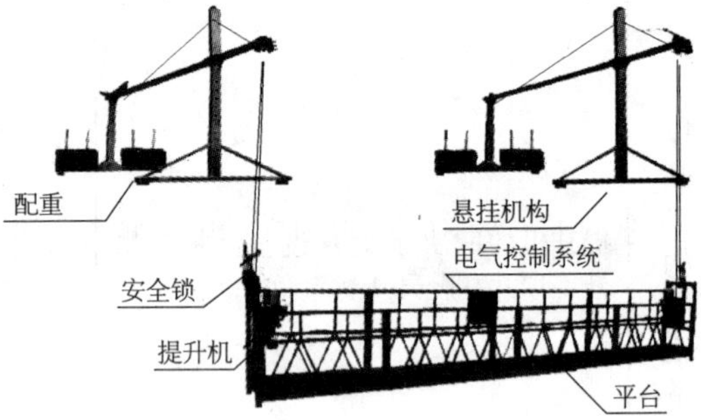

(b) 吊篮的构造

图3-27 吊篮

1. 吊篮的分类

(1) 按用途划分，可分为维修吊篮和装修吊篮。前者为篮长≤4 m，载重量≤5 kN的小型吊篮，一般为单层；后者的篮长可达8 m左右，载重量5 ~ 10 kN，并有单层、双层、三层等多种形式，可满足装修施工的需要。

(2) 按驱动形式划分，可分为手动、气动和电动三种。

(3) 按提升方式划分，可分为卷扬式（又有提升机设于吊箱或悬挂机构之分）和爬升式（又有a式卷绳和s式卷绳之分）两种。

2. 吊篮施工注意事项

(1) 采用吊篮进行外装修作业时，一般应选用设备完善的吊篮产品。自行设计、制作的吊篮应达到标准要求，并严格审批制度。

(2) 使用吊篮的工程应对屋面结构进行复核，确保工程结构的安全。

(3) 发现吊篮工作不正常时，应及时停止作业、检查和消除隐患。严禁在带病吊篮上继续进行作业。

(4) 使用手扳葫芦升降时，在操作中应注意以下事项。

① 切勿超载使用，必要时增设适当的滑轮组；

② 前进手柄及倒退手柄绝对不可同时扳动；

③ 工作中严禁扳动松卸手柄（拉簧手柄），以免葫芦下滑；

④ 在任何情况下，机体结构不能发生纵向阻塞，务使钢丝绳能顺利通过机体中心，机壳不得有变形现象；

⑤ 选用钢丝绳长度应比建筑物高度长2 ~ 3 m，并注意使绳子脱离地面一小段距离，以利于保护钢丝绳；

⑥ 使用时应经常注意保持机体内部和钢丝绳的清洁和润滑，防止杂物进入机体；

⑦ 扳动手柄时，葫芦如遇阻碍，应停止扳动手柄，以免损坏钢丝绳；

⑧ 几台扳手同时升降时应注意同步升降。

项目3.3 垂直运输设施

学习重点：

1. 了解垂直运输设施的类型和高层建筑垂直运输设施配套方案。
2. 了解塔式起重机（tower crane）、井字架和龙门架（gantry）、施工升降机（elevator）的基本构造和施工安全要求。

3.3.1 垂直运输设施的设置要求

垂直运输设施为在建筑施工中担负垂直运（输）送材料设备和人员上、下的机械设备和设施，它是施工技术措施中不可缺的重要环节。随着高层、超高层建筑、高耸工程以及超深地下工程的飞速发展，对垂直运输设施的要求也相应提高。垂直运输技术已成为建筑施工中的重要的技术领域之一。可大致分为塔式起重机、施工电梯、物料提升架、混凝土泵、采用葫芦式起重机或其他小型起重机具的物料提升设施五大类（图3-28）。

(a) 塔式起重机

(b) 施工电梯

(c) 物料提升架

(d) 混凝土泵

(e) 葫芦式起重机

图3-28 垂直运输设施

高层建筑垂直运输设施配套方案见表3-14。

在选择配套方案时，应多从以下方面进行比较。

（1）短期集中性供应和长期经常性供应的要求，从专供、联分供和分时段供的三种方式的比较中选定。所谓联分供方式，即“联供以满足集中性供应要求，分供以满足流水性供应要求”；

（2）使设备的利用率和生产率达到较高值，使利用成本达到较低值。

表 3-14 高层建筑垂直运输设施常用配套方案

配套方案	功能配合	优、缺点	适用情况
1. 施工电梯+塔机料斗	塔机承担吊装和运送模板、钢筋、混凝土、电梯运送人员和零散材料	优点：直供范围大，综合服务能力强，易调节安排。 缺点：集中运送混凝土的效率不高，受大风影响限制	吊装量较大，现浇混凝土量适应塔吊能力
2. 施工电梯+塔机+混凝土泵、布料杆	泵和布料杆输送混凝土，塔机承担吊装和大件材料运输，电梯运送人员和零散材料	优点：直供范围大，综合服务能力强，供应能力大，易调节安排。 缺点：投资大，费用高	工期紧，工程量大的超高层工程的结构施工阶段
3. 施工电梯+带臂杆高层井架	电梯运送人员和零散材料，井架可带吊笼和吊斗，臂杆吊运钢筋模板	优点：垂直输送能力较强，费用低。 缺点：直供范围小，无吊装能力，增加水平运输设施	无大件吊装的，以现浇为主，工程量不太大和集中的工程
4. 施工电梯+高层井架+塔机、料斗	电梯运送人员和零散材料，井架运送大宗材料，塔机吊装和运送大件材料	优点：直供范围大，综合服务能力强，供应能力大，易调节安排，结构完成后可拆除塔机。 缺点：可能出现设备能力利用不足情况	吊装和现浇量较大的工程
5. 施工电梯+塔机、料斗+塔架	以塔架取代井架。功能配合同方案4	同方案4，但塔架为可带混凝土斗的物料专用电梯，性能优于高层井架，费用也较高	吊装和现浇量较大的工程
6. 塔机、料斗+普通井架	人员上、下使用室内楼梯。其他同方案4	优点：吊装和垂直运输要求均可适应，费用低。 缺点：供应能力不够强，人员上、下不方便	适用于50 m以下建筑工程

3.3.2 塔式起重机

塔式起重机具有提升、回转、水平输送（通过滑轮车移动和臂杆仰俯）等功能，不仅是重要的吊装设备，而且也是重要的垂直运输设备。其吊运垂直和水平长、大，且重的物料，仍为其他垂直运输设备（施）所不及。

在高层建筑施工中，应根据工程的不同情况和施工要求。选择适合的塔机，选择时应主要考虑以下几个方面。

(1) 塔机的主要参数应满足施工需要。

主要参数包括工作幅度、起升高度、起重量和起重力矩。

工作幅度为塔机回转中心线至吊钩中心线的水平距离。最大工作幅度 R_{max} 为最远吊点至回转中心的距离。

塔机的起重高度值不小于建筑物总高度加上构件（或吊斗、料笼）吊索（吊物顶面至吊钩）和安全操作高度（一般为2~3 m）。当塔机需要越过或超过建筑物顶面的脚手架、井架或其他障碍物时（其超越高度一般应不小于1 m），尚应满足此最大超越高度的需要。

起重量包括吊物（包括笼斗和其他容器）、吊具（铁扁担、吊架）和索具等作用于塔机起重吊钩上的全部重量。起重力矩为：起重量×工作幅度，工作幅度大者的起重量小，以不超过其额定起重力矩为限。因此，塔机的技术参数中一般都给出最小工作幅度时的最大起重量和最大工作幅度时的（最小）起重量。应当注意的是，大多数的塔机都不宜长时间地处于其额定起重力矩的工作状态之下，一般宜控制在其额定起重力矩的75%之下。这不仅对于确保吊装和垂直运输作业的安全很重要，而且对于确保塔机本身的安全和延长其使用寿命也很重要。

（2）塔机的生产率应满足施工需要，但实际确定时，由于施工需要和安排的不同，常需按以下三种不同情况来考虑。

① 塔机以满足结构安装施工为主，服务垂直运输为辅；

② 搭吊以满足垂直运输为主，以零星结构安装为辅；

③ 综合考虑、择优选用。

3.3.3　井字架和龙门架

1. 井字架

井式垂直运输架，通称井架或井字架（图3-29），是施工中最常用的也是最为简便的垂直运输设施。它的稳定性好、运输量大，除用型钢或钢管加工的定型井架之外，还可采用许多种脚手架材料搭设起来，而且可以搭设较高的高度（达50 m以上）。

一般的井架多为单孔井架，但也可构成两孔或多孔井架。井架内设吊盘（也可在吊盘下加设混凝土料斗）；两孔或三孔井架可以分别设置吊盘或料斗，以满足同时运输多种材料的需要。井架上可视需要设置拔杆，其起重量一般为0.5～1.5 t。回转半径可达10 m。

普通型钢井架由立柱、平撑、斜撑等杆件组成。在房屋建筑中一般都采用单孔四柱角钢井架，有两种构造方法：一种是用单根角钢由螺栓连接而成，通常是把连接板焊在立柱上，仅平撑、斜撑和立柱的连接以及立柱的接高用螺栓连接。在杆件重、井架大的情况下多采用这种方法；另一种方法是在工厂组焊成一定长度的节段，然后运至工地安装，一般轻型小井架多采用这种方法。型钢普通井架和自升式外吊盘小井架的构造见图3-29（b）、图3-29（c）。

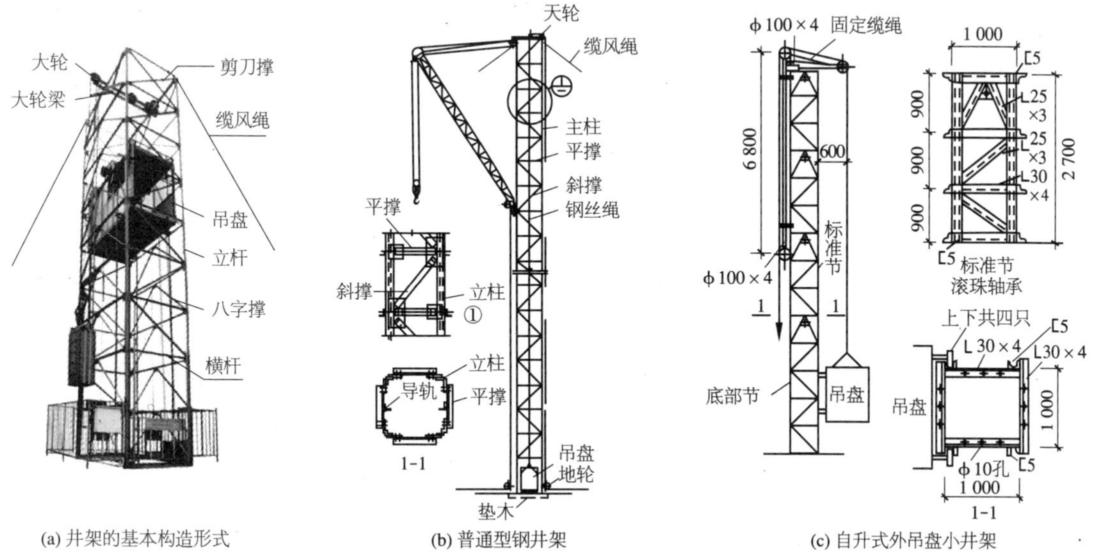

图3-29　井字架

搭设高层井架要注意以下几点。

(1) 专为屋面和装修工程使用的井架，可在主体结构完成以后一次搭起，架高应超过屋面不少于5.5 m。在主体结构施工阶段使用的井架要分段搭设。第一层高度不超过30 m，按低层井架的要求设置缆风绳。随着结构主体的升高，每隔1～2层（不超过6 m）设一道附墙拉结，并可将靠里侧的缆风绳随后拆除。在主体结构升至与井架相差6 m以内时，可以继续连接上一段井架，并把天轮梁翻到新接的井架段的顶端。

(2) 井架与结构的附墙拉结的做法见图3-30（a）。当井架宽度方向平行于墙面时，采用简单拉结，或加强拉结；当井架宽度方向垂直于墙面时，采用展宽拉结。

(3) 脚手架的悬空长度（位于拉结点之上）不得大于10 m。

(4) 在未经可靠设计复核的情况下，不宜在高层井架之上加设拔杆或其他附加装置。

(5) 进楼栈桥的立杆不得利用井架的立杆，应分开架设（图3-30（b）），缩小间距并采用双杆搭设。每层栈桥与井架之间应用不承受垂直力的横杆进行拉结。栈桥架的铺板层应根据设计荷载加以限制；需要每层都铺板时，应采用重量轻的脚手板。

(6) 井架的侧面除进、出料口外，均应自下而上连续设置剪刀撑。

(7) 支撑天轮梁的横杆应采用双杆，与井架中立柱采用双扣件连接，并加设斜支杆与井架角柱相连（图3-30（c））。

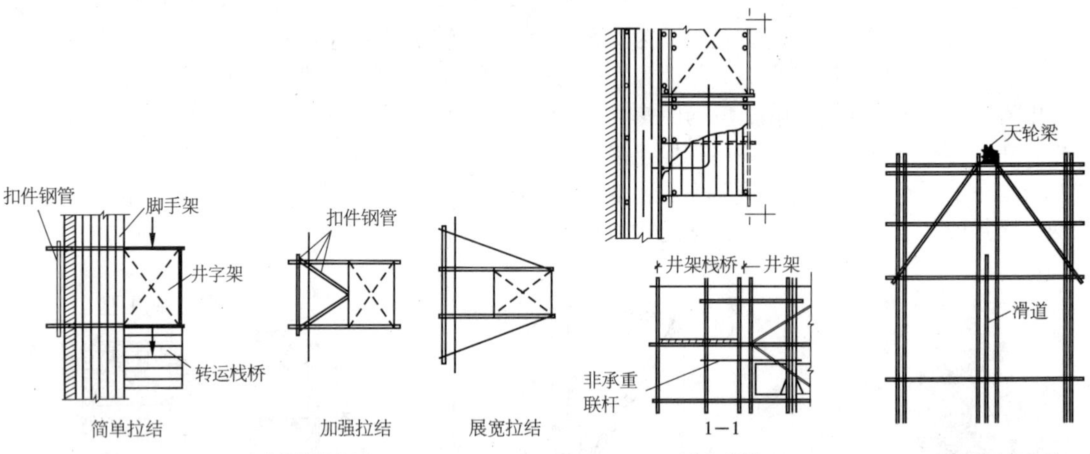

(a) 井架附墙拉结　(b) 井架栈桥　(c) 天轮梁支座构造

图3-30　井架搭设要求

2. 龙门架

龙门架是由两根立杆及天轮梁（横梁）构成的门式架。在龙门架上装设：滑轮（天轮及地轮）、导轨、吊盘（上料平台）、安全装置以及起重索、缆风绳等即构成一个完整的垂直运输体系。普通龙门架的基本构造形式示于图3-31（a）中。

图3-31（b）为门式升降机的基本构造情况。单吊笼，前后均装翻板门并设开门自锁装置；平台架为自升式，套在导轨立柱架的顶部，可沿导轨架垂直升降。在架顶装有摇头拔杆，用手动葫芦控制套架升降，套架外设有操作平台；附壁撑由直撑和斜撑构成，每隔15 m设置；底座架为整体结构。该机设有断绳保护、吊笼平层定位保护、防钢丝绳假断保护、超高限位保护以及吊笼操作传呼信号等系统。

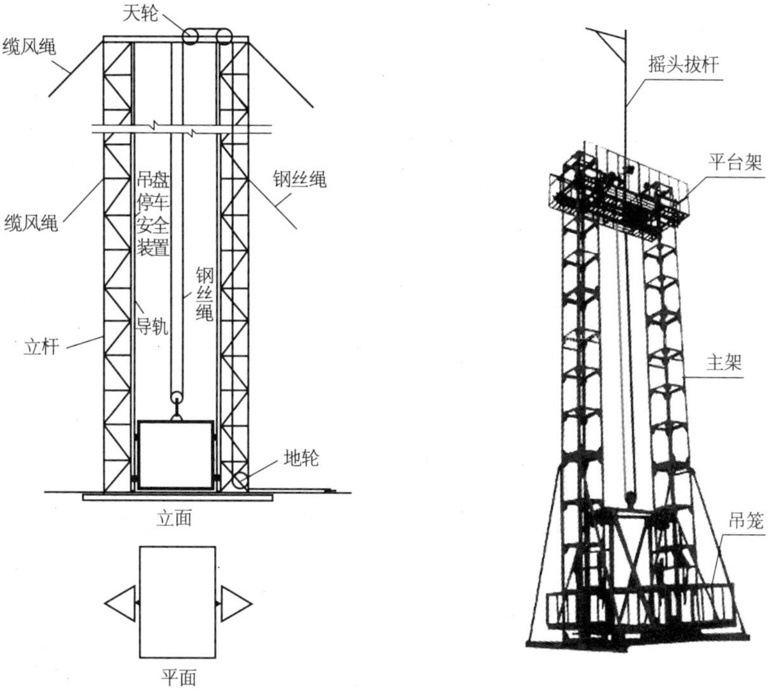

图 3-31　龙门架的基本构造形式示意

3.3.4　施工升降机

1. 施工升降机的安全装置

（1）限速制动装置，分为重锤离心式摩擦捕捉器和双向离心摩擦锥鼓限速装置两种。

（2）制动装置。除上述限速制动装置外，还有以下几种制动装置：①限位装置，由限位碰铁和限位开关构成；②电机制动器，有内抱制动器和外抱电磁制动器等；③紧急制动器，有手动楔块制动器和脚踏液压紧急刹车等，在限速和传动机构都发生故障时，可紧急实现安全制动。

（3）断绳保护开关。梯笼在运行过程中因某种原因使钢丝绳断开或放松时，该开关可立即控制梯笼停止运行。

（4）塔形缓冲弹簧装在基座下面，使梯笼降落时免受冲击，不致使乘员受震。

2. 施工升降机的使用注意事项

（1）电梯司机必须身体健康（无心脏病和高血压病），并经训练合格。严禁非司机开车。

（2）司机必须熟悉电梯的结构、原理、性能、运行特点和操作规程。

（3）严禁超载，防止偏重。

（4）班前、满载和架设时均应作电动机制动效果的检查（点动 1 m 高度，停 2 min，里笼无下滑现象）。

（5）坚持执行定期进行技术检查和润滑的制度。

（6）对于斗梯笼，严禁混凝土和人混装（即乘人时不载混凝土，载混凝土时不乘人）。

（7）司机开车时应思想集中，随时注意信号，遇事故和危险时立即停车。

（8）在下述情况下严禁使用。

① 电机制动系统不灵活可靠；
② 控制元件失灵和控制系统不全；
③ 导轨架和管架的连接松动；
④ 视野很差（大雾及雷雨天气）、滑杆结冰以及其他恶劣作业条件；
⑤ 齿轮与齿条的啮合不正常；
⑥ 站台和安全栏杆不合格；
⑦ 钢丝绳卡得不牢或有锈蚀断裂现象；
⑧ 限速或手动刹车器不灵；
⑨ 润滑不良；
⑩ 司机身体状况不正常；
⑪ 风速超过 12 m/s（六级风）；
⑫ 导轨架垂直度不合要求；
⑬ 减速器声音不正常；
⑭ 齿条与齿轮齿厚磨损量大于 1. 0 mm；
⑮ 刹车楔块齿尖变钝，其平台宽大于 0. 2 mm；
⑯ 限速器未按时检查与重新标定；
⑰ 导轨架管壁厚度磨损过大（100 m 梯超过 1. 0 mm；75 m 梯超过 1. 2 mm；50 m 梯超过 1. 4 mm）。

(9) 记好当班记录，发现问题及时报告并查明解决。

(10) 按规定及时进行维修和保养，一般定为：一级保养 160 h；二级保养 480 h；中修 1 440 h；大修 5 760 h。

思考与训练

1. 脚手架在搭设、施工、使用中作业危险因素多，极易发生伤亡事故。请你从人、物、制度等方面找出事故的成因并提出预防对策。

2. 通过观察下面三幅图（图 3-32），说明脚手架施工时应该注意些什么。

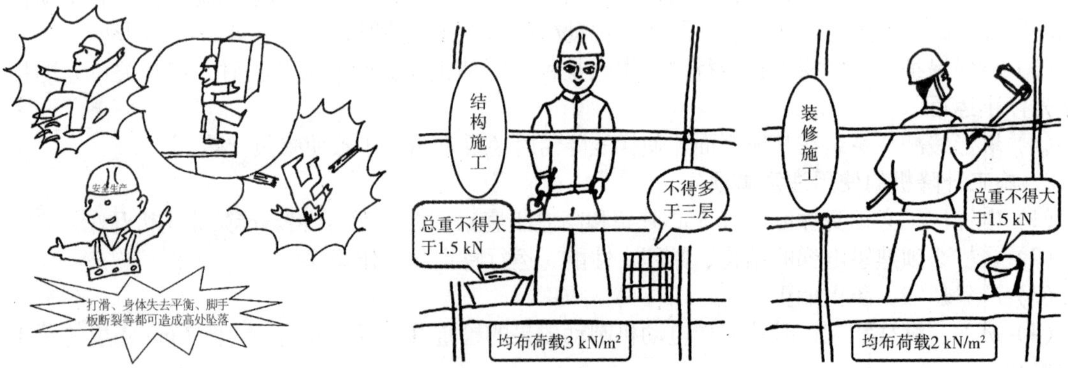

图 3-32　脚手架施工示意

单元4

钢筋混凝土主体结构工程施工

单元概述：通过学习了解常见模板的构造，掌握模板安装与拆除的技术规定和安全要求。掌握钢筋下料、加工、连接的工艺流程和质量验收标准。掌握基础、墙、柱、梁、楼板模板安装与拆除，钢筋绑扎安装，混凝土浇捣、养护的工艺流程和质量验收标准。掌握施工缝的设置位置和处理要求。了解植筋施工和新型混凝土施工技术。

学习目标：

1. 通过学习能够组织模板、钢筋、混凝土的施工。
2. 通过学习具备现场施工员的工作能力。
3. 通过学习能够监督检查模板、钢筋、混凝土工程施工。
4. 通过学习具备旁站监理员的工作能力。

教学建议：总课时26学时，建议安排4学时的参观，通过参观了解模板工程和钢筋工程的施工过程，对基础、墙、柱、梁、楼板的模板安装、钢筋制作有初步了解，对混凝土浇捣、养护、拆模有一个感性的认识。

采用案例教学法，先从小的案例教学入手，由教师讲解案例后提出问题，学生回答问题，结合实际比较答案。布置学生分组搜集资料、设计案例，每一项目的教学，建议安排2学时，由小组代表讲解案例，并进行讨论和案例评比。

学时建议：总学时建议为26，其中，项目4.1模板施工建议8学时，项目4.2钢筋工程建议8学时，项目4.3混凝土工程建议6学时，参观学习建议4学时。

关键词：模板（formwork）；钢筋（reinforcing）；混凝土（concrete）；基础（foundation）；柱（column）；梁（beam）；墙（shear wall）；楼板（floor）；焊接（weld）；机械连接（mechanical）

项目4.1 模板施工

学习重点：

1. 了解常见模板的构造。
2. 掌握模板安装与拆除的技术规定和安全要求。
3. 掌握基础模板、柱模板、梁模板、楼板模板的搭设程序和要求。

4.1.1 常见的模板类型

1. 组合式模板

组合式模板（formwork），在现代模板技术中具有通用性强、装拆方便、周转使用次数多的一种新型模板，用它进行现浇混凝土结构施工，可事先按设计要求组拼成梁、柱、墙、楼板的大型模板，整体吊装就位，也可采用散支散拆方法。

1）55型组合钢模板的部件

55型组合钢模板，又称小钢模，是目前使用较广泛的一种通用性组合模板。

组合钢模板由钢模板和配件两大部分组成，配件又由连接件和支承件组成，钢模板主要包括平面模板、阴角模板、阳角模板、连接角模等（表4-1）。

表 4-1　　　　　　　　　　钢模板的用途及图示

<table>
<tr><th colspan="2">名　　称</th><th>用　　途</th><th>简　　图</th></tr>
<tr><td colspan="2">平面模板</td><td>用于基础、墙体、梁、柱和板等多种结构的平面部分</td><td>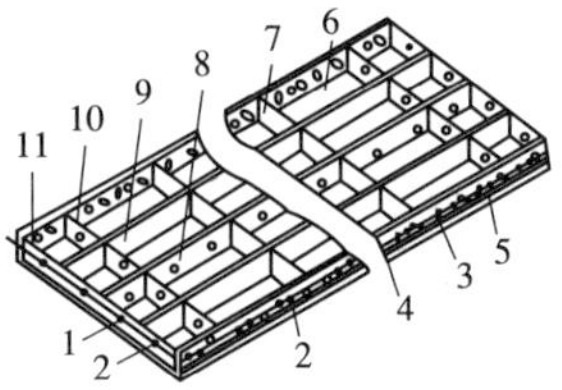

1—插销孔；2—U 形卡孔；3—凸鼓；4—凸棱；5—边肋；6—主板；7—无孔横肋；8—有孔纵肋；9—无孔纵肋；10—有孔横肋；11—端肋</td></tr>
<tr><td rowspan="3">转角模板</td><td>阴角模板</td><td>用于墙体和各种构件的内角及凹角的转角部位</td><td>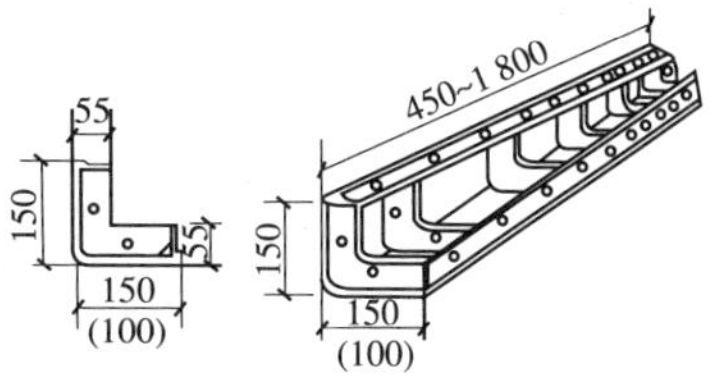</td></tr>
<tr><td>阳角模板</td><td>用于柱、梁及墙体等外角及凸角的转角部位</td><td>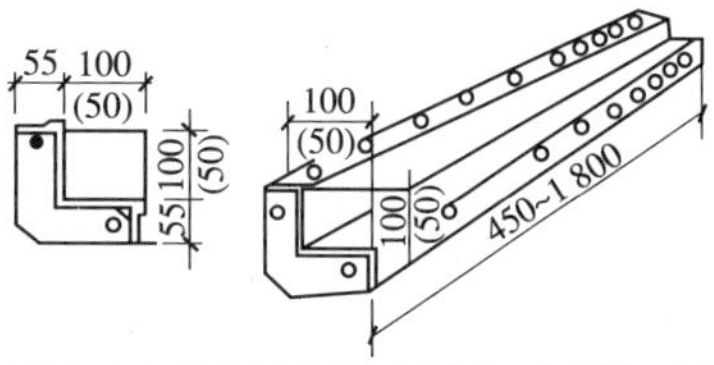</td></tr>
<tr><td>连接角模</td><td>用于柱、梁及墙体等外角及凸角的转角部位</td><td>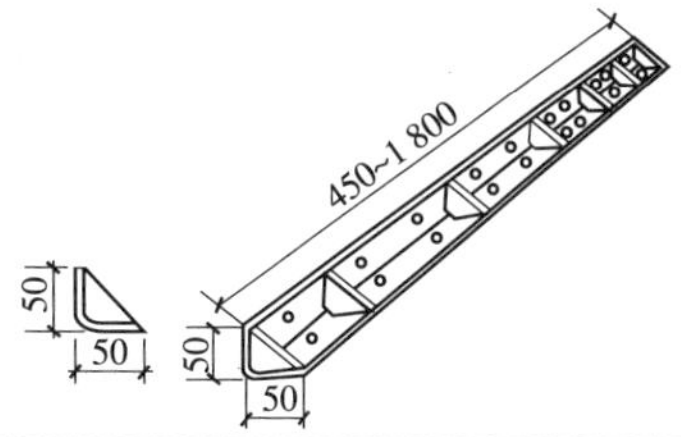</td></tr>
<tr><td rowspan="2">倒棱模板</td><td>角棱模板</td><td rowspan="2">用于柱、梁及墙体等阳角的倒棱部位</td><td>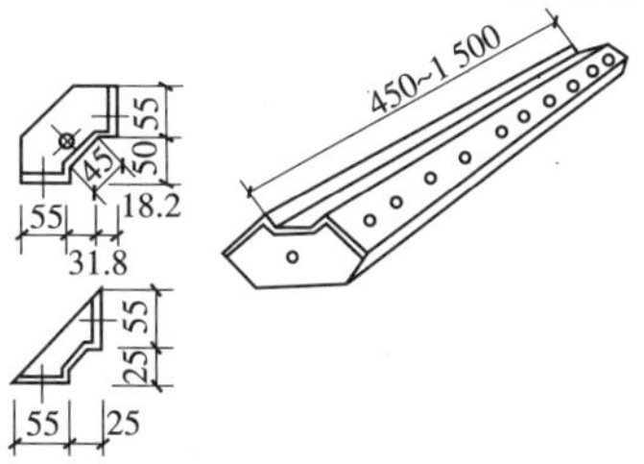</td></tr>
<tr><td>圆棱模板</td><td>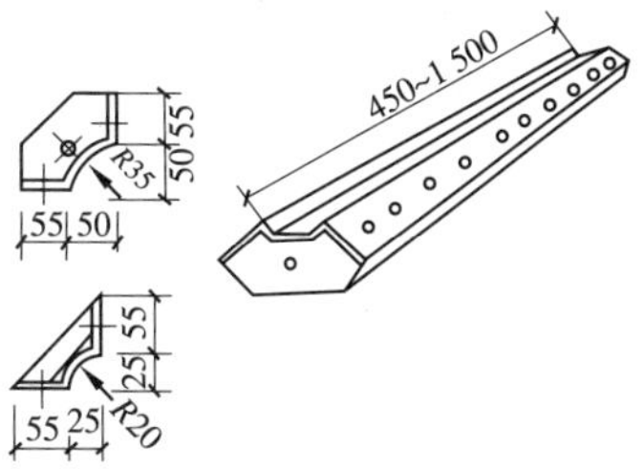</td></tr>
</table>

(续表)

名　　称		用　　途	简　　图
梁腋模板		用于暗渠、明渠、沉箱及高架结构等梁腋部位	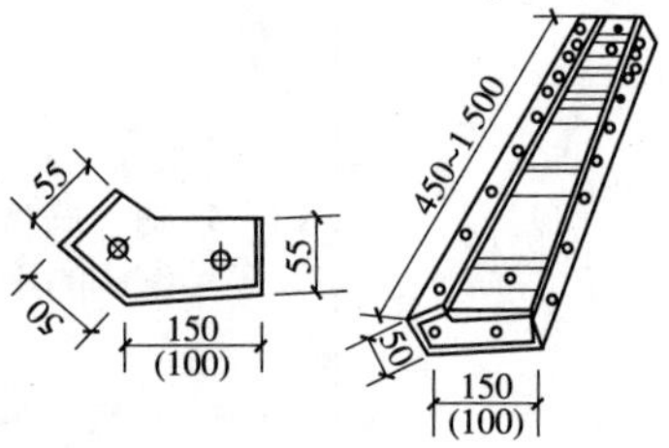
柔性模板		用于圆形筒壁、曲面墙体等部位	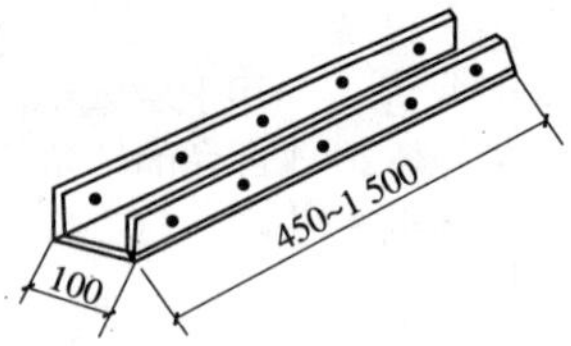
搭接模板		用于调节 50 mm 以内的拼装模板尺寸	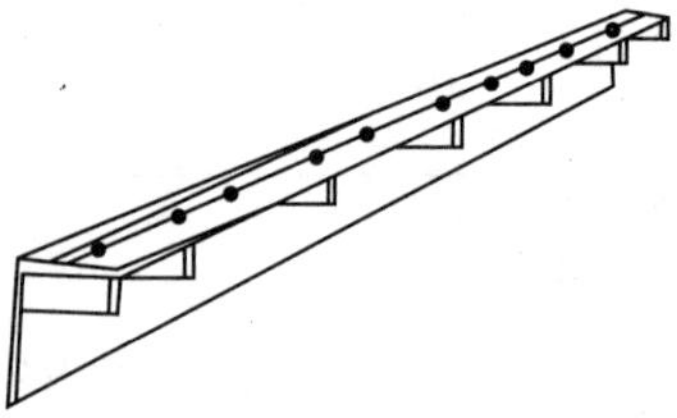
可调模板	双面	用于构筑物曲面部位	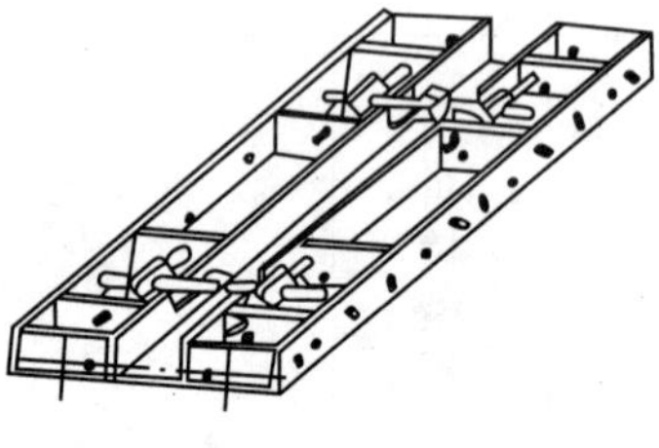
	变角	用于展开面为扇形或梯形的构筑物结构	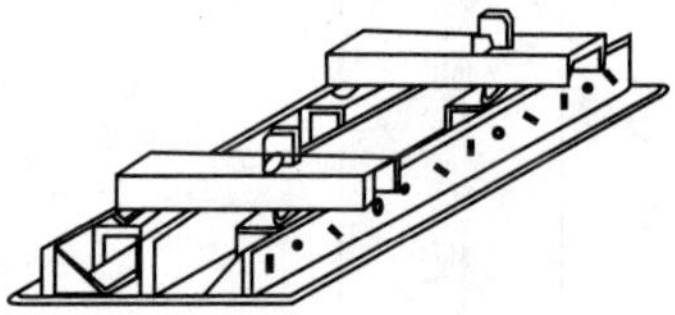

2）钢框木（竹）胶合板模板

钢框木（竹）胶合板模板，是以热轧异型钢为钢框架，以覆面胶合板作板面，并加焊若干钢筋承托面板的一种组合式模板（表4-2）。面板有木、竹胶合板，单片木面竹芯胶合板等。

表4-2 钢框木（竹）胶合板模板的用途及图示

名称		用途	简图
平面模板块		用于基础、墙体、梁、柱和板等多种结构的平面部分	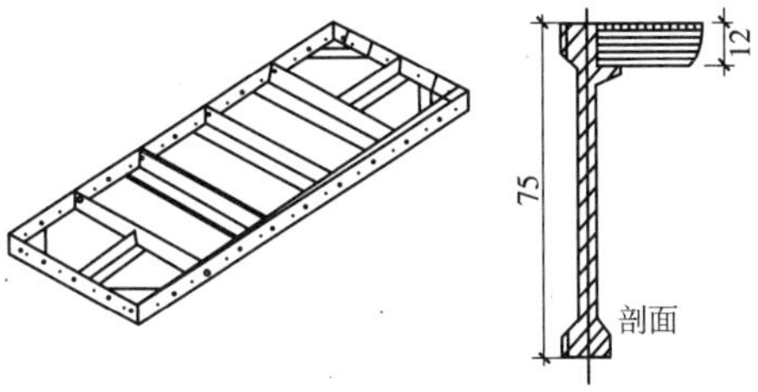
连接模板		用于各种构件的内（外）角及凹（凸）角的转角部位，有阴角模、连接角钢与调缝角钢三种	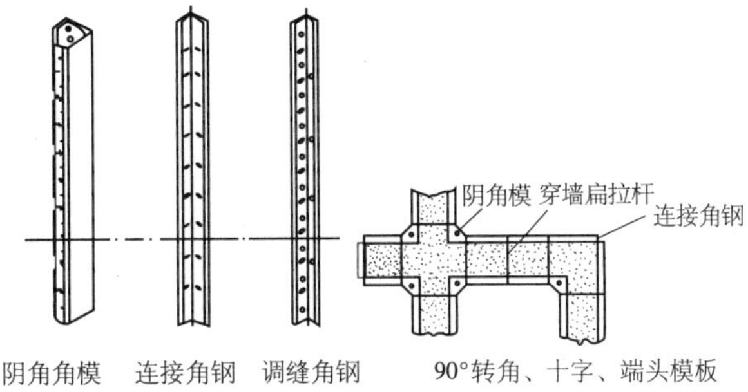
配件	连接件	有楔形销、单双管背楞卡、L形插销、扁杆对拉、厚度定位板等	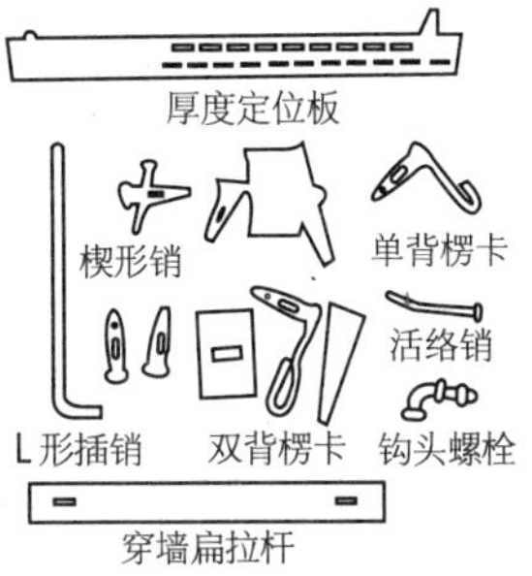
	支承件	有脚手架钢管背楞、操作平台、斜撑等	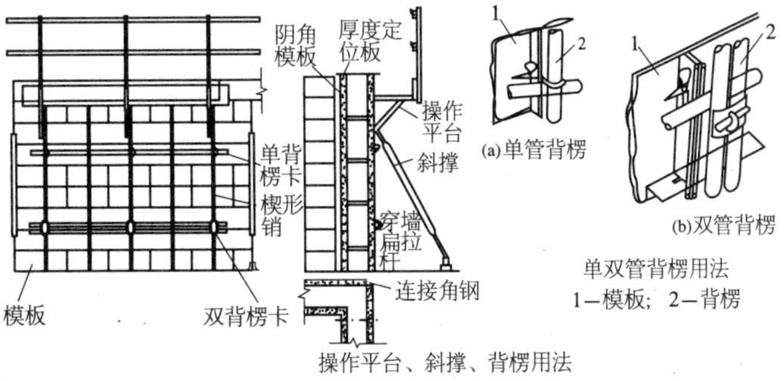

2. 工具式模板

工具式模板，是针对工程结构构件的特点，研制开发的可持续周转使用的专用性模板。包括大模板、滑动模板、爬升模板、飞模、模壳等。

1）大模板

模板是大型模板或大块模板的简称。它的单块模板面积大，通常是以一面现浇墙使用一块模板，区别于组合钢模板和钢框胶合板模板，故称大模板。

大模板是采用专业设计和工业化加工制作而成的一种工具式模板，一般与支架连为一体。由于它自重大，施工时需配以相应的吊装和运输机械用于浇筑现浇混凝土墙体。它具有安装和拆除简便、尺寸准确、板面平整周转使用次数多等特点。

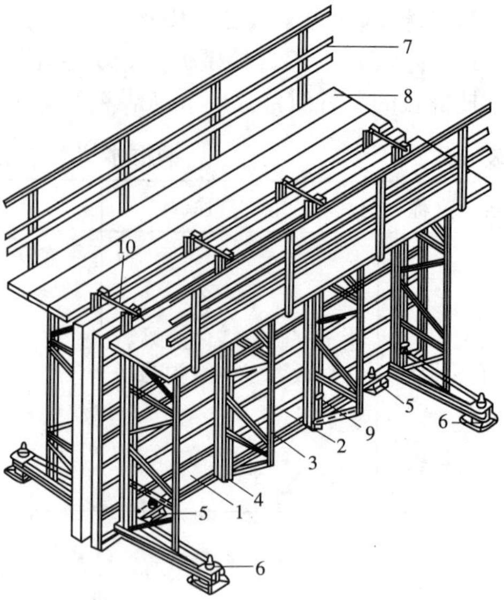

1—面板；2—水平肋；3—支撑桁架；4—竖肋；5—水平调整装置；6—垂直调整装置；7—栏杆；8—脚手板；9—穿墙螺栓；10—固定卡具

图 4-1　桁架式大模板构造示意

采用大模板进行建筑施工的工艺特点是：以建筑物的开间、进深、层高为基础进行大模板设计、制作，以大模板为主要施工手段，以现浇钢筋混凝土墙体为主导工序，组织有节奏的均衡施工。这种施工方法工艺简单，施工速度快，工程质量好，结构整体性强，抗震能力好。混凝土表面平整光滑，可以减少抹灰湿作业。由于它的工业化、机械化施工程度高，综合技术经济效益好，因而受到普遍欢迎。

大模板的种类与构造。依其构造和组拼方式可以分为整体式大模板（图 4-1）、组合式大模板（图 4-2）、拼装式大模板和筒形模板，以及用于外墙面施工的装饰混凝土模板。

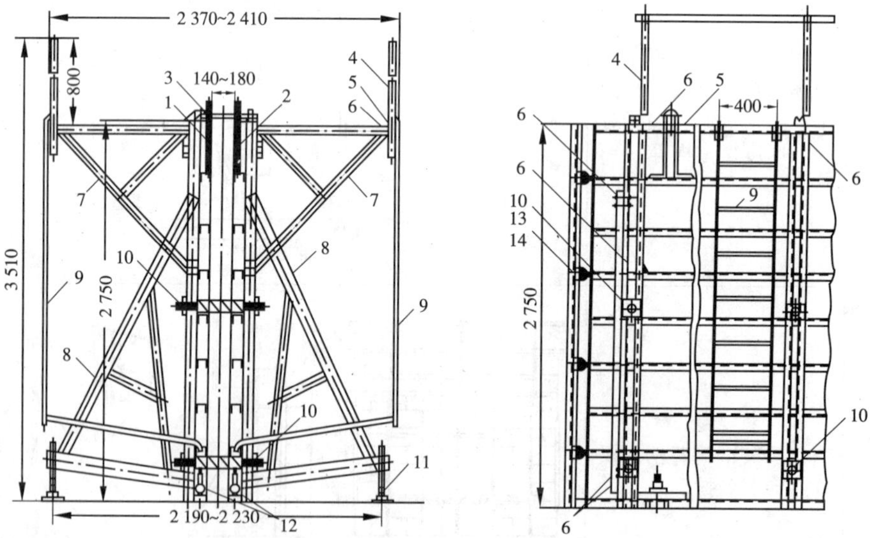

1—反向模板；2—正向模板；3—上口卡板；4—活动护身栏；5—爬梯横担；6—螺栓连接；7—操作平台斜撑；8—支撑架；9—爬梯；10—穿墙螺栓；11—地脚螺栓；12—地脚；13—反活动角模；14—正活动角模

图 4-2　组合式大模板构造示意

2）滑动模板

滑动模板（简称滑模）施工，是现浇混凝土工程的一项施工工艺，与常规施工方法相比，这种施工工艺具有施工速度快、机械化程度高、可节省支模和搭设脚手架所需的工料、能较方便地将模板进行拆散和灵活组装并可重复使用。滑模与其他施工工艺相结合（如预制装配、砌筑或其他支模方法等），可为简化施工工艺创造条件，更好地取得综合经济效益。

滑模装置主要由：模板系统、操作平台系统、液压系统以及施工精度控制系统和水、电配套系统等部分组成（图4-3）。

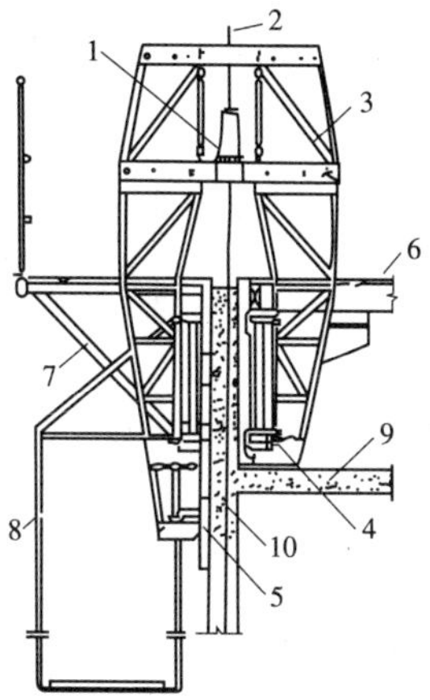

1—千斤顶；2—支承杆；3—提升架；4—围圈；5—模板；6—操作平台；7—外挑架；8—吊脚手架；9—楼板；10—墙体

图4-3　液压滑模装置

（1）模板系统。包括模板、围圈、提升架。

（2）操作平台系统。主要包括主操作平台、外挑操作平台、吊脚手架等，在施工需要时，还可设置辅助平台。它是供材料、工具、设备堆放和施工人员进行操作的场所。

主操作平台，既是施工人员进行绑扎钢筋、浇筑混凝土、提升模板的操作场所，也是材料、工具、设备等堆放的场所。因此，承受的荷载基本上是动荷载，且变化幅度较大，应安放平稳牢靠。但是，在建筑物施工中，由于楼板跟随施工的需要，要求操作平台板采用活动式，便于反复揭开，进行楼板施工，故操作平台的设计，要考虑既要揭盖方便，又要结构牢稳可靠。一般将提升架立柱内侧、提升架之间的平台板采用固定式，提升架立柱外侧的平台板采用活动式。

外挑操作平台一般由三角挑架、楞木和铺板组成。外挑宽度为0.8～1.0 m。为了操作安全起见，在其外侧需设置防护栏杆。防护栏杆立柱可采用承插式固定在三角挑架上，该栏杆亦可作为夜间施工架设照明的灯杆。

（3）液压提升系统。主要由支承杆、液压千斤顶、液压控制台和油路等部分组成。

（4）施工精度控制系统。主要包括提升设备本身的限位调平装置、滑模装置在施工中的水平度及垂直度的观测和调整控制设施等。

（5）水、电配套系统。包括动力、照明、信号、广播、通讯、电视监控，以及水泵、管路设施等。

3）爬升模板

爬升模板，是综合大模板与滑动模板工艺和特点的一种模板工艺，具有大模板和滑动模板共同的优点，尤其适用于超高层建筑施工。爬升模板（即爬模），是一种适用于现浇钢筋混凝土竖向（或倾斜）结构，如墙体、电梯井、桥梁、塔柱等的模板工艺。可分为“有架爬模”（即模板爬架子、架子爬模板）和“无架爬模”（即模板爬模板）两种。

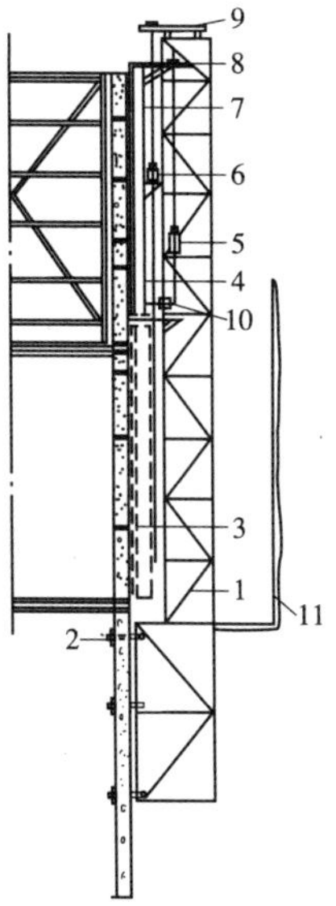

1—爬升支架；2—螺栓；3—预留爬架孔；4—爬模；5，6—爬升千斤顶；7—爬杆；8—模板挑横梁；9—爬架挑横梁；10—脱模千斤顶；11—吊挂脚手架

图4-4　外墙爬模构造

（1）模板与爬架互爬。模板与爬架互爬，是以建筑物的钢筋混凝土墙体为支承主体，通过附着于已完成的钢筋混凝土墙体上的爬升支架或大模板。利用连接爬升支架与大模板的爬升设备，使一方固定，另一方做相对运动，交替向上爬升，以完成模板的爬升、下降、就位和校正等工作。该技术是最早采用并应用较广泛的一种爬模工艺。

① 组成与构造。爬升模板由大模板、爬升支架和爬升设备三部分组成（图4-4）。

② 工作流程如下：

混凝土浇注完成 ⇒ 爬架提升并固定 ⇒ 大模脱开，大模提升、清理；大模下降复位 ⇒ 绑钢筋 ⇒ 外模提升并固定 ⇒ 支内模，内外模连接 ⇒ 浇筑混凝土

③ 外墙爬模工作流程如图 4-5 所示。

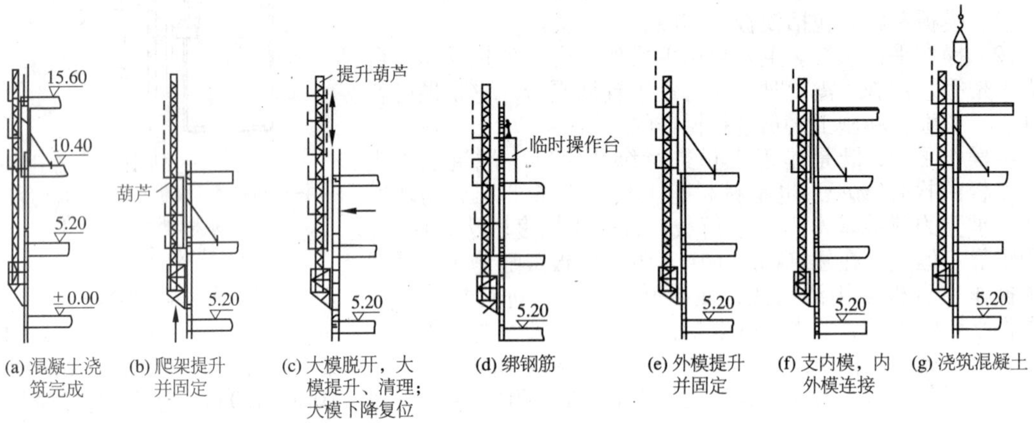

图 4-5　外墙爬模工作流程示意

（2）模板与模板互爬。这种方法是取消了爬升支架，采用甲、乙两种大模板互为依托，用提升设备和爬杠使两种相邻模板互相交替爬升。这种施工方式，模板的爬升，可以安排在楼板支模、绑钢筋的同时进行，所以这种爬升方式不占用施工工期，有利于加快工程进度，典型的施工案例有北京的新万寿宾馆的外墙施工。

① 组成与构造见图 4-6。

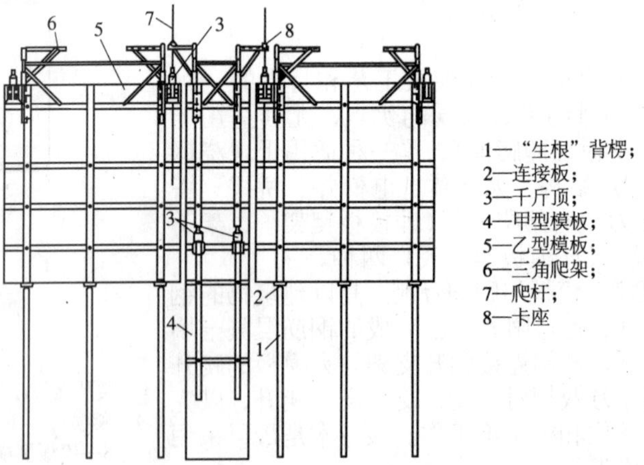

图 4-6　无架爬模构造示意

② 工作流程如下：

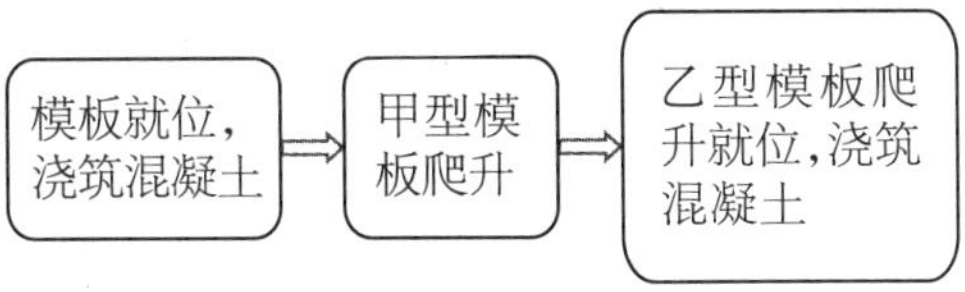

③ 模板与模板互爬工作流程如图 4-7 所示。

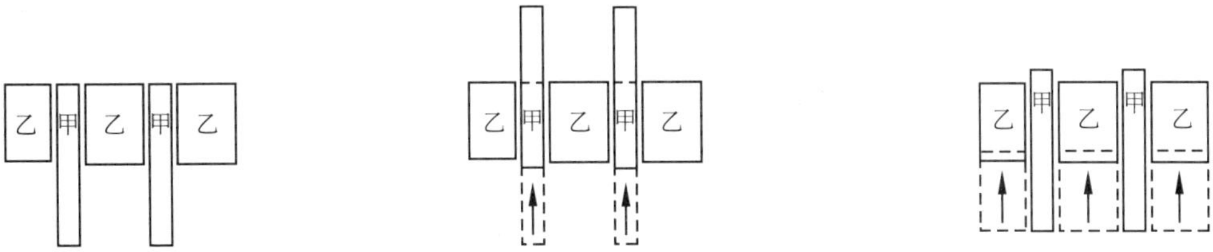

(a) 模板就位，浇筑混凝土　　(b) 甲型模板爬升　　(c) 乙型模板爬升就位，浇筑混凝土

图 4-7　模板与模板互爬工作流程

另还有爬架与爬架互爬、有外墙外侧模板随同爬架提升、电梯井筒内模互爬和外墙内外模随同爬架提升。

(3) 国内 320 m 以上超高层建筑爬模施工实例。

① 深圳地王大厦。深圳地王大厦办公楼地上 78 层，顶层屋面高 325 m，塔尖高 384 m，于 1996 年建成。

标准层平面尺寸约 70 m × 37 m，层高 3.75 m，有 68 层。采用钢与钢筋混凝土混合结构，核心筒为型钢混凝土结构，四周梁、柱为钢结构，见图 4-8。

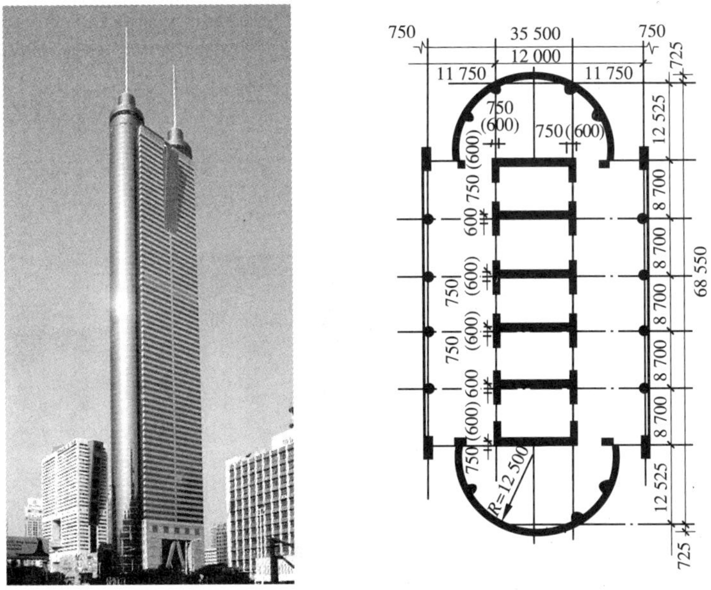

(a) 实景图　　(b) 标准层平面图

图 4-8　深圳地王大厦

混凝土核心筒采用液压爬模施工，爬模设备由香港 VSL 公司提供，由中建二局南方公司施工。爬模系统由提升架、模板和液压爬升三部分组成（图 4-9）。提升架系统由 1 套外提升架和 5 套内提升架组成。

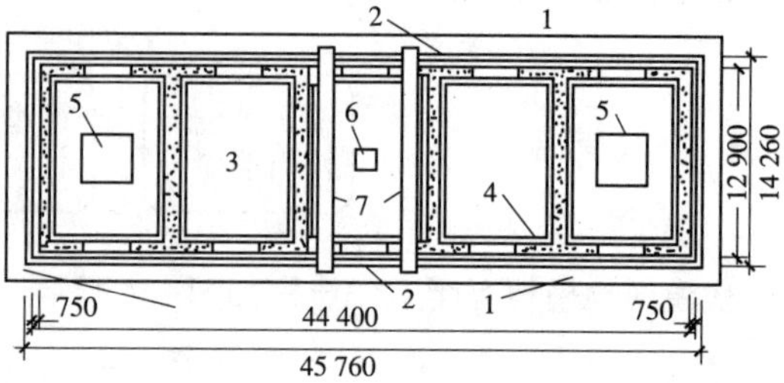

1—外提升架；2—外模板；3—内提升架；4—内模板；5—塔吊；6—布料机；7—钢梁

图 4-9 爬模系统平面（单位：mm）

内、外模板均采用厚 18 mm 酚醛覆面胶合板材。外模板上端与可在提升架顶层钢弦杆上平移的活动臂连接，将模板荷载传到外架上，可以合模或脱模。内模板与内架通过滑轮、螺杆及连接件悬挂在内提升架上层平台工字钢梁上，通过滑轮实现内模板的水平推拉，通过调节螺丝进行垂直方面的微调。

爬模工艺过程见图 4-10；爬模施工进度开始时为每层 5 ~ 6 d，以后逐步缩短至 3 d 左右。

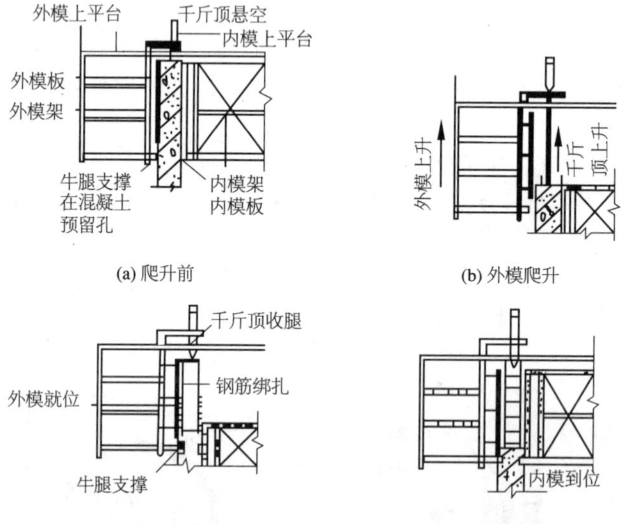

(a) 爬升前　(b) 外模爬升

(c) 外模就位、绑扎钢筋　(d) 内模爬升

图 4-10 爬模工艺过程

② 广州中信广场。广州中信广场办公楼楼层共 80 层，顶层高 322 m，塔尖高390 m，1996 年结构封顶。主楼采用现浇混凝土框架-筒体结构。标准层平面为正方形，尺寸46. 3 m × 46. 3 m，见图 4-11。

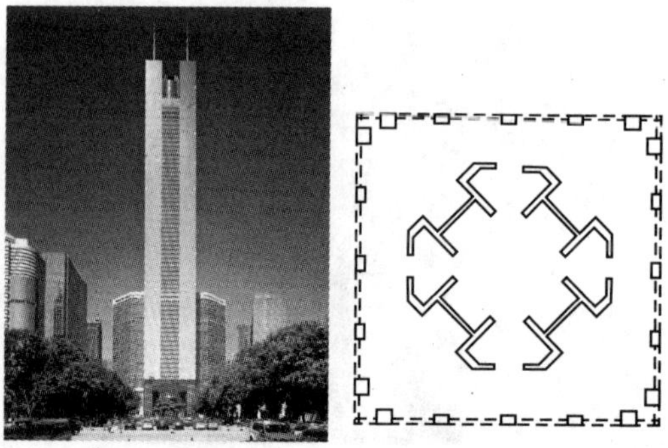

(a) 实景　(b) 标准层平面

图 4-11 广州中信广场

核心筒墙体和外梁、外柱分别采用爬模施工，楼面模板采用飞模，均由澳大利亚永达模板公司提供设备，由广州市第二建筑工程公司施工。

核心筒剪力墙墙厚有 1. 1 m 和 0. 6 m 两种，同一肢剪力墙沿高度厚度不变，但长度由低层到高层逐步缩小，模板从每层 72 块减少到 32 块。

核心筒爬模设备由密肋钢模板、承载架、爬升动力设备、带脚手架工作平台等组成。承载架由型钢用螺栓连接而成，包括上横梁、立柱、下横梁等，钢模板悬挂在上横梁上。爬升设备为电动螺旋提升机，共 16 台。工作平台有三层，分层作绑扎钢筋、支拆模板、爬升模板用。见图4-12，核心筒墙体爬模施工包括钢筋和混凝土作业，平均每层 4 d。

③ 上海金茂大厦。上海金茂大厦地上 88 层，顶层高 340 m，塔顶高 420 m。采用钢与钢筋混凝土混合结构，标准层平面尺寸为 52. 7 m×52. 7 m，外框架为钢结构；内筒平面为 27 m×27 m，为现浇混凝土结构。由上海建工集团负责施工总承包，1995 年开工，上海市第一建筑工程公司负责主体混凝土结构施工。金茂大厦标准层平面及剖面见图 4-14。

爬升模板由承载平台、大模板和提升动力设备 3 部分组成。承载平台有 9 个内平台和 1 个外平台。大模板用手动倒链悬吊在平台横梁上。

提升动力设备充分利用上海市现有的电动升板机。每套设备用 1 台 3 kW 电动机作为动力，通过一对链轮带动两台穿心式提升机，固定在槽钢焊成的底座上。底座用承重销悬挂在劲性钢骨架的缀板上，钢骨架固定于混凝土墙内。

穿过 2 台提升机的螺杆上端用螺母与挑架锁定，利用升板机提升原理即可将承载平台连同大模板沿着螺杆上升到上一个承重销孔并固定，再提升螺杆。完成本层钢筋混凝土的全部工程后，再进行新的交替提升。

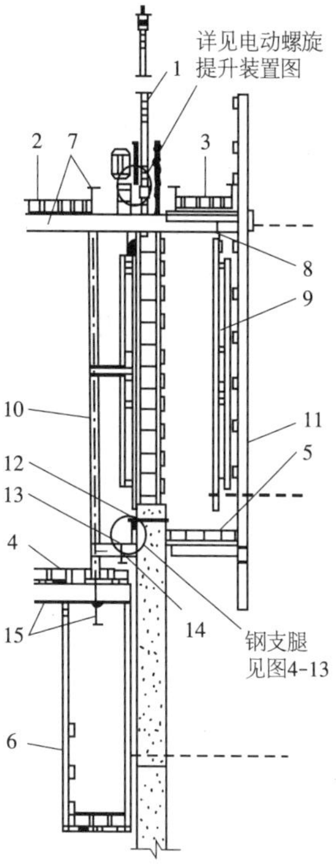

1—电动螺旋提升机；2—顶层内工作平桥；3—顶层外工作平桥；4—中层内平台；5—中层外平桥；6—底层简易平桥；7—上部结构；8—模板吊钩；9—钢模板；10—立柱；11—安全栏网；12—穿墙螺栓；13—高度调节螺栓；14—钢支腿；15—下部结构

图 4-12　核心筒墙体爬模示意

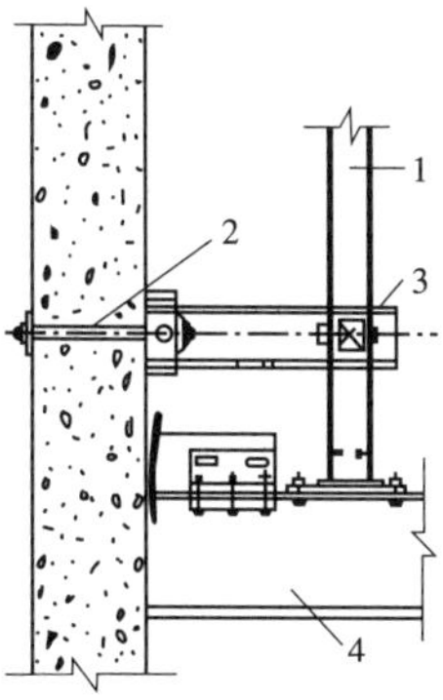

1—立柱；
2—穿墙螺栓；
3—钢支腿；
4—下部结构

图 4-13　核心筒爬模钢支腿

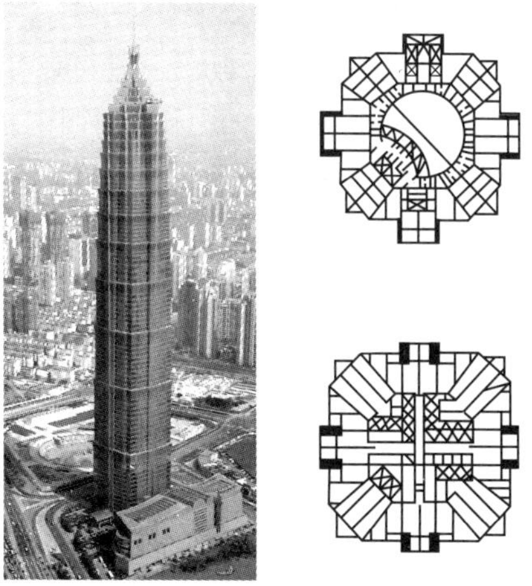

(a) 实景图　　(b) 平面图

图 4-14　上海金茂大厦

4）飞模

飞模，是一种大型工具式模板，因其外形如桌，故又称桌模或台模。由于它可以借助起重机械从已浇筑完混凝土的楼板下吊运飞出转移到上层重复使用，故称飞模。

飞模主要由平台板、支撑系统（包括梁、支架、支撑、支腿等）和其他配件（如升降和行走机构等）组成。适用于大开间、大柱网、大进深的现浇钢筋混凝土楼盖施工，尤其适用于现浇板柱结构（无柱帽）楼盖的施工。

常用飞模的类型如下：

(1) 立柱式飞模。这是飞模中最基本的一种类型，由于它构造比较简单，制作和施工也比较简便，故首先得到广泛应用。立柱式飞模主要由面板、主次（纵横）梁和立柱（构架）三大部分组成，另外辅助配备有斜支撑、调节螺旋等。立柱常做成可以伸缩形式，承受的荷载由立柱直接支承在楼面上。按组成形式的不同又分为钢管组合式飞模、构架式飞模和门架式飞模。

① 钢管组合式飞模。这是我国自行研制的一种立柱式飞模，一般可以根据工程结构的具体情况和起重设备的能力进行设计，做到既定型又可变换，见图4-15。

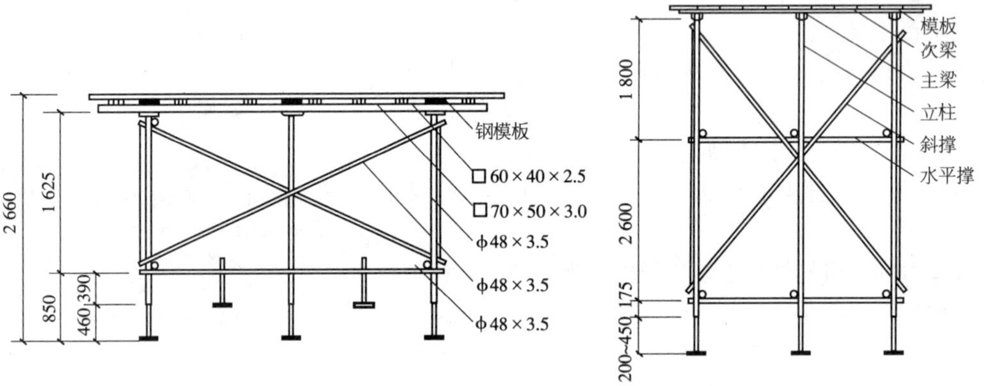

图4-15　钢管组合式飞模（侧视图）

钢管组合式飞模的面板，一般可以采用组合钢模板，亦可采用钢框覆面胶合板模板、木(竹) 胶合板；主、次梁一般采用型钢；立柱多采用普通钢管，并做成可伸缩式，其调节幅度最大约800 mm。

② 构架式飞模。其主要由构架、主梁、搁栅（次梁）、面板及可调螺栓组成（图4-16）。为确保构架的刚度，每榀构架的宽度在1 ~ 1.4 m，构架的高度与建筑物层高接近。

③ 门式架飞模。是利用多功能门式脚手架作支承架，根据建筑物的开间（柱网）、进深尺寸拼装成的飞模（图4-17）。

(2) 桁架式飞模。其由桁架、龙骨、面板、支腿和操作平台组成，它是将飞模的板面和龙骨放置于两榀或多榀上下弦平行的桁架上，以桁架作为飞模的竖向承重构件。桁架材料可以采用铝合金型材，也可以采用型钢制作，前者轻巧并不易腐蚀，但价格较贵，一次投资大；后者自重较大，但投资费用较低（图4-18、图4-19 ）。

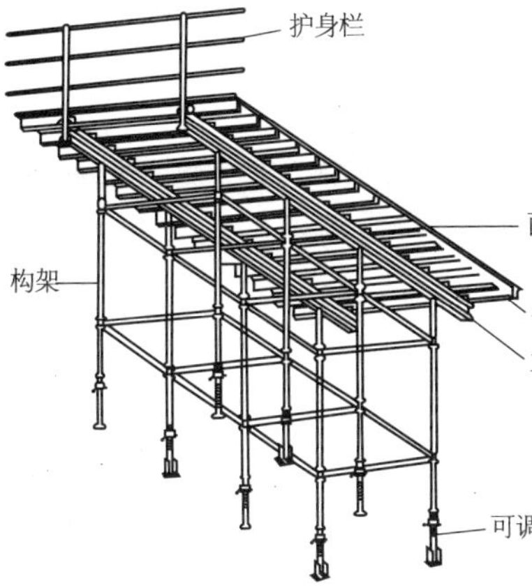

图 4-16　构架式飞模

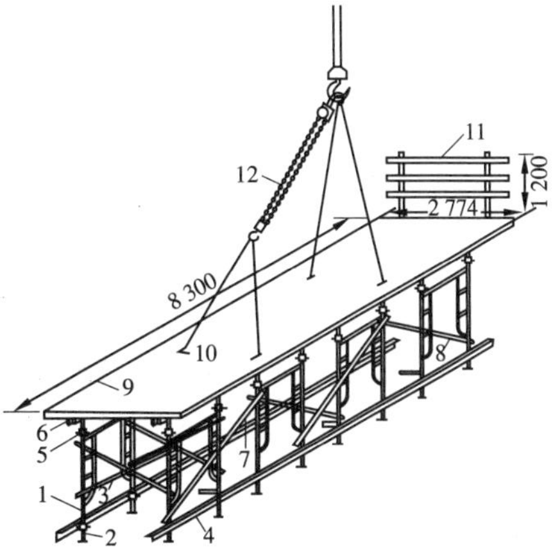

1—门式脚手架（下部安装连接件）；2—底托（插入门式架）；
3—交叉拉杆；4—通长角铁；5—顶托；6—大龙骨；
7—人字支撑；8—水平拉杆；9—面板；10—吊环；
11—护身栏；12—电动环链

图 4-17　门式架飞模

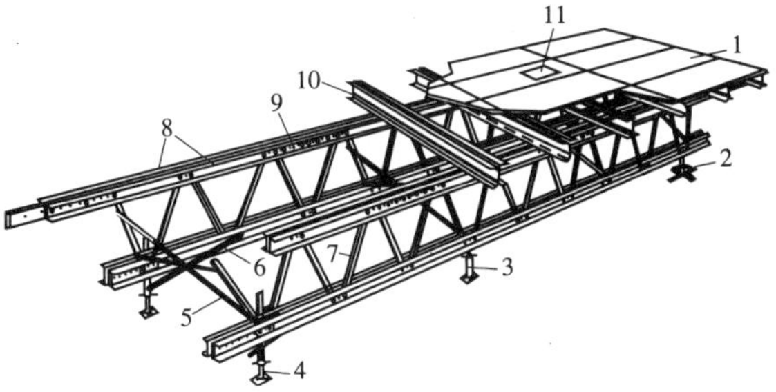

1—面板；2—阔底脚顶；3—高脚顶；4—可调脚顶；
5—剪刀撑；16—脚顶撑；7—铝腹杆；
8—槽型铝桁架；9—螺栓连接点；
10—铝合金梁；11—预留吊环洞

图 4-18　木铝桁架式飞模

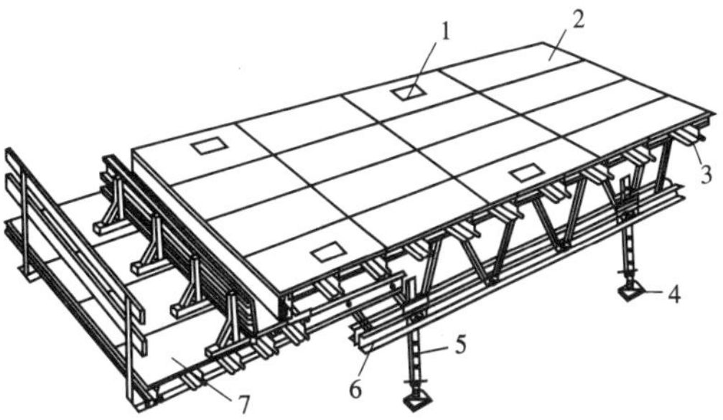

1—吊点；2—面板；3—铝龙骨（格栅）；4—底座；
5—可调钢支腿；6—铝合金桁架；7—操作平台

图 4-19　竹铝桁架式飞模

5）密肋楼板模壳

钢筋混凝土现浇密肋楼板是由薄板和间距较小的双向或单向密肋组成的，其薄板厚度一般为 60 ~ 100 mm，小肋高一般为 300 ~ 500 mm，从而加大了楼板的截面有效高度，减少了混凝土的用量，这样在相同跨度的条件下，可节省混凝土 30% ~ 50%，钢筋 40%，使楼板的自重减轻，抗震性能好，造型新颖美观，密肋楼板能取得很好的技术经济效益，关键因素决定于模壳，其次是支撑系统。双向密肋楼板如图 4-20 所示，单向密肋楼板如图 4-21 所示。

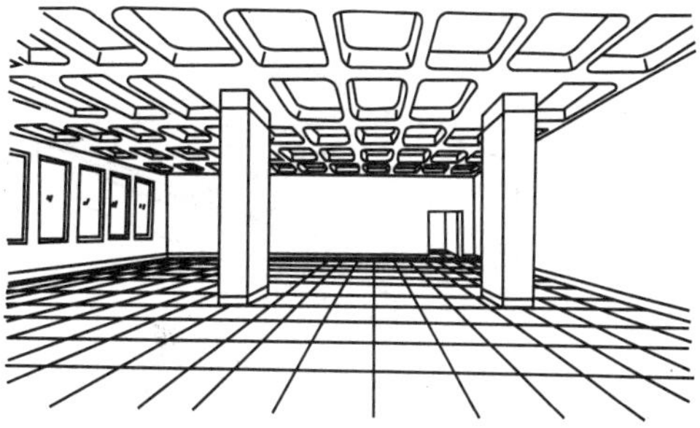

图 4-20　双向密肋楼板

(1) 模壳的类型

① 按材料分类

塑料模壳。塑料模壳是以改性聚丙烯为基材，采用模压注塑成型工艺制成。由于受注塑机容量的限制，采用4块组装成钢塑结合的整体大型模壳（图4-22）。

玻璃钢模壳。玻璃钢模壳是以中碱方格玻璃丝布做增强材料，不饱和聚酯树脂做粘结材料，手糊阴模成形，采用薄壁加肋的构造形式，先成型模体，后加工内肋，可按设计要求制成不同规格尺寸的整体大模壳，如图4-23所示。

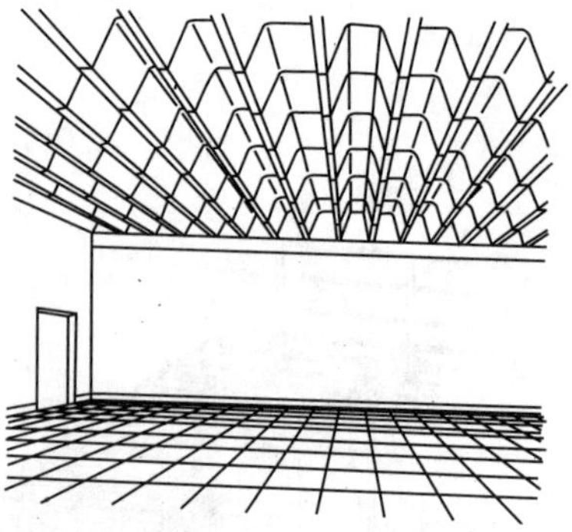
图4-21 单向密肋楼板

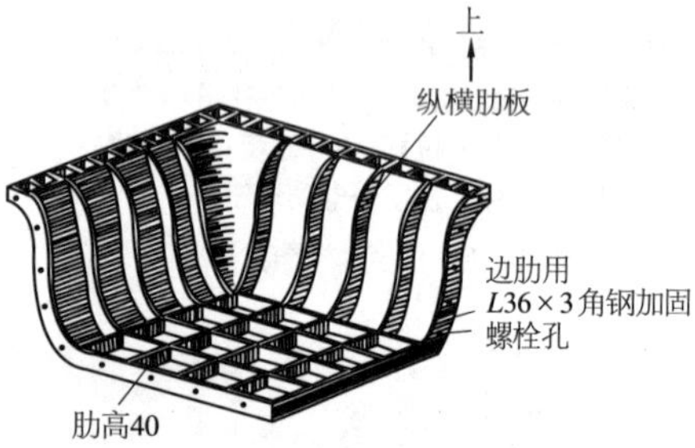

图4-22 1/4聚丙烯塑料模壳

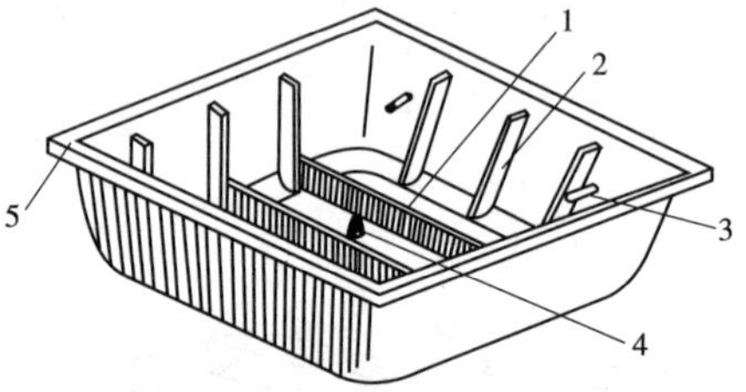

图4-23 玻璃钢模壳

② 按适用范围分类

公共建筑模壳。适用于大跨度、大空间的多层和高层建筑，柱网一般在6 m以上，对普通混凝土密肋跨度不宜大于10 m；对预应力混凝土密肋跨度不宜大于12 m，如图书馆、火车站、教学楼、商厦、展览馆等。

大开间住宅模壳。由于住宅建筑楼层层高较低，为了节省空间，将肋的高度降低到100～150 mm，如图4-24所示。

③ 按构造分类

M形模壳。M形模壳为方形模壳，边部也有长方形的模壳，适用于双向密肋楼板，如图4-25所示。

T形模壳。T形模壳为长形模壳，适用于单向密肋楼板，如图4-26所示。

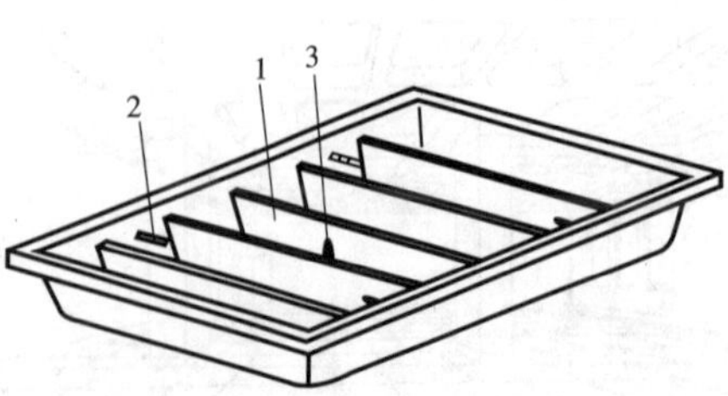

1—底肋；2—手动拆模装置；3—气动拆模装置

图4-24 大开间住宅楼板玻璃钢模壳

图4-25 M形模壳

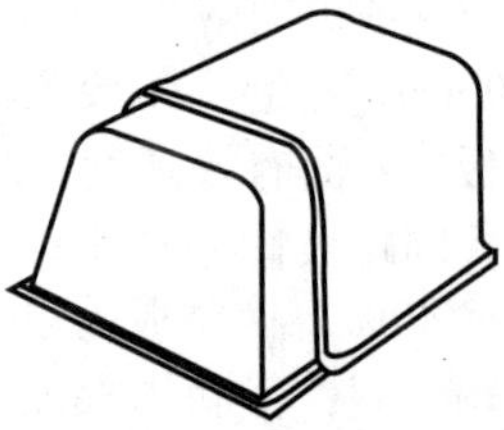
图4-26 T形模壳

（2）模壳施工的施工工艺流程

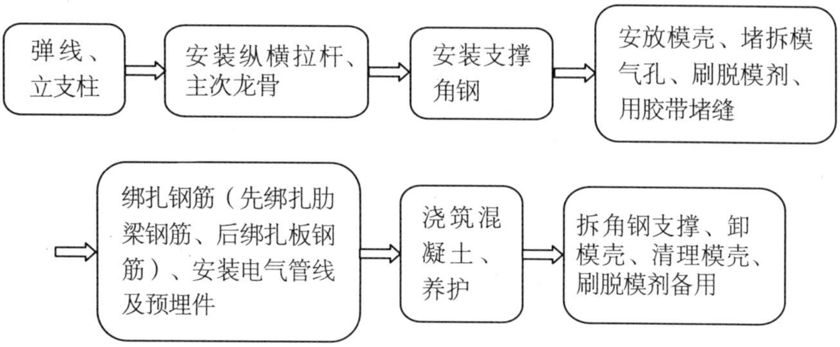

3. 永久性模板

永久性模板，亦称一次性消耗模板，是在结构构件混凝土浇筑后模板不拆除，并构成构件受力或非受力的组成部分。

目前，我国用在现浇楼板工程中作永久性模板的材料，一般有压型钢板模板和钢筋混凝土薄板模板两种，后者又分为预应力混凝土薄板模板和非预应力混凝土薄板模板。永久性模板的采用，要结合工程任务情况、结构特点和施工条件合理选用。

1）压型钢板模板

压型钢板模板，是采用镀锌或经防腐处理的薄钢板，经成型机冷轧成具有梯波形截面的槽型钢板或开口式方盒状钢壳的一种工程模板材料。

压型钢板一般应用在现浇密肋楼板工程。压型钢板安装后，在肋底内面铺设受拉钢筋，在肋的顶面焊接横向钢筋或在其上部受压区铺设网状钢筋，楼板混凝土浇筑后，压型钢板不再拆除，并成为密肋楼板结构的组成部分。如无吊顶顶棚设置要求时，压型钢板下表面便可直接喷、刷装饰涂层，可获得具有较好装饰效果的密肋式顶棚。压型钢板组合楼板系统如图4-27所示。压型钢板可做成开敞式和封闭式截面（图4-28、图4-29）。

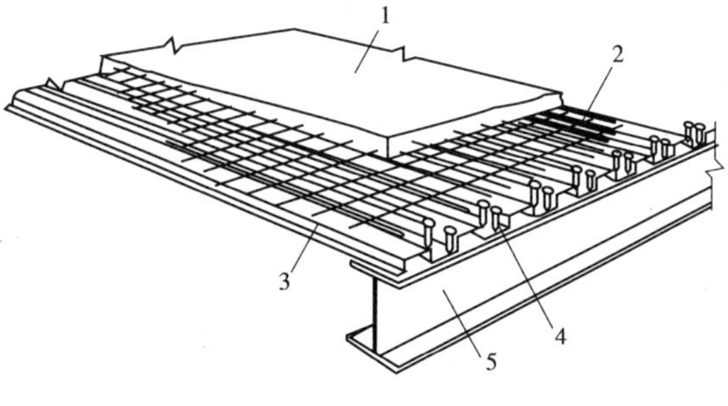

1—现浇混凝土层；2—楼板配筋；3—压型钢板；4—锚固栓钉；5—钢梁

图4-27　压型钢板组合楼板系统图

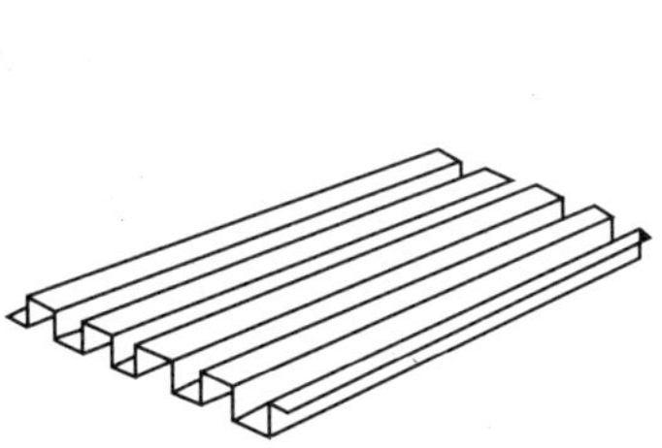

图4-28　开敞式压型钢板

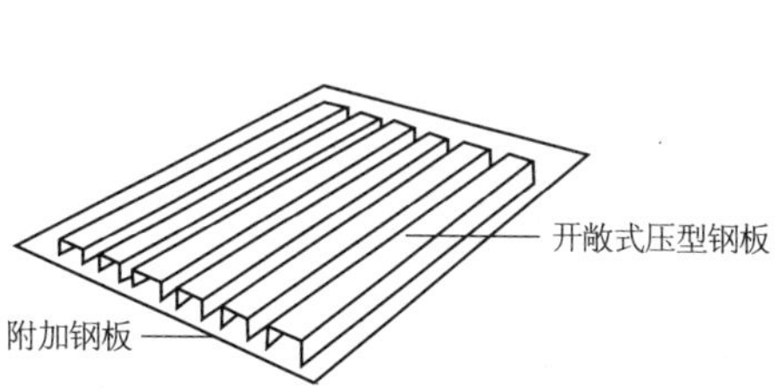

图4-29　封闭式压型钢板

封闭式压型钢板，是在开敞式压型钢板下表面连接一层附加钢板。这样可提高模板的刚度，提供平整的顶棚面，空格内可用于布置电器设备线路。

压型钢板模板具有加工容易，重量轻，安装速度快，操作简便和取消支、拆模板的繁琐工序等优点。

2）预应力混凝土薄板模板

预应力混凝土薄板模板，一般是在构件预制工厂的台座上生产，通过施加预应力配筋制作成的一种预应力混凝土薄板构件，这种薄板主要应用于现浇钢筋混凝土楼板工程，薄板本身既是现浇楼板的永久性模板；当与楼板的现浇混凝土叠合后，又是构成楼板的受力结构部分，与楼板组成组合板（图4-30），或构成楼板的非受力结构部分，只作永久性模板使用（图4-31）。

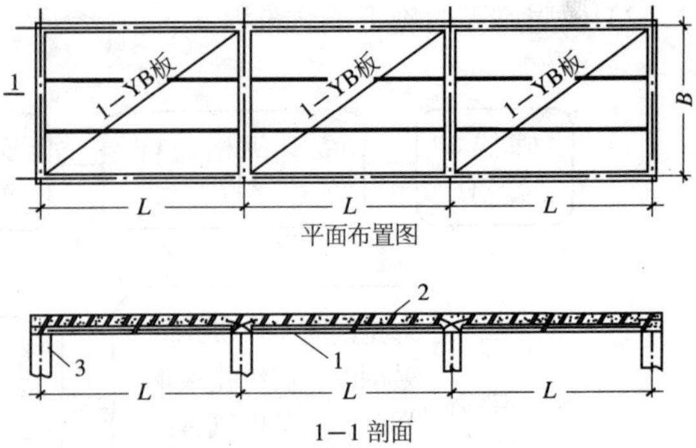

1—预应力混凝土薄板；2—现浇混凝土叠合层；3—墙体

图 4-30　预应力混凝土组合板模板

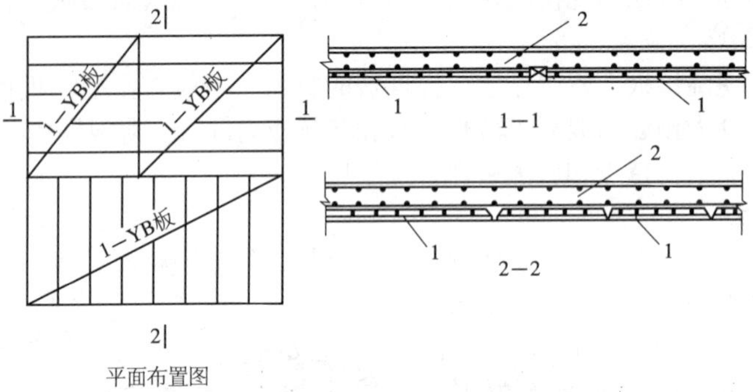

1—预应力混凝土薄板；2—现浇钢筋混凝土楼板

图 4-31　预应力混凝土非组合板模板

4.1.2　模板的安装与拆除

1. 模板安装规定

模板的支设安装，应遵守下列规定：

（1）按配板设计循序拼装，以保证模板系统的整体稳定。

（2）配件必须装插牢固。支柱和斜撑下的支承面应平整垫实，要有足够的受压面积。支承件应着力于外钢楞。

（3）预埋件与预留孔洞必须位置准确，安设牢固。

（4）基础模板必须支撑牢固，防止变形，侧模斜撑的底部应加设垫木。

（5）墙和柱子模板的底面应找平，下端应与事先做好的定位基准靠紧垫平，在墙、柱子上继续安装模板时，模板应有可靠的支承点，其平直度应进行校正。

（6）楼板模板支模时，应先完成一个格构的水平支撑及斜撑安装，再逐渐向外扩展，以保持支撑系统的稳定性。

（7）墙柱与梁板同时施工时，应先支设墙柱模板，调整固定后，再在其上架设梁板模板。

（8）支柱所设的水平撑与剪刀撑，应按构造与整体稳定性布置。

（9）预组装墙模板吊装就位后，下端应垫平，紧靠定位基准；两侧模板均应利用斜撑调整和固定其垂直度。

（10）支柱在高度方向所设的水平撑与剪力撑，应按构造与整体稳定性布置。

（11）多层及高层建筑中，上、下层对应的模板支柱应设置在同一竖向中心线上。

（12）对现浇混凝土梁、板，当跨度不小于4 m时，模板应按设计要求起拱；当设计无具体要求时，起拱高度宜为跨度的1/1 000～3/1 000。

（13）曲面结构可用双曲可调模板，采用平面模板组装时，应使模板面与设计曲面的最大差值不得超过设计的允许值。

2. 模板安装的工艺要求

模板安装时，应符合下列要求：

（1）同一条拼缝上的U形卡，不宜向同一方向卡紧。

（2）墙模板的对拉螺栓孔应平直相对，穿插螺栓不得斜拉硬顶。钻孔应采用机具，严禁采用电、气焊灼孔。

（3）钢楞宜采用整根杆件，接头应错开设置，搭接长度不应少于200 mm。

3. 模板安装应注意的事项

模板的支设方法基本上有两种，即单块就位组拼（散装）和预组拼，其中预组拼又可分为分片组拼和整体组拼两种。采用预组拼方法，可以加快施工速度，提高工效和模板的安装质量，但必须具备相适应的吊装设备和有较大的拼装场地。

4. 模板工程验收应提供的资料

1）模板工程验收时，应提供的文件

（1）模板工程的施工设计或有关模板排列图和支承系统布置图；

（2）模板工程质量检查记录及验收记录；

（3）模板工程支模的重大问题及处理记录；

（4）模板拆除的安全要求。

2）模板拆除时，应符合的安全要求

（1）拆模前应制定拆模程序、拆模方法及安全措施；

（2）模板拆除的顺序和方法，应按照配板设计的规定进行，遵循先支后拆，先非承重部位，后承重部位以及自上而下的原则，拆模时，严禁用大锤和撬棍硬砸硬撬；

（3）先拆除侧面模板（混凝土强度大于1 N/mm^2），再拆除承重模板；

（4）组合大模板宜大块整体拆除；

（5）支承件和连接件应逐件拆卸，模板应逐块拆卸传递，拆除时不得损伤模板和混凝土；

（6）拆下的模板和配件均应分类堆放整齐，附件应放在工具箱内。

4.1.3　基础、柱、梁、墙、楼板的模板施工

1. 基础（**foundation**）模板施工

1）基础模板配制的特点

（1）一般配模为竖向，且配板高度可以高出混凝土浇筑表面，所以有较大的灵活性。

（2）模板高度方向如用两块以上模板组拼时，一般应用竖向钢楞连固，其接缝齐平布置时，竖楞间距一般宜为750 mm；当接缝错开布置时，竖楞间距最大可为1 200 mm。

（3）基础模板由于可以在基槽设置锚固桩作支撑，所以可以不用或少用对拉螺栓。

（4）高度在1 400 mm以内的侧模，其竖楞的拉筋或支撑，可按最大侧压力和竖楞间距计算竖楞上的总荷载布置，竖楞可采用$\phi 48 \times 3.5$钢管。高度在1 500 mm以上的侧模，可按墙体模板进行设计配模。

2）条形基础

根据基础边线就地组拼模板。将基槽土壁修整后用短木方将钢模板支撑在土壁上，然后在基槽两侧地坪上打入钢管锚固桩，搭钢管吊架，使吊架保持水平，用线锤将基础中心引测到水平杆上，按中心线安装模板，用钢管、扣件将模板固定在吊架上，用支撑拉紧模板（图4-32），亦可

采用工具式梁卡支模（图4-33）。

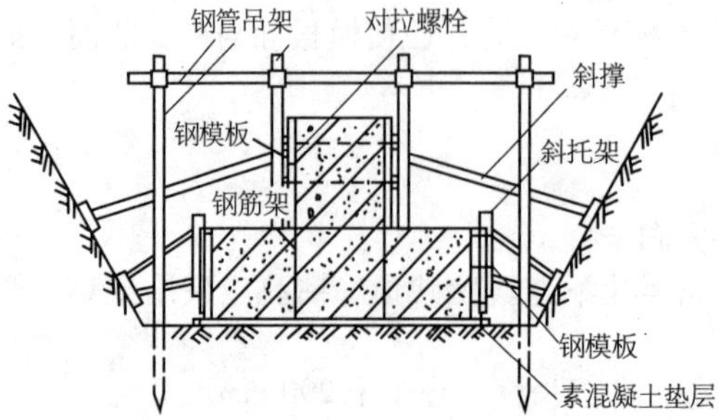

图4-32　条形基础支撑拉紧模板

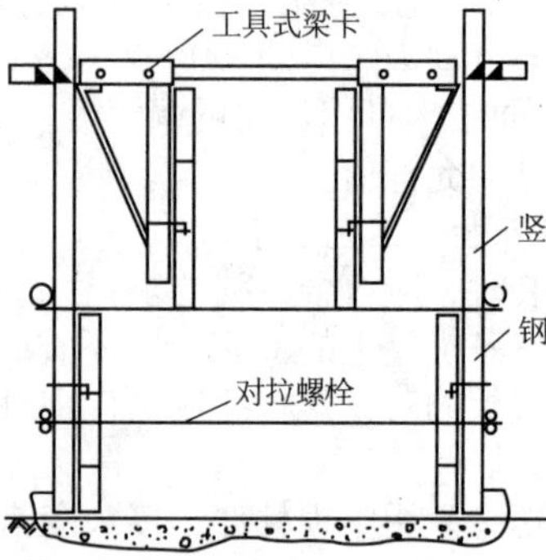

图4-33　条形基础工具式梁卡支模

条形基础的施工注意事项：

（1）模板支撑于土壁时，必须将松土清除修平，并加设垫板；

（2）为了保证基础宽度，防止两侧模板位移，宜在两侧模板间相隔一定距离加设临时木条支撑，浇筑混凝土时拆除。

3）独立基础

就地拼装各侧模板，并用支撑撑于土壁上。搭设柱模井字架，使立杆下端固定在基础模板外侧，用水平仪找平井字架水平杆后，先将第一块柱模用扣件固定在水平杆上，同时搁置在混凝土垫块上。然后按单块柱模组拼方法组拼柱模，直至柱顶（图4-34）。

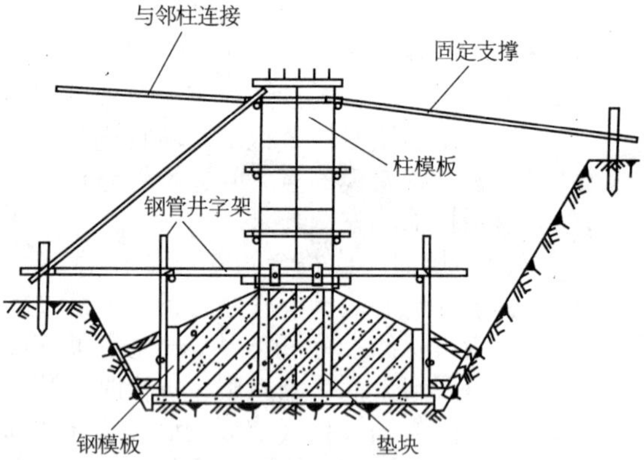

图4-34　独立基础模板施工

独立基础的施工注意事项：

（1）基础短柱顶伸出的钢筋间距，更符合上段柱子的要求；

（2）柱模板之间要用水平撑和斜撑连成整体；

（3）基础短柱模板的U形卡不要一次上满，要等校正固定后再上满；安装过程中要随时检查对角线，防止柱模扭转。

4）大体积基础

工业和民用建筑的大体积基础，多为筏形或箱形基础，埋置深，有抗渗防水要求，对模板支撑系统的强度、刚度和稳定性要求较高。

（1）对于厚大墙体的模板，由于两侧模板相距较远，不易构成对拉条件，最好以钢管脚手为稳固结构，采用钢管扣件将模板与其连接固定。

（2）对于不太厚的墙体模板，有条件设置对拉螺栓时，应优先采用组合式对拉螺栓。

使用组合式对拉螺栓时应注意：先将内螺栓与尼龙帽事先对好，再根据墙截面尺寸安上内螺栓。立好钢模板后拧紧外螺栓，这样可以起到准确固定模内向尺寸的作用。但是，当墙厚在500 mm以下时，人不能在模板内拧紧内螺栓，因此要随时找正墙模，及时拧紧外螺栓；当墙厚在500 mm以上时，人可进入模板内操作，可在模板支设一定高度后，再成批地穿放拧紧螺栓。

钢楞可选用［100×50×20×3，ϕ48×3.5和［80×40×3。为了防止模板的整体偏移，应设置一定数量的稳定支撑，如图4-35和图4-36所示。

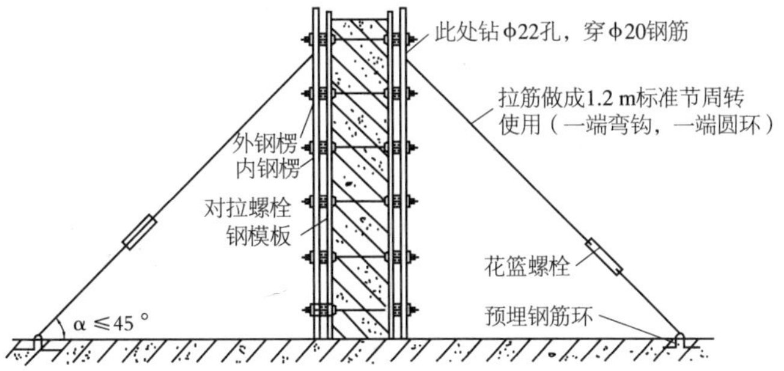

(a) 4 m 以上

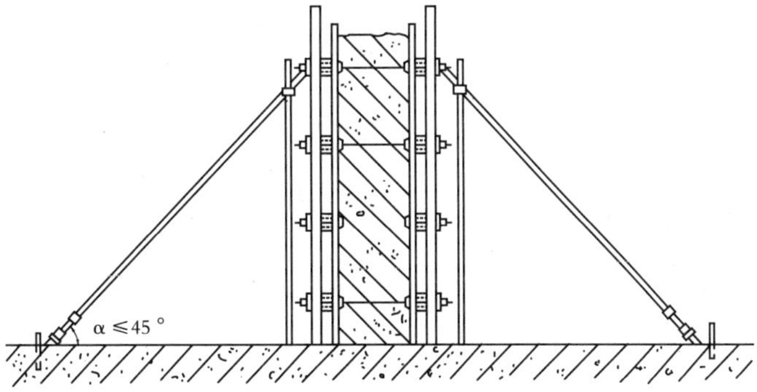

(b) 4 m 以下

图 4-35　单墙模板支撑图

(3) 基础的顶板往往与墙和基础形成整体，厚度较大，因此要根据空间、板厚和荷载情况选用不同的支顶方法。一般顶板厚度超过 0.5 m 时，可采用四管支柱支顶（图 4-37），间距在 1 500 ~ 2 000 mm。柱结系杆可采用 $\phi48\times3.5$ 钢管。主、次梁可采用型钢，其规格根据计算确定。

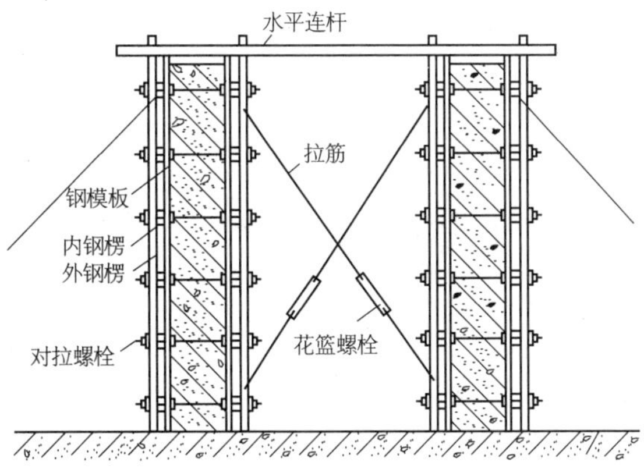

图 4-36　两近墙模板支撑图

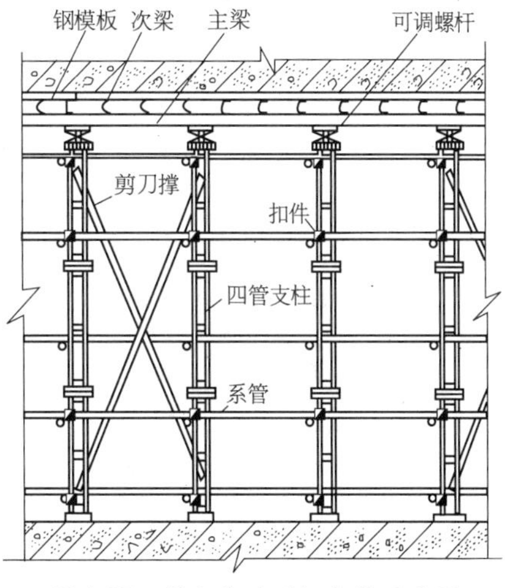

图 4-37　厚大基础顶板支模示意图

5）筏基、箱基和设备基础

(1) 模板一般宜横排，接缝错开布置。当高度符合主钢模板块时，模板亦可竖排。

（2）支承钢模的内、外楞和拉筋、支撑的间距，可根据混凝土对模板的侧压力和施工荷载通过计算确定。

（3）筏基宜采取底板与上部地梁分开施工、分次支模（图4-38（a））。当设计要求底板与地梁一次浇筑时，梁模要采取支垫和临时支撑措施。

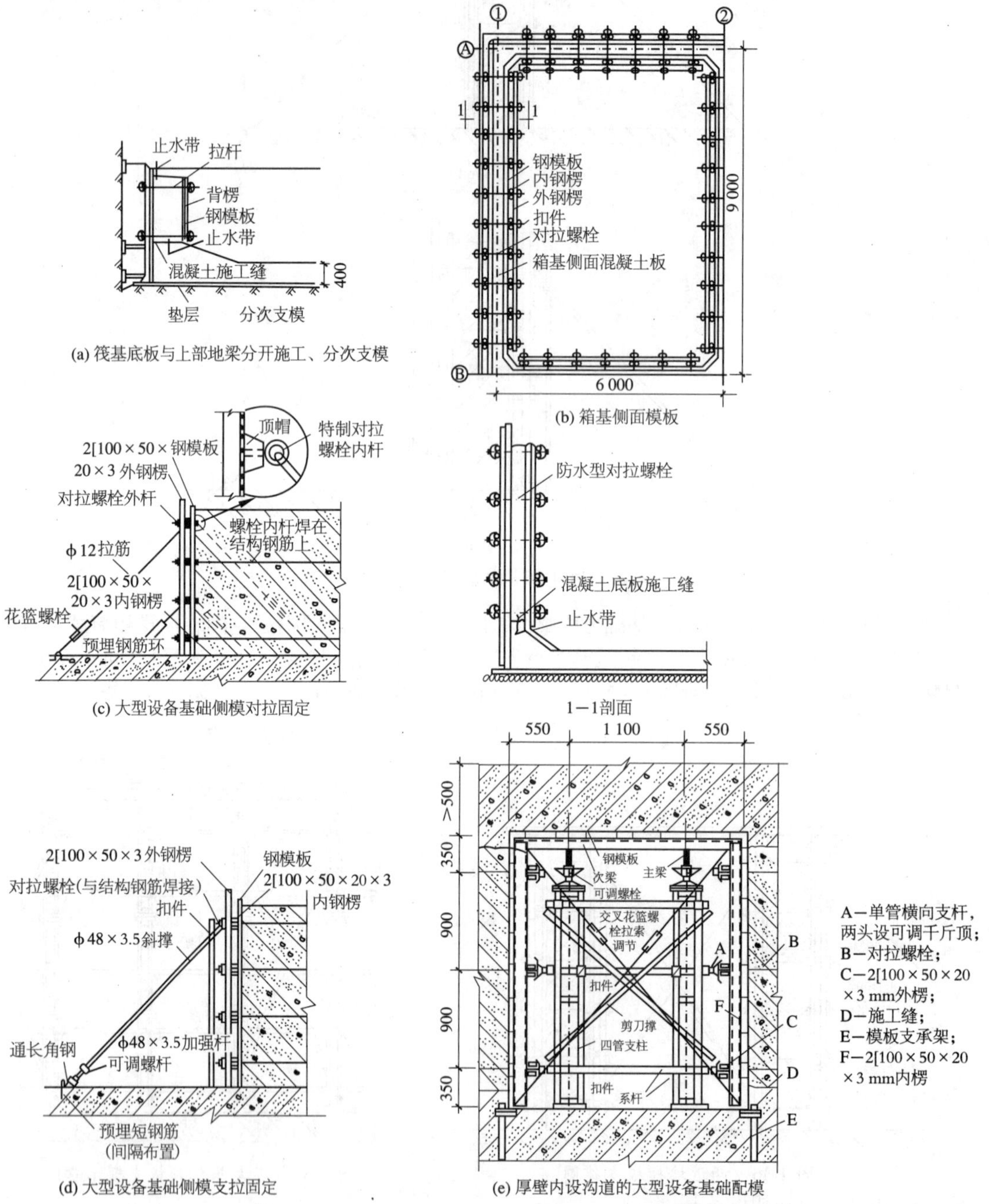

图4-38 筏基、箱基和大型设备基础支模示意图

(4) 箱基一般采用底板先支模施工。要特别注意施工缝止水带及对拉螺栓的处理，一般不宜采用可回收的对拉螺栓（图 4-38（b））。

(5) 大型设备基础侧模的固定方法，可以采用对拉方式（图 4-38（c）），亦可采用支拉方式（图 4-38（d））。厚壁内设沟道的大型设备基础，配模方式可参见图 4-38（e））。

2. 柱（**column**）模板施工

(1) 模板承垫底部应预先找平，以保证模板位置正确，防止模板底部漏浆。常用的找平方法是沿模板内边线用体积比为 1 : 3 水泥砂浆抹找平层（图 4-39（a））。另外，在外墙、外柱部位，继续安装模板前，要设置模板承垫条带（图 4-39（d）），并校正其平直。

(2) 设置模板定位基准。采用钢筋定位。墙体模板可根据构件断面尺寸切割一定长度的钢筋焊成定位梯子支撑筋（钢筋端头刷防锈漆），绑（焊）在墙体两根竖筋上（图4-39（c）），起到支撑作用，间距 1 200 mm 左右；柱模板，可在基础和柱模上口用钢筋焊成井字形套箍撑位模板并固定竖向钢筋（图 4-39（c）），也可在竖向钢筋靠模板一侧焊一短截钢筋，以保持钢筋与模板的位置（图 4-39（d））。

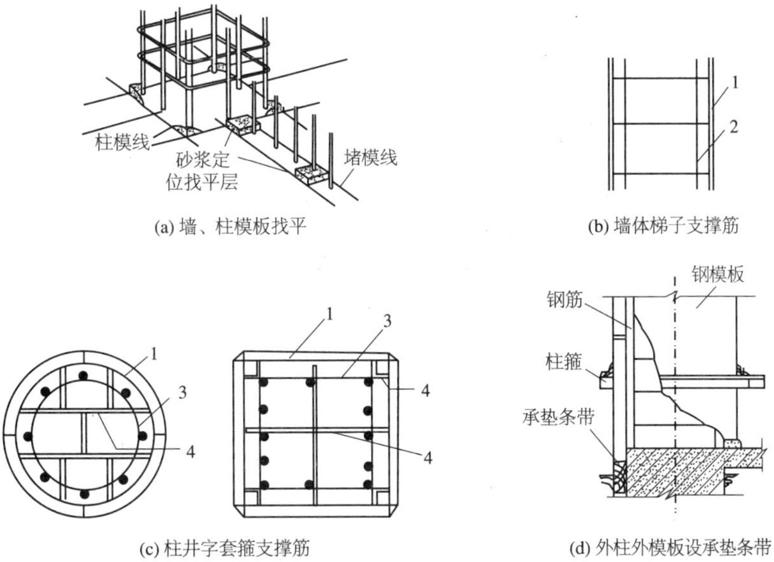

(a) 墙、柱模板找平　(b) 墙体梯子支撑筋

(c) 柱井字套箍支撑筋　(d) 外柱外模板设承垫条带

1—模板；2—梯形筋；3—箍筋；4—井字支撑筋

图 4-39　墙、柱模板找平和定位

(3) 保证柱模的长度符合模数，不符合部分放到节点部位处理；或以梁底标高为准，由上往下配模，不符合模数部分放到柱根部位处理；高度在 4 m 和 4 m 以上时，一般应四面支撑。

当柱高超过 6 m 时，不宜单根柱支撑，宜几根柱同时支撑连成构架。

(4) 柱模根部要用水泥砂浆堵严，防止跑浆；柱模的浇筑口和清扫口，在配模时应一并考虑留出。

(5) 梁、柱模板分两次支设时，在柱子混凝土达到拆模强度时，最上一段柱模先保留不拆，以便于与梁模板连接。

(6) 柱模的清渣口应留置在柱脚一侧，如果柱子断面较大，为了便于清理，亦可两面留设。清理完毕，立即封闭。

(7) 柱模安装就位后，立即用四根支撑或有张紧器花篮螺栓的缆风绳与柱顶四角拉结，并校正其中心线和偏斜，全面检查合格后，再群体固定。

常用的柱模支设方法见图 4-40。

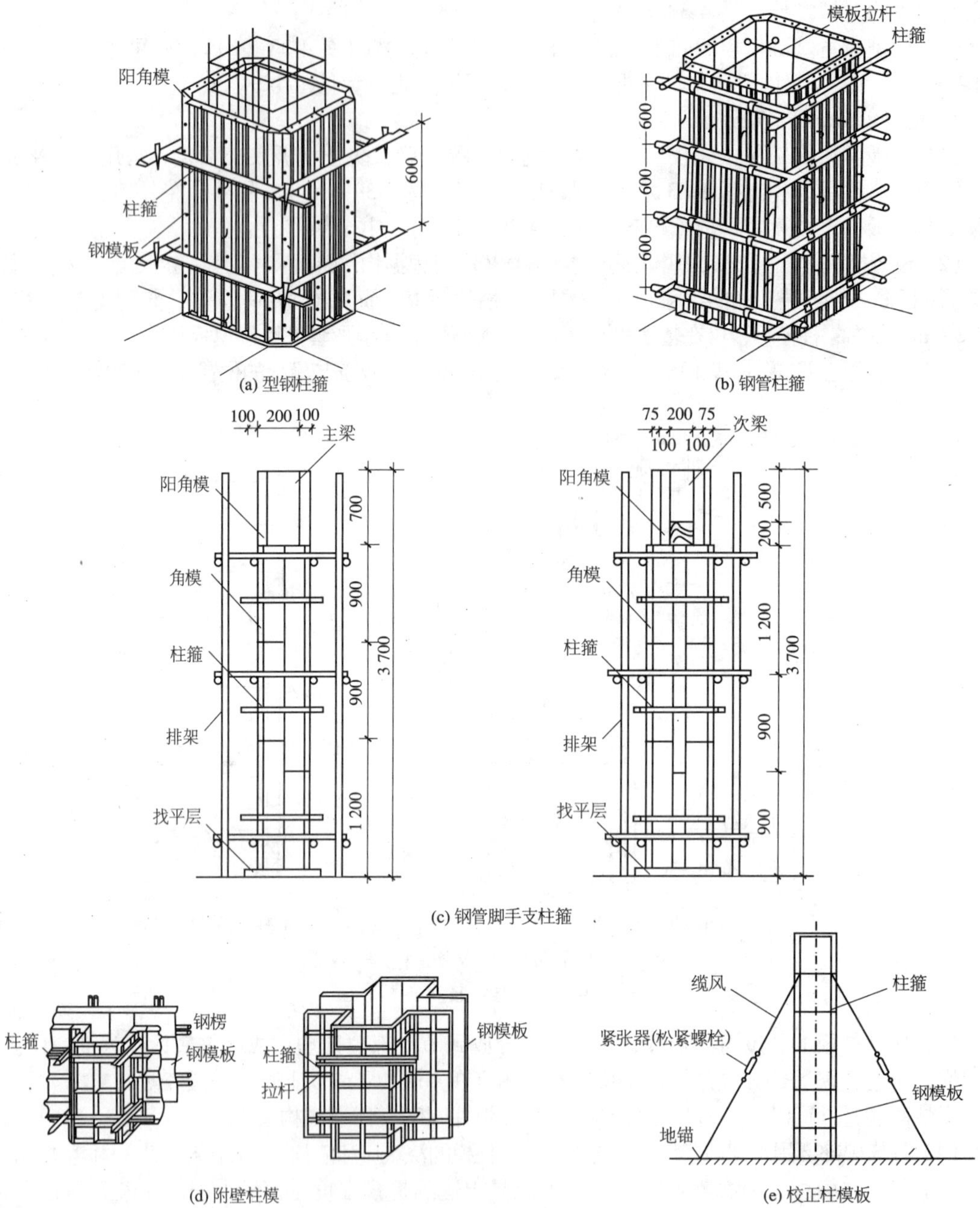

图 4-40　柱模支设方法

3. 墙（**shear wall**）模板施工

（1）按位置线安装门洞口模板，下预埋件或木砖。

（2）把预先拼装好的一面模板按位置线就位，然后安装拉杆或斜撑，安装支固套管和穿墙螺栓。穿墙螺栓的规格和间距，由模板设计规定。

(3) 清扫墙内杂物，再安装另一侧模板，调整斜撑（或拉杆）使模板垂直后，拧紧穿墙螺栓。

(4) 墙模板安装注意事项：

① 单块就位组拼时，应从墙角模开始，向互相垂直的两个方向组拼，这样可以减少临时支撑设置。否则，要随时注意拆换支撑或增加支撑，以保证墙模处于稳定状态。

② 当完成第一步单块就位组拼模板后，可安装内钢楞，内钢楞与模板肋用钩头螺栓紧固，其间距不大于600 mm。当钢楞长度不够需要接长时，接头处要增加同样数量的钢楞。

③ 预组拼模板安装时，应边就位、边校正，并随即安装各种连接件、支承件或加设临时支撑。必须待模板支撑稳固后，才能脱钩。当墙面较大，模板需分几块预拼安装时，模板之间应按设计要求增加纵横附加钢楞。当设计无规定时，连接处的钢楞数量和位置应与预组拼模板上的钢楞数量和位置等同。附加钢楞的位置在接缝处两边，与预组拼模板上钢楞的搭接长度，一般为预组拼模板全长（宽）的15% ~20%。

④ 在组装模板时，要使两侧穿孔的模板对称放置，以使穿墙螺栓与墙模保持垂直。

⑤ 相邻模板边肋用U形卡连接的间距，不得大于300 mm，预组拼模板接缝处宜满上。U形卡要反正交替安装。

⑥ 上、下层墙模板接槎的处理，当采用单块就位组拼时，可在下层模板上端设一道穿墙螺栓，拆模时该层模板暂不拆除，在支上层模板时，作为上层模板的支承面（图4-41）。当采取预组拼模板时，可在下层混凝土墙上端往下200 mm左右处，设置水平螺栓，紧固一道通长的角钢作为上层模板的支承（图4-42）。

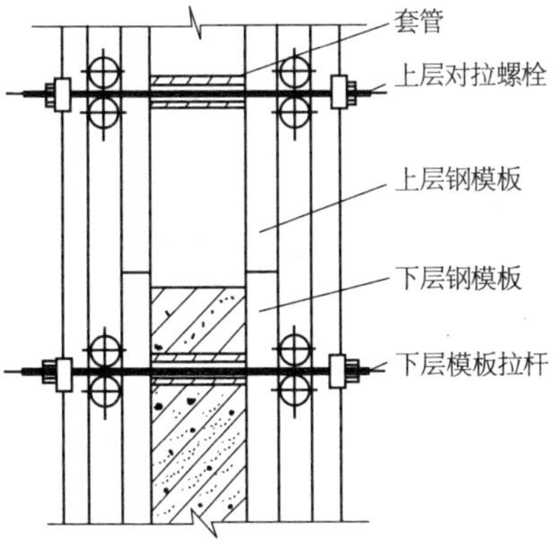

图4-41 下层模板不拆，作上层模板支承

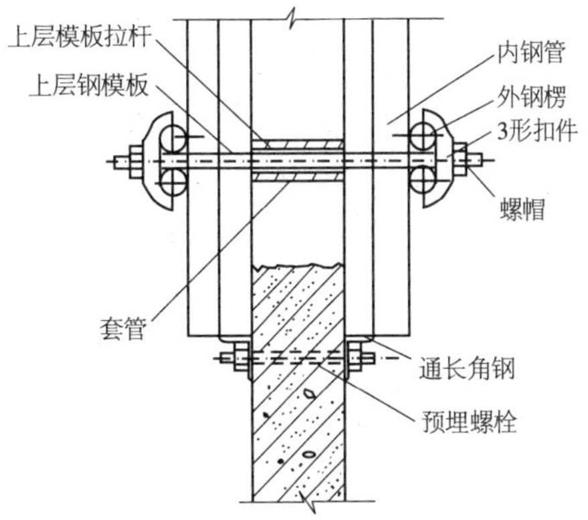

图4-42 角钢支承

⑦ 预留门窗洞口的模板，应有锥度，安装要牢固，既不变形，又便于拆除。

⑧ 对拉螺栓的设置，应根据不同的对拉螺栓采用不同的做法。

组合式对拉螺栓——要注意内部杆拧入尼龙帽有7 ~8个丝扣；

通长螺栓——要套硬塑料管，以确保螺栓或拉杆回收使用。塑料管长度应比墙厚小2 ~3 mm。

⑨ 墙模板上预留的小型设备孔洞，当遇到钢筋时，应设法确保钢筋位置正确，不得将钢筋移向一侧（图4-43）。模板的组装方法见图4-44。

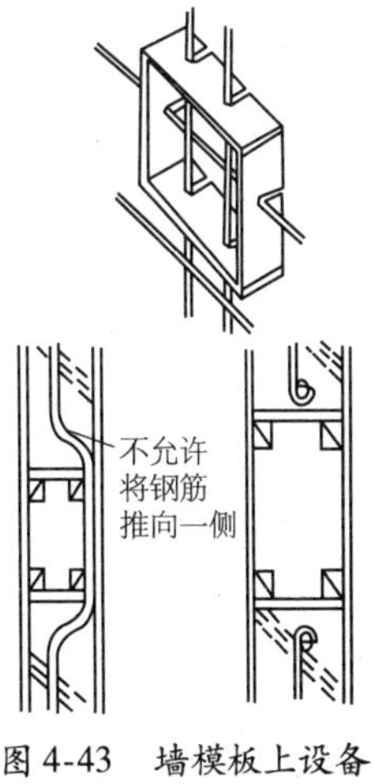

图4-43 墙模板上设备孔洞模板做法

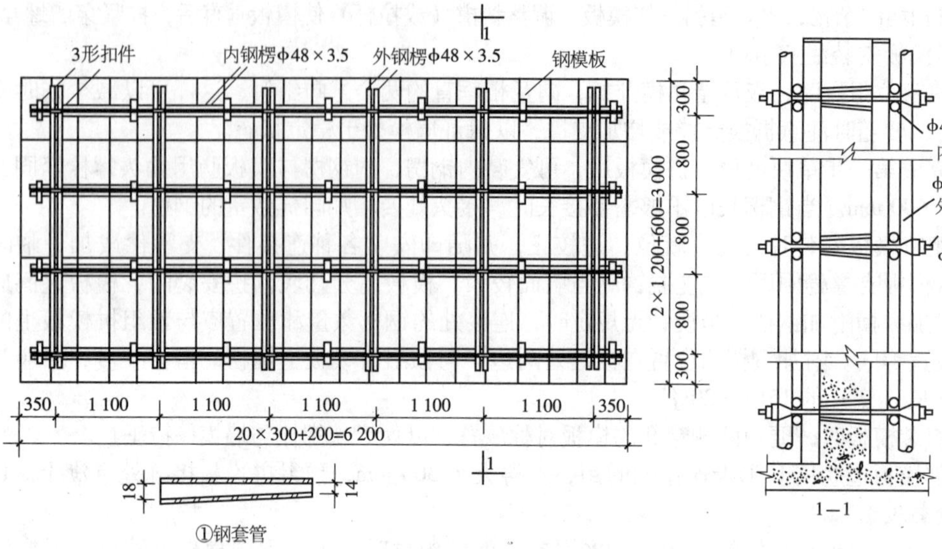

图 4-44 墙模板

4. 梁（**beam**）模板施工

（1）梁柱接头模板的连接特别重要，一般可按图4-45 和图4-46 处理；或用专门加工的梁柱接头模板。梁模板与楼板模板交接，可利用阴角模板或木材拼镶（图4-47）。

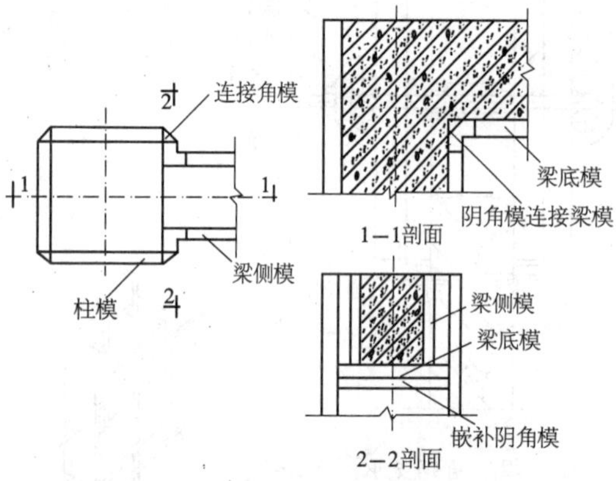

图 4-45 柱顶梁口采用嵌补模板

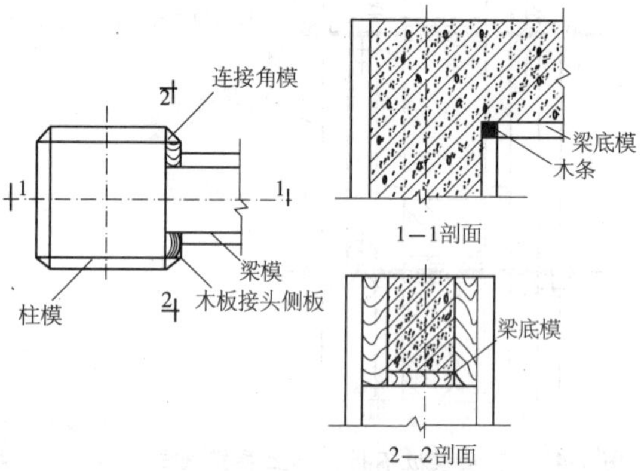

图 4-46 柱顶梁口采用方木镶拼

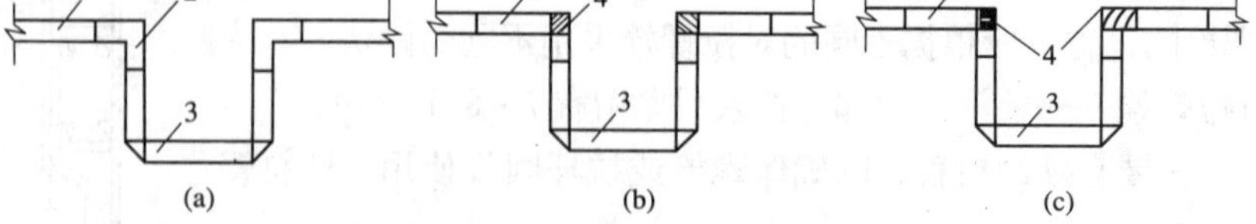

1—楼板模板；2—阴角模板；3—梁模板；4—木材

图 4-47 梁模板与楼板模板交接

（2）梁模支柱的设置，应经模板设计计算决定，一般情况下采用双支柱时，间距以 60 ~ 100 cm 为宜。

（3）模板支柱纵、横方向的水平拉杆、剪刀撑等，均应按设计要求布置；一般工程当设计无规定时，支柱间距一般不宜大于 2 m，纵横方向的水平拉杆的上下间距不宜大于 1.5 m，纵横方向的垂直剪刀撑的间距不宜大于 6 m；跨度大或楼层高的工程，必须认真进行设计，尤其是对支撑系统的稳定性，必须进行结构计算，按设计精心施工。

（4）采用扣件钢管脚手或碗扣式脚手作支架时，扣件要拧紧，杯口要紧扣，要抽查扣件的扭力矩。横杆的步距要按设计要求设置（图 4-48）。采用桁架支模时，要按事先设计的要求设置，要考虑桁架的横向刚度，上下弦要设水平连接，拼接桁架的螺栓要拧紧，数量要满足要求。

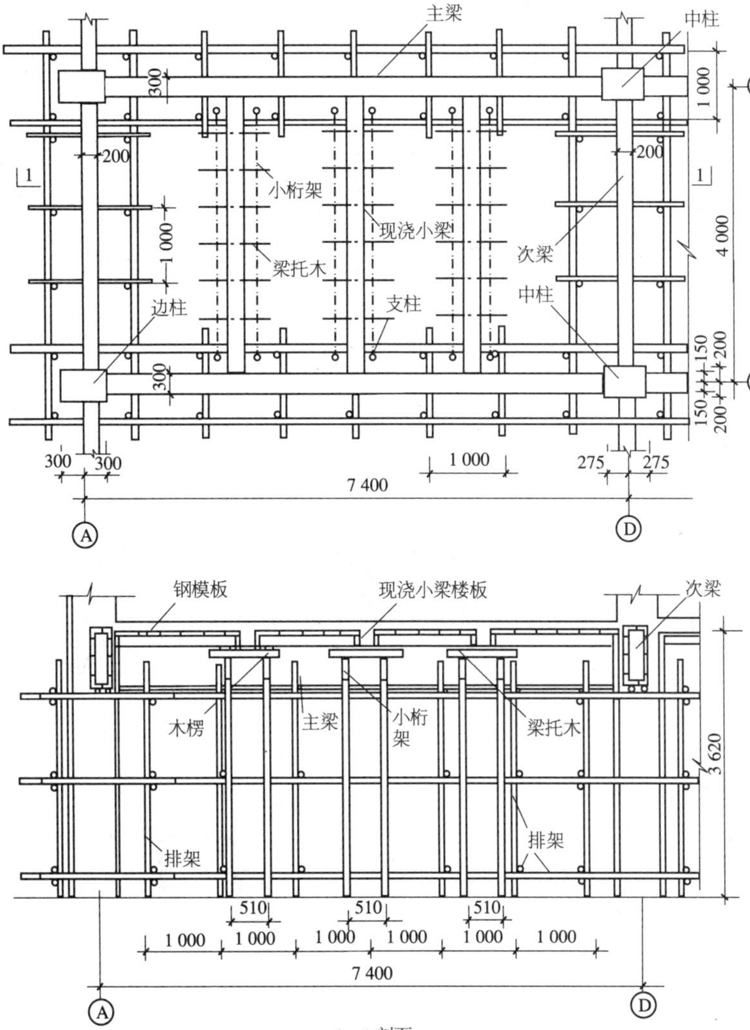

1—1 剖面

图 4-48　框架梁、柱模板采用钢管脚手架支设

(5) 由于空调等各种设备管道安装的要求，需要在模板上预留孔洞时，应尽量使穿梁管道孔分散，穿梁管道孔的位置应设置在梁中（图4-49），以防削弱梁的截面，影响梁的承载能力。

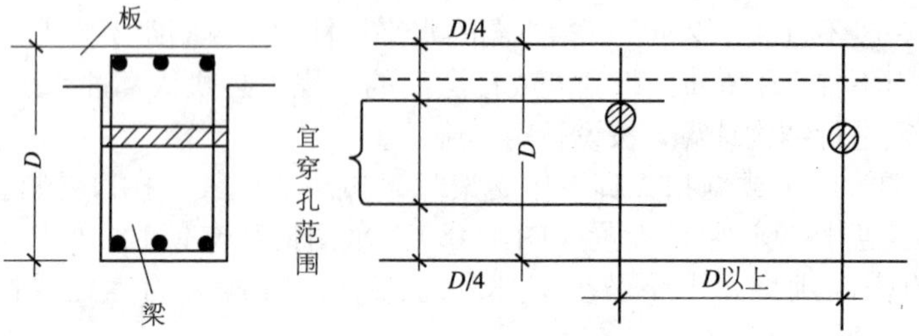

图 4-49　穿梁管道孔设置的高度范围

5. 楼板（**floor**）配板设计

(1) 采用立柱作支架时，从边跨一侧开始逐排安装立柱，并同时安装外钢楞（大龙骨）。立柱和钢楞（龙骨）的间距，根据模板设计规定，一般情况下立柱与外钢楞间距为600～1 200 mm，内钢楞（小龙骨）间距为400～600 mm。调平后即可铺设模板。

在模板铺设完标高校正后，立柱之间应加设水平拉杆，其道数根据立柱高度决定。一般情况下离地面200～300 mm处设一道，往上纵横方向每隔1.6 m左右设一道。

(2) 采用桁架作支承结构时，一般应预先支好梁、墙模板，然后将桁架按模板设计要求支设在梁侧模通长的型钢或方木上，调平固定后再铺设模板。

(3) 当墙、柱已先行施工，可利用已施工的墙、柱作垂直支撑，采用悬挂支模（图4-50）。

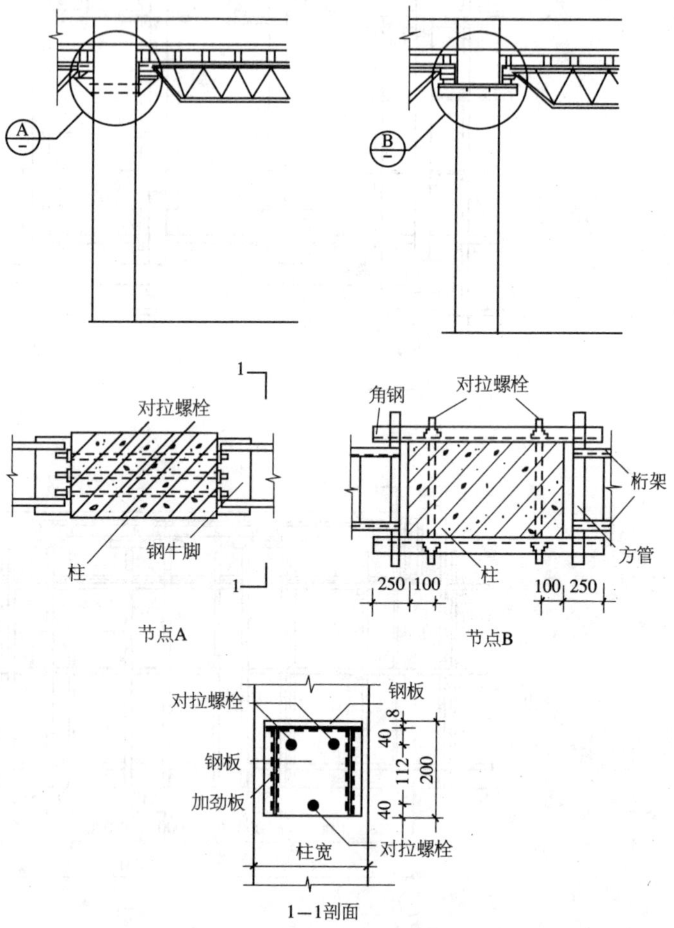

图 4-50　悬挂支模

(4) 楼板模板当采用单块就位组拼时，宜以每个节间从四周先用阴角模板与墙、梁模板连接，然后向中央铺设。相邻模板边肋应按设计要求用U形卡连接，也可用钩头螺栓与钢楞连接。亦可采用U形卡预拼大块再吊装铺设。

（5）楼板模板施工注意事项。

① 底层地面应夯实，并垫通长脚手板，楼层地面立支柱（包括钢管脚手架作支撑）也应垫通长脚手板。采用多层支架模板时，上、下层支柱应在同一竖向中心线上。

② 桁架支模时，要注意桁架与支点的连接，防止滑动，桁架应支承在通长的型钢上，使支点形成一直线。

③ 预组拼模板块较大时，应加钢楞再吊装，以增加板块的刚度。

④ 预组拼模板在吊运前应检查模板的尺寸、对角线、平整度以及预埋件和预留孔洞的位置；安装就位后，立即用角模与梁、墙模板连接。

⑤ 采用钢管脚手架作支撑时，在支柱高度方向每隔1.2～1.3 m设一道双向水平拉杆。

楼板模板支设方法，见图4-50、图4-51和图4-52。

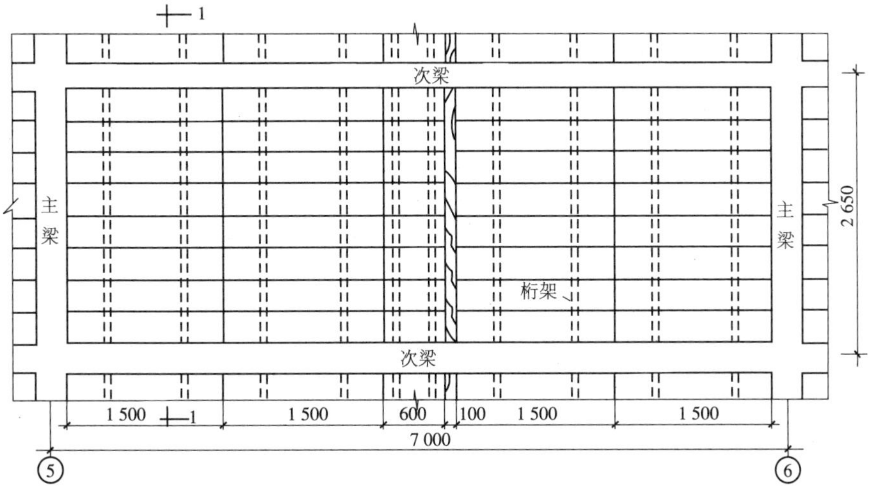

楼板模板及支承平面

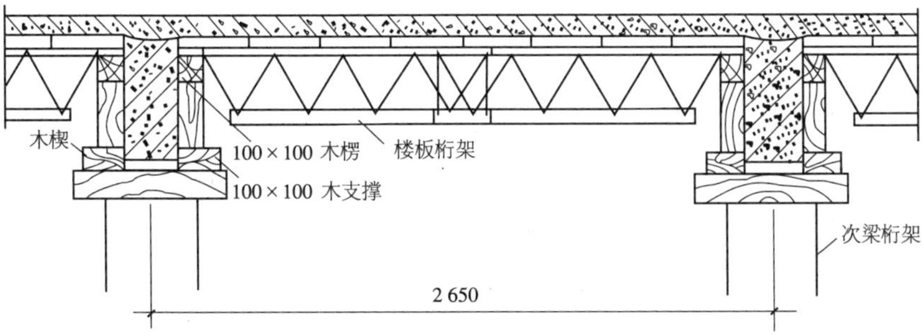

1—1剖面

图4-51 楼板模板及支承平面

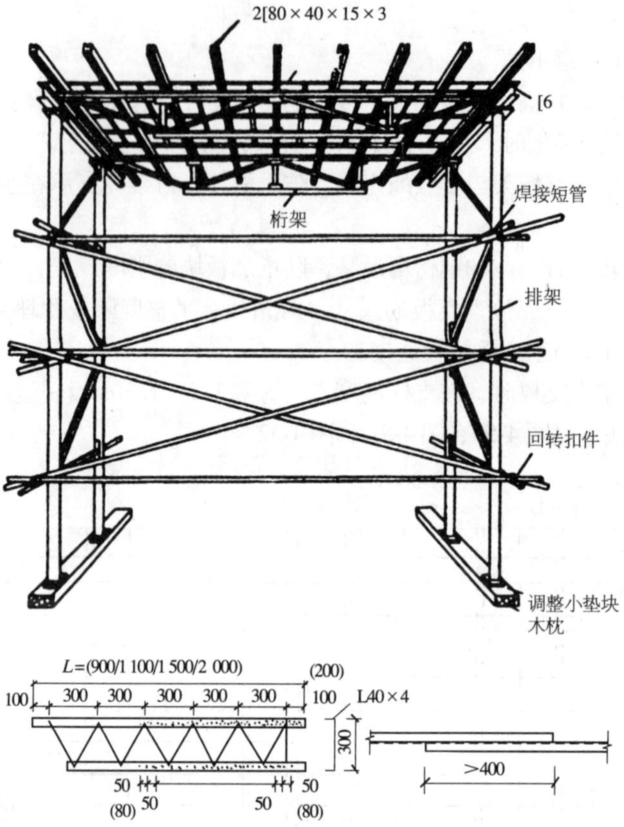

单件伸缩桁架　　　　楼板桁架拼接俯视示意

图 4-52　桁架支设楼板模板

6. 预埋件和预留孔洞的设置

1）竖向构件预埋件的留置

（1）焊接固定。焊接时先将预埋件外露面紧贴钢模板，锚脚与钢筋骨架焊接（图 4-53（a））。

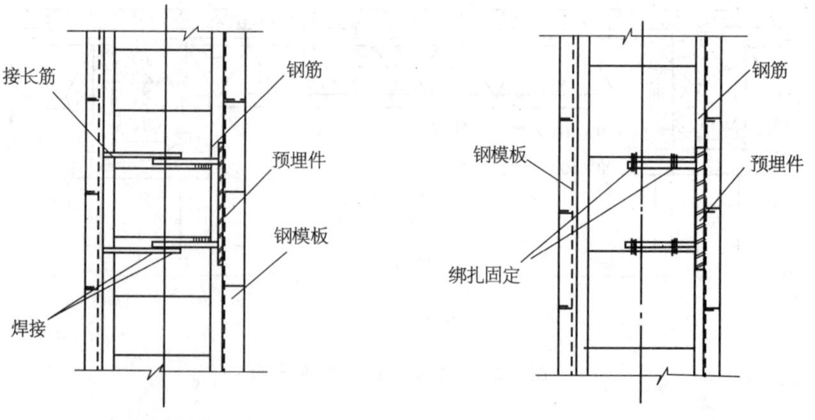

(a) 焊接固定预埋件　　　　(b) 绑扎固定预埋件

图 4-53　柱中固定预埋件

当钢筋骨架刚度较小时，可将锚脚加长，顶紧对面的钢模，焊接不得咬伤钢筋。但此方法严禁与预应力筋焊接。

（2）绑扎固定。用钢丝将预埋件锚脚与钢筋骨架绑扎在一起（图4-53（b））。为了防止预埋件位移，锚脚应尽量长一些。

2）水平构件预埋件的留置

（1）梁顶面预埋件。可采用圆钉固定的方法（图4-54（a））。

（2）板顶面预埋件。将预埋件锚脚做成八字形，与楼板钢筋焊接。用改变锚脚的角度，调整预埋件标高（图4-54（b））。

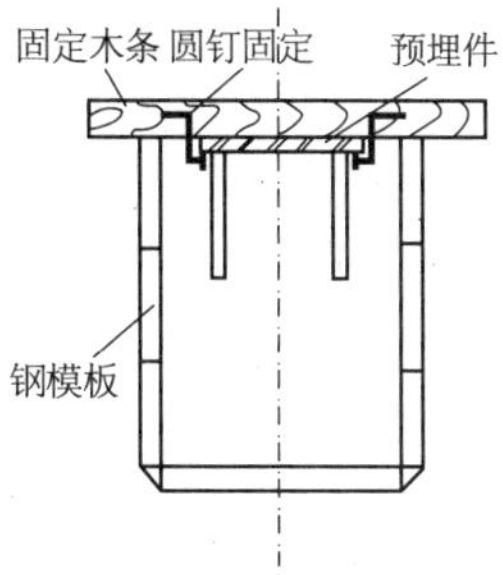

(a) 梁顶面圆钉固定预埋件

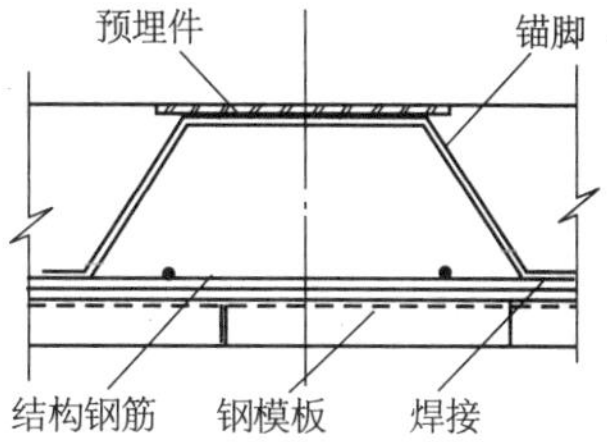

(b) 板顶面固定预埋件

图4-54 梁、板顶面预埋件固定

3）预留孔洞的留置

（1）梁、墙侧面。采用钢筋焊成的井字架卡住孔模（图4-55（a）），井字架与钢筋焊牢。

（2）板底面。可采用在底模上钻孔，用铁丝固定在定位木块上，孔模与定位木块之间用木楔塞紧（图4-55（b））；亦可在模板上钻孔，用木螺钉固定木块，将孔模套上固定（图4-56（a））。

当楼板板面上留设较大孔洞时，留孔处留出模板空位，用斜撑将孔模支于孔边上（图4-56（b））

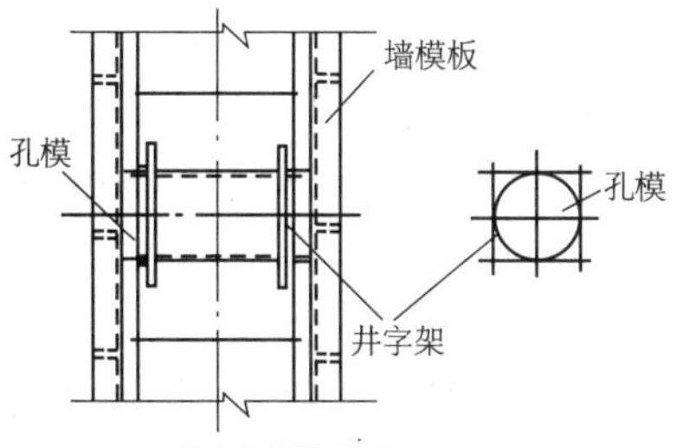

(a) 井字架固定孔模

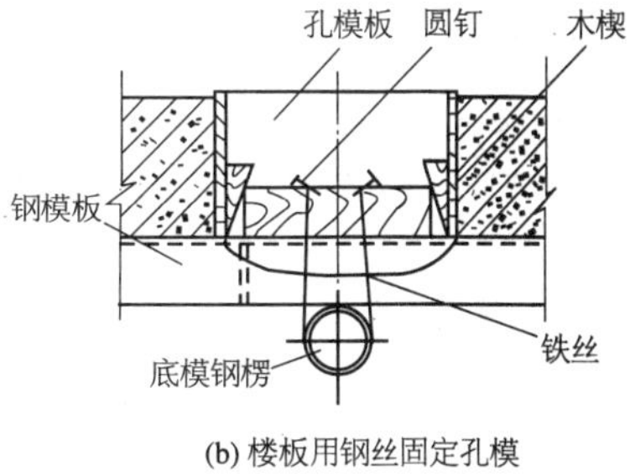

(b) 楼板用钢丝固定孔模

图4-55 梁、板中孔模的固定

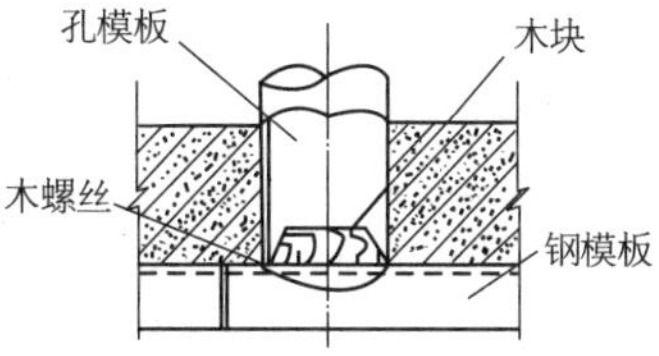

(a) 木螺钉、木块、孔模固定

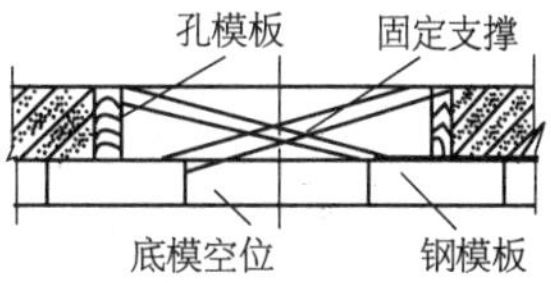

(b) 用斜撑辅助孔模定位

图4-56 板中孔模的固定

项目4.2　钢筋工程

学习重点

1. 掌握钢筋配料、加工、连接的工艺流程和质量检验标准。
2. 掌握基础、柱、墙、梁、楼板的钢筋现场安装绑扎的技术要求和质量检验标准。
3. 了解植筋施工的工作流程。

4.2.1　钢筋配料

钢筋（reinforcing）配料是根据构件配筋图，先绘出各种形状和规格的单根钢筋简图并加以编号，然后分别计算钢筋下料长度和根数，填写配料单，申请加工。

1. 钢筋下料长度计算

钢筋因弯曲或弯钩会使其长度变化，在配料中不能直接根据图纸中尺寸下料；必须了解对混凝土保护层、钢筋弯曲、弯钩等规定，再根据图中尺寸计算其下料长度。各种钢筋下料长度计算如下：

直钢筋下料长度 = 构件长度 - 保护层厚度 + 弯钩增加长度

弯起钢筋下料长度 = 直段长度 + 斜段长度 - 弯曲调整值 + 弯钩增加长度

箍筋下料长度 = 箍筋周长 + 箍筋调整值

上述钢筋需要搭接的话，还应增加钢筋搭接长度。

1）弯曲调整值

钢筋弯曲后的特点：一是在弯曲处内皮收缩、外皮延伸、轴线长度不变；二是在弯曲处形成圆弧。钢筋的量度方法是沿直线量外包尺寸（图4-57（d））；因此，弯起钢筋的量度尺寸大于下料尺寸，二者之间的差值称为弯曲调整值。弯曲调整值，根据理论推算并结合实践经验，列于表4-3。

表4-3　钢筋弯曲调整值

钢筋弯曲角度	30°	45°	60°	90°	135°
光圆钢筋弯曲调整值	0.3d	0.54d	0.9d	1.75d	0.38d
热轧带肋钢筋调整值	0.3d	0.54d	0.9d	2.08d	0.11d

注：d 为钢筋直径。

2）弯钩增加长度

钢筋的弯钩形式有三种：半圆弯钩、直弯钩和斜弯钩（图4-57（a），（b），（c））。半圆弯钩是最常用的一种弯钩。直弯钩只用在柱钢筋的下部、箍筋和附加钢筋中。斜弯钩只用在直径较小的钢筋中。

光圆钢筋的弯钩增加长度，按图4-57所示的简图（弯心直径为2.5d，平直部分为3d）计算：

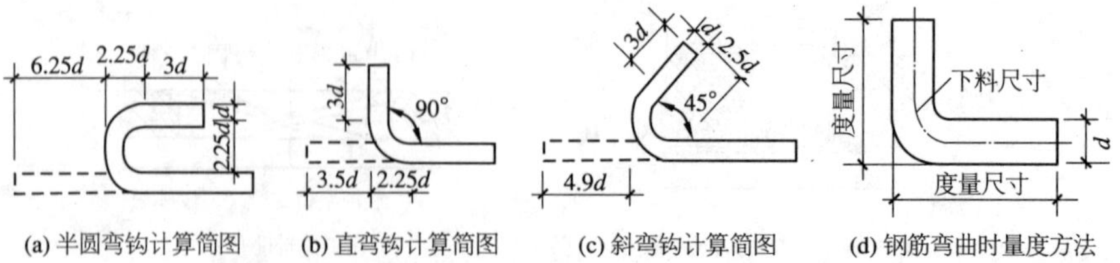

图4-57　钢筋弯钩计算简图和钢筋弯曲时的量度方法

对半圆弯钩为6.25d，对直弯钩为3.5d。对斜弯钩为4.9d。

在生产实践中，由于实际弯心直径与理论弯心直径有时不一致，钢筋粗细和机具条件不同等而影响平直部分的长短（手工弯钩时平直部分可适当加长，机械弯钩时可适当缩短），因此在实际配料计算时，对弯钩增加长度常根据具体条件，采用经验数据，见表4-4。

表4-4　半圆弯钩增加长度参考表（用机械弯）　单位：mm

钢筋直径	≤6	8~10	12~18	20~28	32~36
一个弯钩长度	4d	6d	5.5d	5d	4.5d

3）弯起钢筋斜长

弯起钢筋斜长计算简图，见图4-58，弯起钢筋斜长系数见表4-5。

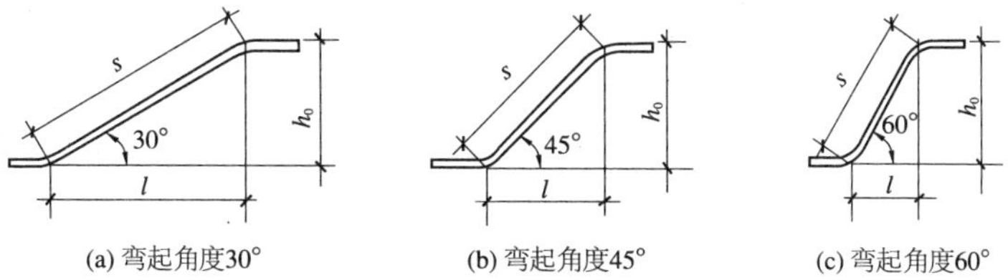

图4-58　弯起钢筋斜长计算简图

表4-5　弯起钢筋斜长系数及弯曲调整值

弯起角度	$a=30°$	$a=45°$	$a=60°$
斜边长度 s	$2h_0$	$1.41h_0$	$1.15h_0$
底边长度 l	$1.732h_0$	h_0	$0.575h_0$
增加长度 $s-l$	$0.268h_0$	$0.41h_0$	$0.575h_0$
弯曲调整值	0.34d	0.67d	1.22d

注：h_0为弯起高度。

4）箍筋调整值

箍筋调整值，即为弯钩增加长度和弯钩调整值两项之差或和，根据箍筋量外包尺寸确定见表4-6与图4-59。

表4-6　箍筋下料长度（量外包尺寸）

有抗震要求	光圆钢筋	$2a+2h+23d$
	热轧带肋钢筋	$2a+2h+24d$
无抗震要求	光圆钢筋	$2a+2h+13d$
	热轧带肋钢筋	$2a+2h+14d$

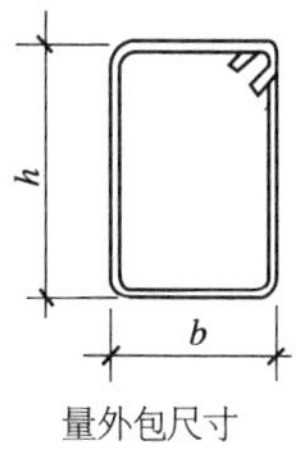

图4-59　箍筋量度方法

2. 钢筋长度计算中的特殊问题

1）变截面构件箍筋

根据比例原理。每根箍筋的长短差数Δ，可按下式计算（图4-60）：

$$\Delta = \frac{l_c - l_d}{n - 1} \tag{4-1}$$

式中 l_c——箍筋的最大高度；

l_d——箍筋的最小高度；

n——箍筋个数，等于$s/a+1$，s为最长箍筋和最短箍筋之间的总距离；

a——箍筋间距。

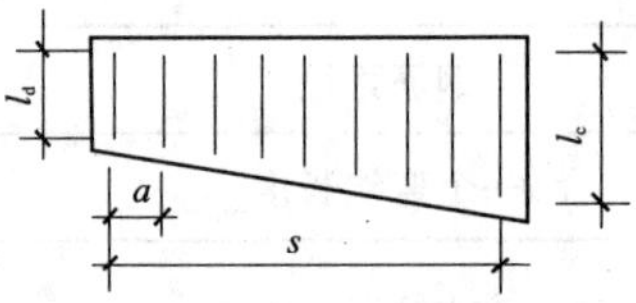

图4-60 变截面构件钢筋

2）圆形构件钢筋

在平面为圆形的构件中，配筋形式有两种，即按弦长布置和按圆形布置。

(1) 按弦长布置先根据下式算出钢筋所在处弦长，再减去两端保护层厚度，得出钢筋长度。

当配筋为单数间距时（图4-61）：

$$l_i = a\sqrt{(n+1)^2 - (2i-1)^2} \tag{4-2}$$

$$l_i = a\sqrt{(n+1)^2 - (2i)^2} \tag{4-3}$$

式中 l_i——第i根（从圆心向两边计数）钢筋所在的弦长；

a——钢筋间距；

n——钢筋根数，等于$D/a-1$（D为圆直径）；

i——从圆心向两边计数的序号数。

(2) 按圆形布置。一般可用比例方法先求出每根钢筋的圆直径；再乘圆周率算得钢筋长度（图4-61）。

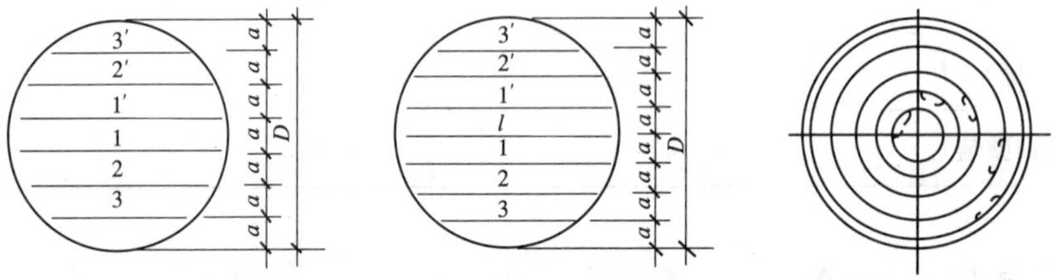

(a) 按弦长布置(单数间距)　(b) 按弦长布置(双数间距)　(c) 按圆形布置

图4-61 圆形构件钢筋

3）曲线构件钢筋

(1) 曲线钢筋长度，根据曲线形状不同，可分别采用下列方法计算。

圆曲线钢筋的长度。可用圆心角θ圆半径R直接算出或通过弦长l与矢高h查表得出抛物线钢筋的长度L，可按下式计算（图4-62）。

$$L = \left(1 + \frac{8h^2}{3l^2}\right)l \tag{4-4}$$

式中 l——抛物线的水平投影长度；

h——抛物线的矢高。

其他曲线状钢筋的长度，可用渐近法计算，即分段按直线计然后总加。

图4-62所示的曲线构件，设曲线方程式 $y=f(x)$，沿水平方向分段，每段长度 l（一般取为0.5 m），求已知 z 值时的相应 y 值，然后计算每段长度，例如，第三段长度为 $\sqrt{(y_3-y_2)^2+l^2}$。

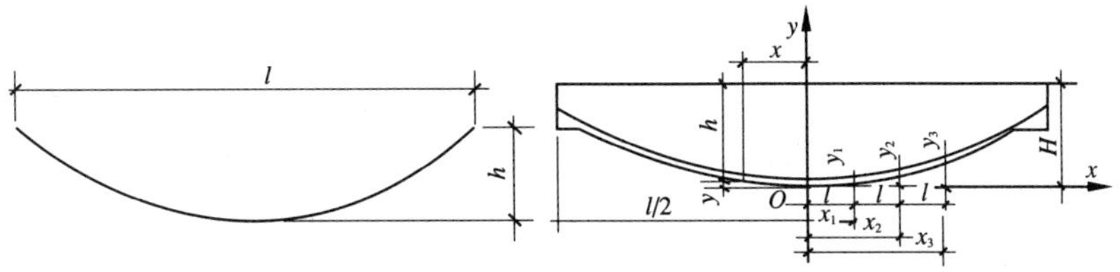

(a) 抛物线钢筋长度　　(b) 曲线钢筋长度

图4-62　钢筋长度计算

（2）曲线构件箍筋高度，可根据已知曲线方程式求解。其法是先根据箍筋的间距确定 x 值，代入曲线方程式求 y 值，然后计算该处的梁高 $h=H-y$。再扣除上、下保护层厚度，即得箍筋高度。

对一些外形比较复杂的构件，用数学方法计算钢筋长度有困难时，也可放足尺（1∶1）或放小样（1∶5）办法求钢筋长度。

3. 配料计算的注意事项

（1）在设计图纸中，钢筋配置的细节问题没有注明时，一般可按构造要求处理，表4-7为混凝土保护层最小厚度；表4-8为纵向受拉钢筋的最小锚固长度。

表4-7　　混凝土保护层最小厚度　　单位：mm

环境类别		板、墙、壳		梁		柱	
		≤C25	>25	≤C25	>25	≤C25	>25
一		20	15	25	20	25	20
二	a	25	20	30	25	30	25
	b	30	25	40	35	40	35
三	a	35	30	45	40	45	40
	b	45	40	55	50	55	50

注：① 基础中纵向受力钢筋的混凝土保护层厚度不应小于40 mm，当无垫层时不应小于70 mm；
② 表中混凝土保护层厚度指最外层钢筋外边缘至混凝土表面的距离，适用于设计使用年限为50年的混凝土结构。

表4-8　　纵向受拉钢筋的最小锚固长度 l_a　　单位：mm

钢筋类型	混凝土强度等级						
	C20	C25	C30	C35	C40	C45	C50
HPB300级	39d	34d	30d	28d	25d	24d	23d
HRB335级	38d	33d	29d	27d	25d	23d	22d
HRB400与RRB400级	—	40d	35d	32d	29d	28d	27d

注：① 圆钢末端应做成180°弯钩，弯后平直段长度不应小于3d，但作受压钢筋时，可不做弯钩，d 为钢筋公称直径；
② 抗震锚固长度 $l_{aE}=\zeta_{aE}l_a$；ζ_{aE} 为抗震锚固长度修正系数，对一、二级抗震等级取1.15，对三级抗震等级取1.05，对四级抗震等级取1.00。

(2) 配料计算时，要考虑钢筋的形状和尺寸在满足设计要求的前提下要有利于加工安装。

(3) 配料时，还要考虑施工需要的附加钢筋。例如，后张预应力构件预留孔道定位用的钢筋井字架，基础双层钢筋网中保证上层钢筋网位置用的钢筋撑脚，墙板双层钢筋网中固定钢筋间距用的钢筋撑铁，柱钢筋骨架增加四面斜筋撑等。

4. 配料计算实例

【例 4-1】 已知某学生宿舍钢筋混凝土框架梁 KL1 的截面尺寸与配筋见图 4-63，共计 8 根。混凝土强度等级为 C25。柱截面 500 × 500，三级抗震等级，混凝土保护层 25，所有次梁均为 200 宽。

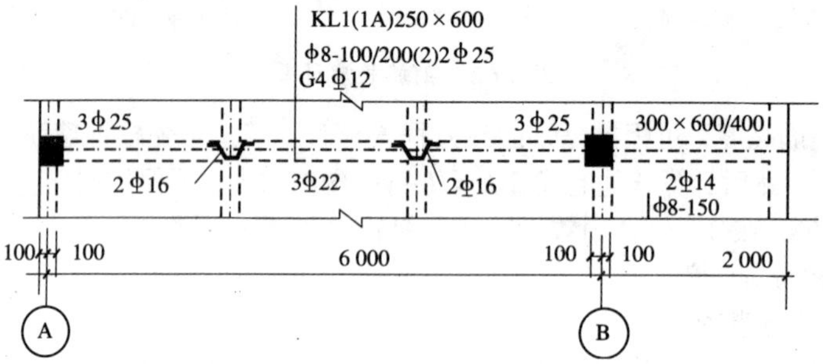

图 4-63 KL1 平面配筋图

【解】 1. 绘制钢筋翻样图

(1) 钢筋端头的混凝土保护层为 25 mm;

(2) 纵向受力钢筋Φ25 的锚固长度为 35 × 25 = 875 mm，伸入柱内 500 − 25 = 475 mm，向下弯折 15 × 25 = 375 mm；Φ22 的锚固长度为 35 × 22 = 770 mm，伸入柱内 475 mm，向下弯折 15 × 22 = 330 mm;

(3) 悬臂梁负弯矩钢筋应有两根伸至梁端并下弯，下弯长度为 $12d = 12 \times 25 = 300$ mm。

(4) 吊筋底部宽度为次梁宽 +2 × 50 mm，45°上弯至梁顶部，水平延伸段长 $20d = 20 \times 16 = 320$ mm。

(5) 绘制钢筋翻样图（图 4-64)，并将各种钢筋编号。

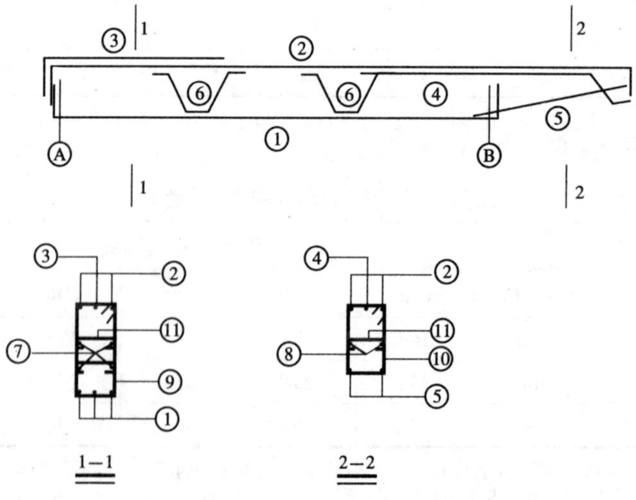

图 4-64 KL1 框架梁钢筋翻样图

2. 计算钢筋下料长度

计算钢筋下料长度时，应根据单根钢筋翻样图尺寸，并考虑各项调整值。

① 号受力钢筋下料长度为：$6\,200-2\times25+2\times330-2\times2.08\times22=6\,719$ mm

② 号受力钢筋下料长度为：$8\,100-2\times25+375+300-2\times2.08\times25=8\,621$ mm

③ 号受力钢筋下料长度为：$\dfrac{6\,000-400-400}{3}+500-25+375-2.08\times25=2\,532$ mm

④ 号钢筋的下料长度为：$1\,734+2\,100-376-250+532+250-2\times0.67\times25=3\,957$ mm

⑤ 号钢筋的下料长度为：$1\,886+15\times14=2\,096$ mm

⑥ 号吊筋的下料长度为：$320+778+320+778+300-4\times0.67\times16=2\,454$ mm

⑦ 号钢筋的下料长度为：$5\,200+15\times12\times2=5\,560$ mm

⑧ 号钢筋的下料长度为：$1\,886+15\times12=2\,066$ mm

⑨ 号箍筋的下料长度为：$(200+550)\times2+23\times8=1\,684$ mm，箍筋根数 $n=\mathrm{ceil}\left(\dfrac{900-50}{100}+1\right)\times2+\dfrac{5\,200-1\,800}{200}-1=36$ 根

⑩ 号箍筋的下料长度，由于梁高变化，因此要先按公式（4-1）算出箍筋高差 Δ

箍筋个数 $n=\dfrac{1\,900-300}{150}+1=12$ 根，箍筋高差 $\Delta=\dfrac{550-350}{12-1}=18$ mm

⑪ 号拉筋的下料长度为：$200+11.9\times2\times6=342.8$ mm，拉筋的根数 $n=\dfrac{5\,100}{400}+1+\dfrac{1\,600}{400}+1=19$ 根

3. 配料单与料牌

钢筋配料计算完毕，填写配料单，详见表 4-9。

表 4-9　　钢筋配料单

钢筋编号	简　图	钢号	直径/mm	下料长度/mm	单位根数	合计根数	重量/kg
①	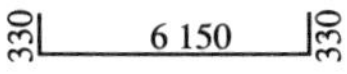	ф	22	6 719	3	24	4 810
②	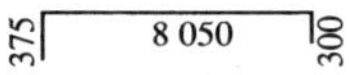	ф	25	8 621	2	16	5 313
③	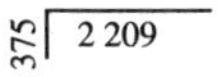	ф	25	2 532	1	8	780
④		ф	25	3 957	1	8	1 219
⑤		ф	14	2 096	2	16	405
⑥	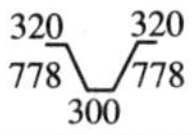	ф	16	2 454	4	32	1 239
⑦	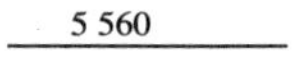	ф	12	5 560	4	32	2 149
⑧		ф	12	2 066	2	16	399
⑨		ф	8	1 684	36	288	1 913

(续表)

钢筋编号	简图	钢号	直径/mm	下料长度/mm	单位根数	合计根数	重量/kg
⑩$_{1}$		ϕ	8	1 684	1	8	53
⑩$_{2}$	532×200	ϕ	8	1 648	1	8	52
⑩$_{3}$	514×200	ϕ	8	1 612	1	8	51
⑩$_{4}$	496×200	ϕ	8	1 576	1	8	50
⑩$_{5}$	478×200	ϕ	8	1 540	1	8	49
⑩$_{6}$	460×200	ϕ	8	1 504	1	8	47
⑩$_{7}$	442×200	ϕ	8	1 468	1	8	46
⑩$_{8}$	424×200	ϕ	8	1 432	1	8	45
⑩$_{9}$	406×200	ϕ	8	1 396	1	8	44
⑩$_{10}$	388×200	ϕ	8	1 360	1	8	43
⑩$_{11}$	370×200	ϕ	8	1 324	1	8	42
⑩$_{12}$	352×200	ϕ	8	1 288	1	8	40
⑪	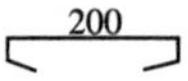	ϕ	6	342.8	20	160	122
						总重 18 919	

列入加工计划的配料单，将每一编号的钢筋制作一块料牌，作为钢筋加工的依据与钢筋安装的标志图4-65。

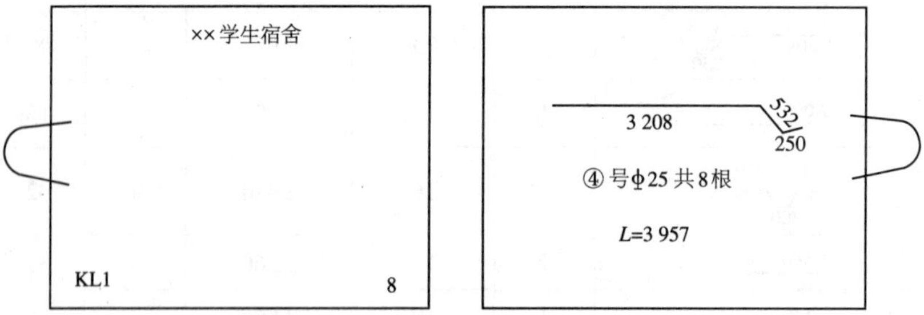

正面　　反面

图4-65　料牌

钢筋配料单和料牌，应严格校核，必须准确无误，以免返工浪费。

4.2.2 钢筋加工

1. 钢筋除锈

钢筋的表面应洁净。油渍、漆污和用锤敲击时能剥落的浮皮、铁锈等应在使用前清除干净。在焊接前，焊点处的水锈应清除干净。

钢筋的除锈，一般可通过以下两个途径：一是在钢筋冷拉或钢丝调直过程中除锈，对大量钢筋的除锈较为经济省力；二是用机械方法除锈。如采用电动除锈机除锈，对钢筋的局部除锈较为方便。还可采用手工除锈（用钢丝刷、砂盘）、喷砂和酸洗除锈等。

在除锈过程中发现钢筋表面的氧化铁皮鳞落现象严重并已损伤钢筋截面，或在除锈后钢筋表面有严重的麻坑、斑点伤蚀截面时，应降级使用或剔除不用。

2. 钢筋调直

钢筋的调直是在钢筋加工成型之前，对热轧钢筋进行矫正，使钢筋成为直线的一道工序。钢筋调直的方法分为机械调直和人工调直。以盘圆供应的钢筋在使用前需要进行调直，调直应优先采用机械方法调直，以保证调直钢筋的质量，钢筋调直机操作如图4-66、图4-67所示。

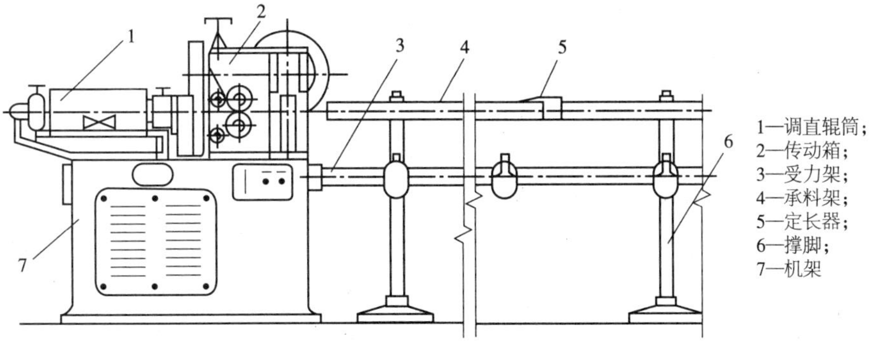

图4-66 钢筋调直机

图4-67 钢筋机械调直示意图

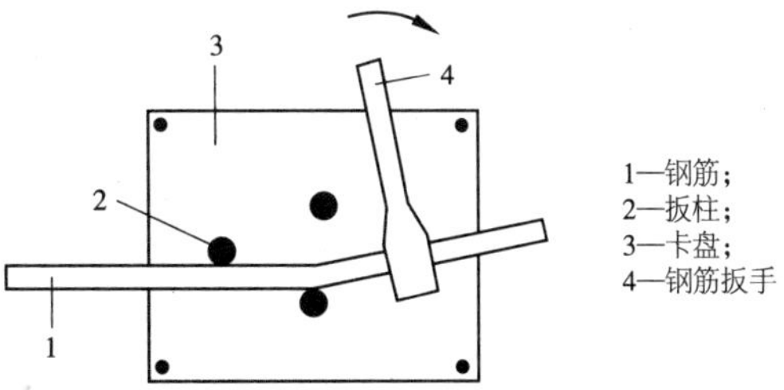

图4-68 钢筋扳手调直

人工调直一般是对数量较少、直径较大的钢筋常采用的一种调查方法。对于直径小于12 mm的钢筋，可在钢筋调直台上用小锤敲直或利用调直台上卡盘和钢筋扳手将钢筋扳直，如图4-68所示；同时，也可利用绞磨车调直，如图4-69所示。对于直径大于12 mm的粗钢筋，如只出现一些缓弯现象的钢筋，可利用人工在调直台上进行调直。在调直32 mm以下的钢筋时，应在扳柱上配有钢套，以调整扳柱之间的净空距离。调直时，将钢筋放在钢套和扳柱之间，将有弯的地方对着扳柱，然后用手扳动钢筋，就可将钢筋调直。

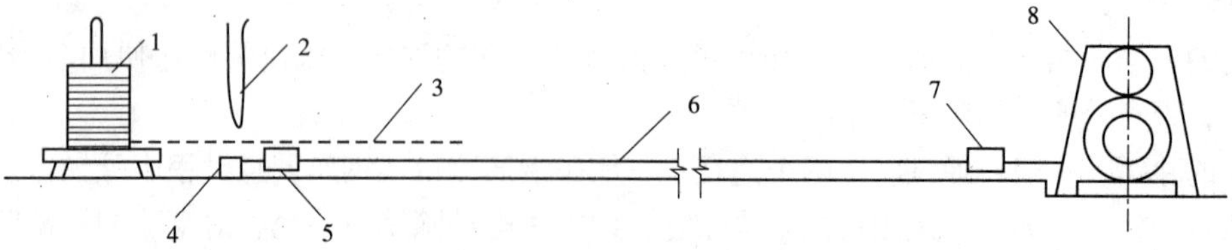

1—盘条架；2—钢筋剪；3—开盘钢筋；4—地锚；5—钢筋夹；6—调直钢筋；7—钢筋夹具；8—绞磨车

图 4-69　绞磨车调直

3. 钢筋切断

1）机具设备

断丝钳切断法。主要用于切断直径较小的钢筋，如钢丝网片、分布钢筋等。

手动切断机。主要用于切断直径在 16 mm 以下的钢筋，其手柄长度可根据切断钢筋直径的大小来调节，以达到切断时省力的目的，如图 4-70 所示。

图 4-70　手动切断机切断钢筋

液压切断器切断法。切断直径在 16 mm 以下的钢筋（图 4-71）。

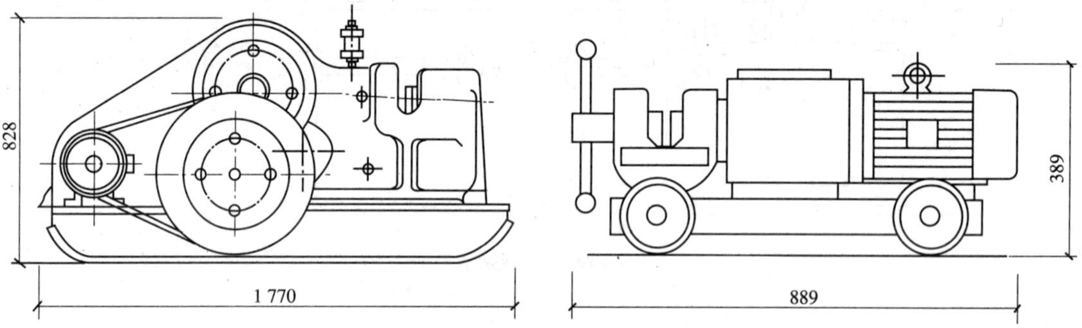

图 4-71　钢筋切断机

2）钢筋切断施工工艺流程

复核料牌 ⇒ 统一排料 ⇒ 设置挡板 ⇒ 检查切断机具 ⇒ 检验

（1）根据配料单复核料牌所注写的钢筋级别、规格、尺寸、数量是否正确。

（2）将同规格钢筋根据不同长度长短搭配，统筹排料；一般应先断长料，后断短料。减少短头，减少损耗。

（3）断料时应避免用短尺量长料，防止在量料中产生累计误差。为此，宜在工作台上标出尺寸刻度线并设置控制断料足寸用的挡板。

（4）检查切断机刀口安装是否正确、牢固，运转是否正常，待试运转正常后，方可进行钢筋的切断。

（5）钢筋的断口，不得有马蹄形或起弯等现象。

4. 钢筋弯曲成型

1）钢筋弯钩和弯折的有关规定

（1）受力钢筋

① HPB300 级钢筋末端应作 180°弯钩，其弯弧内直径不应小于钢筋直径的 2.5 倍，弯钩的弯后平直部分长度不应小于钢筋直径的 3 倍（图 4-72（a））；

② 当设计要求钢筋末端需作 135°弯钩时（图 4-72（b）），HRB335 级、HRB400 级钢筋的弯弧内直径 D 不应小于钢筋直径的 4 倍，弯钩的弯后平直部分长度应符合设计要求；

③ 钢筋作不大于 90°的弯折时（图 4-72（c）），弯折处的弯弧内直径不应小于钢筋直径的 5 倍。

（2）箍筋

除焊接封闭环式箍筋外，箍筋的末端应作弯钩，弯钩形式应符合设计要求；当设计无具体要求时，应符合下列规定：

① 箍筋弯钩的弯弧内直径除应满足本条第（1）点外，尚应不小于受力钢筋的直径；

② 箍筋弯钩的弯折角度，对一般结构，不应小于 90°；对有抗震等要求的结构应为 135°（图 4-72）。

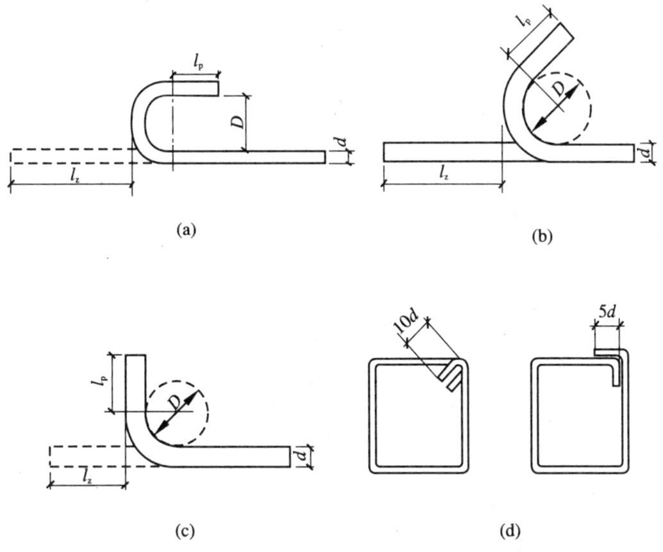

图 4-72　钢筋端头弯钩及弯折

③ 钢筋弯后的平直部分长度，对一般结构，不宜小于箍筋直径的 5 倍，对有抗震等要求的结构，不应小于箍筋直径的 10 倍。

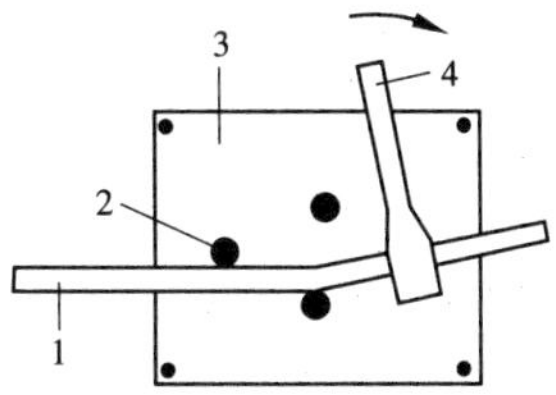

1—钢筋；2—扳柱；3—卡盘；4—钢筋扳手

图 4-73　钢筋手工弯曲

2）机具设备

（1）手工弯曲（图 4-73）

为保证钢筋成型尺寸的准确，首先应在钢筋弯曲前调整好扳距、弯曲点线和扳柱之间的关系。为了保证钢筋弯曲形状和弯弧准确，并防止操作时扳子端部碰着扳柱，故扳子与扳柱之间应保持一定的距离，此距离称为扳距，如图 4-74（a）所示。扳距的大小是根据钢筋的弯曲角度和钢筋的直径来确定的，扳距值可参见表4-10。

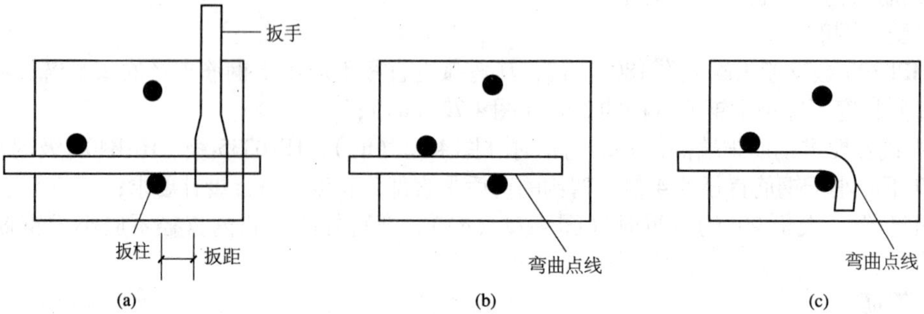

图4-74　弯曲点线和扳柱的关系

表4-10　　**扳距**

弯曲角度	45°	90°	135°	180°
扳　　距	(1.5～2)*d*	(2.5～3)*d*	(3～3.5)*d*	(3.5～4)*d*

注：*d* 为弯曲钢筋的直径。

(2) 机械弯曲

钢筋弯曲机及其工作程序见图4-75、图4-76。

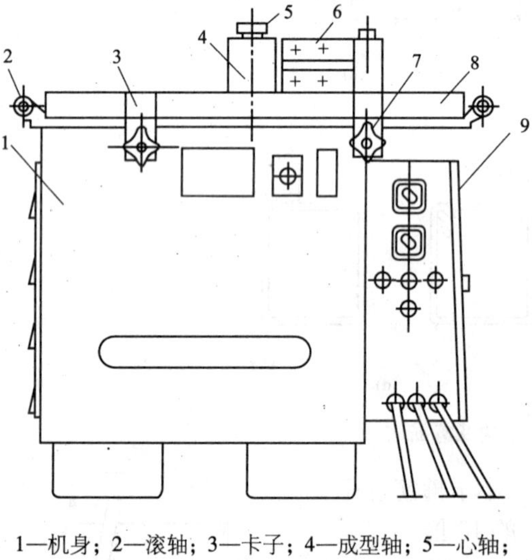

1—机身；2—滚轴；3—卡子；4—成型轴；5—心轴；6—挡铁；7—紧手柄；8—工作台；9—控制配电箱

图4-75　钢筋弯曲机

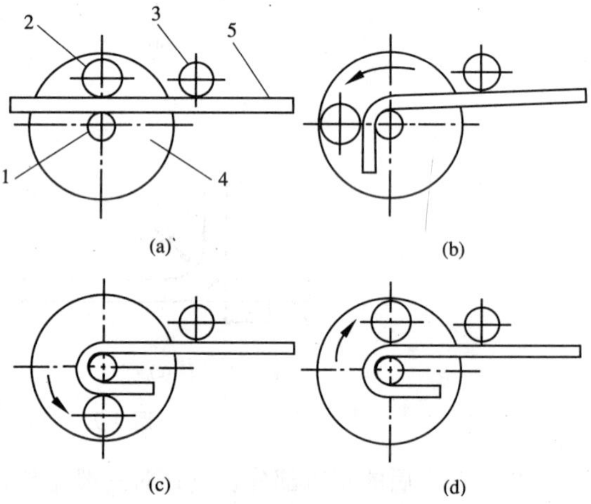

1—心轴；2—成型轴；3—挡铁轴；4—工程盘；5—被弯钢筋

图4-76　弯曲机工作程序

3）弯曲成型工艺流程

划线 ⇒ 试弯 ⇒ 弯曲成型

(1) 画线

钢筋弯曲前，对形状复杂的钢筋（如弯起钢筋），根据钢筋料牌上标明的尺寸，用石笔将各弯曲点位置划出。画线时应注意：

① 根据不同的弯曲角度扣除弯曲调整值（表4-3），其扣法是从相邻两段长度中各扣一半；

② 钢筋端部带半圆弯钩时，该段长度画线时增加0.5d（d为钢筋直径）；

③ 画线工作宜从钢筋中线开始向两边进行；两边不对称的钢筋，也可从钢筋一端开始画线，如划到另一端有出入时，则应重新调整。

(2) 钢筋弯曲成型

钢筋在弯曲机上成型时，心轴直径应是钢筋直径的2.5～5.0倍，成型轴宜加偏心轴套，以便适应不同直径的钢筋弯曲需要。弯曲细钢筋时，为了使弯弧一侧的钢筋保持平直，挡铁轴宜做成可变挡架或固定挡架（加铁板调整）。

钢筋弯曲点线和心轴的关系，如图4-76所示。由于成型轴和心轴在同时转动，就会带动钢筋向前滑移。因此，钢筋弯90°时，弯曲点线约与心轴内边缘齐；弯180°时，弯曲点线距心轴内边缘为（1.0～1.5）d（钢筋硬时取大值）。HRB335与HRB400钢筋，不能弯过头再弯过来，以免钢筋弯曲点处发生裂纹。

【例4-2】 有一根直径为16 mm的Ⅱ级钢筋，所需形状和尺寸如图4-77所示，请对此钢筋进行画线。

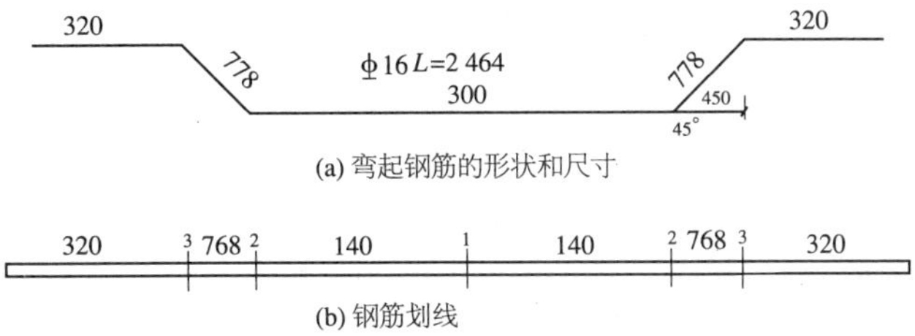

图4-77 钢筋画线（单位：mm）

【解】 ① 首先在钢筋的中心位置画第一道线；

② 取中段（300 mm）的一半并扣除量度差值0.67d，即取（300/2）－0.67×16＝150－10.72＝140（mm）画第二道线；

③ 取斜长（778 mm）并扣除量度差值0.67d，即取778－0.67×16＝778－10.72＝768（mm）画第三道线。

以上画的三道线分别为钢筋的弯曲点，然后分别按扳距、弯曲点线与扳柱的关系进行加工，即可完成所规定的形状。

第一根钢筋弯成型后应与设计尺寸校对一遍，完全符合后再成批生产。

5. 钢筋加工质量检验

1）主控项目

(1) 受力钢筋的弯钩和弯折应符合本书4.2.2第4点第（1）点的规定；

(2) 箍筋弯钩的弯弧内直径、弯折角度、平直段长度应符合本书4.2.2第4点第（2）点的规定。

检查数量，应按每工作班同一类型钢筋、同一加工设备抽查不应少于3件；检查方法，是用钢尺检查。

2）一般项目

钢筋加工的形状与尺寸应符合设计要求，其偏差应符合表4-11 的规定。检查数量与方法，与主控项目相同。

表4-11　　钢筋加工的允许偏差

项　目	允许偏差/mm
受力钢筋顺长度方向全长的净尺寸	±10
弯起钢筋的弯折位置	±20
箍筋内的净尺寸	±5

4.2.3　钢筋的连接

钢筋的连接可分为两类：绑扎搭接；机械连接或焊接。机械连接接头和焊接接头的类型及质量应符合国家现行有关标准的规定。

受力钢筋的接头宜设置在受力较小处。在同一根钢筋上宜少设接头。轴心受拉及小偏心受拉杆件（如桁架和拱的拉杆）的纵向受力钢筋不得采用绑扎搭接接头。

当受拉钢筋的直径 $d>28$ mm 及受压钢筋的直径 $d>32$ mm 时，不宜采用绑扎搭接接头。

4.2.3.1　钢筋的搭接连接

（1）同一构件中相邻纵向受力钢筋的绑扎搭接接头宜相互错开。

（2）钢筋绑扎搭接接头连接区段的长度为1.3 倍搭接长度，凡搭接接头中点位于该连接区段长度内的搭接接头均属于同一连接区段。同一连接区段内纵向钢筋搭接接头面积百分率为该区段内有搭接接头的纵向受力钢筋截面面积与全部纵向受力钢筋截面面积的比值（图4-78）。图中所示同一连接区段内的搭接接头钢筋为两根。当钢筋直径相同时，钢筋搭接接头面积百分率为50%。

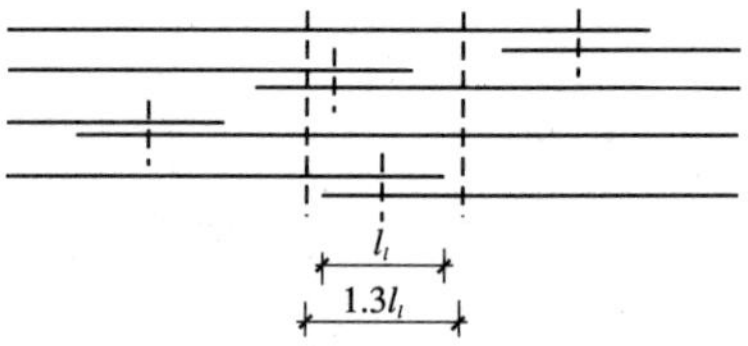

图4-78　同一连接区段内的纵向受拉钢筋绑扎搭接接头

（3）位于同一连接区段内的受拉钢筋搭接接头面积百分率：对梁类、板类及墙类构件，不宜大于25%；对柱类构件，不宜大于50%。当工程中确有必要增大受拉钢筋搭接接头面积百分率时，对梁类构件，不应大于50%；对板类、墙类及柱类构件，可根据实际情况放宽。

（4）纵向受拉钢筋绑扎搭接接头的搭接长度应根据同一连接区段内的钢筋搭接接头面积百分率按式（4-5）计算：

$$l_l = \zeta_l l_a(\text{非抗震})\ l_{lE} = l_l l_{aE}(\text{抗震}) \tag{4-5}$$

式中　l_l——非抗震纵向受拉钢筋的搭接长度；

l_{lE}——抗震纵向受拉钢筋的搭接长度；

l_a，l_{aE}——纵向受拉钢筋的锚固长度，按表4-8 确定；

ζ——纵向受拉钢筋搭接长度修正系数。纵向钢筋搭接接头面积百分比≤25%时为1.2，50%时为1.4，100%时为1.4。

（5）在任何情况下，纵向受拉钢筋绑扎搭接接头的搭接长度均不应小于300 mm。

（6）构件中的纵向受压钢筋，当采用搭接连接时，其受压搭接长度不应小于第4 条纵向受拉钢筋搭接长度的 0.7 倍，且在任何情况下不应小于 200 mm。

（7）在纵向受压钢筋搭接长度范围内应配置箍筋，其直径不应小于搭接钢筋较大直径的 0.25 倍。当钢筋受拉时，箍筋间距不应大于搭接钢筋较小直径的 5 倍，且不应大于 100 mm；当钢筋受压时，箍筋间距不应大于搭接钢筋较小直径的 10 倍，且不应大于 200 mm。当受压钢筋直径 $d>25$ mm时，尚应在搭接接头两个端面外 100 mm 范围内各设置两个箍筋，其间距宜为 50 mm。

4.2.3.2　钢筋焊接连接

1. 钢筋焊接的一般规定

（1）钢筋焊接方法分类及适用范围，见表 4-12。钢筋焊接质量检验，应符合行业标准《钢筋焊接及验收规程》（JGJ 18—2003）和《钢筋焊接接头试验方法标准》（JGJ/T 27—2001）的规定。

（2）压力电渣焊应用于柱、墙、烟囱等现浇混凝土结构中竖向受力钢筋连接；不得用于梁、板等构件中水平钢筋的连接。

（3）在工程开工或每批钢筋正式焊接前，应进行现场条件下的焊接性能试验。合格后，方可正式生产。

（4）钢筋焊接施工之前，应清除钢筋或钢板焊接部位和与电极接触的钢筋表面上的锈斑油污、杂物等；钢筋端部若有弯折、扭曲时，应予以矫直或切除。

（5）进行电阻点焊、闪光对焊、电渣压力焊或埋弧压力焊时，应随时观察电源电压的波动情况。对于电阻点焊或闪光对焊，当电源电压下降大于 5%，小于 8% 时，应采取提高焊接变压器级数的措施，当大于或等于 8% 时，不得进行焊接。对于电渣压力焊或埋弧压力焊，当电源电压下降大于 5% 时，不宜进行焊接。

（6）对从事钢筋焊接施工的班组及有关人员应经常进行安全生产教育，并应制定和实施安全技术措施，加强焊工的劳动保护。防止发生烧伤、触电、火灾、爆炸以及烧坏焊接设备等事故。

（7）焊机应经常维护保养和定期检修，确保正常使用。

表 4-12　　钢筋焊接方法分类及适用范围

焊接方法		接头形式	适用范围	
			钢级级别	钢筋直径/mm
电阻点焊		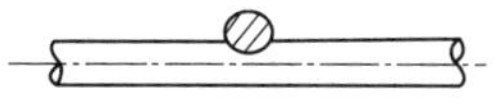	HPB300 级、HRB335 级冷轧带肋钢筋、冷拔光圆钢筋	6～14，5～12，4～5
闪光对焊			HPB300 级、HRB335 级、HRB400 级、RRB400 级	10～40，10～25
电弧焊	帮条双面焊	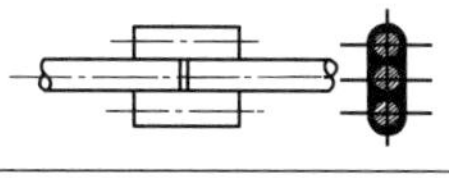	HPB300 级、HRB335 级、HRB400 级、RRB400 级	10～40，10～25
	帮条单面焊	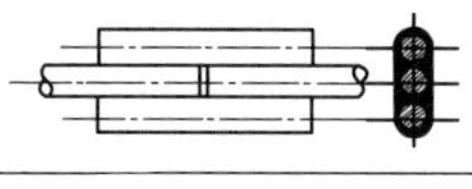	HPB300 级、HRB335 级、HRB400 级、RRB400 级	10～40，10～25
	搭接双面焊	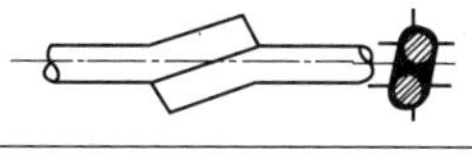	HPB300 级、HRB335 级、HRB400 级、RRB400 级	10～40，10～25
	搭接单面焊	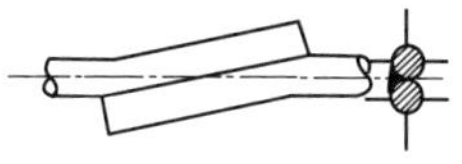	HPB300 级、HRB335 级、HRB400 级、RRB400 级	10～40，10～25

(续表)

焊接方法		接头形式	适用范围	
			钢级级别	钢筋直径/mm
电弧焊	熔槽帮条焊	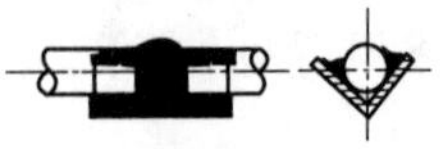	HPB300 级、HRB335 级、HRB400 级、RRB400 级	20 ~ 40，20 ~ 25
	剖口平焊	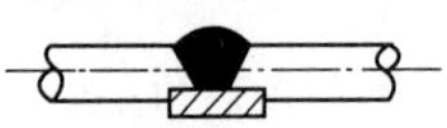	HPB300 级、HRB335 级、HRB400 级、RRB400 级	18 ~ 40，18 ~ 25
	剖口立焊	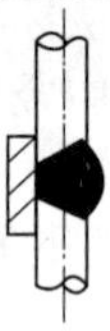	HPB300 级、HRB335 级、HRB400 级、RRB400 级	18 ~ 40 18 ~ 25
	钢筋于钢板搭接焊		HPB300 级、HRB335 级	8 ~ 40
	预埋件角焊	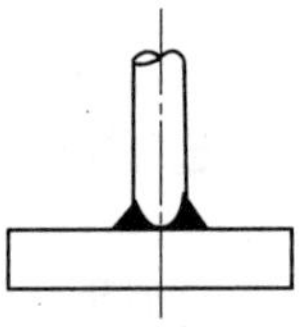	HPB300 级、HRB335 级	6 ~ 25
	预埋件穿孔塞焊	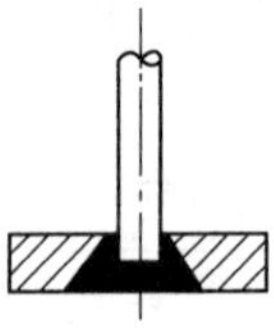	HPB300 级、HRB335 级	20 ~ 25
电渣压力焊			HPB300 级、HRB335 级	14 ~ 40
气压焊		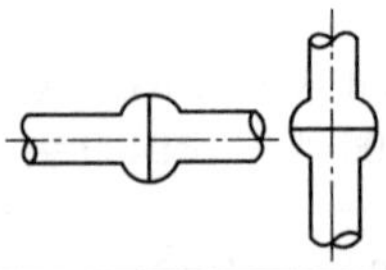	HPB300 级、HRB335 级、HRB400 级	14 ~ 40
预埋件埋弧压力焊		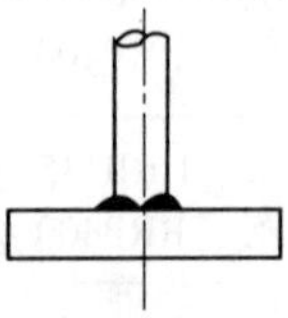	HPB300 级、HRB335 级	6 ~ 25

注：① 表中的帮条或搭接长度值，用于 HPB300 级钢筋；
② 电阻电焊时，适用范围内的钢筋直径系指较小钢筋的直径。

2．钢筋闪光对焊

钢筋闪光对焊是将两根钢筋安放成对接形式，利用焊接电流通过两根钢筋的接触点产生的电阻热，使接触点金属熔化，产生强烈飞溅，形成闪光，迅速施加顶锻力完成的一种压焊方法。闪光对焊广泛用于钢筋的纵向连接，以及预应力钢筋与螺杆的焊接。

钢筋闪光对焊的焊接工艺可分为连续闪光焊、预热闪光焊和闪光—预热闪光焊等。具体应根据钢筋品种、直径、焊机功率、施焊部位等因素选用。

1）连续闪光焊工作流程

将两根钢筋安放成对接形式 ⇒ 闭合电路，两根钢筋端面轻微接触—闪光 ⇒ 徐徐移动钢筋，形成连续闪光 ⇒ 当钢筋端头加热到接近熔点时，以一定压力迅速进行顶锻 ⇒ 先带电顶锻，再无电顶锻到一定长度，完成焊接

2）连续闪光焊工作流程示意

连续闪光焊工作流程见图 4-79。

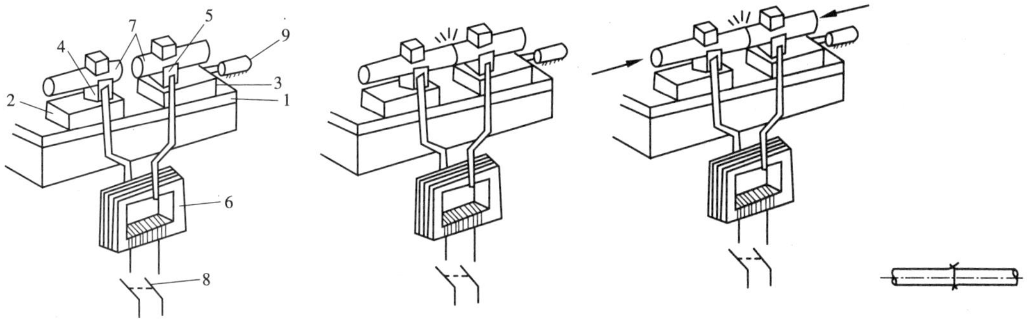

(a) 将两根钢筋安放成对接形式　(b) 闭合电路，两根钢筋端面轻微接触—闪光　(c) 徐徐移动钢筋，形成连续闪光，当钢筋端头加热到接近熔点时，以一定压力迅速进行顶锻　(d) 完成焊接

1—机身；2—固定平板；3—活动平板；4，5—电极；6—变压器；7—钢筋；8—刀开关；9—压力机构

图 4-79　连续闪光焊工作流程示意

3）钢筋闪光对焊接头的质量检验

对闪光对焊接头的质量，应分批进行外观检查和力学性能试验。

（1）外观检查

① 在同一台班内，由同一焊工完成的 300 个同级别、同直径钢筋焊接接头为一批。当同一台班内焊接的接头数量较少时，可在一周之内累计计算；累计仍不足 300 个接头时，应按一批计算。

② 外观检查的接头数量，应从每批中抽取 10%，且不得少于 10 个。

③ 接头应具有适当的镦粗和均匀的金属毛刺。

④ 接头处不得有横向裂纹。

⑤ 与电极接触处的钢筋表面，Ⅰ～Ⅲ级钢筋焊接时，不得有明显的烧伤；Ⅳ级钢筋焊接时，不得有烧伤；负温闪光对焊时，对Ⅱ～Ⅳ级钢筋均不得有烧伤。

⑥ 接头处如有弯折，其弯折角不得大于4°，如图4-80（a）所示。

⑦ 接头处轴线如有偏移，偏移距离不得大于钢筋直径的0.1倍，且不得大于2 mm，如图4-80（b）所示。

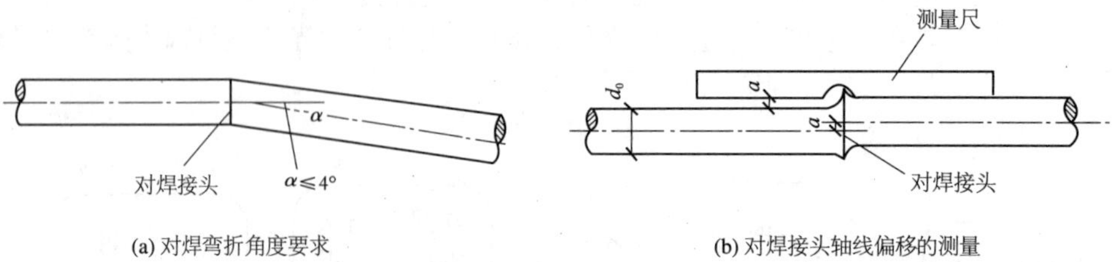

图4-80　钢筋的对焊接头

外观检查结果，当发现有一个接头不符合要求时，应对全部接头进行检查，剔除不合格接头，切除热影响区后重新焊接。

（2）机械性能试验

① 拉伸试验。三个级别的热轧钢筋接头试件的抗拉强度，均不得小于该级别钢筋规定的抗拉强度值；余热处理Ⅲ级钢筋接头试件的抗拉强度，不得小于热轧Ⅲ级钢筋抗拉强度570 MPa。

试验后应至少有两个试件的断口断在焊缝之外，并呈延性断裂。当试验结果发现有一个试件的抗拉强度小于上述规定值，或有2个试件在焊缝或热影响区发生脆性断裂时，应再取6个试件进行复验。

如复验结果仍有一个试件的抗拉强度小于规定值，或有3个试件断于焊缝或热影响区，并呈脆性断裂，则应确认该批接头质量为不合格品。

当试验结果发现有一个试件在焊缝或热影响区发生脆性断裂时，应从成品中再切取3个试件进行复验。如复验结果仍发现有一个试件在焊缝或热影响区发生脆性断裂时，应确认该批接头质量为不合格品。

② 冷弯试验。闪光对焊接头进行冷弯试验时，应将焊接处的金属毛刺和镦粗变形部分消除，且与母材（钢筋）的外表齐平。

冷弯试验可在万能试验机或其他弯曲机上进行，焊缝应处于弯曲中心，弯心直径和弯曲角应符合表4-13的规定。当弯至90°，至少有两个试件不得发生脆断。

表4-13　　闪光对焊接头弯曲试验指标

钢筋级别	弯心直径/mm	弯曲角/(°)
Ⅰ	$2d$	90
Ⅱ	$4d$	90
Ⅲ	$5d$	90
Ⅳ	$7d$	90

当试验结果发现有2个试件发生脆断时，应再取6个试件进行复验。复验结果如果仍有3个试件发生脆断，应确认该批接头为不合格。

3. 钢筋电阻点焊

钢筋电阻点焊是将两根钢筋安放成交叉叠接形式，压紧于两电极之间，利用电阻热熔化母材金属，加压形成焊点的一种压焊方法。

1）钢筋电阻点焊工作流程

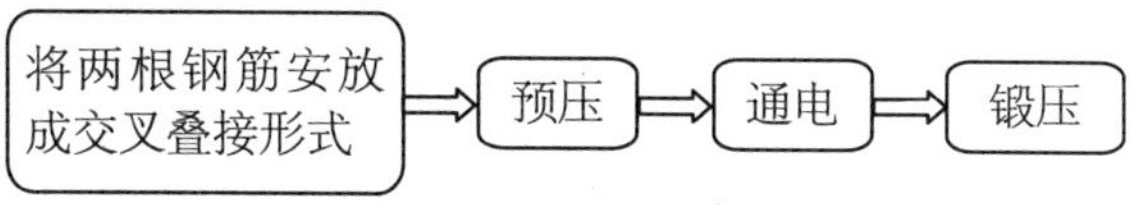

2）钢筋电阻点焊工作流程示意（图 4-81）

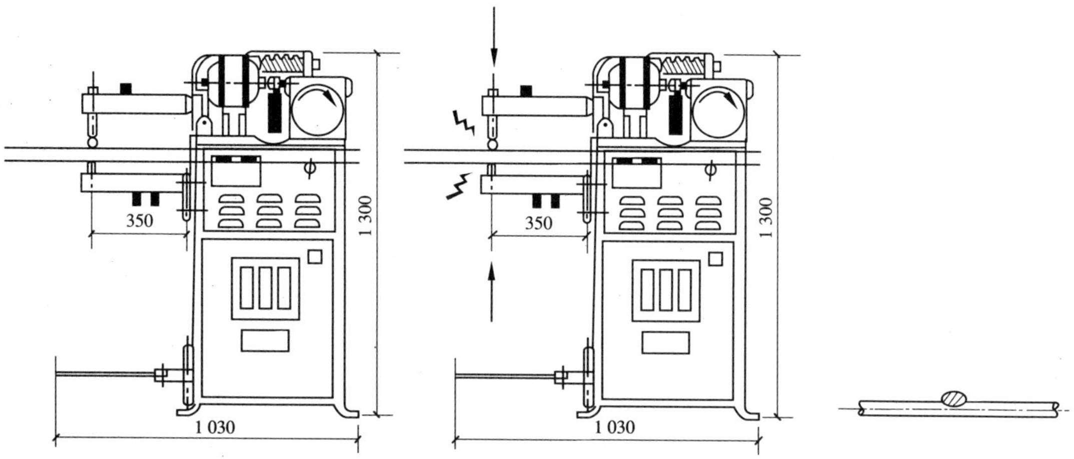

(a) 将两根钢筋安放成交叉叠接形式　(b) 预压、通电　(c) 完成焊接

图 4-81　钢筋电阻点焊工作流程示意

3）钢筋焊接网质量检验

成品钢筋焊接网进场时，应按批抽样检验。

（1）取样数量

每批钢筋焊接网应由同一厂家生产的，受力主筋为同一直径、同一级别的焊接网组成，重量不应大于 20 t。每批焊接网外观质量和几何尺寸的检验，应抽取 5% 的网片，且不得少于 3 片。

钢筋焊接网的焊点应作力学性能试验。在每批焊接网中，应随机抽取一张网片，在纵、横向钢筋上各截取 2 根试件，分别进行拉伸和冷弯试验；并在同一根非受拉钢筋上随机截取 3 个抗剪试件。试件的尺寸如图 4-82 所示。

力学性能试件，应从成品中切取，切取过试件的制品，应补焊同级别、同直径钢筋，其每边搭接的长度不应小于 2 个孔格的长度。

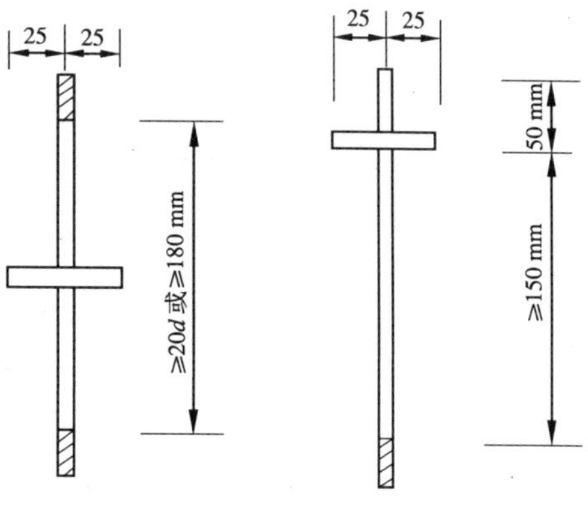

(a) 拉伸试件　(b) 抗剪试件

图 4-82　钢筋焊接网试件

(2) 外观检查

焊接网外观质量检查结果，应符合下列要求：

① 钢筋交叉点开焊数量不得超过整个网片交叉点总数的1%，并且任一根钢筋上开焊点数不得超过该根钢筋上交叉点总数的50%。焊接网最外边钢筋上的交叉点不得开焊。

② 焊接网几何尺寸的允许偏差。对网片的长度、宽度为25 mm；对网格的长度、宽度为±10 mm。当需方有要求时，经供、需双方协商，焊接网片长度允许偏差可取±10 mm。

(3) 力学性能试验

① 抗剪试验时，应采用能悬挂于试验机上专用的抗剪试验夹具。抗剪试验结果，3个试件抗剪力的平均值应符合下式计算的抗剪力

$$F \geqslant 0.3 \times A_0 \times \sigma_s \tag{4-6}$$

式中 F——抗剪力；

A_0——较大钢筋的横截面积；

σ_s——该级别钢筋（丝）规定的屈服强度（MPa）。

当抗剪试验不合格时，应在取样的同一横向钢筋上所有交叉焊点取样检查；当全部试件平均值合格时，应确认该批焊接网为合格品。

② 拉伸试验与弯曲试验方法，与常规方法相同。试验结果应符合该级别钢筋的力学性能指标；如不合格，则应加倍取样进行不合格项目的检验。复验结果全部合格时，该批钢筋网方可判定为合格。

4. 钢筋电弧焊

钢筋电弧焊是以焊条作为一板、钢筋为另一板，利用焊接电流通过产生的电弧热进行焊接的一种熔焊方法。

1) 钢筋电弧焊焊接时的要求

钢筋电弧焊包括帮条焊、搭接焊、坡口焊和熔槽帮条焊等接头形式。焊接时应符合下列要求：

(1) 应根据钢筋级别、直径、接头形式和焊接位置，选择焊条、焊接工艺和焊接参数；

(2) 焊接时，引弧应在垫板、帮条或形成焊缝的部位进行，不得烧伤主筋；

(3) 焊接地线与钢筋应接触紧密；

(4) 焊接过程中应及时清渣，焊缝表面应光滑，焊缝余高应平缓过渡，弧坑应填满。

2) 帮条焊和搭接焊

帮条焊和搭接焊宜采用双面焊。当不能进行双面焊时，可采用单面焊。当帮条级别与主筋相同时，帮条直径可与主筋相同或小一个规格；当帮条直径与主筋相同时，帮条级别可与主筋相同或低一个级别。

(1) 施焊前，钢筋的装配与定位，应符合下列要求：

① 帮条焊时，两主筋端面之间的间隙应为2～5 mm；

② 采用搭接焊时，焊接端钢筋应预弯，并应使两钢筋的轴线在一直线上；

③ 帮条和主筋之间应采用四点定位焊固定（图4-83（a）），搭接焊时，应采用两点固定（图4-83（b）），定位焊缝与帮条端部或搭接端部的距离应大于或等于20 mm。

(2) 施焊时，应在帮条焊或搭接焊形成焊缝中引弧；在端头收弧前应填满弧坑，并应使主焊缝与定位焊缝的始端和终端熔合。

(3) 帮条焊或搭接焊的焊缝厚度 h 不应小于主筋直径的0.3倍，焊缝宽度 b 不应小于主筋直径的0.7倍（图4-84）。

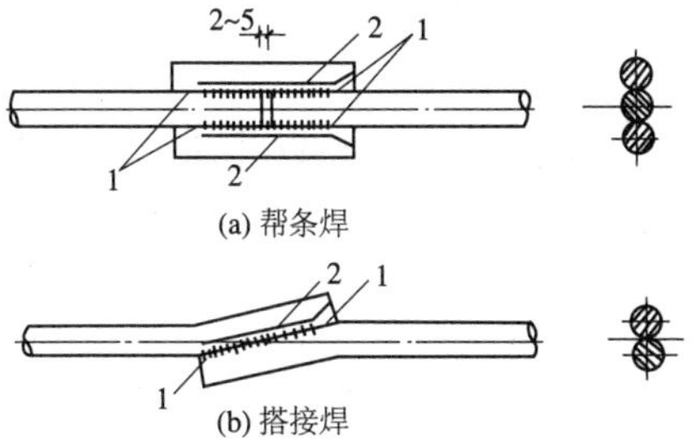

1—定位焊缝；2—弧坑拉出方位

图 4-83　帮条焊与搭接焊的定位

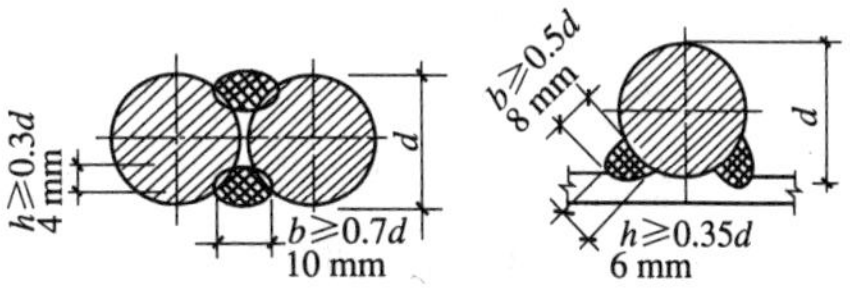

(a) 钢筋接头　(b) 钢筋与钢板接头

图 4-84　焊缝尺寸

（4）钢筋与钢板搭接焊时，搭接长度：Ⅰ级钢筋单面焊≥8d，双面焊≥4d，Ⅱ，Ⅲ级钢筋单面焊≥10d，双面焊≥5d。焊缝宽度不得小于钢筋直径的 0.5 倍，焊缝厚度不得小于钢筋直径的 0.35 倍。

5. 钢筋电渣压力焊

钢筋电渣压力焊是将两根钢筋安放成竖向对接形成，利用焊接电流通过两根钢筋端面间隙，在焊剂层下形成电弧过程和电渣过程，产生电弧热和电阻热，熔化钢筋，加压完成的一种压焊方法。

这种焊接方法比电弧焊节省钢材、工效高、成本低，适用于现浇钢筋混凝土结构中竖向或斜向（倾斜度在 4∶1 范围内）钢筋的连接。电渣压力焊在供电条件差、电压不稳、雨季或防火要求高的场合应慎用。

1）钢筋电渣压力焊工作流程

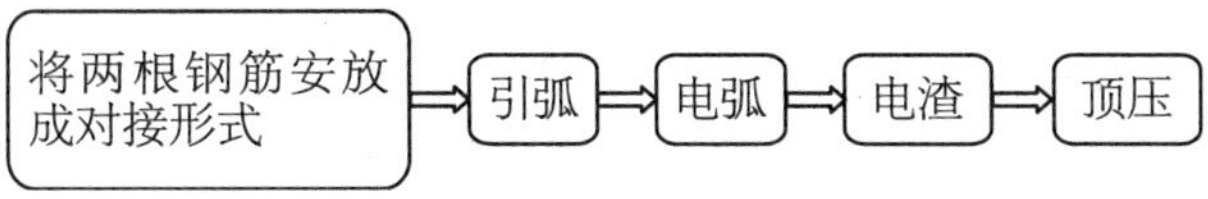

2）钢筋电渣压力焊工作流程示意（图 4-85）

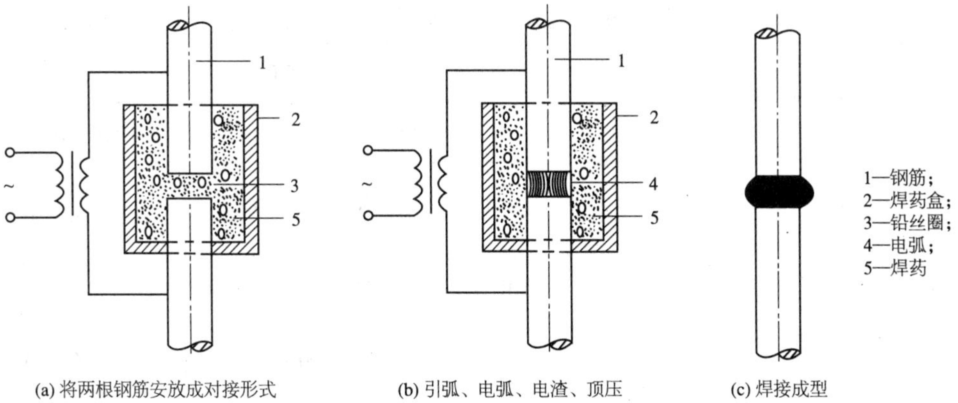

(a) 将两根钢筋安放成对接形式　(b) 引弧、电弧、电渣、顶压　(c) 焊接成型

图 4-85　钢筋电渣压力焊工作流程

3）电渣压力焊、接头质量检验

(1) 取样数量

电渣压力焊接头应逐个进行外观检查。当进行力学性能试验时，应从每批接头中随机切取 3

个试件做拉伸试验，且应按下列规定抽取试件。

① 在一般构筑物中，应以 300 个同级别钢筋接头作为一批；

② 在现浇钢筋混凝土多层结构中，应以每一楼层或施工区段中 300 个同级别钢筋接头作为一批，不足 300 个接头仍应作为一批。

（2）外观检查

电渣压力焊接头外观检查结果应符合下列要求。

① 四周焊包凸出钢筋表面的高度应大于或等于 4 mm；

② 钢筋与电极接触处，应无烧伤缺陷；

③ 接头处的弯折角不得大于 4°；

④ 接头处的轴线偏移不得大于钢筋直径 0. 1 倍，且不得大于 2 mm。

外观检查不合格的接头应切除重焊，或采用补强焊接措施。

（3）拉伸试验

电渣压力焊接头拉伸试验结果，3 个试件的抗拉强度均不得小于该级别钢筋规定的抗拉强度。

当试验结果有 1 个试件的抗拉强度低于规定值，应再取 6 个试件进行复验。复验结果，当仍有 1 个试件的抗拉强度小于规定值，应确认该批接头为不合格品。

4. 2. 3. 3 钢筋机械连接

钢筋机械连接是指通过连接件的机械咬合作用或钢筋端面的承压作用，将一根钢筋中的力传递至另一根钢筋的连接方法。这类连接方法是我国近 10 年来陆续发展起来的，它具有以下优点：接头质量稳定可靠，不受钢筋化学成分的影响，人为因素的影响也小；操作简便，施工速度快，且不受气候条件影响；无污染、无火灾隐患，施工安全等。在粗直径钢筋连接中，钢筋机械连接方法有广阔的发展前景。

1. 一般规定

钢筋机械连接方法分类及适用范围，见表 4-14。钢筋机械连接接头的设计、应用与验收应符合行业标准《钢筋机械连接通用技术规程》（JGJ 107—2003）和各种机械连接接头技术规程的规定。

表 4-14　　钢筋机械连接方法分类及适用范围

机械连接方法		适用范围	
		钢筋级别	钢筋直径/mm
钢筋套筒挤压连接		HRB335，HRB400，RRB400	16 ~ 40 16 ~ 40
钢筋锥螺纹套筒连接		HRB335，HRB400，RRB400	16 ~ 40 16 ~ 40
钢筋镦粗直螺纹套筒连接		HRB335，HRB400	16 ~ 40
钢筋滚压直螺纹套筒连接	直接滚压	HRB335，HRB400	16 ~ 40
	挤肋滚压		16 ~ 40
	剥肋滚压		16 ~ 50

钢筋机械连接接头，应根据静力单向拉伸性能以及高应力和大变形条件下反复拉、压性能的差异。分为下列三个性能等级。

A 级：接头抗拉强度达到或超过母材抗拉强度标准值，并具有高延性及反复拉压性能。

B 级：接头抗拉强度达到或超过母材屈服强度标准值的 1.35 倍，具有一定的延性及反复拉压性能。

C 级：接头仅承受压力。

接头性能等级的选定，应符合下列规定。

(1) 混凝土结构中要求充分发挥钢筋强度或对接头延性要求较高的部位，应采用 A 级接头；

(2) 混凝土结构中钢筋受力小或对接头延性要求不高的部位，可采用 B 级接头；

(3) 非抗震设防和不承受动力荷载的混凝土结构中钢筋只承受压力的部位，可采用 C 级接头。

2. 钢筋套筒挤压连接

带肋钢筋套筒挤压连接是将两根待接钢筋插入钢套筒，用挤压连接设备沿径向挤压钢套筒，使之产生塑性变形，依靠变形后的钢套筒与被连接钢筋纵、横肋产生的机械咬合成为整体的钢筋连接方法（图 4-86）。

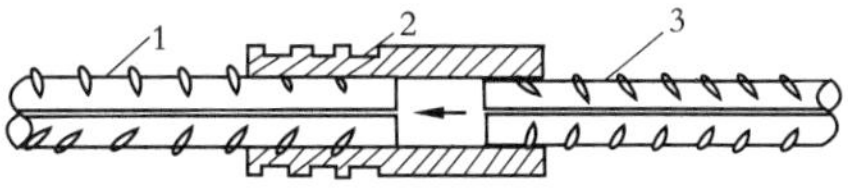

1—已挤压的钢筋；2—钢套筒；3—未挤压的钢筋

图 4-86　钢筋套筒挤压连接

这种接头质量稳定性好，可与母材等强，但操作工人工作强度大，有时液压油污染钢筋，综合成本较高。钢筋挤压连接，要求钢筋最小中心间距为 90 mm。

1）挤压工艺工作流程

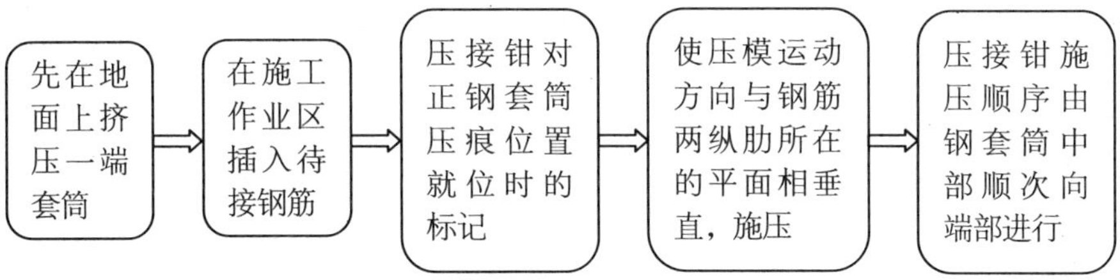

2）挤压工艺工作流程示意（图 4-87）

钢筋挤压（图 4-87）连接宜先在地面上挤压一端套筒，在施工作业区插入待接钢筋后再挤压另端套筒。压接钳就位时，应对正钢套筒压痕位置的标记，并使压模运动方向与钢筋两纵肋所在的平面相垂直，即保证最大压接面能在钢筋的横肋上。压接钳施压顺序由钢套筒中部顺次向端部进行，每次施压时，主要控制压痕深度。

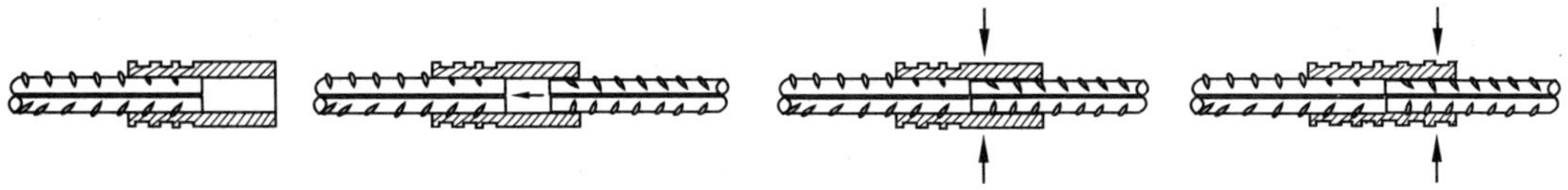

(a) 先在地面上挤压一端套筒　(b) 在施工作业区插入待接钢筋　(c) 压接钳对正钢套筒压痕位置就位时的标记，垂直施压　(d) 压接钳施压顺序由钢套筒中部顺次向端部进行

图 4-87　钢筋挤压工作流程示意

3）异常现象及消除措施（表4-15）

表 4-15　　钢筋套筒挤压连接异常现象及消除措施

项次	异常现象和缺陷	原因或消除措施
1	挤压机无挤压力	（1）高压油管连接位置不正确； （2）油泵故障
2	钢套筒套不进钢筋	（1）钢筋弯折或纵肋超偏差； （2）砂轮修磨纵肋
3	压痕分布不匀	压接时将压模与钢套筒的压接标志对正
4	接头弯折超过规定值	（1）压接时摆正钢筋； （2）切除或调直钢筋弯头
5	压接程度不够	（1）泵压不足； （2）钢套筒材料不符合要求
6	钢筋伸入套筒内长度不够	（1）未按钢筋伸入位置、标志挤压； （2）钢套筒材料不符要求
7	压痕明显不均	检查钢筋在套筒内伸入度是否有压空现象

4）套筒挤压接头质量检验

钢套筒进场，必须有原材料试验单与套筒出厂合格证，并由该技术提供单位，提交有效的形式检验报告。

钢筋套筒挤压连接开始前及施工过程中，应对每批进场钢筋进场钢筋进行挤压连接工艺检验。工艺检验应符合下列要求：每种规格钢筋的接头试件不应少于3个；接头试件的钢筋母材应进行抗拉强度试验；3个接头试件强度均应符合现行行业标准《钢筋机械连接通用技术规程》（JGJ－107—2003）中相应等级的强度要求，对于A级接头，试件抗拉强度应大于等于0.9倍钢筋母材的实际抗拉强度（计算实际抗拉强度时，应采用钢筋的实际横截面面积）。

钢筋套筒挤压接头现场检验，一般只进行接头外观检查和单向拉伸试验。

（1）取样数量

同批条件为材料、等级、形式、规格、施工条件相同。批的数量为500个接头，不足此数时也作为一个验收批。

对每一验收批，应随机抽取10%的挤压接头作外观检查；抽取3个试件作单向拉伸试验。在现场检验合格的基础上，连续10个验收批单向拉伸试验合格率为100%时，可以扩大验收批所代表的接头数量一倍。

（2）外观检查

挤压接头的外观检查，应符合下列要求。

① 挤压后套筒长度应为1.10～1.15倍原套筒长度，或压痕外套筒的外径为0.8～0.9原套筒的外径；

② 挤压接头的压痕道数应符合形式检验确定的道数；

③ 接头处弯折不得大于4°；

④ 挤压后的套筒不得有肉眼可见的裂缝。

如外观质量合格数大于等于抽检数的90%，则该批为合格。如不合格数超过抽检教的10%，则应逐个进行复验。在外观不合格的接头中抽取6个试件作单向拉伸试验再判别。

（3）单向拉伸试验

3个接头试件的抗拉强度均应满足A级或B级抗拉强度的要求。如有一个试件的抗拉强度不符合要求，则加倍抽样复验。复验中如仍有一个试件检验结果不符合要求，则该验收批单向拉伸试验判为不合格。

3. 钢筋锥螺纹套筒连接

钢筋锥螺纹套筒连接，是将两根待接钢筋端头用套丝机做出锥形外丝，然后用带锥形内丝的套筒将钢筋两端拧紧的钢筋连接方法（图4-88）。

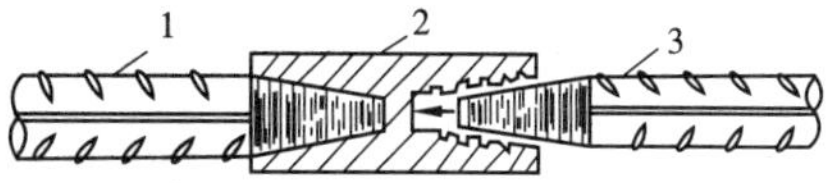

1—已连接的钢筋；2—锥螺纹套筒；3—待连接的钢筋

图4-88 钢筋锥螺纹套筒连接

这种接头质量稳定性一般，施工速度快。综合成本较低。近年来，在普通型锥螺纹接头的基础上，增加钢筋端头预压或锻粗工序，开发出GK型钢筋等强锥螺纹接头，可与母材等强。

1）连接工艺工作流程

经检验合格的钢筋在套丝机上加工锥螺纹 ⇒ 锥螺纹一端拧上塑料保护帽，另端拧上钢套筒与塑料封盖，用扭矩扳手将套筒拧至规定的力距 ⇒ 将下层钢筋上端的塑料保护帽拧下来露出丝扣并清理干净 ⇒ 将已拧套筒的上层钢筋拧到被连接的钢筋上 ⇒ 用扭力扳手按规定的力矩值把接头拧紧。直至扭力扳手在调定的力矩值发出响声，并画上标记

2）钢筋锥螺纹套筒连接工作流程示意（图4-89）

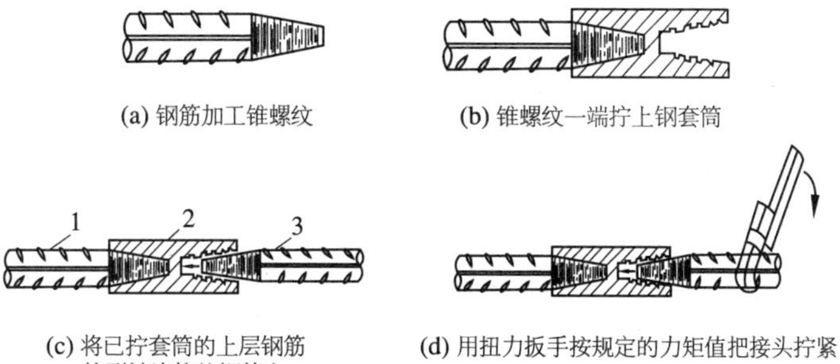

(a) 钢筋加工锥螺纹　(b) 锥螺纹一端拧上钢套筒

(c) 将已拧套筒的上层钢筋拧到被连接的钢筋上　(d) 用扭力扳手按规定的力矩值把接头拧紧

图4-89 钢筋锥螺纹套筒连接工作流程示意

3）钢筋锥螺纹接头质量检验

（1）连接钢筋时，应检查连接套筒出厂合格证、钢筋锥螺纹加工检验记录。

（2）钢筋连接工程开始前及施工过程中。应对每批进场钢筋和接头进行工艺检验：每种规格钢筋母材进行抗拉强度试验；每种规格钢筋接头的试件数量不应少于3个；接头试件应达到现行行业标准《钢筋机械连接通用技术规程》（JGJ 107—2003）中相应等级的强度要求。

(3) 随机抽取同规格接头数的10%进行外观检查。应满足钢筋与连接套筒的规格一致，接头丝扣无完整丝扣外露。

如发现有一个完整丝扣外露，即为连接不合格，必须查明原因，责令工人重新拧紧或进行加固处理。

(4) 用质检的力矩扳手，按表4-16规定的接头拧紧值抽检接头的连接质量。抽验数量：梁、柱构件按接头数的15%，且每个构件的接头抽验数不得少于1个接头；基础、墙、板构件按各自接头数，每100个接头作为一个验收批，不足100个也作为一个验收批，每批抽检3个接头。抽检的接头应全部合格，如有1个接头不合格，则该验收批接头应逐个检查，对查出的不合格接头应采用电弧帖角焊缝方法补强，焊缝高度不得小于5 mm。

表4-16　　锥螺纹钢筋接头拧紧力距值

钢筋直径/mm	16	18	20	22	25～28	32	36～40
扭紧力距/(N·m)	118	145	177	216	275	314	343

(5) 接头的现场检验按验收批进行。同一施工条件下的同一批材料的同等级、同规格接头，以500个为一个验收批进行检验与验收，不足500个也作为一个验收批。

(6) 对接头的每一验收批，应在工程结构中随机抽取3个试件作单向拉伸试验，按设计要求的接头性能等级进行检验与评定。

(7) 在现场连续检验10个验收批，全部单向拉伸试件一次抽样均合格时，验收批接头数量可扩大一倍。

(8) 当质检部门对钢筋接头的连接质量产生怀疑时，可以用非破损张拉设备做接头的非破损拉伸试验。

4. 钢筋镦粗直螺纹套筒连接

钢筋墩粗直螺纹套筒连接，是先将钢筋端头镦粗，再切削成直螺纹，然后用带直螺纹的套筒将钢筋两端拧紧的钢筋连接方法（图4-90）。

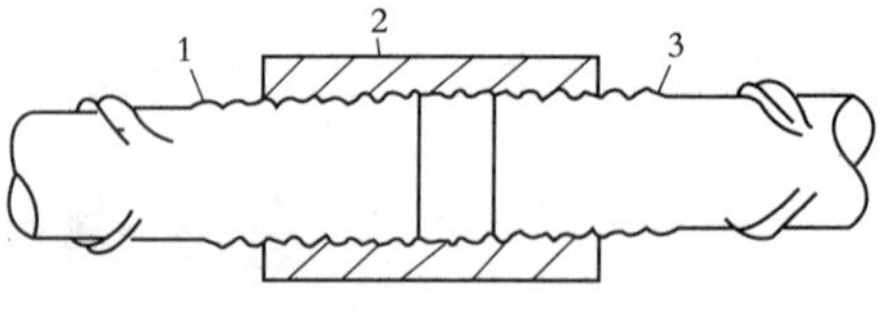

1—已连接的钢筋；2—直螺纹套筒；3—正在拧入的钢筋

图4-90　钢筋直螺纹套筒连接

墩粗直螺纹钢筋接头的特点：钢筋端部经冷镦后不仅直径增大，使套丝后丝扣底部横截面积不小于钢筋原截面积，而且由于冷镦后钢材强度的提高，致使接头部位有很高的强度，断裂均发生母材，达到SA级接头性能的要求。

这种接头的螺纹精度高，接头质量稳定性好，操作简便，连接速度快，价格适中。

1) 连接工艺工作流程

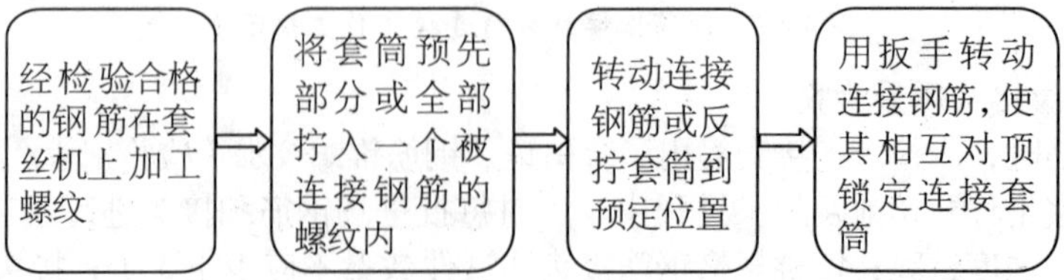

2）连接工艺流程示意（图 4-91）

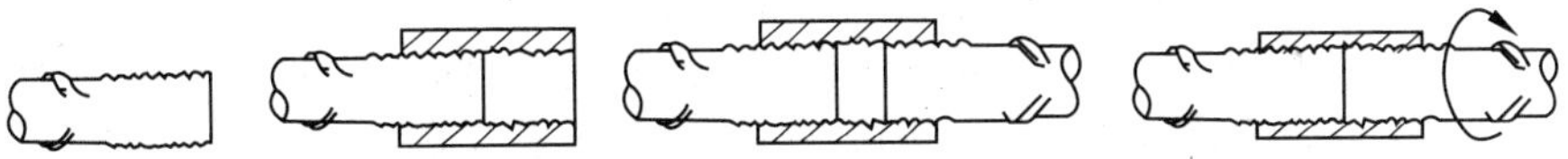

(a) 钢筋加工螺纹 (b) 将套筒拧入一个被连接钢筋螺纹内 (c) 转动连接钢筋或反拧套筒到预定位置 (d) 用扳手转动连接钢筋，使其相互对顶锁定连接套筒

图 4-91 钢筋直螺纹套筒连接工作流程

直螺纹钢筋连接时，应采用扭力扳手按表 4-17 规定的力矩值把钢筋接头拧紧。

表 4-17 直螺纹钢筋接头拧紧力矩值

钢筋直径/mm	16 ~ 18	20 ~ 22	25	28	32	36 ~ 40
拧紧力矩/(N · m)	100	200	250	280	320	350

3）接头质量检验

（1）钢筋连接开始前及施工过程中，应对每批进场钢筋进行接头连接工艺检验。每种规格钢筋的接头试件不应少于 3 个，作单向拉伸试验。其抗拉强度应能发挥钢筋母材强度或大于 1. 15 倍钢筋抗拉强度标准值。

（2）接头的现场检验按验收批进行。同一施工条件下采用同一批材料的同等级别、同规格接头，以 500 个为 1 个验收批。对接头的每一个验收批，必须在工程结构中随机抽取 3 个试件做单向拉伸试验。当 3 个试件的抗拉强度都能发挥钢筋母材强度或大于 1. 15 倍钢筋抗拉强度标准值时，该验收批达到 SA 级强度指标。如有 1 个试件的抗拉强度不符合要求，应加倍取样复验。如 3 个试件的抗拉强度仅达到该钢筋的抗拉强度标准值，则该验收批降为 A 级强度指标。在现场连续检验 10 个验收批，全部单向拉伸试件一次抽样均合格时，验收批接头数量可扩大一倍。

5. 钢筋滚压直螺纹套筒连接

钢筋滚压直螺纹套筒连接，是利用金属材料塑性变形后冷作硬化增强金属材料强度的特性，使接头与母材等强的连接方法。根据滚压直螺纹成型方式，又可分为直接滚压螺纹、挤压肋滚压螺纹、剥肋滚压螺纹三种类型。

1）工作流程

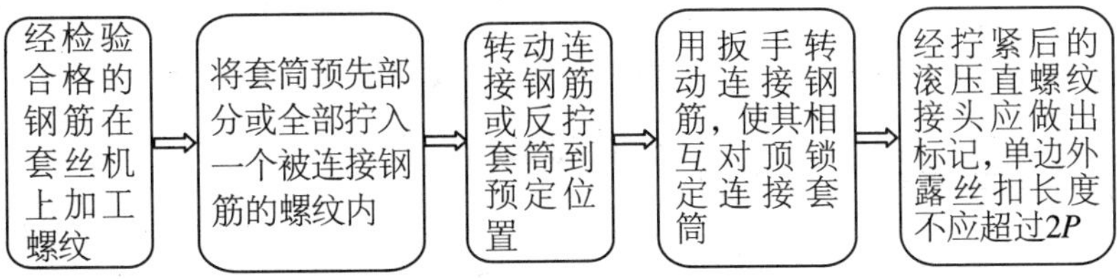

2）工作流程示意（图 4-92）

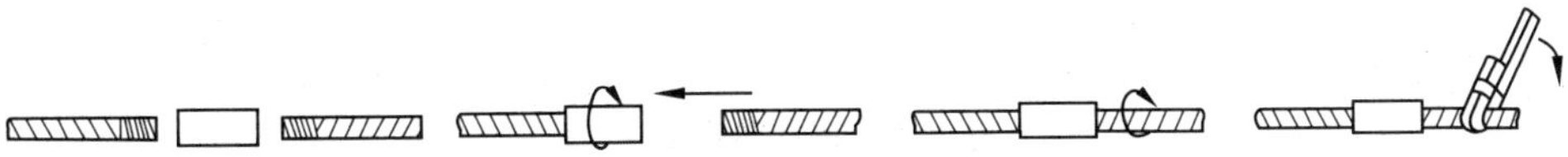

(a) 加工螺纹 (b) 将套筒预先部分或全部拧入一个被连接钢筋的螺纹内 (c) 转动连接钢筋到预定位置 (d) 用扳手转动连接钢筋，使其相互对顶锁定连接套筒

图 4-92 钢筋滚压直螺纹套筒连接工作流程

连接钢筋时，钢筋规格和套筒的规格必须一致，钢筋和套筒的丝扣应干净、完好无损。采用预埋接头时，连接套筒的位置、规格和数量应符合设计要求。带连接套筒的钢筋应固定牢靠，连接套筒的外露端应有保护盖。根据待接钢筋所在部位及转动难易情况，选用不同的套筒类型，采取不同的安装方法。滚压直螺纹接头应使用扭力扳手或管钳进行施工，将两个钢筋丝头在套筒中间位置相互顶紧，接头拧紧力矩应符合表4-17的规定。扭力扳手的精度为±5%。

3）接头质量检验

（1）工程中应用滚压直螺纹接头时，技术提供单位应提交有效的型式检验报告。

（2）钢筋连接作业开始前及施工过程中，应对每批进场钢筋进行接头连接工艺检验。工艺检验应符合下列要求：每种规格钢筋的接头试件不应少于3根；接头试件的钢筋母材应进行抗拉强度试验；3根接头试件的抗拉强度均不应小于该级别钢筋抗拉强度的标准值，同时尚应不小于0.9倍钢筋母材的实际抗拉强度。

（3）现场检验应进行拧紧力矩检验和单向拉伸强度试验。对接头有特殊要求的结构，应在设计图纸中另行注明相应的检验项目。

（4）用扭力扳手按表4-17规定的接头拧紧力矩值抽检接头的施工质量。抽检数量为：梁、柱构件按接头数的15%，且每个构件的接头抽检数不得少于一个接头，基础、墙、板构件每100个接头作为一个验收批，不足100个也作为一个验收批，每批抽检3个接头。抽检的接头应全部合格；如有一个接头不合格，则该验收批接头应逐个检查并拧紧。

（5）滚压直螺纹接头的单向拉伸强度试验按验收批进行。同一施工条件下采用同一批材料的同等级、同形式、同规格接头，以500个为一个验收批进行检验。在现场连续检验10个验收批，其全部单向拉伸试验一次抽样合格时，验收批接头数量可扩大为1 000个。

（6）对每一验收批，应在工程结构中随机抽取3个试件做单向拉伸试验。当3个试件抗拉强度均不小于A级接头的强度要求时，该验收批判为合格。如有一个试件的抗拉强度不符合要求，则应加倍取样复验。

滚压直螺纹接头的单向拉伸试验破坏形式有三种：钢筋母材拉断、套筒拉断、钢筋从套筒中滑脱，只要满足强度要求，任何破坏形式均可判断为合理。

4.2.4 钢筋安装

1. 钢筋现场绑扎

（1）核对成品钢筋的钢号、直径、形状、尺寸和数量等是否与料单料牌相符。如有错漏，应纠正增补。

（2）准备绑扎用的铁丝、绑扎工具（如钢筋钩、带扳口的小撬棍），绑扎架等（图4-93）。

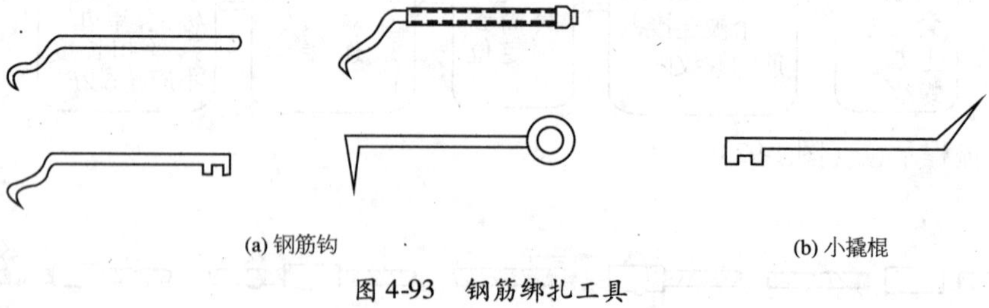

(a) 钢筋钩　　(b) 小撬棍

图4-93　钢筋绑扎工具

钢筋绑扎用的铁丝，可采用20～22号铁丝，其中22号铁丝只用于绑扎直径12 mm以下的钢筋。

（3）准备控制混凝土保护层用的水泥砂浆垫块或塑料卡。水泥砂浆垫块的厚度，应等于保护层厚度。垫块的平面尺寸：当保护层厚度等于或小于 20 mm 时为 30 mm × 30 mm，大于 20 mm 时为 50 mm × 50 mm。当在垂直方向使用垫块时，可在垫块中埋入 20 号铁丝。

塑料卡的形状有两种：塑料垫块和塑料环圈，见图 4-94 塑料垫块用于水平构件（如梁、板），在两个方向均有凹槽，以便适应两种保护层厚度。塑料环圈用于垂直构件（如柱、墙），使用时钢筋从卡嘴进入卡腔；由于塑料环圈有弹性，可使卡腔的大小能适应钢筋直径的变化。

(a) 塑料垫块　(b) 塑料环圈　(c) 水泥砂浆垫块

图 4-94　水泥砂浆垫块、塑料卡

（4）划出钢筋位置线。平板或墙板的钢筋，在模板上画线；柱的箍筋，在两根对角线主筋上划点；梁的箍筋，则在架立筋上划点；基础的钢筋，在两向各取一根钢筋划点或在垫层上画线。

（5）绑扎形式复杂的结构部位时，应先研究逐根钢筋穿插就位的顺序，并与模板工联系讨论支模和绑扎钢筋的先后次序，以减少绑扎困难。

2. 基础钢筋绑扎

1）工作流程

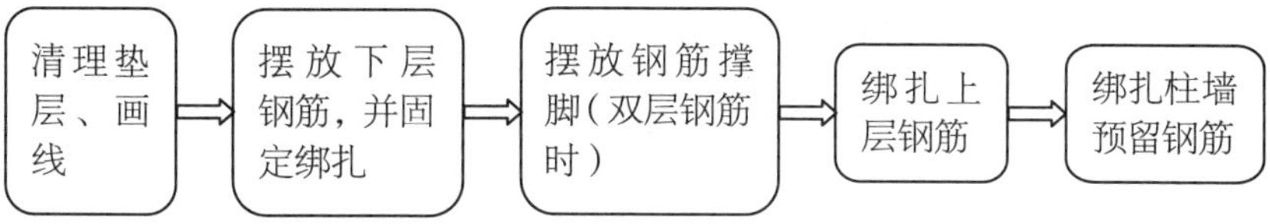

2）工作流程示意（图 4-95）

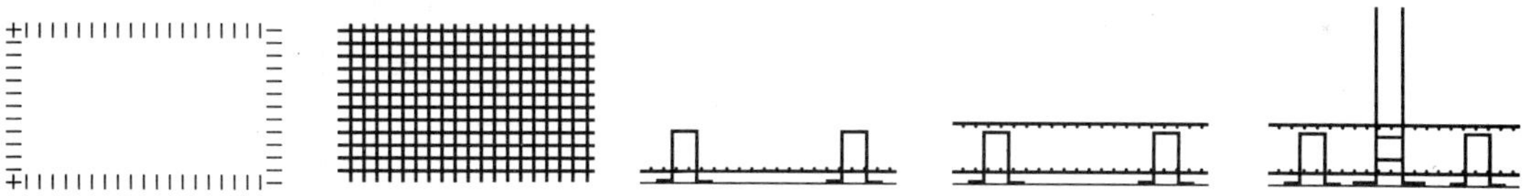

(a) 清理垫层、画线　(b) 摆放下层钢筋，并固定绑扎　(c) 摆放钢筋撑脚（双层钢筋时）　(d) 绑扎上层钢筋　(e) 绑扎柱墙预留钢筋

图 4-95　基础钢筋绑扎工作流程

3）施工要求

（1）钢筋网的绑扎，四周两行钢筋交叉点应每点扎牢，中间部分交叉点可相隔交错扎牢，但必须保证受力钢筋不位移。双向主筋的钢筋网，则须将全部钢筋相交点扎牢。绑扎时应注意相邻绑扎点的铁丝扣要成八字形，以免网片歪斜变形。

（2）基础底板采用双层钢筋网时，在上层钢筋网下面应设置钢筋撑脚或混凝土撑脚。以保证钢筋位置正确。

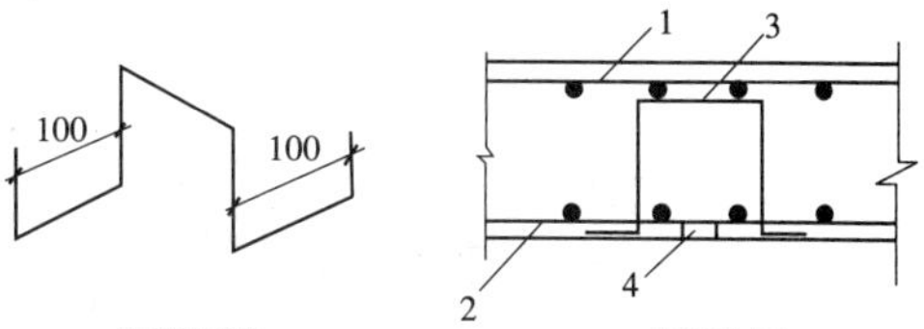

(a) 钢筋撑脚　(b) 撑脚位置

1—上层钢筋；2—下层钢筋；3—钢筋撑脚；4—垫块

图 4-96　钢筋撑脚

钢筋撑脚的形式与尺寸如图 4-96 所示，每隔

1 m 放置一个。其直径选用：当板厚 $h \leqslant 30$ cm 时为 8 ~ 10 mm；当板厚 $h=30 \sim 50$ mm 时为 12 ~ 14 mm；当板厚 $h>50$ cm 时为 16 ~ 18 mm。

(3) 钢筋的弯钩应朝上，不要倒向一边，但双层钢筋网的上层钢筋弯钩应朝下。

(4) 独立柱基础为双向弯曲，其底面短边的钢筋应放在长边钢筋的上面。

(5) 现浇柱与基础连接用的插筋，其箍筋应比柱的箍筋缩小一个柱筋直径，以便连接。插筋位置一定要固定牢靠，以免造成柱轴线偏移。

(6) 对厚片筏上部钢筋网片，可采用钢管临时支撑体系。图 4-97 示出绑扎上部钢筋网片用的钢管支撑。在上部钢筋网片绑扎完毕后，需置换出水平钢管；为此另取一些垂直钢管通过直角扣件与上部钢筋网片的下层钢筋连接起来（该处需另用短钢筋段加强），替换了原支撑体系。在混凝土浇筑过程中，逐步抽出垂直钢管。此时，上部荷载可由附近的钢管及上、下端均与钢筋网焊接的多个拉结筋来承受。由于混凝土不断浇筑与凝固，拉结筋细长比减少，提高了承载力。

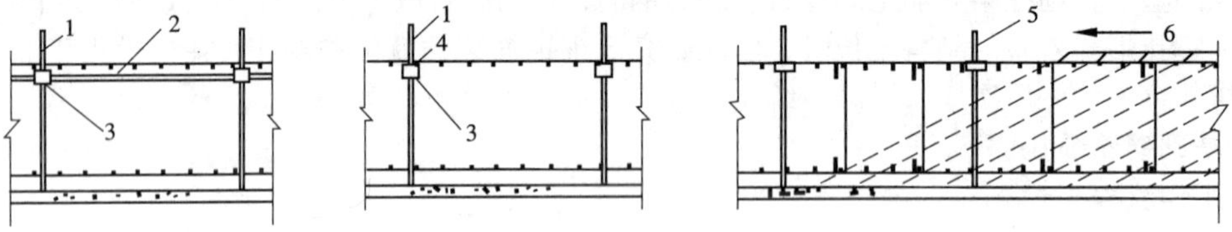

(a) 绑扎上部钢筋网片时　(b) 浇筑混凝土前　(c) 浇筑混凝土时

1—垂直钢管；2—水平钢管；3—直角扣件；4—下层水平钢筋；5—待拔钢管；6—混凝土浇筑方向

图 4-97　厚片筏上部钢筋网片的钢管临时支撑

3. 柱钢筋绑扎

1）工作流程

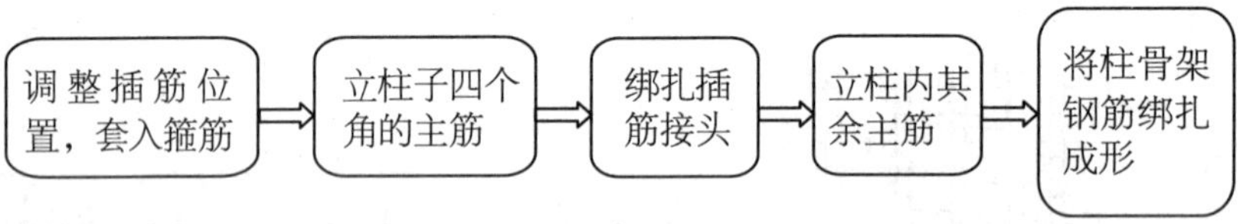

2）工作流程示意（图 4-98）

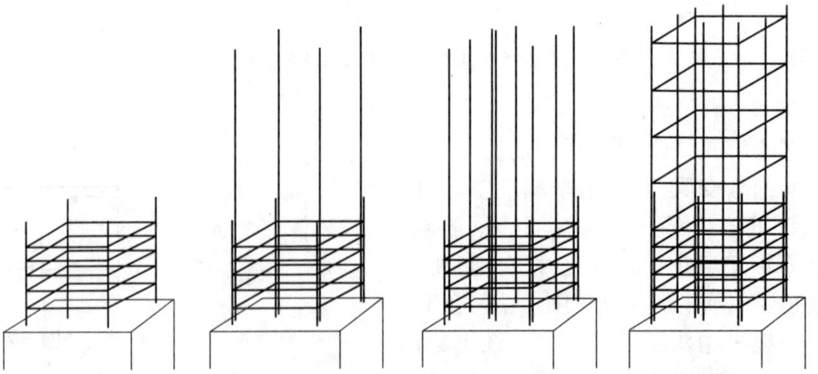

(a) 调整插筋位置，套入箍筋　(b) 立柱子四个角的主筋，绑扎插筋接头　(c) 立柱内其余主筋　(d) 将柱骨架钢筋绑扎成形

图 4-98　柱钢筋绑扎工作流程

3）施工要点

（1）柱中的竖向钢筋搭接时，角部钢筋的弯钩应与模板成45°（多边形柱为模板内角的平分角，圆形柱应与模板切线垂直）。中间钢筋的弯钩应与模板成90°。如果用插入式振捣器浇筑小型截面柱对，弯钩与模板的角度不得小于15°。

（2）箍筋的接头（弯钩叠合处）应交错布置在四角纵向钢筋上；箍筋转角与纵向钢筋交叉点均应扎牢（箍筋平直部分与纵向钢筋交叉点可间隔扎牢）。绑扎箍筋时绑扣相互间应成八字形。

（3）下层柱的钢筋露出楼面部分，宜用工具式柱箍将其收进一个柱筋直径，以利上层柱的钢筋搭接。当柱截面有变化时，其下层柱钢筋的露出部分，必须在绑扎梁的钢筋之前，先行收缩准确。

（4）框架梁、牛腿及柱帽等钢筋，应放在柱的纵向钢筋内侧。

（5）柱钢筋的绑扎，应在模板安装前进行。

4. 墙钢筋绑扎

1）工作流程

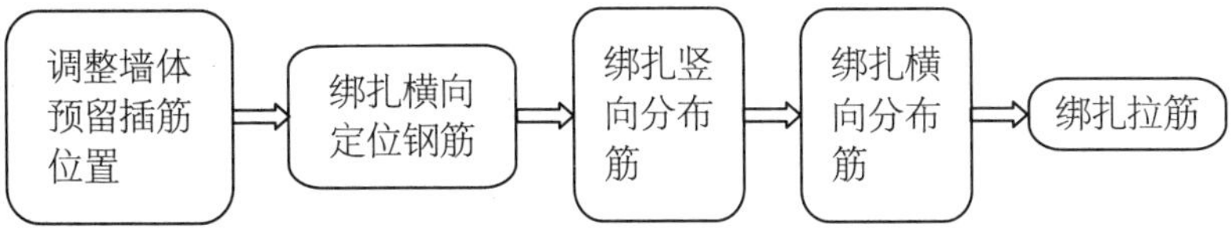

2）工作流程示意（图4-99）

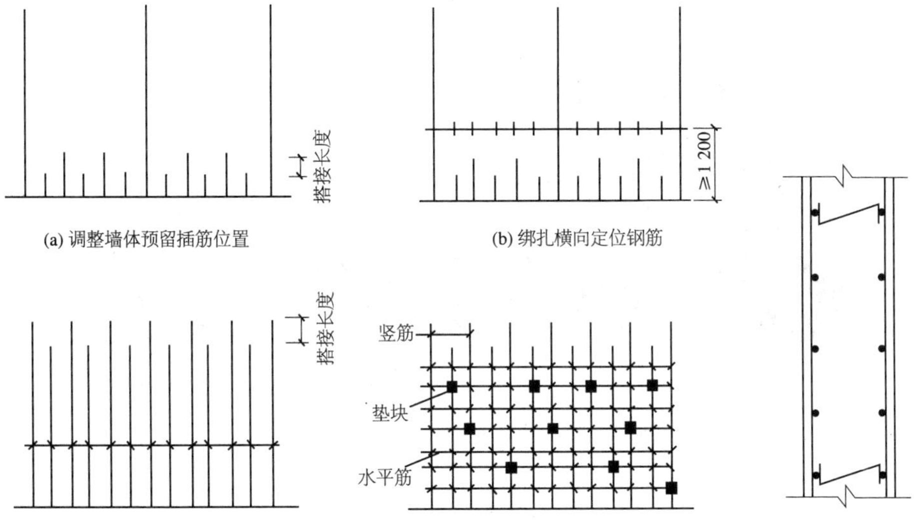

(a) 调整墙体预留插筋位置　(b) 绑扎横向定位钢筋　(c) 绑扎竖向分布筋　(d) 绑扎横向分布筋　(e) 绑扎拉筋

图4-99　墙钢筋绑扎工作流程

3）施工要点

（1）墙（包括水塔壁、烟囱筒身、池壁等）的垂直钢筋每段长度不宜超过4 m（钢筋直径≤12 mm）或6 m（直径＞12 mm），水平钢筋每段长度不宜超过8 m，以利绑扎。

（2）墙的钢筋网绑扎同基础，钢筋的弯钩应朝向混凝土内。

（3）采用双层钢筋网时，在两层钢筋间应设置撑铁，以固定钢筋间距。撑铁可用直径 6 ~ 10 mm 的钢筋制成。长度等于两层网片的净距，间距约为 1 m，相互错开排列。

（4）墙的钢筋，可在基础钢筋绑扎之后浇筑混凝土前插入基础内。

（5）墙钢筋的绑扎，也应在模板安装前进行。

5. 梁板钢筋绑扎

1）工作流程

绑扎主梁钢筋 ⇒ 绑扎次梁钢筋 ⇒ 梁的高度较小时，梁的钢筋架空在梁顶上绑扎，然后再落位；梁的高度较大(≥1.0 m)时，梁的钢筋宜在梁底模上绑扎，其两侧模或一侧模后装

2）施工要点

（1）纵向受力钢筋采用双层排列时，两排钢筋之间应垫以直径≥25 mm 的短钢筋，以保持其设计距离。

（2）箍筋的接头（弯钩叠合处）应交错布置在两根架立钢筋上，其余同柱。

（3）框架节点处钢筋穿插十分稠密时，应特别注意梁顶面主筋间的净距要有 30 mm，以利浇筑混凝土。

（4）梁钢筋的绑扎与模板安装之间的配合关系：①梁的高度较小时，梁的钢筋架空在梁顶上绑扎，然后再落位；②梁的高度较大（≥1.0 m）时，梁的钢筋宜在梁底模上绑扎，其两侧模或一侧模后装（图 4-100）。

(a) 梁的高度较小时，梁的钢筋架空在梁顶上绑扎，然后再落位

(b) 梁的高度较大(≥1.0 m)时，梁的钢筋宜在梁底模上绑扎，其两侧模或一侧模后装

图 4-100　钢筋的绑扎与模板安装之间的配合关系

6. 板钢筋绑扎

1）工作流程

清理垫层、画线 ⇒ 摆放下层钢筋，并固定绑扎 ⇒ 摆放钢筋撑脚（双层钢筋时） ⇒ 安装管线 ⇒ 绑扎上层钢筋

2）工作流程示意（图4-101）

（1）先在模板上画出受力钢筋和分布钢筋线；

（2）其次铺设图中①，②，③，④号受力钢筋；

（3）再铺设⑤号钢筋，并将二者交叉点全部绑扎牢固；

（4）再铺设⑥，⑦，⑧，⑨，⑩号支座负筋和分布钢筋，并将全部交叉点绑牢，加钢马橙垫混凝土保护层垫块。

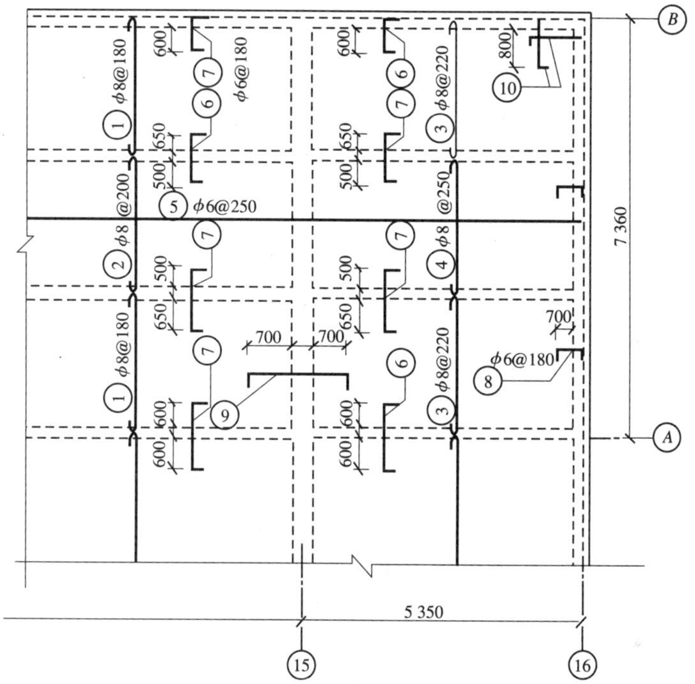

图4-101　现浇楼板的布筋顺序

3）施工要点

（1）现浇楼板钢筋的绑扎是在梁钢筋骨架放下之后进行的。在现浇楼板钢筋铺设时，对于单向受力板，应先铺设平行于短边方向的受力钢筋，后铺设平行于长边方向分布钢筋；对于双向受力板，应先铺设平行于短边方向的受力钢筋，后铺设平行于长边方向的受力钢筋。且须特别注意，板上部的负筋、主筋与分布钢筋的相交点必须全部绑扎，并垫上保护层垫块。如楼板为双层钢筋时，两层钢筋之间应撑铁，以确保两层钢筋之间的有效高度，管线应在负筋没有绑扎前预埋好，以免施工人员施工时过多地踩倒负筋。

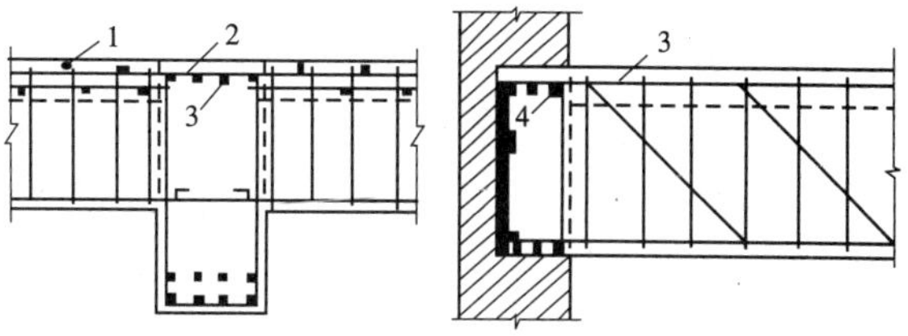

(a) 板、次梁与主梁交叉处钢筋　(b) 主梁与垫梁交叉处钢筋

1—板的钢筋；2—次梁钢筋；3—主梁钢筋；4—垫梁钢筋

图4-102　梁板中钢筋的位置

（2）板、次梁与主梁交叉处，板的钢筋在上，次梁的钢筋居中，主梁的钢筋在下（图4-102（a））；当有圈梁或垫梁时，主梁的钢筋在上（图4-102（b））。

（3）板的钢筋网绑扎与基础相同。但

应注意板上部的负筋，要防止被踩下；特别是雨篷、挑檐、阳台等悬臂板，要严格控制负筋位置，以免拆模后断裂。

(4) 梁板钢筋绑扎时，应防止水电管线将钢筋抬起或压下。

7. 钢筋安装质量检验

钢筋安装完成之后，在浇筑混凝土之前，应进行钢筋隐蔽工程验收。其内容包括：

① 纵向受力钢筋的品种、规格、数量、位置等；

② 钢筋连接方式、接头位置、接头数量、接头面积百分率等；

③ 箍筋、横向钢筋的品种、规格、数量、间距等；

④ 预埋件的规格、数量、位置等。

钢筋隐蔽工程验收前，应提供钢筋出厂合格证、检验报告及进置复验报告，钢筋焊接接头和机械连接接头力学性能试验报告。

1) 主控项目

(1) 钢筋安装时，受力钢筋的品种、级别、规格和数量必须符合设计要求。

检查数量：应全数检查。

检查方法：有观察和用钢尺检查。

(2) 纵向受力钢筋的连接方式应符合设计要求。

检查数量：应全数检查。

检查方法：使用观察。

2) 一般项目

(1) 钢筋接头位置、接头面积百分率、绑扎搭接长度等应符合设计或构造的要求。

(2) 箍筋、横向钢筋的品种、规格、数量、间距等应符合设计要求。

(3) 钢筋安装位置的偏差，应符合表 4-18 的规定。

检查数量：在同一检验批内，对梁、柱和独立基础，应抽查构件数量的 10%，且不少于 3 件；对墙和板，应按有代表性的自然间抽查 10%，且不少于 3 件；对大空间结构，墙可按相邻轴数间高度 5 m 左右划分检查面，板可按纵、横轴线划分检查面，抽查 10%，且均不少于 3 面。

检验方法：使用观察和钢尺检查。

表 4-18　　钢筋安装位置的允许偏差和检验方法

项目			允许偏差/mm	检验方法
绑扎钢筋网	长、宽		±10	钢尺检查
	网眼尺寸		±20	钢尺量连续三档，取最大值
绑扎钢筋骨架	长		±10	钢尺检查
	宽、高		±5	钢尺检查
受力钢筋	间距		±10	钢尺量两端、中间各一点，取最大值
	排距		±5	
	保护层厚度	基础	±10	钢尺检查
		柱、梁	±5	钢尺检查
		板、墙、壳	±3	钢尺检查

（续表）

项目		允许偏差/mm	检验方法
绑扎箍筋、横向钢筋间距		±20	钢尺量连续三档，取最大值
钢筋弯起点位置		+20	钢尺检查
预埋件	中心线位置	+5	钢尺检查
	水平高差	+3.0	钢尺和塞尺检查

注：① 检查预埋件中心线位置时，应沿纵、横两个方向量测，并取其中的较大值；
② 表中梁类、板类构件上部纵向受力钢筋保护层厚度的合格点率应达到 90% 及以上，且不得有超过表中数值 1.5 倍的尺寸偏差。

4.2.5 植筋施工

在钢筋混凝土结构上钻出孔洞，注入胶黏剂，植入钢筋，待其固化，即完成植筋施工。用此法植筋犹如原有结构中的预埋筋，能使所植钢筋的技术性能得以充分利用。

植筋方法具有：工艺简单、工期短、造价省、操作方便、劳动强度低、质量易保证等优点，为工程结构加固及解决新、旧混凝土连接提出了一个全新的处理技术。

1. 钢筋胶黏剂

喜利得 Hit—Hy150 胶黏剂为软塑状的两个不同化学组分，分别装入两个管状箔包中。在两个箔包的端部设有特殊的连接器，然后再放入手动注射器中，扳动注射器将两个箔包中的不同组分挤出，在连接器中相遇后，再通过混合器将两个不同组分充分混合后，最终注入所需植筋的孔洞中。

该胶黏剂的两个不同化学组分在未混合前，不会固化，一旦混合后，就会发生化学反应，出现凝胶现象，并很快固化。胶黏剂凝固愈合时间随基础材料的温度而变化，参见表 4-19。

表 4-19　　胶黏剂凝固愈合时间

基础材料温度/℃	凝固时间/min	愈合时间/min
-5	25	360
0	18	180
5	13	90
20	5	45
30	4	25
40	2	15

该胶粘剂的施工温度范围为 -5℃ ~ +40℃。

2. 植筋工作流程

钻孔 ⇒ 清孔 ⇒ 填胶粘剂 ⇒ 植筋 ⇒ 凝胶

3. 植筋工程工作流程示意（图 4-103）

(a) 钻孔　(b) 清孔　(c) 注胶　(c) 植筋

图 4-103　植筋工作流程示意

4. 施工要点

（1）钻孔使用配套冲击电钻。钻孔时，孔洞间距与孔洞深度应满足设计要求。

（2）清孔时，先用吹气泵清除孔洞内粉尘等，再用清孔刷清孔，要经多次吹刷完成。同时，不能用水冲洗，以免残留在孔中的水分削弱黏合剂的作用。

（3）使用植筋注射器从孔底向外均匀地把适量胶粘剂填注孔内，注意勿将空气封入孔内。

（4）按顺时针方向把钢筋平行于孔洞走向轻轻植入孔中，直至插入孔底，胶粘剂溢出。

（5）将钢筋外露端固定在模架上，使其不受外力作用，直至凝结，并派专人现场保护。凝胶的化学反应时间一般为 15 min，固化时间一般为 1 h。

项目 4.3　混凝土工程

学习重点：

1. 掌握基础、框架、剪力墙混凝土浇筑的技术要求；
2. 掌握混凝土施工缝的设置位置和施工缝的处理；
3. 掌握混凝土养护、拆模的技术要求和质量检验标准；
4. 了解喷射混凝土的浇筑，了解特种混凝土的施工。

4.3.1　混凝土浇捣机械

混凝土（concrete）浇捣施工机械，如图 4-104 所示。

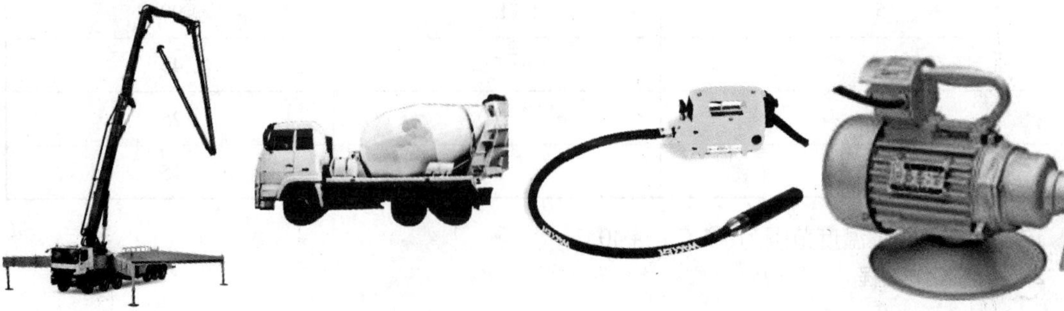

(a) 混凝土泵车　(b) 混凝土运输车　(b) 混凝土振捣棒　(d) 平板振捣棒

图 4-104　混凝土浇捣施工机械

4.3.1.1　基础混凝土浇筑

在浇筑混凝土前，对地基应事先按设计标高和轴线进行校正，并应清除淤泥和杂物，同时注意排除开挖出来的水和开挖地点的流动水，以防冲刷新浇筑的混凝土。

1. 柱基础浇筑

(1) 台阶式基础施工时（图4-105），可按台阶分层一次浇筑完毕（预制柱的高杯口基础的高台部分应另行分层），不允许留设施工缝。每层混凝土要一次卸足，顺序是先边角，后中间，务使砂浆充满模板。

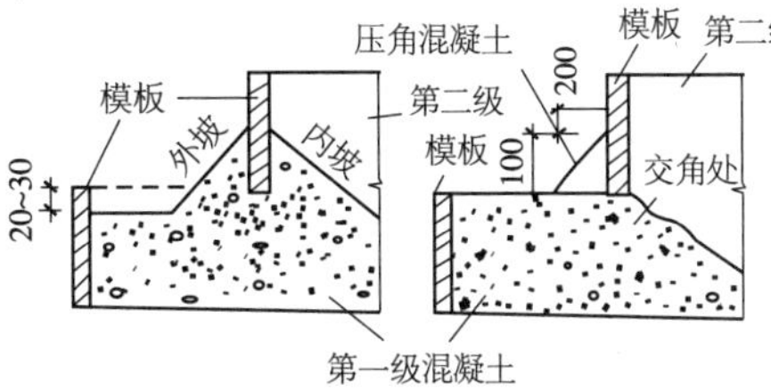

图4-105　台阶式柱基础交角处混凝土浇筑方法示意图

(2) 浇筑台阶式柱基时，为防止垂直交角处可能出现吊脚（上层台阶与下口混凝土脱空）现象，可采取如下措施。

① 在第一级混凝土捣固下沉2~3 cm后暂不填平，继续浇筑第二级，先用铁锹沿第二级模板底圈做成内外坡，然后再分层浇筑，外圈边坡的混凝土于第二级振捣过程中自动摊平，待第二级混凝土浇筑后，再将第一级混凝土齐模板顶边拍实抹平。

② 捣完第一级后拍平表面，在第二级模板外先压以20 cm × 10 cm的压角混凝土并加以捣实后，再继续浇筑第二级。待压角混凝土接近初凝时，将其铲平重新搅拌利用。

③ 如条件许可，宜采用柱基流水作业方式，即顺序先浇一排杯基第一级混凝土，再回转依次浇第二级。这样对已浇好的第一级将有一个下沉的时间，但必须保证每个柱基混凝土在初凝之前连续施工。

(3) 为保证杯形基础杯口底标高的正确性，宜先将杯口底混凝土振实并稍停片刻，再浇筑振捣杯口模四周的混凝土，振动时间尽可能缩短。同时还应特别注意杯口模板的位置，应在两侧对称浇筑，以免杯口模挤向一侧或由于混凝土泛起而使芯模上升。

(4) 高杯口基础，由于这一级台阶较高且配置钢筋较多，可采用后安装杯口模的方法，即当混凝土浇捣到接近杯口底时，再安杯口模板后继续浇捣。

(5) 锥式基础，应注意斜坡部位混凝土的捣固质量，在振捣器振捣完毕后，用人工将斜坡表面拍平，使其符合设计要求。

(6) 为提高杯口芯模周转利用率，可在混凝土初凝后终凝前将芯模拔出，并将杯壁划毛。

(7) 现浇柱下基础时，要特别注意连接钢筋的位置，防止移位和倾斜。发现偏差时及时纠正。

2. 条形基础浇筑

(1) 浇筑前，应根据混凝土基础顶面的标高在两侧木模上弹出标高线；如采用原槽土模时，应在基槽两侧的土壁上交错打入长10 cm左右的标杆，并露出2~3 cm，标杆面与基础顶面标高平，标杆之间的距离约3 m。

(2) 根据基础深度宜分段分层连续浇筑混凝土，一般不留施工缝。各段层间应相互衔接，每段间浇筑长度控制在2~3 m距离，做到逐段逐层呈阶梯形向前推进。

3. 设备基础浇筑

(1) 一般应分层浇筑，并保证上下层之间不留施工缝，每层混凝土的厚度为20~30 cm。每层浇筑顺序应从低处开始，沿长边方向自一端向另一端浇筑，也可采取中间向两端或两端向中间浇筑的顺序。

(2) 对一些特殊部位，如地脚螺栓、预留螺栓孔、预埋管道等，浇筑混凝土时要控制好混凝土上升速度，使其均匀上升。同时防止碰撞，以免发生位移或歪斜。对于大直径地脚螺栓，在混凝土浇筑过程中，应用经纬仪随时观测，发现偏差及时纠正。

4. 大体积基础浇筑

(1) 大体积混凝土基础的整体性要求高，一般要求混凝土连续浇筑，一气呵成。施工工艺上应做到分层浇筑、分层捣实，但又必须保证上下层混凝土在初凝之前结合好，不致形成施工缝。在特殊的情况下可以留有基础后浇带。即在大体积混凝土基础中预留有一条后浇的施工缝，将整块大体积混凝土分成两块或若干块浇筑，待所浇筑的混凝土经一段时间的养护干缩后，再在预留的后浇带中浇筑补偿收缩混凝土，使分块的混凝土连成一个整体。

基础后浇带的浇筑，考虑到补偿收缩混凝土的膨胀效应，当后浇带的直径长度大于 50 m 时，混凝土要分两次浇筑。时间间隔为 5 ~ 7 d。要求混凝土振捣密实，防止漏振，也避免过振。混凝土浇筑后，在硬化前 1 ~ 2 h，应抹压，以防沉降裂缝的产生。

(2) 浇筑方案应根据整体性要求、结构大小、钢筋疏密、混凝土供应等具体情况，选用如下三种方式。

① 全面分层（图 4-106（a））：在整个基础内全面分层浇筑混凝土，要做到第一层全面浇筑完毕回来浇筑第二层时，第一层浇筑的混凝土还未初凝，如此逐层进行，直至浇筑好。这种方案适用于结构的平面尺寸不太大，施工时从短边开始，沿长边进行较适宜。必要时亦可分为两段，从中间向两端或从两端向中间同时进行。

② 分段分层（图 4-106（b））：适宜于厚度不太大而面积或长度较大的结构。混凝土从底层开始浇筑，进行一定距离后回来浇筑第二层。如此依次向前浇筑以上各分层。

③ 斜面分层（图 4-106（c））：适用于结构的长度超过厚度的三倍。振捣工作应从浇筑层的下端开始，逐渐上移，以保证混凝土施工质量。

凝土的供应量大小和可能浇筑量的多少，一般为 20 ~ 30 cm。

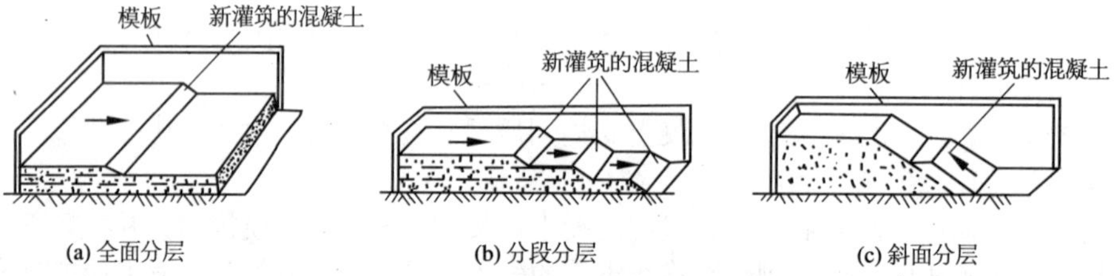

图 4-106　大体积混凝土浇筑方案

(3) 浇筑混凝土所采用的方法，应使混凝土在浇筑时不发生离析现象。

混凝土自高处自由倾落高度超过 2 m 时，应沿串筒、溜槽、溜管等下落，以保证混凝土不致发生离析现象。

串筒布置应适应浇筑面积、浇筑速度和摊平混凝土堆的能力，但其间距不得大于 3 m，布置方式为交错式或行列式。

(4) 浇筑大体积基础混凝土时，由于凝结过程中水泥会散发出大量的水化热，因而形成内外温度差较大，易使混凝土产生裂缝。因此，必须采取措施。

(5) 浇筑设备基础时，对一些特殊部分，要引起注意。以确保工程质量。例如：

① 地脚螺栓。地脚螺栓一般利用木横梁固定在模板上口，浇筑时要注意控制混凝土的上升速度，使两边均匀上升，不使模板上口位移，以免造成螺栓位置偏差。地脚螺栓的丝扣部分应预先

涂好黄油。用塑料布包好，防止在浇筑过程中沾上水泥浆或碰坏。

当螺栓固定在细长的钢筋骨架上，并要求不下沉变位时，必须根据具体情况对钢筋骨架进行核算，其是否能承受螺栓锚板白重和浇筑混凝土的重量与冲压力。如钢筋骨架不能满足以上要求时，则应另加钢板支承。

对锚板下混凝土要振捣密实。一般在浇筑这部位混凝土时，板外侧混凝土应略加高些，再细心振捣使混凝土压向板底，直至板边缝周围有混凝土浆冒出为止。如锚板面积较大，则可在板中间钻一小孔，通过小孔观察，看到混凝土浆冒出，证明这部位混凝土已密实，否则易造成空隙。

② 预留栓孔。预留栓孔一般采用楔形木塞或模壳板留孔，由于一端固定，一端悬空，在浇筑时应注意保证其位置垂直正确。木塞宜涂以油脂以易于脱模。浇筑后，应在混凝土初凝时及时将木塞取出，否则将会造成难拔，并可能损坏预留孔附近的混凝土。

③ 预埋管道。浇筑有预埋大型管道的混凝土时，常会出现蜂窝，为此，在浇筑混凝土时应注意粗骨料颗粒不宜太大，稠度应适宜，先振捣管道的底和两侧，待有浆冒出时，再浇筑盖面混凝土。

(6) 承受动力作用的设备基础的上表面与设备基座底部之间，用混凝土（或砂浆）进行二次浇筑时，应遵守下列规定。

① 浇筑前应先清除地脚螺栓、设备底座部分及垫板等处的油污、浮锈等杂物，并将基础混凝土表面冲洗干净，保持湿润。

② 浇筑混凝土（或砂浆），必须在设备安装调整合格后进行。其强度等级应按设计规定；如设计无规定时，可按原基础的混凝土强度等级提高一级，并不得低于 C15。混凝土的粗骨料粒径可根据缝隙厚度选用 5 ~ 15 mm，当缝隙厚度小于 40 mm 时，宜采用水泥砂浆。

③ 二次浇筑混凝土的厚度超过 20 cm 时，应加配钢筋。配筋方法由设计确定。

(7) 浇筑地坑时，可根据地坑面积的大小、深浅以及壁的厚度不同，采取一次浇筑或地坑底板和壁分别浇筑的施工方法。对混凝土一次浇筑时，其内模板应做成整体式并预先架立好。当坑底板混凝土浇筑完后，紧接浇筑坑壁。为保证底和壁接缝处的质量，在拌制用于该处的混凝土可按原配合比将石子用量减半。

如底和壁分开浇筑时，其内模板待底板混凝土浇筑完并达到一定强度后，视壁高度可一次或分段支模。施工缝宜留在坑壁上，距坑底混凝土面 30 ~ 50 cm，并做成凹槽形式。

施工中要特别重视和加强对坑壁以及分层、分段浇筑的混凝土之间的密实性。机械振捣的同时，宜用小木槌在模板外面轻轻敲击配合，以防拆模后出现蜂窝、麻面、孔洞和断层等施工缺陷。

(8) 雨期施工时，应采取搭设雨篷或分段搭雨篷的办法进行浇筑，一般均要事先做好防雨措施。

4.3.1.2 框架浇筑

(1) 多层框架按分层分段施工，水平方向以结构平面的伸缩缝分段，垂直方向按结构层次分层。在每层中先浇筑柱，再浇筑梁、板。

浇筑一排柱的顺序应从两端同时开始，向中间推进，以免因浇筑混凝土后由于模板吸水膨胀，断面增大而产生横向推力，最后使柱发生弯曲变形。

柱子浇筑宜在梁板模板安装后，钢筋未绑扎前进行，以便利用梁板模板稳定柱模和作为浇筑柱混凝土操作平台之用。

(2) 浇筑混凝土时应连续进行，如必须间歇时，应按表 4-20 规定执行。

(3) 浇筑混凝土时，浇筑层的厚度：人工捣固时梁、墙板、柱为 200 mm，基础为 250 mm；插入式振捣时浇筑层厚度为振捣器作用部分长度的 1.25 倍。

(4) 混凝土浇筑过程中，要分批做坍落度试验，如坍落度与原规定不符时，应予调整配合比。

(5) 混凝土浇筑过程中，要保证混凝土保护层厚度及钢筋位置的正确性，不得踩踏钢筋，不得移动预埋件和预留孔洞的原来位置。如发现偏差和位移，应及时校正，特别要重视竖向结构的保护层和板、雨篷结构负弯矩部分钢筋的位置。

(6) 在竖向结构中浇筑混凝土时，应遵守下列规定。

① 柱子应分段浇筑，边长大于 40 cm 且无交叉箍筋时，每段的高度不应大于 3.5 m。

② 墙与隔墙应分段浇筑，每段的高度不应大于 3 m。

③ 采用竖向串筒导送混凝土时，竖向结构的浇筑高度可不加限制。

凡柱断面在 40 cm × 40 cm 以内，并有交叉箍筋时，应在柱模侧面开不小于 30 cm 高的门洞，装上斜溜槽分段浇筑，每段高度不得超过 2 m。

④ 分层施工开始浇筑上一层柱时，底部应先填以 5 ~ 10 cm 厚水泥砂浆一层，其成分与浇筑混凝土内砂浆成分相同，以免底部产生蜂窝现象。

在浇筑剪力墙、薄墙、立柱等狭深结构时，为避免混凝土浇筑至一定高度后，由于积聚大量浆水而可能造成混凝土强度不匀的现象，宜在浇筑到适当的高度时，适量减少混凝土的配合比用水量。

(7) 肋形楼板的梁板应同时浇筑，浇筑方法应先将梁根据高度分层浇捣成阶梯形。当达到板底位置时即与板的混凝土一起浇捣，随着阶梯形的不断延长，则可连续向前推进（图 4-107）。倾倒混凝土的方向应与浇筑方向相反（图 4-108）。

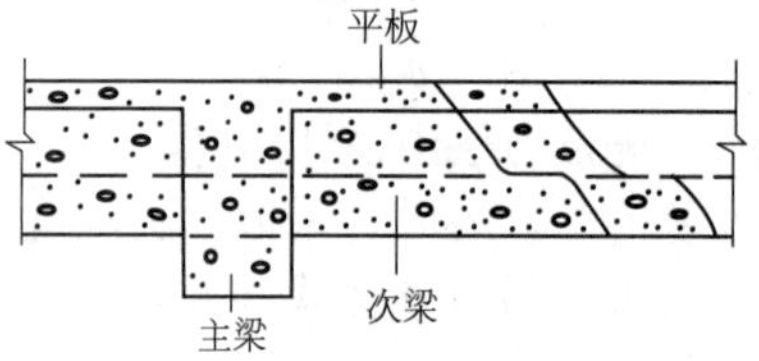

图 4-107　梁、板同时浇筑方法示意图

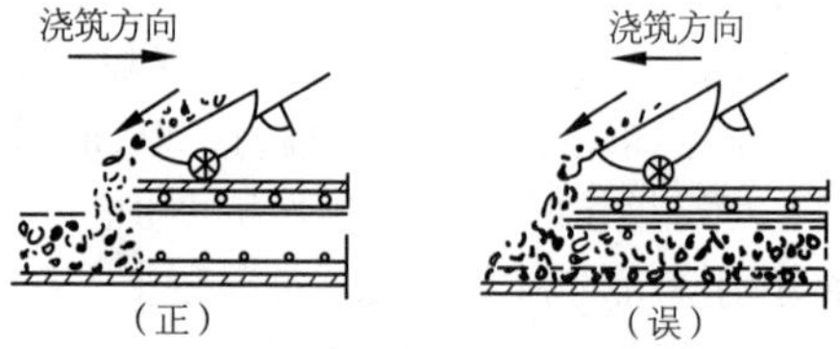

图 4-108　混凝土倾倒方向

当梁的高度大于 1 m 时，允许单独浇筑，施工缝可留在距板底面以下 2 ~ 3 cm 处。

(8) 浇筑无梁楼盖时，在离柱帽下 5 cm 处暂停。然后分层浇筑柱帽，下料必须倒在柱帽中心，待混凝土接近楼板底面时，即可连同楼板一起浇筑。

(9) 当浇筑柱梁及主次梁交叉处的混凝土时，一般钢筋较密集，特别是上部钢筋又粗又多，因此，既要防止混凝土下料困难，又要注意砂浆挡住石子不下去。必要时，这一部分可改用细石混凝土进行浇筑。与此同时，振捣棒头可改用片式并辅以人工捣固配合。

(10) 梁板施工缝可采用企口式接缝或垂直立缝的做法，不宜留坡槎。

在预定留施工缝的地方，在板上按板厚放一木条。在梁上闸以木板，其中间要留切口通过钢筋。

4.3.1.3　剪力墙浇筑

剪力墙浇筑应采取长条流水作业，分段浇筑，均匀上升。墙体浇筑混凝土前或新浇混凝土与下层混凝土结合处，应在底面上均匀浇筑 5 cm 厚与墙体混凝土成分相同的水泥砂浆或减石子混凝土。砂浆或混凝土应用铁锹入模，不应用料斗直接灌入模内，混凝土应分层浇筑振捣，每层浇筑厚度控制在 60 cm 左右。浇筑墙体混凝土应连续进行，如必须间歇，其间歇时间应尽量缩短，并应在前层混凝土初凝前将次层混凝土浇筑完毕。墙体混凝土的施工缝一般宜设在门窗洞口上，接槎处混凝土应加强振捣，保证接槎严密。

洞口浇筑混凝土时，应使洞口两侧混凝土高度大体一致。振捣时，振捣棒应距洞边30 cm以上，从两侧同时振捣，以防止洞口变形，大洞口下部模板应开口并补充振捣。构造柱混凝土应分层浇筑，内外墙交接处的构造柱和墙同时浇筑，振捣要密实。采用插入式振捣器捣实普通混凝土的移动间距不宜大于作用半径的1.5倍，振捣器距离模板不应大于振捣器作用半径的1/2，不碰撞各种埋件。

混凝土墙体浇筑振捣完毕后，将上口甩出的钢筋加以整理，用木抹子按标高线将墙上表面混凝土找平。

混凝土浇捣过程中，不可随意挪动钢筋，要经常加强检查钢筋保护层厚度及所有预埋件的牢固程度和位置的准确性。

4.3.1.4 喷射混凝土浇筑

喷射混凝土的特点，是要用压缩空气进行喷射作业，将混凝土的运输和浇筑结合在同一个工序内完成。喷射混凝土有“干法”喷射和“湿法”喷射两种施工方法。一般大量用于大跨度空间结构（如网架、悬索等）屋面、地下工程的衬砌、坡面的护坡、大型构筑物的补强、矿山以及一些特殊工程。

干法喷射就是砂石和水泥经过强制式搅拌机拌和后，用压缩空气将干性混合料送入管道，再送到喷嘴里，在喷嘴里引入高压水，与干料合成混凝土，最终喷射到建筑物或构筑物上。干法施工比较方便，使用较为普遍。但由于干料喷射速度快，在喷嘴中与水拌和的时间短，水泥的水化作用往往不够充分。另外，由于机械和操作上的原因，材料的配合比和水灰比不易严格控制。因此对混凝土的强度及匀质性不如湿法施工好。

湿法喷射就是在搅拌机中按一定配合比搅拌成混凝土混合料后，再由喷射机通过胶管从喷嘴中喷出，在喷嘴处不再加水。湿法施工由于预先加水搅拌，水泥的水化作用比较充分，因此与干法施工相比，混凝土强度的增长速度可提高约100%，粉尘浓度减少50%～80%，材料回弹减少约50%，节约压缩空气30%～60%。但湿法施工的设备比较复杂，水泥用量较大，也不宜用于基面渗水量大的地方。

喷射混凝土中，由于水泥颗粒与粗骨料互相撞击，连续挤压，因而可采用较小的水灰比，使混凝土具有足够的密实性、较高的强度和较好的耐久性。

为了改善喷射混凝土的性能，常掺加占水泥重量2.5%～4.0%的高效速凝剂，一般可使水泥在3 min内初凝，10 min达到终凝，有利于提高早期强度，增大混凝土喷射层的厚度，减少回弹损失。

喷射混凝土中加入少量（一般为混凝土重量3%～4%）的钢纤维（直径0.3～0.5 mm，长度20～30 mm），能够明显提高混凝土的抗拉、抗剪、抗冲击和抗疲劳强度。

4.3.2 混凝土施工缝

4.3.2.1 施工缝设置

由于施工技术和施工组织上的原因，不能连续将结构整体浇筑完成，并且间歇的时间预计将超出表4-20规定的时间时，应预先选定适当的部位设置施工缝。

表4-20 混凝土运输、浇筑和间隙的时间

混凝土强度	气温/℃	
	≤25	>25
≤C30	210	180
>C30	180	150

设置施工缝应该严格按照规定，认真对待。如果位置不当或处理不好，会引起质量事故，轻则开裂渗漏，影响寿命；重则危及结构安全，影响使用。因此，不能不给予高度重视。

施工缝的位置应设置在结构受剪力较小且便于施工的部位。留缝应符合下列规定。

(1) 柱子留置在基础的顶面、梁或吊车梁牛腿的下面、吊车梁的上面、无梁楼板柱帽的下面(图4-109)。

(2) 和板连成整体的大断面梁，留置在板底面以下20~30 mm处。当板下有梁托时，留在梁托下部。

(3) 单向板，留置在平行于板的短边的任何位置。

(4) 有主次梁的楼板，宜顺着次梁方向浇筑，施工缝应留置在次梁跨度的中间1/3范围内(图4-110)。

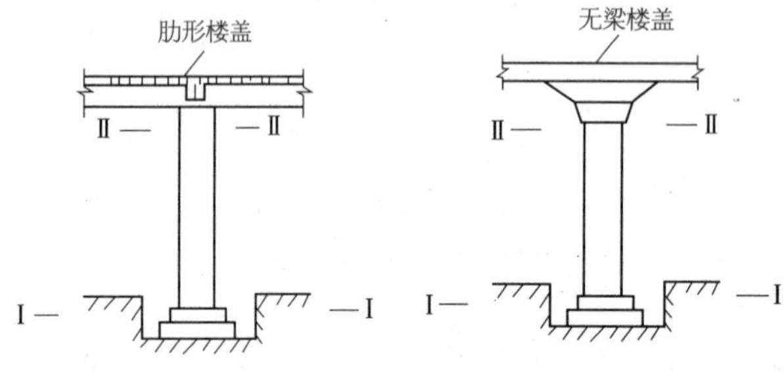

图4-109 浇筑柱的施工缝位置

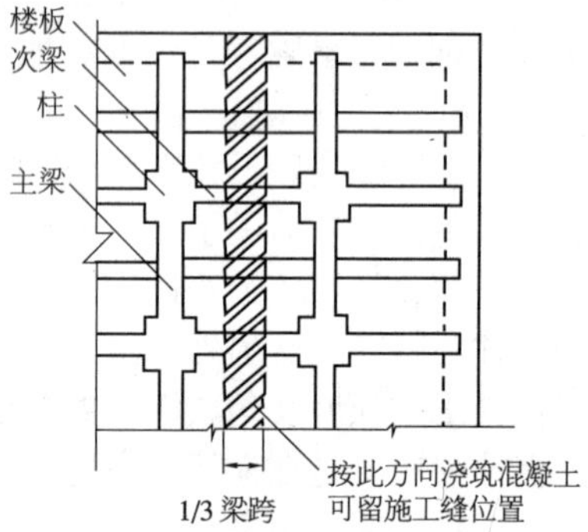

图4-110 浇筑有主次梁楼板的施工缝位置图

(5) 墙留置在门洞口过梁跨中1/3范围内，也可留在纵横墙的交接处。

(6) 双向受力楼板、大体积混凝土结构、拱、穹拱、薄壳、蓄水池、斗仓、多层刚架及其他结构复杂的工程，施工缝的位置应按设计要求留置。一般设备地坑及水池，施工缝可留在坑壁土，距坑（池）底混凝土面30~50 cm的范围内。

(7) 承受动力作用的设备基础，不应留施工缝。如必须留施工缝时，应取得设计单位同意。一般可按下列要求留置：

① 基础上的机组在担负互不相依的工作时，可在其间留置垂直施工缝；

② 输送辊道支架基础之间，可留垂直施工缝；

③ 在设备基础的地脚螺栓范围内，留置施工缝时，应符合下列要求。

a. 水平施工缝的留置，必须低于地脚螺栓底端，其与地脚螺栓底端距离应大于150 mm；直径小于30 mm的地脚螺栓，水平施工缝可以留在不小于地脚螺栓埋入混凝土部分总长度的3/4处；

b. 垂直施工缝的留置，其地脚螺栓中心线间的距离不得小于250 mm，并不小于5倍螺栓直径。

4.3.2.2 施工缝的处理

在施工缝处继续浇筑混凝土时，已浇筑的混凝土抗压强度不应小于1.2 N/mm^2。混凝土达到1.2 N/mm^{2}的时间，可通过试验决定，同时，必须对施工缝进行必要的处理。

(1) 在已硬化的混凝土表面上继续浇筑混凝土前，应清除垃圾、水泥薄膜、表面上松动砂石和软弱混凝土层，同时还应加以凿毛，用水冲洗干净并充分湿润，一般不宜少于24 h，残留在混凝土表面的积水应予清除。

（2）注意施工缝位置附近回弯钢筋时，要做到钢筋周围的混凝土不受松动和损坏。钢筋上的油污、水泥砂浆及浮锈等杂物也应清除。

（3）在浇筑前，水平施工缝宜先铺上 10 ~ 15 mm 厚的水泥砂浆一层，其配合比与混凝土内的砂浆成分相同。

（4）从施工缝处开始继续浇筑时。要注意避免直接靠近缝边下料。机械振捣前，宜向施工缝处逐渐推进，并距 80 ~ 100 cm 处停止振捣，但应加强对施工缝接缝的捣实工作，使其紧密结合。

（5）承受动力作用的设备基础的施工缝处理，应遵守下列规定：

① 标高不同的两个水平施工缝，其高低接合处应留成台阶形，台阶的高度比不得大于 1；

② 在水平施工缝上继续浇筑混凝土前，应对地脚螺栓进行一次观测校正；

③ 垂直施工缝处应加插钢筋，其直径为 12 ~ 16 mm，长度为 50 ~ 60 cm，间距为 50 cm。在台阶式施工缝的垂直面上亦应补插钢筋。

4.3.2.3　后浇带的设置

后浇带是为在现浇钢筋混凝土结构施工过程中，克服由于温度、收缩而可能产生有害裂缝而设置的临时施工缝。该缝需根据设计要求保留一段时间后再浇筑，将整个结构连成整体。

后浇带的设置距离，应考虑在有效降低温差和收缩应力的条件下，通过计算来获得。在正常的施工条件下，有关规范对此的规定是，如混凝土置于室内和土中，则为 30 m；如在露天，则为 20 m。

后浇带的保留时间应根据设计确定，若设计无要求时，一般至少保留 28 d 以上。

后浇带的宽度应考虑施工简便，避免应力集中，一般其宽度为 70 ~ 100 cm。后浇带内的钢筋应完好保存。后浇带的构造见图 4-111。

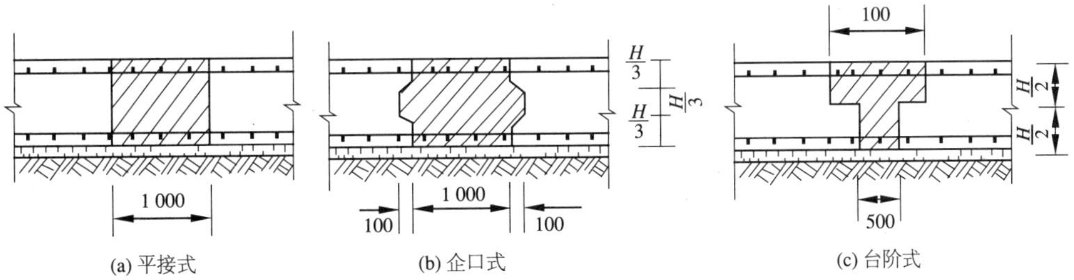

图 4-111　后浇带构造

后浇带在浇筑混凝土前，必须将整个混凝土表面按照施工缝的要求进行处理。填充后浇带混凝土可采用微膨胀或无收缩水泥，也可采用普通水泥加入相应的外加剂拌制，但必须要求填筑混凝土的强度等级比原结构强度提高一级，并保持至少 15 d 的湿润养护。

4.3.3　混凝土养护和拆模

为保证已浇筑好的混凝土在规定龄期内达到设计要求的强度和耐久性，并防止产生收缩和温度裂缝，必须认真做好养护工作。

4.3.3.1　自然养护

1. 养护工艺

1）覆盖浇水养护

利用平均气温高于 +5℃的自然条件，用适当的材料对混凝土表面加以覆盖并浇水，使混凝土在一定的时间内保持水泥水化作用所需要的适当温度和湿度条件。

覆盖浇水养护应符合下列规定：

① 覆盖浇水养护应在混凝土浇筑完毕后的12 h内进行。

② 混凝土的浇水养护时间，对采用硅酸盐水泥、普通硅酸盐水泥或矿渣硅盐水泥拌制的混凝土，不得少于7 d，对掺用缓凝型外加剂、矿物掺和料或有抗渗性要求的混凝土，不得少于14 d。

③ 浇水次数应根据能保持混凝土处于湿润的状态来决定。

④ 混凝土的养护用水宜与拌制水相同。

⑤ 当日平均气温低于5℃时，不得浇水。

当采用其他品种水泥时，混凝土的养护应根据所采用水泥的技术性能确定。

大面积结构如地坪、楼板、屋面等可采用蓄水养护。贮水池一类工程可于拆除内膜混凝土达到一定强度后注水养护。

2）薄膜布养护

在有条件的情况下，可采用不透水、气的薄膜布（如塑料薄膜布）养护。在薄膜布把混凝土表面敞露的部分全部严密地覆盖起来，保证混凝土在不失水的情况下得到充足的养护。这种养护方法的优点是不必浇水，操作方便，能重复使用，并能提高混凝土的早期强度，加速模具的周转，但应该保持薄膜布内有凝结水。

3）薄膜养生液养护

混凝土的表面不便浇水或使用塑料薄膜布养护时，可采用涂刷薄膜养生液，防止混凝土内部水分蒸发的方法进行养护。

薄膜养生液养护是将可成膜的溶液喷洒在混凝土表面上，溶液挥发后在混凝土表面凝结成一层薄膜，使混凝土表面与空气隔绝，封闭混凝土中的水分不再被蒸发，而完成水化作用。这种养护方法一般适用于表面积大的混凝土施工和缺水地区，但应注意薄膜的保护。

2. 养护条件

在自然气温条件下（高于+5℃），对于一般塑性混凝土应在浇筑后10~12 h内（炎夏时可缩短至2~3 h），对高强混凝土应在浇筑后1~2 h内，即用麻袋、草帘、锯末或砂进行覆盖，并及时浇水养护，以保持混凝土具有足够润湿状态。混凝土浇水养护日期可参照表4-21。

表4-21　　混凝土浇水养护时间参考表

分　类		浇水养护时间/d
拌制混凝土的水泥品种	硅酸盐水泥、普通硅酸盐水泥、矿渣硅酸盐水泥	不小于7
	火山灰质硅酸盐水泥、粉煤灰硅酸盐水泥	不小于14
	矾土水泥	不小于3
抗渗混凝土、混凝土中掺缓凝型外加剂	不小于14	

注：① 如平均气温低于5℃时，不得浇水。

② 采用其他品种水泥时，混凝土的养护应根据水泥技术性能确定。

混凝土在养护过程中，如发现遮盖不好，浇水不足，以致表面泛白或出现干缩细小裂缝时，要立即仔细加以遮盖，加强养护工作，充分浇水，并延长浇水日期，加以补救。

在已浇筑的混凝土强度达到1.2 N/mm² 以后，方可行人和在其上安装模板及支架等。荷重超过时应通过计算，并采取相宜的措施。

4.3.3.2　加热养护

1. 蒸汽养护

蒸汽养护是缩短养护时间的方法之一。一般宜用65℃左右的温度蒸养。混凝土在较高湿度和温度条件下，可迅速达到要求的强度。施工现场由于条件限制，现浇预制构件一般可采用临时性地面或地下的养护坑，上盖养护罩或用简易的帆布、油布覆盖。

蒸汽养护分为以下四个阶段。

静停阶段。就是指混凝土浇筑完毕至升温前，在室温下先放置一段时间。这主要是为了增强混凝土对升温阶段结构破坏作用的抵抗能力，一般需2～6 h。

升温阶段。就是混凝土原始温度上升到恒温阶段。温度急速上升，会使混凝土表面因体积膨胀太快而产生裂缝。因而必须控制升温速度，一般为10℃～25℃/h。

恒温阶段。是混凝土强度增长最快的阶段。恒温的温度应随水泥品种不同而异。普通水泥的养护温度不得超过80℃，矿渣水泥、火山灰水泥可提高到85℃～90℃。恒温加热阶段应保持90%～100%的相对湿度。

降温阶段。在降温阶段内，混凝土已经硬化，如降温过快，混凝土会产生表面裂缝，因此降温速度应加以控制。一般情况下，构件厚度在10 cm左右时，降温速度每小时不大于20℃～30℃。

为了避免由于蒸汽温度骤然升降而引起混凝土构件产生裂缝变形，必须严格控制升温和降温的速度。出槽的构件温度与室外温度相差不得大于40℃。当室外为负温度时，不得大于20℃。

2. 其他热养护

1）热模养护

将蒸汽通在模板内进行养护。此法用汽少，加热均匀，既可用于预制构件，又可用于现浇墙体。

2）棚罩式养护

棚罩式养护是在混凝土构件上加盖养护棚罩。棚罩的材料有玻璃、透明玻璃钢、聚酯薄膜、聚乙烯薄膜等。其中以透明玻璃钢和透明塑料薄膜为佳。棚式的形式有单坡、双坡、拱形等，一般多用单坡或双坡。棚罩内的空腔不宜过大，一般略大于混凝土构件即可。棚罩内的温度，夏季可达60℃～75℃，春秋季可达35℃～45℃，冬季在20℃左右。

3. 覆盖式养护

在混凝土成型、表面略平后，其上覆盖塑料薄膜进行封闭养护，有以下两种做法。

（1）在构件上覆盖一层黑色塑料薄膜（厚0.12～0.14 mm），在冬季再盖一层气被薄膜。

（2）在混凝土构件上覆盖一层透明的或黑色塑料薄膜，再盖一层气垫薄膜（气泡朝下）。

塑料薄膜应采用耐老化的，接缝应采用热粘合。覆盖时应紧贴四周，用砂袋或其他重物压紧盖严，防止被风吹开，影响养护效果。

塑料薄膜采用搭按时，其搭接长度应大于30 cm。据试验，气温在20℃以上，只盖一层塑料薄膜，养护最高温度达65℃，混凝土构件在1.5～3 d内达到设计强度的70%，缩短养护周期40%以上。

4.3.3.3　混凝土拆模

混凝土结构浇筑后，达到一定强度，方可拆模。模板拆卸日期，应按结构特点和混凝土所达到的强度来确定。

现浇混凝土结构的拆模期限有如下规定。

（1）不承重的侧面模板，应在混凝土强度能保证其表面及棱角不因拆模板而受损坏，方可拆除。

（2）承重的模板应在混凝土达到下列强度以后，始能拆除（按设计强度等级的百分率计）。

板及拱：

跨度小于等于2 m　50%

跨度大于2～8 m　75%

梁（跨度小于等于8 m）　75%

承重结构（跨度大于8 m）　100%

悬臂梁和悬臂板　100%

（3）钢筋混凝土结构如在混凝土未达到上述所规定的强度时进行拆模及承受部分荷载，应经过计算，复核结构在实际荷载作用下的强度。

（4）已拆除模板及其支架的结构，应在混凝土达到设计强度后，才允许承受全部计算荷载，施工中不得超载使用，严禁堆放过量建筑材料。当承受施工荷载大于计算荷载时，必须经过核算加设临时支撑。

4.3.3.4　现浇混凝土结构分项工程质量检验

1. 一般规定

（1）现浇结构的外观质量缺陷，应由监理（建设）单位、施工单位等各方根据其对结构性能和使用功能影响的严重程度，按表4-22确定。

表4-22　现浇结构外观质量缺陷

名称	现　　象	严重缺陷	一般缺陷
露筋	构件内钢筋未被混凝土包裹而外露	纵向受力钢筋有露筋	其他钢筋有少量露筋
蜂窝	混凝土表面缺少水泥砂浆而形成石子外露	构件主要受力部位有蜂窝	其他部位有少量蜂窝
孔洞	混凝土中孔穴深度和长度均超过保护层厚度	构件主要受力部位有孔洞	其他部位有少量孔洞
夹渣	混凝土中夹有杂物且深度超过保护层厚度	构件主要受力部位有夹渣	其他部位有少量夹渣
疏松	混凝土中局部不密实	构件主要受力部位有疏松	其他部位有少量疏松
裂缝	缝隙从混凝土表面延伸至混凝土内部	构件主要受力部位有影响结构性能或使用功能的裂缝	其他部位有少量不影响结构性能或使用功能的裂缝
连接部位缺陷	构件连接处混凝土缺陷及连接钢筋、连接件松动	连接部位有影响结构传力性能的缺陷	连接部位有基本不影响结构传力性能的缺陷
外形缺陷	缺棱掉角、棱角不直、翘曲不平、飞边凸肋等	清水混凝土构件有影响使用功能或装饰效果的外形缺陷	其他混凝土构件有不影响使用功能的外形缺陷
外表缺陷	构件表面麻面、掉皮、起砂、沾污等	具有重要装饰效果的清水混凝土表面有外表缺陷	其他混凝土构件有不影响使用功能的外表缺陷

（2）现浇结构拆模后，应由监理（建设）单位、施工单位对外观质量和尺寸偏差进行检查，做出记录，并应及时按施工技术方案对缺陷进行处理。

2. 外观质量

(1) 主控项目

现浇结构的外观质量不应有严重缺陷。对已经出现的严重缺陷，应由施工单位提出技术处理方案，并经监理（建设）单位认可后进行处理。对经处理的部位，应重新检查验收。

(2) 一般项目

现浇结构的外观质量不宜有一般缺陷。对已经出现的一般缺陷，应由施工单位按技术处理方案进行处理，并重新检查验收。

3. 尺寸偏差

(1) 主控项目

现浇结构不应有影响结构性能和使用功能的尺寸偏差。混凝土设备基础不应有影响结构性能和设备安装的尺寸偏差。

对超过尺寸允许偏差且影响结构性能和安装、使用功能的部位，应由施工单位提出技术处理方案，并经监理（建设）单位认可后进行处理。对经处理的部位，应重新检查验收。

(2) 一般项目

现浇结构拆模后的尺寸偏差应符合表 4-23 的规定。

表 4-23　　现浇结构尺寸允许偏差和检验方法

项　　目			允许偏差/mm	检验方法
轴线位置	基础		15	钢尺检查
	独立基础		10	
	墙、柱、梁		8	
	剪力墙		5	
垂直度	层高	≤5 m	8	经纬仪或吊线、钢尺检查
		>5 m	10	经纬仪或吊线、钢尺检查
	全高（H）		H/1 000 且≤30	经纬仪、钢尺检查
标高	层高		±10	水准仪或拉线、钢尺检查
	全高		±30	
截面尺寸			+8，−5	钢尺检查
电梯井	井筒长、宽对定位中心线		+25，0	钢尺检查
	井筒全高（H）垂直度		H/1 000 且≤30	钢尺检查
表面平整度			8	2 m 靠尺和塞尺检查
预埋设施中心线位置	预埋件		10	钢尺检查
	预埋螺栓		5	
	预埋管		5	
预留洞中心线位置			15	钢尺检查

注：检查轴线、中心线位置时，应沿纵、横两个方向量测，并取其中的较大值。

4.3.4 混凝土强度检测

1. 试件制作和强度检测

检查混凝土质量应做抗压强度试验。当有特殊要求时，还需做混凝土的抗冻性、抗渗性等试验。试件应用钢模制作。

（1）试件强度试验的方法应符合现行国家标准《普通混凝土力学性能试验方法》（GBJ 81—85）的规定。

（2）每组3个试件应在同盘混凝土中取样制作，并按下列规定确定该组试件的混凝土强度的代表值。

① 取3个试件强度的算术平均值；

② 当3个试件强度中的最大值或最小值与中间值之差超过中间值的15%时，取中间值；

③ 当3个试件强度中的最大值和最小值与中间值之差均超过15%时，该组试件不应作为强度评定的依据。

认真做好工地试件的管理工作，从试模选择、试件取样、成型、编号以至养护等，要指定专人负责，以提高试件的代表性，正确地反映混凝土结构和构件的强度。

2. 混凝土结构同条件养护试件强度检验

（1）同条件养护试件的留置方式和取样数量，应符合下列要求。

① 同条件养护试件所对应的结构构件或结构部位，应由监理（建设）、施工等各方根据其重要性共同选定；

② 对混凝土结构工程中的各混凝土强度等级，均应留置同条件养护试件；

③ 同一强度等级的同条件养护试件，其留置的数量应根据混凝土工程量和重要性确定，不宜多于10组，且不应少于3组；

④ 同条件养护试件拆模后，应放置在靠近相应结构构件或结构部位的适当位置，并应采取相同的养护方法。

（2）同条件养护试件应在达到等效养护龄期时进行强度试验。

等效养护龄期应根据同条件养护试件强度与在标准养护条件下28 d龄期试件强度相等的原则确定。

（3）同条件自然养护试件的等效养护龄期及相应的试件强度代表值，宜根据当地的气温和养护条件，按下列规定确定。

① 等效养护龄期可取按日平均温度逐日累计达到600℃・d时所对应的龄期，0℃及以下的龄期不计入。等效养护龄期不应小于14 d，也不宜大于60 d；

② 同条件养护试件的强度代表值应根据强度试验结果。按现行国家标准《混凝土强度检验评定标准》（GB50107—2010）的规定确定后，乘折算系数取用；折算系数宜取为1.10，也可根据当地的试验统计结果做适当调整。

（4）冬期施工、人工加热养护的结构构件，其同条件养护试件的等效养护龄期可按结构构件的实际养护条件，由监理（建设）、施工等各方根据本节第2条的规定共同确定。

4.3.5 新型混凝土介绍

1. 常用特种混凝土

1）纤维混凝土

纤维增强混凝土，应用最广的是指钢纤维增强混凝土、玻璃纤维增强混凝土和聚丙烯类纤维增强混凝土。在配有钢筋的混凝土中掺加纤维，使其成钢筋—纤维复合混凝土。

在混凝土拌合物中掺入适量的钢纤维，可配成一种既可浇筑又可喷射的特种混凝土，这就是钢纤维混凝土。与普通混凝土相比，钢纤维混凝土抗拉、抗弯强度及耐磨、耐冲击、耐疲劳、韧性和抗裂、抗爆等性能都可得到提高。因为大量很细的钢纤维均匀地分散在混凝土中，与混凝土接触的面积很大，因而，在所有的方向，都使混凝土的强度得到提高，大大改善了混凝土的各项性能。

聚丙烯纤维可以通过大量吸收能量，控制水泥基体内部微裂的生成及发展，大幅度提高混凝土抗裂能力及改善抗冲击性能。并能大幅度提高混凝土抗折强度并降低其脆性，同时也提高了混凝土的抗渗能力、抗冻能力，使混凝土耐久性大大增强。聚丙烯纤维在我国的应用始于20世纪90年代初期在广佛高速公路的小批量试用，近年来已经先后应用于各种工程中，如高速公路修补路面，公路收费站特殊路段；桥梁；地下室工程结构性自防水、外墙抹灰、仓库地板、屋面防水；高层建筑转换层大梁、钢筋混凝土柱；水池、游泳池；停车场、网球场、停机坪；水泥预制构件、保温制品等许多方面。

碳纤维片材加固修补混凝土结构技术是一种新型的结构加固技术，且应用最多，主要利用树脂类粘结材料将碳纤维片材粘结于混凝土表面，以达到对结构及构件加固补强的目的。

玻璃纤维混凝土是由玻璃纤维与水泥混凝土复合的材料，主要用于制作复合外墙板（以岩棉、泡沫聚苯等作芯材）、隔墙板、阳台栏板、垃圾道和通风道、卫生盒子间等。

2）聚合物水泥混凝土

聚合物水泥混凝土是由水泥混凝土和高分子材料有机结合而成的一种性能比普通混凝土优越的复合材料。聚合物水泥混凝土配制比较简单，只要利用现有普通混凝土的生产设备，将聚合物同水泥、骨料、水一起搅拌即可。

将聚合物搅拌在混凝土中，聚合物在混凝土内形成膜状体，填充水泥水化产物和骨料之间的空隙，与水泥水化产物结成一体。起到增强同骨料粘结的作用，从而使聚合物水泥混凝土比普通混凝土相比提高了普通混凝土的密实度和强度，而且显著地增加抗拉、抗弯强度。不同程度地改善了耐化学腐蚀性能和减少收缩变形等。

聚合物水泥混凝土一般用于以下几方面。

(1) 用于地面、路面、桥面等，具有较好的耐腐蚀性能，强度高，不易产生弯曲变形。

(2) 用于接触化学物质的槽、罐、池等部位衬里或砌体，尤其是洒落化学物质的楼地面更为适宜。

(3) 用于建筑保温层的罩面抗裂材料；用于喷射混凝土和新旧混凝土接头等。

(4) 用于水箱、游泳池、化粪池、水泥库等的防水材料，聚合物水泥砂浆用于墙体抹灰，可起到一定的防水作用。

2. 耐火混凝土

耐火混凝土是一种能长期承受高温作用（200℃以上），并在高温下保持所需要的物理力学性能（如有较高的耐火度、热稳定性、荷重软化点以及高温下较小的收缩等）的特种混凝土。它是由耐火骨料（粗细骨料），与适量的胶结料（有时还有矿物掺和料或有机掺和料）和水按一定比例配制而成。耐火混凝土按其胶结料不同，有水泥耐火混凝土和水玻璃耐火混凝土等，按其骨料的不同，有黏土熟料耐火混凝土、高炉矿渣耐火混凝土和红砖耐火混凝土。

3. 补偿收缩混凝土

当混凝土的体积受到约束时，因其体积膨胀而产生的压应力（0.2～0.7 MPa）全部或大部分补偿了因水泥硬化收缩而产生的拉应力，这种混凝土即称为补偿收缩混凝土。补偿收缩混凝土主要应用在以下方面。

(1) 可防止裂缝。即在短龄期混凝土强度较小时，令混凝土不产生拉应力；即使在长龄期时，混凝土产生干缩，也比普通混凝土的干缩值要小，从而防止混凝土产生裂缝，其抗渗性、耐久性也获得改善。

(2) 用于装配式钢筋混凝土框架结构拼装时的锚固、连接。

(3) 用于各种预制件之间，以及梁、柱接头等处的锚固连接。

(4) 用于抢修及修补工程、非大体积的结构加固工程、混凝土及钢筋混凝土后浇带的灌缝连接等。

(5) 用于精密高速动力设备底座的灌浆或地脚螺栓等。

4. 水下不分散混凝土

水下不分散混凝土技术是借助于混凝土外加剂—絮凝剂的应用，即在普通混凝土中加入絮凝剂后，使混凝土在水中浇筑不离析、不分散，水泥不流失，能自流平、自密实，使浇筑的混凝土优质均匀，凝结硬化后其物理力学性能和耐久性与普通混凝土类同。与普通混凝土相比具有以下特性。

(1) 高抗分散性。可不排水施工，即使受到水的冲刷作用，也能使在水下浇筑的混凝土不分散、不离析、水泥不流失。

(2) 优良的施工性。水下不分散混凝土虽然黏性大，但富于塑性，有良好的流动性，浇筑到指定位置能自流平、自密实。

(3) 适应性强。新拌水下不分散混凝土可用不同的施工方法进行浇筑，并可通过各种外加剂的复配，满足不同施工性能的要求。

(4) 不泌水、不产生浮浆，凝结时间略延长。

(5) 安全环保性好，掺加的凝絮剂经卫生检疫部门检测，对人体无毒无害，可用于饮用水工程，新拌水下不分解混凝土在浇筑施工时，对施工水域无污染。

思考与训练

1. 某企业施工一食堂，底层为圆柱，施工后拆模发现柱根漏浆严重，有个别柱中部外鼓，试分析质量缺陷产生的原因，并说明应如何预防。

2. 图 4-112 为一根梁的平法配筋图。

依图要求：(1) 绘制钢筋翻样图。

(2) 编制钢筋下料单和料牌。

(3) 绘制箍筋弯曲成型的画线图。

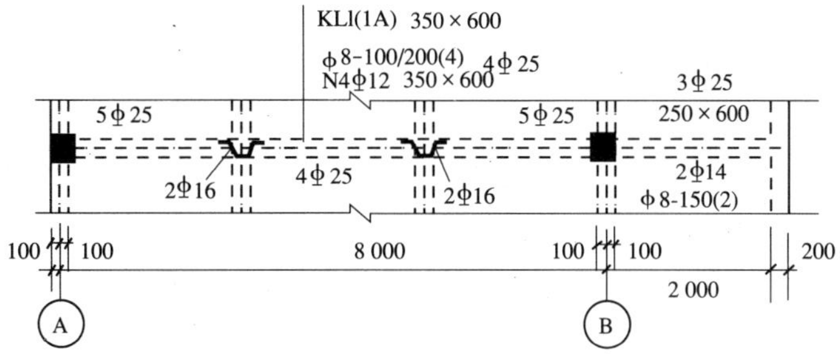

图 4-112　梁平法配筋图

3. 画出柱、梁、楼板、地下室侧墙施工缝的留设位置图，并写出施工缝留设及施工的技术要求。

单元5
砌体工程施工

单元概述：本单元是学习各种砌体施工工艺和施工方法的载体，在此基础上，需要你领悟各种砌体的施工组织和管理方面的要领，培养自己对各种砌体施工技术的实施应用能力。

学习目标：

1. 通过学习能够组织各种砌体的施工。
2. 通过学习能够控制各种砌体的工程质量。

教学建议：采用多媒体教学法使学生学习了解砌体施工工艺；采用案例教学学习组织和管理要领；采用讨论教学法培养学生的实施应用能力。

学时建议：总学时建议为 10，其中，平均每项项目建议 2 学时，另外 2 学时建议用于讨论。

关键词：空心砖（brick）；加气混凝土（gas concrete）；砌筑（masonry）

项目 5.1 混凝土空心砖砌体

5.1.1 概述

混凝土空心砖（brick），是目前墙体等砌筑的主要用材。

混凝土空心砖包括：普通空心砖和轻集料空心砖。普通空心砖是以水泥、砂、碎石和砾石为原料，加水搅拌、振动加压或冲击成型，再经养护制成的。轻集料空心砖，是在集料中加入了轻质材料如珍珠岩、陶粒等，便形成了珍珠岩空心砖和陶粒空心砖（图 5-1）。

图 5-1 混凝土空心砖

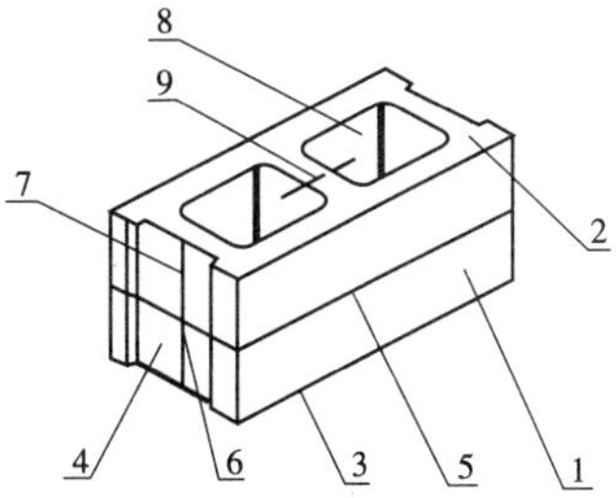

图 5-2 空心砖各部位的名称

图 5-2 是空心砖的主规格块，尺寸为 390 mm × 190 mm × 190 mm。砖的两端带有两个凹槽，顶面是坐浆面。砖的纵向称壁，最小壁厚应小于 30 mm；横向称肋，最小肋厚不应小于 25 mm，空心率 25% ~50%，（一般为 48% 左右），底面是铺浆面，壁和肋的厚度均大于顶面。

此外，空心砖还有以下的辅助尺寸：190 mm × 190 mm × 190 mm（半砖）、140 mm × 190 mm × 390 mm（150 墙）、90 mm × 190 mm × 390 mm（100 墙）。

普通空心砖按其抗压强度分为 Mu30、Mu25、Mu20、Mu15、Mu10 五个等级。轻集料空心砖也分为五级：Mu20、Mu15、Mu10、Mu7. 5、Mu5。普通空心砖的表观密度约1 200 kg/m^3，轻集料空心砖的表观密度最小可小于 500 kg/m^3。

5.1.2 施工方法

1. 材料准备

（1）砖。砖的品种、强度等级必须符合设计要求，并应规格一致，有出厂合格证明及试验单。

（2）水泥。品种与标号应根据砌体部位及所处环境选择，一般宜采用 325 号普通硅酸盐水泥或矿渣硅酸盐水泥；应有出厂合格证明、准用证和试验报告方可使用；不同品种的水泥不得混合使用。

(3) 砂。宜采用中砂。配制水泥砂浆或水泥混合砂浆的强度等级等于或大于 M7.5 时，砂的含泥量不应超过 5%；强度等级小于 M5 时，砂的含泥量不应超过 10%。

(4) 水。应采用不含有害物质的洁净水。

(5) 掺和料：

① 石灰膏。熟化时间不少于 7 d，严禁使用脱水硬化的石灰膏。

② 其他掺和料。电石膏、粉煤灰等掺量应经试验室试验决定。

(6) 其他材料。拉结钢筋、预埋件、木砖、防水粉等均应符合设计要求。

2. 操作工艺

1) 空心砖砌筑工艺流程

砖块浇水 ⇒ 拌制砂浆

墙体放线 ⇒ 拌制砂浆 ⇒ 砖块排列 ⇒ 铺灰 ⇒ 砖块就位 ⇒ 校正 ⇒ 砌砖 ⇒ 竖缝灌浆 ⇒ 勒缝

2) 空心砖砌筑工艺流程示意 (图 5-3)

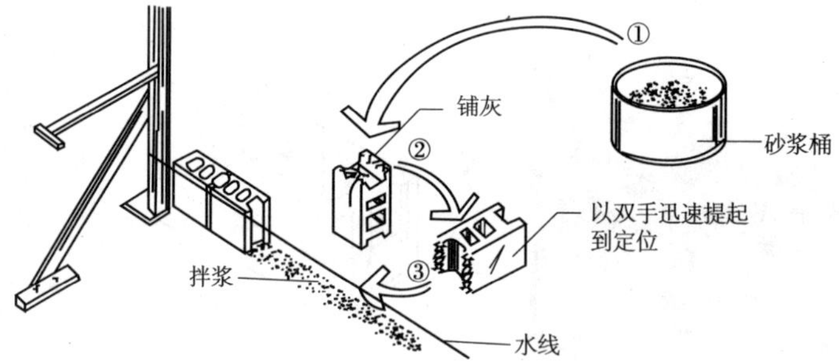

图 5-3 空心砖砌筑工艺流程示意

(1) 墙体放线

砌筑施工前，应将基础或楼层结构面按标高找平，依据砌筑图放出第一皮砌块的轴线、砌体边线和洞口线。

(2) 拌制砂浆

① 砂浆采用机械拌和，手推车上料，磅秤计量。根据试验提供的砂浆配合比进行配料称量，水泥配料精确度控制在 ±2% 以内；砂、石灰膏等配料精确度控制在 ±5% 以内。投料顺序应先投砂、水泥、掺和料后加水。时间自投料完毕算起，不得少于 1.5 min。

② 材料运输主要采用井字架作垂直运输，人工手推车作水平运输。

③ 砂浆应随拌随用，水泥浆和水泥混合砂浆必须分别在拌成后 3 h 和 4 h 内使用完毕。

(3) 砖块排列

① 砌筑前，应根据工程设计施工图，结合空心砖的品种、规格、绘制砖块排列图，经审核无误，按图排列砖块。

② 排列时尽可能采用主规格的砖块，主规格的砖砌块应占总量的 75% ~80%。

③ 砖块排列上、下皮应错缝搭砌，搭砌长度一般为砌块的 1/2，不得小于砖块高的 1/3，也不应小于 140 mm，如果搭错缝长度满足不了规定的压搭要求，应按采取压砌钢筋网片或拉结钢筋的措施。

④ 墙体转角及纵横墙交接处，应将砖块分皮咬槎，交错搭砌，如果不能咬槎时，按设计要求采取其他的构造措施；砌体垂直缝与门窗洞口边线应避开同缝，且不得采用砖镶砌。

⑤ 砌体水平灰缝厚度一般为 14 mm。

⑥ 砖块排列尽量不镶砖或少镶砖，必须镶砖时，应用整砖平砌，且尽量分散，镶砌砖的强度不应小于砌块强度等级。

（4）铺灰

将搅拌好的砂浆，通过吊斗、灰车运至砌筑地点，在砌块就位前，用大铲、灰勺进行分块铺灰，但铺灰长度不得超过 1 400 mm。

（5）砌砖

底部先用实心砖砌筑，高度不低于 200 mm；空心砖的砌筑采用反砌，即将壁肋厚度大的面朝上，小面朝下，便于铺灰，且能增大上、下两皮砖的接触面积，提高砌体抗剪强度；空心砖砌筑时应对孔错缝搭砌。

（6）竖缝灌砂浆

每砌一皮砖，就位校正后，用砂浆灌垂直缝，随后进行灰缝的勒缝（原浆勾缝），深度一般为 3 ~ 5 mm。

5.1.3　构造措施

（1）砌体转角、丁字接头处应同时砌筑，并使纵横墙互相咬合，对不能同时砌筑而又必须留置的临地间断处应砌成斜槎（图 5-4），不能留斜槎的，可留直槎，但要加设拉结筋，拉结筋的数量按每 12 cm 墙厚原放置一根直径 6 mm 的钢筋，间距沿墙高不得超过 50 cm，埋入长度从墙的留槎处算起，每边均不应小于 50 cm，末端应有 90°弯钩（图 5-5）。在抗震设防地区建筑物的临时间断处不得留直槎。

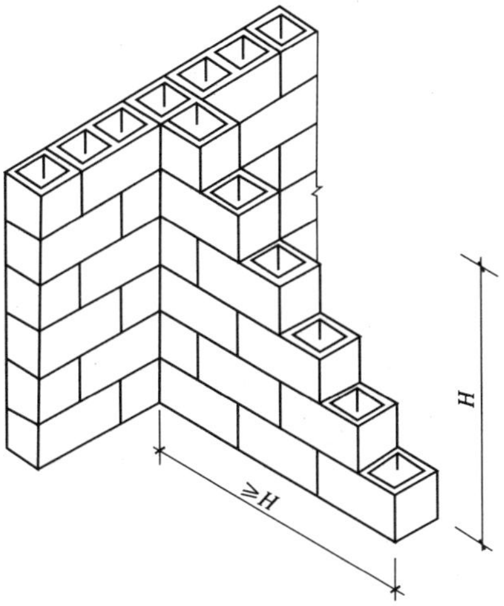

图 5-4　斜槎

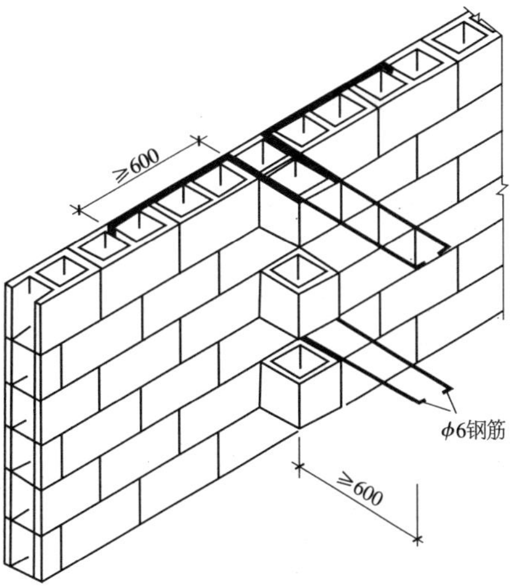

图 5-5　直槎（单位：mm）

（2）砌体与混凝土墙、柱连接处应沿墙、柱高设置2ϕ6@600通长拉结筋。

（3）墙体顶部与梁之间的缝隙用混凝土配套实心砖（220 mm×73 mm×100 mm）斜砌顶紧（图5-6）。

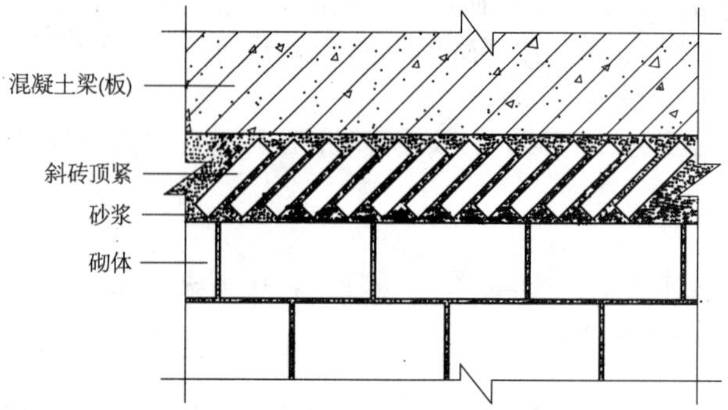

图5-6 墙顶梁底的采用实心砖斜砌

（4）填充墙端部（含宽度大于2 m的洞口两侧）、转角、T形接头处及墙长大于6 m时的每3 m处均设构造柱。构造柱混凝土后浇并预留马牙槎，纵筋上、下锚入梁内35d。

（5）当填充墙净高大于4 m时，在墙体半高（或门洞上皮）设置与柱连接且沿墙全长贯通的水平梁（圈梁）。纵筋锚入柱内35d。

（6）凡墙体内预埋木砖均需做防腐处理，铁件做防锈处理以红丹打底，刷防锈漆两道。

（7）内墙表面进行管线开槽后修补时，要附加钢丝网修补。

（8）凡卧室或客厅等房间、墙上角预埋PVC管作为空调预留孔洞，坡度3%。

（9）当洞口宽小于800 mm时，门窗过梁用钢筋砖过梁，当洞口宽大于800 mm时，用预制钢筋混凝土过梁，在砖墙上的支承长度不小于240 mm。

（10）门窗洞边200 mm内的砌体应采用不低于M5的砌筑砂浆或C15细石混凝土填实砌块的孔洞。窗台处用盲孔砌块砌筑并加设钢筋混凝土窗台板，且铺设2ϕ6钢筋。

项目5.2 蒸压加气混凝土砌块砌体

5.2.1 概述

蒸压加气混凝土（gas concrete）砌块（简称加气砖），是以粉煤灰、水泥、石灰、石膏为原材料，以铝粉等为发气剂，经原材料处理、配料搅拌、浇注发泡、静停切割、蒸压养护而制成的一种新兴墙体材料。其特性为多孔轻质、保温隔热性能好、加工性能好，但其干缩较大，使用不当，墙体会产生裂纹。广泛用于一般建筑物墙体，也可用于多层建筑物的承重墙和非承重墙及隔墙。体积密度级别低的砌块用于屋面保温（图5-7）。

图5-7 蒸压加气混凝土砌块

加气砖的规格尺寸见表5-1。

加气砖按尺寸偏差与外观质量、体积密度和抗压强度分为优等品（A）、一等品（B）、合格品（C）三个等级。

表 5-1　　加气砖的规格尺寸　　单位：mm

公称尺寸			制作尺寸		
长度 L	宽度 B	高度 H	长度 L_1	宽度 B_1	高度 H_1
600	100 125 150 200 250 300	200 250 300	L-10	B	H-10
	120 180 240				

加气砖的尺寸允许偏差和外观应符合表 5-2 的规定，抗压强度应符合表 5-3 的规定，强度级别应符合表 5-4 的规定，干体积密度应符合表 5-5 的规定。

表 5-2　　尺寸允许偏差和外观

项　目			指　标		
			优等品（A）	一等品（B）	合格品（C）
尺寸允许偏差/mm	长度	L_1	±3	±4	±5
	宽度	B_1	±2	±3	+3 −4
	高度	H_1	±2	±3	+3 −4
缺棱掉角	个数不多于		0	1	2
	最大尺寸不得大于		0	70	70
	最小尺寸不得小于		0	30	30
平面弯曲不得大于			0	3	5
裂纹	条数不多于		0	1	2
	任一面上的裂纹长度不得大于裂纹方向尺寸的		0	1/3	1/2
	贯穿一棱二面的裂纹长度不得大于面的裂纹		0	1/3	1/3
爆裂、黏模和损坏深度不得大于			10	20	30
表面疏松、层裂			不允许		
表面油污			不允许		

表 5-3　　加气砖的抗压强度

强度级别	立方体抗压强度/MPa	
	平均值不小于	单块最小值不小于
A1.0	1.0	0.8
A2.0	2.0	1.6
A2.5	2.5	2.0
A3.5	3.5	2.8
A5.0	5.0	4.0
A7.5	7.5	6.0
A10.0	10.0	8.0

表 5-4　　加气砖的强度级别

体积密度级别		B03	B04	B05	B06	B07	B08
强度级别	优等品	A1.0	A2.0	A3.5	A5.0	A7.5	A10.0
	一等品			A3.5	A5.0	A7.5	A10.0
	合格品			A2.5	A3.5	A5.0	A7.50

表 5-5　　加气砖的干体积密度　　单位：kg/m^3

体积密度级别		B03	B04	B05	B06	B07	B08
体积密度	优等品（A）≤	300	400	530	600	700	800
	一等品（B）≤	330	430	530	630	730	830
	合格品（C）≤	350	450	550	650	750	850

加气砖的气孔率高达70%～80%，因而具有“吸水导湿缓慢”的特性，这个特性的含义是：因其吸水少而慢，表面上看起来浇水不少，而实则吸水不多，结果当砌块与砌块或饰面材料相遇时，这种材料内的水分被加气砖表面强夺，易造成墙面抹灰开裂、饰面脱落等问题，施工中应注意这一特点。

5.2.2　施工方法

1. 砌筑（**masonry**）形式

加气砖的立面砌筑形式只有全顺一种，砌筑时，上、下皮竖缝应相互错开不小于砌块长度的1/3，如不满足时，应在水平灰缝中设置2ϕ6的钢筋网片，加筋长度不小于700 mm，如图5-8所示。

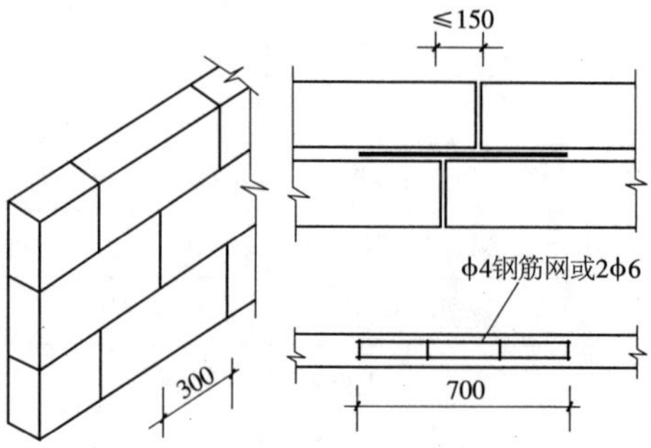

图 5-8　加气砖砌筑形式　（单位：mm）

2. 施工技术要点

1）工艺流程

基层处理 ⇒ 测量墙中线 ⇒ 弹墙边线 ⇒ 砌底部实心砖 ⇒ 立皮数杆 ⇒ 拉准线、铺灰、依准线砌筑 ⇒ 埋墙拉筋 ⇒ 梁下、墙顶斜砖砌筑

2）基层处理

将砌筑加气砖墙体根部的混凝土梁、柱的表面清扫干净，用砂浆找平，拉线，用水平尺检查其平整度。

3）砌底部实心砖

在墙体底部，在砌第一皮加气砖前，应用实心砖砌筑，其高度宜不小于 200 mm。

4）拉准线、铺灰、依准线砌筑

为保证墙体垂直度、水平度，采取分段拉准线砌筑，铺浆要厚薄均匀，每一块砖全长上铺满砂浆，浆面平整，保证灰缝厚度，灰缝厚度宜为 15 mm，灰缝要求横平竖直，水平灰缝应饱满，竖缝采用挤浆和加浆方法，不得出现透明缝，严禁用水冲洗灌缝。铺浆后立即放置砌块，要求一次摆正找平。如铺浆后不立即放置砌块，砂浆凝固了，须铲去砂浆，重新砌筑。

5）埋墙拉筋

与钢筋混凝土柱（墙）的连接，采取在混凝土柱（墙）上打入 2ϕ6@500 的膨胀螺栓，然后在膨胀螺栓上焊接 ϕ6 的钢筋，长可埋入加气砖墙体内 1 000 mm。

6）梁下、墙顶斜砖砌筑

与梁的接触处待加气砖砌完一星期后采用灰砂砖斜砌顶紧（图 5-9）。

图 5-9　加气砖砌筑效果图

3. 技术要求

（1）加气砖的生产龄期应超过 15 d，砌筑前一天必须将第二天需用的加气砖洒水湿润，砌筑时应在砌筑面上适量洒水。

（2）砌块砌筑前均应进行砌块排列设计。

（3）砌筑过程中应做好预留、预埋工作，不得事后凿打。

（4）构造柱与墙连接处砌成马槎，先砌墙后浇柱，沿墙高每隔 500 mm 设 2ϕ6 钢筋，埋入墙体内 1 000 mm。

（5）墙长大于 5 m，顶部应有 ϕ6 膨胀螺栓焊 ϕ6 钢筋与墙体拉接；当墙体净高大于 4 m 时，中间设拉梁；墙长大于 4 m 时，墙中间需设构造柱。

（6）砖墙的转角处和交接处应同时砌起，对不能同时砌起而必须留槎时，应砌成斜槎，斜槎长度不小于斜槎高度的 2/3。

（7）不同干密度和强度等级的加气混凝土不应混砌，但在墙底、墙顶局部采用小块实心砖和多孔砖砌筑不视为混砌。

（8）每天砌筑高度不大于 1. 8 m，雨天不宜砌筑，并对砌块和砌体采取遮盖措施。

（9）穿越墙体的水管要严防渗漏。穿墙、附墙或埋入墙内的铁件应做防腐处理。

（10）切锯砌块应使用专用工具，不得用斧或瓦刀任意砍劈。

项目 5.3　砖砌体

砌体一般使用的砖有烧结黏土砖、烧结多孔砖、蒸压灰砂砖、粉煤灰砖等，图 5-10 是黏土砖（红砖）的砌筑效果图。

图 5-10　黏土砖（红砖）的砌筑效果图

5.3.1　组砌方式

一块砖有三个两两相等的面，最大的面叫作大面，长的一面叫作条面；短的一面叫作丁面。砖砌入墙体后，条面朝向操作者的叫顺砖，丁面朝向操作者的叫丁砖。

普通砖墙厚度有半砖、一砖、一砖半和二砖等。用普通砖砌筑的砖墙，依其墙面组砌形式不同，有一顺一丁、三顺一丁、梅花丁等。

1. 一顺一丁砌法

一顺一丁砌法是一皮中全部顺砖与一皮中全部丁砖相互间隔砌成，上、下皮间的竖缝相互错开 1/4 砖长，如图 5-11（a）所示。这种组砌形式效率较高，但当砖的规格不一致时，竖缝就难以整齐。

2. 三顺一丁砌法

三顺一丁砌法是采用三皮顺砖间隔一皮丁砖的组砌方法。上、下皮顺砖应错开 1/2 砖长，上、下皮顺砖与丁砖间的竖缝相互错开 1/4 砖长，如图 5-11（b）所示。这种组砌形式，由于顺砖较多，砌筑效率较高，使用于筑砌一砖和一砖以上的墙厚。

3. 梅花丁砌法

梅花丁砌法又称沙包式、十字式。梅花丁砌法是每皮中丁砖与顺砖相隔砌成，且上皮丁砖坐中于下皮顺砖，上、下皮间竖缝相互错开 1/4 砖长，如图 5-11（c）所示。这种组砌形式内外竖缝每皮都能错开，故整体性较好，灰缝整齐，比较美观，但砌筑效率较低。一般砌筑清水墙或当砖规格不一致时，应采用这种组砌形式较好。

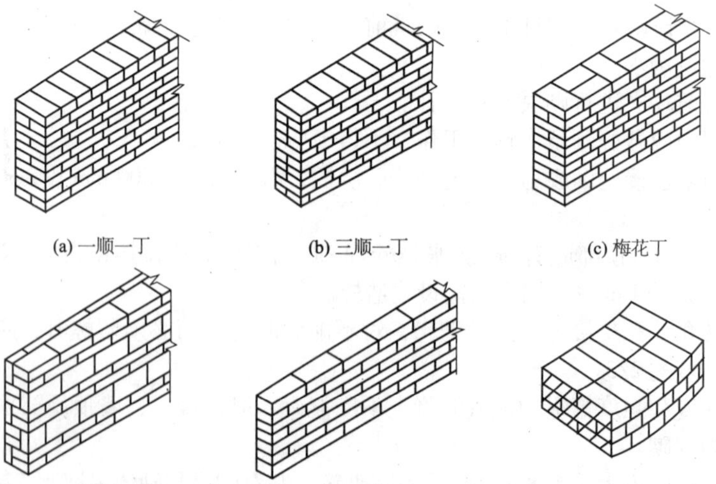

(a) 一顺一丁　(b) 三顺一丁　(c) 梅花丁

(d) 两平一侧　(e) 全顺　(f) 全丁

图 5-11　砖墙组砌方式

4. 其他砌法

（1）全顺砌法。全部采用顺砖砌筑，每皮砖搭接 1/2 砖长，适用于半砖墙的砌筑。

（2）全丁砌法。全部采用砖砌筑，每皮砖上、下搭接 1/4 砖长，适于圆形烟囱与窨井的砌筑。

（3）两平一侧砌法。当设计要求 180 mm 或 300 mm 厚砖墙时，可采用此砌法，即连砌两皮顺砖或丁砖，然后贴一层侧砖（条面朝下）。丁砖层上、下皮搭接 1/4 砖长，顺砖层上、下皮搭接 1/2 砖长。每砌两皮砖以后，将平砌砖和侧砌砖里外互换，即可组成两平一侧砌体。

5.3.2 砌筑方法

砖砌体的砌筑方法有“三一”砌筑法、挤浆法、刮浆法和满口灰法四种，其中，“三一”砌砖法和挤浆法最常用。

“三一”砌砖法，即是一块砖、一铲灰、一揉压，并随手将挤出的砂浆刮去的砌筑方法。这种砌砖方法的优点是：灰缝容易饱满、黏结力好、墙面整洁。所以，砌筑实心砖砌体宜采用“三一”砌砖法。

5.3.3 施工工艺

1）砖砌体的施工工艺流程

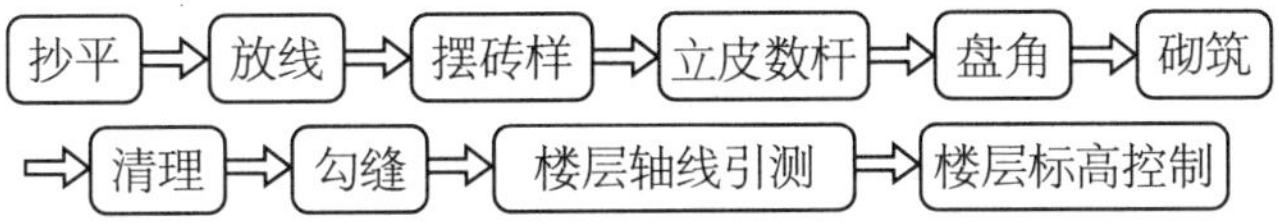

2）找平、放线

砌筑前，在基础防潮层或楼面上先用水泥砂浆或细石混凝土找平，然后在龙门板上以定位钉为标志，弹出墙的轴线、边线，定出门窗洞口位置。如图 5-12 所示。

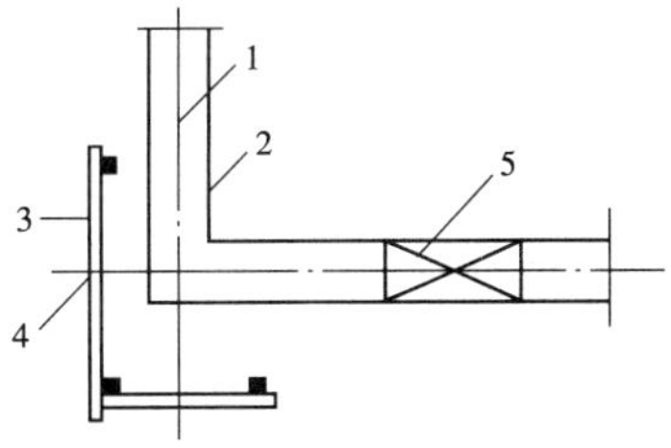

1—墙轴线；2—墙边线；3—龙门板；4—墙轴线标志；5—门洞位置标志

图 5-12　墙身放线

3）摆砖

摆砖是指在放线的基面上按选定的组砌形式用于砖试摆。一般在房屋外纵墙方向摆顺砖，在山墙方向摆丁砖，摆砖由一个大角摆到另一个大角，砖与砖留 10 mm 缝隙。摆砖的目的是为了校对放出的墨线在门窗洞口、附墙垛等处是否符合砖的模数，以尽可能减少砍砖，并使砌体灰缝均匀，组砌得当。

4）立皮数杆

皮数杆是指在其上划有每皮砖和灰缝厚度，以及门窗洞口、过梁、楼板、梁底、预埋件等标高位置的一种木制标杆，如图 5-13 所示。它是砌筑时控制每皮砖的竖向尺寸，并使铺灰、砌砖的厚度均匀，洞口及构件位置留设正确，同时还可以保证砌体的垂直度。

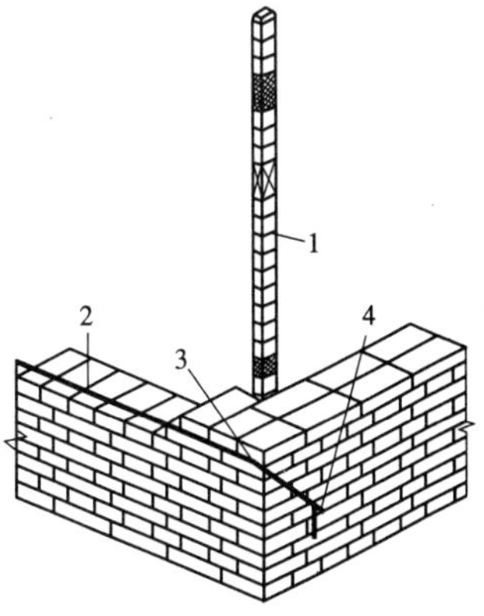

1—皮数杆；2—准线；3—竹片；4—圆铁钉

图 5-13　皮数杆示意图

皮数杆一般立于房屋的四大角、内外墙交接处、楼梯间以及洞口多的地方。一般可每隔 10 ~ 15 m 立一根。皮数杆的设立，应有两个方向斜撑或锚钉加以固定，以保证其固定和垂直。一般每次开始砌砖前应用水准仪校正标高，并检查一遍皮数杆的垂直度和牢固程度。

5）盘角、砌筑

砌筑时应先盘角，盘角是确定墙身两面横平竖直的主要依据，盘角时主要大角不宜超过5皮砖，且应随砌随盘，做到“三皮一吊，五皮一靠”，对照皮数杆检查无误后，才能挂线砌筑中间墙体。为了保证灰缝平直，要挂线砌筑。一般一砖墙单面挂线，一砖半以上砖墙则宜双面挂线。

6）清理、勾缝

当该层施工面墙体砌筑完成后，应及时对墙面和落地灰进行清理。

勾缝，是清水砖墙的最后一道工序，具有保护墙面和增加墙面美观的作用。墙面勾缝有采用砌筑砂浆随砌随勾缝的原浆勾缝和加浆勾缝，加浆勾缝系指在砌筑几皮砖以后，先在灰缝处划出1 cm深的灰槽。待砌完整个墙体以后，再用细砂拌制1∶1.5水泥砂浆勾缝，勾缝完的墙面应及时清扫。

7）楼层轴线引测

为了保证各层墙身轴线的重合和施工方便，在弹墙身线时，应根据龙门板上标注的轴线位置将轴线引测到房屋的外墙基上，二层以上各层墙的轴线，可用经纬仪或锤球引测到楼层上去，同时还须根据图上轴线尺寸用钢尺进行校核。

8）楼层标高的控制

各层标高除立皮数杆控制外，还可弹出室内水平线进行控制。底层砌到一定高度后，在各层的里墙身，用水准仪根据龙门板上的±0.000标高，引出统一标高的测量点（一般比室内地坪高出200~500 mm)，然后在墙角两点弹出水平线，依次控制底层过梁、圈梁和楼板底标高。当楼层墙身砌到一定高度后，先从底层水平线用钢尺往上量各层水平控制线的第一个标志，然后以此标志为准，用水准仪引测再定出各层墙面的水平控制线，以此控制各层标高。

5.3.4 质量要求

砖砌体的质量要求为横平竖直、砂浆饱满、组砌得当、接槎可靠。

1）横平竖直

横平，即要求每一皮砖应在同一水平面上，每块砖应摆平。为此，首先应将基础或楼面抄平，砌筑时严格按皮数杆每皮层砖砌筑必须挂水平准线，并要拉紧，每块砖按水平准线砌平，不得出现螺丝墙。

竖直，即要求砌体表面轮廓垂直平整，且竖向灰缝垂直对齐。因而在砌筑过程中要随时用线锤和托线板进行检查，做到“三皮一吊、五皮一靠”，以保证砌筑质量，不得出现游丁走缝。

2）砂浆饱满

砂浆的饱满程度对砌体强度影响较大。砂浆不饱满，一方面造成砖块间粘结不紧密，使砌体整体性差，另一方面使砖块不能均匀传力。水平灰缝不饱满会引起砖块局部受弯、受剪而致断裂，所以为保证砌体的抗压强度，要求水平灰缝的砂浆饱满度不得低于80%。竖向灰缝的饱满度对一般以承压为主的砌体的强度影响不大，但对砌体抗剪强度有明显影响。因而对于受水平荷载或偏心荷载的砌体，饱满的竖向灰缝可提高砌体的抗横向能力。况且竖缝砂浆饱满可避免砌体透风、漏水，且保温性能好。施工时竖缝宜采用挤浆或加浆方法，不得出现透明缝，严禁用水冲浆灌缝。砖砌体水平灰缝厚度和竖向灰缝宽度宜为10 mm，不得小于8 mm，也不应大于12 mm。

3）组砌得当

为保证砌体的强度和稳定性，各种砌体均应按一定的组砌形式砌筑。其基本原则是上下错缝，内外搭砌，错缝长度一般不应小于60 mm，并避免墙面和内墙中出现连续的竖向通缝，同时还应考虑砌筑方便和少砍砖。

4）接槎可靠

接槎，是指先砌筑的砌体与后砌筑的砌体之间的结合。接槎方式合理与否对砌筑的整体性影响很大，特别在地震区，接槎质量将直接影响到房屋的抗震能力，故应予以足够的重视。

砌基础时，内外墙的砖基础应同时砌起。如因特殊情况不能同时砌起时，应留置斜槎，斜槎的长度不应小于斜槎高度。

砖墙的转角处和交接处应同时砌起，严禁无可靠措施的内外墙分砌施工。对不能同时砌起而必须留置的临时间断处，应砌成斜槎，斜槎的长度不应小于斜槎高度的 2/3，如图 5-14（a）所示。

非抗震设防及抗震设防烈度为 6 度、7 度地区的临时间断处，当不能留斜槎时，除转角处外，可留直槎，但直槎必须做成凸槎。留直槎处应加设拉结钢筋，拉结钢筋的数量为每 120 mm 厚墙放置 1ϕ6 拉结钢筋（120 mm 厚墙放置 2ϕ6 拉结钢筋），间距沿墙高不应超过 500 mm；埋入长度从留槎处算起每边均不应小于 500 mm，对抗震设防烈度 6 度、7 度的地区，不应小于 1 000 mm；末端应有 90°弯钩，如图 5-14（b）所示。

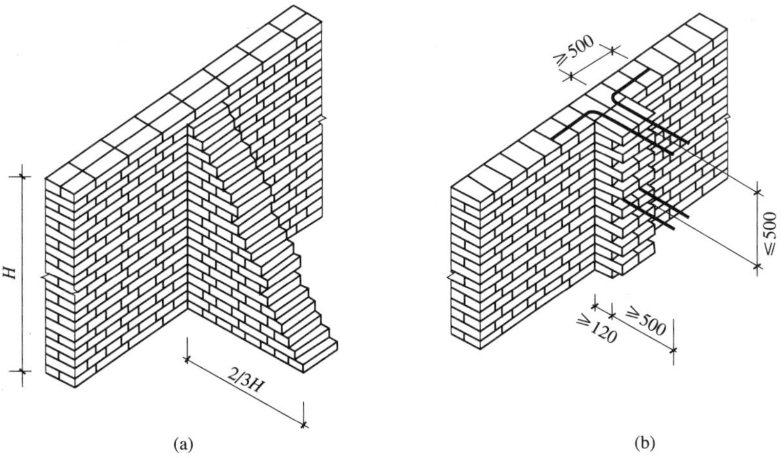

图 5-14　接槎方式

隔墙与承重墙不能同时砌筑而又不留成斜槎时，可与承重墙中引出凸槎。对抗震设防的工程，还应在承重墙的水平灰缝中预埋拉结钢筋，其构造与上述直槎相同，且每道墙不得少于 2 根。

砖砌体接槎时，必须将接槎处的表面清理干净，浇水湿润，并应填实砂浆，保持灰缝平直。

项目 5.4　毛石砌体

5.4.1　材料要求

砌筑用的毛石应质地坚硬，无风化剥落和裂纹，强度等级一般在 MU20 以上，尺寸在 200 ~ 400 mm，中部厚度不宜小于 150 mm。

砌筑砂浆的品种和强度等级应符合设计要求，砂浆稠度宜为 30 ~ 50 mm。

图 5-15　毛石砌筑效果图

图 5-15 为毛石砌筑效果图。

5.4.2　毛石砌体施工

毛石砌体是用毛石和砂浆砌筑而成。毛石用乱毛石和平毛石，砂浆用水泥砂浆或水泥混合砂浆，一般用铺浆法砌筑，灰缝厚度应符合要求，且砂浆饱满。毛料石和粗料石砌体的灰缝厚度不宜大于 20 mm，细料石砌体的灰缝厚度不宜大于 5 mm。

毛石砌体宜分皮、卧砌，且按内外搭接，上、下错缝，拉结石、丁砌石交错设置的原则组砌，不得采用外面侧立石块，中间填心的砌筑方法。每日砌筑高度不宜超过 1.2 m，在转角处及交接处应同时砌筑，如不能同时砌筑时，应留斜槎。

毛石墙一般灰缝不规则，对外观要求整齐的墙面，其外皮石材可适当加工。毛石墙的第一皮及转角、交接处和洞口处，应用料石或较大的平毛石砌筑，每个楼层砌体最上一皮，应选用较大的毛石砌筑。墙角部分纵横宽度至少为 0.8 m。毛石墙在转角处，应采用有直角边的石料砌在墙角一面，据长短形状纵横搭接砌入墙内，如图 5-16 所示；丁子接头处，要选取较为平整的长方形石块，长短纵横砌入墙内，使其在纵横墙中上、下皮能相互搭接；毛石墙的第一皮石块及最上一皮石块应选用较大平毛石砌筑，第一皮大面向下，以后各皮上、下错缝，内外搭接，墙中不应放铲口石和全部对合石，如图 5-17 所示；毛石墙必须设置拉结石，拉结石应均匀分布，相互错开，一般每 0.7 m^2 墙面至少设置一块，且同皮内的中距不大于 2 m。拉结石长度，如墙厚等于或小于 400 mm，应等于墙厚。墙厚大于 400 mm，可用两块拉结石内外搭接，搭接长度不小于 150 mm，且其中一块长度不小于墙厚的 2/3。

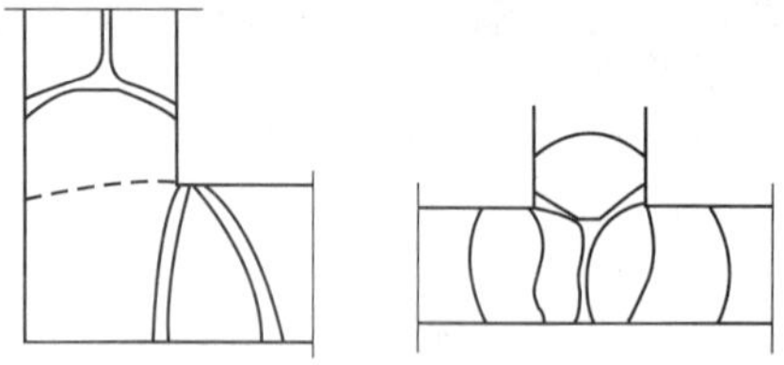

(a)　(b)

图 5-16　转角处和交接处

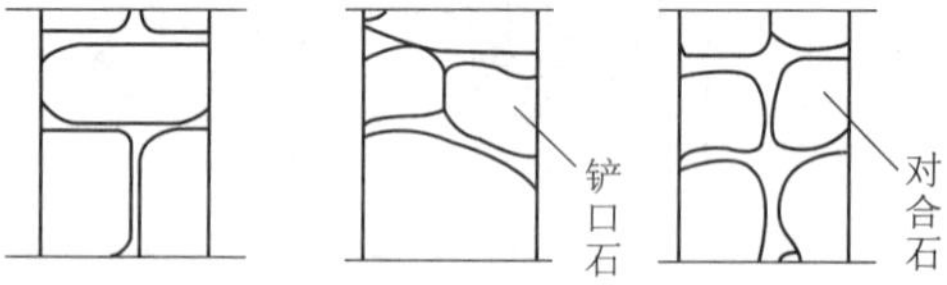

(a) 正确　(b) 不正确　(c) 不正确

图 5-17　毛石砌墙体

毛石挡土墙一般按 3 ~ 4 皮为一个分层高度砌筑，每砌一个分层高度应找平一次；毛石挡土墙外露面灰缝厚度不得大于 40 mm，两个分层高度间分层处的错缝不得小于 80 mm；对于中间毛石砌筑的料石挡土墙，丁砌料石应深入中间毛石部分的长度不应小于 200 mm；挡土墙的泄水孔应按设计施工，若无设计规定时，应按每米高度上间隔 2 m 左右设置一个泄水孔。

思考与训练

1. 试述混凝土空心砖砌筑的工艺流程。
2. 试述加气砖砌筑的工艺流程。
3. 试述黏土砖砌筑的工艺流程和质量要求。

单元6 防水工程施工

单元概述：通过学习了解屋面构造，掌握屋面防水施工工艺和方法，了解种植屋面和太阳能屋面的构造和施工要求；掌握地下建筑防水施工工艺和方法；了解厕浴间防水构造，掌握厕浴间防水施工工艺和方法；通过学习掌握外墙防水施工工艺和方法，掌握外墙裂缝、外墙渗漏产生的原因和防治措施。

学习目标：

1. 通过学习具有组织屋面防水工程施工和地下建筑防水工程施工的能力。
2. 通过学习具有组织厕浴间防水工程施工和外墙防水工程施工的能力。
3. 通过学习具备现场施工员的工作能力。
4. 通过学习具备旁站监理员的工作能力。

教学建议：采用案例教学法，先从小的案例教学入手，采用连环画形式图解工作流程。针对不同的案例设计不同的问题，请学生解答，并由学生讨论分析不同的答案。布置学生分组搜集资料设计屋面防水工程（卷材防水屋面、涂膜防水屋面、刚性防水屋面），地下建筑防水工程，卫生间防水工程（地面、墙面），外墙防水工程的施工案例，并进行案例讨论和评比。

学时建议：总学时建议为10学时，其中，项目6.1屋面防水工程施工建议4学时，项目6.2地下建筑防水施工建议2学时，项目6.3卫生间防水施工建议2学时，项目6.4外墙防水施工建议2学时。

关键词：屋面（roof）；找平层（troweling course）；防水层（waterproof layer）；隔离层（isolating course）；保护层（cover sheet）；防水卷材（waterproof sheet）；防水涂料（waterproof paint）；种植屋面（planted roof）；地下建筑（underground building）；厕浴间（bathroom）；外墙（external wall）

项目6.1 屋面防水工程施工

学习重点：

1. 了解屋面（roof）构造。
2. 掌握屋面防水施工工艺和方法。
3. 了解种植屋面（planted roof）和太阳能屋面的构造和施工要求。

6.1.1 屋面工程

1. 屋面防水构造（图6-1）

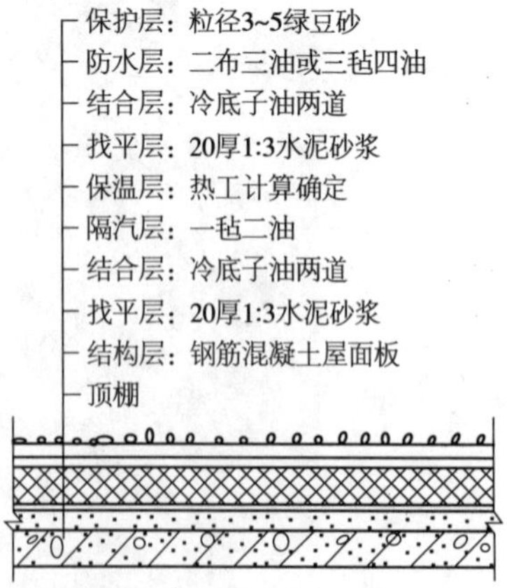

(a) 沥青防水卷材平屋面的构造组成

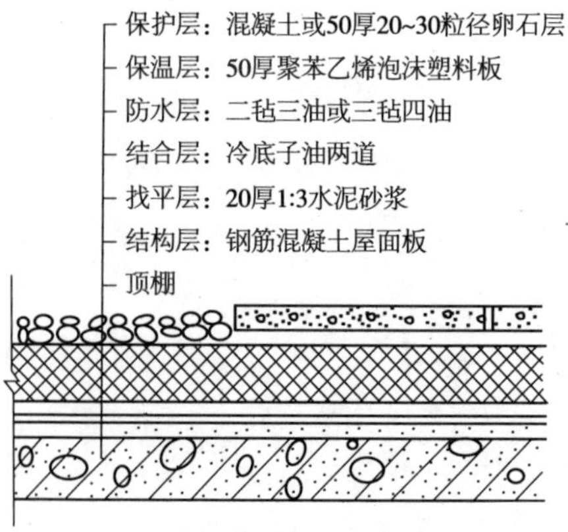

(b) 倒置式沥青防水卷材平屋面的构造组成

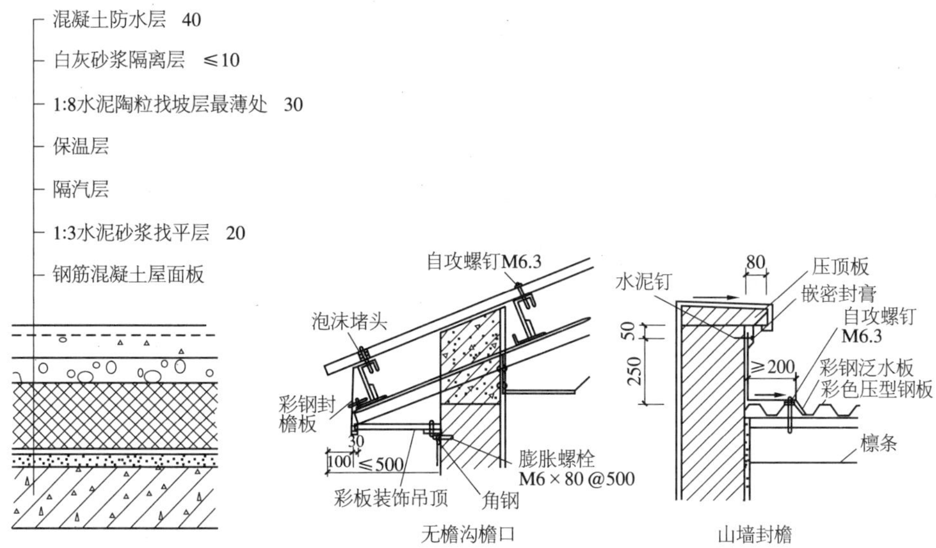

(c) 刚性防水屋面的构造组成　　(d) 彩色压型钢板的构造组成

图 6-1　防水构造

2. 屋面防水施工工艺流程

找平层施工 ⇒ 防水层施工 ⇒ 蓄水试验 ⇒ 保护层施工 ⇒ 质量检查

3. 屋面防水施工流程示意（图 6-2）

(a) 找平层施工　　(b) 防水层施工　　(c) 保护层施工　　(d) 质量检查

图 6-2　防水施工工艺流程

1）找平层施工

找平层（troweling course）的种类及施工要求见表6-1。

表6-1　　找平层的种类及施工要求

找平层类别	工作要点	施工注意事项
水泥砂浆找平层	(1) 砂浆配合比要称量准确，搅拌均匀，砂浆铺设应按由远到近、由高到低的程序进行，在每一分格内最好一次连续抹成，并用2 m左右的直尺找平，严格掌握坡度。 (2) 待砂浆稍收水后，用抹子抹平压实压光。终凝前，轻轻取出嵌缝木条。 (3) 铺设找平层12 h后，需洒水养护或喷冷底子油养护。 (4) 找平层硬化后，应用密封材料嵌填分格缝	(1) 注意气候变化，如气温在0℃以下，或终凝前可能下雨时，不宜施工。 (2) 底层为塑料薄膜隔离层（isolating course）防水层或不吸水保温层时，宜在砂浆中加减水剂并严格控制稠度。 (3) 完工后表面少踩踏。砂浆表面不允许撒干水泥或水泥浆压光。 (4) 屋面结构为装配式钢筋混凝土屋面板时，应用细石混凝土嵌缝，嵌缝的细石混凝土宜掺微膨胀剂，强度等级不应小于C20。当板缝宽度大于40 mm或上窄下宽时，板缝内应设置构造钢筋。灌缝高度应与板平齐，板端应用密封材料嵌缝
沥青砂浆找平层	(1) 基层必须干燥，然后满涂冷底子油1～2道，涂刷要薄而均匀，不得有气泡和空白，涂刷后表面保持清洁。 (2) 待冷底子油干燥后可铺设沥青砂浆，其虚铺厚度为压实后厚度的1.30～1.40倍。 (3) 待砂浆刮平后，即用火滚进行滚压（夏天温度较高时，筒内可不生火）。滚压至平整、密实、表面没有蜂窝、不出现压痕为止。滚筒应保持清洁，表面可涂刷柴油。滚压不到之处可用烙铁烫压平整，施工完毕后避免在上面踩踏。 (4) 施工缝应留成斜槎，继续施工时接槎处应清理干净并刷一遍热沥青，然后铺沥青砂浆，用火滚或烙铁烫平	(1) 检查屋面板等基层安装牢固程度，不得有松动之处。屋面应平整、找好坡度并清扫干净。 (2) 雾、雨、雪天不得施工。一般不宜在气温0℃以下施工。如在严寒地区必须在气温0℃以下施工时，应采取相应的技术措施（如分层分段流水施工及采取保温措施等）
细石混凝土找平层	(1) 细石混凝土宜采用机械搅拌和机械振捣。浇筑时混凝土的坍落度应控制在10 mm，浇捣密实。灌缝高度应低于板面10～20 mm。表面不宜压光。 (2) 浇筑完板缝混凝土后，应及时覆盖并浇水养护7 d，待混凝土强度等级达到C15时，方可继续施工	施工前用细石混凝土对管壁四周处稳固堵严并进行密封处理，施工时节点处应清洗干净予以湿润，吊模后振捣密实。沿管的周边划出8～10 mm沟槽，采用防水类卷材、涂料或油膏裹住立管、套管和地漏的沟槽内，以防止楼面的水有可能顺管道接缝处出现渗漏现象

2）防水层施工

防水层（waterproof layer）的种类及施工要求见表 6-2。

表 6-2 防水层的种类及施工要求

防水层类别	工作要点	施工注意事项
卷材防水层施工	(1) 防水卷材（waterproof sheet）铺贴的一般要求：① 卷材防水层适用于防水等级为Ⅰ～Ⅳ级的屋面防水。屋面防水层多道设防时，可采用同种卷材叠层或不同卷材复合，也可采用卷材和涂膜复合及刚性防水和卷材复合等。② 找平层的排水坡度应符合设计要求。 (2) 卷材铺贴方向。屋面坡度小于 3% 时，卷材宜平行于屋脊铺贴。屋面坡度在 3%～15% 时，卷材可平行或垂直于屋脊铺贴。屋面坡度大于 15% 或屋面受震动时，沥青防水卷材应垂直于屋脊铺贴，高聚物改性沥青防水卷材和合成高分子防水卷材可平行或垂直于屋脊铺贴。坡度大于 25% 的屋面上采用卷材做防水层时，应采取固定措施，固定点应密封严密。防止卷材下滑时可采用满粘法及钉压固定等方法。 (3) 卷材热风焊接施工。卷材热风焊接是采用热空气焊枪进行防水卷材搭接黏合的施工方法，常用于热塑性卷材（如 PVC 卷材等）的搭接黏合	(1) 基层（找平层）必须干净、干燥。检验干燥程度的简易方法是将 1 m^2 卷材平坦地干铺在找平层上，静置 3～4 h 后掀开检查，找平层覆盖部位与卷材上未见水印，即可铺设。 (2) 上、下层卷材不得相互垂直铺贴。 (3) 卷材热风焊接前，卷材铺设应平整顺直，搭接尺寸准确，不得扭曲或有皱折；卷材的焊接面应清扫干净，无水滴、油污及附着物；焊接时应先焊长边搭接缝，后焊短边搭接缝；控制热风加热温度和时间，焊接处不得有漏焊、跳焊、焊焦或焊接不牢现象；焊接时不得损害非焊接部位的卷材。 (4) 蓄水试验，蓄水高度根据工程而定，在屋面重量不超过设计荷载的前提下应尽可能使水没过屋面，蓄水 24 h 以上屋面无渗漏为合格。坡屋面应做淋水试验，时间不少于 2 h，屋面无渗漏为合格
涂膜防水层施工	(1) 涂刷基层处理剂。基层处理剂涂刷时应用刷子用力薄涂，使涂料尽量刷进基层表面的毛细孔。并将基层可能留下来的少量灰尘等无机杂质，像填充料一样混入基层处理剂中，使之与基层牢固结合。这样即使屋面上灰尘不能完全清扫干净，也不会影响涂层与基层的牢固粘结。特别在较为干燥的屋面上进行溶剂型防水涂料施工时，使用基层处理剂打底后再进行防水涂料涂刷，效果相当明显。 (2) 涂布防水涂料。厚质涂料宜采用铁抹子或胶皮板刮涂施工；薄质涂料可采用棕刷、长柄刷、圆滚刷等进行人工涂布，也可采用机械喷涂。涂料涂布应分条或按顺序进行，分条进行时，每条宽度应与胎体增强材料宽度相一致，以避免操作人员踩踏刚涂好的涂层。流平性差的涂料，为便于抹压，加快施工进度，可以采用分条间隔施工的方法，条带宽800～1 000 mm。	(1) 防水涂料（waterproof paint）严禁在雨天、雪天和五级风及其以上时施工，以免影响涂料的成膜质量。溶剂型防水涂料施工时的环境气温宜为 －5℃～35℃，水乳型防水涂料施工时的环境气温宜为 5℃～35℃。 (2) 在涂膜防水屋面上如同时使用两种或两种以上不同防水材料时，应考虑不同材料之间的相容性（即亲和性大小、是否会发生侵蚀），如相容则可使用。涂料和卷材同时使用时，卷材和涂膜的接缝应顺水流方向，搭接宽度不得小于100 mm。 (3) 坡屋面防水涂料涂刷时，如不小心踩踏尚未固化的涂层，很容易滑倒，甚至引起坠落事故。因此，在坡屋面涂刷防水涂料时，必须采取安全措施，如系安全带等。

(续表)

防水层类别	工作要点	施工注意事项
涂膜防水层施工	(3) 铺设胎体增强材料。在涂刷第2遍涂料时,或第3遍涂料涂刷前,即可加铺胎体增强材料。胎体增强材料可采用湿铺法或干铺法铺贴。 ① 湿铺法,是在第2遍涂料涂刷时,边倒料、边涂布、边铺贴的操作方法。 ② 干铺法,是在上道涂层干燥后,边干铺胎体增强材料,边在已展平的表面上用刮板均匀满刮一道涂料。也可将胎体增强材料按要求在已干燥的涂层上展平后,用涂料将边缘部位点粘固定,然后再在上面满刮一道涂料,使涂料浸入网眼渗透到已固化的涂膜上。 ③ 胎体增强材料可以是单一品种,也可以采用玻璃纤维布和聚酯纤维布混合使用。混合使用时,一般下层采用聚酯纤维布,上层采用玻璃纤维布。 (4) 收头处理。为了防止收头部位出现翘边现象,所有收头均应用密封材料压边,压边宽度不得小于10 mm,收头处的胎体增强材料应裁剪整齐,如有凹槽时应压入凹槽内,不得出现翘边、皱折、露白等现象,否则应进行处理后再涂封密封材料	(4) 涂膜防水层厚度。沥青基防水涂膜在Ⅲ级防水屋面上单独使用时不得小于8 mm,在Ⅳ级防水屋面或复合使用时不宜小于4 mm;高聚物改性沥青防水涂膜不得小于3 mm,在Ⅲ级防水屋面上复合使用时,不宜小于1.5 mm;合成高分子防水涂膜在Ⅰ,Ⅱ级防水屋面上使用时不得小于1.5 mm,在Ⅲ级防水屋面上单独使用时不得小于2 mm;复合使用时不宜小于1 mm。 (5) 在涂膜防水层实干前,不得在其上进行其他施工作业。涂膜防水层上不得直接堆放物品。 (6) 涂膜防水层的施工,也应按“先高后低,先远后近”的原则进行。遇高低跨屋面时,一般先涂布高跨屋面,后涂布低跨屋面;相同高度屋面,要合理安排施工段,先涂布距上料点远的部位,后涂布近处;同一屋面上,先涂布排水较集中的水落口、天沟、檐沟、檐口等节点部位。再进行大面积涂布。 (7) 涂膜防水层施工前,应先对水落口、天沟、檐沟、泛水、伸出屋面管道根部等节点部位进行增强处理,一般涂刷加铺胎体增强材料的涂料进行增强处理。 (8) 需铺设胎体增强材料时,如坡度小于15%可平行屋脊铺设;坡度大于15%应垂直屋脊铺设,并由屋面最低标高处开始向上铺设。胎体增强材料长边搭接宽度不得小于50 mm,短边搭接宽度不得小于70 mm。采用二层胎体增强材料时,上下层不得互相垂直铺设,搭接缝应错开,其间距不应小于幅宽的1/3
刚性防水屋面施工	(1) 刚性防水屋面,是指利用刚性防水材料做防水层的屋面。主要有普通细石混凝土防水屋面、补偿收缩混凝土防水屋面、纤维混凝土防水屋面、预应力混凝土防水屋面等。尤以前二者应用最为广泛。刚性防水屋面主要适用于防水等级为Ⅲ级的屋面防水,也可用作Ⅰ,Ⅱ级屋面多道防水设防中的一道防水层;不适用于设有松散保温层的屋面、大跨度和轻型屋盖的屋面,以及受震动或冲击的建筑屋面。而且刚性防水层的节点部位应与柔性材料复合使用,才能保证防水的可靠性。	(1) 结构层宜为整体现浇的钢筋混凝土。当屋面结构层为装配式钢筋混凝土屋面板时,应用细石混凝土嵌缝。灌缝的细石混凝土宜掺膨胀剂,其强度等级应不小于C20。当屋面板缝宽度大于40 mm或上窄下宽时,板缝内应设置构造钢筋。灌缝高度与板面平齐。板端应用密封材料嵌缝密封处理。 (2) 由室内伸出屋面的水管、通风管等须在防水层施工前安装。并在周围留凹槽以便嵌填密封材料。 (3) 因为隔离层材料强度低,在隔离层继续施工时,要注意对隔离层加强保护,混凝土运输不能直接在隔离层表面进行,应采取垫板等措施,绑扎钢筋时不得扎破表面,浇捣混凝土时更不能振酥隔离层。

（续表）

防水层类别	工作要点	施工注意事项
刚性防水屋面施工	(2) 刚性防水层和结构层之间应脱离，即在结构层与刚性防水层之间增加一层低强度等级砂浆、卷材、塑料薄膜等材料，起隔离作用，使结构层和刚性防水层变形互不受约束，以减少因结构变形使防水混凝土产生的拉应力，减少刚性防水层的开裂。 (3) 分格缝应设置在结构层屋面板的支承端、屋面转折灶（如屋脊）、防水层与突出屋面结构的交接处，并应与板缝对齐。纵横分格缝间距一般不大于 6 m，或“一间一分格”，分格面积不超过 36 m^2 为宜。分格缝宽宜为 10 ~ 20 mm。分格缝可采用木板，在混凝土浇筑前支设，混凝土浇筑完毕，收水初凝后取出分格缝模板。或采用聚苯乙烯泡沫板支设，待混凝土养护完成、嵌填密封材料前按设计要求的高度用电烙铁熔去表面的泡沫板。 (4) 钢筋网配置应按设计要求，一般设置直径为 4 ~ 6 mm、间距为 100 ~ 200 mm 双向钢筋网片。网片采用绑扎和焊接均可，其位置以居中偏上为宜，保护层不小于 10 mm。钢筋要调直，不得有弯曲、锈蚀、沾油污；分格缝处钢筋网片要断开。为保证钢筋网片位置留置准确，可采用先在隔离层上满铺钢丝绑扎成型后，再按分格缝位置剪断的方法施工	(4) 刚性防水层严禁在雨天施工。因为雨水进入刚性防水材料中，会增加水灰比，同时使刚性防水层表面的水泥浆被雨水冲走，造成防水层疏松、麻面、起砂等现象，丧失防水能力。施工环境温度宜在 5℃ ~ 35℃，不得在负温和烈日暴晒下施工，也不宜在雪天或大风天气施工，以避免混凝土、砂浆受冻或失水
细石混凝土防水层施工	(1) 浇捣混凝土前，应将隔离层表面浮渣、杂物清除干净；检查隔离层质量及平整度、排水坡度和完整性；支好分格缝模板，标出混凝土浇捣厚度，厚度不宜小于 40 mm。 (2) 材料及混凝土质量要严格保证，经常检查是否按配合比准确计量，每工作班进行不少于两次的坍落度检查，并按规定制作检验的试块。加入外加剂时，应准确计量，投料顺序得当，搅拌均匀。 (3) 混凝土搅拌应采用机械搅拌，搅拌时间不少于 2 min。混凝土运输过程中应防止漏浆和离析。 (4) 采用掺加抗裂纤维的细石混凝土时，应先加入纤维干拌均匀后再加水，干拌时间不少于 2 min。 (5) 混凝土的浇捣按“先远后近、先高后低”的原则进行。混凝土宜采用小型机械振捣，如无振捣器，可先用木棍等插捣，再用小滚（重 30 ~ 40 kg，长 600 mm 左右）来回滚压，边插捣边滚压，直至密实和表面泛浆，泛浆后用铁抹子压实抹平，并要确保防水层的设计厚度和排水坡度	(1) 一个分格缝范围内的混凝土必须一次浇捣完成，不得留施工缝。 (2) 铺设、振动、滚压混凝土时必须严格保证钢筋间距及位置的准确。 (3) 混凝土收水初凝后，及时取出分格缝隔板，用铁抹子第二次压实抹光，并及时修补分格缝的缺损部分，做到平直整齐；待混凝土终凝前进行第三次压实抹光，要求做到表面平光，不起砂、起皮、无抹板压痕为止。抹压时，不得洒干水泥或干水泥砂浆。 (4) 待混凝土终凝后，必须立即进行养护，应优先采用表面喷洒养护剂养护，也可用蓄水养护法或用稻草、麦草、锯末、草袋等覆盖后浇水养护，养护时间不少于 14 d，养护期间保证覆盖材料的湿润。并禁止闲人上屋面踩踏或在上继续施工
蓄水试验	防水层施工完后，须做蓄水试验，蓄水高度根据工程而定，在屋面重量不超过荷载的前提下应尽可能使水没过屋面，蓄水 24 h 以上屋面无渗漏为合格	有坡屋面应做淋水试验，时间不少于 2 h，屋面无渗漏为合格

3）保护层施工

保护层的种类及施工要求见表6-3。

表 6-3 保护层的种类及施工要求

保护层类别	工作要点	施工注意事项
细石混凝土保护层	适宜顶板和底板使用。先以氯丁系胶粘剂（如404胶等）花粘虚铺一层石油沥青纸胎油毡作保护隔离层，再在油毡隔离层上浇筑细石混凝土，用于顶板保护层时厚度不应小于70 mm。用于底板时厚度不应小于50 mm	浇筑混凝土时不得损坏油毡隔离层和卷材防水层，如有损坏，应及时用卷材接缝胶粘剂补粘一块卷材，修补牢固。再继续浇筑细石混凝土
水泥砂浆保护层	适宜立面使用。在三元乙丙等高分子卷材防水层表面涂刷胶粘剂，以胶粘剂撒粘一层细砂，并用压辊轻轻滚压使细砂粘牢在防水层表面，然后再抹水泥砂浆保护层，使之与防水层能粘结牢固，起到保护立面卷材防水层的作用	
泡沫塑料保护层	适用于立面。在立面卷材防水层外侧用氯丁系胶粘剂直接粘贴5～6 mm厚的聚乙烯泡沫塑料板做保护层。也可以用聚醋酸乙烯乳液粘贴40 mm厚的聚苯泡沫塑料做保护层	这种保护层为轻质材料，故在施工及使用过程中不会损坏卷材防水层
砖墙保护层	适用于立面。在卷材防水层外侧砌筑永久保护墙，并在转角处及每隔5～6 m处断开，断开的缝中填以卷材条或沥青麻丝；保护墙与卷材防水层之间的空隙应随时以砌筑砂浆填实	要注意在砌砖保护墙时，切勿损坏已完工的卷材防水层

4）质量检查

质量检查要求见表6-4。

表 6-4 质量检查要求

类　别	主控项目	一般项目
找平层	(1) 找平层的材料质量及配合比，必须符合设计要求。 检验方法：检查出厂合格证、质量检验报告和计量措施。 (2) 屋面（含天沟、檐沟）找平层的排水坡度。必须符合设计要求。 检验方法：用水平仪（水平尺）、拉线和尺量检查	(1) 基层与突出屋面结构的交接处和基层的转角处，均应做成圆弧形，且整齐平顺。 检验方法：观察和尺量检查。 (2) 水泥砂浆、细石混凝土找平层应平整、压光，不得有酥松、起砂、起皮现象；沥青砂浆找平层不得有拌和不匀、蜂窝现象。 检验方法：观察检查。 (3) 找平层分格缝的位置和间距应符合设计要求。 检验方法：观察和尺量检查。 (4) 找平层表面平整度的允许偏差为5 mm。 检验方法：用2 m靠尺和楔形塞尺检查
卷材防水层	(1) 卷材防水层所用卷材及其配套材料，必须符合设计要求。 检验方法：检查出厂合格证、质量检验报告和现场抽样复验报告。	(1) 卷材防水层的搭接缝应粘（焊）结牢固，密封严密，不得有皱折、翘边和鼓泡等缺陷；防水层的收头应与基层粘结并固定牢固，缝口封严，不得翘边。 检验方法：观察检查。

（续表）

类　别	主控项目	一般项目
卷材防水层	(2) 卷材防水层不得有渗漏或积水现象。 检验方法：雨后或淋水、蓄水检验。 (3) 卷材防水层在天沟、檐沟、檐口、水落口、泛水、变形缝和伸出屋面管道的防水构造，必须符合设计要求。 检验方法：观察检查和检查隐蔽工程验收记录	(2) 卷材防水层上的撒布材料和浅色涂料保护层应铺撒或涂刷均匀，粘结牢固，水泥砂浆、块材或细石混凝土保护层与卷材防水层间应设置隔离层；刚性保护层的分格缝留置应符合设计要求。 检验方法：观察检查。 (3) 排汽屋面的排汽道应纵横贯通，不得堵塞。排气管应安装牢固，位置正确，封闭严密。 检验方法：观察检查。 (4) 卷材的铺贴方向应正确，卷材搭接宽度的允许偏差为 -10 mm。 检验方法：观察和尺量检查
涂膜防水层	(1) 防水涂料和胎体增强材料必须符合设计要求。 检验方法：检查出厂合格证、质量检验报告和现场抽样复验报告。 (2) 涂膜防水层不得有渗漏或积水现象。 检验方法：雨后或淋水、蓄水检验。 (3) 涂膜防水层在天沟、檐沟、檐口、水落口、泛水、变形缝和伸出屋面管道的防水构造，必须符合设计要求。 检验方法：观察检查和检查隐蔽工程验收记录	(1) 涂膜防水层的平均厚度应符合设计要求，最小厚度不应小于设计厚度的 80%。 检验方法：针测法或取样量测。 (2) 涂膜防水层与基层应粘结牢固，表面平整，涂刷均匀，无流淌、皱折、鼓泡、露胎体和翘边等缺陷
细石混凝土防水层	(1) 细石混凝土的原材料及配合比必须符合设计要求。 检验方法：检查出厂合格证、质量检验报告、计量措施和现场抽样复验报告。 (2) 细石混凝土防水层不得有渗漏或积水现象。 检验方法：雨后或淋水、蓄水检验。 (3) 细石混凝土防水层在天沟、檐沟、檐口、水落口、泛水、变形缝和伸出屋面管道的防水构造，必须符合设计要求。 检验方法：观察检查和检查隐蔽工程验收记录	(1) 细石混凝土防水层应表面平整、压实抹光，不得有裂缝、起壳、起砂等缺陷。 检验方法：观察检查。 (2) 细石混凝土防水层的厚度和钢筋位置应符合设计要求。 检验方法：观察和尺量检查。 (3) 细石混凝土分格缝的位置和间距应符合设计要求。 检验方法：观察和尺量检查。 (4) 细石混凝土防水层表面平整度的允许偏差为5 mm。 检验方法：用 2 m 靠尺和楔形塞尺检查
蓄水试验：防水层完工后，平屋面可采用蓄水试验。蓄水深度宜大于 50 mm，蓄水时间不宜少于 24 h；坡屋面可采用淋水试验，持续淋水时间不少于 2 h，屋面无渗漏和积水，排水系统通畅为合格		

5）节点构造

（1）卷材防水屋面节点构造见图 6-3—图 6-9。

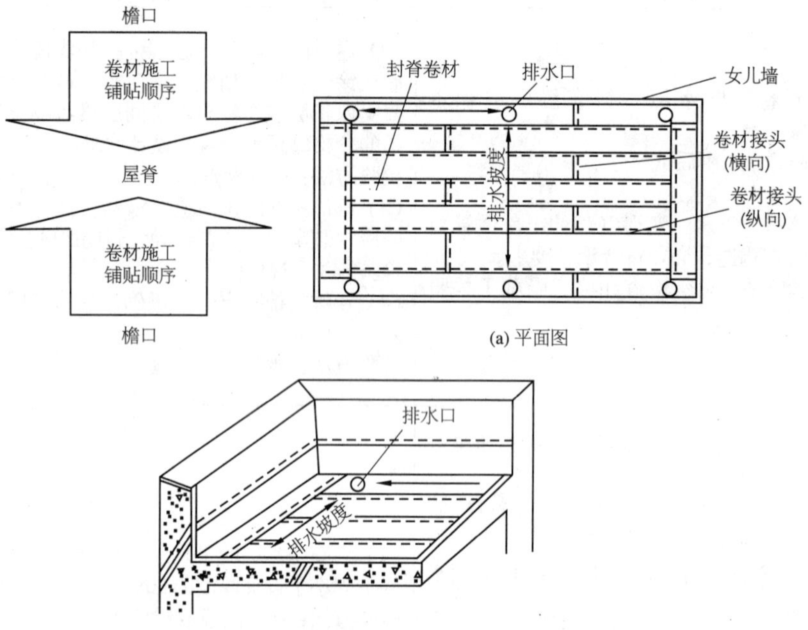

(a) 平面图

(b) 剖面图

图 6-3　屋面卷材防水层施工铺贴顺序示意

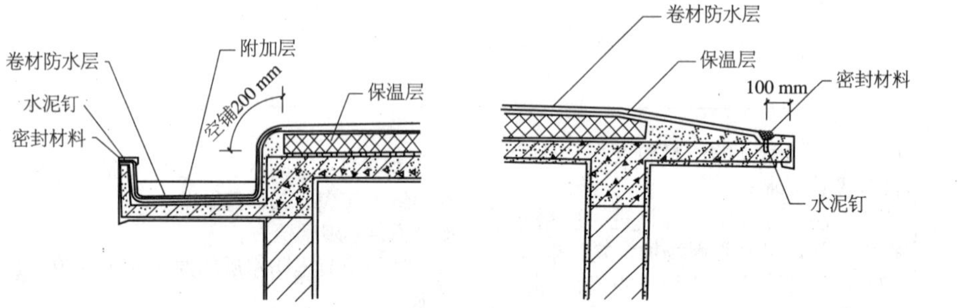

(a) 屋面檐沟防水做法　　(b) 无组织排水檐口防水做法

图 6-4　屋面檐口防水做法

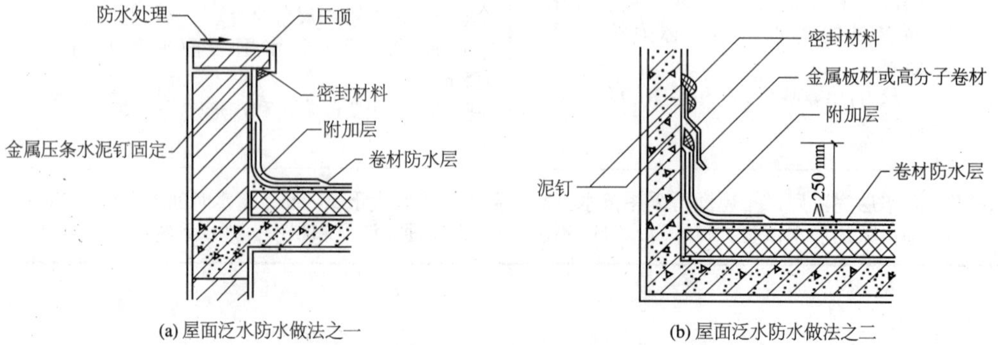

(a) 屋面泛水防水做法之一　　(b) 屋面泛水防水做法之二

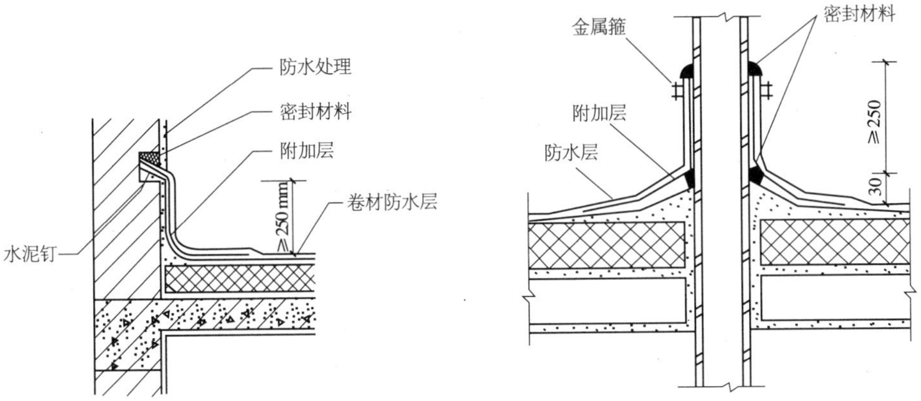

(c) 屋面泛水防水做法之三　　(d) 伸出屋面管道防水做法

图 6-5　屋面泛水、伸出屋面管道防水做法

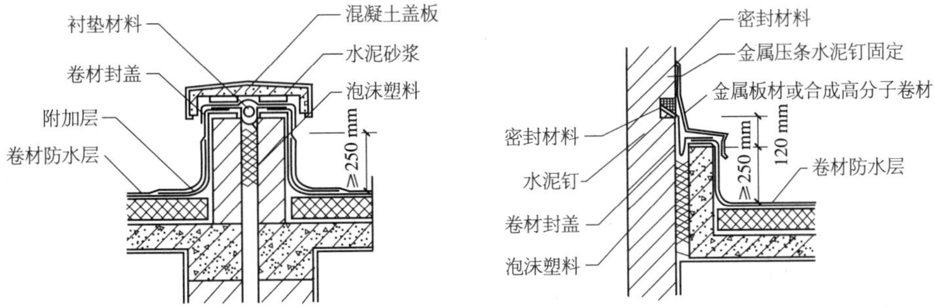

(a) 等高变形缝防水做法　　(b) 高低跨变形缝防水做法

图 6-6　屋面变形缝防水做法

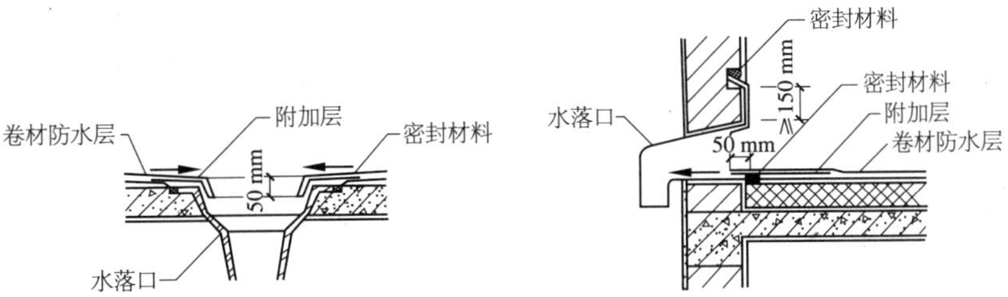

(a) 直式水落口防水做法　　(b) 横式水落口防水做法

图 6-7　屋面水落口防水做法

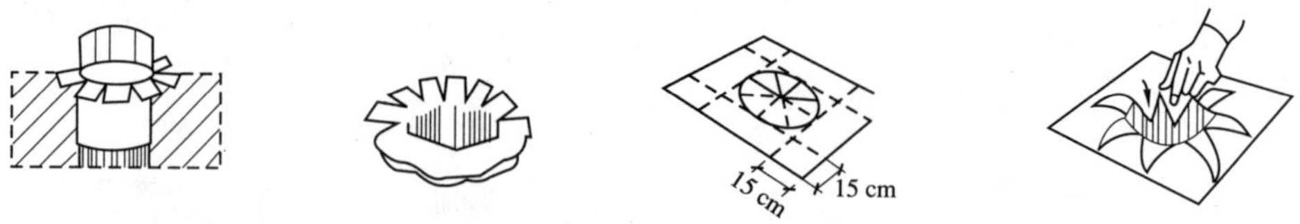

(a) 条形卷材卷筒　(b) 卷筒裁口翻开　(c) 方形卷材来字形　(d) 铺贴后向下翻入口孔内

图 6-8　水落口卷材附加层铺贴

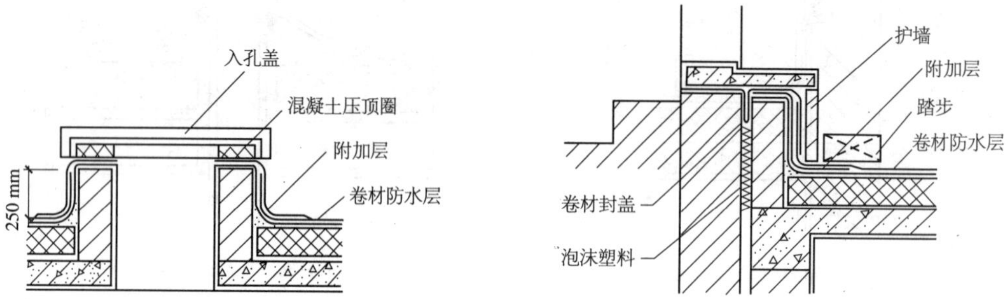

(a) 屋面垂直出入口防水做法　(b) 屋面水平出入口防水做法

图 6-9　屋面出入口防水做法

(2) 涂膜防水屋面节点构造见图 6-10。

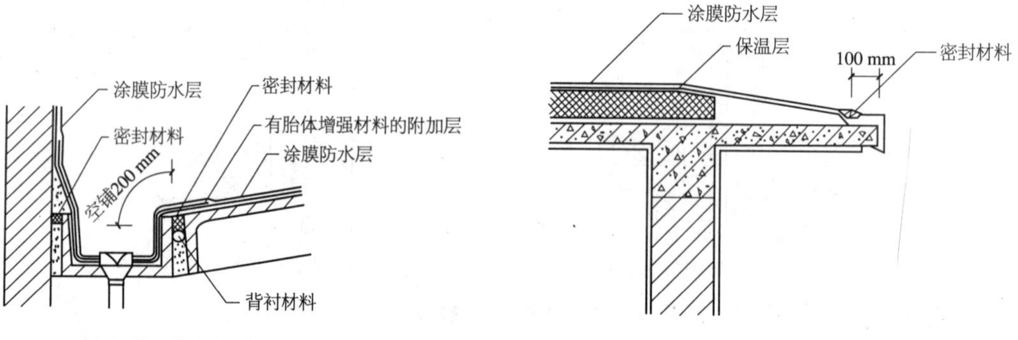

(a) 屋面天沟、檐沟防水做法　(b) 屋面檐口防水做法

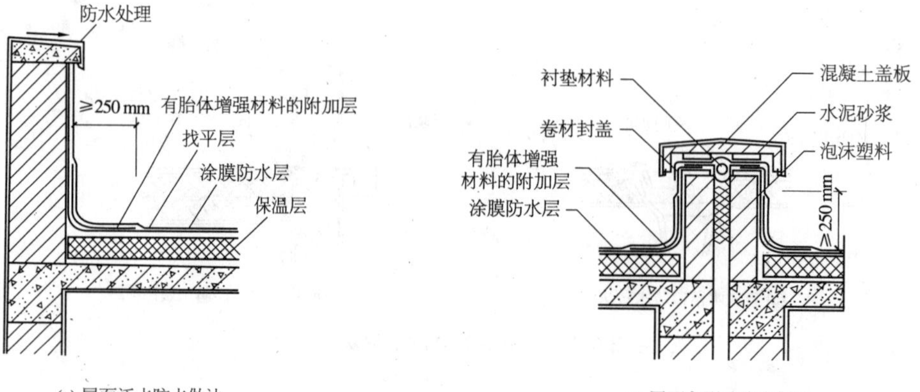

(c) 屋面泛水防水做法　(d) 屋面变形缝防水做法

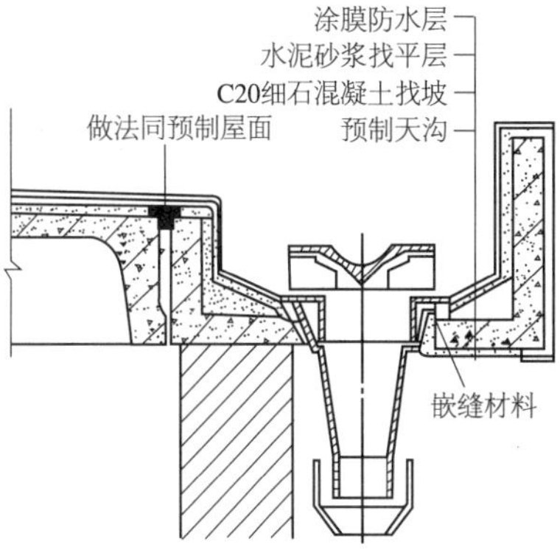

(e) 屋面水落管口防水做法

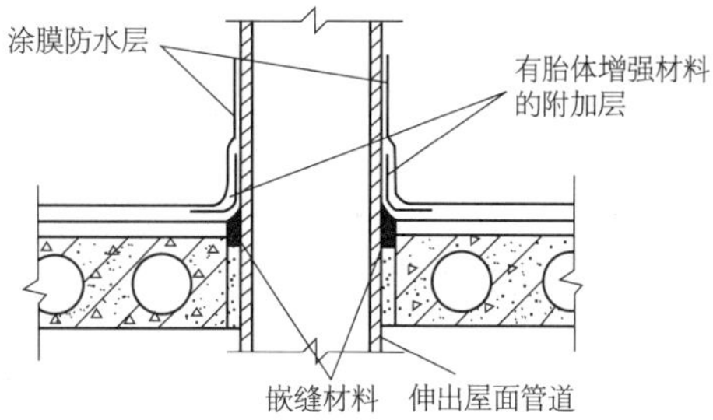

(f) 伸出屋面管道防水做法

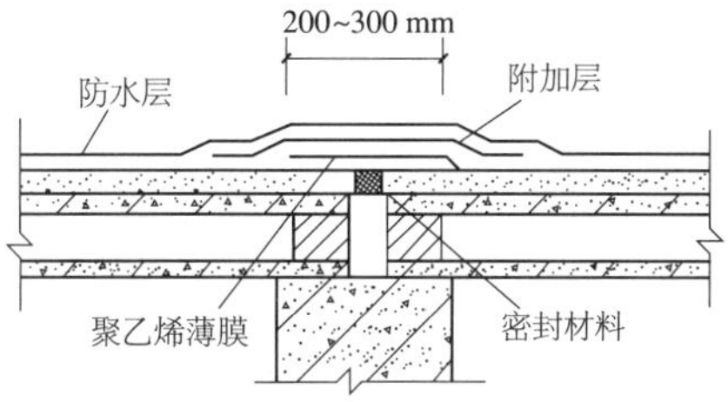

(g) 屋面板端缝空铺附加层做法

图 6-10　涂膜防水屋面节点

（3）刚性防水节点构造见图 6-11。

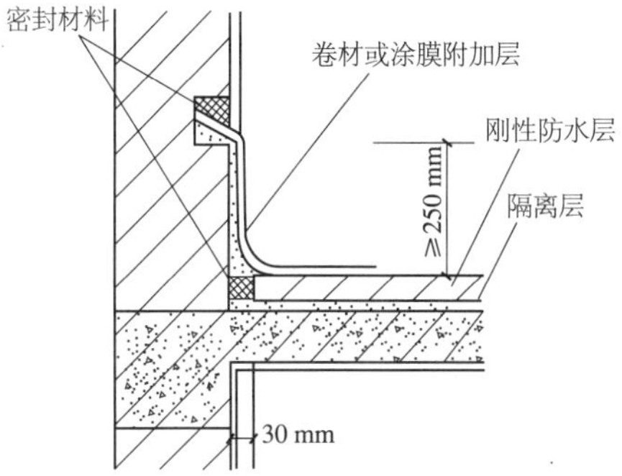

(a) 刚性防水屋面泛水

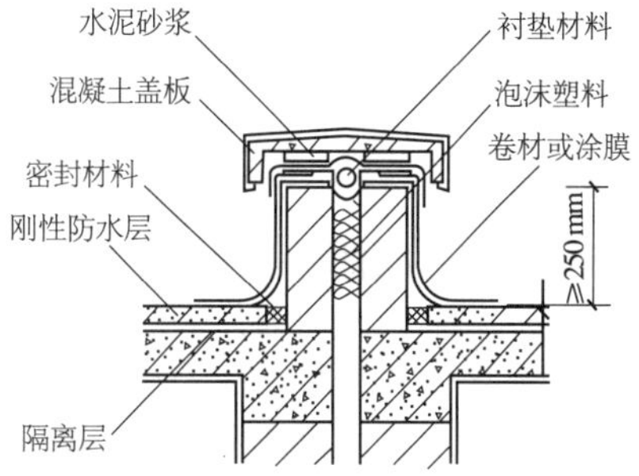

(b) 刚性防水屋面变形缝

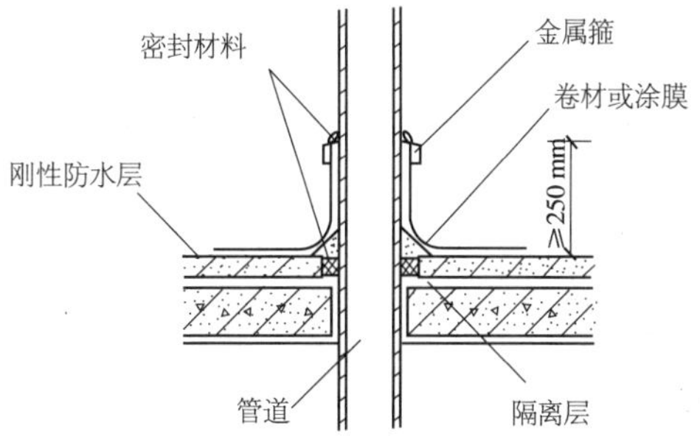

(c) 刚性防水屋面出屋面管道井

图 6-11　刚性防水屋面节点大样

6.1.2 种植屋面和太阳能屋面

1. 种植屋面施工

种植屋面是在屋面防水层上覆土或覆盖锯木屑、膨胀蛭石、膨胀珍珠岩、轻砂等多孔松散材料，进行种植草皮、花卉、蔬菜、水果或设架种植攀缘植物等作物。覆土的叫有土种植屋面。覆有多孔松散材料的叫无土种植屋面。种植屋面不仅有效地保护了防水层和屋盖结构层，而且对建筑物有很好的保温隔热效果。对城市环境起到绿化和美化作用，有益人们的健康，管理得当，还能获得一定的经济效益。我国城镇建筑稠密，植被绿化不足，种植屋面是一种很有发展前途的形式。

1）种植屋面构造要求

（1）种植屋面构造见图6-12。

（2）种植屋面的坡度宜为3%，以利多余水的排除。

（3）种植屋面的防水层，宜采用刚柔结合的防水方案。柔性防水层应是耐腐蚀、耐霉烂、耐穿刺好的涂料或卷材，最佳方案应是涂膜防水层和卷材防水层复合，柔性防水层上必须设置细石混凝土保护层或细石混凝土防水层，以抵抗种植根系的穿刺和种植工具对它的损坏。

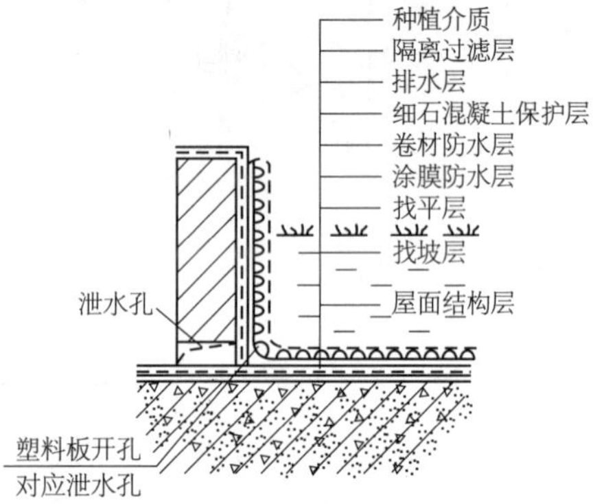

图6-12 种植屋面构造

（4）种植屋面四周应设挡墙，以阻止屋面上种植介质的流失。挡墙下部应留泄水孔，孔内侧放置疏水粗细骨料，或放置聚酯无纺布，以保证多余水的流出而种植介质不会流失。

（5）根据种植要求应设置人行通道，也可以采用门形预制槽板，作为挡墙和分区走道板。

2）防水层及面层施工要求

（1）采用柔性防水层复合时，应先施工柔性防水层，再做隔离层，然后浇筑细石混凝土防水层。柔性防水层施工完成后，应进行蓄水检验无渗漏，才能继续下一道工序的施工。柔性防水层与刚性防水层或刚性保护层间应设置隔离层。

（2）屋面预埋管道及孔洞应在浇筑混凝土前预埋牢固和预留孔洞，不得事后打孔凿洞。

（3）细石混凝土原材料和配比应符合刚性防水层的要求，宜掺加膨胀剂、减水剂和密实剂，以减少混凝土的收缩。屋面的分隔缝不能过多，一般要放宽间距，但分隔间距不能大于10 m。

（4）每分隔区内的混凝土应一次浇完，不得留设施工缝。

（5）防水混凝土必须机械搅拌、机械振捣，抹压时不得洒水、撒干水泥或加水泥浆。混凝土收水后应进行二次压光，及时养护。

（6）分隔缝嵌填密封材料后，上面应做砂浆保护层埋置保护。

（7）种植屋面应有1%～3%的排水坡度，在大雨时多余雨水及时排走。为了使种植介质不被雨水冲走，屋面种植部位四周要砌矮墙，一定距离留置泄水孔，泄水孔应有砂石或铺聚酯无纺布过滤层，以免种植介质流失。

（8）种植覆盖层的施工应避免损坏防水层；覆盖材料的表观密度、厚度应按设计的要求选用。

（9）分格缝宜采用整体浇筑的细石混凝土，硬化后用切割机锯缝。缝深为2/3刚性防水层厚度，填密封材料后，加聚合物水泥砂浆嵌缝，以减少植物根系穿刺防水层。

3）质量验收

种植屋面在施工刚性保护层或刚性防水层前应对柔性防水层进行试水，雨后或淋水、蓄水检验合格后才可继续施工。填放种植介质前，应确认种植介质性能指标，尤其是表观密度要符合设计规定。种植屋面质量检验见表 6-5。

表 6-5　　种植屋面质量检验项目、要求和检验方法

检验项目		要　求	检验方法
主控项目	1. 种植屋面挡墙泄水孔留设	符合设计要求，并不得堵塞	观察和尺量检查
	2. 种植屋面防水层施工	符合设计要求，不得有渗漏现象	蓄水至规定高度观察检查

4）使用要求

(1) 屋面防水层完工后应及时养护，及时覆土或覆盖多孔松散种植介质。

(2) 种植屋面应有专人管理，及时清除枯草藤蔓，翻松植土，并及时洒水。

(3) 定期清理泄水孔和粗细骨料，检查排水是否通畅顺利。

2. 太阳能屋面施工

太阳能集热器设置在平屋面上应符合下列要求：

(1) 太阳能集热器支座与结构层相连时，防水层应上包到支座的上部，并在地脚螺栓周围作密封处理；

(2) 在屋面防水层上放置集热器时，屋面防水层应包到基座上部，并在基座下部加设附加防水层（图 6-13）；

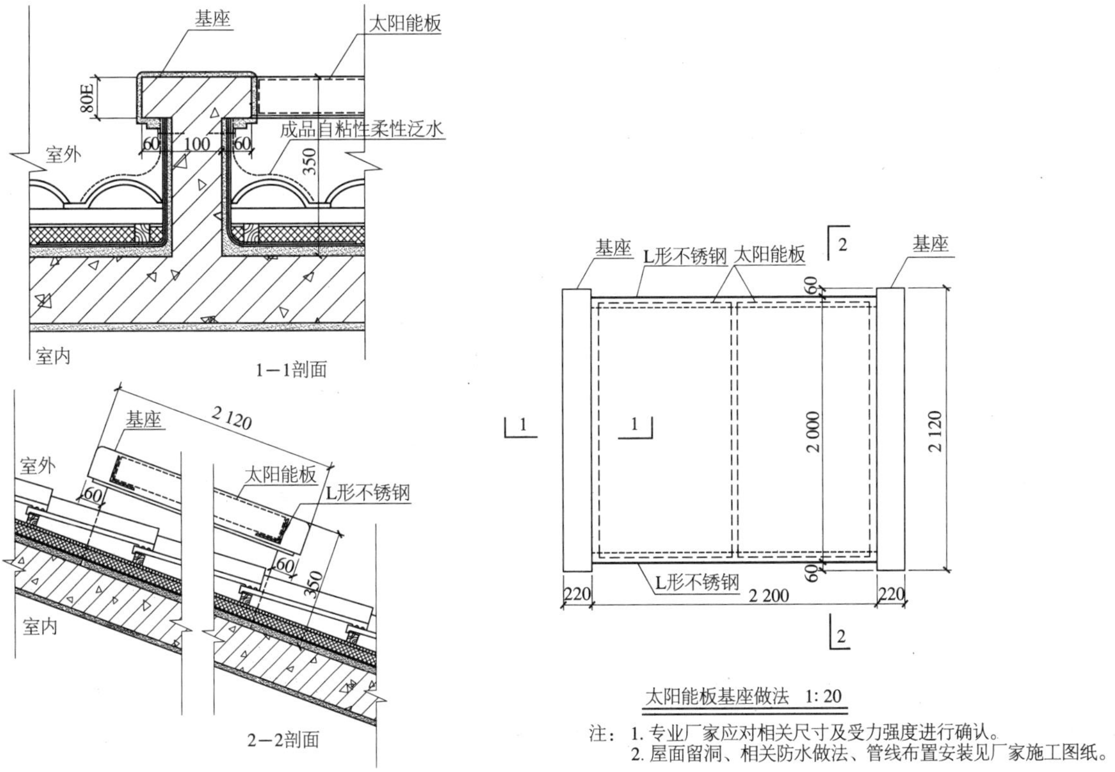

图 6-13　坡屋面上太阳能板基座做法

(3) 需经常维护的集热器周围和检修通道以及屋面出入口的集热器之间的人行道应敷设刚性保护层;

(4) 太阳能集热器与贮水箱相连的管线需穿过屋面时，应预埋相应的穿线管，并在防水层施工前安设完毕，不应在已做好防水保温的屋面上凿孔打洞。

太阳能集热器设置在坡屋面上应符合下列要求:

(1) 建筑设计宜根据太阳能集热器接受阳光的最佳倾角 θ 即当地纬度 $\phi + 10°$ 来确定坡屋面的坡度，也可根据太阳能热水器使用季节重点不同适当调整;

(2) 坡屋面上的集热器宜采用顺坡镶嵌设置或顺坡架空设置;

(3) 设置在坡屋面的集热器，其支架应与设计在建筑结构屋面上的预埋件牢固地连接，在预埋件及连接部位按建筑规范做好防水处理;

(4) 太阳能集热器与坡屋面结合处雨水的排放应顺畅;

(5) 顺坡镶嵌在坡屋面上的集热器与周围屋面材料连接部位应做好防水构造处理;

(6) 太阳能集热器顺坡镶嵌在坡屋面上，不得降低屋面整体的保温、隔热、防水等功能;

(7) 顺坡架空在坡屋面上的太阳能集热器与屋面间隙不宜大于 100 mm;

(8) 坡屋上集热器与贮水箱相连的管线需穿过坡屋面时，应预埋相应的防水套管，并在屋面防水施工前安设完毕;

(9) 为安装、维护方便，在坡屋面屋脊适当位置埋设金属挂钩用来钩系专业安装人员身上的安全带，屋面适当部位设置上人孔，方便维护人员检修。

项目 6.2　地下建筑防水施工

学习重点:

1. 通过学习掌握地下建筑 (underground building) 防水施工工艺和方法。
2. 通过学习了解地下室防水、防潮的构造措施。

地下工程防水关键是混凝土结构自防水，要采用防水混凝土并加强施工过程中的管理和控制，以减少裂缝的形成，做好特殊部位（穿墙管、预埋件、施工缝、变形逢、止水带、后浇带）的构造处理。同时，内外防水层的处理也是很重要的。

地下防水设置位置分为外防和内防，防水层铺贴在室外的称为外防，铺贴在室内的称为内防。外防法分为外贴法和内贴法两种，外贴法是在地下建筑外墙做好后直接将卷材防水层铺贴在外墙上，再做保护层，见图 6-14。内贴法是先砌筑保护墙，然后将防水层铺贴在保护墙上，再施工地下建筑外墙的做法，见图 6-15。

1) 外防外贴工作流程

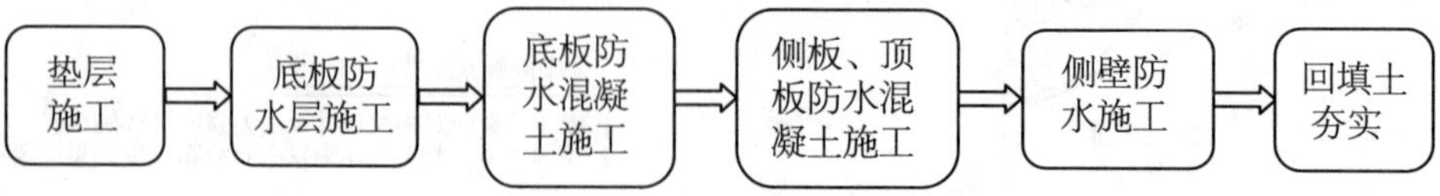

2）外防外贴工作流程示意（图 6-14）

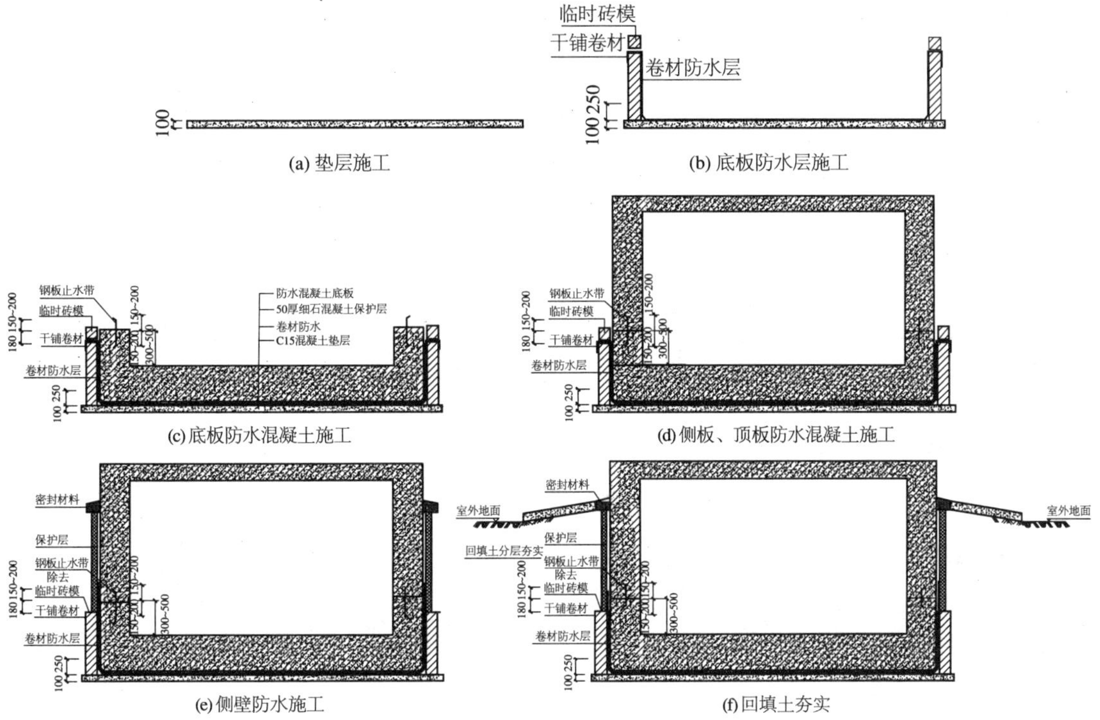

图 6-14　地下室防水施工工作流程

3）外防内贴工作流程

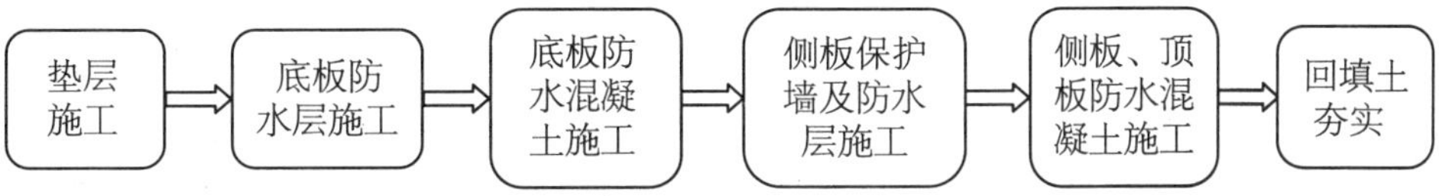

4）外防内贴工作流程示意

外防内贴工作流程如图 6-15 所示。

5）防水混凝土施工要求

（1）防水混凝土的施工配合比应通过试验确定，抗渗等级不低于 S6。

（2）防水混凝土结构底板的混凝土垫层，强度等级不应小于 C15，厚度不应小于 100 mm，在软弱土层中不应小于 150 mm。

（3）结构厚度不应小于 250 mm。

（4）裂缝宽度不得大于 0. 2 mm，并不得贯通。

（5）迎水面钢筋保护层厚度不应小于 50 mm。

（6）防水混凝土应连续浇筑，宜少留施工缝。

（7）防水混凝土终凝后应立即进行养护，养护时间不得少于 14 d。

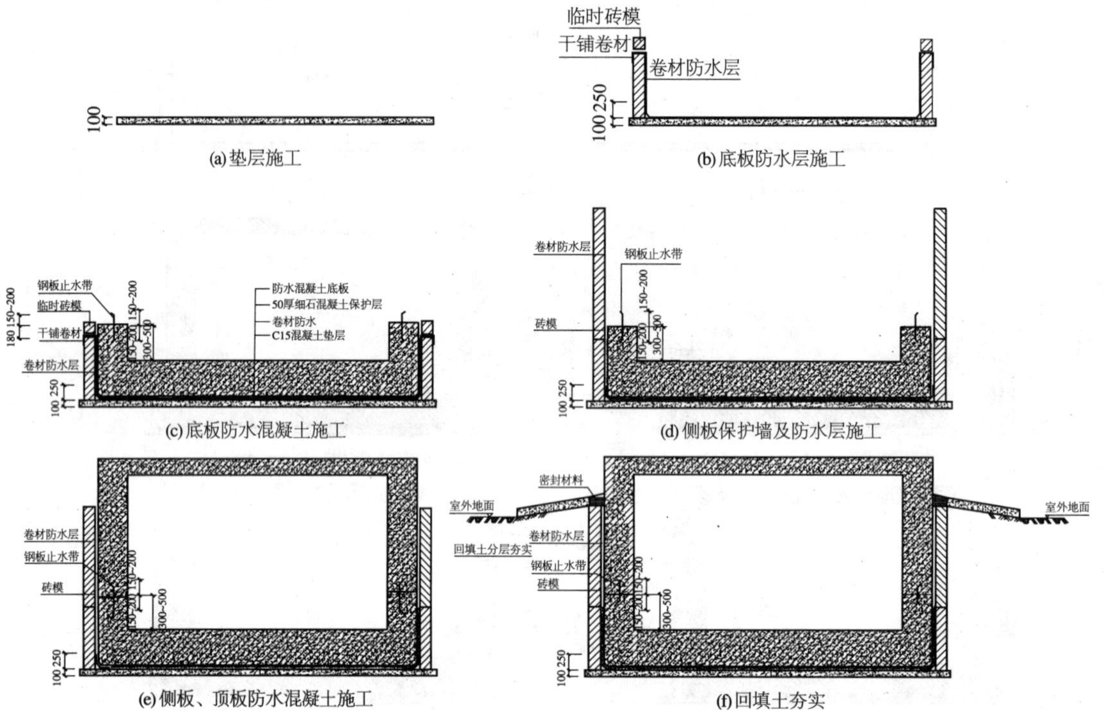

图 6-15　地下室防水施工工作流程

6）防水层施工

地下建筑防水层有卷材防水层和砂浆防水层。

砂浆防水，一般称为抹面防水，它是一种刚性防水层。水泥砂浆防水层包括普通水泥砂浆、聚合物水泥防水砂浆、掺外加剂或掺和料防水砂浆等，宜采用多层抹压法施工。

水泥砂浆抹面属刚性防水层，它质脆、韧性差，在湿度和温度变化的情况下易产生空鼓开裂现象。为了克服这一缺陷。往往在水泥砂浆中引入了聚合物材料进行改性，改性后的砂浆，一则大大地提高了水密性；二则提高了抗拉、抗折和粘结强度，降低了砂浆的干缩率，增强了抗裂性能。

表 6-6　地下建筑防水层的种类及施工要求

防水层类别	适用范围及施工条件	施工做法	注意事项
卷材防水层	卷材防水层适用于受侵蚀性介质作用，或受震动作用的地下工程需防水的结构	(1) 地下工程的卷材防水层应采用高聚物改性沥青防水卷材，或合成高分子防水卷材，并应选用与它们材性相容的基层处理剂、胶粘剂、密封材料等配套材料。卷材防水层为一或二层。	(1) 施工期间必须采取有效措施，使基坑内地下水位稳定降低在底板垫层以下不少于500 mm处，直至施工完毕。 (2) 卷材防水层应铺在底板垫层上表面，以便形成结构底板、侧墙以至墙体顶端以上外围的外包封闭防水层。

（续表）

防水层类别	适用范围及施工条件	施工做法	注意事项
卷材防水层	卷材防水层应铺设在混凝土结构主体的迎水面上	（2）铺设卷材防水层时，两幅卷材短边或长边的搭接宽度均不应小于 100 mm。铺设多层卷材时，上、下两层和相邻两幅卷材的接缝应错开 1/3～1/2 幅宽；上、下两层卷材不得相互垂直铺贴。 （3）阴阳角应做成圆弧或 45°（135°）折角，并增铺 1～2 层相同品种的卷材，宽度不宜小于 500 mm。 （4）具体做法可参照表 6-2	（3）铺贴卷材的基层应洁净、平整、坚实、牢固，阴阳角呈圆弧形。 （4）卷材防水层严禁在雨天、雪天，以及五级风以上的条件下施工。 （5）卷材防水层正常施工温度范围为 5℃～35℃；冷粘法施工温度不宜低于 +5℃；热熔法施工温度不宜低于 -10℃。 （6）卷材防水层所用基层处理剂、胶粘剂、密封材料等配套材料，均应与铺贴的卷材材性相容。 （7）卷材防水层所用原材料必须有出厂合格证，复验其主要物理性能必须符合规范规定。 （8）施工人员必须持有防水专业上岗证书
砂浆防水层	（1）小分子防水剂砂浆：适用于结构稳定，埋量深度不大，不会因温度、湿度变化，振动等产生有害裂缝的地上及地下防水工程。 （2）掺塑化膨胀剂防水砂浆：用途同上，分格面积可比小分子防水剂砂浆加大。 （3）专用胶乳改性水泥类聚合物水泥砂浆：用途同上。还可用于受冲击和有振动的防水工程。 （4）专用胶乳加改性水泥面胶粉改性水泥胶粘剂配制的聚合物水泥砂浆：用途同上，还可用于受冲击和有振动的防水工程，可用于大面积的防水抹面工程	（1）水泥砂浆防水层应分层铺抹或喷射，铺抹时应压实、抹平，最后一层表面应提浆压光。 （2）聚合物水泥砂浆拌和后应在 1 h 内用完，且施工中不得任意加水。 （3）水泥砂浆防水层各层应紧密贴合，每层宜连续施工；如必须留茬时，采用阶梯坡形茬，但离阴阳角处不得小于 200 mm；接茬应依层次顺序操作，层层搭接紧密。 （4）水泥砂浆防水层不宜在雨天及 5 级以上大风中施工。冬季施工时，气温不应低于 5℃，且基层表面温度应保持 0℃以上。夏季施工时，不应在 35℃以上或烈日照射下施工。 （5）普通水泥砂浆防水层终凝后，应及时进行养护，养护温度不宜低于 5℃，养护时间不得少于 14 d，养护期间应保持湿润。 聚合物水泥砂浆防水层未达到硬化状态时，不得浇水养护或直接受雨水冲刷，硬化后应采用干湿交替的养护方法。在潮湿环境中，可在自然条件下养护。 使用特种水泥、外加剂、掺和料的防水砂浆，养护应按产品有关规定执行	（1）当工程在地下水位以下施工时，施工前应将水位降到抹面层以下。地表积水应排除。 （2）旧工程维修防水层，应将渗漏水堵好或堵漏，抹面交叉施工，以保证防水层施工顺利进行。 （3）基层的处理。基层处理十分重要，是保证防水层与基层表面结合牢固，不空鼓和密实不透水的关键。基层处理包括清理、浇水、刷洗、补平等工序。使基层表面保持潮湿、清洁、平整、坚实、粗糙。基层表面的孔洞、缝隙，应用与防水层相同的砂浆堵塞抹平。施工前应将预埋件、穿墙管预留凹槽内嵌填密封材料后再施工防水砂浆层

(续表)

防水层类别	适用范围及施工条件	施工做法	注意事项
柔性涂膜防水层	涂料防水层包括：无机防水涂料和有机防水涂料。无机防水涂料可选用水泥基防水涂料、水泥基渗透结晶型涂料。有机涂料可选用反应型、水乳型、聚合物水泥防水涂料。 无机防水涂料宜用于结构主体的背水面，有机防水涂料宜用于结构主体的迎水面。用于背水面的有机防水涂料应具有较高的抗渗性，且与基层有较强的粘结性	(1) 涂膜防水层的施工顺序应遵循“先远后近、先高后低、先细部后大面、先立面后平面”的原则，以利涂膜质量及涂膜保护。 (2) 水乳型涂料和水化反应型的涂料的成膜温度不能低于5℃，霜、雪天气不宜进行涂膜施工。露、雨天气不宜进行涂膜施工，因大气层湿度较大，影响成膜速度；露天作业时，涂层直接遭受露雨淋冲，会使涂层受损，甚至会被溶解冲毁。如若好天施工时，突遇雷、阵雨袭来，应立即迅速采取遮盖措施。将已施工的涂层遮盖好；对已被冲蚀的涂层应在天气转好以后进行重涂，予以补救。 大风（5 级及以上）天气不宜进行涂膜施工，因气候条件恶劣会影响施工操作质量，尤其是大风易将尘土、灰砂或污染物刮落在涂层上，会影响涂膜施工及涂膜质量。已施工的涂层若遇大风，应及时采取遮盖防护措施	(1) 基层应坚实，具有一定强度；清洁干净，表面无浮土、砂粒等污物。 (2) 基层表面应平整、光滑、无松动，对于残留的砂浆块或突起物应以铲刀削平，不允许有凹凸不平及起砂现象。 (3) 阴阳角处基层应抹成圆弧形；管道、地漏等细部基层也应抹平压光，但注意管道应高出基层至少20 mm，而排水口或地漏应低于防水基层。 (4) 基层应干燥，含水率以小于9%为宜。可用厚为1.5～2.0 mm的1 m^2 橡胶板材覆盖基层表面，放置2～3 h，若覆盖的基层表面无水印，且紧贴基层的橡胶板一侧也无凝结水痕，则基层的含水率即不大于9%；也可用高频水分测定计测定。 (5) 对于不同种基层衔接部位、施工缝处，以及基层因变形可能开裂或已开裂的部位，均应嵌补缝隙。铺贴绝缘胶条补强或用伸缩性很强的硫化橡胶条进行补强，若再增加涂膜的涂布遍数，则补强更佳
涂料防水层	防水涂料可采用外防外涂、外防内涂两种做法。 水乳型氯丁橡胶沥青防水涂料又名氯丁胶乳沥青防水涂料，成本低，且具有无毒、无燃爆和施工时无环境污染等特点。 (1) 其适用范围：① 地下混凝土工程防潮抗渗，沼气池防漏气；② 厕所厨房及室内地面防水； (2) 防腐蚀地坪的防水隔离层	阳离子水乳型氯丁橡胶沥青防水涂层，以二布六涂涂层为主。 (1) 底涂层施工。将稀释防水涂料均匀涂布于基层找平层上。涂刷时最好选择在无阳光的早晚时间进行，以使涂料有充分的时间向基层毛细孔内渗透，增强涂层对底层的黏结力。干后再涂刷防水涂料2～3遍，涂刷涂料时应做到厚度适宜，涂布均匀，不得有流淌、堆积现象，以利于水分蒸发，避免起泡。以下各涂层均按此要求进行施工。 (2) 中涂层施工。中涂层为加筋涂层，要铺贴玻璃纤维网格布，施工时可采用干铺法或湿铺法。 (3) 面层保护层施工。平面部位可做细石混凝土和水泥砂浆。立面可采用砌砖或粘贴4～5 mm厚泡沫片材。 (4) 施工中，严禁踩踏未干防水层，不准穿带钉鞋操作	(1) 涂料的配制及施工，必须严格按涂料的技术要求进行。 (2) 涂料防水层的总厚度应符合设计要求，涂刷或喷涂应待前一道涂层实干后进行；涂层必须均匀，不得漏刷漏涂。施工缝接缝宽度不应小于100 mm。 (3) 铺贴胎体材料时，应使胎体层充分浸透防水涂料不得有白茬及褶皱。 (4) 有机防水涂料施工完后应及时做好保护层

（续表）

防水层类别	适用范围及施工条件	施工做法	注意事项
塑料防水板防水层	塑料防水板可选用乙烯—醋酸乙烯共聚物（EVA）、乙烯—共聚物沥青（ECB）、聚氯乙烯（PVC）、高密度聚乙烯（HDPE）、低密度聚乙烯（LDPE）类或其他性能相近的材料	（1）铺设防水板前应先铺缓冲层，缓冲层应用暗钉圈固定在基层上，见图 6-1。 （2）铺设防水板时，边铺边将其与暗钉圈焊接牢固。两幅防水板的搭接宽度应为 100 mm，搭接缝应为双焊缝，单条焊缝的有效焊接宽度不应小于 10 mm，焊接严密，不得焊焦焊穿。环向铺设时，先拱后墙，下部防水板应压住上部防水板。 （3）防水板的铺设应超前内衬混凝土的施工，其距离宜为 5 ~ 20 m，并设临时挡板防止机械损伤和电火花灼伤防水板。 （4）内衬混凝土施工时振捣棒不得直接接触防水板	（1）塑料防水板应符合：幅宽宜为 2 ~ 4 m，厚度宜为 1 ~ 2 mm，耐刺穿性好，耐久性、耐水性、耐腐蚀性、耐菌性好。 （2）防水板应在初期支护基本稳定并经验收合格后进行铺设。 （3）铺设防水板的基层宜平整、无尖锐物，基层平整度应符合 $D/L = 1/6 \sim 1/10$ 的要求，D 为初期支护基层相邻两凸面凹进去的深度；L 为初期支护基层相邻两凸面间的距离
金属防水层	结构内外层均可设置金属板防水层	（1）结构施工前在其内侧设置金属防水层时，金属防水层应与围护结构内的钢筋焊牢，或在金属防水层上焊接一定数量的锚固件。 （2）在结构外设置金属防水层时，金属板应焊在混凝土或砌体的预埋件上。金属防水层经焊缝检查合格后，应将其与结构间的空隙用水泥砂浆灌实。 （3）金属板防水层如先焊成箱体，再整体吊装就位，应在其内部加设临时支撑，防止箱体变形	（1）金属防水层所用的金属板和焊条的规格及材料性能，应符合设计要求。金属板的拼接应采用焊接，拼接焊缝应严密。竖向金属板的垂直接缝，应相互错开。 （2）金属板防水层应用临时支撑加固。金属板防水层底板上应预留浇捣孔，并应保证混凝土浇筑密实，待底板混凝土浇筑完后再补焊严密。 （3）金属板防水层应采取防锈措施

7）保护层施工

地下室防水的保护层有细石混凝土保护层、水泥砂浆保护层、泡沫塑料保护层和砖墙保护层。

（1）细石混凝土保护层，适宜顶板和底板使用。先以氯丁系胶粘剂（如 404 胶等）花粘虚铺一层石油沥青纸胎油毡作保护隔离层，再在油毡隔离层上浇筑细石混凝土，用于顶板保护层时厚度不应小于 70 mm。用于底板时厚度不应小于 50 mm。浇筑混凝土时不得损坏油毡隔离层和卷材防水层，如有损坏应及时用卷材接缝胶粘剂补粘一块卷材修补牢固。再继续浇筑细石混凝土。

（2）水泥砂浆保护层，适宜立面使用。在三元乙丙等高分子卷材防水层表面涂刷胶粘剂，以胶粘剂撒粘一层细砂，并用压辊轻轻滚压使细砂粘牢在防水层表面，然后再抹水泥砂浆保护层。使之与防水层能粘结牢固，起到保护立面卷材防水层的作用。

（3）泡沫塑料保护层，适用于立面。在立面卷材防水层外侧用氯丁系胶粘剂直接粘贴 5 ~ 6 mm厚的聚乙烯泡沫塑料板做保护层。也可以用聚醋酸乙烯乳液粘贴 40 mm 厚的聚苯泡沫塑料做保护层。由于这种保护层为轻质材料，故在施工及使用过程中不会损坏卷材防水层。

（4）砖墙保护层，适用于立面。在卷材防水层外侧砌筑永久保护墙，并在转角处及每隔 5 ~ 6 m处断开，断开的缝中填以卷材条或沥青麻丝；保护墙与卷材防水层之间的空隙应随时以砌筑砂浆填实。要注意在砌砖保护墙时，切勿损坏已完工的卷材防水层。

（5）地下室防水构造大样如图 6-16 所示。

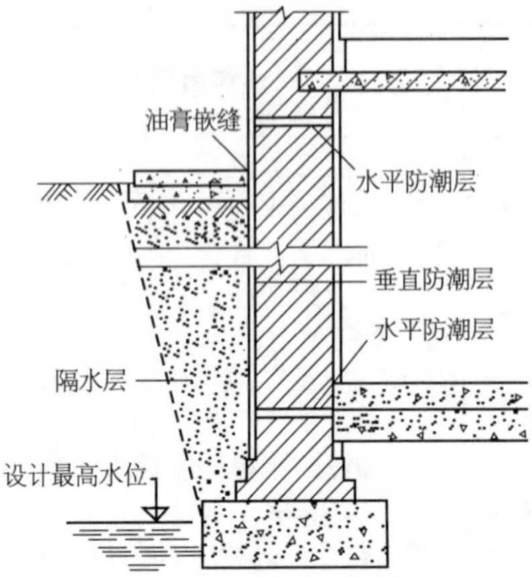

(a) 地下室防潮构造

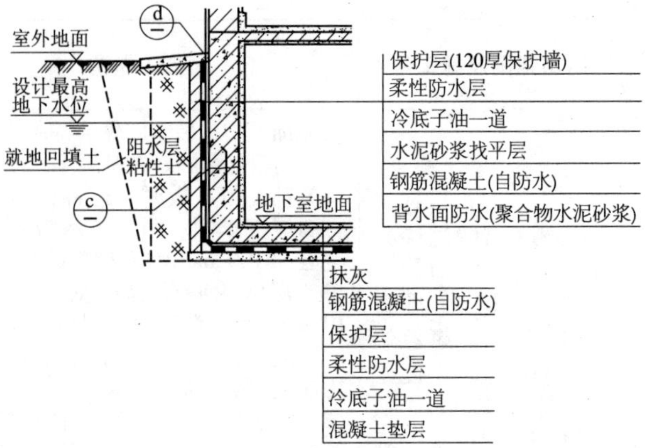

(b) 地下室防水

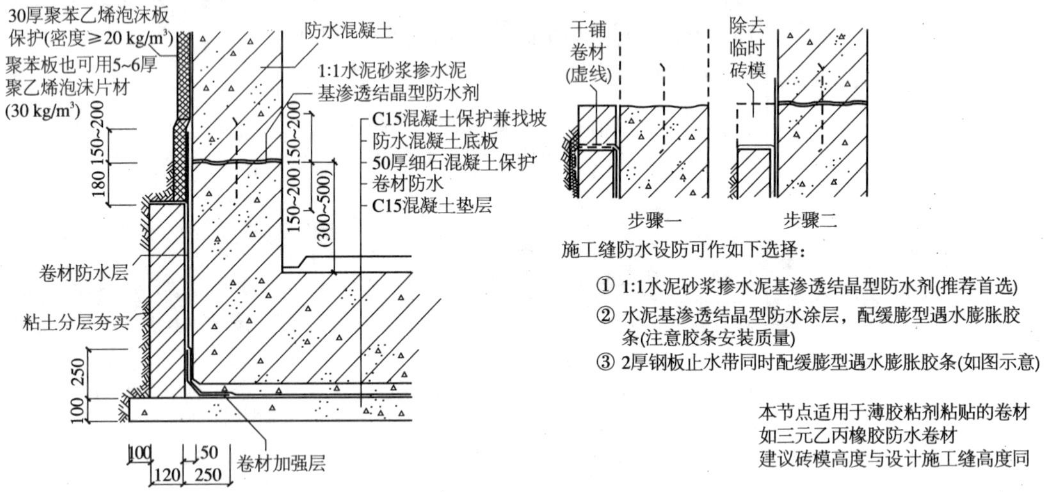

(c) 施工缝处理

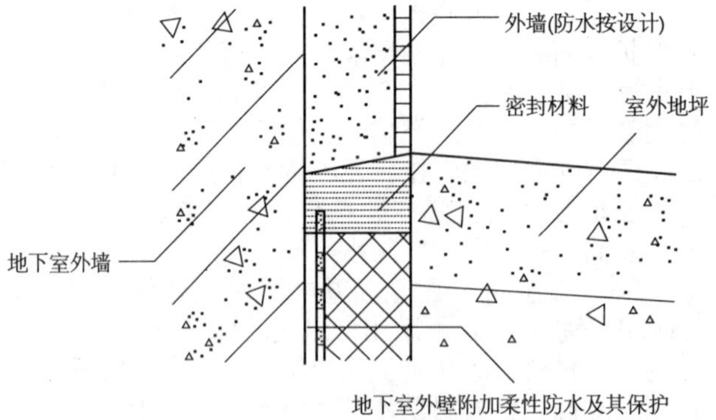

(d) 与散水交结点处理

图 6-16　地下室防水构造

项目6.3　厕浴间防水施工

学习重点：

1. 通过学习掌握厕浴间（bathroom）防水施工工艺和方法。
2. 通过学习了解卫生间防水的构造措施和节点处理。

厕所、浴室间用水频繁，防水处理不好就会出现渗漏水现象，影响建筑质量及使用，所以厕浴间和有防水要求的建筑地面必须设置防水隔离层。防水隔离层施工应符合现行国家标准《建筑地面工程施工质量验收规范》（GB 50209—2002）、《屋面工程质量验收规范》（GB 50207—2002）的规定，以及其他相关的国家、行业、地方标准与规范的规定。

1. 厕浴间防水施工工作流程

找平层施工 ⇒ 防水层施工 ⇒ 蓄水试验 ⇒ 保护层施工 ⇒ 质量检查 ⇒ 第二次蓄水试验

2. 厕浴间防水的一般要求

（1）厕浴间地面防水可采用在水泥类找平层上铺设沥青类防水卷材、防水涂料或水泥类材料防水层，以涂膜防水最佳。

（2）水泥类找平层表面应坚固、洁净、干燥。铺设防水卷材或涂刷涂料前应涂刷基层处理剂，基层处理剂应采用与卷材性能配套（相容）的材料，或采用同类涂料的底子油。

（3）当采用掺有防水剂的水泥类找平层作为防水隔离层时，防水剂的掺入量和水泥强度等级（或配合比）应符合设计要求。

（4）地面防水层应做在面层以下，四周卷起，高出地面不小于100 mm。

（5）地面向地漏处的排水坡度一般为2%～3%，地漏周围50 mm范围内的排水坡度为3%～5%。地漏标高应根据门口至地漏的坡度确定，地漏上口标高应低于周围20 mm以上，以利排水畅通。地面排水坡度和坡向应正确，不可出现倒坡和低洼。

（6）所有穿过防水层的预埋件、紧固件注意联结可靠，（空心砌体，必要时应将局部用C10混凝土填实），其周围均应采用高性能密封材料密封，洁具、配件等设备沿墙周边及地漏口周围、穿墙、地管道周围均应嵌填密封材料，地漏离墙面净距离宜≥80 mm。

（7）轻质隔墙离地100～150 mm以下应做成C15混凝土；混凝土空心砌块砌筑的隔墙，最下一层砌块之空心应用C10混凝土填实；卫生间防水层宜从地面向上一直做到楼板底；公共浴室还应在平顶粉刷中加作聚合物水泥基防水涂膜，厚度≥0.5 mm。

3. 找平层施工

（1）铺设厕浴间找平层前，必须对立管、套管、地漏及卫生器具的排水与楼板节点之间进行密封处理。

（2）向地漏处找坡的坡度和坡向应正确，不得出现向墙角、墙边及门口等处的倒泛水，也不得出现积水现象。

（3）当找平层厚度小于30 mm时，应用1∶(2.5～3)（水泥∶砂，体积比）的水泥砂浆做找平层，水泥强度等级不低于32.5 MPa；当找平层厚度大于30 mm时，采用细石混凝土做找平层，混凝土强度等级不低于C20。

(4) 找平层与立墙转角均应做成半径为 10 mm 的均匀一致的平滑小圆角。

(5) 找平层表面应坚固、平整、压光，不得有酥松、起砂和起皮现象。

4. 防水层施工

厕浴间地面卷材防水可采用沥青防水卷材或高聚物改性沥青防水卷材，所选用的基层处理剂、胶粘剂应与卷材配套，也可采用涂料防水。

防水卷材及配套材料应有产品合格证书和性能检测报告，材料的品种、规格、性能等应符合现行国家产品标准和设计要求。

厕浴间地面涂料防水应采用高聚物改性沥青防水涂料和合成高分子防水涂料，胎体增强材料常采用玻纤布或无纺布，基层处理剂采用同类涂料稀释的底子油。

防水涂料、胎体增强材料及辅助材料，应有产品合格证和性能检测报告，材料的品种、规格、性能等应符合现行国家产品标准和设计要求。

厕浴间地面防水砂浆的防水剂掺入量和强度等级（配合比）应符合设计要求。地面防水层厚度一般为 10 mm，分两遍做成；找平层最小厚度一般为 10 mm。防水砂浆宜采用机械搅拌，搅拌时间不小于 2 min；拌制量以工程需用量和防水砂浆凝结时间确定；防水砂浆使用时间应不超过 60 min。

表 6-7　　厕浴间防水层的种类及施工要求

防水层类别	工作要点	施工注意事项
卷材防水	(1) 基层（找平层）应符合设计要求，水泥类找平层表面应坚固、洁净、干燥，并应验收合格，办理完工序交接。 (2) 与地面找平层相连接的管道、地漏和排水口等安装完毕，并做好密封处理后进行防水层施工。 (3) 铺贴卷材采用搭接接头，搭接宜顺排水方向；搭接宽度：沥青防水卷材短边搭接为 100 mm，长边搭接为 70 mm；高聚物改性沥青防水卷材搭接为 80 mm。上、下层卷材铺贴方向应一致，不得相互垂直，上、下层及相邻两幅卷材的搭接缝应错开。 (4) 铺贴卷材。厕浴间地面铺贴卷材采用满粘法，即卷材与基层（找平层）全部粘结的施工方法。沥青防水卷材可采用热沥青胶粘贴，也可采用冷沥青胶粘贴；高聚物改性沥青防水卷材常采用冷粘法	(1) 卷材铺设前应认真清理基层，使其干净、干燥，并将地漏、排水口临时封堵严密，以免玛碲脂及杂物等落入而堵塞排水管道。 (2) 卷材铺贴前应在基层上涂刷沥青冷底子油，涂刷要均匀，不得有空白、麻点和气泡。在四周墙面涂刷的冷底子油应高出地面 100 mm；在管根、地漏口、排水口等部位涂刷冷底子油时应仔细，不得漏刷。基层冷底子油干燥后方可铺贴卷材。 (3) 因为厕浴间面积小，设备和管道多，排水坡向地漏，所以卷材铺贴前应做好铺贴规划，铺贴时应认真仔细。在管根、地漏口、排水口等处，卷材要套裁整齐，粘贴紧密、封严。 (4) 卷材铺贴应粘结牢固、紧密，铺贴平整、顺直，不得有皱折、翘边和鼓泡现象。地面与墙面交接的阴角处应粘结牢固，不得有空鼓。墙面卷材收头应粘贴紧密，封闭严密，与墙面防水层的搭接要封严。 (5) 热沥青胶粘贴沥青防水卷材时，热沥青胶的温度不应低于 190℃；面层涂刷热沥青胶的温度不应低于 160℃；绿豆砂撒铺的预热温度至50℃ ~ 60℃，并应炒干。 (6) 要做蓄水试验，蓄水高度应超过找平层最高点 20 mm 以上，蓄水时间不少于 24 h，试验结果应无渗漏现象

（续表）

防水层类别	工作要点	施工注意事项
涂料防水	(1) 基层（找平层）应符合设计要求。水泥类找平层表面应坚固、洁净、干燥（干燥程度视涂料特性确定），并验收合格，办理完交接手续。 (2) 与找平层相连接的管道、地漏、排水口等安装完毕，并已做好密封处理，才能进行防水层施工。 (3) 涂膜应根据防水涂料的品种分层分遍涂布，不得一次涂成；每遍涂布应均匀，不得有露底、漏涂和堆积现象。多遍涂布时，应待先涂的涂层干固后再涂布后一遍涂料；两涂层施工的间隔时间不宜过长，以免形成分层。 (4) 胎体增强材料铺设采用搭接接头，搭接长度不小于 50 mm，搭接宜顺排水方向；两层胎体铺设方向应一致，不得相互垂直铺设，且上、下层搭接缝应错开	(1) 防水涂料和胎体增强材料等的品种、批号和配合比必须符合设计要求，每批产品进场要有产品合格证，使用前要复验，检验合格后才能使用。 (2) 涂膜防水层的平均厚度应符合设计要求，最小厚度不应小于设计厚度的 80% 且不少于 1.5 mm。 (3) 涂膜防水层与基层应粘结牢固，表面平整，涂刷均匀，无流淌、皱折、鼓泡、露胎体和翘边等缺陷。 (4) 涂膜防水层与管件、洁具地脚螺丝、地漏、排水口接缝严密，收头圆滑，不得有渗漏现象。加强层及立面收头要符合工艺要求。 (5) 防水层应符合排水要求，无明显积水现象。 (6) 要做蓄水试验，灌水高度应超过找平层最高点 20 mm 以上，蓄水时间不少于 24 h，试验结果应无渗漏现象
防水砂浆防水	(1) 根据排水坡度要求确定防水砂浆层铺设厚度（最厚厚度），用墨斗在四周墙面标出铺设位置标准线。 (2) 在干净湿润的基层上，均匀刷抹一道稀糊状的水泥防水剂素浆作结合层，以提高防水砂浆与基层的黏结力，厚度宜为 2 mm。要求用力刷涂3～4 次，以达到均匀压实填孔的目的。 (3) 在结合层未干之前，及时铺抹第一层防水砂浆（找平层），铺抹厚度应保证第二层防水砂浆厚度为 10 mm。铺抹方法是：用铁铲将砂浆铺在基层上，初步整平拍实，全部地面一次铺完不留施工缝，然后用刮尺拢平，用塑料抹子压实抹平，搓出毛面。 (4) 在第一层防水砂浆初凝前，均匀刷抹一道水泥防水剂素浆结合层，厚 2 mm，随后铺抹第二层防水砂浆，厚 8 mm。要求压实、抹平、搓毛，以利地面面层的铺设。 (5) 保湿养护，并不得随意上人踩踏。厕浴间地面防水砂浆层的铺设还可以先铺抹 1∶3 水泥砂浆找平层，在其上做厚 2 mm 结合层，水泥防水砂浆层厚为 8 mm	(1) 防水砂浆所用材料必须符合设计要求和国家产品标准的规定。 (2) 防水砂浆的防水性能和强度等级（或配合比）必须符合设计要求。 (3) 防水层厚度应符合设计要求，坡向坡度正确，不得有倒泛水和积水，严禁渗漏。 (4) 防水层与底层应粘结牢固，不得有空鼓；表面平整，不得有裂纹、脱皮和起砂等缺陷。 (5) 防水层表面平整度允许偏差为 3 mm

5. 蓄水试验

蓄水高度应超过找平层最高点 20 mm 以上，蓄水时间不少于 24 h，试验结果应无渗漏现象。

6. 厕浴间防水节点大样

厕浴间防水节点大样如图 6-17 ~ 图 6-25 所示。

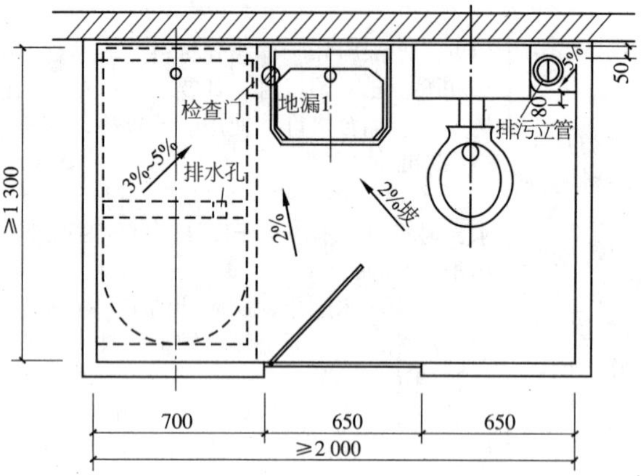

图 6-17　卫生间平面布置

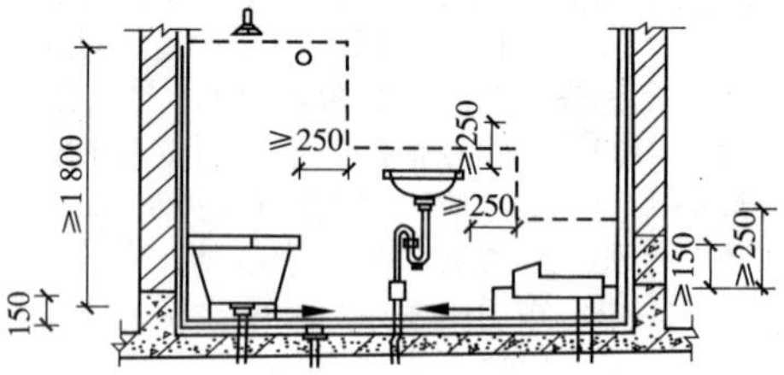

图 6-18　卫生间墙面防水高度

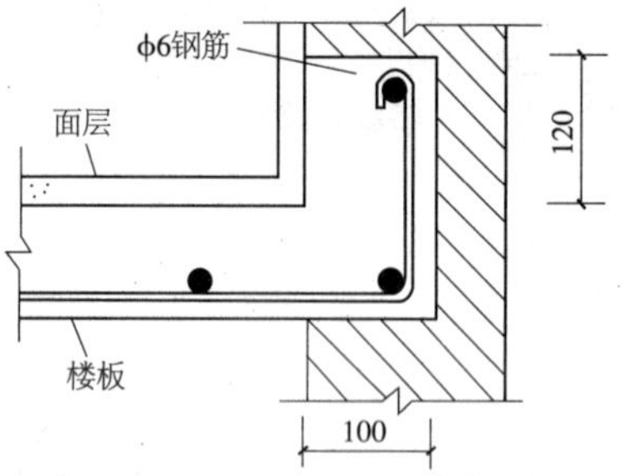

图 6-19　卫生间现浇楼板翻边做法

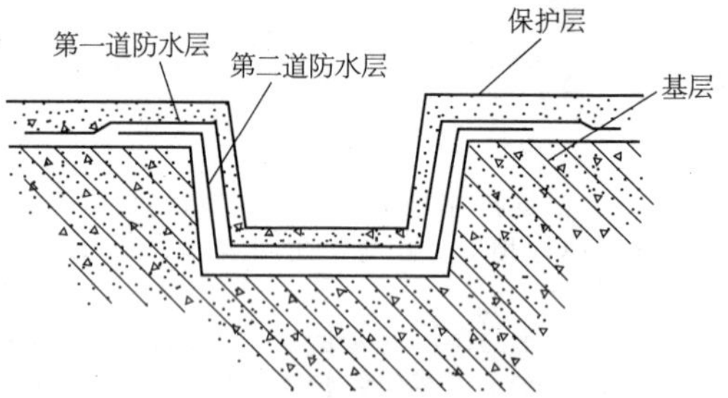

图 6-20　排水沟防水做法

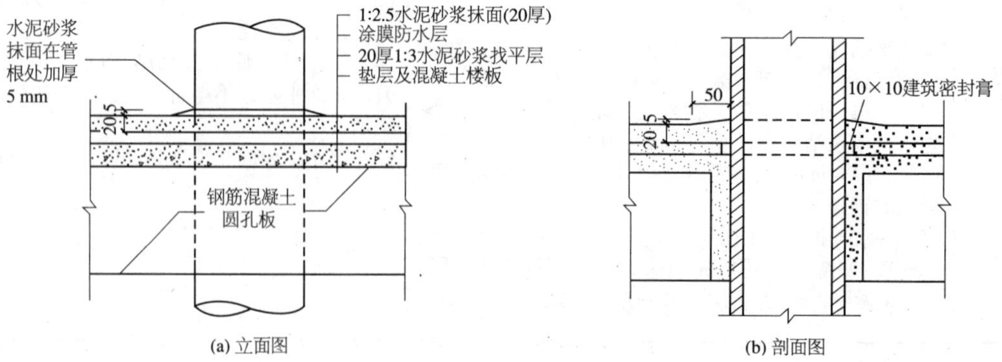

图 6-21　立管根周围防水做法

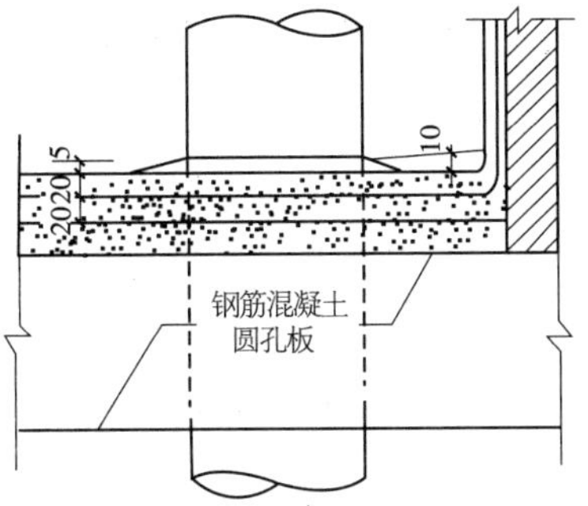

(a) 立面图

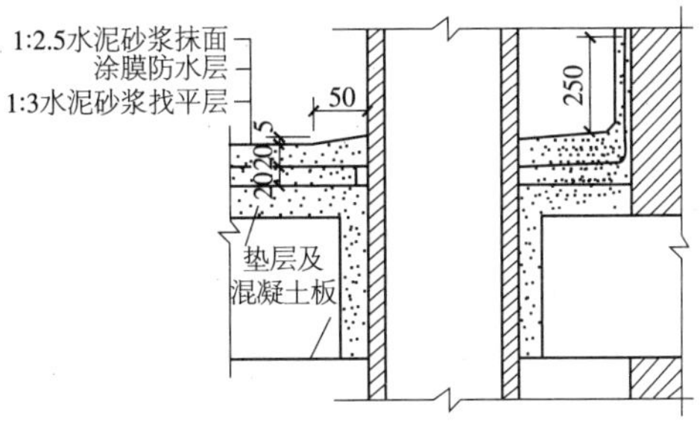

(b) 剖面图

图 6-22　立管位置在转角墙处防水要求

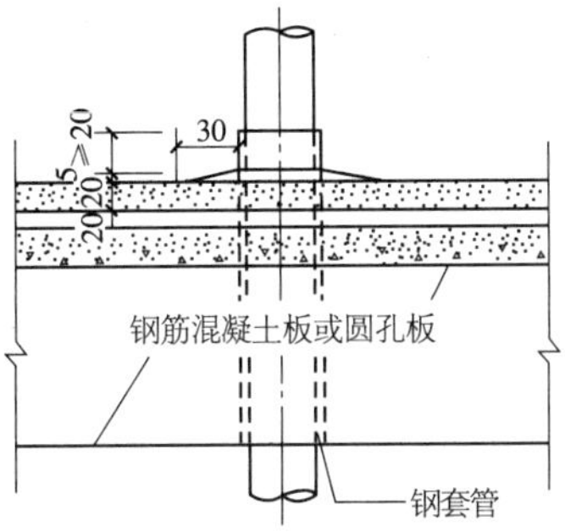

(a) 立面图

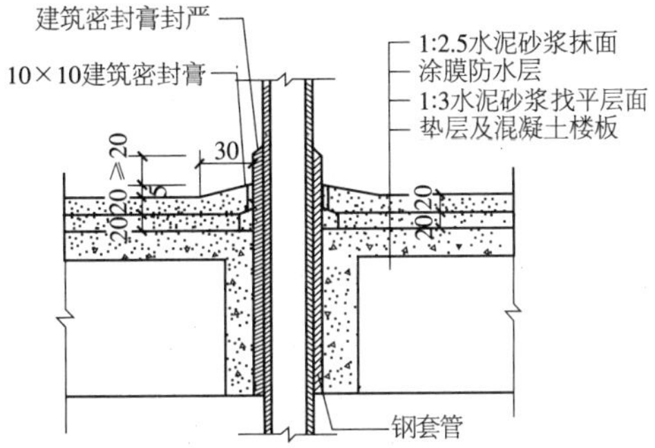

(b) 剖面图

图 6-23　钢套管防水做法

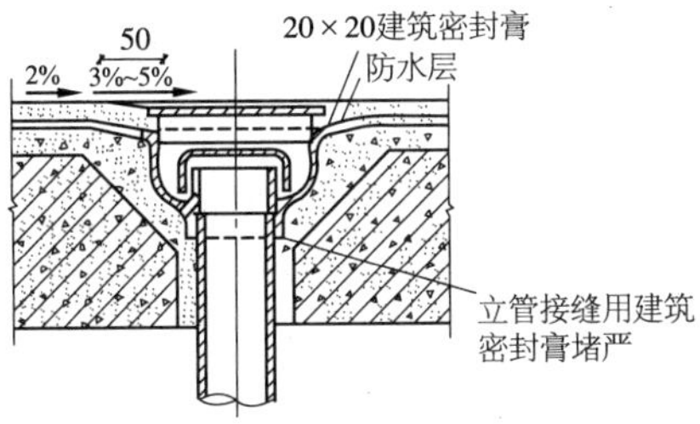

(a) 地漏防水做法

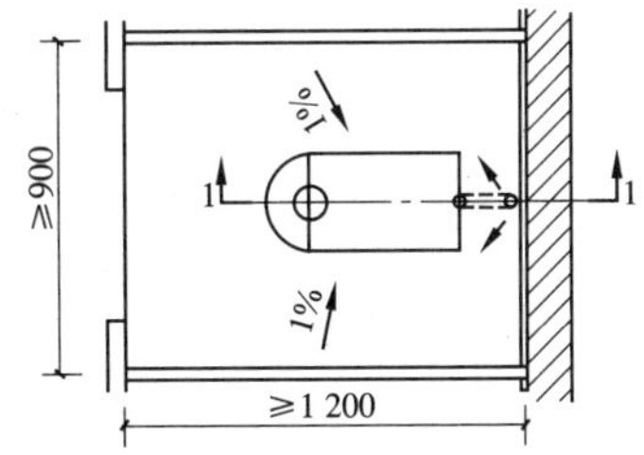

(b) 大便器平面图

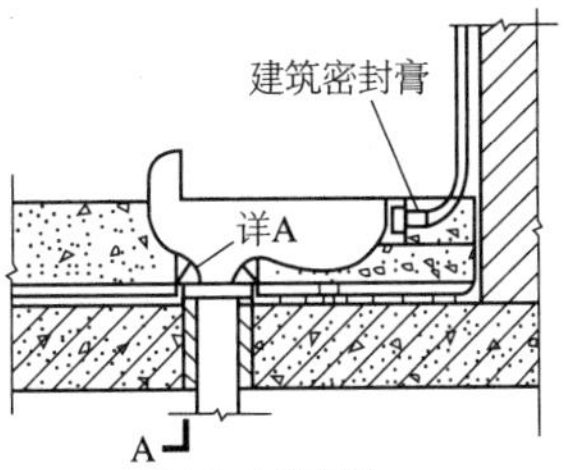

(c) 1—1剖面图

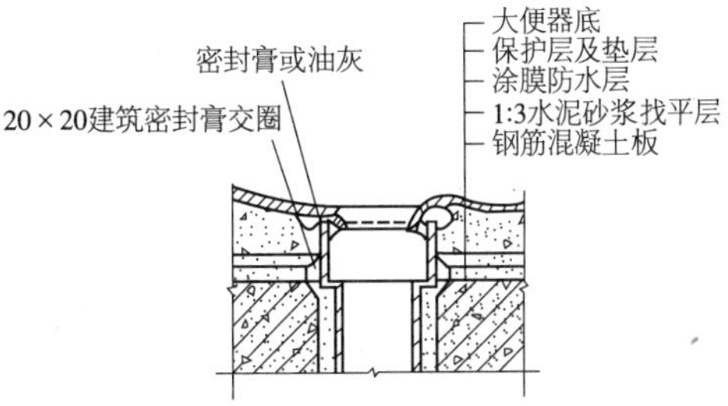

(d) 详A剖面图

图 6-24　地漏及蹲式大便器防水做法

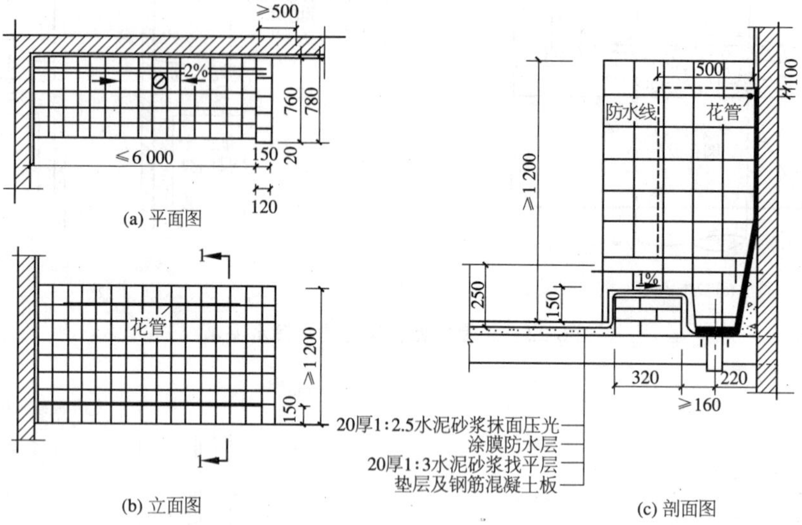

图 6-25　小便槽防水做法

项目 6.4　外墙防水施工

学习重点：

1. 通过学习掌握外墙（external wall）防水施工工艺和方法。
2. 通过学习掌握外墙裂缝、渗漏产生的原因和处理措施。

1. 构造要点

（1）外墙发生严重渗漏，与砌体质量密切有关。框架填充外墙，特别是混凝土空心砌块外墙，应采用合格的机制砌块，严格按有关规程要求砌筑。

（2）加气混凝土外墙，应采用配套的砌筑砂浆，严格按有关规程砌筑。外饰面不应采用块材贴面，应按不同配比采用薄层过渡，总厚度控制在 15 mm，推荐涂料饰面，墙面设大分格缝，缝可采用半缝，缝内嵌密封材料。

（3）安装在外墙上的构配件（空调机座、排油烟孔）、管道、螺栓，均当预埋；特别是用于混凝土空心砌块墙体时，须在预埋件所在之砌块处，用 C15 混凝土预先填实，并在预埋件四周嵌以聚合物水泥砂浆。

（4）外墙门窗洞口四周均应做成实心混凝土或钢筋混凝土。铝合金窗的安装应采用不锈钢或镀锌卡铁联结件，联结件宜用射钉固定于窗洞口内侧；窗樘外侧与外墙饰面连接处，留 7 × 5（宽 × 深）的凹槽，并嵌填高弹性密封材料。窗樘与墙体之间的空隙，在充分考虑了风压影响（如增强固定点）的前提下，可用发泡聚氨酯封填，注意掌握好填量。

（5）外墙窗立樘，越靠近外墙皮，渗漏率越高（应大于 50）；窗下口安装空隙要根据室外窗台饰面厚度预留充分，确保窗下樘雨水能顺畅排出。

（6）外墙变形缝必须作防水处理，包括缝两侧为双道实墙者。

（7）外墙防水层主要采用聚合物水泥砂浆和聚合物水泥基防水涂膜。外墙饰面砖应用聚合物水泥砂浆或聚合物水泥浆作薄层粘贴，并满浆勾缝封严。采用憎水性材料的防水层，不宜再粘贴其他饰面材料。

2. 外墙面防水设防标准（表6-8）

表6-8 外墙面防水设防标准表

项 目	设 防 标 准	
	作法一	作法二
适用范围	重要的建筑、高层建筑，采用面砖、高级涂料等饰面、对防水有较高要求	较重要的公共建筑或住宅、采用面砖、马赛克、涂料等饰面
设防要求最小厚度	防水砂浆20厚、聚合物水泥砂浆7.0厚或聚合物水泥基防水涂料1.0厚	防水砂浆15厚、聚合物水泥砂浆5.0厚或聚合物水泥基防水涂料0.8厚

3. 工作流程

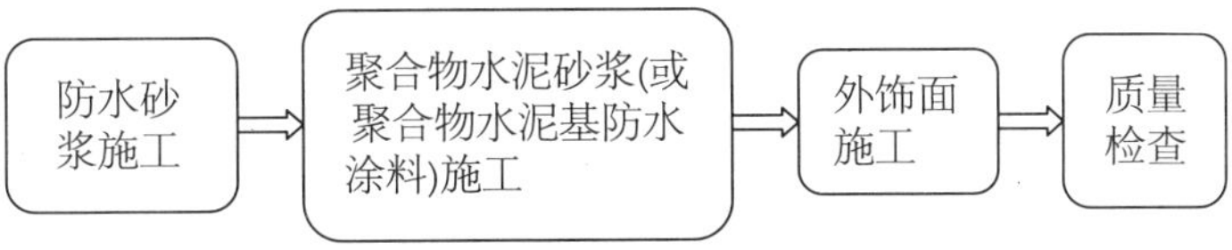

4. 工作流程示意（图6-26）

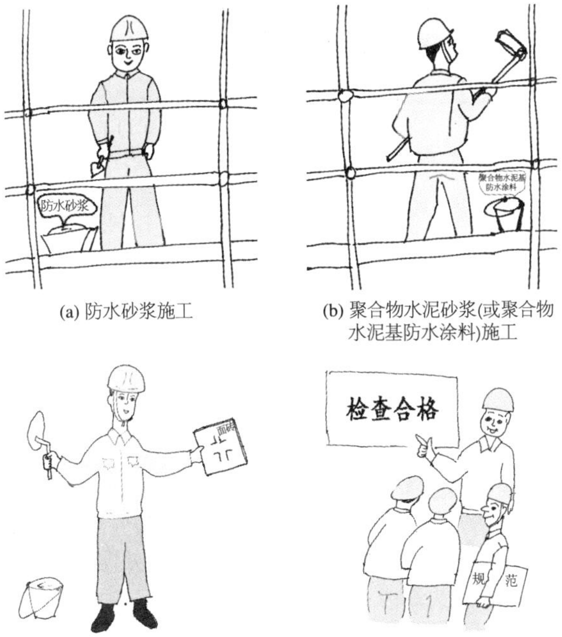

(a) 防水砂浆施工　(b) 聚合物水泥砂浆(或聚合物水泥基防水涂料)施工

(c) 外饰面施工　(d) 质量检查

图6-26 外墙防水工作流程

5. 外墙防裂、防渗漏措施

(1) 裂缝产生的原因及防止措施见表6-9。

表6-9　　裂缝产生的原因及防止措施

裂缝产生的部位	裂缝产生的原因	裂缝防止的措施
墙柱交界处纵向裂缝	(1) 墙柱间隙过大； (2) 砌块与柱间灰缝不饱满； (3) 砌块收缩（含水率大、未到28 d龄期）； (4) 砂浆干缩； (5) 未按规定设置拉结钢筋； (6) 抹灰层干缩	(1) 砌块靠紧柱壁，减少灰缝厚度； (2) 改善砂浆和易性，砌筑时灰缝饱满密实； (3) 控制砌块含水率、龄期； (4) 控制抹灰层厚度、配合比、操作； (5) 砌墙时按规定锚入拉结筋； (6) 沿墙柱交界处挂钢网或纤维布防裂
墙梁交界处水平裂缝	(7) 最上皮砌块未顶紧梁； (8) 砌体沉缩过大； (9) 墙梁交界处灰缝不饱满； (10) 墙梁交界处灰缝过厚	(2)，(3)，(4) (7) 采用实心辅助砌块斜砌，砌块顶满铺砂浆顶紧梁底； (8) 控制日砌高度及顶层填砌时间； (9) 沿墙梁交界处挂钢网或纤维布防裂
墙中部砌块周围裂缝，台阶形裂缝，纵横向裂缝	(11) 砌体收缩不匀（砌块、灰缝、抹灰层干缩变形不一）； (12) 采用不同材料砌筑； (13) 砌体沉降不均匀	(2)，(3)，(4)，(8) (10) 控制墙体长度，或加构造柱； (11) 加钢网或纤维布防裂； (12) 用相同材料砌筑、填塞
表面不规则小裂缝	(14) 抹灰过厚过早未分层操作； (15) 灰浆配比不当，用灰量过大	(4)
抹灰层与基层剥离	(16) 抹灰层与基层干湿变形、温度变形不一致； (17) 基层与抹灰黏结力低或未粘牢	(4)，(11) (13) 清理砌体表面浮灰和污物进行基层打底处理； (14) 控制基层含水率，适量洒水或干燥数日再抹灰； (15) 抹灰层与基层材质相适用
墙与地面交界处水平裂缝	(18) 第一皮砌块下未铺砂浆或砂浆不饱满	(16) 满铺砂浆，砌块坐浆饱满
埋设暗管、暗线处裂缝	(6)，(14)，(15) (19) 砂浆填塞不紧固	(17) 填塞砂浆固化后再抹灰，并沿线管位置加防裂网
女儿墙与屋面交界处裂缝	(20) 构造不合理、施工不当； (21) 墙体与屋面不同材料的干湿、温差引起的变形不同	(11) (18) 做好屋面隔热层和女儿墙交接处的留缝和防水处理，严格按构造措施做好交接处的砌筑，减少温度应力，在现浇屋面时反高300 mm或采用钢筋混凝土女儿墙
门窗洞边角处裂缝	(3)，(4)，(12)，(19)，(20)	(2)，(11) (19) 窗台板或过梁应坐浆饱满、垫平； (20) 加筋、加边框

（2）渗漏产生的原因及防止与治理措施见表6-10。

表6-10 渗漏产生的原因及防止与治理措施

渗漏产生的部位	渗漏产生的原因	防止渗漏与治理措施
外墙砌体与梁、板、柱的连接处	（1）表6-9所列墙体裂缝所形成的流水通道	（1）按表6-9裂缝防止的措施（1）～（9），（16）防止渗漏； （2）用防水砂浆填充、塞堵墙体交接处的缝隙、孔洞，用防水砂浆抹灰或用密封胶嵌塞； （3）封口采用压力喷浆法施工
外墙与门、窗框四周连接处	（2）门窗框与墙体有缝隙； （3）窗台有裂纹或与窗框之间有缝隙； （4）构造不合理出现倒泛水； （5）铝合金门窗与外墙接缝处未填密封胶	（4）门窗框周边与墙体间，采用1∶2水泥砂浆或防水砂浆填密实； （5）窗台必须铺设钢筋并用水泥砂浆抹平； （6）门窗顶、天篷、窗楣、窗台抹灰坡度合理，做好滴水； （7）铝框四周与墙体之间用玻璃防水胶密封，铝框安装必须符合有关要求
外墙面	（6）砌体有裂缝、孔隙； （7）抹灰层有裂缝、空鼓； （8）装饰贴面内部有孔隙； （9）灰缝不饱满	（8）按表6-9裂缝防止的措施（1）～（16）防止渗漏； （9）采用防水砂浆抹灰、进行基层刮浆处理等； （10）外墙粘贴瓷片，胶料必须饱满，不得留有孔隙； （11）瓷片间缝隙必须用压缝工具压实
外墙阳台处	（10）构造不合理水倒灌； （11）无挡水措施； （12）施工处理不当、密封不严	（12）阳台地面应比室内地面低，铝门框内外注密封胶； （13）室内铺木地板，应在阳台门口设石质挡水条或拦水基； （14）阳台落水坡度明显，排水要通畅； （15）阳台底做好滴水
女儿墙与屋面结合处	（13）构造不合理； （14）施工处理不当； （15）表6-9裂缝产生的原因（20），（21）形成的贯穿墙体的渗漏	（16）女儿墙与屋面阴角处做好圆角泛水； （17）女儿墙做好钢筋混凝土压顶，并做好抹灰坡度（应向内坡）和滴水； （18）按表6-9裂缝防止措施（11），（18）防止渗漏
卫生间、厨厕墙体、竖井、管道	（16）管道、水池渗漏； （17）积水、排水不畅	（19）地面做防水处理，防水层地、翻上墙面200 mm，坡向地漏消除积水； （20）墙面抹防水砂浆、贴瓷片等； （21）密封管道接头，消除漏水

6. 外墙防水构造大样

外墙防水构造大样见图6-27—图6-31。外墙沉除缝、伸缩缝和防震缝处理见图6-32—图6-34。

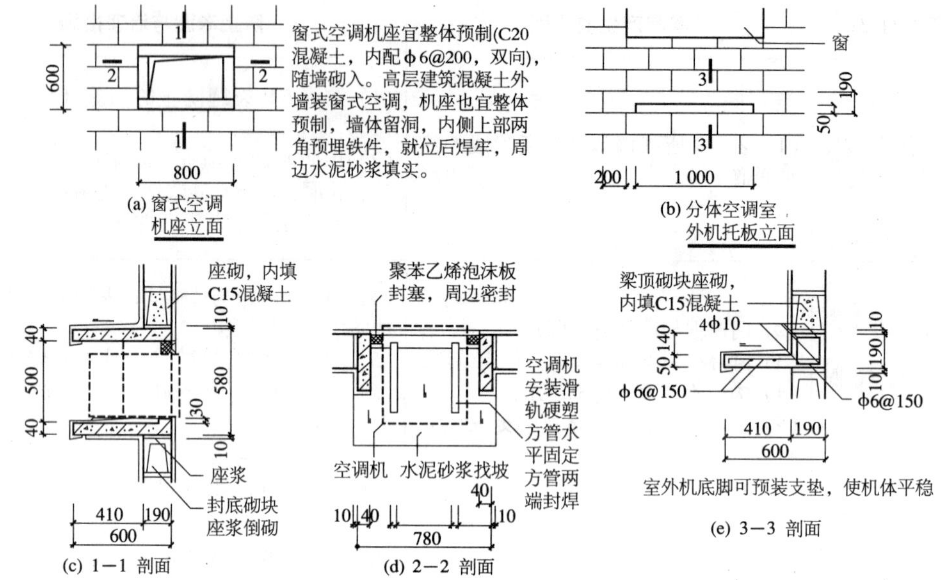

未装机之洞口用120黏土砖封砌，周边密实，底板向外找坡排水。

图6-27　窗式空调防水大样

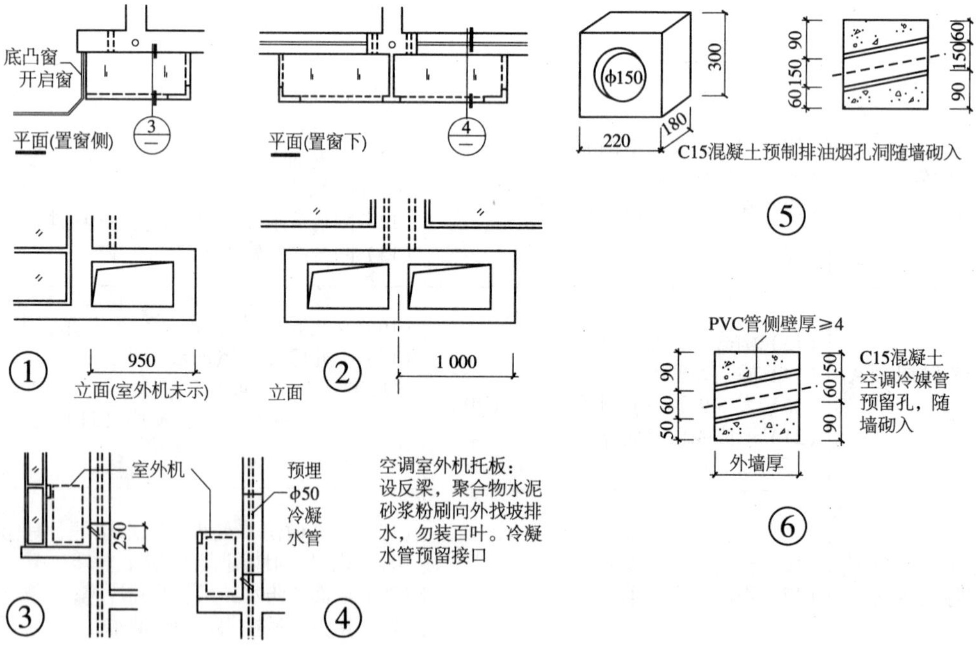

图6-28　空调室外机座防水大样

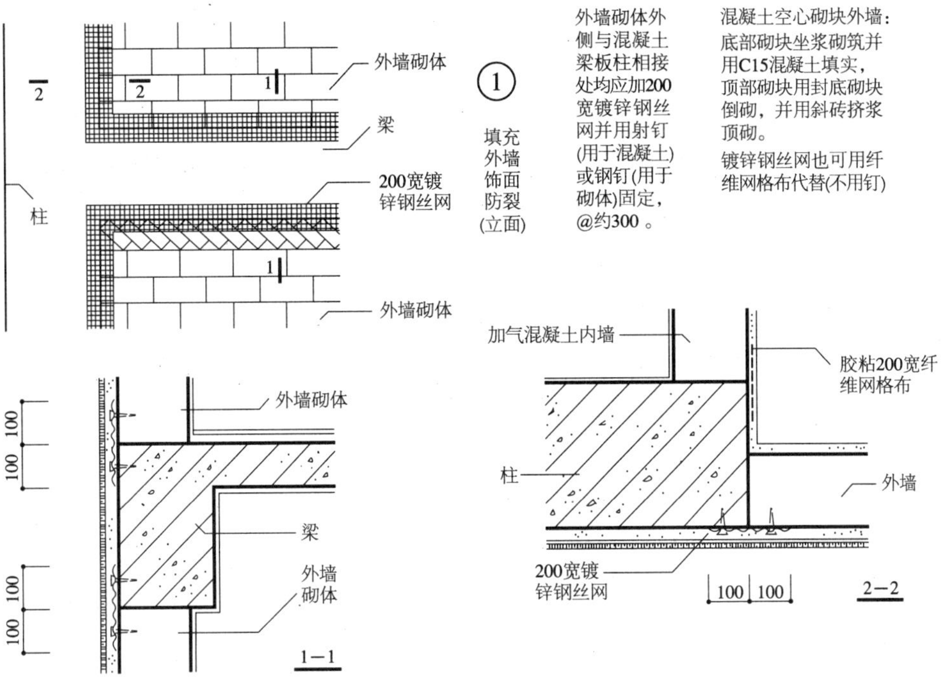

图 6-29　外墙防裂构造

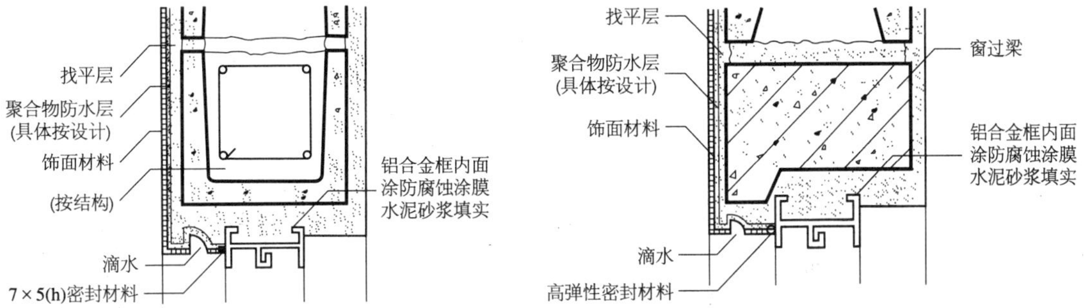

图 6-30　窗上口结点大样

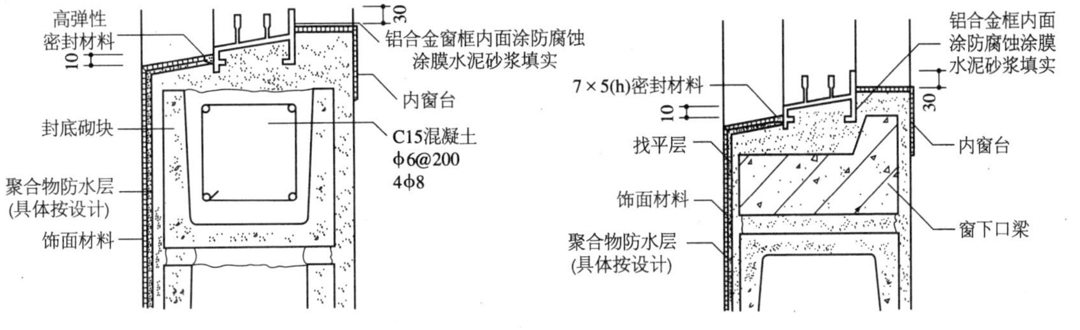

图 6-31　窗下口结点大样

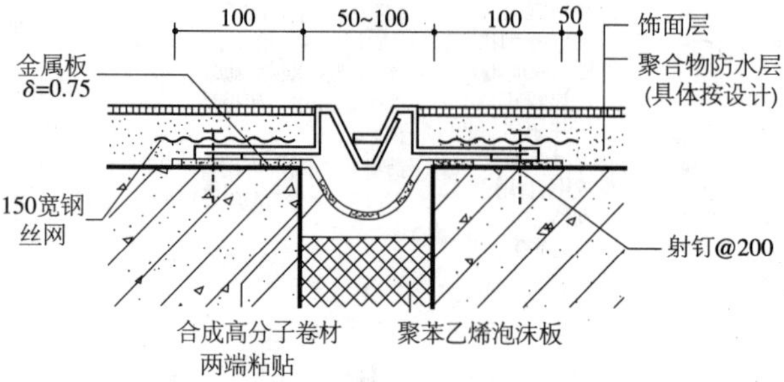

图 6-32　外墙沉降缝处理

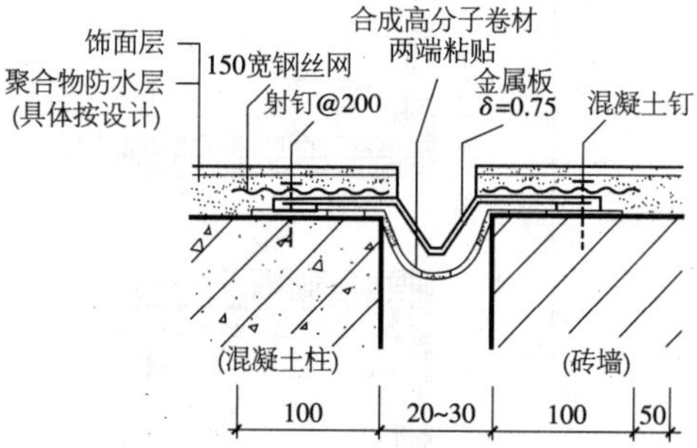

图 6-33　外墙伸缩缝处理

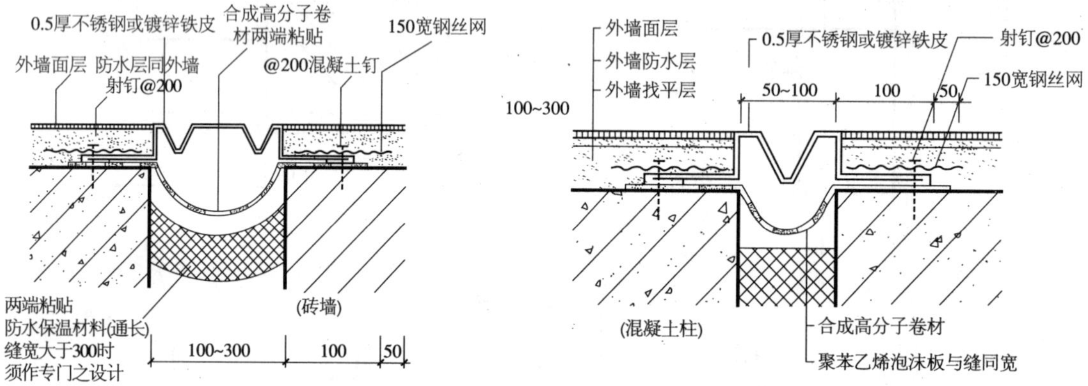

图 6-34　外墙防震缝处理

思考与训练

1. 请画出卷材防水屋面、种植物面的防水构造大样。并写出这两种屋面施工时的注意事项。

2. 请说明地下室什么情况下采用防潮构造？什么情况下采用防水构造？并画出两种构造的详图。两种构造的区别是什么？

3. 地下室防水工程中什么是外防外贴？什么是外防内贴？

单元7
装饰装修工程施工

单元概述：为保护建筑物的主体结构、完善建筑物的使用功能和美化建筑，采取装饰装修材料或饰物，对建筑物的内外表面及空间进行的各种处理过程称为建筑装饰装修。

通过本单元学习，初步了解并掌握装饰装修工程中通常所见抹灰工程、饰面板（砖）工程、楼地面工程、门窗工程、吊顶工程、轻质隔墙工程、涂饰工程、幕墙工程施工过程及常见质量问题的处理方法。

学习目标：

1. 通过学习熟悉一般建筑装饰装修工程的施工过程，并能组织一般的具体实施活动；
2. 通过学习具有一般建筑装饰装修工程现场施工员和监理员的工作能力；
3. 通过学习，熟悉建筑装饰装修工程的质量通病及其预防和整改办法。

教学建议：由于本单元内容较为重要，建议采用头脑风暴法或专题讨论法以及现场教学法，授课过程中，为充分发挥全体学生的集体智慧，在教室或工地现场组织答辩交流会，学生在建筑装饰装修施工技术的辩论和相互交流中，由教师做出点评，让学生学到更多的知识，巩固和提高教学效果。

学时建议：总学时建议为16学时，其中，项目7.1抹灰工程、项目7.2饰面板（砖）工程、项目7.3楼地面工程、项目7.4门窗工程、项目7.5吊顶工程、项目7.6轻质隔墙工程、项目7.7涂饰工程、项目7.8幕墙工程各建议2学时。

关键词：建筑装饰装修（building decoration）；饰面工程（veneer engineering）；吊顶（hung ceiling）；涂料（dope）；幕墙（curtain wall）；施工技术（construction technology）

知识点：抹灰工程、饰面工程、楼地面工程、门窗工程、吊顶工程、隔断工程、涂饰工程、幕墙工程施工。

项目7.1　抹灰工程施工

学习重点：

1. 掌握一般抹灰的施工过程及常见质量问题的处理方法。
2. 掌握装饰抹灰的施工过程及常见质量问题的处理方法。

抹灰工程是最直接，也是最初始的装饰工程，一般而言，抹灰工程可分为一般抹灰和装饰抹灰。其中，一般抹灰的常见类型有石灰砂浆、水泥砂浆、水泥混合砂浆、聚合物水泥砂浆和麻刀石灰、纸筋石灰、石灰膏等抹灰工程；装饰抹灰的常见类型有水刷石、斩假石、干粘石、假面砖等装饰抹灰工程。

7.1.1　一般抹灰施工

一般抹灰按等级可分为普通抹灰和高级抹灰。当工程设计无要求时，按普通抹灰验收。

1. 一般抹灰施工工艺流程

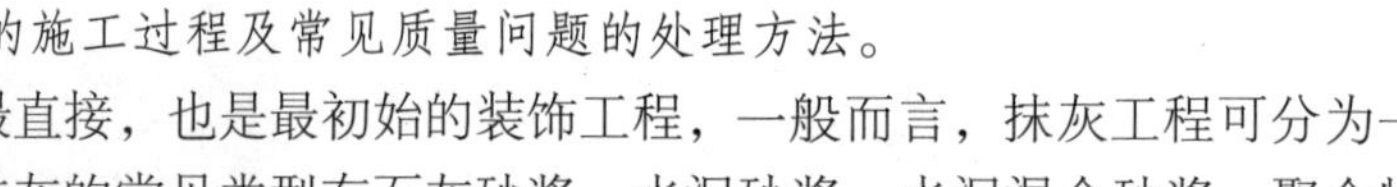

2. 一般抹灰的工作重点

一般抹灰施工的施工顺序应遵循“先室外后室内，先上后下，先顶棚后墙地”的原则，重点为以下几个方面。

1）基层处理

对于抹灰工程的基层处理，应当注意以下几个方面。

（1）抹灰前基层表面的灰尘、污垢和油渍等应清除干净，并应洒水湿润。针对不同的墙体材料，应注意选择不同的湿润措施。

（2）对表面光滑的基层应进行“毛化处理”。常规做法是，在浇水湿润后，用1∶1水泥细砂浆（内掺20%107胶）喷洒或用扫帚将砂浆甩在墙面上，甩点要均匀，终凝后洒水养护，直到水泥砂浆疙瘩全部粘满光滑表面，并有较高强度，用手掰不动为宜。

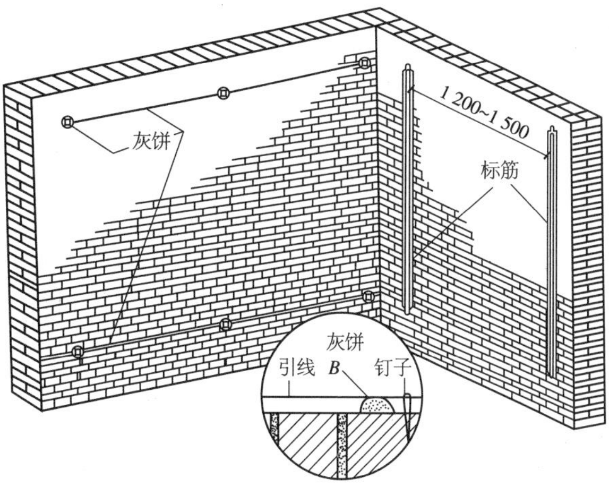

图7-1　灰饼标筋图

2）找规矩、做灰饼、标筋（也俗称冲筋）

灰饼标筋如图7-1所示。

对内墙找规矩，即在室内抹灰前，为了控制房间的方正，先在地面弹出十字线，再由十字线向四周放出地面20线，然后依据墙面的实际平整度和垂直度及抹灰总厚度规定，与找方线进行比较，决定抹灰的厚度，从而找到一个抹灰的假想平面。将此平面与相邻墙面的交线弹于相邻的墙面上，以作此墙面抹灰的基准线，并以此为标志作为标筋的厚度标准。

外墙抹灰找规矩的方法与内墙的基本相同，但要在相邻两个抹灰面相交处挂垂线。由于一般外墙抹灰面积大，另外还有门窗、阳台、明柱等，因此外墙抹灰找规矩比内墙面更重要，要在四角先挂好自上而下的垂直线（多层及高层楼房应用钢丝线垂下），然后根据抹灰的厚度弹上控制线，再拉水平通线，并弹出水平线做标志块，然后做标筋。

做灰饼，即做抹灰标志块。在距顶棚、墙阴角约20 cm处，用水泥砂浆或混合砂浆各做一个标志块，厚度为抹灰层厚度，大小为5 cm见方。以这两个标志块为标准，再用托线板靠、吊垂直确定墙下部对应的两个标志块的厚度，其位置在踢脚板上口，使上、下两个标志块在一条垂直线上。标准标志块做好后，再在标志块的附近墙面钉上钉子，拉上水平通线，然后按间距1.2～1.5 m做若干标志块。

做标筋，即在上、下两个标志块之间先抹出一长条梯形灰埂，其宽度为10 cm左右，厚度与标志块相平，作为墙面抹灰填平的标准。

3）阳角做护角

室内外墙角、柱角和门窗洞口的阳角抹灰要线条清晰、挺直，并应防止碰撞损坏。因此，凡是与人、物经常接触的阳角部位，不论设计有无规定，都需要做护角，并用水泥浆捋出小圆角。

无设计要求时，采用1∶2水泥砂浆做暗护角，其高度不应低于2 m，每侧宽度不应小于50 mm。窗口边的阳角护角做法如图7-2所示。

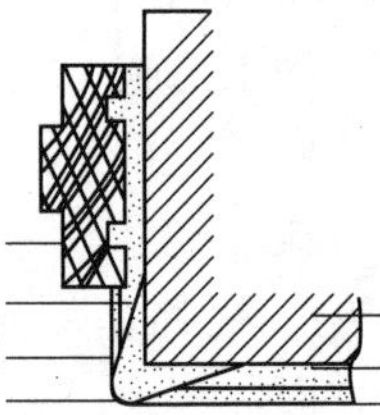

图7-2 门窗洞口护角

4）抹底灰、中灰、面灰

抹灰工程应分层进行。一般抹灰分为三层，如图7-3所示。

待标筋达到一定强度后（刮尺操作不致损坏或七至八成干）即可抹底层灰。抹底层灰可用托灰板盛砂浆，用力将砂浆推抹到墙面上，一般应从上而下进行。

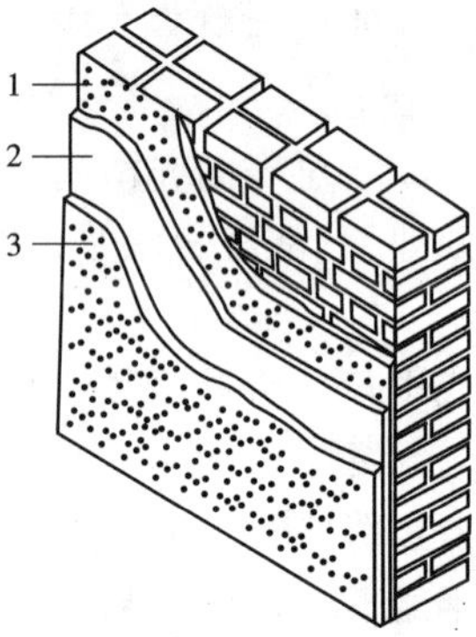

1—底层；2—中层；3—面层

图7-3 抹灰的组成

底层灰6～7成干（用手指按压有指印但不软）时即可抹中层灰。操作时一般按自上而下、从左向右的顺序进行。

在中层灰6～7成干后即可抹罩面灰。先在中层灰上洒水，然后将面层砂浆分遍均匀抹涂上去，一般也应按从上而下、从左向右的顺序。抹满后，用铁抹子分遍压实压光。外墙抹灰分隔缝的设置应符合设计要求，宽度和深度应均匀，表面应光滑，棱角应整齐。

各抹灰层之间及抹灰层之间必须粘结牢固，抹灰层应无脱层、空鼓，面层应无爆灰和裂缝。护角、孔洞、槽、盒周围的抹灰表面应整齐、光滑；管道后面的抹灰表面应平整。

在此过程中注意配合，用阴阳角方尺检查阴阳角的直角度，并检查垂直度，然后定抹灰厚度，浇水湿润。用木制阴角器和阳角器分别进行阴阳角处抹灰，先抹底层灰，使其基本达到直角，再抹中层灰，使阴阳角方正。

3. 质量检查

一般抹灰工程质量的允许偏差和检验方法应符合表7-1的规定。

表7-1　一般抹灰的允许偏差和检验方法

项次	项目	允许偏差/mm		检验方法
		普通抹灰	高级抹灰	
1	立面垂直度	4	3	用2 m垂直检测尺检查
2	表面平整度	4	3	用2 m靠尺和塞尺检查
3	阴阳角方正	4	3	用直角检测尺检查
4	分格条（缝）直线度	4	3	用5 m线，不足5 m拉通线，用钢直尺检查
5	墙裙、勒脚上口直线度	4	3	拉5 m线，不足5 m拉通线，用钢直尺检查

注：① 普通抹灰，本表第3项阴角方正可不检查。
② 顶棚抹灰，本表第2项表面平整度可不检查，但应平顺。

4. 一般抹灰常见质量事故及处理方法（表7-2）

表7-2　一般抹灰常见质量事故及处理方法

缺陷表现	产生的主要原因	预防措施与处理办法
空鼓、开裂并脱落	基体表面清理不干净，如基体表面尘埃及疏松物、脱模剂和油渍等影响抹灰粘结牢固的物质未彻底清除干净；基体表面光滑，抹灰前未做毛化处理；抹灰前基体表面浇水不透，抹灰后砂浆中的水分很快就被基体吸收，使砂浆中的水泥未充分水化生成水泥石，影响砂浆的黏结力；砂浆质量不好，使用不当；一次抹灰过厚，干缩率较大等	做好基层的清理工作；按工艺规程认真抹灰
窗台、阳台等处抹灰的水平与垂直方向不一致	结构施工时，现浇混凝土或构件安装的偏差过大，抹灰时不易纠正；抹灰前上、下、左、右未拉水平和垂直通线，施工误差较大	在结构施工阶段应尽量保证结构或构件的形状位置正确，减少偏差；安装窗框时应找出各自的中心线以及拉好水平通线，保证安装位置的正确。抹灰前应在窗台、阳台、雨篷、柱垛等处拉水平和垂直方向的通线找平找正，每步均要起灰饼
外墙表面易受污染	外窗、阳台、突出墙面的部位包括檐口、窗套、腰线滴水线槽漏做或未处理好，导致雨水顺墙壁下流形成污染	有排水要求的部位应做滴水线（槽）。线（槽）应整齐顺直，滴水线应内高外低，滴水槽的宽度和深度应不小于10 mm
接茬有明显抹纹色泽不均匀	墙面没有分格或分格太大；抹灰留茬位置不正确；罩面灰压光操作方法不当，砂浆原材料不一致，没有统一配料，浇水不均匀	接茬位置应留在分格条处或阴阳角、水落管等处；阳角抹灰应用反贴八字尺的方法操作。室外抹水泥砂浆墙面宜做成毛面，用木抹子搓抹毛面时，要做到轻重一致，先以圆圈形搓抹，然后上下抽拉
墙面抹灰层析白	水泥在水化过程中产生氢氧化钙，在砂浆硬化前受水浸泡渗聚到抹灰面与空气中二氧化碳化合成白色碳酸钙出现在墙面。在气温低或水灰比大的砂浆抹灰时，析白现象更严重。另外，若选用了不适当的外加剂时，也会加重析白产生	应在保持砂浆流动条件下掺减水剂来减少砂浆用水量，减少砂浆中的游离水，钙的游离并渗至表面；加分散剂，使氢氧化钙分散均匀，不会成片出现析白现象，而是出现均匀的轻微析白；在低温季节水化过程慢，泌水现象普遍时，适当加入促凝剂以加快硬化速度

7.1.2　装饰抹灰施工

装饰抹灰的底层和中层与一般抹灰相同，但面层材料有区别，装饰抹灰的面层材料主要有水泥石子浆、水泥色浆等，常见的装饰抹灰类型有斩假石、假面砖等装饰抹灰工程。常见几种装饰抹灰施工工艺如下。

1. 斩假石

又称人造假石、剁斧石，如图 7-4 所示。它是在水泥砂浆基层上涂抹水泥石子浆，待凝结硬化具有一定强度后，用斧子及凿子等工具，在面层上剁斩出类似石材经雕琢效果的一种人造石料装饰方法。它既具有貌似真石的质感，又具有精工细作的特征，适用于外墙面、勒脚、室外台阶和地坪等建筑装饰工艺。斩假石饰面质朴素雅、美观大方，但因是手工操作，因此工效低。

图 7-4 斩假石

1）斩假石施工工艺流程

中层灰搓毛验收 ⇒ 弹线粘贴分格条 ⇒ 抹面层水泥浆 ⇒ 养护 ⇒ 试剁 ⇒ 斩剁

除了抹面水泥石粒浆和斩剁面层外，其余均同水刷石抹灰。

2）斩假石饰面经常出现的问题及其处理措施（表 7-3）

表 7-3 斩假石饰面经常出现的问题及其处理措施

缺陷表现	产生的主要原因	预防措施与处理办法
斩假石剁纹不匀	斩剁前未弹线，斩剁无顺序； 剁斧不锋利，用力轻重不一； 各种剁斧用法不恰当	面层抹完经养护后，先弹斩剁线，再开始斩剁，斩剁顺序应符合操作要求。斩假石应保持锋利，斩剁动作应迅速，移动速度应一致，应使剁纹深浅一致，纹路清晰均匀，不得有漏纹。饰面的不同部位应采取相应的剁斧和斩法，边缘部分应用小斧轻剁

2. 假面砖（图 7-5）

这是一种在水泥砂浆中掺入氧化铁黄或氧化铁红等颜料，通过手工操作达到模仿面砖装饰效果的做法。假面砖现已不常采用，其原因是：真面砖品种繁多，镶贴真面砖远比假面砖耐久、美观；真面砖比假面砖贵不了多少；假面砖日久易褪色、易开裂、易损坏。

假面砖装饰抹灰施工，除了拌制彩色砂浆的工具外，其操作工具主要有靠尺板（上面划出面砖分块尺寸的刻度），划缝用的铁皮刨、铁钩子、铁梳子或铁辊等（图 7-6）。

图 7-5 假面砖

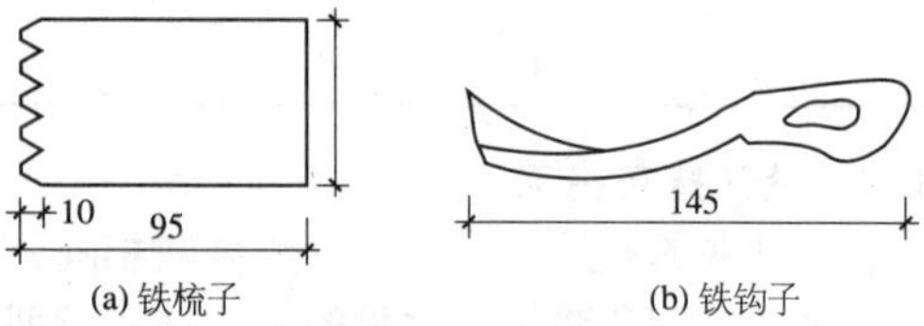

图 7-6 操作工具

用铁皮刨或铁钩划制模仿饰面砖墙面的宽缝效果，用铁梳子或铁辊划出或滚压出饰面砖的密缝效果。

1）假面砖的施工要点

假面砖装饰抹灰的底层和中层，一般采用1∶3的水泥砂浆，其表面要达到平整、粗糙的要求。待中层凝结硬化后洒水湿润养护，并可进行弹线。先弹出宽缝线，用以控制面层划沟（面砖凹缝）的顺直度；然后抹 1∶1 的水泥砂浆垫层，厚度为 3 mm；紧接着抹面层彩色砂浆，厚度 3 ~4 mm。

待面层彩色砂浆稍微收水后，即用铁梳子沿靠尺板划纹，纹深 1 mm 左右，划纹方向与宽缝线相互垂直，作为假面砖的密缝；然后用铁皮刨或铁钩沿靠尺板划沟（也可采用铁辊进行滚压划纹），纹路凹入深度以露出垫层为准，随手扫净飞边砂粒。

2）假面砖饰面经常出现的问题及处理措施（表 7-4）

表 7-4　　假面砖饰面常见问题及其处理措施

缺陷表现	产生的主要原因	预防措施与处理办法
颜色不匀	罩面砂浆配比不当，拌和不匀； 砂浆垫层干、湿不等；罩面砂浆厚薄不均	严格按配比配料，充分搅拌； 应使垫层干、湿一致；保证砂浆的和易性，罩面砂浆抹涂均匀
积灰污染	假面砖表面划纹过多； 假面砖面层不平整	减少竖向划纹或只留横向划纹，减少积灰； 抹灰要平整；外罩防污染涂料

项目 7.2　饰面板（砖）工程施工

学习目的：

1. 掌握直接镶贴饰面砖的施工过程及常见质量问题的处理方法。
2. 掌握陶瓷（玻璃）锦砖的施工过程及常见质量问题的处理方法。
3. 掌握饰面板的施工过程及常见质量问题的处理方法。

饰面板砖工程是指将大小不同的板（砖）材料采取镶贴或挂贴的方式固定到墙面上的做法。一般而言，饰面材料按用材可分为两类：一是板材类，如天然大理石、花岗岩、人造石以及金属饰面板材等；二是砖材类，如瓷砖、陶瓷玻璃锦砖等。

7.2.1　直接镶贴饰面砖施工工艺

1. 工艺流程

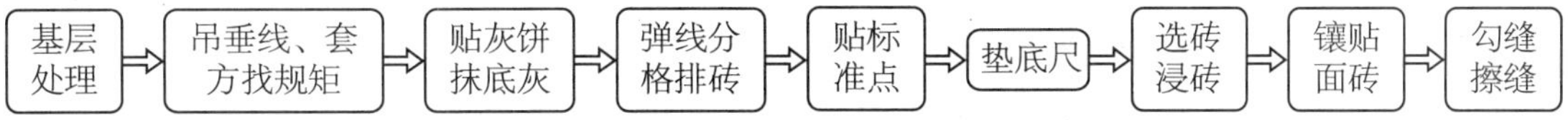

2. 工作重点

基层处理、吊垂线、套方、找规矩、贴灰饼以及抹底灰按一般抹灰的方法进行，最后底灰面用木抹子搓毛。

弹线分格是按图纸要求以及饰面砖规格，在找平层上用墨线弹出饰面砖分格线。弹线前应根据镶贴墙面长、宽尺寸（找平后的精确尺寸），将纵、横面砖的皮数划出皮数杆，定出水平标准。最好从墙面一侧端部开始，以便将不足模数的面砖贴于阴角或阳角处。弹线分格示意如

图 7-7 所示。

贴标准点。用废面砖贴标准点，在墙面上下左右合适位置作标志，并以砖棱角作为基准线，上下靠尺吊垂直，横向用靠尺或细线拉平。用于控制饰面砖的表面平整度。阳角处除正面做标志物外，靠阳角的侧面也要挂直，即所谓的双面挂直，如图 7-8 所示。

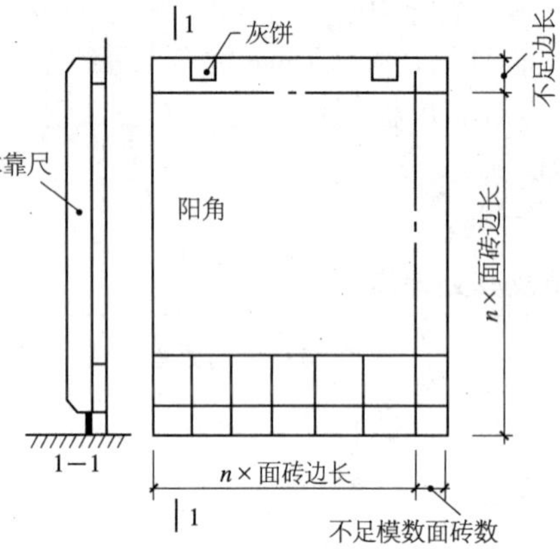

图 7-7 弹线分格

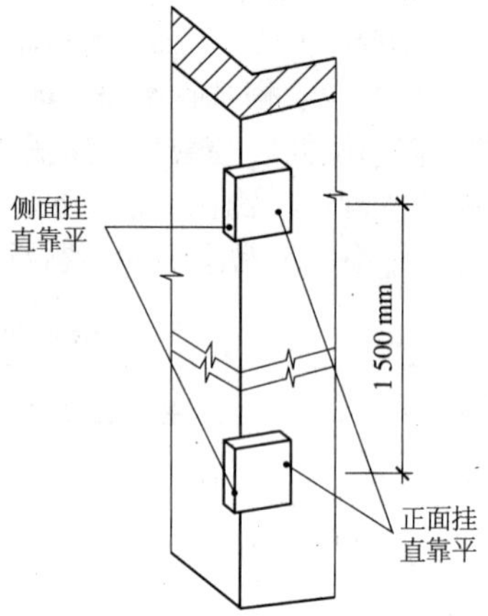

图 7-8 贴标准点

选面砖、浸砖。在镶贴面砖前，应按设计要求挑选颜色、规格一致的砖；由于内墙饰面砖大多数为釉面砖，吸水率较高，浸泡时，将面砖清洁干净，放入净水中浸泡 2 h 以上，取出待表面晾干或擦干净后方可以使用。

镶贴面砖。面砖镶贴的方式有离缝式和无缝式两种。内墙面砖镶贴排列方法，主要有直缝镶贴和错缝镶贴两种，如图 7-9 所示。

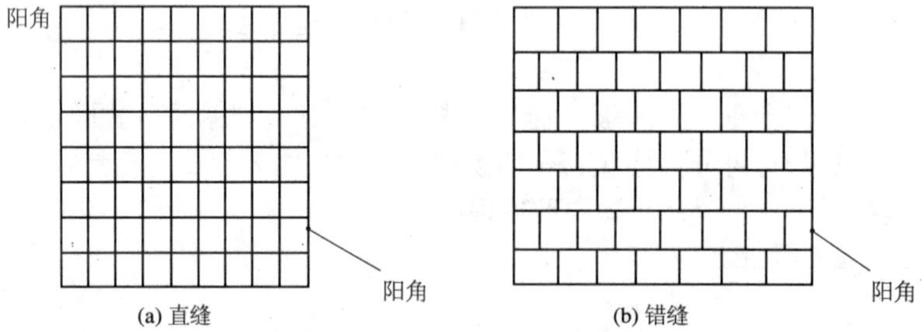

图 7-9 内墙面饰面砖贴法示意图（直缝和错缝）

镶贴面砖应由下而上进行铺贴。抹水泥结合层，要刮平，亏灰时，取下重贴。在镶贴施工的过程中，应随粘贴、随敲击、随用靠尺检查表面平整度和垂直度，并注意保证缝隙宽度的一致。

如果遇到面砖几何尺寸差异较大，应在铺贴中注意随时调整。最佳的调整方法是将相近尺寸的饰面砖贴在一排上，但镶最上面一排时，应保证面砖上口平直，以便最后贴压条砖。无压条砖时，最好在上口贴圆角面砖（图 7-10），或将面砖贴至吊顶面以上。卫生间设备处面砖镶贴示意图，如图 7-11 所示。

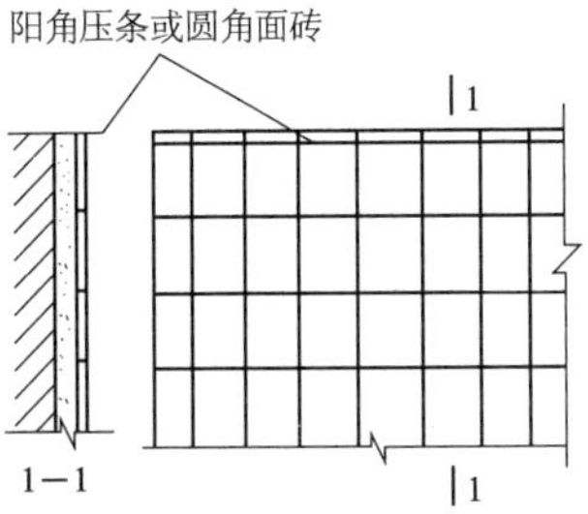

图 7-10　圆角面砖铺贴示意图

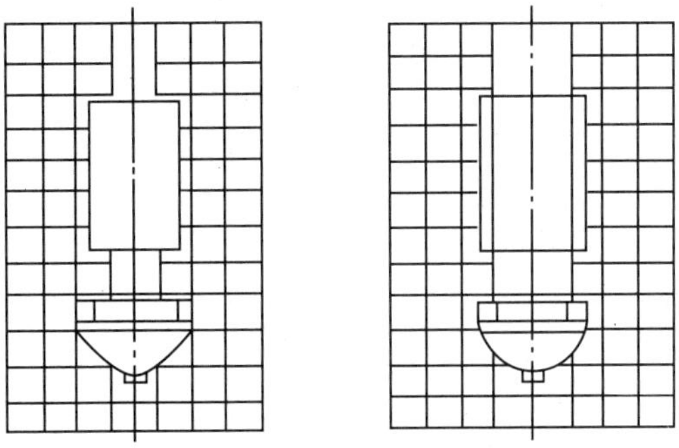

(a) 皂盒占位为单数面砖分法

(b) 皂盒占位为双数面砖分法

图 7-11　卫生间设备处饰面砖镶贴示意图

勾缝及擦缝。面砖镶贴完毕后，应立即对砖面进行清洁，并经自检无空鼓、不平顺后，用勾缝胶、白水泥或拍干水泥勾缝或擦缝，并将完成的面砖再次清理干净。完成后如图 7-12 所示。

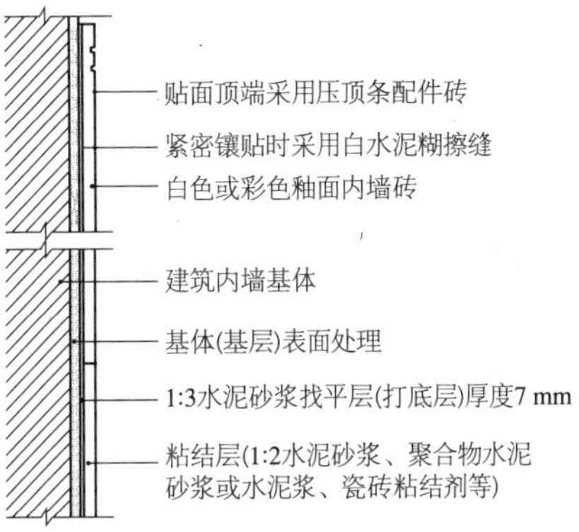

图 7-12　釉面内墙砖镶贴装饰的基本构造做法

上述方法主要适用于内墙饰面砖的施工，外墙饰面砖的施工方法大致同内墙面砖的施工方法，但一般而言，外墙面砖的吸水率较内墙面砖小，故在粘贴前作一般的浸泡即可，其他工序与内墙面砖相同。外墙面砖的外观排列以及在细部处理上往往也与内墙面有些差别。

1）排砖的方法不同

（1）外墙面砖镶贴排砖的方法较多，常用的矩形面砖排列方法，有矩形长边水平排列和竖直排列两种。按砖缝的宽度，又可分为密缝排列（缝宽 1 ~ 3 mm）与疏缝排列（大于 4 mm，小于 20 mm）。此外，还可采用密缝与疏缝，按水平、竖直方向排列。图 7-13 所示为外墙矩形面砖排缝示意图。

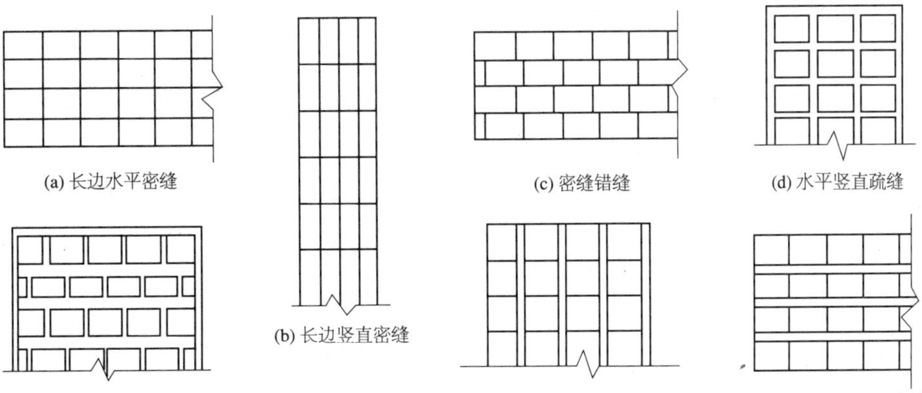

(a) 长边水平密缝　(b) 长边竖直密缝　(c) 密缝错缝　(d) 水平竖直疏缝　(e) 疏缝错缝　(f) 水平密缝、竖直疏缝　(g) 水平疏缝、竖直密缝

图 7-13　外墙面镶贴矩形面砖排列方式

(2) 在外墙面砖的预排中应遵循如下原则：阳角部位都应当是整砖，且阳角处正立面整砖应盖住侧立面整砖。对大面积墙面砖的镶贴，除不规则部位外，其他部位不允许裁砖。除柱面镶贴外，其余阳角不得对角粘贴，如图7-14所示。

(3) 墙面的窗台腰线、阳角及滴水线等部位饰面层镶贴排砖方法和换算关系。如正面砖要往下突3 mm左右，底面砖要做出流水坡度等，如图7-15所示。

(4) 在预排中，对突出墙面的窗台、腰线、滴水槽等部位的排砖，应注意台面砖须做出一定的坡度(一般 $i=3\%$)，台面砖应盖立面砖。底面砖应贴成滴水鹰嘴，如图7-16所示。

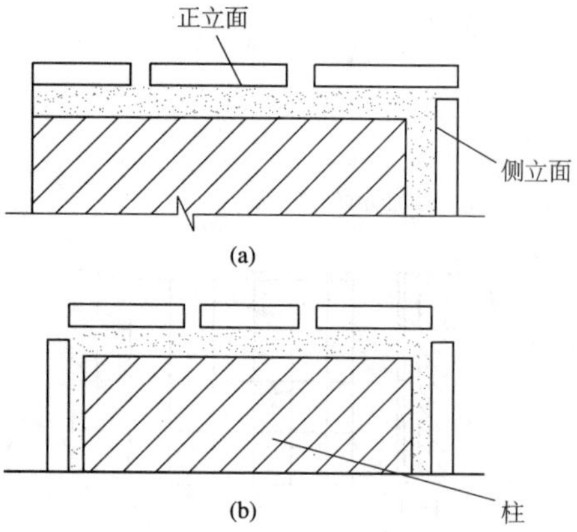

图7-14　外墙阳角镶贴排砖示意图

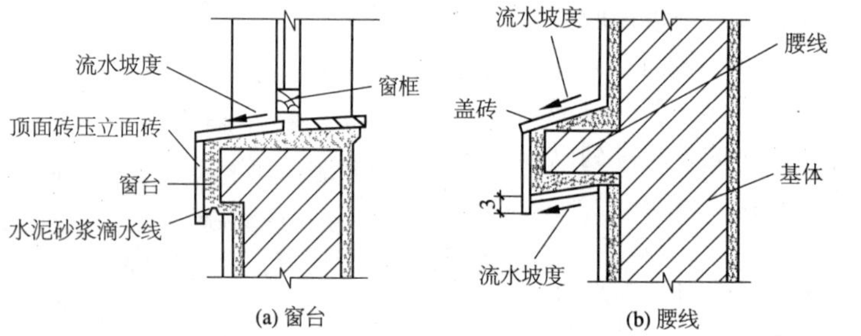

图7-15　窗台、腰线找平示意图

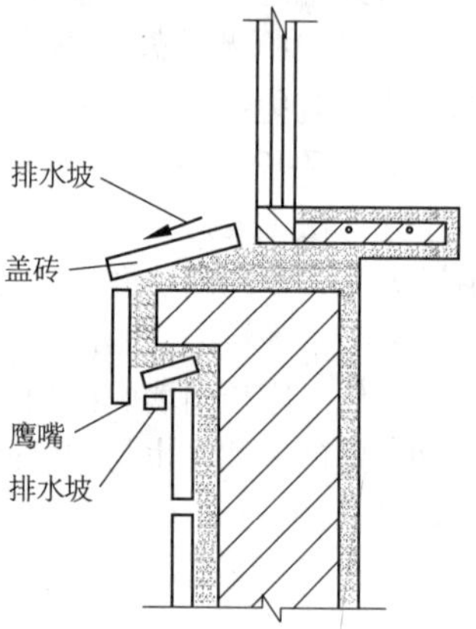

图7-16　外窗台线角面砖镶贴

2) 质量检查

饰面砖粘贴的允许偏差和检验方法应符合表7-5的规定。

表7-5　**饰面砖粘贴的允许偏差和检验方法**

项次	项　目	允许偏差/mm		检验方法
		外墙面砖	内墙面砖	
1	立面垂直度	3	2	用2 m垂直检测尺检查
2	表面平整度	4	3	用2 m靠尺和塞尺检查
3	阴阳角方正	3	3	用直角检测尺检查
4	接缝干线度	3	2	拉5 m线，不足5 m拉通线，用钢直尺检查
5	接缝高低差	1	0.5	用钢直尺和塞尺检查
6	接缝宽度	1	1	用钢直尺检查

3）饰面砖镶贴常见问题及预防、处理办法（表 7-6）

表 7-6　　饰面砖镶贴常见问题及预防、处理办法

缺陷表现	产生的主要原因	预防措施与处理办法
空鼓、脱落	基层表面光滑，铺贴前基层未浇水润湿或湿水不够；瓷砖浸泡不够或水膜没有晾干，未晾干的湿面砖表面附水，使贴面砖产生浮动，形成空鼓；砂浆过稀，嵌缝不密实；瓷砖质量不合格	认真清理基层表面，铺砖前基层应浇透水，水应透入基层 8 ~ 10 mm；严格控制砂浆水灰比；瓷砖浸泡后阴干；控制砂浆粘结厚度，过厚、过薄均易引起空鼓，粘贴面砖时砂浆要饱满适量，必要时，按水泥质量的 2% ~ 3% 掺 107 胶在砂浆中。当出现空鼓或脱落时，应取下瓷砖，铲去原有砂浆重贴；严格对原材料把关验收
接缝不平直、墙面不平整	基层表面不平整；施工前对瓷砖尺寸和平整度检查把关不严；没有弹线、试排；没做标准块，也没有及时调缝和检查	基层表面一定要平整、垂直；施工中应挑选优质瓷砖，校核尺寸，分类堆放；镶贴前应弹线预排，找好规矩；铺贴后立即拨缝，调直拍实
裂缝、变色或表面玷污	瓷砖质量不合格；在运输、操作中有损伤；施工前浸泡不够；粘贴后被污物污染变色	擦干净；选用密实高强、吸水率低的优质瓷砖；操作前瓷砖应用洁净水浸泡 2 h 后阴干；不要用力敲击砖面，防止产生隐伤。尽量使用和易性、保水性较好的砂浆粘贴，铺贴后随时将砖面上的砂浆清理

7.2.2　陶瓷锦砖施工

1. 工作流程

陶瓷锦砖又称陶瓷马赛克，其施工工艺流程如下。

基层处理 ⇒ 抹灰找平 ⇒ 排砖、分隔放线 ⇒ 镶贴 ⇒ 揭纸 ⇒ 调整 ⇒ 擦缝

2. 工作重点

（1）排砖、分格和放线。陶瓷锦砖的施工排砖、分格，是按照设计要求，根据门窗洞口横竖装饰线条的布置，首先明确墙角、墙垛、出檐、线条、分格、窗台、窗套等节点的细部处理，按整砖模数排砖确定分格线。

（2）镶贴施工。镶贴陶瓷锦砖饰面时，一般由下而上进行，按已弹好的水平线安放八字靠尺或直靠尺，并用水平尺校正垫平。上述工作完成后，即可在粘结层上铺贴陶瓷锦砖，如图 7-17 所示。

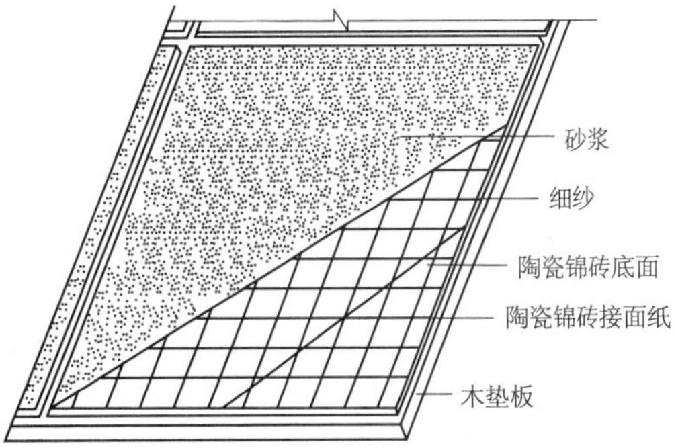

图 7-17　缝中灌砂做法

（3）揭纸后要检查缝的大小，不合要求的缝必须拨正，调整砖缝的工作，要在粘结层砂浆初凝前进行。

（4）擦缝。待粘结水泥浆凝固后，用素水泥浆找补擦缝。其方法是先用橡胶刮板将水泥浆在陶瓷锦砖表面刮一遍，嵌实缝隙，接着加些干水泥，进一步找补擦缝，全面清理擦干净后，次日喷水养护。擦缝用水泥，如为浅色陶瓷锦砖应使用白水泥。

3. 陶瓷锦砖常见的质量问题及预防处理办法（表 7-7）

表 7-7　　陶瓷锦砖常见的质量问题及预防处理办法

缺陷表现	产生的主要原因	预防措施与处理办法
表面不平，缝格不直	控制不严；选料不严	结合层刮平，铺贴后用锤和拍板砸平，同时用靠尺检查，将偏差控制在允许范围内。认真排砖、弹线或拉线控制，及时拨缝、调整，随后拍实。同一房间使用同种类的整张陶瓷锦砖

7.2.3　饰面板施工

饰面板的施工，主要包括天然石材和人造石材的施工。主要的施工方法有传统的湿作业法和干挂法。

1. 湿作业灌浆法

湿作业灌浆工艺有两种做法：绑扎固定灌浆法和金属件锚固灌浆法。

1）绑扎固定灌浆法的施工工艺流程

基层处理 ⇒ 绑扎钢筋网 ⇒ 弹线分块、预拼编号 ⇒ 石板钻孔、开槽 ⇒ 绑扎铜丝 ⇒ 安装饰面板 ⇒ 临时固定 ⇒ 灌浆清理、嵌缝

2）操作要点

基层处理，绑扎钢筋网。按施工大样图要求的横竖距离焊接或绑扎安装用的钢筋骨架，如图 7-18 所示。

弹线分块、预拼编号。钻孔、开槽挂丝。在板材截面上钻孔打眼，孔径 5 mm 左右，孔深15 ~ 20 mm，孔位一般距板材两端 $L/3 \sim L/4$，L 为边长。钻孔后，用合金钢錾子在板材背面与直孔正面轻打凿，剔出深 4 mm 小槽，以便挂丝时绑扎丝不露出，以免造成拼缝间隙。近年来，亦有在装饰板材厚度面上与背面的边长 $L/3 \sim L/4$ 处锯三角形锯口，在锯口内挂丝。各种钻孔，如图 7-19 所示。

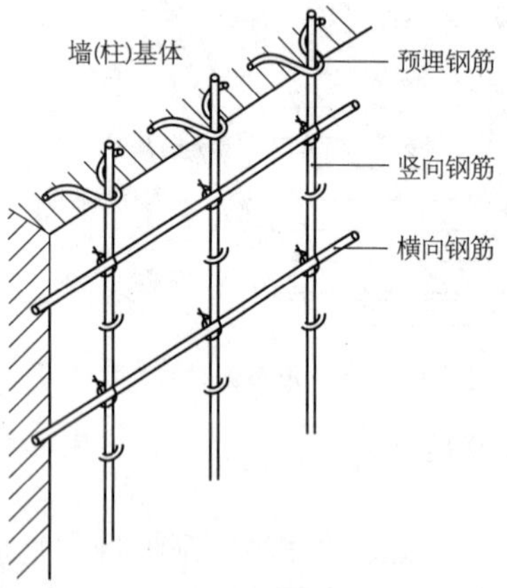

图 7-18　绑扎钢筋网构造

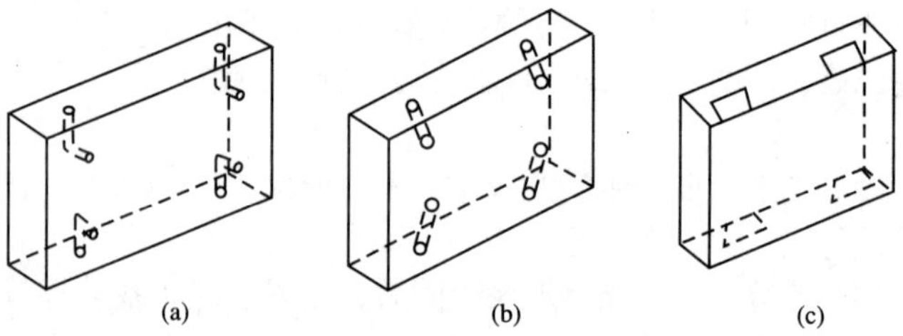

图 7-19　饰面石板的钻孔和开槽示意图

挂丝宜用铜丝，因铁丝易腐蚀断脱，镀锌铝丝在拧紧时镀层易损坏，在灌浆不密实、勾缝不严的情况下，也会很快锈断。

安装饰面板。安装饰面板时应首先确定下部第一层板的安装位置，如图7-20所示。

临时固定。板材自上而下安装完毕后，为防止水泥砂浆灌缝时板材游走、错位，必须采取临时固定措施。例如，柱面固定可用方木或小角钢，依柱饰面截面尺寸略大30～50 mm夹牢，然后用木楔塞紧，如图7-21所示。

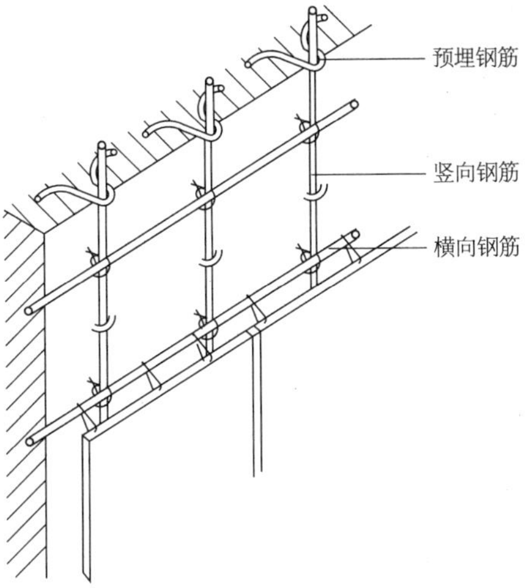

图7-20　钢筋网片绑扎固定法示意图

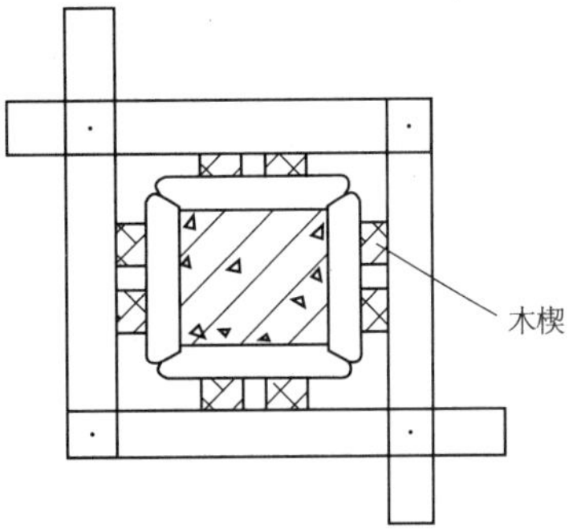

图7-21　柱饰面临时固定夹具

灌浆。板材经过校正垂直、平整和方正，并临时固定完毕后，即可进行灌浆。灌浆一般采用1∶3的水泥砂浆，其稠度为5～15 cm，将砂浆向板材背面与基体间的缝隙中徐徐注入。

清理。第三次灌浆完毕，待砂浆初凝后，即可清理板材上口的余浆，并用棉丝擦拭干净，隔天再清理板材上口木楔和有碍安装上层板材的石膏。

嵌缝。全部板材安装完毕后，应将表面清理干净，并按板材颜色调制水泥色浆进行嵌缝，边嵌缝边擦干净，使缝隙密实干净，颜色一致。安装固定后的板材，如面层光泽受到影响，要重新打蜡上光，并采取临时措施保护其棱角，直至交付使用。

3）传统安装方法的改进工艺（楔固法）

这种施工方法与钢筋网片锚固法大体是相同的，其不同之处在于它将饰面板以不锈钢钩直接楔固于墙体之上。

（1）钢筋钩挂贴法的施工工艺流程

基层处理 ⇒ 墙体钻孔 ⇒ 饰面板选材编号 ⇒ 饰面板钻孔剔槽 ⇒ 安装饰面板 ⇒ 灌浆清理、嵌缝 ⇒ 打蜡

（2）工作重点

饰面板钻孔剔槽。先在板厚度中心打深为7 mm的直孔。板长$L \leqslant 500$ mm的钻2个孔，500 mm$< L \leqslant$800 mm的钻3个孔，$L >$800 mm的钻4个孔。钻孔后，再在饰面板两个侧边下部开直径8 mm横槽各一个，如图7-22所示。

安装饰面板。饰面板须由下向上进行安装，方法有以下两种。

第一种方法，是先将饰面板安放就位，将直径 6 mm 不锈钢斜脚直角钩（图 7-23）刷胶，把 45°斜角一端插入墙体斜洞内，直角钩一端插入石板顶边的直孔内，同时将不锈钢斜角 T 形钉（图 7-24）。

刷胶，斜脚放入墙体内，T 形一端扣入石板直径 8 mm 横槽内，最后用大头硬木楔楔入石板与墙体之间，将石板固定牢靠，石板固定后将木楔取出。其构造图如图 7-25 所示。

第二种方法，是将不锈钢斜脚直角钩改为不锈钢直角钩，不锈钢斜角 T 形钉改为不锈钢 T 形钉，一端放入石板内，一端与预埋在墙内的膨胀螺栓焊接，其他工艺不改变，如图 7-26 所示。

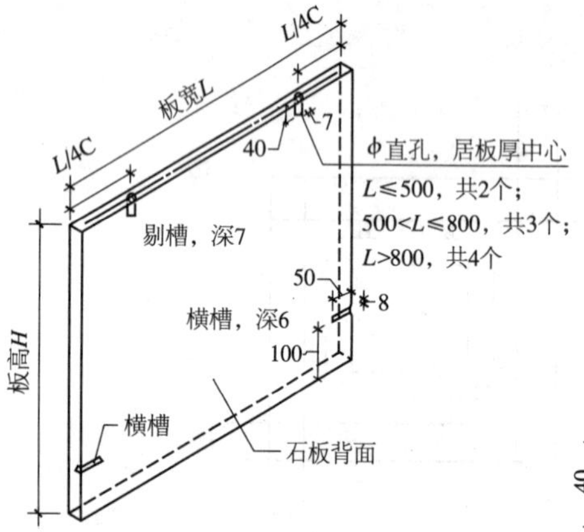

图 7-22　石板上钻孔剔槽示意图

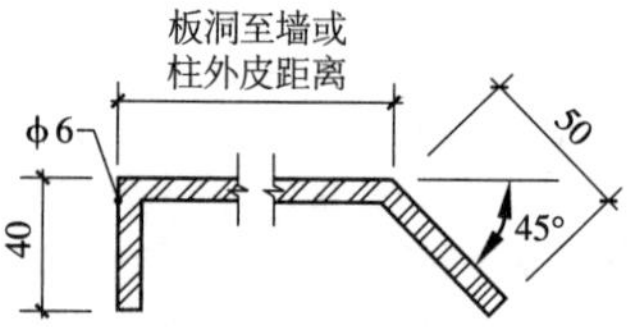

图 7-23　不锈钢斜角直角钩

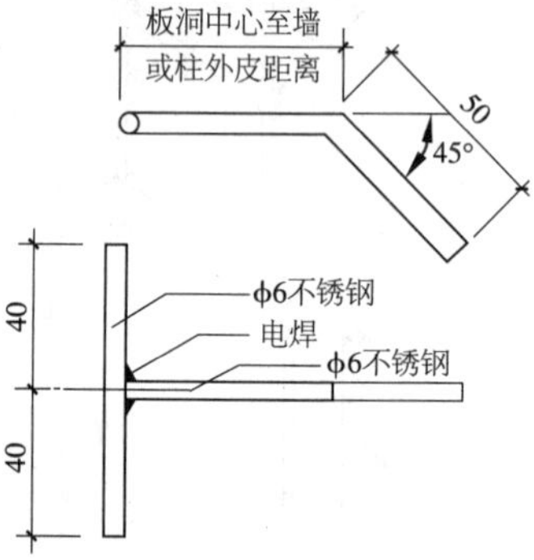

图 7-24　不锈钢斜角 T 形钉

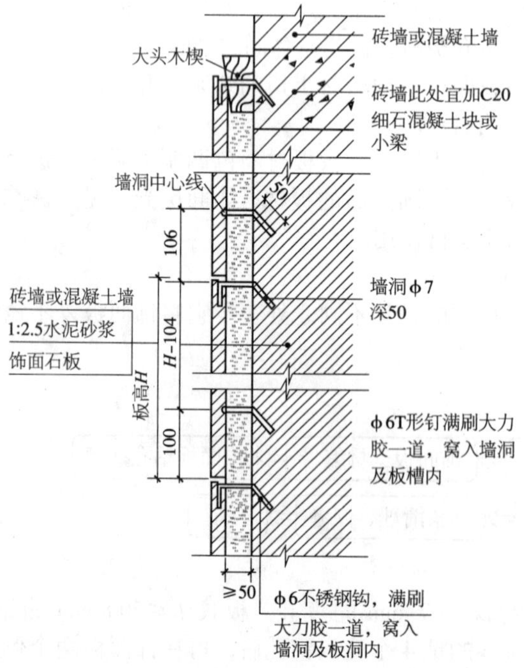

图 7-25　构造示意图

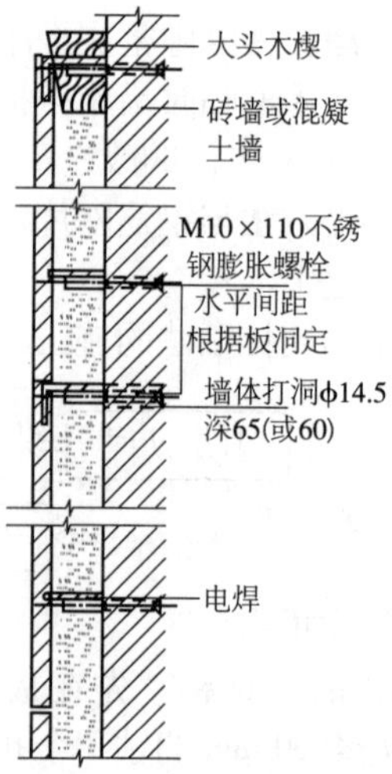

图 7-26　构造示意图

2. 干挂施工法

干挂工艺是利用高强度螺栓和耐腐蚀、强度高的金属挂件（扣件、连接件）或利用金属龙骨，将饰面石板固定于建筑物的外表面的做法，石材饰面与结构之间留有 40 ~ 50 mm 的空腔。

此法免除了灌浆湿作业，可缩短施工周期，减轻建筑物自重，提高抗震性能，增强了石材饰面安装的灵活性和装饰质量。

干挂施工法施工工艺流程如下：

基面处理 ⇒ 弹线 ⇒ 打孔开槽 ⇒ 固定连接件 ⇒ 装块、嵌缝清理

干挂施工法可分为直接干挂法和间接干挂法（图 7-27）。干挂法安装石板的方法有数种，主要区别在于所用连接件的形式不同，常用的有销针式和板销式两种（表 7-8）。

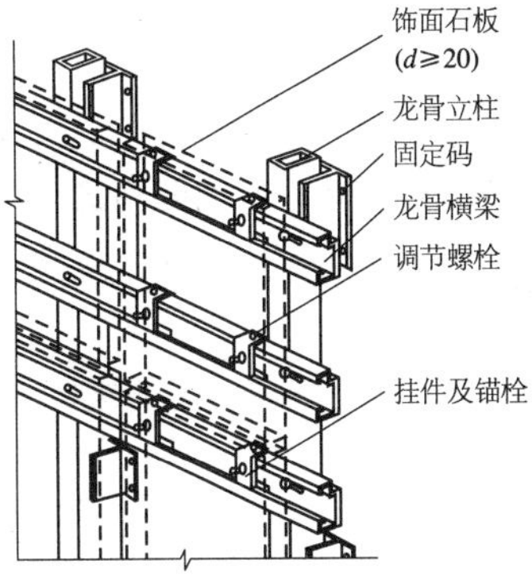

图 7-27　间接干挂法

表 7-8　　销针式和板销式比较

销　针　式	板　销　式
是在板材上、下端面打孔，插入 φ5 mm 或 φ6 mm（长度宜为 20 ~ 30 mm）不锈钢销，同时连接不锈钢舌板连接件，并与建筑结构基体固定	是将销针式勾挂石板的不锈钢销改为厚度大于或等于 3 mm（由设计经计算确定）的不锈钢板条式挂件（扣件），施工时插入石板的预开槽内，用不锈钢连接件（或本身即呈 L 形的成品不锈钢挂件）与建筑结构体固定
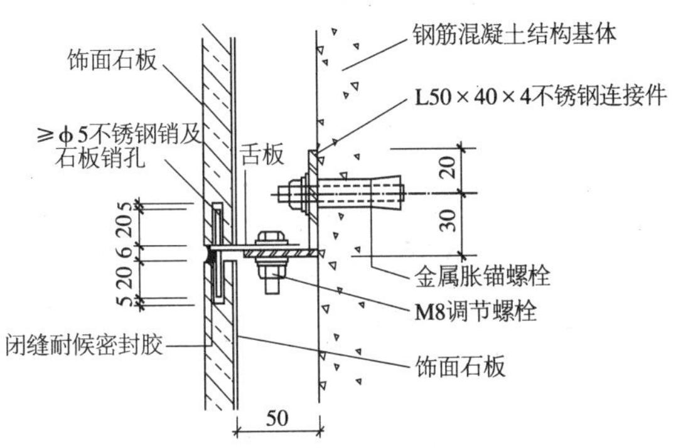	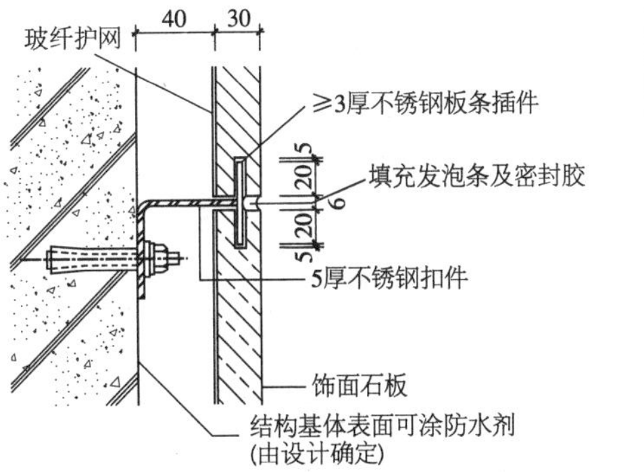

项目 7.3　楼地面工程施工

学习目的：

1. 掌握常见整体楼地面的施工过程及常见质量问题的处理方法。
2. 掌握常见块板楼地面的施工过程及常见质量问题的处理方法。

楼地面装饰包括楼面装饰和地面装饰两部分，二者的主要区别是其饰面承托层不同。楼面装

饰面层的承托层是架空的楼面结构层，地面装饰面层的承托层是室内回填土。楼面饰面要注意防渗漏问题，地面饰面要注意防潮问题。

常见的整体楼地面的形式主要有水泥砂浆楼地面、陶瓷地砖楼地面、大理石（花岗岩）楼地面、现浇水磨石楼地面、木地板楼地面等。

7. 3. 1 水泥砂浆地面施工

一般常用的材料有：强度等级不小于 32. 5 级的硅酸盐和普通硅酸盐水泥；中粗砂（含泥量不大于 3%）。

1. 水泥砂浆地面的施工工艺流程

基层处理 ⇒ 弹线找规矩 ⇒ 铺设水泥砂浆面层 ⇒ 养护

2. 工作要点

基层处理。水泥砂浆面层多铺抹在楼地面混凝土垫层上，基层处理是防止水泥砂浆面层空鼓、裂纹、起砂等质量通病的关键工序。表面比较光滑的基层，应进行凿毛，并用清水冲洗干净，冲洗后的基层，最好不要上人。在现浇混凝土或水泥砂浆垫层、找平层上做水泥砂浆地面面层时，其抗压强度达到 1. 2 MPa，才能铺设面层，这样不至于破坏其内部结构。

弹线、找规矩。地面抹灰前，应先在四周墙上弹出一道水平基准线，作为确定水泥砂浆面层标高的依据。做法是以设计地面标高为依据，在四周墙上弹出 500 mm 或 1 000 mm 作为水平基准线，如图 7-28 和图 7-29 所示。

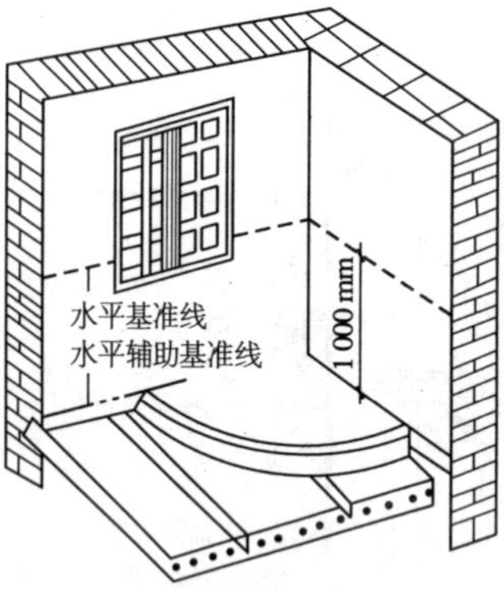

图 7-28 弹基准线

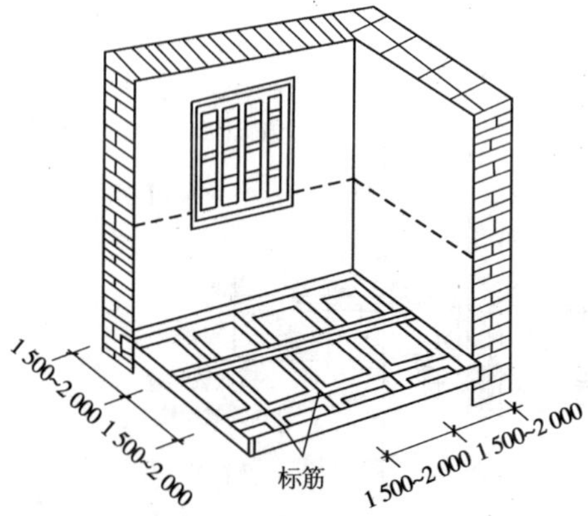

图 7-29 做标筋

根据水平线在地面四周做灰饼，用类似于墙面抹灰的方法拉线打中间灰饼，并做好地面标筋（纵横标筋间距为 1 500 ~ 2 000 mm），如图 7-29 所示。在有坡度要求的地面，要找好坡度；有地漏的房间，要在地漏四周做出坡度不小于 5% 的泛水。对于面积比较大的地面，用水准仪测出面层的平均厚度，然后边测标高边做灰饼。

铺设水泥砂浆面层。水泥砂浆要求拌合均匀，颜色一致。铺抹前，先将基层浇水湿润，刷一道素水泥浆结合层，并随刷随抹。操作时，先在标筋之间均匀铺上砂浆，比标筋面略高，然后用刮尺以标筋为准刮平、拍实。待表面水分稍干后，用木抹子打磨，将砂眼、凹坑、脚印等打磨掉，在操作半径打磨完后，用纯水泥浆均匀涂抹在面上，再用铁抹子抹光。在砂浆终凝前，人踩上去有细微脚印，把抹纹、细孔等压平、压实。面层与基层结合牢固，表面不得泛水和积水。

养护与保护。水泥沙浆面层施工完毕后，要及时进行浇水养护，必要时可蓄水养护，养护时间不少于7 d，强度等级应不小于15 MPa。

3. 水泥砂浆地面常见问题及预防、处理办法（表7-9）。

表7-9　　水泥砂浆地面常见问题及预防、处理办法

缺陷表现	产生的主要原因	预防措施与处理办法
脱层、空鼓	基层未清理干净，基层未充分湿润或有积水，压补不够	做面层之前应将基层清扫干净，铲除基层上的浮皮，最后冲洗干净晾干，做面层时随刮水泥素浆，随铺面层砂浆，面层砂浆应刮平、压实
起砂	水泥标号过低，或水泥受潮结块，安定性不合格；砂浆水灰比过大，砂子过细，含泥量过大；养护不足，或遭受冻害；过早上人使用	水泥应采用强度等级不低于42.5的新鲜水泥，砂子宜用中砂且含泥量不大于3%，水灰比为0.55，稠度不大于3.5 cm；养护应在完工后24 h后开始，用草包或草帘覆盖，保持草包、草帘湿润，养护时间不得少于7 h，冬季应关窗防冻，养护期内不准上人；控制好压光时间，初凝前抹光，终凝前压光，收压至少3遍，不准收压过夜的砂浆
起皮	撒干水泥面压光； 洒水压光； 过早浇水养护； 表面早期受冻	表面泌水过多，只能撒1∶1水泥砂子面压光，水泥和砂子应搅拌均匀；严禁洒水收压，如砂浆过干，稍洒水，加搅拌均匀的水泥砂浆拍实压光；盖草包洒水养护必须待砂浆强度达到手压无痕后方可进行；冬期施工应用强度等级42.5的普通硅酸盐水泥，水泥中可掺抗冻剂，但仍应注意养护

7.3.2 陶瓷地砖楼地面施工

1. 工艺流程

基层处理 ⇒ 抄平放线 ⇒ 做灰饼、冲筋 ⇒ 试拼 ⇒ 铺贴地砖 ⇒ 压平拔缝 ⇒ 嵌缝、养护

2. 工作要点

基层处理要点同砂浆楼地面的做法。

做灰饼标筋。根据中心点在地面四周每隔1 500 mm左右拉相互垂直的纵横十字线数条，并用半硬性水泥砂浆按间距1 500 mm左右做一个灰饼，灰饼高度必须与找平层在同一水平面，纵横灰饼相连成标筋作为铺贴地砖的依据。

试拼。铺贴前根据分格线确定地砖的铺贴顺序和标准块的位置，并进行试拼，检查图案、颜色及纹理的方向及效果。试拼后按顺序排列，编号，浸水备用。铺贴形式如图7-30所示。

根据其尺寸大小，铺贴地砖分湿贴法和干贴法两种。

1）湿贴法

此方法主要适用于小尺寸地砖（常用于400 mm×400 mm以下）的铺贴。

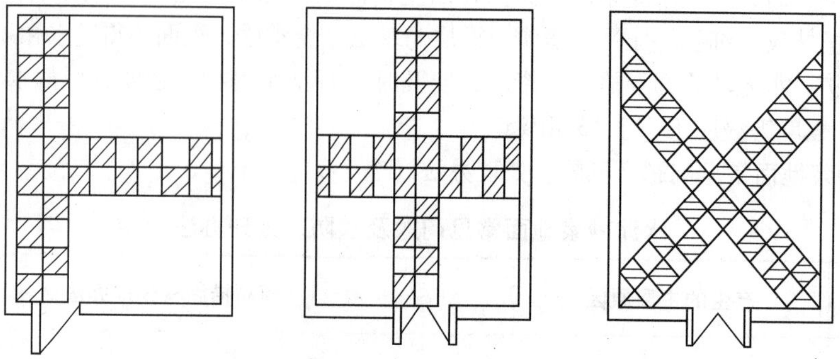

(a) 面积小的房间做成T形　(b) 面积大的房间做成十字形　(c) 面积大的房间做成×字形

图 7-30　地砖块板铺贴形式

用1:2水泥砂浆摊在地砖背面，将其镶贴在找平层上，同时用橡胶槌轻轻敲击在砖表面，使其与地面粘贴牢固，以防止出现空鼓与裂缝。

铺贴时，如室内地面的整体水平标高相差超过40 mm，需用1:2的半硬性水泥砂浆铺找平层，边铺边用木方刮平、拍实，以保证地面的平整度。然后按地面纵横十字标筋在找平层上通贴一行地砖作为基准板，再沿基准板的两边进行大面积铺贴。

2）干贴法

此方法主要适用于大尺寸地砖（500 mm×500 mm以上）的铺贴。

首先在地面上用1:3的干硬性水泥砂浆铺一层厚度为20～50 mm的垫层。干硬性水泥砂浆密度大，干缩性小，以手捏成团，松手即散为好。找平层的砂浆应采用虚铺方式，即把干硬性水泥砂浆均匀铺在地面上，不可压实。然后将纯水泥浆刮在地砖背面，按地面纵横十字筋通铺一行地砖于硬性水泥砂浆上作为基准板，再沿基准板的两边进行大面积铺贴。

压平、拔缝。镶贴时，应边铺贴边用水平尺检查地砖平整度，同时拉线检查缝格的平直度，如超出规定应立即修整，将缝拔直，并用橡皮锤拍实，使纵横线之间的宽窄一致、笔直通顺，板面也应平整一致。

镶贴踢脚板。待地砖完全凝固硬化后，可在墙面与地砖交接处安装踢脚板。踢脚板一般采用与地面块材同品种、同颜色的材料。踢脚板的立缝应与地面缝对齐，厚度和高度应符合设计要求。铺完砖24 h后洒水养护，时间不少于7 d。

7.3.3　大理石、花岗岩、人造石板楼地面铺设施工

石材地面是指采用天然大理石、花岗岩、预制水磨石板块、碎拼大理石板块以及新型人造石板块等装饰材料作饰面层的楼地面。

天然大理石组织细密、坚实，色泽鲜明光亮，庄重大方，高贵豪华。天然花岗岩质地坚硬、耐磨，不易风化变质，色泽自然庄重、典雅气派。常用于高级装饰工程，如宾馆、饭店、酒楼、写字楼的大厅地面、楼厅走廊、踢脚线等部位。

1. 工艺流程

基层处理 ⇒ 抄平放线 ⇒ 试拼 ⇒ 做灰饼、冲筋 ⇒ 铺板 ⇒ 灌缝、擦缝 ⇒ 打蜡、养护

2. 工作要点

基层处理、抄平放线、做灰饼、冲筋找平等做法与地砖楼地面铺贴方法相同。

选板试拼。天然石材的颜色、纹理、厚薄不完全一致，因此在铺装前，应根据施工大样图进行选板、试拼、编号，以保证板与板之间的色彩、纹理协调自然。按编号顺序在石材的正面、背面以及四条侧边，同时涂刷防剂（保新剂），这样可使石材在铺装时和以后的使用过程中，防止污渍、油污浸入石材内部，而使石材保持持久的光洁。

铺找平层。根据地面标筋铺找平层，找平层起到控制标高和粘结面层的作用。按设计要求用 1:1～1:3 干硬性水泥砂浆，在地面均匀铺一层厚度为 20～50 mm 的干硬性水泥砂浆。因石材的厚度不均匀，在处理找平层时可把干硬性水泥砂浆的厚度适当增加，但不可压实。

铺板。在找平层上接通线，随线铺设一行基准板，再从基准板的两边进行大面积铺贴。铺装方法是将素水泥浆均匀地刮在选好的石材背面，随即将石材镶铺在找平层上，边铺贴边用水平尺检查石材表面平整度，同时调整石材之间的缝隙，并用橡胶槌敲击石材表面，使其与结合层粘结牢固。

抹缝。铺装完毕后，用棉纱将板面上的灰浆擦拭干净，并养护 1～2 d，进行踢脚板的安装，然后用与石材颜色相同的勾缝剂进行抹缝处理。

打蜡、养护。最后用草酸清洗板面，再打蜡、抛光。

3. 板材楼地面常见问题及预防、处理办法（表 7-10）

表 7-10　　板材楼地面常见问题及预防、处理

缺陷表现	产生的主要原因	预防措施与处理办法
空鼓、起拱	基层或板块面层与干硬性水泥砂浆粘结不牢；结合层砂浆太稀或结合层砂浆未压实；板块四角部位由于铺放方法不当等形成空鼓	基层在施工前应彻底清洗干净，晾干；干硬性砂浆应拌匀、拌熟，切忌用稀砂浆；铺砂浆前先润湿基层，水泥素浆刷匀后，随即铺结合层砂浆，且必须拍实、揉平、搓毛；大理石板块料铺贴前必须浸湿后阴干备用；若用干水泥素灰作结合层，干水泥灰一定要撒匀，并洒适量的水；铺贴时轻拿轻放，定位后均匀敲实。室外地坪铺贴地砖应设分仓缝断开
相临板接缝高差及水平度偏大	板材厚薄不均，板块角度偏差大；操作时检查不严，未严格按拉线对准校核；铺设干硬性砂浆不平整等	用“品”字法挑选合格板块，对厚薄不均的板材，采用厚度调整的办法，在板背面抹砂浆调整板厚；试铺时，浇浆宜稍厚一些，板块正式定位后，应不断用水平尺骑缝检查，并轻敲调整相邻板块的平整度，对水平板缝宽度应用开刀调整直至符合要求。铺完后注意养护，不宜过早上人
砖面污染	砖面受水污染，未及时擦除砖面水泥浆	无釉面砖有强烈的吸水性，严禁在铺好的面砖上直接拌和水泥浆灌缝；可用浓水泥浆嵌缝，缝隙中挤出的水泥浆应即时用棉纱擦干净

7.3.4 木地板楼地面施工

木地板的施工方法可分为实铺式、空铺式和浮铺式（也称悬浮式）。

（1）实铺式。是指木地板通过木搁栅与基层相连或用胶粘剂直接粘贴于基层上，实铺式一般用于 2 层以上的干燥楼面。

（2）空铺式。是指木地板通过地垄墙或砖墩等架空再安装，一般用于平房、底层房屋或较潮

湿地面以及地面敷设管道需要将木地板架空等情况。

(3) 浮铺式。是新型木地板的铺设方式，由于产品本身具有较精密的槽样企口边及配套的粘结胶、卡子和缓冲底垫等，铺设时仅在板块企口咬接处，施以胶粘或采用配件卡接即可连接牢固，整体地铺覆于建筑地面基层。

木地板分类较多，主要是实木地板、实木复合地板及木质纤维（或粒料）中密度（强化）复合地板。

双层铺设。即是指木地板铺设时在长条形或块形面层木板下采用毛地板的构造做法，毛地板铺钉于木搁栅（木龙骨）上，面层木地板铺钉于毛地板上，如图 7-31 所示。

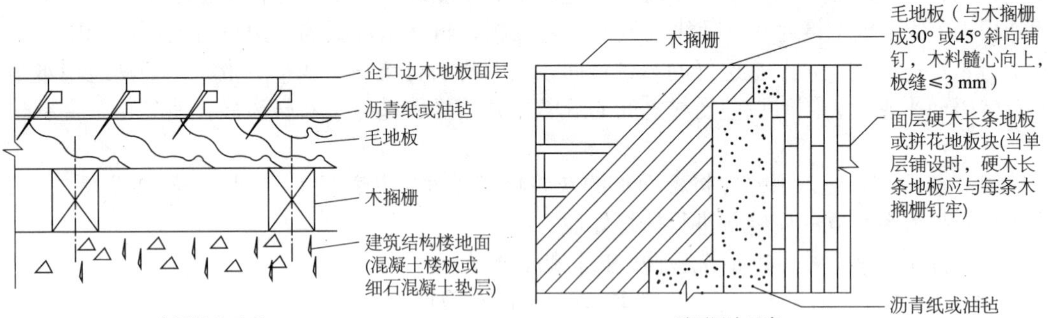

(a) 剖面构造示意　　(b) 平面层次示意

图 7-31　搁栅式木地板的铺设做法

单层铺设。普通实木地板面层的单层铺设做法，是指采用长条木板直接铺钉于地面木搁栅上，而不设毛地板。

高架铺设。根据工程需要及设计要求，一般是在建筑底层室内四周基础墙上敷设通长的沿缘木，再架设木搁栅，当搁栅跨度较大时即在其中间设置地垄墙或砖墩，上面铺油毡或涂防潮油等防潮措施后再搁置垫木，固定木搁栅；必要时再加设剪刀撑，以保证支撑稳定且不影响整体结构的弹性效果；最后，将单层或双层木地板铺钉于木搁栅上，如图 7-32 所示。

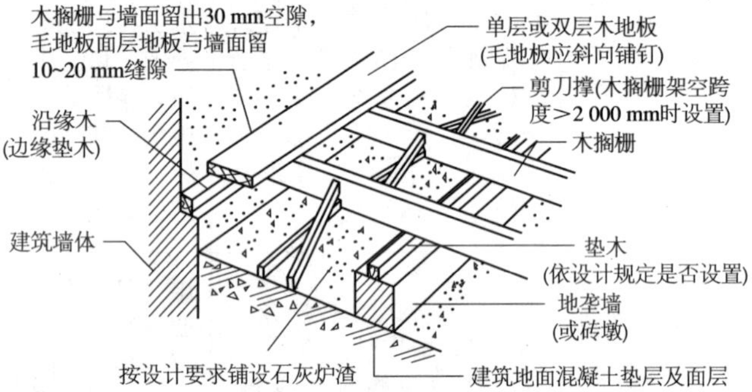

图 7-32　建筑底层房间的架空木地板构造示意

1. 实铺式与空铺式木地板施工

1）施工工艺流程

(1) 实铺式工艺流程

搁栅式工艺流程：

基层处理(修理预埋铁件或钻孔打木塞) ⇒ 安装木搁栅、撑木 ⇒ 钉毛地板 ⇒ (找平、刨平) ⇒ 弹线、钉硬木地板 ⇒ 钉踢脚板 ⇒ 刨光、打磨 ⇒ 油漆粘贴式工艺流程：

基层处理 ⇨ 弹线定位 ⇨ 涂胶 ⇨ 粘贴地板 ⇨ 刨光、打磨 ⇨ 油漆

（2）空铺式工艺流程

基层处理 ⇨ 砌地垄墙 ⇨ 干铺油毡 ⇨ 铺垫木(沿缘木)、找平 ⇨ 弹线、安装木搁栅 ⇨ 钉剪刀撑 ⇨ 钉硬木地板 ⇨ 钉踢脚板 ⇨ 刨光、打磨 ⇨ 油漆

2）操作要点

（1）要按架空式地板或实铺地板（搁栅式）的要求把基层处理好。

（2）铺设面板常用的方法如下。

① 钉结法。面板的铺设如图 7-33 所示。拼花木地板的拼花平面图案形式如图 7-34 所示。

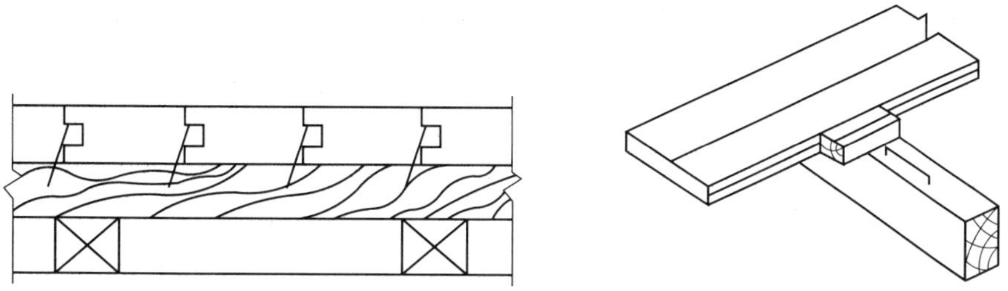

(a) 木地板的钉结方式　　(b) 企口木地板排紧方法示意

图 7-33　面板的铺设

(a) 正方格纹及其构造层次　　(b) 斜方格纹　　(c) 人字纹

图 7-34　拼花木地板的拼花平面图案形式

② 粘结法。采用沥青胶结料粘贴硬木拼花地板如图 7-35 所示。采用胶粘铺贴硬木拼花地板如图 7-36 所示。

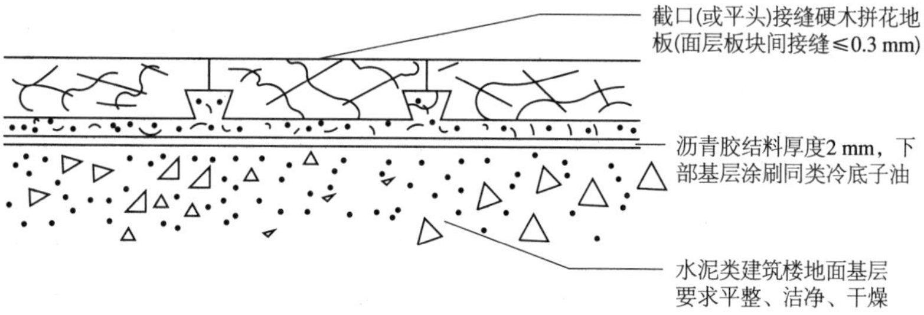

图 7-35　采用沥青胶结料粘贴硬木拼花地板

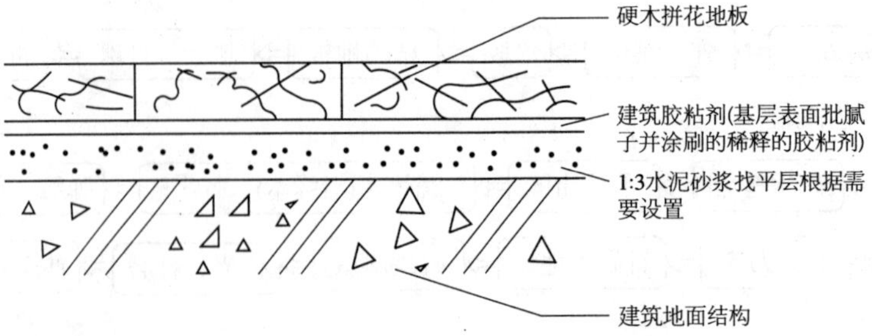

图 7-36　采用胶粘铺贴硬木拼花地板

(3) 按规定做好踢脚板的施工，如图 7-37 所示。

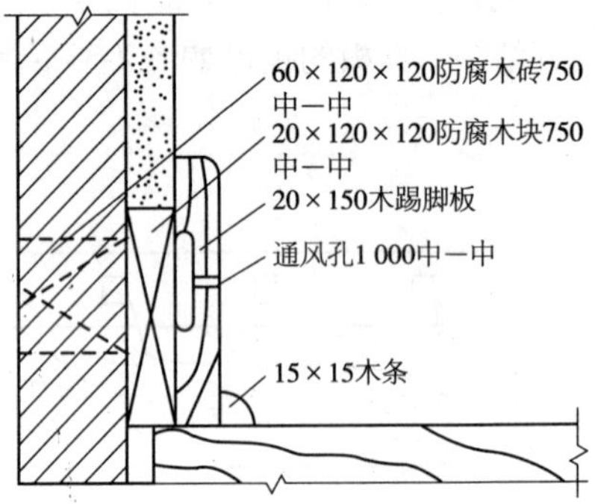

图 7-37　木踢脚板安装示意图

2. 新型木地板的施工工艺（浮铺法）

目前正在流行的各种“强化地板”、“超耐磨地板”主要有两类：一类是由三层实木板胶合而成的新型复合实木地板；另一类是用木质纤维材料或粒料加工制造的木质中密度板作基材，并覆以高耐磨度面层和防潮底层的新型人造复合木地板。

1）浮铺式施工工艺流程

基层处理 ⇒ 抄平放线 ⇒ (安装木安装木搁栅) ⇒ 铺垫层 ⇒ 试铺预排 ⇒ 铺地板 ⇒ 安装踢脚板 ⇒ 清洁

2）浮铺式施工工艺流程示意（图 7-38）

3）施工要点

(1) 新型木地板浮铺施工时，施工环境的最佳相对湿度为 40% ~60%。

(2) 在地板块企口施胶逐块铺设过程中，为使槽榫精确吻合并粘结严密，可以采用锤击的方法，但不得直接打击地板，可用木方垫块顶住地板边再用锤轻轻敲击。

(3) 地板的施工过程及成品保护，必须按产品使用说明的要求，注意其专用胶的凝结固化时间，铲除溢出板缝外的胶条、拔除墙边木塞以及最后做表面清洁等工作，均应待胶粘剂完全固化后方可进行，此前不得碰动已铺装好的木地板。

(4) 新型木地板与四周墙必须留缝，以备地板伸缩变形，地板面积超过 30 m^2 中间要留缝。

(5) 如果地板底面基层有微小不平，可用橡胶垫垫平。

(6) 预排时并计算最后一排板的宽度，如小于 50 mm，应削减第一排板块宽度，以使二者均等。

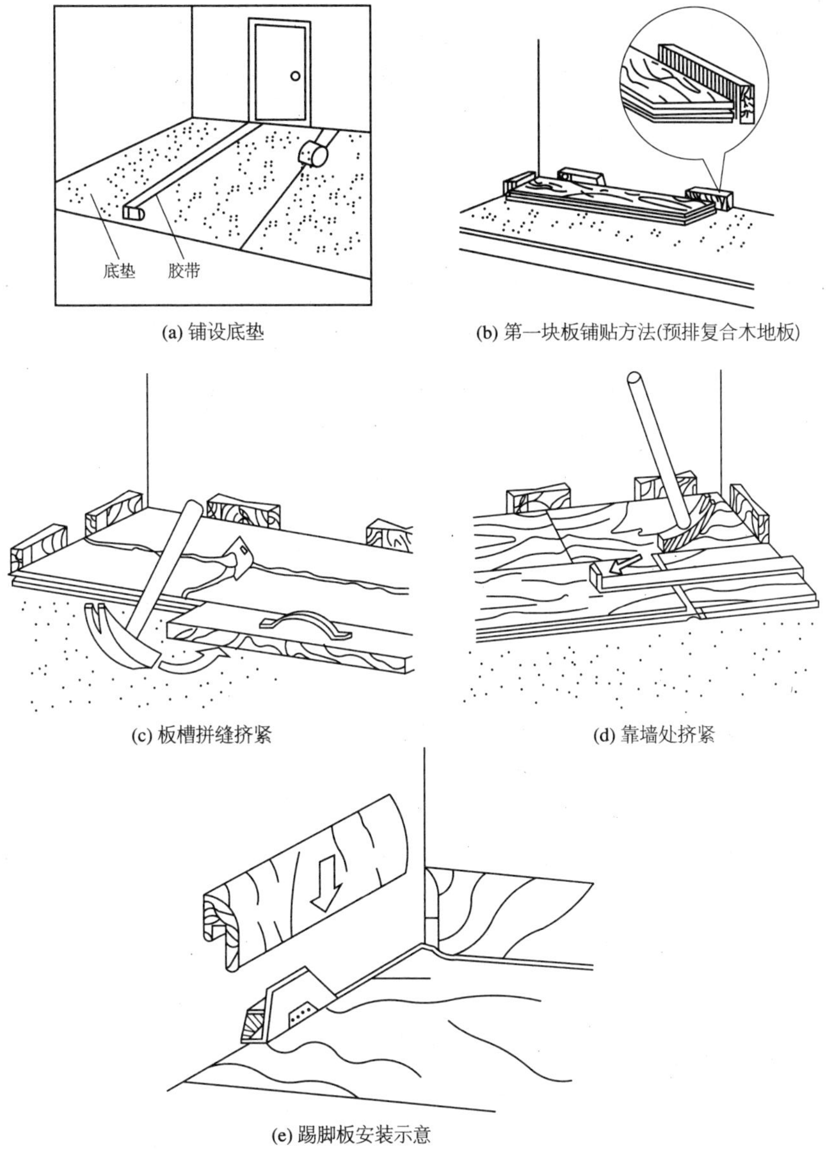

(a) 铺设底垫

(b) 第一块板铺贴方法(预排复合木地板)

(c) 板槽拼缝挤紧

(d) 靠墙处挤紧

(e) 踢脚板安装示意

图 7-38　浮铺式施工工艺流程示意

（7）铺装前将需用木地板混放一起，搭配出最有整体感的色彩变化。

（8）铺装时用 3 m 直尺随时找平找直，发现问题及时修正。

（9）多数新型木地板产品的表面均已做好表面处理，铺设完毕可采用吸尘器吸尘、湿布擦拭或采用中性清洁剂清除个别污渍，但不得使用强力清洁剂、钢丝球或刷具进行清洗；表面不得再进行磨光及涂刷油漆；有的产品不得再在使用中进行打蜡。

（10）此类浮铺式施工的地板工程，不得在地板上加钉固定，以确保整体地板面层在使用中的稳定伸缩。

3. 木地板地面常见问题及预防、处理办法（表 7-11）

表 7-11　木地板地面常见问题及预防、处理办法

缺陷表现	产生的主要原因	预防措施与处理办法
行走时有响声	木材收缩松动、绑扎处松动；毛地板、面板钉子少钉或钉得不牢；自检不严	严格控制木材含水率，并在现场抽样检查，合格后才能使用；当用铅丝把搁栅与预埋件绑扎时，铅丝应绞紧，采用螺栓连接时，螺母应拧紧。调平垫块应设在绑扎处；每层每块地板所用钉子数量不应少，钉合应牢固；每钉一块地板，用脚踩应无响声，否则应及时返工
拼缝不严	操作不严；板材宽度尺寸误差大	企口榫应平铺，在板前钉扒钉，用楔块楔得缝隙一致再钉钉子；挑选合格的板材
表面不平	基层不平；垫木调得不平；地板条起拱	薄木地板的基层表面平整度不应大于 2 mm；预埋铁件绑扎处铅丝或螺栓紧固后其搁栅顶面应用仪器抄平。如不平，应用垫木调整；地板下的搁栅上，每档应做通风小槽，保持木材干燥；保温隔声层填料必须干燥；防止木材受潮
地板槎	刨板机走速太慢；刨板机吃刀太深	刨地板机的转速应适中，不能太慢；刨地板机的吃刀不能太深，应吃浅一点，并多刨几次
地板局部翘鼓	受潮变形；毛地板拼缝太小或无缝；水管、气管滴漏泡湿地板；阳台门口进水	毛地板缝应留 2 ~ 3 mm 缝隙；水管、气管试压时，地板面层刷油、打蜡应已完成，试压时有专人负责看管，处理滴漏；阳台门口或其他门口，应采取断水措施，严防雨水进入地板内
木踢脚板与地面不垂直，表面不平，接槎有高低	踢脚板翘曲；木砖埋设不牢或间距过大；踢脚板呈波浪形	踢脚板靠墙一面应设变形槽，槽深 3 ~ 5 mm，槽宽不小于 10 mm；墙体预埋木砖间距应不大于 40 mm，加气混凝土块或轻质墙，其踢脚线部位应砌黏土砖墙，使木砖能嵌牢固；钉踢脚板前，木砖应垫木，垫木应平整，并拉通线钉踢脚板

7.3.5　活动地板地面施工

活动地板也称装配式地板，是一种架空地面，由面板、横梁（龙骨）、可调支架等组成。有抗静电和不抗静电两种。

常见的是铝合金框刨花板基板塑料贴面板和全塑料地板。活动地板质轻、高强、平整、面层质感好、装饰效果佳，同时防火、防虫、耐腐蚀。广泛应用于各种机房、实验室、调度室、洁净厂房、通讯枢纽、指挥中心等地面。

1. 工艺流程

基层处理 ⇨ 确定铺设方向顺序 ⇨ 弹线定位 ⇨ 固定支架 ⇨ 安装横梁 ⇨ 安装面板 ⇨ 表面清理养护

2. 操作要点

安装横梁与面板中的要点，如图 7-39 所示。

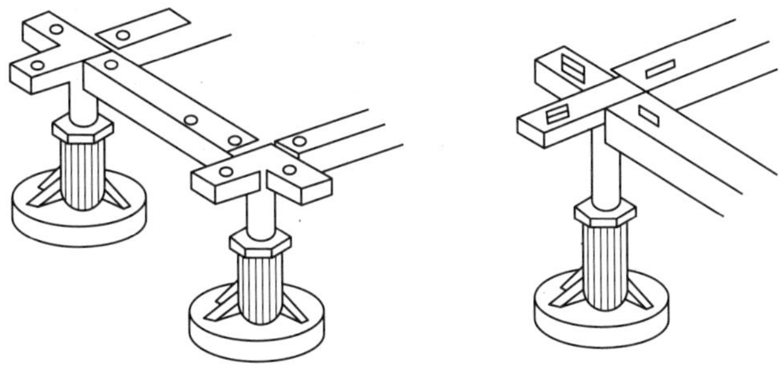

(a) 螺钉固定　　(b) 定位销卡结

图 7-39　横梁与支架的连接

3. 常见质量缺陷及其处理办法（表 7-12）

表 7-12　常见质量缺陷及其处理办法

缺陷表现	产生的主要原因	预防措施与处理办法
板面不平整	基层不平、支架未调平或横梁与面板接触处塞垫木片等材料	严格按操作工艺进行，在安装面板前一定要用水平仪和水平尺边检查，边安装。不得塞垫软质材料找平
面板缝隙大且不顺直	板块尺寸误差大，拼装时未按方格网线控制安装	安装前检查校核每块面板，对尺寸误差较大的板块应剔除或修正（如切割刨边），将尺寸有误差的板块铺贴在隐蔽部位。铺板中始终以方格控制线为标线，发现误差及时调整

7.3.6　地毯施工

地毯具有吸音、保温、隔热、防滑、弹性好、脚感舒适和施工方便等特点，又给人以华丽、高雅、温暖的感觉。

地毯的铺设一般有固定式和活动式两种方法。固定式又分两类：一类是在地毯四周用倒刺板固定地毯；另一类是用胶粘剂直接将地毯粘结在地面上。

1. 固定式地毯施工工艺流程

基层处理 ⇨ 弹线定位 ⇨ 裁制地毯 ⇨ 固定踢脚 ⇨ 固定倒刺钉板条 ⇨ 铺设垫层 ⇨ 拼接固定 ⇨ 收口清理

2. 施工要点（图 7-40—图 7-42）

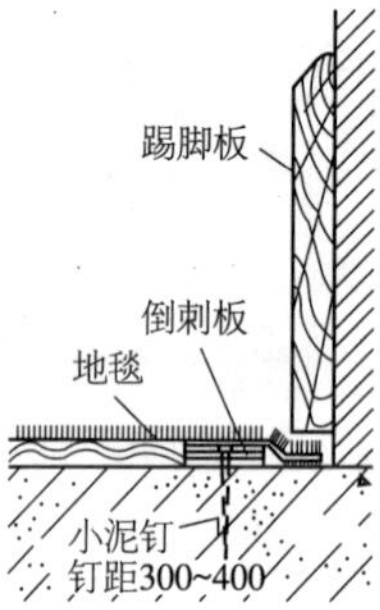

图 7-40　倒刺板条固定示意

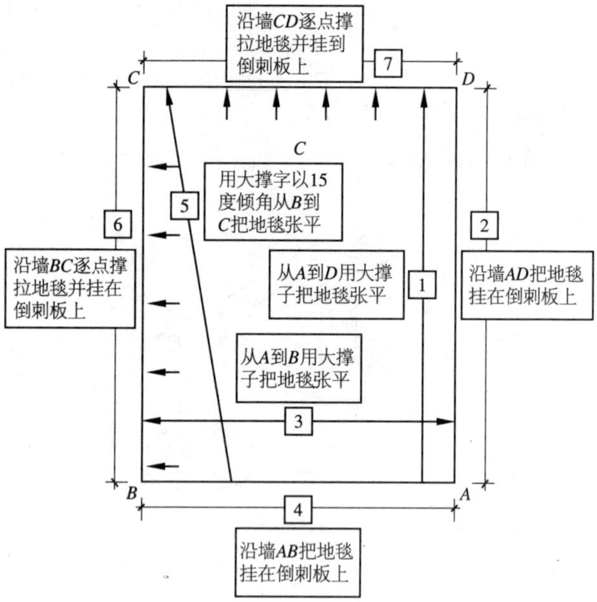

图 7-41　平绒地毯张平步骤示意图

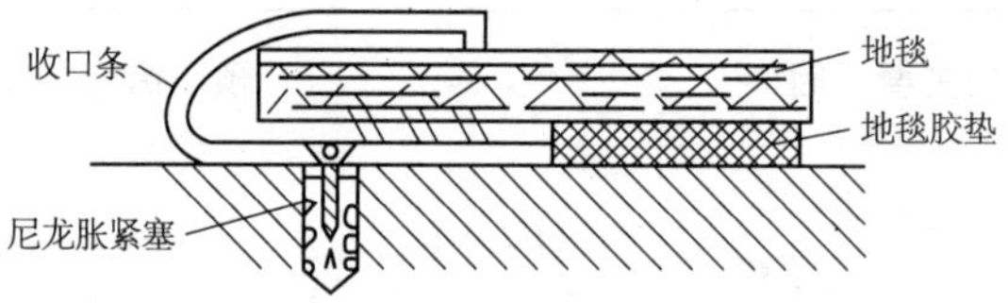

图 7-42　门口等铝合金收口条做法

此外还有地毯的活动式铺设工艺，地毯的活动式铺设是指将地毯明摆浮搁地铺于楼地面上，不需与基层固定。此类铺设方式一般有三种情况：一是采用装饰性工艺地毯；二是小型方块地毯；三是指大幅地毯预先缝制连接成整块。

它的铺设施工工艺流程是：基层处理→裁割地毯→（接缝缝合）→铺贴→收口、清理。

楼梯地毯的铺设：

(1) 测量楼梯所用地毯的长度，在测得长度的基础上，再加上 450 mm 的余量，以便挪动地毯，转移调换常受磨损的位置。

(2) 将衬垫材料用地板木条分别钉在楼梯阴角两边，两木条之间应留 1.5 mm 的间隙。

(3) 地毯首先要从楼梯的最高一级铺起，将始端翻起在顶级的踢板上钉住，然后用扁铲将地毯压在第一套角铁的抓钉上。

(4) 所用地毯如果已有海绵衬底，那么可用地毯胶粘剂代替固定角钢。

(5) 楼梯地毯的最高一级是在楼梯面或楼层地面上，应固定牢固并用金属收口条严密收口封边。楼梯地毯铺设如图 7-43 所示。

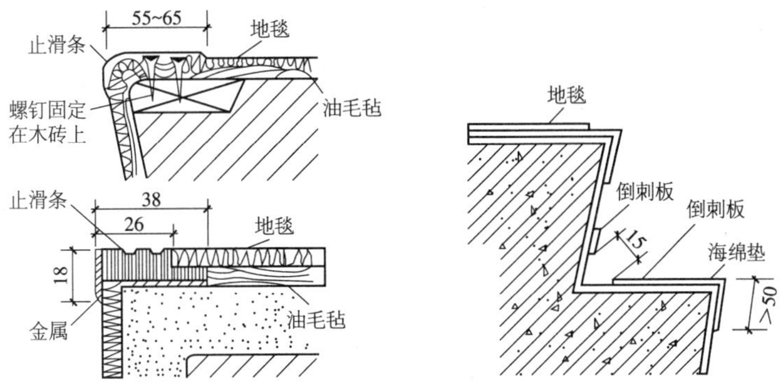

图7-43　楼梯地毯固定方法

3. 常见质量缺陷及处理办法（表7-13）

表7-13　常见质量缺陷及处理办法

缺陷表现	产生的主要原因	预防措施与处理办法
地毯卷边、翻边	地毯固定不牢或粘结不牢	墙边、柱边应钉好倒刺板，用以固定地毯；粘贴接缝时，刷胶要均匀，铺贴后要拉平压实
地毯表面不平整	基层不平；地毯铺设时两边用力不一致，没能绷紧，或烫地毯时未绷紧；地毯受潮变形	地毯表面不平面积不应大于4 mm^2；铺设地毯时必须用大小撑子或专用张紧器张拉平整后方可固定；铺设地毯前后应做好地毯防雨、防潮
显露拼缝、收口不顺直	接缝绒毛未处理；收口处未弹线，收口条不顺直；地毯裁割时，尺寸有偏差	地毯接缝处用弯针做绒毛密实的缝合，收口处先弹线，收口条跟线钉直；严格根据房间尺寸裁割地毯
地毯发霉	基层未进行防潮处理；水泥基层含水率过大	铺设地毯前基层必须进行防潮处理，可用乳化沥青涂刷一道或涂刷掺水、防水剂的水泥浆一道；地毯基层必须保证含水率小于8%

项目7.4　门窗工程施工

学习重点：

1. 掌握木门窗的施工过程及常见质量问题的处理方法。
2. 掌握塑料门窗的施工过程及常见质量问题的处理方法。

建筑装饰工程中所用的门窗种类很多，一般由窗（门）框、窗（门）扇、玻璃、五金配件等部件组合而成。按材质分为木门窗、钢制门窗、铝合金门窗、塑料门窗等；按结构形式可分为平开门窗、推拉门窗、自动门窗等；按功能可分为普通门窗、保温门窗、隔音门窗、防火门窗、防爆门窗等。本节主要介绍木门窗、塑料门窗的安装工艺。

7.4.1 木门窗施工

1. 木门窗施工工艺流程

找规矩弹线 ⇒ 掩扇 ⇒ 安装门窗框 ⇒ 门窗框嵌缝 ⇒ 安装门窗扇 ⇒ 安装五金玻璃 ⇒ 成品保护

2. 操作要点

1）找规矩、弹线

(1) 弹放垂直控制线。按设计要求，从顶层至首层用大线坠或经纬仪吊垂直，检查外立面门、窗洞口位置的准确度，并在墙上弹出垂直线，出现偏差超标时，应先对其进行处理。室内用线坠吊或垂直弹线。

(2) 弹放水平控制线。门窗的标高，应根据设计标高，结合室内标高控制线进行放线。在同一场所的门窗，当设计标高一致时，要拉通线或用水准仪进行检测，使门窗安装标高一致。

(3) 弹墙厚度方向的位置线。应考虑墙面抹灰的厚度（按墙面冲盘筋，确定抹灰厚度）。根据设计的门窗位置、尺寸及开启方向，在墙上弹出安装位置线。在放线时，有贴脸的门窗还应考虑门窗套压门窗框的尺寸。有窗台板的窗，要考虑窗台板的安装尺寸，以确定位置线，窗下框应压住窗台板 5 mm 为宜。若外墙为清水墙沟缝时，可里外稍作调整，以盖上墙砖缝为宜。

2）掩扇

将门窗扇根据图纸要求安装到框上，称为掩扇。大面积安装前，对有代表性的门窗进行掩扇称为做样板，做掩扇样板的目的是对掩扇质量进行控制。主要对缝隙大小、各部尺寸、五金位置及安装方式等进行试装、调整、检查、符合质量验收标准后，确定掩扇工艺及各部尺寸、五金位置等，然后再进行大面积安装施工。

3）安装门窗框

门窗框安装应在地面和墙面抹灰施工前完成。根据门窗的规格，按规范要求，确定固定点数量。门窗框安装时，以弹好的控制线为准，先用木锲将框临时固定于门窗洞内，用水平尺、线坠、方尺调平、找垂直、找方正，在保证门窗框的水平度、垂直度和开启方向无误后，再将门窗框与墙体固定。

(1) 门窗框固定。用木砖固定框时，在每块木砖处应用 2 颗砸扁钉帽的 100 mm 长钉子钉进木砖内。使用膨胀螺栓时，螺杆直径≥6 mm。用射钉射入混凝土内不少于 40 mm，达不到时，必须使用固定条固定。除混凝土墙外，禁止使用射钉固定门窗框。

(2) 门窗洞口为混凝土结构又无木砖时，宜采用 30 mm 宽、80 mm 长、1.5 ~ 2 mm 厚直铁脚做固定条，一端用不少于 2 颗木螺钉固定在框上，另一端用射钉固定在结构上。

4）门窗框嵌缝

内门窗通常在墙面抹灰前，用与墙面抹灰相同的砂浆将门窗与洞口的缝隙塞实，外门窗一般采用保湿砂浆或发泡胶将门窗框与洞口的缝隙塞实。

5）安装门窗扇

其应遵循以下规定：

(1) 按设计确定门窗扇的开启方向、五金配件型号和安装位置。

(2) 检查门窗框与扇的尺寸是否符合，框口边角是否方正，有无窜角。框口高度尺寸应量测框口两侧，宽度尺寸应量测框口上、中、下三点，并在扇的相应部分定点画线。如果门扇尺寸大于框口，则拆除扇收边实木条，刨去多余部分，再将实木条用胶和气钉安装回扇上。门窗尺寸小于门框时，装饰门不得使用，普通门可用胶和气钉帮木条，并固定牢固。

（3）第一次修刨后的门窗扇，以刚刚能塞入框口内为宜，塞入后用木锲临时固定。按扇与框口边缝配合尺寸，框与扇表面的平整度，画出第二次的修刨线，并标出合页槽的位置。合页槽一般距扇上、下端距离为扇高的1/10，注意避开上下冒头。

（4）经过第二次修刨后，使框与扇表面平整、缝隙尺寸符合后，再开合页槽。先画出合页位置线，再用线勒子勒出合页的宽度线，剔凿合页槽，注意不要剔大、剔深。

（5）安装对开扇时，应保证两扇宽度尺寸、对口缝的裁口浓度一致。采用企口时，对口缝的裁口浓度及裁口方向应满足装锁或其他五金件的要求。

6）安装五金玻璃

安装合页，应将三齿片固定在框上，标牌统一向上。安装时应先拧 1 颗螺钉，检查框与扇表面平整、缝隙尺寸符合后，将螺钉全部拧上拧紧。木螺钉应钉入 1/3，按入 2/3，木螺钉冒头与合页面平，十字上下垂直。如果门窗框为硬木时，为防止框扇劈裂或将木螺钉拧断，可先打孔，孔径为木螺钉直径的 0. 9 倍，孔深为木螺钉长度的 2/3，然后拧入木螺钉。

一般门锁、碰珠、拉手等距地高为 950 ~ 1 000 mm，插销应在拉手下面，有特殊要求的门锁由专业厂家安装。安装门窗扇时，应注意玻璃裁口方向。一般厨房裁口在外，厕所裁口在内，其他房间按设计要求确定。安装定位器。门开启时，容易碰墙时，应安装定位器。对有特殊要求的扇，应按设计要求安装配件，并参照产品安装说明书安装。窗扇安装风钩，窗扇风钩应装在窗框下冒头与窗扇下冒头夹角外，使窗开启后成 90°，如图 7-44 所示。

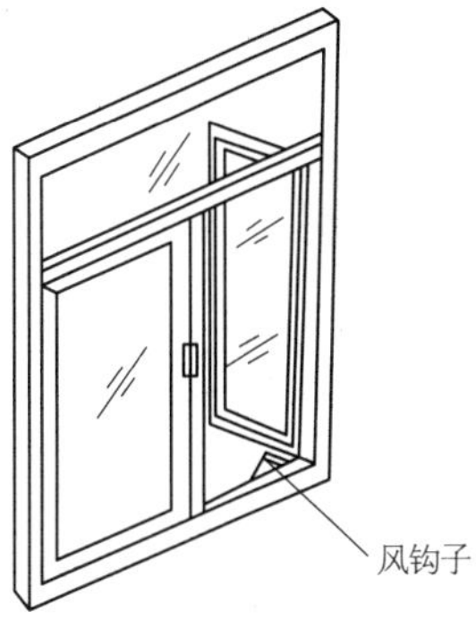

图 7-44　窗扇与风钩的连接安装

7）成品保护

（1）木门窗安装后应采用铁皮或细木工板做护套进行保护，其高度应大于 1 m。如果安装门窗框与结构施工同时进行，应采取加固措施，防止门窗框碰撞变形。

（2）门窗框扇修刨时，应采用木卡具将其垫起、卡牢，以免损坏门窗边。

（3）门窗框扇安装时应轻拿轻放，整修时严禁生搬硬撬，防止损坏成品，破坏框扇面及五金件。

（4）门窗框扇安装时应采取保护墙面、地面及其他成品的措施，以免碰坏或划伤墙面与地面及其他成品。

（5）门窗安装后，应派专人负责管理成品，防止刮大风时损坏已完成的门窗与玻璃。严禁把门窗作为脚手架的支点，防止损坏门窗扇。

（6）五金件安装完成后，应有保护措施以防污染。

（7）在安装过程中需采取防水、防潮措施。

（8）冬季安装木门窗时，应及时刷底油并保持室内通风。防止冬季室内供暖后比较干燥，门窗扇出现变形。

3. 质量标准

1）主控项目

（1）木门窗的品种、类型、规格、开启方向、安装位置及连接方式应符合设计要求，检查产品合格证书及进场验收记录。

（2）木门窗的安装必须牢固，预埋木砖的防腐处理、木门窗固定点的数量、位置及固定方法应符合设计要求。手扳检查，检查工程验收记录和施工记录。

(3) 木门窗安装必须牢固，并应开关灵活，关闭严密，无倒翘。开启和关闭检查，手扳检查。

(4) 木门窗的型号、规格、数量应符合设计要求，安装应牢固，检查应正确，功能应满足使用要求。开启和关闭检查，手扳检查。

2) 一般项目

(1) 木门窗表面清洁，不得有刨痕、锤印。

(2) 木门窗和割角、拼缝应严密平整。木窗框、扇裁口应顺直，刨面应平整。

(3) 木门窗上的槽、孔应边缘整齐，无毛刺。

(4) 木门窗与墙体缝的填嵌材料应符合设计要求，填嵌饱满。寒冷地区外门窗（或门窗框）与砌体间空隙应填充保温材料。轻敲门窗框检查，检查隐蔽工程的验收记录和施工记录。

(5) 木门窗批水、盖口条、压缝条、密封条的安装应顺直，与门窗结合应牢固、严密，手扳检查。

(6) 木门窗安装的留缝限值的国家标准、行业标准和检验方法见表 7-14 的规定。

表 7-14　　木门窗安装的留缝限值、允许偏差和检验方法

项次	项目		留缝限值/mm		允许偏差/mm		检验方法
			普通	高级	普通	高级	
1	门窗槽口对角线长度差		—	—	3	2	用钢尺检查
2	门窗框的下、侧面垂直度		—	—	2	1	用 1 m 垂直检测尺检查
3	框与扇、扇与扇接缝高低差		—	—	2	1	用钢直尺和塞尺检查
4	门窗扇对口缝		1 ~ 2.5	1.5 ~ 2	—	—	用塞尺检查
5	工业厂房双扇大门对口缝		2 ~ 5	—	—	—	
6	门窗扇与上框间留缝		1 ~ 2	1 ~ 1.5	—	—	
7	门窗扇与侧框间留缝		1 ~ 2.5	1 ~ 1.5	—	—	
8	窗扇与下框间留缝		2 ~ 3	2 ~ 2.5	—	—	
9	门扇与下框间留缝		3 ~ 5	3 ~ 4	—	—	
10	双层门窗内外框间距		—	—	4	3	用钢尺检查
11	无下框时门扇与地面间留缝	外门	4 ~ 7	5 ~ 6	—	—	用塞尺检查
		内门	5 ~ 8	6 ~ 7	—	—	
		卫生间门	8 ~ 12	8 ~ 10	—	—	
		厂房大门	10 ~ 20	—	—	—	

4. 木门窗常见质量缺陷及处理办法（表 7-15）

表 7-15　　木门窗常见质量缺陷及处理办法

缺陷表现	预防措施与处理办法
框松动，与抹灰层间产生缝隙	木砖安装牢固；安装框时，锤击木砖造成松动，要修补
门窗扇开关不灵活	门窗框、扇的侧面要平整，留缝宽度不能太小；铰链槽深浅要均匀，安装平整、垂直；处理不平的地面或窗扇

7.4.2　塑料门窗施工

1. 施工工艺流程

找规矩弹线 ⇒ 立框 ⇒ 门窗框固定 ⇒ 门窗框嵌缝 ⇒ 安装门窗扇 ⇒ 安装五金玻璃 ⇒ 调试、清理成品保护

2. 操作要点

(1) 弹线找规矩的方法同一般木门窗的控制方法。门窗位置确定后，先检查门窗预留洞口与待安装框的间隙是否符合要求，否则先进行剔凿处理。

(2) 立框。根据弹线、找方的位置将门窗框准确就位，检测校正门窗框的水平度、垂直度，用木锲临时固定。门窗框连接件与墙体，应分别采用相应的固定方法。混凝土墙体宜采用射钉或塑料膨胀螺栓，砖墙或其他砌体墙，门窗框连接件直接与墙上预埋件固定。连接件与门窗框和墙体应固定牢固，防止门窗框松动。

(3) 门窗框固定。先将塑料门窗的安装连接件用自攻螺钉与门窗框固定，先钻孔再拧入自攻螺钉，严禁用锤击将螺钉钉入。连接件的位置应距窗角、中竖框、中横框 150 ~ 200 mm，连接件之间的距离≤600 mm。

(4) 门窗框与墙体缝隙处理。门窗框固定后，要注意高速各螺栓的松紧程度，使其基本一致，不应有过松、过紧现象。外墙装饰面施工完后，框与墙体之间的缝隙一般采用泡沫塑料条或单组分发泡胶进行嵌缝，门窗框四周的内外接缝应采用密封膏嵌填收口。对保湿、隔声要求高的工程，外门窗框与洞口的缝隙应采用聚氨酯发泡密封胶等隔热隔声材料。门窗框周围间隙填塞软质材料时，应填塞松紧适度，以免门窗框受挤变形。

(5) 安装门窗扇。塑料门窗通常采用推拉、平开、翻转等方式开启。安装推拉门窗的滑轨时，将专用配套的轨道与塑料门窗扣紧卡牢，把门窗扇放入卡槽即可。安装平开门窗时，把专用配套合页用自攻螺钉安装到塑料门窗框和扇上。合页安装位置应距端头 150 ~ 200 mm，合页之间距离应不大于 1 000 mm。

(6) 安装五金配件。按产品说明书要求，安装牢固，动作灵活，满足使用功能要求。

(7) 安装门窗纱扇。密封条裁纱、压条固定等作业应在工厂内进行。现场安装配件和纱扇。安装纱扇时要求塑料框拼角严密，对缝横平竖直，无变形，安装牢固。配件的安装位置正确、牢固、无污染。最后将密封条嵌入卡槽中。

(8) 调试、清理。塑料门窗安装完毕后，要逐个进行启闭调试，保证开关灵活，性能良好，关闭严密，表面平整。玻璃及框周边注入的密封胶要平整、饱满。玻璃、框表面清理、擦拭干净。

(9) 成品保护。其应遵循下面的规定。

① 施工时，严禁在门窗上搭脚手板，支脚、手杆或悬挂重物，防止门窗安装后变形。

② 施工过程中，及时清理砂浆，并防止热源灼伤、利器划伤面层。施工后及时清理型材保护膜。

③ 外墙施工时，不得堵塞塑料门窗的排水孔，保证排水畅通。

3. 质量标准

1) 主控项目

(1) 塑料门窗的品种、类型、规格、尺寸、开启方向、安装位置、连接方式及填嵌密封处理应符合设计要求，内衬增强型钢的壁厚及设置应符合国家现行产品标准的质量要求。检查产品合

格证书、性能检测报告、进场验收记录和复验报告，检查隐蔽工程验收记录。

（2）塑料门窗框、副框和扇的安装必须牢固。固定片或膨胀螺栓的数量与位置应正确，连接方式应符合设计要求。固定点应距窗角、中横框、中竖框 150 ~ 200 mm，固定点间距应不大于 600 mm。手扳检查，检查隐蔽工程验收记录。

（3）塑料门窗拼樘料内补增强型钢的规格、壁厚必须符合要求，型钢应与型材内腔紧密吻合，其两端必须与洞口固定牢固。窗框必须与拼樘料连接紧密，固定点间距应不大于 600 mm。手扳检查，质量检查，检查隐蔽工程验收记录。

（4）塑料门窗扇应开关灵活，卷宗严密，无倒翘。推拉门窗必须有防脱落措施。手扳检查，检查隐蔽工程验收记录。

（5）塑料门窗配件的型号、规格及数量应符合设计要求，安装应牢固，位置应正确，功能应满足使用要求。手扳检查，质量检查。

（6）塑料门窗框与墙体间隙应采用完备孔弹性材料填嵌饱满，表面应采用密封胶密封。密封胶应粘结牢固，表面应光滑、顺直且无裂纹。检查隐蔽工程验收记录。

2）一般项目

（1）塑料门窗表面应洁净、平整、光滑，表面应无划痕及碰伤。

（2）塑料门窗扇的密封条不得脱槽；旋转窗间隙应基本均匀。

（3）塑料门窗的开关力应符合下列规定。

① 平开门窗扇平铰链的开关力应不大于 80 N，滑撑铰链的开关力应不大于 80 N，并不小于 30 N。

② 推拉门窗的开关力应不大于 100 N。观察并用弹簧秤检查。

（4）玻璃密封条与玻璃及玻璃槽口的接缝应平整，不得卷边、脱槽。

（5）排水孔应畅通，位置和数量应符合设计要求。

4. 塑料门窗常见质量缺陷及处理办法（表 7-16）

表 7-16　塑料门窗常见质量缺陷及处理办法

缺陷表现	预防措施与处理办法
小五金易蚀锈	小五金应选镀铬、不锈钢或铜质材料
门窗框变形	临时固定门窗框的对不拔楔，应设置在边框下口，必须安装水平木撑子方可拔楔；对拔楔固定后，应从严校正门窗框的正侧面垂直度、对角线和水平度；如有偏差值超过规定，仍应进行调整，直至合格为止，使门窗扇能启闭正常
门窗启闭不正常	门窗框与扇应配套组装；安装门窗时，其门窗应放入框内，待框和扇四周缝隙合适，扇反复启闭灵活后，方可将门窗固定牢固
门窗框显锤痕	安装时，严禁用锤子敲打门窗框；如需轻击时，应垫木板，锤子不得直接接触框料；有严重锤痕的门窗，应撤除换新
硬物塞缝	门窗框与洞口墙体之间的填缝材料，必须采用发泡的软质材料；安装前应备足塞缝软料；严禁用含沥青的材料、水泥砂浆或麻刀灰塞缝；双面注密封膏应冒出连接件 1 ~ 2 mm
门窗污染	洞口粉刷时，必须粘上防污纸；个别被水泥污染部位，应立即用擦布抹干净；门窗玻璃安装后，及时攘去胶液，使玻璃明亮无痕

项目7.5　吊顶工程施工

学习重点：

1. 掌握木龙骨吊顶施工过程及常见质量问题的处理方法。
2. 掌握轻钢龙骨吊顶的施工过程及常见质量问题的处理方法。
3. 掌握金属装饰板吊顶的施工过程及常见质量问题的处理方法。
4. 掌握开敞式吊顶的施工过程及常见质量问题的处理方法。

本节所指的吊顶工程是悬吊式吊顶。它是指在建筑物结构层下部悬吊由骨架及饰面板组成的装饰构造层。

吊顶按结构形式分为活动式装配吊顶、隐蔽式装配吊顶、金属装饰板吊顶、开敞式吊顶和整体式吊顶；按使用材料分为轻钢龙骨吊顶、铝合金龙骨吊顶、木龙骨吊顶、石膏板吊顶、金属装饰板吊顶、装饰板吊顶和采光板吊顶。按龙骨的明暗可分为暗龙骨吊顶、明龙骨吊顶。

吊顶顶棚主要是由悬吊件、龙骨、面层及其相配套的连接件和配件组成，其构造如图7-45所示。

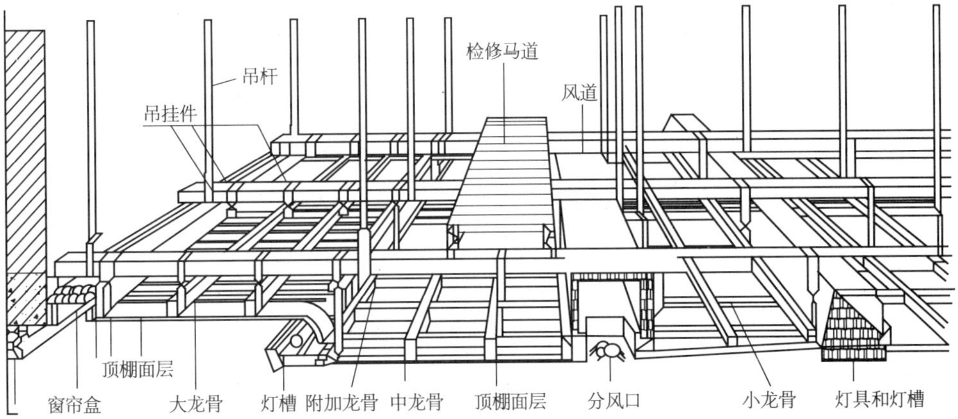

图7-45　吊顶装配示意图

7.5.1　木龙骨吊顶施工

木龙骨吊顶，是以木质龙骨为基本骨架，配以胶合板、纤维板或其他人造板作为罩面板材组合而成的吊顶体系，其加工方便，造型能力强，但不适用于大面积吊顶。木龙骨架组装如图7-46所示。

施工材料为木料；罩面板材为胶合板、纤维板、纸面石膏板等按设计选用；固结材料有圆钉、射钉、膨胀螺栓、胶粘剂；吊挂连接材料有 φ6 ~ φ8 钢筋、角钢、钢

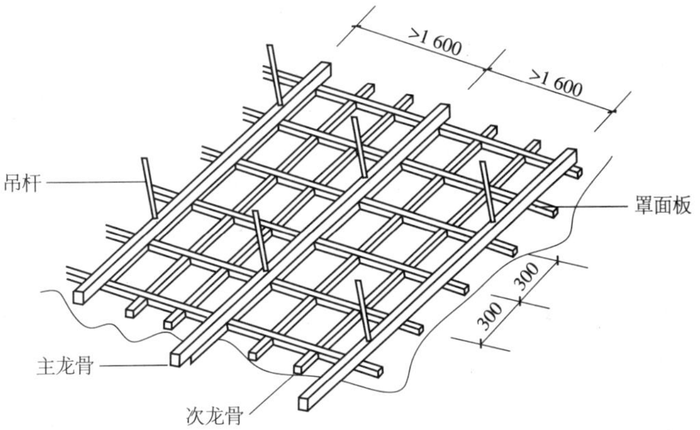

图7-46　木龙骨组装示意图

板、8 号镀锌铅丝；木材防腐剂、防火剂。

常用机具有电动冲击钻、手电钻、电动修边机、电动或气动钉枪、木刨、槽刨、锯、锤、斧、螺丝刀、卷尺、水平尺、墨线斗等。

1. 工艺流程

弹线 ⇒ 木龙骨处理 ⇒ 龙骨架拼接 ⇒ 安装吊点紧固件 ⇒ 龙骨架吊装 ⇒ 龙骨架整体调平 ⇒ 面板安装 ⇒ 压条安装 ⇒ 板缝处理

2. 施工要点

(1) 弹线包括弹吊顶标高线、吊顶造型位置线、吊挂点定位线、大中型灯具吊点定位线。

(2) 建筑装饰工程中所用木质龙骨材料，应按规定选材并实施在构造上的防潮处理，同时亦应涂刷防虫药剂。同时也要进行防火处理，一般是将防火涂料涂刷或喷于木材表面，也可把木材置于防火涂料槽内浸渍。

(3) 确定吊顶骨架需要分片或可以分片安装的位置和尺寸，根据分片的平面尺寸选取龙骨尺寸；先拼接组合大片的龙骨骨架，再拼接小片的局部骨架。骨架的拼接按凹槽对凹槽的方法咬口拼接，拼口处涂胶并用圆钉固定，如图 7-47 所示。

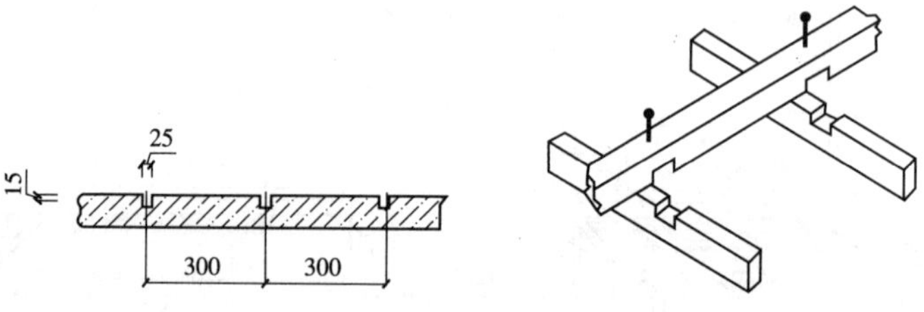

(a) 龙骨断面　　(b) 拼接示意

图 7-47　木龙骨的咬口拼接

(4) 安装吊点紧固件及固定边龙骨。吊顶吊点的紧固方式较多，如图 7-48 所示。

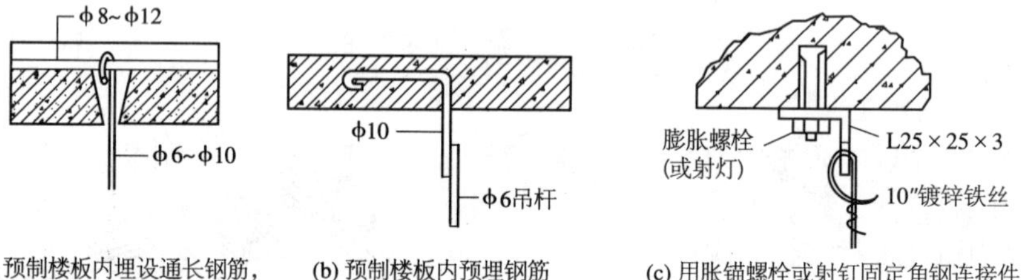

(a) 预制楼板内埋设通长钢筋，吊筋从板缝伸出　　(b) 预制楼板内预埋钢筋　　(c) 用胀锚螺栓或射钉固定角钢连接件

图 7-48　木质装饰吊顶的吊点紧固安装

(5) 龙骨架吊装：

① 分片吊装。将拼接组合好的木龙骨架托起至吊顶标高位置，先做临时固定。然后根据吊顶标高线拉出纵横水平基准线，进行整片龙骨架调平，然后将其靠墙部分与沿墙边龙骨钉接。

② 龙骨架与吊点固定。木骨架吊顶的吊杆，常采用的有：木吊杆、角钢吊杆和扁铁吊杆，如图 7-49 所示。角钢吊杆与木骨架的固定如图 7-50 所示。

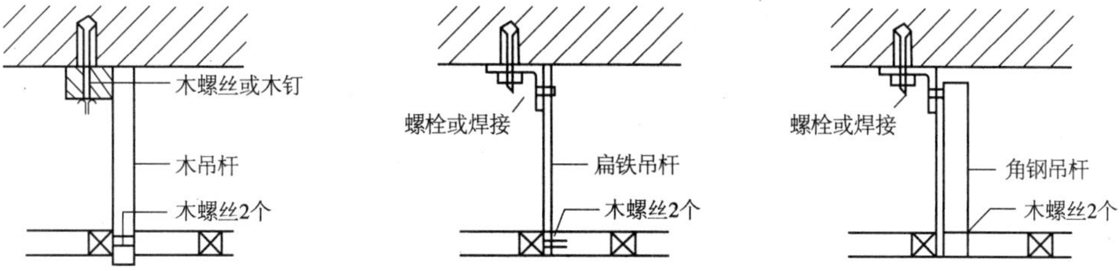

图 7-49　木骨架吊顶常用吊杆类型

③ 龙骨架分片间的连接。分片龙骨架在同一平面对接时，将其端头对正，然后用短木方钉于对接处的侧面或顶面进行加固，如图 7-51 所示。

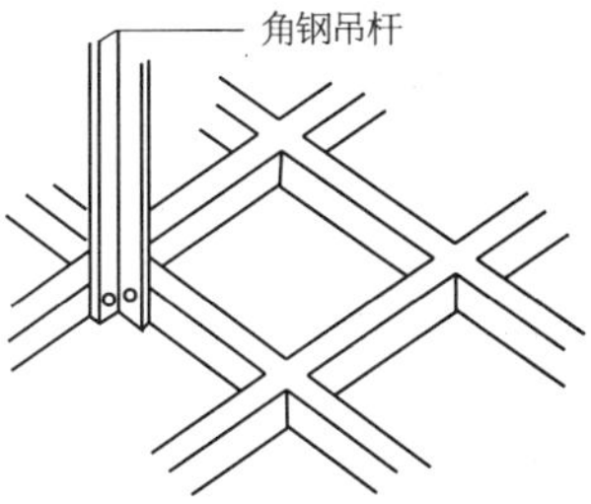

图 7-50　角钢吊杆与木骨架的固定

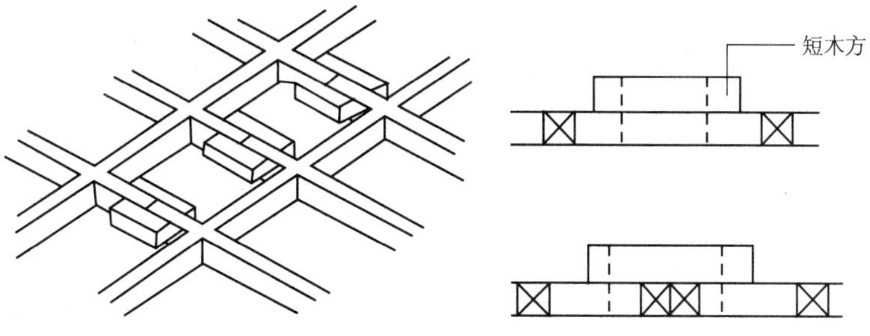

(a) 短木方固定于龙骨侧面　(b) 短木方固定于龙骨上面

图 7-51　木龙骨架对接固定

④ 叠级吊顶上、下层龙骨架的连接。叠级吊顶，也称高差吊顶、变高吊顶。对于叠级吊顶，一般是自高而下开始吊装，吊装与调平的方法与上述相同（图 7-52）。

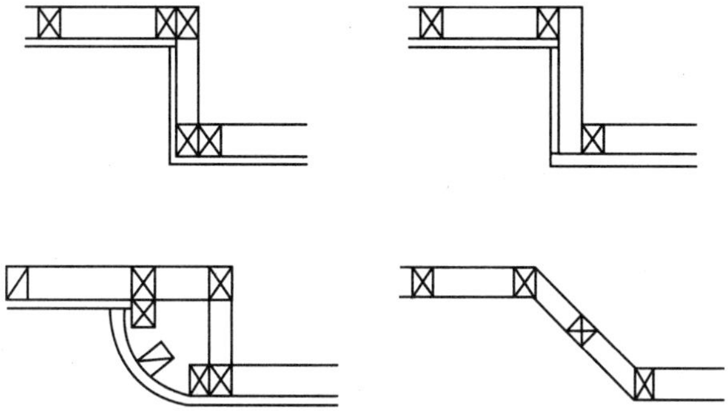

图 7-52　木龙骨架叠级构造

（6）龙骨架整体调平。在各分片吊顶龙骨架安装就位之后，对于吊顶面需要设置的送风口、检修孔、内嵌式吸顶灯盘及窗帘盒等装置，在其预留位置处要加设骨架，进行必要的加固处理及增设吊杆等。木吊顶面板安装一般选用加厚三夹板或五夹板，板材要经过切割、修边倒角、防火等处理后方可使用。

（7）有关节点构造处理：

① 暗装窗帘盒的节点构造。一种是吊顶与方木薄板窗帘盒衔接，另一种是吊顶与厚夹板窗帘盒连接。其处理形式如图 7-53 所示。

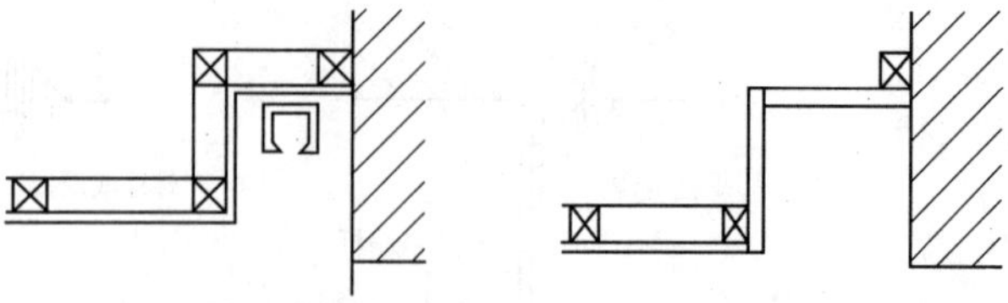

(a) 方木薄板窗帘盒　　(b) 厚夹板窗帘盒

图 7-53　木吊顶与暗装窗帘盒的连接节点

② 暗装灯盘节点构造。一是木吊顶与灯盘固定连接，二是灯盘自行悬吊于顶棚，如图 7-54 所示。

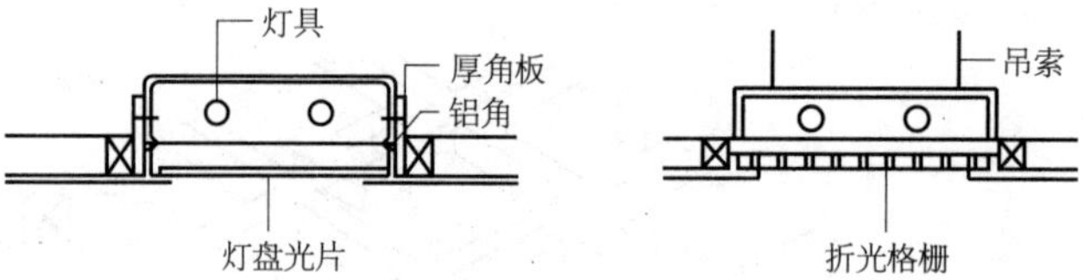

(a) 灯盘与吊顶固定连接　　(b) 灯盘自行悬吊于建筑底面

图 7-54　木吊顶与暗装灯盘连接

③ 与灯槽的连接节点构造，如图 7-55 所示。

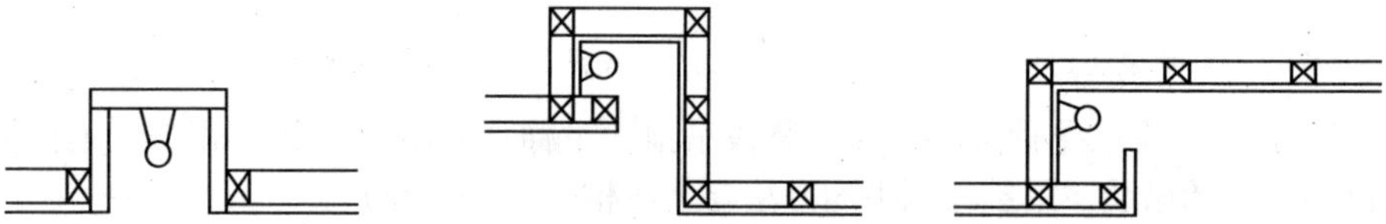

(a) 平面式　　(b) 侧向反光式　　(c) 顶面半反光式

图 7-55　木吊顶与反光灯槽的连接示意

④ 木龙骨吊顶常见质量缺陷及处理办法见表 7-17。

表 7-17　木龙骨吊顶常见质量缺陷及处理办法

缺陷表现	产生的主要原因	预防措施与处理办法
吊顶搁栅装钉后，其下表面的拱度不均匀、不平整、甚至成波浪形； 吊顶搁栅周边或四角不平； 吊顶完工后，经过短期使用产尘凹凸变形	木吊顶搁栅的材质不好，变形大、不顺直、有硬弯，施工中又难于调直；木材含水率较大，在施工中或交工后产生收缩翘曲变形；不按规程操作，施工中用吊顶搁栅四周墙面上不弹平线或平线不准，中间不按平线起拱，造成拱度不匀；吊杆或吊筋的间距过大，吊顶搁栅的拱度不易调匀。同时，受力后易产生挠度，造成凹凸不平；吊顶搁栅接头装订不平或接出硬弯，直接影响吊顶的平整；受力节点结合不严密，不牢固，受力后产生位移变形；钢筋混凝土板下吊顶，用射钉锚固搁栅时，射钉未射牢固或间距过大，受荷后射钉松脱或搁栅下挠	严格按操作执行；如木吊顶搁栅拱度不匀，局部超差较大，可利用吊杆或吊筋螺栓把拱度调匀；吊杆被钉劈裂而节点松动时，必须将劈裂的吊杆换掉；吊顶搁栅接头有硬弯的，应将夹板起掉，调直后再钉牢；因射钉松动而节点不牢的，必须补射射钉。如射钉不能满足节点荷载时，用膨胀螺栓锚固

7.5.2　轻钢龙骨吊顶施工

轻钢龙骨吊顶是以轻钢龙骨为吊顶的基本骨架，配以轻型装饰罩面板材组合而成的新型顶棚体系。轻钢龙骨吊顶设置灵活，装拆方便，具有质量轻、强度高、防火等多种优点，广泛用于公共建筑及商业建筑的吊顶。

常用施工材料：U 形、T 形轻钢龙骨及配件；罩面板：纸面石膏板、石棉水泥板、矿棉吸音板、浮雕板、钙塑凹凸板及铝压缝条或塑料压缝条等；吊杆（ϕ6，ϕ8 钢筋）；固结材料：花篮螺丝、射钉、自攻螺钉、膨胀螺栓等。

常用机具：电动冲击钻、无齿锯、射钉枪、手锯、手刨、螺丝刀及电动或气动螺丝刀、扳手、方尺、钢尺、钢水平尺等。

1. 工艺流程

弹线 ⇨ 安装吊点紧固件 ⇨ 安装主龙骨 ⇨ 安装次龙骨 ⇨ 安装灯具 ⇨ 面板安装 ⇨ 板缝处理

2. 操作要点

1）安装吊点紧固件

可根据吊顶是否上人（或是否承受附加荷载），分别采用图 7-56 所示方法进行吊点紧固件的安装。

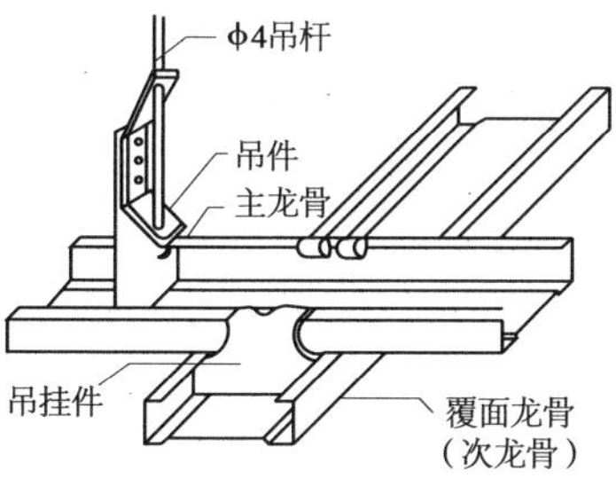

(a) 不上人型吊顶吊杆与主次龙骨连接

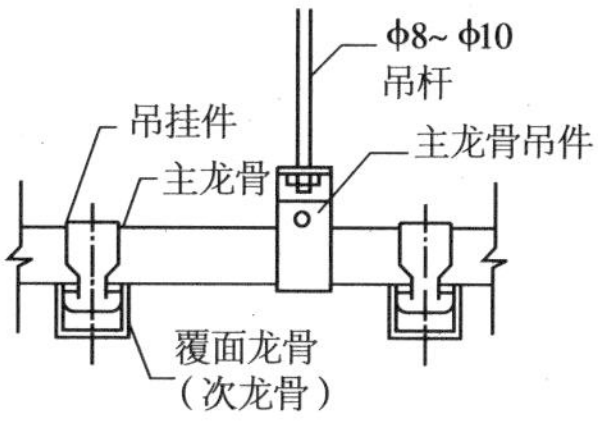

(b) 上人型吊顶吊杆与主次龙骨连接

图 7-56　覆面龙骨与承载龙骨的连接

2）主龙骨安装与调平

（1）主龙骨安装。将主龙骨与吊杆通过垂直吊挂件连接，如图 7-57 所示。

（2）主龙骨架的调平。在主龙骨与吊件及吊杆安装就位之后，以一个房间为单位进行调平调直。

3）安装次龙骨、横撑龙骨

（1）安装次龙骨：在次龙骨与主龙骨的交叉布置点，使用其配套的龙骨挂件将二者连接固定。

（2）安装横撑龙骨：横撑龙骨由中、小龙骨截取，其方向与次龙骨垂直，装在罩面板的拼接处，

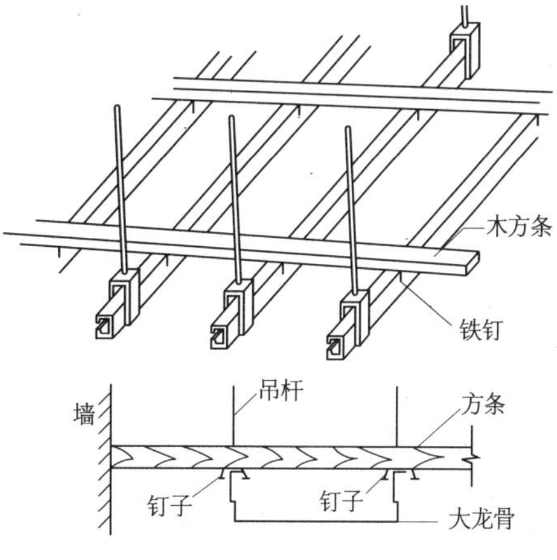

图 7-57　定位调平主龙骨

底面与次龙骨平齐。

(3) 固定边龙骨：边龙骨沿墙面或柱面标高线钉牢。

4) 罩面板安装

罩面板常有明装、暗装、半隐装三种安装方式。明装是指罩面板直接搁置在T形龙骨两翼上，纵横T形龙骨架均外露。暗装是指罩面板安装后骨架不外露。半隐装是指罩面板安装后外露部分骨架。纸面石膏板是轻钢龙骨吊顶常用的罩面板材，通常采用暗装方法。

在吊顶施工中应注意工种间的配合，避免返工拆装损坏龙骨、板材及吊顶上的风口、灯具。T形外露龙骨吊顶应在全面安装完成后对龙骨及板面作最后调整，以保证平直。

5) 嵌缝处理

嵌缝时采用石膏腻子和穿孔纸带或网格胶带，嵌填钉孔则用石膏腻子。整个吊顶面的纸面石膏板铺钉完成后，应进行检查，并将所有的自攻螺钉的钉头做防锈处理，然后用石膏腻子嵌平。

6) 吊顶特殊部位的构造处理

(1) 吊顶边部节点构造。纸面石膏板轻钢龙骨吊顶边部与墙柱立面结合部位的处理，一般采用平接式、留槽式和间隙式三种形式。边部节点构造见图7-58。

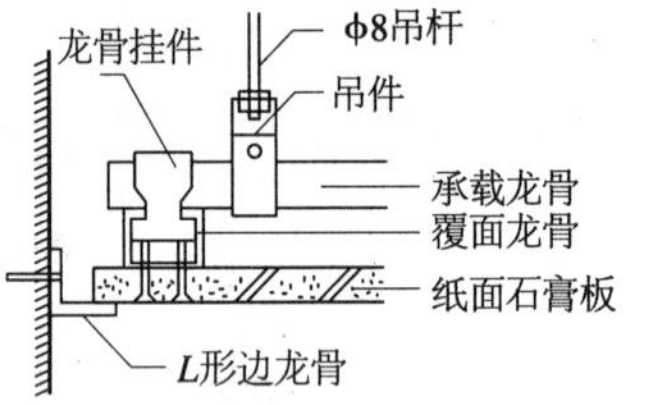

(a) 平接式

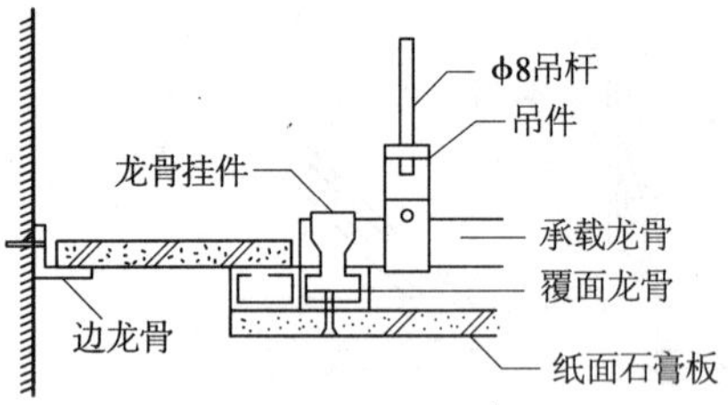

(b) 留槽式

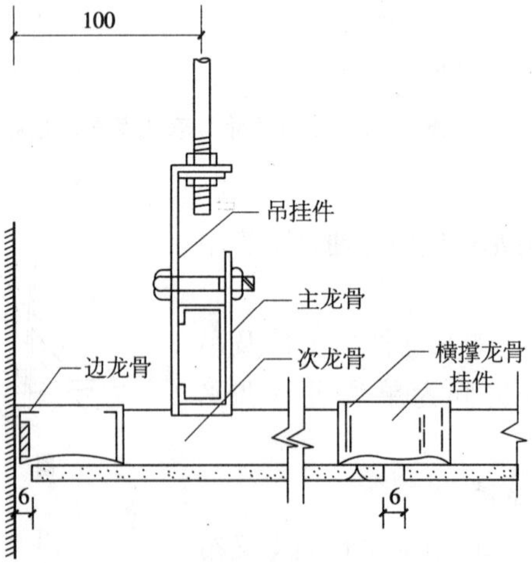

(c) 间隙式

图7-58 吊顶的边部节点构造

（2）叠级吊顶的构造。叠级吊顶所用的轻钢龙骨和石膏板等，应按设计要求和吊顶部位不同切割成相应部件。叠级吊顶的构造见图 7-59。

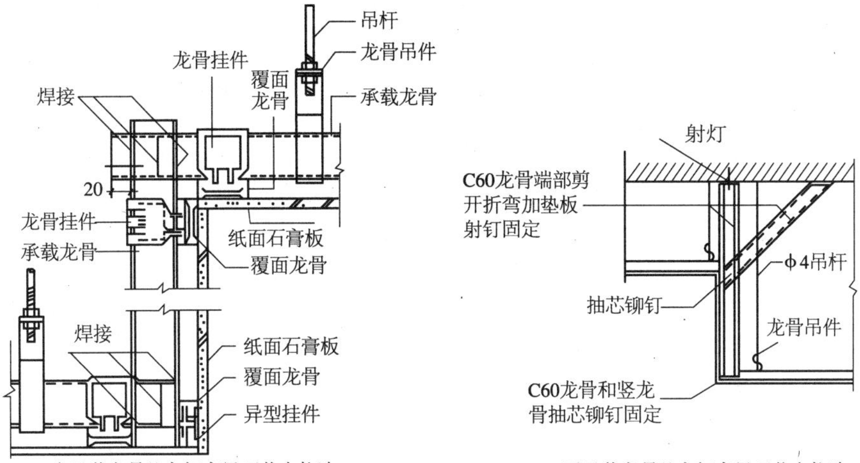

(a) 有承载龙骨的变标高吊顶节点构造　　(b) 无承载龙骨的变标高吊顶节点构造

图 7-59 轻钢龙骨纸面石膏板叠级吊顶的变标高构造节点示例

（3）吊顶与隔墙的连接：轻钢龙骨纸面石膏板吊顶与轻钢龙骨纸面石膏板轻质隔墙相连接时，隔墙的横龙骨（沿顶龙骨）与吊顶的承载龙骨用 M6 螺栓紧固，吊顶的覆面龙骨依靠龙骨挂件与承载龙骨连接，覆面龙骨的纵横连接则依靠龙骨支托。其节点构造见图 7-60。

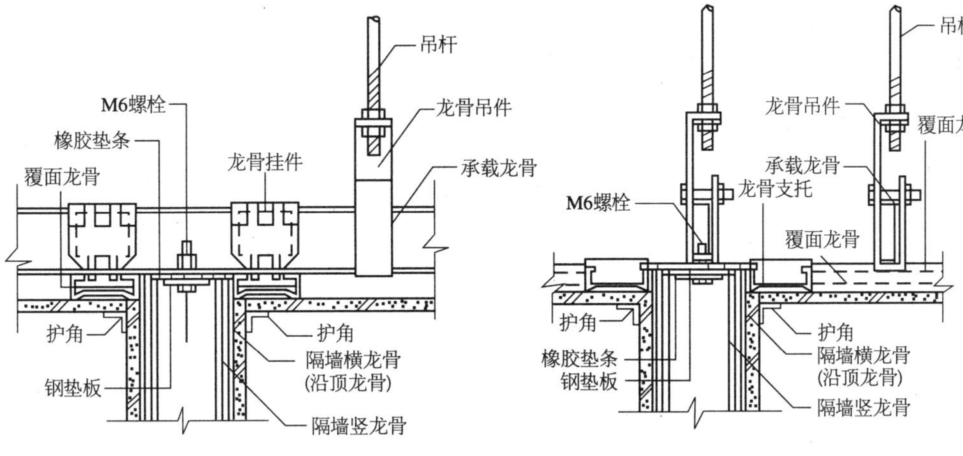

(a) 垂直交叉连接图　　(b) 同方向对中连接图

图 7-60 吊顶与隔墙的连接

3. 轻钢龙骨吊顶常见质量缺陷及处理办法（表 7-18）

表 7-18　　轻钢龙骨吊顶常见质量缺陷及处理办法

缺陷表现	产生的主要原因	预防措施与处理办法
轻钢龙骨纵横方向线条不平直。主要表现为：吊项龙骨安装后，主龙骨、次龙骨在纵横方向上不顺直，有扭曲、歪斜现象；骨高低位置不匀，使得下表面拱度不均匀、不平整，甚至成波浪线；吊顶完工后，经过短期使用产生凹凸变形	主龙骨、次龙骨受扭折，虽经修整，仍不平直；龙骨节点位置不正确，拉牵力不均匀；未拉通线全面调整主龙骨、次龙骨的高低位置；测吊顶的水平线误差超差，中间平线起拱度不符合规定；龙骨安装后，局部施工荷载过大，导致龙骨局部弯曲变形；吊顶不牢，吊杆变形不均匀，产生局部下沉；吊点与建筑主体固定不牢，如膨胀螺栓埋入深度不够，而产生松动或脱落；射钉松动，虚焊脱落等；吊挂连接不牢，产生松脱；吊杆强度不够，或施工中在吊杆上作用过大荷载，使吊杆产生拉伸现象	预防措施：凡是受扭折的主龙骨、次龙骨一律不宜采用；按设计要求弹线，确定龙骨吊点位置，主龙骨端部或接长部位增设吊点，吊点间距不宜大于 1.2 m；四周墙面或柱面上，按吊顶高度要求弹出标高线，弹线清楚，位置正确，可采用水柱法弹水平线；将龙骨与吊杆（或镀锌铁丝）固定后，按标高线调整大龙骨标高，调整时一定要接通线，大房间可根据设计要求起拱，拱度一般为 1/200；逐采调整龙骨的高低位置和线条平直。调整方法可用方木按主龙骨间距钉圆钉，再将长方木条横放在主龙骨上，并用铁钉卡住各主龙骨，使其按规定位置定位，临时固定。方木两端要顶到墙上或梁边，再按十字和对角线，拧动吊杆螺栓，升降调平；对于不上人吊顶，龙骨安装时，挂面不应挂入施工安装器具；对于大型上人吊顶，龙骨安装后，应为机电安装等人员铺设通道板，避免龙骨承受过大的不均匀荷载而产生不均匀变形。治理方法是：利用吊杆或吊筋螺栓调整拱度；对于膨胀螺栓、射钉松动、虚焊脱落等，应补钉、补焊

7.5.3　金属装饰板吊顶

金属装饰板吊顶是用 L 形，T 形轻钢（或铝合金）龙骨或金属嵌龙骨、条板卡式龙骨作龙骨架，用 0.5 ~ 1.0 mm 厚的金属板材罩面的吊顶体系。

金属装饰板吊顶的形式有方板吊顶和条板吊顶两大类。金属装饰板吊顶表面光泽美观，防火性好，安装简单，适用于大厅、楼道、会议室、卫生间和厨房吊顶。金属装饰板吊顶骨架的装配形式，一般根据吊顶荷载和吊顶装饰板的种类来确定。采用 U 形轻钢龙骨主龙骨与 T 形、L 形龙骨或嵌龙骨、条板卡式龙骨相配合的双层龙骨形式，如图 7-61、图 7-62 所示。

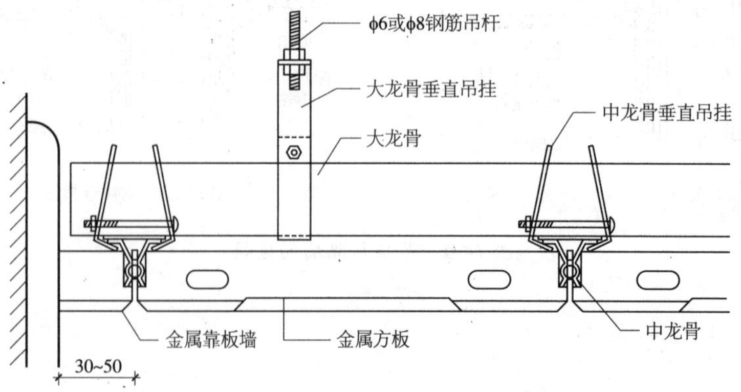

图 7-61　金属方板双层龙骨吊顶基本构造

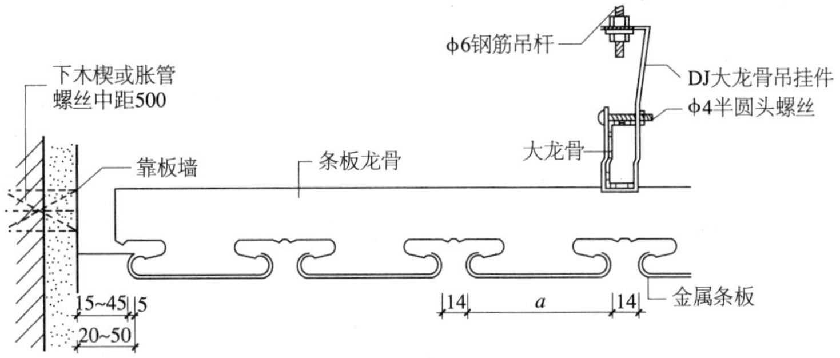

图7-62　金属条板双层龙骨吊顶基本构造

单层龙骨架形式如图7-63、图7-64所示。

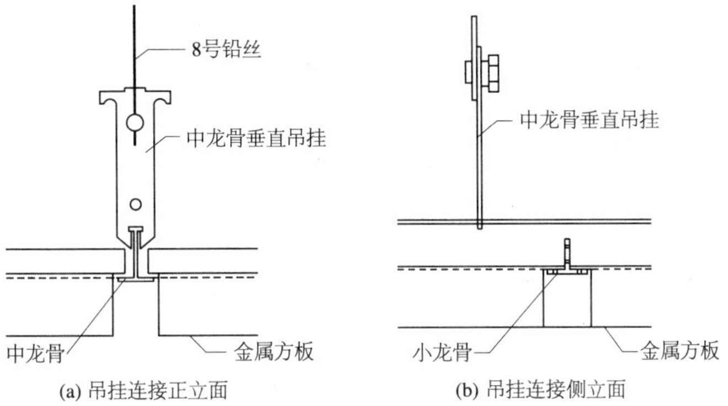

图7-63　金属方板单层龙骨吊顶图

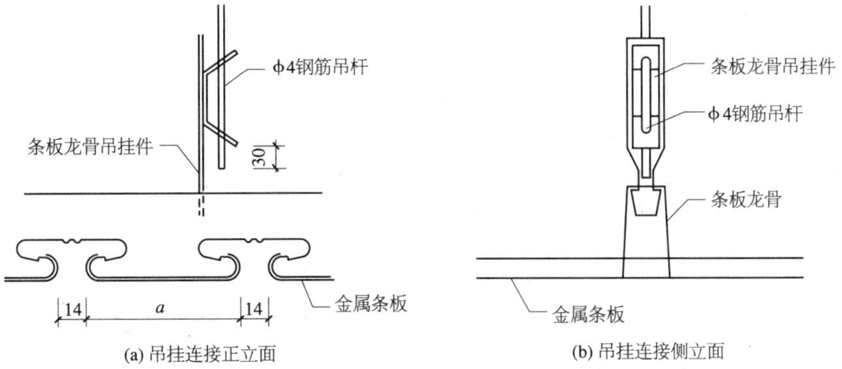

图7-64　金属条板单层龙骨吊顶基本构造

1. 工艺流程

弹线 ⇨ 固定吊杆 ⇨ 安装主龙骨 ⇨ 安装次龙骨 ⇨ 灯具安装 ⇨ 面板安装 ⇨ 压条安装 ⇨ 板缝处理

2. 工作要点

1）吊杆与结构连接方式

双层龙骨吊顶时，吊杆常用 ϕ6 或 ϕ8 钢筋，吊杆与结构连接方式如图 7-65 所示。方板、条板单层龙骨吊顶时，吊杆一般分别用 8 号铅丝和 ϕ4 钢筋。

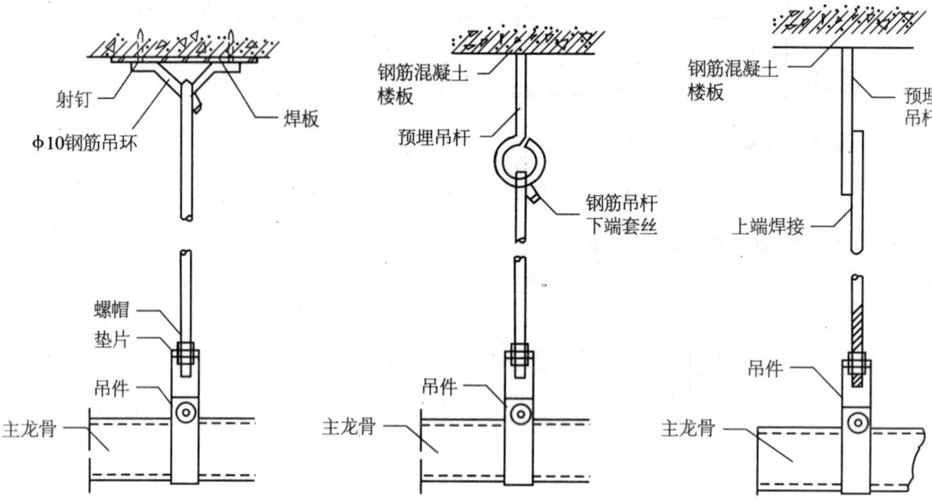

图 7-65　上人型吊顶吊点

2）龙骨安装与调平

主、次龙骨安装时宜从同一方向同时安装，按主龙骨（大龙骨）已确定的位置及标高线，先将其大致基本就位；龙骨接长一般选用配套连接件，连接件可用铝合金，也可用镀锌钢板，在其表面冲成倒刺，与龙骨方孔相连。图 7-66 所示为 T 形轻钢龙骨的纵横连接。

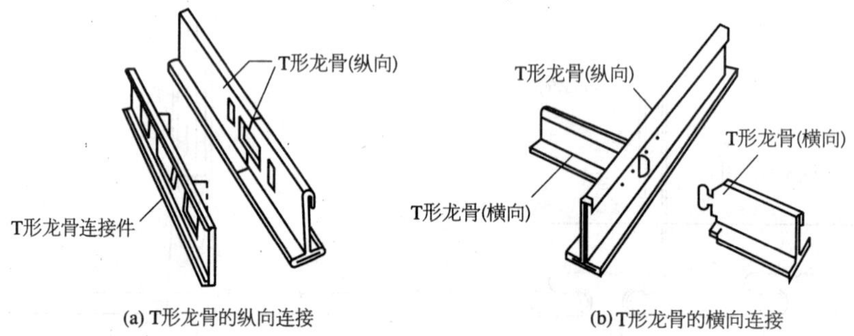

(a) T形龙骨的纵向连接　(b) T形龙骨的横向连接

图 7-66　T 形吊顶轻钢龙骨的纵横连接

龙骨架基本就位后，以纵横两个方向满拉控制标高线（十字线），从一端开始边安装边进行调整，直至龙骨调平调直为止。钉固边龙骨：沿标高线固定角铝边龙骨，其底面与标高线齐平。

3）金属板安装

方形金属吊顶板搁置式安装，搁置安装后的吊顶面形成格子式离缝效果，如图 7-67 所示。

方板卡入式安装。这种安装方式的龙骨材料为带夹簧的嵌龙骨配套型材，如图 7-68 所示。

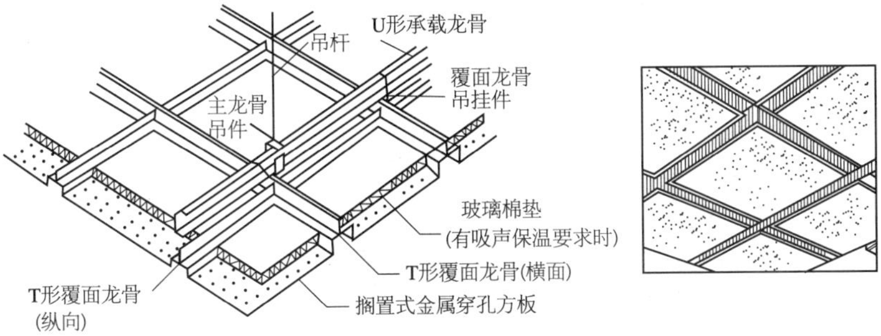

图7-67　方形金属吊顶板搁置式安装示意及效果图

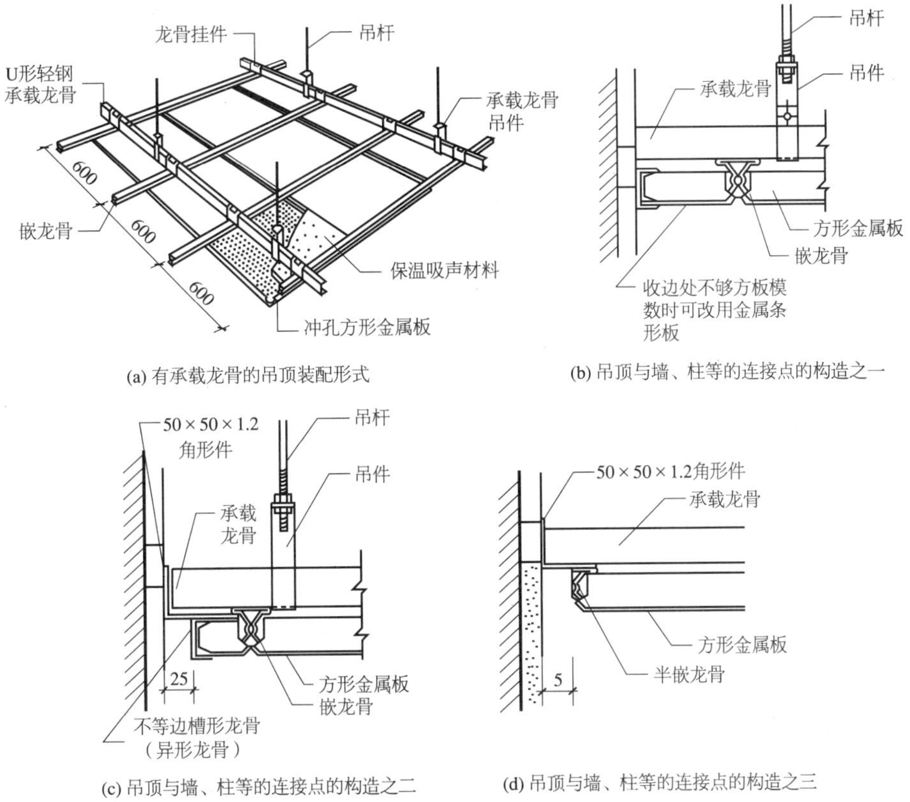

图7-68　方形金属吊顶板卡入式安装示例

金属条形板的安装，基本上无须各种连接件，只是直接将条形板卡扣在特制的条龙骨内，即可完成安装，常被称为扣板，如图7-69所示。

4）板缝处理

金属条形板顶棚有闭缝和透缝两种形式，均使用敞缝式金属条板。安装其配套嵌条达到封闭缝隙的效果，不安装嵌条即为透缝式，如图7-70所示。

5）吊顶的边部处理

方形金属板吊顶的端部与墙面或柱面连接处，其构造处理方式见图7-71。条形金属板吊顶的

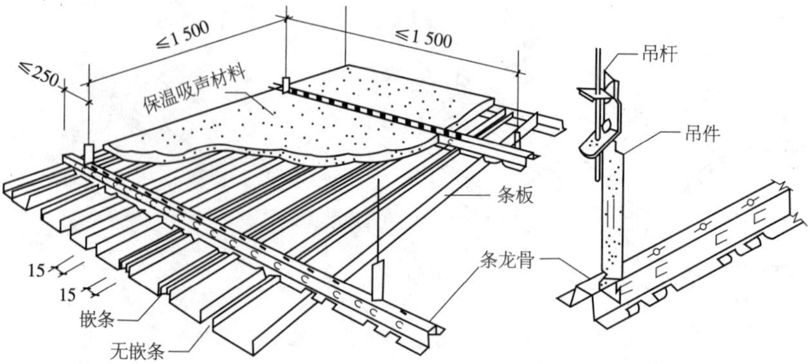

图 7-69 条形金属板与条龙骨的轻便吊顶组装

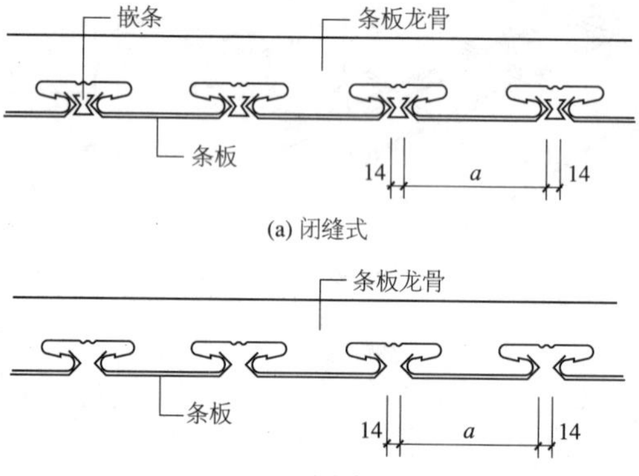

图 7-70 板间缝隙处理

端部与墙面或柱面连接处，其构造处理方式较多，图 7-71 为条形金属板吊顶与墙柱面连接处四种常见的构造处理方式。

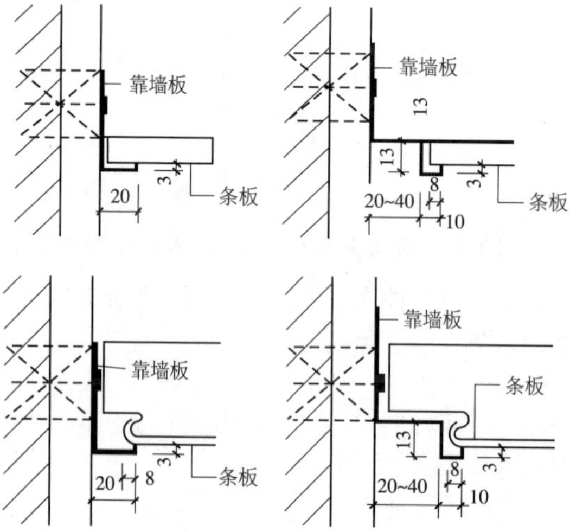

图 7-71 条形板吊顶与墙柱面连接处构造图

3. 金属装饰板吊顶常见质量缺陷及处理办法（表7-19）

表7-19 金属装饰板吊顶常见质量缺陷及处理办法

缺陷表现	产生的主要原因	预防措施与处理办法
金属板吊顶不平，吊顶安装后，明显不平，甚至产生波浪形状	水平标高线控制不好，误差过大；安装金属板条时，龙骨未调平就进行安装，再进行调平，使板条受力不均匀而产生波浪形状；在龙骨上直接悬吊重物，随不平而发生局部变形。这种现象多发生在龙骨兼卡具的吊顶形式；吊杆不牢，引起局部下沉。如吊杆本身固定不妥，板动或脱落；或吊杆不直，受力后拉直变长；板条自身变形，未加矫正而安装，产生吊顶不平	预防措施：于吊顶四周的标高线，应准确地弹到墙上，其误差不能大于±5 mm。跨度较大时，应在中间适当位置加设标高控制点。在一个断面内应拉通线控制，线要拉直，不能下沉；安装板条前，应先将龙骨调直调平，这是施工中既合理又重要的一道工序；应同时考虑设备安装。对于较重的设备，不能直接悬吊在吊顶上，应另设吊杆，直接与结构固定；如果采用膨胀螺栓固定吊杆，应做好隐检工作，如膨胀螺栓埋入深度、间距等关键部位还要做膨胀螺栓的抗拔试验；安装前要先检查板条平、直情况，发现不符合标准者，应进行调整。 治理方法：变形的吊顶铝合金板条，一般难于在吊顶面上调整，应取下进行调整
金属板吊顶接缝明显：接缝外接口露白茬；接缝不平，接缝处产生错台	板条切割时，切割角度控制不好；切口部位未经修整	做好下料工作。板条切割时，控制好切割的角度；切口部位应用锉刀将其修平，将毛边及不平处修整好；用相同色彩的胶粘剂（如硅胶）对接口部位进行修补，使接缝密合，并对切口白边进行遮掩

项目7.6 涂饰工程施工

学习目的：

1. 掌握外墙混凝土及抹灰表面外墙乳胶漆饰面的施工过程及常见质量问题的处理方法。
2. 掌握外墙真石漆的施工过程及常见质量问题的处理方法。

一般建筑工程在抹灰、吊顶、细部、地面及电气工程等完成并验收合格后，一般要进行涂饰工程。按建筑物涂刷部位的不同，可分为外墙涂饰、内墙涂饰、地面涂饰、顶棚涂饰、屋面涂饰等；按涂饰材料的化学成分可分为有机高分子涂饰、无机高分子涂饰；按状态可分为溶剂性涂料、水溶性涂料、乳液型涂料等。

常用的施涂方法有刷涂、滚涂、喷涂、抹涂、刮涂，选择时应根据涂料的性质、基层情况、涂饰效果等而定。一般常用的三种方法为滚涂法、喷涂法和刷涂法。

1. 滚涂法

将蘸取漆液的毛辊先按W方式运动将涂料大致涂在基层上，然后用不蘸取漆液的毛辊紧贴基层，上下，左右来回滚动，使漆液在基层上均匀展开，最后用蘸取漆液的毛辊按一定方向满滚一遍。阴角及上、下口宜采用排笔刷涂找齐。滚涂所用工具如图7-72所示。

2. 喷涂法

喷枪压力宜控制在0.4~0.8 MPa范围内。喷涂时喷枪与墙面应保持垂直，距离宜在500 mm

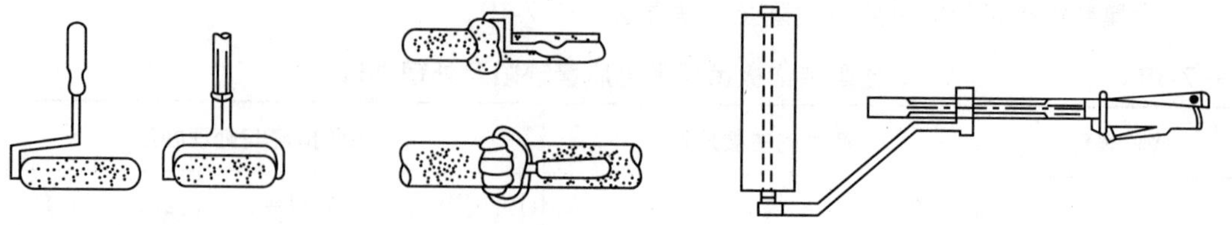

(a) 一般辊筒　　(b) 异型辊筒　　(c) 压力送料辊筒

图 7-72　滚涂工具

左右，匀速平行移动。两行重叠宽度宜控制在喷涂宽度的1/3，如图7-73所示。

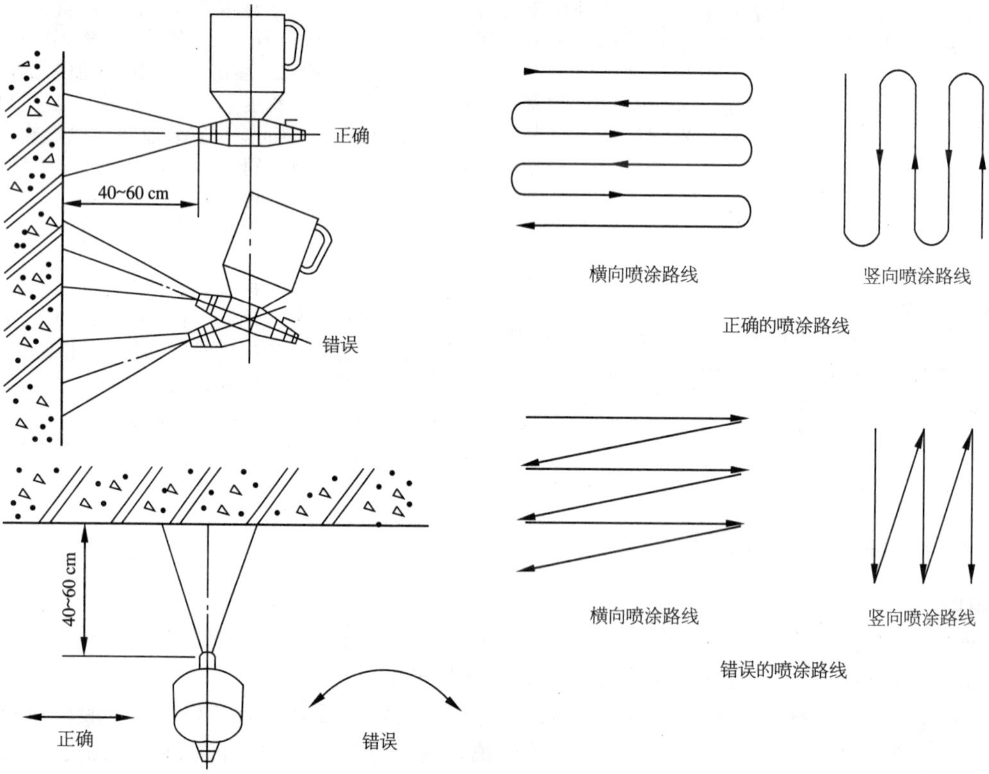

图 7-73　喷涂与被涂面的相对位置

3. 刷涂法

这是一种用毛刷、排笔等工具在物体表面涂饰涂料的操作方法，按照先左后右、先上后下、先难后易、先边后面的顺序进行。

本节以外墙涂饰为例来介绍，内墙涂饰可参照外墙涂饰的做法。

7.6.1　混凝土及抹灰表面外墙乳胶漆饰面施工

1. 工艺流程

基层处理 ⇒ 打底 ⇒ 弹线、粘条 ⇒ 面层滚涂 ⇒ 修理

2. 施工操作要点和质量控制

1）基层施工质量控制

清理。待水泥砂浆抹面达到足够强度以后，将其表面的灰渣、浮土及附着物等用相应的工具清除，再用适量清水冲洗。用力要适当，以防损坏灰层；冲洗要干净，保证腻子能与抹灰面层牢固粘结。

批刮腻子。待水泥砂浆抹面干燥后，将其表面的孔洞、裂缝及凹坑等用外墙抗裂弹性腻子修补、填平，轻微的地方用刮刀嵌入腻子补齐，严重的地方用刮铲填充腻子找平。待腻子干燥后，用中号砂纸将其表面打磨平整，并及时清除粉尘。待修补完成后，将抹灰面满刮外墙抗裂弹性腻子一遍，腻子批刮厚度为0.2～0.5 mm，同一方向要往返刮。干燥后应用中号砂纸将刮痕打磨平整光滑，将粉尘清除干净，以保证外墙乳胶漆的装饰效果。腻子施工适宜温度为5℃以上，腻子应放在干燥、通风阴凉处，粉状料绝对避免受潮，胶液应避免日光暴晒。

2）滚涂施工质量控制

（1）滚涂前，应注意基层的干湿程度，抹面含水率小于10%，pH值小于10后方可施工，以防止涂层出现起泡、掉粉、失光、涂面出现拉毛等现象。腻子要干燥坚硬、长短要一致，以保持涂层厚度均匀。滚涂过程中若有气泡出现，待稍微吸水以后，用短辊蘸少量的外墙乳胶漆复压一次，就可使气泡消除。

涂料的工作黏度或稠度，必须加以控制，使其在涂料施涂时不流坠、不显刷纹。施涂过程中得任意稀释。

（2）滚涂大面时，用长度为18～24 cm的长辊，以利于提高工效；滚涂小面和阴阳角时，用长度为12 cm的短辊，以利于局部处理。

（3）滚涂成活时，上、下接搓外要严，一面墙要一气完成，以防止色泽不一致。

（4）同一墙面应用同一批号的外墙乳胶漆，以防止饰面颜色不一致。

（5）滚涂间断或分段施工时，涂层接搓应留在分格缝、墙的阴角处或水落管背后等不明显部位，以确保同一墙面无明显接搓。

（6）滚涂前和滚涂过程中，底漆和乳胶漆均应搅拌均匀，不可掺加异物，以防止其技术性能被子破坏。底漆和乳胶漆施工适宜温度为5℃以上，未用完的底乳胶漆应加盖密封，并存放在阴凉通风处。

（7）滚涂时随时检查质量，发现问题要查明原因，并及时处理，防止由于时间差造成二次滚涂留下明显痕迹。

（8）分格缝应按设计要求进行勾缝，并用专业工具对其阳角进行细致处理，使其清晰、顺直、主正。

（9）雨前、大风气候应停止施工，施工后4h内避免雨淋及尘土玷污；涂料干燥前，应防止雨淋、尘土玷污和热空气的侵袭。当遇有大风、雨、雾情况时，不可施工（特别是面层涂料，不应施工）。

（10）施涂工具使用完毕后，应及时清洗或浸泡在相应的溶剂中。

7.6.2 外墙真石漆施工

真石漆是由天然大理石、花岗岩等有色材料，配合特殊树脂及高级原料研制而成的建筑涂料，可喷涂石材样板，多彩亮丽涂装面。涂层由防潮底漆、主涂层及面漆组成，形成对外墙体装饰的保护作用，是一种具有耐气候性、耐碱性、防水性、防水性的室外涂饰涂料。

1. 外墙真石漆工艺流程

基层处理 ⇒ 涂封闭底漆 ⇒ 喷涂中层漆 ⇒ 打磨 ⇒ 喷罩面漆

2. 施工操作要点及质量控制

(1) 真石漆施工必须是在装饰工程的最后阶段进行，以免未干透的涂层被玷污或破损。

(2) 真石漆干透后，应及时喷涂防水保护膜。

(3) 用多支喷枪同时喷涂一面墙体时，应选用相同型号的“喷嘴”，以使喷出的浮点基本一致。

(4) 应在5℃～35℃之间施工。

(5) 适宜施工的空气湿度为60%～70%，空气湿度在85%以上及下雨天不可施工。

(6) 真石漆表面尚未喷涂防水保护膜时遇大雨，必须将已施工部分进行遮盖，以防雨水冲刷。大于4级风力不能施工。

内墙及室内顶棚涂饰的工艺流程与外墙涂饰的工程流程基本相同，只是选用腻子、涂料品种等级以及涂刷等级要求不同而已。在生产工艺日益发达的今天，这种差别也越来越小，在本节中就不再赘述。

涂饰工程常见质量缺陷及其处理办法见表7-20。

表7-20　　涂饰工程常见质量缺陷及其处理办法

缺陷表现	产生的主要原因	预防措施与处理办法
流坠、流挂、流淌	涂料施工黏度过低；每遍涂膜太厚；漆刷蘸油太多；喷枪的孔径太大；施工时温度太低，涂料干燥较慢，在成膜中流动性较大；喷涂施工中喷涂压力大小不均，喷枪与施涂面距离不一致；涂饰面凹凸不平，在凹处积油太多；选用了挥发性太快或太慢的稀释剂	调整涂料的施工黏度，每遍涂料的厚度应控制合理；漆刷蘸油勤蘸、蘸少；调整喷嘴孔径；加强施工场所通风，选用干燥稍快的涂料；调整空气压缩机，使压力均匀，气压一般为0.4～0.6 MPa。喷枪嘴与施涂面距离调到足以消除此项疵病，并应均匀移动；在施工中，应尽量使基层平整，磨去棱角。刷涂料时，用力刷匀；应选择和涂料配套的稀释剂的挥发速度和涂料干燥时间的平衡
刷　纹	涂料中的填料吸油性大，或涂料中混进了水分，使涂料的流平性变差；涂料的施工黏度过高，而稀释剂的挥发速度又太快；选用的漆刷过小、刷毛过硬或漆刷保管不善而使刷毛不齐或干硬；在木制品刷涂中，没有顺木纹方向平行操作；被涂物面对涂料的吸收能力过强，涂刷困难	刷涂所选用的涂料应具有较好的流平性，挥发速度适宜。若涂料中混入水，应用滤纸吸除；调整涂料施工黏度，选用配套的稀释剂；涂刷磁漆时，要用较软的漆刷，理油动作要轻巧。漆刷用完后，应用稀释剂洗净，妥善保管，刷毛不齐的漆刷应尽量不用；应顺木纹的方向进行施工；先用黏度低的涂料封底，然后进行正常涂刷；刷纹处理时，应用水砂纸轻轻打磨平整，并用湿布擦净，然后再涂刷一遍涂料

(续表)

缺陷表现	产生的主要原因	预防措施与处理办法
起　泡	木材、水泥等基层含水率过高；耐水性低的涂料用于浸水物体的涂饰。油性腻子未完全干燥或底层涂料未干时涂饰面层涂料；金属表面处理不佳，凹陷处积聚潮气或含铁锈，使涂膜附着不良而产生气泡；喷涂时，压缩空气中有水蒸气，与涂料混在一起；涂料的黏度较大，刷涂时易夹带空气进入涂层；施工环境温度太高或日光强烈照射，使底层涂料未干透；遇雨水后又涂上面涂料，底层涂料干结时产生气体将面层涂膜顶起	应在基层充分干燥后，再进行涂饰施工；在潮湿处选用耐水涂料。应在腻子、底层涂料充分干燥后，再刷面层涂料；金属表面涂饰前，必须将铁锈清除干净；涂料黏度不宜过大，一次涂膜不宜过厚，喷涂前，检查油水分离器，防止水气混入；应在底层涂料完全干透、表面水分除净后再涂面层涂料
涂膜开裂	涂膜干后，硬度过高，柔韧性较差；催干剂用量过多或各种催干剂搭配不当；涂层过厚，表干里不干；受有害气体侵蚀，如二氧化硫、氨气等；木材的松脂未除净，在高温下易渗出，使涂膜产生龟裂；混色涂料在使用前未搅匀；面层涂料中的挥发成分太多，影响成膜的结合力	面层涂料的硬度不宜过高，应选用柔韧性较好的面层涂料；应注意催干剂的用量和搭配；施工中每遍涂膜不能过厚；施工中应避免有害气体的侵蚀；木材中的松脂应除净，并用封底涂料封底后再涂面层涂料；施工前应将涂料搅匀；面层涂料的挥发成分不宜过多
涂膜脱落	基层处理不当，表面有油污、锈垢、水气、灰尘或化学药品等；潮湿或有霉的砖、石基层与涂料粘结不良；每遍涂膜太厚；底层涂料的硬度过大，涂膜表面光滑，使底层涂料和面层涂料的结合力较差	施涂前，应将基层处理干净；基面应当干燥，除去霉染物后再涂刷涂料；控制每遍涂料的涂膜厚度；注意底层涂料和面层涂料的配套，应选用附着力和润湿性较好的底层涂料

项目7.7　幕墙工程施工

学习重点：

1. 掌握玻璃幕墙的施工过程及常见质量问题的处理方法。
2. 掌握石材幕墙的施工过程及常见质量问题的处理方法。
3. 掌握金属板幕墙的施工过程及常见质量问题的处理方法。

幕墙是运用玻璃、金属、石材等作为墙面的面饰材料，并和金属构件共同组成悬挂在建筑主体结构外面非承重的外维护墙体。由于其造型具有整体连续性，并似帷幕，所以称之为幕墙。常见的幕墙工程按面饰材料的不同分为玻璃幕墙工程、金属幕墙工程、石材幕墙工程。

玻璃幕墙。玻璃幕墙由玻璃面板、连接件和支承结构组成，它连接于建筑物，是建筑物的外围护体系。玻璃幕墙的建筑功能是抵抗气候、雨、光、声等环境力量对建筑物的影响，结构功能是承受风、地震、自重等荷载作用并将这些荷载传递至建筑物的主体结构。

玻璃幕墙一般可划分为几种类型：全玻璃幕墙（图7-74）、框式玻璃幕墙、点支式玻璃幕墙。

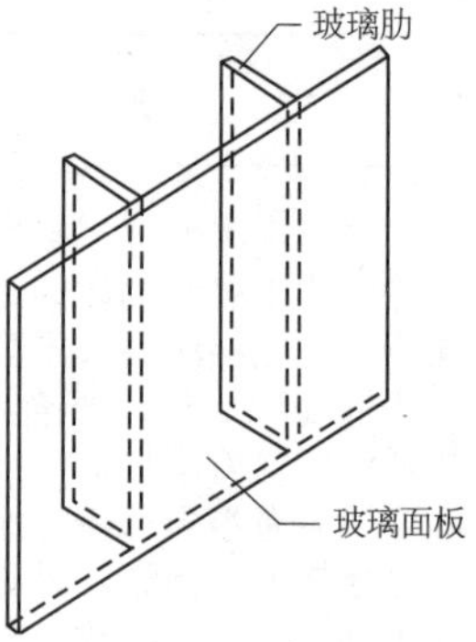

图 7-74 全玻璃幕墙

（1）框式幕墙。其分为明框幕墙、隐框幕墙和单元式幕墙三类，图 7-75 为明框玻璃幕墙，图 7-76 为单元式玻璃幕墙。

图 7-75 明框玻璃幕墙

图 7-76 单元式玻璃幕墙

（2）点支式玻璃幕墙。按照支承结构形式，点支式玻璃幕墙可以主要分为玻璃肋支承点支式、单柱式支承点支式、桁架式支承点支式、拉杆式支承点支式、拉索式支承点支式、索网支承体系点支式玻璃幕墙（图 7-77、图 7-78）。

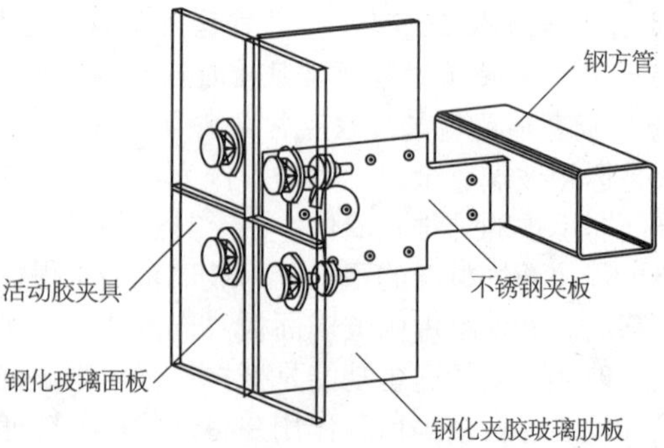

图 7-77 玻璃肋支承点支式玻璃幕墙

图 7-78 索网点支式玻璃幕墙

7.7.1 铝合金玻璃幕墙施工

1. 工艺流程

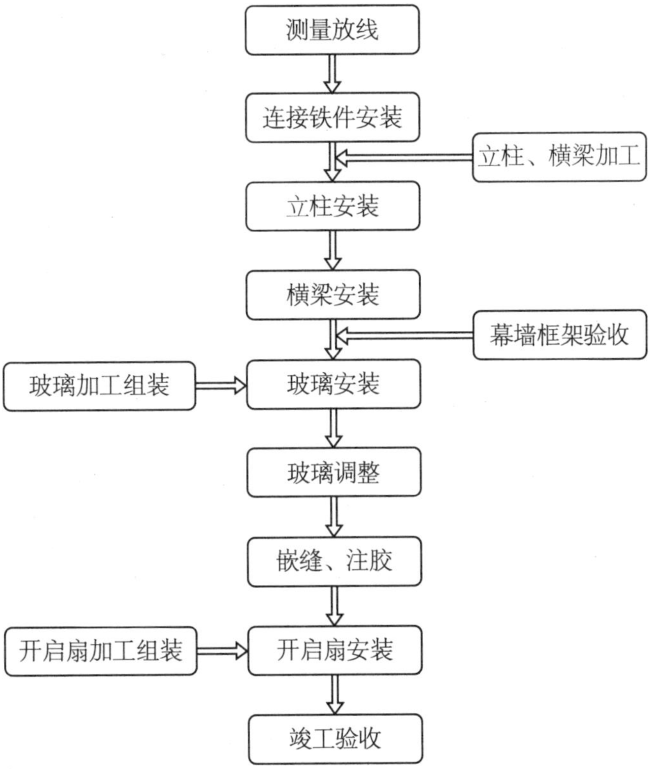

2. 工作重点及图解

1）连接件安装

为了保证幕墙安装后处在规定的平面上，准确焊接连接件很重要。连接件位置精确度为标高偏差不大于3 mm，左右位置偏差不大于3 mm，平面外偏差不应大于2 mm，为了保证安装准确度，在焊接固定连接角钢之前，需在幕墙的上、下两端之间用激光经纬仪定位，确定出控制用垂直平面的上、下两条边线，用以控制、检测安装尺寸。连接角钢焊接时先点焊，找正后再焊接固定，如图7-79所示。

2）立柱安装

如图7-80所示，连接角钢准确安装就位后，即可安装铝合金立柱，安装时将已加工、钻孔后的立柱嵌入连接角钢内，并且在角钢与立柱接触处设绝缘垫隔离，防止电位差腐蚀。用不锈钢螺栓初步固定立柱，螺母与角钢间要加设足够强度的不锈钢弹簧垫圈。根据控制通线对立柱进行复核，调整立柱的垂直、平整度，达到要求后再将螺母最终拧紧固定。立柱每安装完一层，均进行检查校正。

图7-79　连接件

图7-80　立柱安装

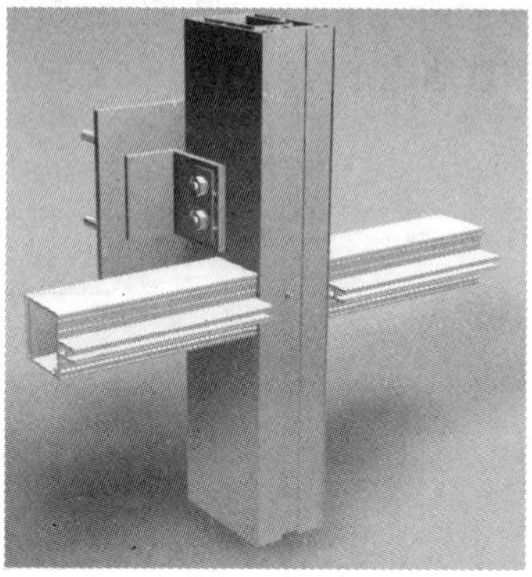

图7-81　横梁安装

3）横梁安装

安装横梁时可根据设计位置，在立柱外面拉横线，控制安装质量，同一层横梁的安装由下向上进行。当安装完一层时进行检查、调整、校正后再固定，以保证达到质量标准的要求，如图7-81所示

4）防火装置安装

根据整体建筑工程的防火要求，在幕墙楼层间设置层间防火，上、下采用1.5 mm镀锌钢板，中间采用100 mm厚防火岩棉，幕墙框架安装同时，按照防火设计节点图，使幕墙起到层间防火。

5）玻璃面板安装

铝合金玻璃幕墙板块或玻璃先安放在相应楼层位置后，采用人工方法将玻铝合金玻璃幕墙板块或玻璃嵌入铝合金框架的镶嵌槽内后，用螺栓初步固定后，进行检查、调整、校正后再正式注胶固定，如图7-82所示。

6）嵌缝注胶

玻璃安装完成后，进行嵌缝注胶，嵌缝注胶所用的耐候胶应经过相容性试验合格后方可应用。嵌缝注胶时先将填缝部位用规定的溶剂，按工艺要求进行净化处理，净化后嵌入泡沫填充条，在外侧胶缝两侧的玻璃上贴保护胶带纸，然后用耐候胶进行注胶，注胶后将胶缝压紧，抹平，撕去两侧胶带纸，将玻璃表面的污渍擦干净。

图7-82　玻璃面板安装

注胶后要做到胶缝与基材粘结牢固无孔隙，胶缝平整光滑，玻璃表面清洁无污染。

3. 质量检查

明框玻璃幕墙安装的允许偏差和检验方法应符合表 7-21 的规定。

表 7-21　　明框玻璃幕墙安装的允许偏差和检验方法

项次	项目		允许偏差/mm	检验方法
1	幕墙垂直度	幕墙高度≤30 m	10	用经纬仪检查
		30 m＜幕墙高度≤60 m	15	
		60 m＜幕墙高度≤90 m	20	
		幕墙高度＞90 m	25	
2	幕墙水平度	幕墙幅宽≤35 m	5	用水平仪检查
		幕墙幅宽＞35 m	7	
3	构件直线度		2	用 2 m 靠尺和塞尺检查
4	构件水平度	构件长度≤2 m	2	用水平仪检查
		构件长度＞2 m	3	
5	相邻构件错位		1	用钢直尺检查
6	分格框对角线长度差	对角线长度≤2 m	3	用钢尺检查
		对角线长度＞2 m		

4. 玻璃幕墙工程常见质量缺陷及其处理办法（表 7-22）

表 7-22　　玻璃幕墙工程常见质量缺陷及其处理办法

缺陷表现	产生的主要原因	预防措施及处理办法
变形	幕墙框架结构刚度差；竖框架料接头处理不当；伸缩缝设置不当或未按设计设置；伸缩缝内填塞无弹性，不能伸缩；未采用遮阳玻璃，温度变形过大	设计时，应保证竖框变形满足要求；立柱应采用套接，接头应能活动；框料之间、铝框与玻璃、墙体之间应有缝隙；伸缩缝内填塞料应采用耐老化填料，一般用硅胶；选用镜面反射玻璃或夹丝玻璃遮阳
渗水	封缝材料质量不过关；施工时填缝不严密	封缝材料必须柔软、弹性好，使用寿命长，耐老化，一般采用硅胶；施工时，封缝填塞严密均匀，并不得漏封；幕墙框架必须牢固可靠，变形必须满足要求
变色	局部受到腐蚀，或中空、夹层密封不严或受到破坏	不选用有腐蚀性的密封材料；若腐蚀严重应更换

7.7.2 石材幕墙施工

石材幕墙由石材面板、连接件和支承结构组成，它连接于建筑物，是建筑物的外围护体系。石材幕墙的建筑功能是抵抗气候、雨、光、声等环境力量对建筑物的影响，结构功能是承受风、地震、自重等荷载作用并将这些荷载传递至建筑物的主体结构。

1. 石材幕墙施工流程

测量放线 ⇒ 连接铁件安装 ⇒ 主龙骨安装 ⇒ 次龙骨安装 ⇒ 避雷系统安装 ⇒ 卡条安装 ⇒ 石板安装 ⇒ 打胶勾缝 ⇒ 清理自检 ⇒ 成品保护 ⇒ 验收

2. 施工重点及图解

1）连接铁件安装

预埋件应在土建施工时按设计要求埋设，如图 7-83 所示。埋件应牢固，位置准确，标高偏差不大于 10 mm，位置偏差不大于 20 mm，复查埋件并严格按设计要求进行调整。按饰板规格和设计布置，在结构面上弹出分格线，在预埋件上定出转接角钢安装位置，转接角钢焊接在预埋件上，校正后固定。

2）立柱、横梁安装

将竖向方钢立柱通过螺栓与连接角钢连接，进行调整和固定（图 7-84）。

在竖向方钢立柱上弹出横向角钢连接件位置线，将横向角钢连接件连接在竖向方钢龙骨的预定位置。先点焊，校正后焊接牢固，如图 7-84 所示。

图 7-83　连接件安装

图 7-84　立柱安装

图 7-85　横梁安装

图 7-86　挂件安装

角钢横梁通过螺栓与连接件连接，在横向角钢龙骨上定出不锈钢挂件螺栓位置，用螺栓固定挂件，同一层的挂件由下而上安装。所有螺栓设弹簧垫圈，螺栓连接要牢固、平整，如图 7-86 所示。

3）面板安装

按图纸在板侧编号，校对板材规格和基面尺寸。先按设计尺寸预拼和编号。调节螺栓使石板平整及板缝均匀，左、右、上、下偏差不大于 1.5 mm。安装时对相邻板材要及时进行控制，相邻之间板材表面平整度可用水平线校正，如图 7-87 所示。

4）打胶勾缝

按工程要求进行勾缝打胶工作，打胶前在石材平面边沿处粘贴美纹纸，以保护打胶时污染石材。勾缝打胶时要求达到横平竖直、宽窄一致、涂胶均匀。使得胶缝美观且耐固，采用石材嵌缝用中性硅酮密封胶，以防对石材产生腐蚀。背栓式石材幕墙构造如图 7-88 所示。

图 7-87 面板安装

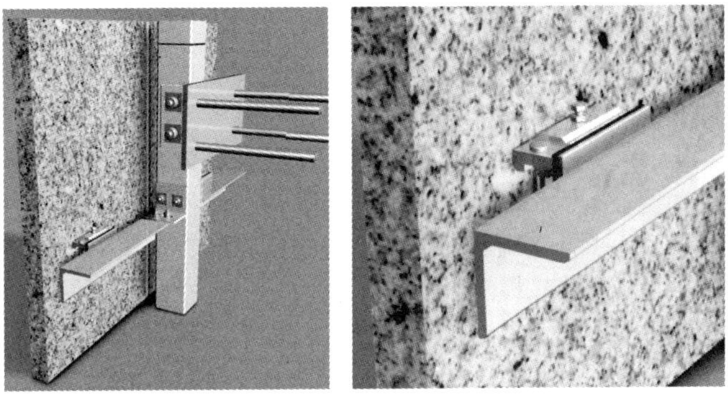

图 7-88 背栓式石材幕墙构造

3. 质量检查

石材幕墙安装的允许偏差和检验方法应符合表 7-23 的规定。

表 7-23 石材幕墙安装的允许偏差和检验方法

<table>
<tr><th rowspan="2">项次</th><th rowspan="2" colspan="2">项　目</th><th colspan="2">允许偏差/mm</th><th rowspan="2">检验方法</th></tr>
<tr><th>光面</th><th>麻面</th></tr>
<tr><td rowspan="4">1</td><td rowspan="4">幕墙垂直度</td><td>幕墙高度≤30 m</td><td colspan="2">10</td><td rowspan="4">用经纬仪检查</td></tr>
<tr><td>30 m < 幕墙高度≤60 m</td><td colspan="2">15</td></tr>
<tr><td>60 m < 幕墙高度≤90 m</td><td colspan="2">20</td></tr>
<tr><td>幕墙高度 > 90 m</td><td colspan="2">25</td></tr>
<tr><td>2</td><td colspan="2">幕墙水平度</td><td colspan="2">3</td><td>用水平仪检查</td></tr>
<tr><td>3</td><td colspan="2">板材立面垂直度</td><td colspan="2">3</td><td>用水平仪检查</td></tr>
<tr><td>4</td><td colspan="2">板材上沿水平度</td><td colspan="2">2</td><td>用 1 m 水平尺和钢直尺检查</td></tr>
<tr><td>5</td><td colspan="2">相邻板材板角错位</td><td colspan="2">1</td><td>用钢直尺检查</td></tr>
<tr><td>6</td><td colspan="2">阳角方正</td><td>2</td><td>3</td><td>用垂直检测尺检查</td></tr>
</table>

(续表)

项次	项　目	允许偏差/mm		检验方法
		光面	麻面	
7	接缝直线度	2	4	用直角检测尺检查
8	接缝高低差	3	4	拉 5 m 线，不足 5 m 拉通线，用钢直尺检查
9	接缝宽度	1	—	用钢直尺和塞尺检查
10	板材立面垂直度	1	2	用钢直尺检查

7.7.3 金属板幕墙施工

金属板幕墙一般悬挂在承重骨架的外墙面上，它具有典雅庄重、质感丰富、坚固、耐久、易拆卸等优点，适用于各种工业与民用建筑。

金属板幕墙按材料可分为单一材料板和复合材料板两种。单一材料板为一种质地的材料，如钢板、铝板、铜板、不锈钢板等；复合材料板是由两种或两种以上质地的材料组成的，如铝合金板、搪瓷板、烤漆板、镀锌板、色塑料膜板、金属夹心板等。

金属板幕墙按板面形状可分为光面平板、纹面平板、波纹板、压型板及立体盒板等，如图 7-89 所示。

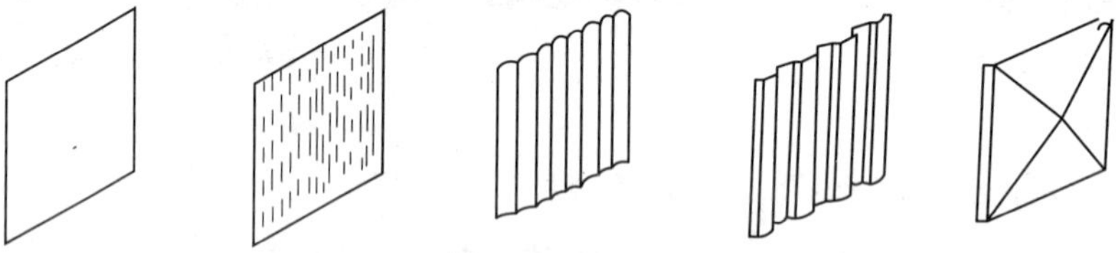

(a) 光面平板　(b) 纹面平板　(c) 波纹板　(d) 压型板　(e) 立体盒板

图 7-89　金属幕墙按板面形状分类

金属板幕墙的安装施工工艺与石材幕墙的大体相同，但由于安装材料不一样，金属面板安装时，施工人员应戴干净手套防止污染板面和划伤手臂。安装时应先下后上，从一端向另一端逐块进行。注意金属板的安装方向、板背或保护膜上的箭头方向应一致，现在以铝单板、铝塑复合板为例说明加工制作的要求，具体方法如下。

(1) 按深化设计排版图，先在构架上划出插挂件的安装位置，用螺钉将插挂件固定于构架上，确保插挂件的整体垂直度、平整度和防腐情况，对破损了的防腐涂层处补刷防锈漆，然后将金属面板以插挂件方式安装到构架上。板块缝之间应塞等厚度的铝片以保证缝隙宽度均匀一致，边安装边调整垂直度、水平度、接缝宽度以及与相临板的高度差，最后检查插挂件并固定牢固。

(2) 将已加工好的金属板（板边固定有安装角码）用不锈钢自攻螺钉，通过板边角码直接固定到构架上，调整后紧固。

铝单板。铝单板在弯折加工时弯折外圆孤半径不应小于板厚的 1.5 倍，以防止出现折裂纹和集中应力。板上加劲肋的固定可采用电栓钉，但应保证铝板外表面不变形、不褪色，固定应牢固。铝单板的折边上要做耳子用于安装，如图 7-90 所示。

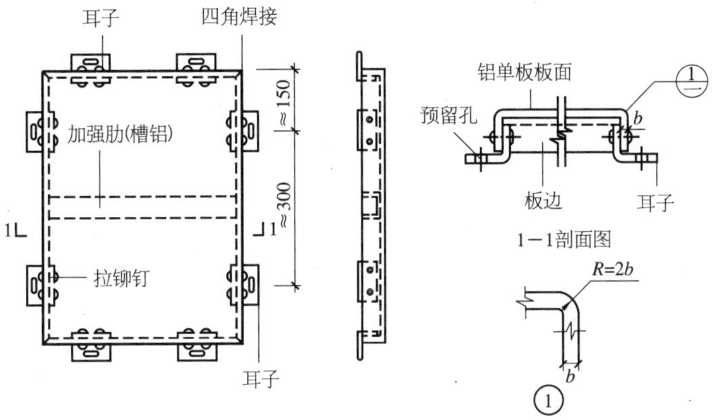

图7-90 铝单板

铝塑复合板。铝塑复合板面有内、外两层铝板，中间复合聚乙烯塑料。在切割内层铝板和聚乙烯塑料时，应保留不小于0.3 mm厚的聚乙烯塑料，并不得划伤外层铝板的内表面，如图7-91所示。

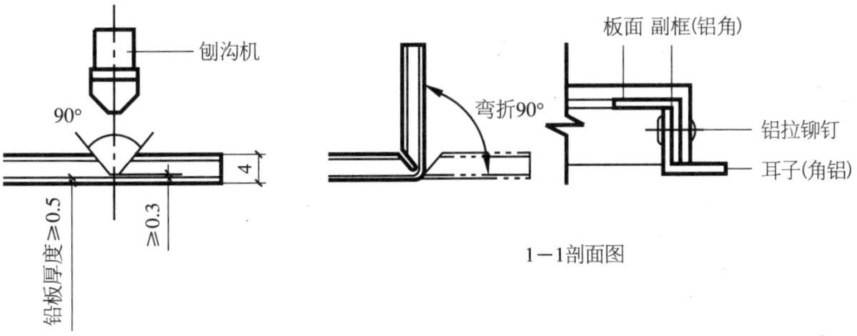

(a) 塑复合板的折边

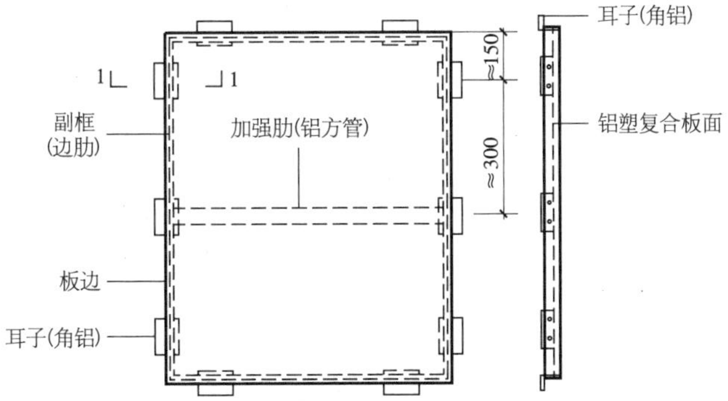

(b) 铝塑复合板

图7-91 铝塑复合板

1. 铝单板幕墙施工方法工艺流程

连接件焊接 ⇒ 龙骨安装 ⇒ 保湿棉、防火材料安装 ⇒ 金属板安装 ⇒ 密封 ⇒ 清扫

2. 工作重点

(1) 金属面板通常由专业工厂加工成型。但因实际工程的需要，部分面板要现场加工。现场加工应使用专业设备和工具，由专业操作人员操作，以确保板件的加工质量和操作安全。

(2) 各种电动工具使用前必须进行性能和绝缘检查，吊篮须做荷载、各种保护装置和运转试验。

(3) 金属面板不要重压，以免发生变形。

(4) 由于金属板表面上均有防腐及保护涂层，应注意硅酮密封胶与涂层粘结的相容性问题，事先做好相容性试验，并为业主和监理工程师提供合格成品的试验报告，保证胶缝的施工质量和耐久性。

(5) 在金属面板加工和安装时，应当特别注意金属板面的压延纹理方向，通常成品保护膜上印有安装方向的标记，否则会出现纹理不顺、色差较大等现象，影响装饰效果和安装质量。

(6) 固定金属面板的压板、螺钉，其规格、间距一定要符合规范和设计要求，并要拧紧不松动。

(7) 金属板件的四角如果未经焊接处理，应当用硅酮密封胶来嵌填，保证密封、防渗漏效果。

3. 质量检查

金属幕墙安装的允许偏差和检验方法应符合表 7-24 的规定。

表 7-24　　金属幕墙安装的允许偏差和检验方法

项次	项　目		允许偏差/mm	检验方法
1	幕墙垂直度	幕墙高度≤30 m	10	用经纬仪检查
		30 m＜幕墙高度≤60 m	15	
		60 m＜幕墙高度≤90 m	20	
		幕墙高度＞90 m	25	
2	幕墙水平度	层高≤3 m	3	用水平仪检查
		层高＞3 m	5	
3	幕墙表面平整度		2	用 2 m 靠尺和塞尺检查
4	板材立面垂直度		3	用垂直检测尺检查
5	板材上沿水平度		2	用 1 m 水平尺和钢直尺检查
6	相邻板材板角错位		1	用钢直尺检查
7	阳角方正		2	用直角检测尺检查
8	接缝直线度		3	拉 5 m 线，不足 5 m 拉通线，用钢直尺检查
9	接缝高低差		1	用钢直尺和塞尺检查
10	接缝宽度		1	用钢直尺检查

思考与训练

1. 某商务楼，地下 3 层，地上 16 层，框架结构，拟进行精装修，其中建筑地面工程的装饰做法为：地下 3 层为水泥砂浆地面，地上 1 ~ 16 层为天然大理石建筑板材地面（局部地面为木地板），墙面也以天然大理石为饰面，其规格：600 mm × 450 mm，厚度 18 mm，一等品；为便于灌浆操作，操作人员将结合层的砂浆厚度控制在 18 mm，每层板材安装后分两次灌浆。后发现装修工程中发生了如下事件：

某层走廊墙面石材饰面产生不规则的花斑，沿墙高的中下部位空鼓的板块较多。

问题：

（1）试指出水泥砂浆、天然大理石、木地板楼地面常见的施工质量缺陷及预防措施。

（2）试述装饰装修工程事件产生的原因和治理方法。

2. 分成若干小组，对某项已建成工程进行实地考察，对工程装饰装修部分质量通病进行调研，具体分析产生问题的原因，并提出整改措施。

单元8

钢结构工程施工

单元概述：钢结构是以钢材为主要材料构成建筑物的受力骨架。钢结构建筑具有强度高、自重轻、截面小、抗震性好、平面布置灵活、节省空间、施工进度快、建设周期短、可循环发展等特点，在国内蓬勃发展。我国具有三级以上资质的钢结构企业3 000多家，大中型工业厂房、超市及仓储式仓库、超高层地标性建筑、大跨度公共建筑的建设，大多数都采用钢结构。本单元为钢结构工程施工，以门式刚架轻型钢结构厂房、多高层钢框架建筑、钢-混凝土组合结构建筑的制造与安装为主线，通过制作工艺流程，安装流程的详细描述，以帮助学生理解钢结构工程项目的施工要领，为将来能安全有序地开展施工组织管理奠定基础。

学习目标：

1. 掌握钢结构工程材料特性。
2. 了解钢结构工程常用结构形式，理解各类结构的施工特点。
3. 熟悉钢结构基本构件的制作工艺。
4. 熟悉钢结构工程的常规安装流程。

教学建议：建议让学生分组搜集轻型钢结构、多高层钢结构、组合结构的案例，教师给予分析与评价。钢构件的加工应结合工艺流程及工作重点讲解，穿插介绍常用制作量具及工具的使用方法。钢结构的安装，除了讲解安装特点、工作流程、成品运输、主要机具外，还需介绍常见问题的预防与处理，建议采用分组模拟的方式，让学生应急处理施工常见问题。组合结构的施工，应结合结构形式的特点，介绍施工准备、工作流程及安装重点，让学生分析钢管混凝土、型钢混凝土结构物的施工与全钢结构施工有何主要区别。

学时建议：总学时建议为16学时。其中，项目1钢构件加工建议6学时，项目2钢结构安装建议6学时，项目3钢-混凝土组合结构施工建议4学时。

关键词：钢结构（steel structure）；门式刚架（portal frame）；轻型钢结构（engineered building）；多、高层建筑（multi-storey and tall buildings）；组合结构（composite structure）；钢结构施工（construction of steel structure）

项目8.1 钢构件加工

学习重点：

1. 了解钢结构的主要结构形式以及材料特性。
2. 掌握轻型钢结构，多、高层钢结构、组合结构的基本概念。
3. 掌握门式刚架轻型钢结构，多、高层钢框架的制作流程。
4. 了解门式刚架，多、高层钢结构常见问题及其预防处理。

8.1.1 钢结构组成

1. 钢结构的主要形式（**the main form of steel structure**）

结构是建筑物的受力骨架，由基本构件和连接构成，工程应用中常见的梁、板、柱属于结构构件。钢结构（steel structure）是以钢材为主要材料构成建筑物的受力骨架。工业厂房中的变截面门式刚架（portal frame），多、高层建筑（multi-storey and tall buildings）中的多跨多层框架，都属于平面结构体系。平面结构体系构造简单，传力明确，易于实现标准化、定型化，制作简单，安装方便，施工进度较快。大跨度建筑中的网架、网壳，高层建筑中钢框架-支承结构、核心筒外的钢框架结构、钢管混凝土结构、型钢混凝土结构等均属于空间结构体系，空间结构体系形式多样，易满足使用功能和建筑造型要求，缺点是难于实现标准化、定型化，制作和安装难度大。

钢结构工程施工项目单元，将列举工业厂房中的门式刚架，多、高层建筑中的钢框架，钢-混凝土组合结构的制造与安装，通过钢构件加工制作流程，以及结构安装流程进行详细描述。

2. 钢结构用材

适用于钢结构的钢材必须具备强度高、塑性韧性好、加工性能好、可焊性好的性能。现行的《钢结构设计规范》(GB 50017)规定：承重结构用钢材应具有抗拉强度、屈服强度、伸长率以及碳、硫、磷含量的合格保证；焊接结构应具有冷弯试验合格保证；承受动力荷载结构，及重要的受拉和受弯焊接结构，还应具有常温或负温冲击韧性合格保证。

钢材按用途分为结构钢、工具钢和特殊钢。结构钢又分为建筑用钢和机械用钢。钢材按照化学成分的不同分为碳素钢和合金钢。钢材按照冶炼过程中脱氧方法的不同分为沸腾钢(F)、半镇静钢(b)、镇静钢(Z)、特殊镇静钢(TZ)，钢材牌号中镇静钢和特殊镇静钢的代号可以省略。建筑工程中采用的钢材主要集中在碳素结构钢(GB/T 700)、低合金高强度结构钢(GB/T 1591)，优质碳素结构钢(GB/T 699)，合金结构钢(GB/T 307)。图 8-1 为钢材冶炼。

图 8-1 钢材冶炼

碳素钢质量等级分为 A，B，C，D 四个等级，A 级只保证抗拉强度、屈服点、伸长率、必要时附加冷弯试验。碳、锰含量不作为交货条件。B，C，D 级钢材除了保证抗拉强度、屈服点、伸长率以及冷弯试验外，还要保证冲击韧性要求，试验温度与质量等级的对应关系为：B 级 +20℃(即常温)，C 级 0℃，D 级 -20℃。合金钢的质量等级分为 A，B，C，D，E 五个等级，增加的 E 级要求冲击韧性试验温度为 -40℃。

工程上碳素结构钢常用屈服强度为 235 MPa 的钢材，牌号表示如 Q235B，Q235Bb，Q235C，Q235D。低合金高强度结构钢常用屈服强度为 345 MPa 和 390 MPa，牌号表示如 Q345B，Q345C，Q390D。

钢材选择的目的是确保安全可靠并做到经济合理，考虑因素包括结构重要性、荷载情况、连接方法、环境温度等，应在设计阶段给予充分的考虑。

目前，我国钢结构工程常用型钢的特点及用途如表 8-1 所示。

表 8-1　　钢结构工程常用型钢的特点及用途

型钢名称	剖面示意图	标注示例	特　点	用　途
角钢 GB 9787（等边） GB 9788（不等边）	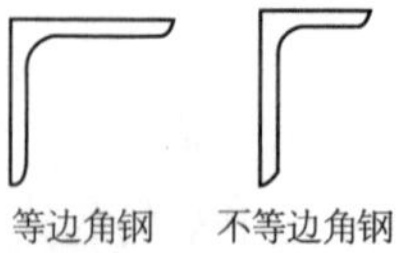 等边角钢　不等边角钢	等边角钢 L50×5 不等边角钢 L80×60×8	角钢间采用缀板相连，组合形成构件	属于常用普通型材，用于钢屋架、钢桁架，或用作支托、隅撑等
工字钢 GB 706		I550×170×16.5	与 H 形钢比较，腹板高、翼缘窄，重量相当时，工字钢 Wx，Wy 较小，Wx，Wy 相当时，工字钢较重	属于常用普通型材，一般用于钢梁，因内边有斜坡，不宜采用螺栓连接

（续表）

型钢名称	剖面示意图	标注示例	特　点	用　途
钢板、钢带 GB/T 708（冷轧） GB/T 709（热轧）		$\frac{-300\times8}{2\,800}$	钢板和钢带的区别在于成品形状，钢板是平板状，钢带成卷供货	属于常用普通型材，用于切割成板条，制作焊接 H 型钢或钢管
H 型钢 GB/T 22363	 热轧或焊接H型钢	HW400×400×8×12	翼缘内外边平行，内边无斜度，代替工字钢，可节约材料 7%～15%	广泛应用于结构构件，分为宽翼缘 HW、中翼缘 HM、窄翼缘 HN、钢桩 HP 四种
部分 T 型钢 GB/T 22363	 热轧或焊接T型钢	TW100×50×4×6	T 形截面翼缘内外边平行内边	广泛应用于结构构件，分为宽翼缘 TW、中翼缘 TM、窄翼缘 TN
冷弯型钢 GB/T 6725	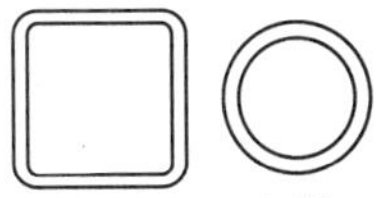 方管　圆管	方形截面 □120×120×6 矩形截面 □360×200×12.5 圆形截面 ϕ360×10	采用冷弯工艺形成矩形截面管材，成型质量高，截面合理，力学性能良好	用于建筑业和机械行业，如建筑中的钢管柱及钢管混凝土柱
结构用钢管 GB/T 8162	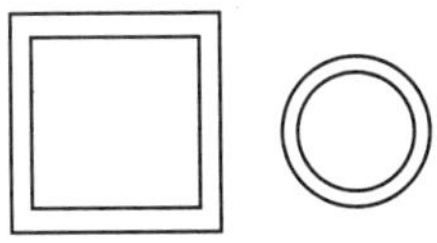 方管　圆管	□550×550×25×25 ϕ400×20	制造厂采用多头直条气割机切割板材，经组装后采用电渣焊成型，力学性能良好，规格灵活，工业化程度高，质量好	箱形截面钢管选用四块钢板组合而成，四角选用焊透 V 形或 J 形焊缝焊接，用于箱形截面钢管柱或梁。圆管采用钢带焊接成形，有直缝圆管和螺旋缝圆管，用于钢管混凝土柱
压型钢板 GBT 12755		墙面板：YX35－125－750 楼承板：YX76－344－688	薄壁型钢辊压成型，分为镀锌楼承板和彩涂的屋面和墙面围护板	镀锌楼承板，用作组合楼板的底模，彩涂压型钢板用于轻钢建筑的墙面、屋面起围护作用

3. 轻型钢结构（**engineered building**）

轻型钢结构是指以钢结构框架作为主结构，以冷弯薄壁 C 型钢、Z 字形钢檩条作为次结构，以彩涂压型金属板作为围护体系，辅以专用紧固件、保温棉、采光瓦、阳光板、收边泛水等附件构成的自重较轻的钢结构建筑。如图 8-2 所示为门式刚架轻型钢结构建筑体系。一般认为《门式刚架轻型房屋钢结构技术规程》（CECS 102）范畴所涉及的钢结构属于轻型钢结构，每平方米建筑面积的用钢量在 70 kg 以下。

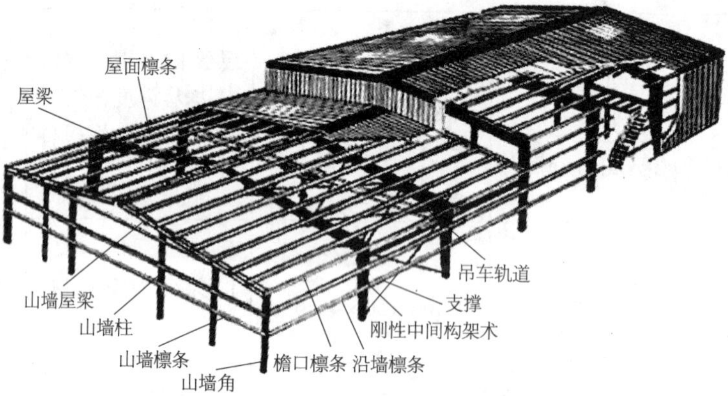

图 8-2　门式刚架轻型钢结构建筑体系

轻型钢结构建筑特点：自重轻，基础造价低；构件截面小，刚度好，使用面积和空间利用率高；施工周期短，施工占地面积小；可多次拆装，重复使用，符合资源节约型社会建设需求；耐久性较好，可靠性高，适用于低层厂房、仓库建筑；保温隔热、隔声性能好。

门式刚架轻型钢结构按结构构件形式划分为格构式和实腹式两种，如图 8-3 所示为门式刚架的两种形式。格构式刚架刚度大，用钢量省，外形和净空布置灵活，采用角钢或钢管组合，加工复杂，较适合于大跨度刚架应用。实腹式门式刚架一般采用钢板焊成 H 形截面，构件之间采用螺栓连接，屋面板、墙面板采用自攻螺钉连接。实腹式门式刚架轻型钢结构房屋具有构造简单，装拆容易，节省材料，运输方便，选用轻型机具安装，施工周期短，造价低等优点。实腹式门式刚架轻型钢结构承重主框架多数采用单跨或多跨实腹门式刚架，目前被广泛应用于厂房设计中，屋面和墙面采用轻型复合板或彩色压型钢板，形成轻型屋盖和轻型外墙，可设置起重量不大于

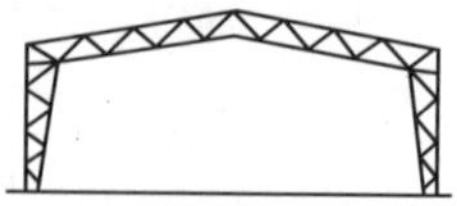

(a) 格构式

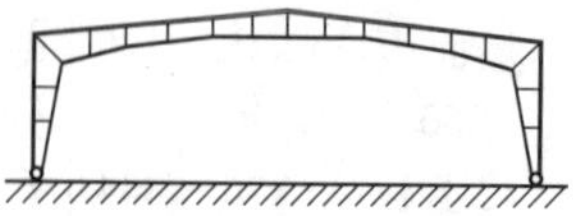

(b)实腹式

图 8-3　门式刚架形式

200 kN 的中级或轻级工作制吊车，也可设置 30 kN 悬挂式起重机。

4. 多、高层钢结构

多、高层钢结构除承受由重力引起的竖向荷载外，更重要的是承受由风荷载或地震作用引起的水平荷载。多、高层钢结构的建筑平面力求简单、规则、对称，立面应选择沿高度均匀变化的简单几何图形。多、高层结构体系包括抗侧力体系和抗重力体系两部分，前者主要承担水平荷载，后者主要承担竖向荷载，包括自重和楼屋面活荷载等。多层钢结构体系设计主要考虑抗重力体系，高层则以水平荷载起主导作用，结构的抗侧力体系更为重要，结构中的钢框架即是抗侧力体系，同时又是抗重力体系。抗侧力体系包括支撑桁架、钢混剪力墙、筒体、密柱深梁构成的框筒、钢-混凝土组合结构等，抗侧力体系与抗重力体系的不同组合决定了多、高层钢结构丰富多样的结构形式。

多、高层钢结构建筑根据其体系组合形式的不同分为全钢框架结构、钢框架-支撑结构、核心筒钢框架结构、钢管混凝土结构、型钢混凝土结构，前两种为全钢结构，后三种均为钢与混凝土的组合结构。

钢结构与采用钢筋混凝土结构建造的多、高层建筑物比较具有以下特点：

(1) 自重轻，构件截面小，可降低基础造价；

(2) 使用面积大，房屋净空高；

(3) 施工速度快，工业化程度高，投资回报率高；

(4) 抗震性能较好，利于向超高层发展；

(5) 材料绿色环保，符合可持续发展需求；

(6) 性价比高，综合造价超过钢混；

(7) 与幕墙结合，形成现代感强的建筑外形。

5. 组合结构（**composite structure**）

组合结构，是由钢筋混凝土与结构钢组合形成的建筑结构，结构钢包括型钢梁、型钢柱、楼面压型钢板等。组合结构充分发挥钢与钢筋混凝土这两种材料的优点，相对全钢结构和全钢筋混凝土结构而言，具有明显的优势，构件中型钢与混凝土间相互约束，取长补短，充分发挥自身优点。

组合结构包括组合板结构、钢管混凝土结构、型钢混凝土结构。如图 8-4 所示为组合结构的三种基本形式。组合板结构是压型钢板与钢筋混凝土的组合；钢管混凝土结构则将混凝土灌入钢管内形成构件，型钢混凝土结构将型钢钢骨设置于钢筋混凝土构件截面内，叠合成梁、柱等构件。钢管与型钢的设置，大大增强了构件的延性，提高结构物整体抗震性能。组合结构的建筑具有承载能力高、延性好、变形性能强等优点，逐渐成为多、高层建筑设计中取代全钢结构和全钢筋混凝土结构的一类新型结构形式。如图 8-5 所示为组合结构工程应用示意。

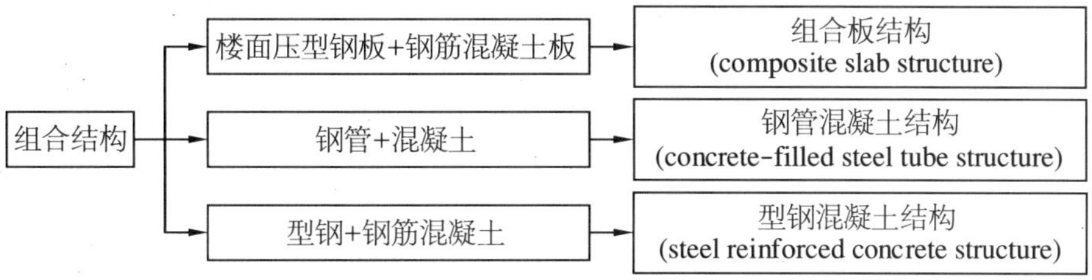

图 8-4 组合结构的三种基本形式

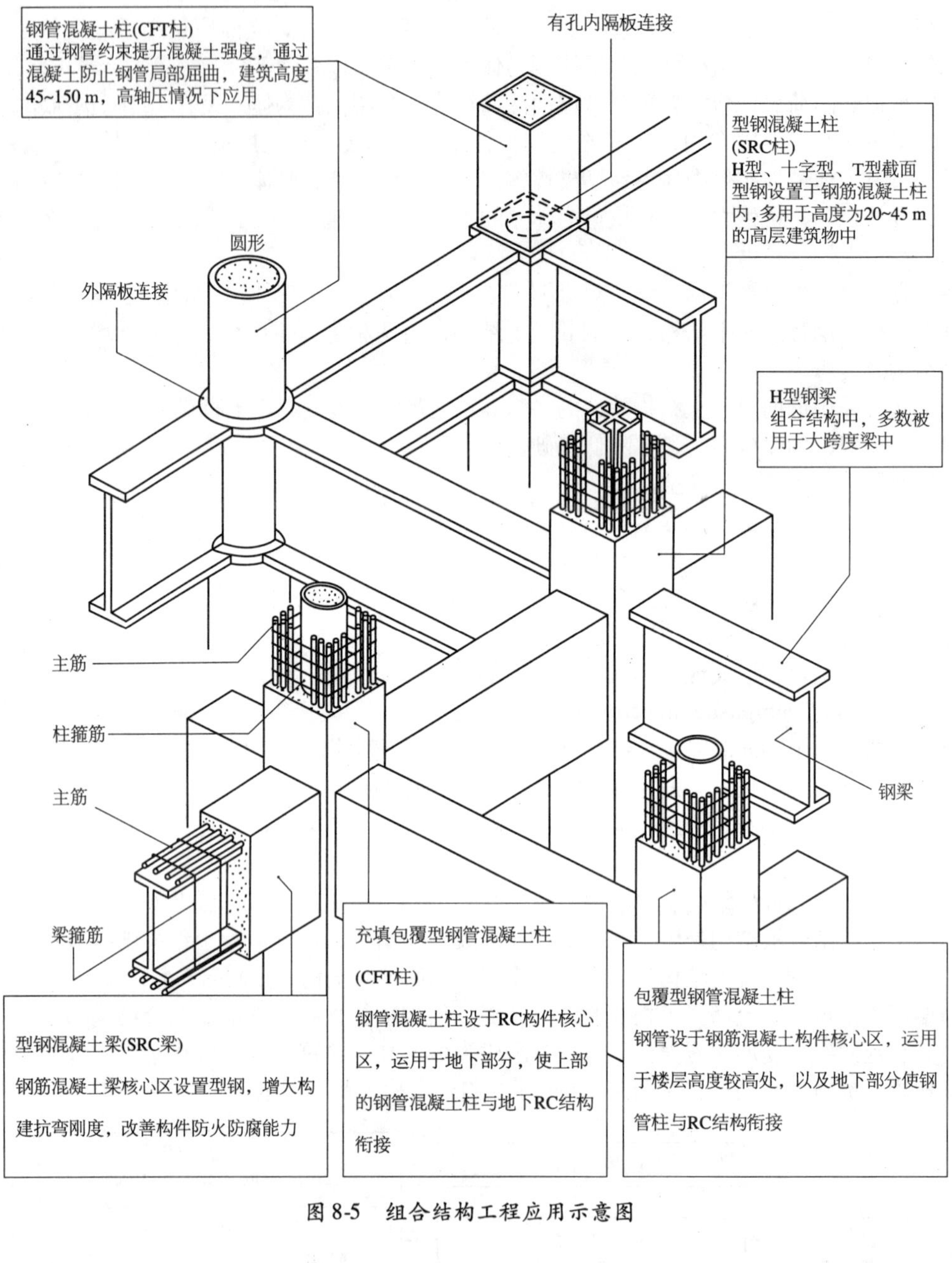

图 8-5　组合结构工程应用示意图

8.1.2　门式刚架制造

1. 钢构件制造的一般流程（图 8-6）

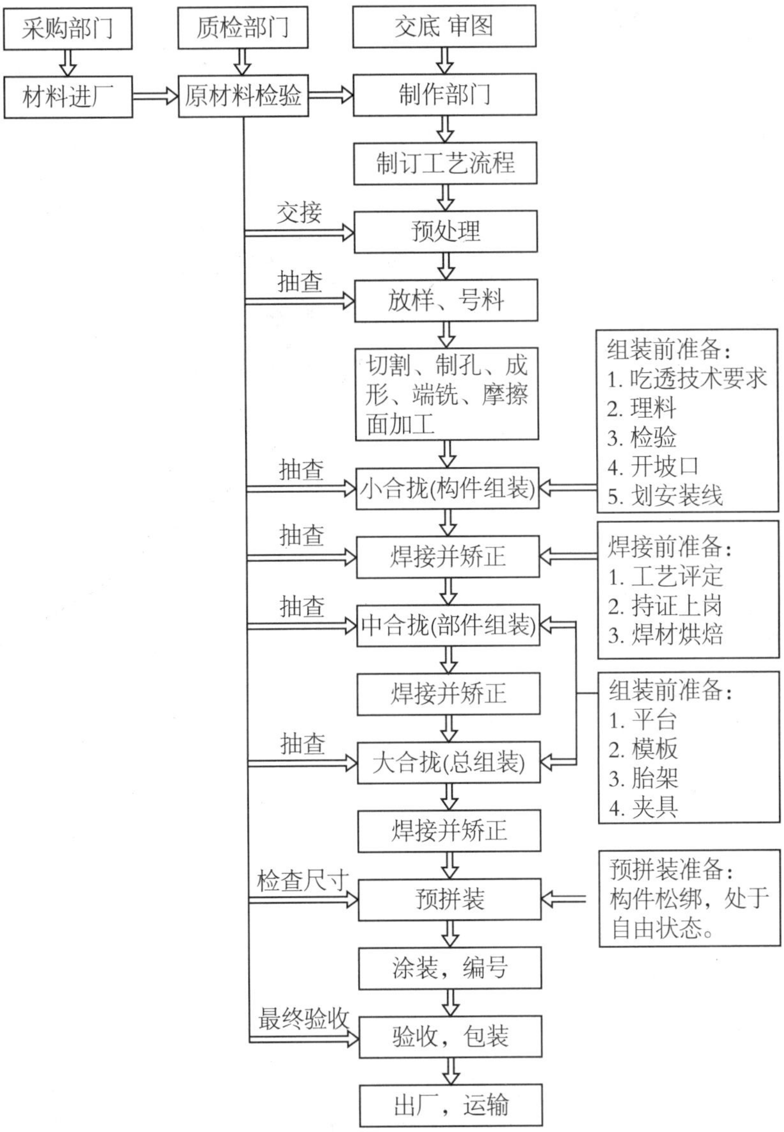

图 8-6　钢结构制造的一般流程

2. 门式刚架的制造

门式刚架轻型钢结构体系包括门式变截面钢框架、外纵墙钢结构、端墙钢结构、屋面钢结构、屋面支撑及柱间支撑、内外钢托架梁、钢吊车梁、屋面钢檩条、雨篷、压型钢板组合楼面、钢楼梯及检修梯、屋面墙面彩色压型钢板、屋面檐沟、天沟、落水管、屋面通风天窗、采光带、采光井等。图 8-7 为门式刚架轻型钢结构的几个工程实例，图 8-8 为轻钢屋面采光处理。

(a) 某地区轻钢结构厂房

(b) 某地区轻钢结构厂房

(c) 某市钢结构工程有限公司厂房外观

(d) 某市钢结构工程有限公司厂房内部

图 8-7　门式刚架厂房照片

(a) 屋面采光带

(b) 屋面采光井

图 8-8　轻钢结构屋面采光

1）门式刚架制作工艺流程（图 8-9）

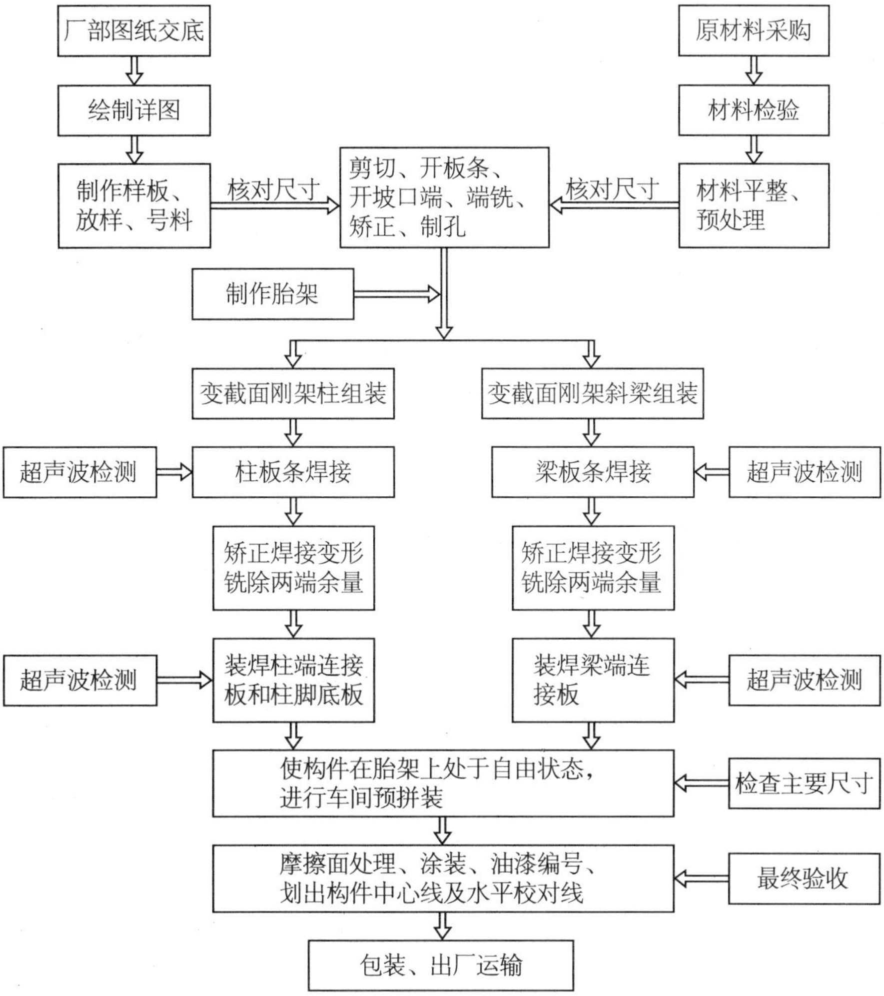

图 8-9　门式刚架制作的工艺流程

2）门式刚架制造工作重点

（1）放样、号料

经厂部图纸交底后进行详图设计，再进行门式刚架的放样下料。先核对图纸安装尺寸和孔距，采用 1∶1 比例大样放出节点，制作样板和样杆作为下料、弯制、铣、刨、制孔等加工的依据。

常见放样号料工具有划针、划规、冲子、勒子、手锤、划线盘、粉线、弯尺、直角尺、钢卷尺。首先在样板平台上弹出刚架柱或刚架梁的大样，可分段弹出，放样弹出十字基准线，两线必须垂直，然后根据十字线逐一划出其他各点和线，在节点旁标注尺寸，以备复查检验。号料方法有集中号料法、套料法、统计计算法、余料统一号料法。

（2）切割下料

钢材切割的方法有气割、剪切、冲切、锯切等。切割方法的选用应根据各种切割方法的设备能力、切割精度、切割面的质量情况和经济性等因素来选择，一般情况下，钢板厚度在 12 mm 以下的直线切割，通常采用机械剪切下料，气割多数用于带曲线的零件或 12 mm 以上厚钢板的切割；各类型钢的下料通常采用锯切；钢管一般采用管子车床或数控相贯面切割机下料；一些中小型角钢和圆钢，常采用锯切。

(3) 边缘加工

门式刚架钢构件中，需要进行加工的边缘包括：① 焊接坡口；② 尺寸要求严格的加劲板、隔板、腹板、有孔眼的节点板；③ 翼缘、腹板、支承面有加工要求的端面；④ 吊车梁翼缘板；⑤ 支座。支座支承面常用边缘加工方法有铲边、刨边、铣边、碳弧气刨、气割和坡口机加工。对加工质量要求不高，工作量不大的边缘加工，可以采用铲边。铲边有手工铲边和机械铲边两种。手工铲边的工具有手锤和手铲，机械铲边的工具有风动铲锤和铲头等。

铣边机利用滚铣切削原理，对钢板焊前坡口、斜边、直边、U 形边能同时滚铣切削成型，工效为刨边的 1.5 倍，能耗小，操作维护便利，加工精度高于刨边。

碳弧气刨切割原理是通电后使碳棒与被刨削板材间产生电弧，6 000℃左右的高温将板材熔化，压缩空气随即将熔化金属吹掉，达到刨削金属的目的。如图 8-10 所示为碳弧气刨切割。碳弧气刨优点是效率高、灵活方便，能在狭窄处操作，操作时能看清焊缝缺陷消除与否；可以切割氧气割难以切割的金属，如生铁不锈钢、高锰钢、铜、铝、合金等，热影响区小，设备简单，气刨枪制作简单。

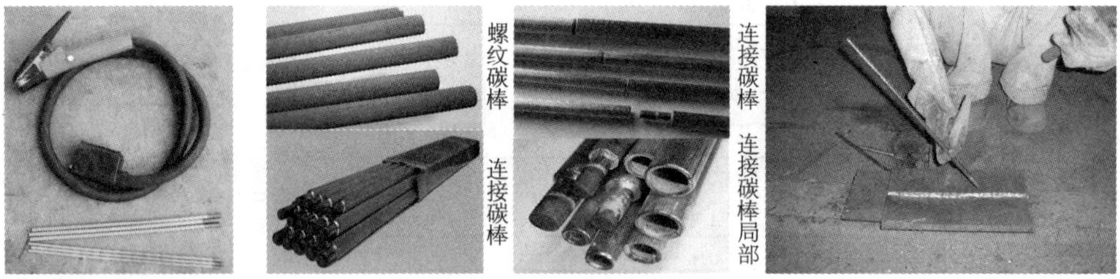

(a) 碳弧气刨钳　(b) 碳弧气刨棒　(c) 碳弧气刨操作

图 8-10　碳弧气刨切割

(4) 弯制成型

构件加工中，弯制成型加工主要是卷板（滚圆）、弯曲（煨弯）、折边以及模具压制等几种方法，加工工序是由热加工或冷加工完成的。

热加工是把钢材加热到一定温度后进行的加工方法，常用热加工方法有两种：一利用乙炔焰进行局部加热，这种方法简便，但加热面积较小；另一种是放在工业炉内加热，虽然它没有前一种方法简便，但是加热面积很大。

冷加工是将钢材置于常温下进行加工，冷加工大多数是利用机械设备和专用工具进行的。

(5) 制孔

孔加工在钢结构制造中占有一定的比重，尤其是在采用螺栓连接构件加工中，孔的数量以及加工精度都有很高要求。

钢结构制造中制孔方法主要采用钻孔和冲孔。钻孔原理为切削制孔，孔精度高，对孔壁损伤较小，钻孔更为普遍，可用于任何规格钢板和型钢孔的加工。冲孔一般只用于较薄钢板孔加工，以及非圆孔加工，一般要求孔径小于板材厚度，冲孔生产效率虽然比较高，但由于孔周围易产生冷作硬化，孔壁质量差，因此，在钢构件制作中较少采用。门式轻钢结构中的框架节点常采用高强度螺栓连接，栓孔钻孔而成，厚度在 5 mm 以下的普通结构允许采用冲孔，次要结构厚度小于 12 mm 允许采用冲孔；墙面及屋面维护系统，常采用自攻螺钉连接，可采用冲孔。

钻孔加工方法，包括划线钻孔、钻模钻孔、数控钻孔三种。划线钻孔先在构件上划出孔中心和直径，在孔周围打出 4 只冲眼，可作钻孔后检查用，孔中心冲眼应大而深，钻孔时作为钻头定心用，采用钢尺和划针作为划线的基本工具。当批量加工栓孔且孔距要求较高时，采用钻模钻孔，为提高效率可将数块钢板叠在一起钻孔，但板叠厚度一般不超过 50 mm，板边用夹具夹牢或点焊固定。钻模有通用型、组合型和专用钻模。图 8-11 为通用钻模。常用钻孔设备为磁力钻，如图所示。近年来，数控钻孔发展迅速，这个过程无需划线、打冲眼，高速数控定位，钻孔速度快、精度高，目前多数采用数控三向多轴钻床替代传统的摇臂钻床，与锔床形成连动生产线，进一步提高钢构件的加工工效。图 8-12 为常用钻孔设备。

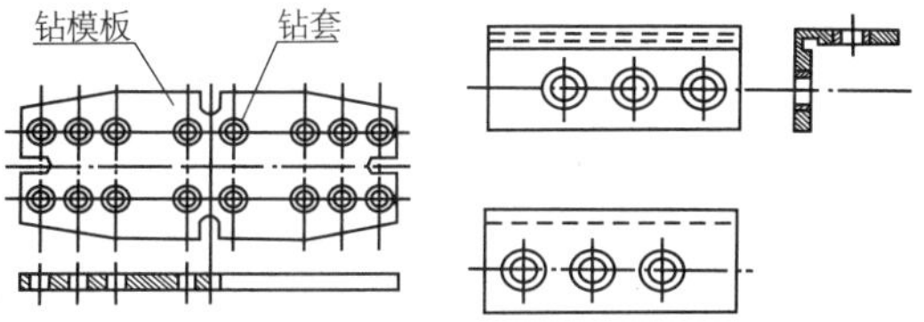

(a) 钢板钻模　　(b) 角钢钻模

图 8-11　通用钻模

(a) 磁座钻　　(b) 磁力钢板钻

图 8-12　常用钻孔设备

（6）摩擦面加工

摩擦面加工是指采用高强度螺栓的节点钢材表面摩擦系数加工，高强度螺栓摩擦面处理后的抗滑移系数值必须符合设计文件的要求，表面粗糙度达到 45 ~ 50 μm。摩擦面处理有喷砂、抛丸、砂轮打磨等，加工单位可根据各自的条件选择加工方法，喷砂、抛丸处理过的摩擦面的抗滑移系数较高，且离散率较小，为理想的处理方法。

喷砂处理选用干燥石英砂，粒径为 1.2 ~ 1.4 mm，风压为 0.4 ~ 0.6 N/mm^2，喷嘴直径 ϕ10 mm，加工处理后钢材连接点表面呈现灰白色为佳。由于喷砂会产生粉尘污染，城区内不允许使用，推荐使用抛丸，其摩擦材料采用钢丸，对于喷丸最好是采用整丸、半丸或残丸级配使用，效果最佳。

（7）组立

组立也称拼装、装配、组装，工序是将制备完成的半成品和零件按图纸规定的运输单元装配成部件或构件，最后将其拼装成整体的过程，是钢结构制作中最重要的工序之一。

图纸和工艺是整个装配工作的依据，装配前需要了解结构特点、构件用途，从而明确装配支承、夹紧的具体位置，了解材料特性，零件间相互配合关系，以便确定装配方法，了解装配工艺规程和技术要求，以便确定控制程序、控制基准、主控数据。

组装方法包括地样法、仿形复制法、立装、卧装、胎模装配法等。

地样法：采用 1∶1 的比例在平台上放出构件实样，然后根据零件在实样上的具体位置，分别组装起构件，适用于桁架和构架等小批量组装。

仿形复制法：先用地样法组装成单片（单面）结构，然后定位点焊固定后翻身，作为复制胎膜，在其上面装配另一单片结构，往返两次组装。此种装配方法适用于横断面互为对称的构件。

立装法：根据构件特点，零件稳定位置，选择自上而下或自下而上地装配，适用于平稳、高度不大的结构，大直径圆筒、旋转楼梯等。

卧装法：将构件放置于卧位，适用于断面不大但长度较大的细长构件。

胎模装配法。将零件用胎模定位后在其装配位置上装配的方法，适用于高精度、大批量构件。

轻钢门式变截面刚架梁柱组装，一般采用地样法，在平台上根据刚架柱、刚架梁的零件实样，分别组装成柱和梁，构件卧放于地面进行，属于卧式装配。

（8）涂装、编号

构件在涂装前，应进行除锈处理，锈迹去除干净后可提高底漆的附着力，除锈直接关系到涂层质量的好坏。构件表面除锈可采用手工或动力工具除锈、喷（抛）射除锈两类。手工除锈中St2 为一般除锈，St3 为彻底除锈，喷（抛）射除锈中 Sa2 为较彻底清理，Sa2. 5 彻底清理，Sa3 最彻底清理。

构件涂装油漆应注意：当设计无涂层厚度要求时，宜涂装 4 ~ 5 遍，涂层干漆膜总厚度要求为：室外构件 150 mm，室内构件 125 mm，允许偏差 -25 mm。涂层中几层在工厂涂装，几层在工地涂装，应在合同中注明。涂料应在使用当天配置，稀释剂使用应按说明书规定执行，不得随意添加。涂装适宜温度 5℃ ~38℃，相对湿度不应大于 85%，构件表面出现结露，不得涂装。雨雪天不得进行室外作业，涂装 4 小时内不得淋雨，以防止未固化漆膜损坏。安装焊接处预留 30 ~ 50 mm 暂不涂装，待焊缝质量检验完毕后进行现场涂装。涂装应均匀、无明显起皱、流挂，附着良好。涂装完成后，在门式刚架构件上编号，重量 5 t 以上构件，采用鲜红色油漆标出，并用一个向下的箭头标出重心。

（9）预拼装

预拼装采用普通螺栓连接节点，所有节点均应连接上，预拼装时除检查各部位尺寸外，还应采用试孔器检查板叠孔的通过率，当采用比孔公称直径小 1. 0 mm 的试孔器检查时，每组孔的通过率不应小于 85%，当采用比螺栓公称直径大 0. 3 mm 的试孔器检查时，通过率应为 100%。

门式刚架因其结构比较简单，工艺较为成熟，当受到场地、运输设备、起吊重量等条件约束时，多数厂家会省略预拼装这道工序，直接运抵现场拼装，未经预拼装的刚架，容易出现整体平直度、扭曲度、垂直度、挠度、坡度不符合要求，零部件组装达不到要求，节点处连接不紧密，造成返厂修整，增大成本，延误工期，因此必须在出厂前进行预拼装。

（10）成品包装、运输

成品包装应符合运输要求，注意保护涂装层，每副包装重量一般不超过 3 ~ 5 t，长度不超过 12 m，个别构件不应超过18 m，宽度不超过 2. 5 m，高度不超过 3. 5 m。超长、超宽、超高构件运输应作特殊处理。加工面、栓孔、螺纹处均应涂上润滑油并贴上油纸，或采用塑料布包裹，栓孔采用木楔塞住。包装捆扎应注意密实紧凑，减少运输途中出现散落或变形。

构件包装时注意外伸连接板等应尽量置于内侧，防止钩刮事件发生，不得不外露时做好明显标记。零部件可直接用螺栓捆扎于钢构件节点板上。经过油漆的构件间采用木材、塑料等作为衬垫加以隔离保护。构件包装完毕后，填写清单，核实数量，由厂家在成品装运时填写以下内容：工程名称、构件编号、外轮廓尺寸、净重、毛重、始发地点、到达港口、收货单位、制造厂商、发运日期等。

3）常用量具及工机具（表 8-2）

表 8-2　　常用制作量具及工机具

分类	名　称	用　　途
量具（图 8-13）	直角尺	用于划较短垂直线，较量垂直度
	卡　钳	分内、外卡两种，内卡用于量孔径，外卡用于量零件厚度和圆柱体外径
	划　针	金属上划线工具，由质地较为坚硬钢条打磨成圆柱形，一头磨尖，用来在金属上划线，使用时沿直尺或样板边缘进行划线
	划　规	用于划弧线及圆
	勒　子	用于型钢和板材零件边缘划直线，如孔心线、刨边线、铲边线
	划线盘	用于圆柱、容器封头、球体等曲面划线
	中心冲（样冲）	用于零件划加工线及中心位置冲打标志的工具
工机具	半自动切割机	切割板材，可切割出直线或半径不同的圆弧线
	砂轮机	清理金属表面铁锈、旧漆，或以布轮代替砂轮后进行抛光
	龙门多头切割机	沿直线轮廓剪切各种形状的板材毛坯件
	自动组立机	用于 H 型钢组立，输入翼板宽度，腹板厚度，PLC 编程控制液压夹紧翼板和腹板，自动对中定位、送料、点焊，实现自动组立全过程
	联合冲剪机	可实现冲压、板材剪切、型材剪断等功能，属于多功能机具
	型钢矫正机	可矫正圆钢、方钢、六角钢、扁钢、角钢、槽钢、工字钢等
	冲　床	用于构件冲孔，分为偏心冲床和曲轴冲床
	风　铲	风动冲切工具
	碳弧气刨	碳棒与板材间产生电弧，从而达到刨削板材的目的
	手　锯	用于尺寸较小，厚度较薄构件的切割
	机械锯	用于尺寸较大，厚度较厚构件的切割
	锉　刀	用于对工件表面进行切削加工
	凿　子	凿削毛坯件表面多余的金属、毛刺、分割材料、切坡口等

常用手工划线量具与工具见图 8-14。

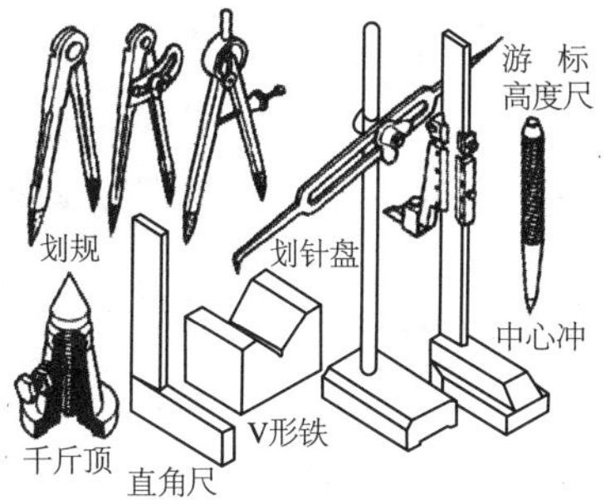

图 8-13　常用手工划线量具与工具

(a) 焊接H型钢生成线　(b) H型钢自动组立机

(c) 龙门多头切割机　(d) 液压型钢矫正机

图 8-14　钢结构常用制作机具设备

8.1.3　多、高层钢结构构件制作

1. 结构体系

多、高层钢结构房屋的纵横向均采用钢框架作为承重及抗侧力构件，钢框架是指型钢和钢板组合形成的受力体系，主要受力构件为钢框梁 GKL 和钢框柱 GKZ，刚度分布均匀，延性大，抗震性能好，抗侧刚度小，侧向位移大，在水平荷载作用下容易引起非结构构件破坏，设计时应予以重视。全钢框架结构体系适合在 12 层以下的建筑中设置，房屋越高，水平荷载越将成为设计考虑的主要因素，高层建筑中应采用有效的抗侧力体系来进行组合，如钢筋混凝土剪力墙、筒体、钢支撑、钢管混凝土、型钢混凝土等，形成钢框架-剪力墙体系、核心筒外框架体系、钢框架-支撑体系、钢管混凝土结构体系、型钢混凝土结构体系等，钢管混凝土结构和型钢混凝土结构为两种材料的组合，因此，被列入组合结构的范畴，在本单元项目 8. 3 组合结构中有具体描述。

多高层全钢框架结构构件类型少，构造简单，易于标准化和定型化，施工周期短。全钢框架由于未设置柱间支撑，建筑平面设计灵活性大，可提供较大的使用空间，管线穿梁而过，净空高。如图 8-15 所示为梁腹板开洞工程实例。

(a) 梁腹板圆形孔口环形板补强(杭州西湖国际科技大厦)　(b) 梁腹板圆形孔口套管补强(杭州武林门旅游客运中心)

图 8-15　梁腹板开洞工程实例

钢框架-支撑结构体系是在部分框架柱间设置支撑，形成竖向桁架，由钢框架和支撑桁架共同组成抗重力和抗侧力体系。钢框架-支撑结构体系构件包括钢框架柱、钢框架梁、斜向钢支撑。图 8-16 为钢框架-支承结构体系示意图，图 8-17 为钢框架-支撑结构体系工程实例。

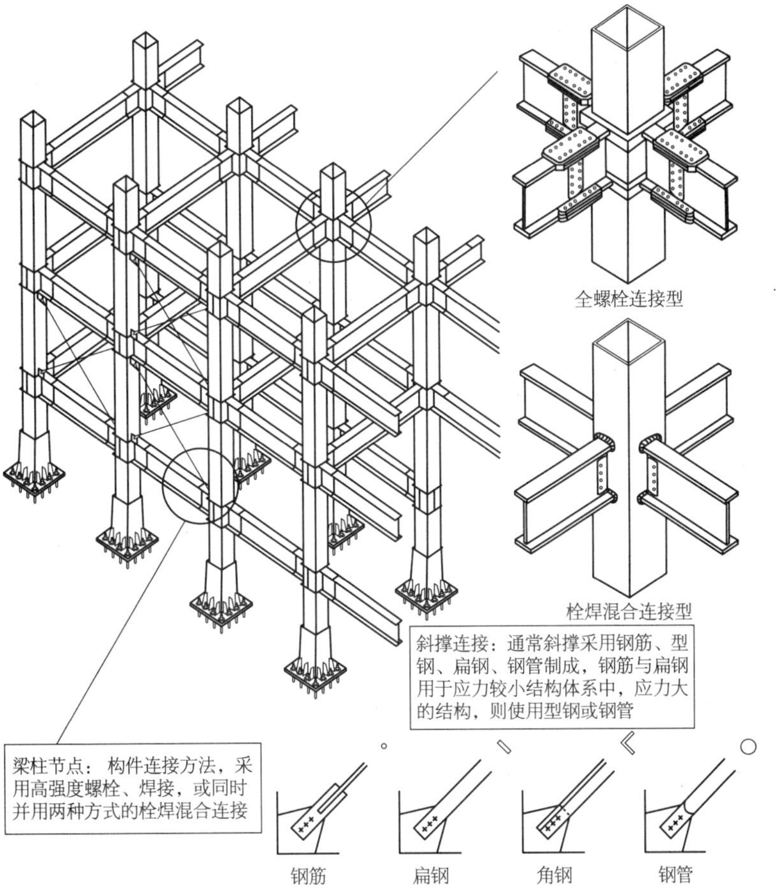

图 8-16　钢框架-支承结构体系

(a) 北京七星摩根酒店　　(b) 杭州某大楼一期工程项目采用人字撑

图 8-17　钢框架-支撑结构体系工程实例

2. 钢框架与斜撑的制作

1）制作流程（图8-18）

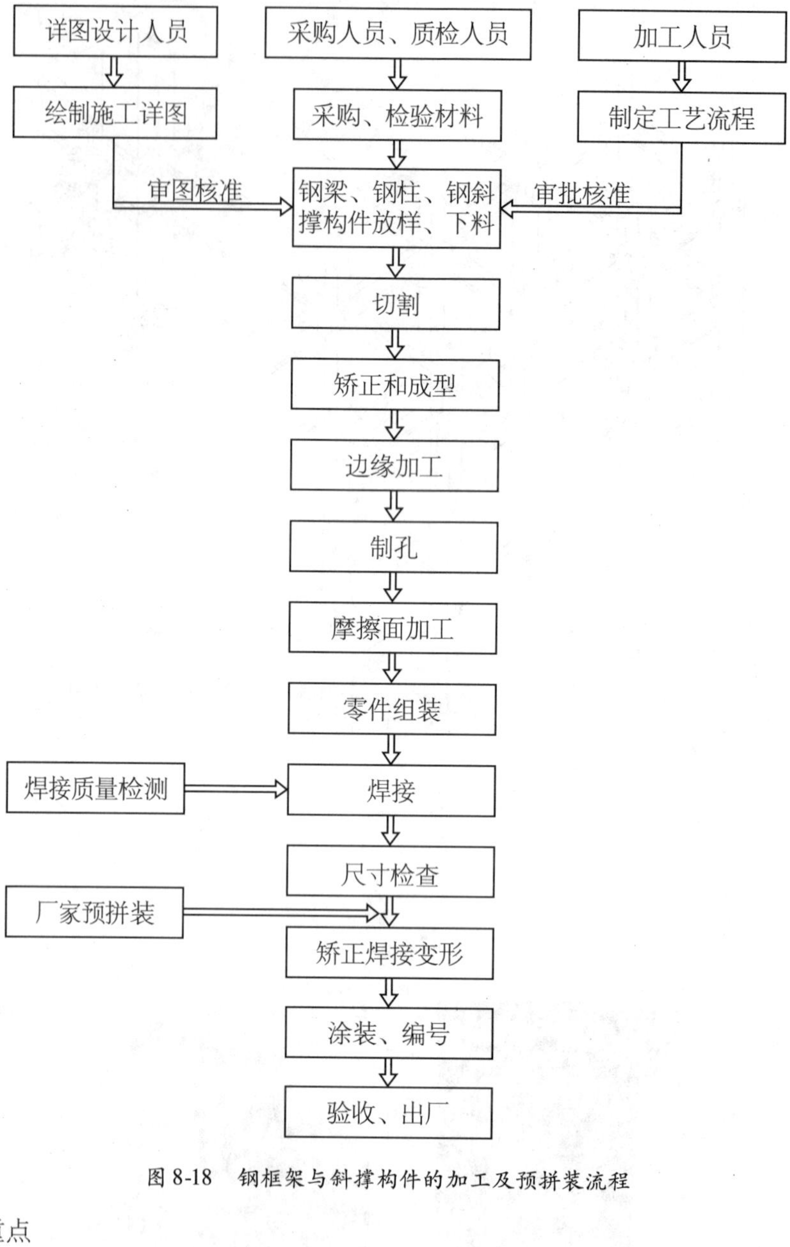

图8-18　钢框架与斜撑构件的加工及预拼装流程

2）工作重点

（1）材料采购

按照设计要求的钢材牌号，并结合工程特点，根据钢结构设计的总重量以及总构件数量，列出加工所需钢板、型钢、焊材、栓钉、锚栓、螺栓连接副等的数量，板材必须留出足够的余量。型钢定额余量为6%，钢板定额余量为8%。

（2）施工详图

多、高层钢结构施工详图的深化设计，是以设计单位的结构设计图纸为依据开展的，但深化设计绝不完全受结构设计的约束，深化设计过程必须充分考虑构件制作和安装因素，与结构设计形成良好互动，不断调整和完善设计方案，确保工程优质高效地完成。施工的便利性，连接的可靠性，安装的高效性，都应在详图设计过程中得到及时调整，充分改善焊接位置，改善连接效果，改善工人的工作方式和工作强度。

钢结构深化设计图绘制所使用的国内软件，多、高层设计采用中国建筑科学研究院开发的 PKPM 系列 STS 钢结构设计软件，门式轻型钢结构设计采用同济大学研发的 3D3S 软件等。芬兰 Tekla 公司开发的钢结构详图设计软件创建三维模型后自动生成钢结构详图及各种报表，已逐步成为世界通用的钢结构详图设计软件。

（3）工艺流程

编制工艺流程表或工艺过程卡基本内容包括零件名称、件号、材料牌号、规格、件数、工序名称和内容、所用设备和工艺装备名称及编号、工时定额等。关键零件还要标注加工尺寸和公差，重要工序要画出工序图。另外，对每项重大加工任务，企业都应编制下列技术文件：① 加工制造手册，或称制作要领书，内容包括：工程概况、规范和标准、施工组织、人员结构、质量保证体系、工艺设备、材料、工艺流程、工艺措施、公差允许值、工艺评定、检查表格等。② 成品质量保证手册，内容包括：质量保证体系、质量要素及控制点、质量控制措施、检查标准及方法、质量表格等。

（4）梁柱构件放样、号料

多、高层工程中构件数量多，样板、样杆件必须用油漆写明加工号、构件编号、规格，同时标注上孔直径、工作线、弯曲线等加工符号。预留收缩余量，包括现场焊接收缩量，以及切割、端铣等需要的加工余量。铣端余量：剪切后加工的每边加 3 ~ 4 mm，气割后加工的每边加 4 ~ 5 mm；切割余量：自动气割割缝宽度为3 mm，手工气割割缝宽度为4 mm。焊接收缩量应根据构件的结构特点由焊接工艺设计给出。

（5）切割

当钢板上排列多个零件并有几条相交的剪切线时，应预先安排好合理的切割程序；剪切切口附近因剪力作用容易产生挤压扭曲变形，因此，重要结构构件以及焊接接口位置应采用铣、刨、砂轮磨削等方法；采用剪切的构件出现的变形必须及时矫正，剪切口粗糙带毛刺必须修磨光洁。

采用锯切加工时，应注意型钢应校直后方可锯切，单件锯切构件，先划出下料线，然后锯切，成批加工构件，应预先安装定位挡板后再进行锯切。对于加工精度要求较高的重要构件，应考虑预留适当的加工余量，以供锯切后进行端面精铣，锯切时注意控制端面垂直度。

采用气割加工时，应注意检查整个气割系统的设备和工具是否正常运转，气割前去除钢材表面油垢、污物、浮锈等，构件下部留出空间，以利于熔渣的吹出。气割工艺正确，调节好氧气射流（风线）的形状，使其达到并保持轮廓清晰，风线长和射力高，注意防止回火。防止气割变形，操作时先从短边开始，先割小件，后割大件，先割较复杂的，后割较简单的。

（6）制孔

多、高层钢结构的构件连接多数采用高强度螺栓，螺栓孔常用钻孔方法制成，螺栓孔为正圆柱形，垂直于板材表面，倾斜度应小于1/20，周边无毛刺、破裂、喇叭口、凹凸痕迹等需切屑清除干净。

图8-19 压力式自回收循环喷砂（丸）机

(7) 摩擦面加工

高强度螺栓连接摩擦面加工，可采用喷砂、抛丸和砂轮打磨等，砂轮打磨方向应与构件受力方向垂直，且打磨范围不得小于螺栓直径的4倍。经处理后的摩擦面采取防油污、防损伤措施，制造厂和安装厂应分别对钢结构制造批进行抗滑移系数测试，制造批按分部工程划分规定的工程量每2 000 t为一批，不足2 000 t的视为一批。抗滑移系数试验用的试件应由制造厂加工，试件与所代表的钢结构构件应为相同材质、相同批次、相同工艺、相同表面状态，并采用相同的高强度螺栓连接副，在相同环境下存放。如图8-19所示为压力式自回收循环喷砂（丸）机。

(8) 组立

组立前，必须熟悉施工详图，熟悉工艺流程要求，复核零件质量。组立前选择平整场地，布置装配胎模时，注意预留焊接收缩量以及其他加工余量，遇到隐蔽焊接缝时，必须先行施焊，经检验合格后方可覆盖。多、高层钢结构项目中需要组装的构件包括焊接H型钢构件，箱形截面构件、十字形截面构件、T形截面构件、焊接钢管等。

(9) 矫正焊接变形

因焊接而产生变形的构件，可采用常温下机械矫正（冷矫），或采用严格控制温度下的加热矫正（热矫）。普通低碳钢冷矫时，温度不得低于 -20℃；普通低合金钢冷矫时，温度不得低于 -60℃。普通低碳钢和低合金钢的热矫正温度为600℃ ~ 900℃，不超过900℃。同一部位加热矫正不超过2次，并应慢慢冷却，不应用水骤冷。

冷矫正一般采用翼缘矫平机、撑直机、油压机、压力机等进行，火焰热矫正，加热方法有点状加热、线装加热和三角形加热三种。

(10) 工厂预拼装

预拼装所有构件应按施工图控制尺寸，各杆件的重心线应交汇于节点中心，并完全处于自由状态，不允许外力强制固定，不论框架柱、框架梁、支撑，都必须设置两个和两个以上的支承点。预拼装应在坚实、稳固平台式胎架上进行，支承点的水平度允许偏差为：$A \leqslant 300 \sim 1\,000\ \mathrm{m}^2$，允许偏差≤2 mm；$A \leqslant 1\,000 \sim 5\,000\ \mathrm{m}^2$，允许偏差≤3 mm。

钢构件制作完毕必须经专业检验人员验收合格后方可拼装，胎架上预拼装全过程，不得对构件动用火焰或机械等方式进行修正、切割，或使用重物压载、冲击、锤击。大型框架露天预拼装时，建议在日出前，日落后定时进行，制造厂家使用的卷尺精度与安装单位一致。

高强度螺栓连接预拼装时，可采用冲钉定位和普通螺栓临时固定，试装螺栓在一组孔内不得少于螺栓孔的30%，且不得少于2颗，冲钉数量不得多于临时螺栓的1/3。

3) 常见问题

构件制作常见问题的预防及处理见表8-3。

表 8-3 **构件制作常见问题的预防及处理**

原因及现象	危害性	预防及处理
图纸交底不明细，未进行施工详图绘制，按结构施工图及其材料表中尺寸直接下料	结构施工图中材料表尺寸与实际尺寸存在误差，节点处理不详实，直接下料造成节点连接不可靠	通过软件绘制施工详图，下料前按 1∶1 比例在平台上放出大样，记录实放尺寸，按放样尺寸下料。对形状特殊构件制作样板，对量大构件制作样杆，作为切割、下料、制孔的依据。有条件的厂家，可采用电脑放样，数控下料
场地条件受限，未采用平整的放样平台，在现场不平整地面上直接放样	实样出现弯曲，样板、样杆尺寸出现较大偏差	采用专用的钢平台或平板进行放样，平整度良好，不出现局部挠曲，平台尺寸不应小于构件尺寸
放样后不经过专职检测人员复查，直接按放样尺寸下料	不经过复查，容易出现错误，造成对图纸识读的错、漏等	放样结束，对照图纸进行自检，检查样板、样杆是否符合图纸要求，报专职检测人员对尺寸进行复查，无专检人员时，必须经技术骨干或班组长进行复查，确认无误后进行下料
下料时不做记录，下料后零件未作标记，不能做到分区域有序码放	不做记录，凭记忆下料，容易造成零件多做或少做，费时费料；造成混用、误用，组装时挑选困难，易遗失，生产效率低	下料时做记录，零件上作标记，下料后分区域整齐码放，宜以零件部位划区进行码放，随取随用
钢材切割面出现裂纹、夹渣、分层、缺棱等现象	切割面存在缺陷，会影响钢构件的力学性能及工程质量，直接影响使用寿命，造成结构可靠度降低	对原材料进行检验，确保切割面无裂纹、夹渣、分层现象，以及大于 1 mm 的缺棱现象。钢材经气割或机械切割后，采用放大镜及百分尺检查全数检查切割面
切割尺寸及切割面出现超差	气割和机械切割的尺寸超过规范允许的偏差，导致零件加工和组装尺寸达不到设计所要求的精度	气割应严格控制尺寸、切割面平整度、切割深度、局部缺口深度。机械切割应严格控制尺寸、边缘缺棱、型钢端部垂直度，采用钢尺、塞尺进行过程检查
采用手工切割构件坡口时，出现坡口切割不均或不成一直线	难以保证零件组装尺寸和组装间歇，影响构件的焊接质量，尺寸出现超差，达不到设计要求	切割长度零部件的坡口时，尽量采用自动切割机或门式多头数控切割机，精度要求高时，应采用刨边机刨出坡口，用砂轮打磨凹凸不平处。对直线度误差大的零部件采用与母材匹配，直径小于 3.2 mm 的焊条对坡口补焊后磨平
构件表面制孔，不注意精致螺栓和粗制螺栓孔加工方法的区别	A，B 级螺栓孔采用 C 级螺栓加工方法，使孔精度、孔壁表面粗糙度、孔径允许偏差均无法达标，影响安装质量和受力性能	精致螺栓孔（Ⅰ类孔），适合 A，B 级精致螺栓，应具有 H12 的精度，孔壁粗糙度 $R_a \leqslant 12.5$ μm，先钻小孔，组装后铰孔达到标准； 普通螺栓孔（Ⅱ类孔），适合 C 级普通螺栓、高强度螺栓、半圆头铆钉，孔径比杆径大 1.0 ~ 3.0 mm，孔壁粗糙度 $R_a \leqslant 25$ μm，直接钻孔成型

(续表)

原因及现象	危害性	预防及处理
只注意控制孔距误差，未注意控制累积误差	造成前面的孔能装配上，后面的孔安装不上，出现较大偏差，造成返工、返修，甚至报废	对连续孔较多，号孔、钻孔时，量准总长，在总长范围内分段，从中间开始向两侧号孔、钻孔，避免孔距累积误差
焊条、焊丝、焊剂等焊接材料与母材材质不匹配	使用不符合设计要求焊材，导致焊材强度指标与母材相差大，不相匹配，对焊接质量产生较大影响	焊接材料选用，应符合设计要求和相关规范、标准，并与焊接工艺相适应，焊材牌号还应保证接头的冲击韧性不低于母材冲击韧性下限值
使用过期、药皮变质脱落、未烘焙、烘焙后未保温、烘焙过度或超过2次烘焙焊条	药皮过期、变质、脱落会导致焊缝化学成分和力学性能得不到保证；未烘焙使用低氢焊条会产生延迟裂缝，使用非低氢型焊条会造成焊缝内产生气孔；反复烘焙超过2次以上，会导致药皮失效，出现焊接缺陷	焊条由焊芯和药皮组成，有效使用期限为2年，焊材采购和使用时注意是否在使用期内，药皮是否变质脱落；焊条一般储存在焊材专用二级库内，离地及墙壁不少于300 mm，由专业人员负责烘焙，焊工使用保温筒携带焊条，随用随取
引弧板、引出板材质、板厚、尺寸不符合要求，焊接时在母材上引弧和收弧，垂击敲落引弧板和出弧板	随手获取钢板做引弧板、引出板，造成材质、厚度、尺寸、坡口角度与母材不一致，接缝处容易产生缺陷；直接在母材上引弧收弧，造成擦伤母材，产生缺陷；垂击敲落引弧板、出弧板造成端部应力集中，出现裂纹延伸，危害大	焊接对接接头、T形接头、角接接头、十字接头主焊缝两端设置引弧板和出弧板，电弧焊和半自动气体保护焊，引出长度大于25 mm，板宽大于50 mm，厚度不小于6 mm；自动电弧焊，引出长度大于80 mm，板宽大于80 mm，厚度不小于10 mm；引弧板、引出板采用气割或机械切割方法切除，沿边打磨平整，严禁用锤击落
焊接变形不按主次顺序矫正，两端余量未铣除，构件加工边口不处理，直接进入下一道工序	焊接顺序不当以及构件刚度差等因素会造成构件出现变形，不分主次随意矫正，会造成一波未平一波又起，起不到矫正效果；加工边缘口不按要求处理，构件使用中产生应力集中，影响结构强度和承载力	分析主要变形和次要变形，先矫正主要变形，后矫正次要变形，H型钢截面出现扭曲、拱度、平面度，其中扭曲是重要变形；边缘口出现切口、毛边、缺口、粘渣、裂纹、气割硬化等缺陷，必须按设计要求严格处理，使构件边缘口光洁规整
门式刚架梁柱制作完成后，在工厂内未作预拼装	大型构件分段制作，出厂后运抵现场拼装，未经过预拼装的门式刚框架，可能出现构件整体平面度、扭曲度、垂直度、拱度不符合要求，零部件组装达不到要求，接头不合适等情况，造成返厂修整，增大成本，延误工期	构件分段制作完成后搭设拼装平台或支承钢马蹬，经测量找平后进行预拼装，检验整体性，检查时拆除全部临时固定和拉紧装置，使其处于自由状态，尺寸、接头出现超差，返修、矫正，验收合格后运往现场拼装和吊装

项目8.2 钢结构安装

学习重点：

1. 掌握钢构件常用连接方法。
2. 了解钢结构安装常用机具。
3. 理解门式刚架，多、高层钢结构安装流程。
4. 了解钢结构连接节点。
5. 理解安装过程的常见问题及其预防处理办法。

8.2.1 钢构件常用连接方法

1. 焊接（**welding**）

1）焊接特点与难点

焊接是钢构件连接的主要方法，是钢结构工程施工的一道关键工序，与其他行业相比，钢结构焊接具有自身的特点与难点。焊接特点表现为：连接灵活，构造简单，不削弱截面，节省钢材，刚度大，密封性好，易于工厂化制作，能确保结构外形美观简洁，造价较低。

钢结构焊接难点主要表现为三个方面：一是型材的多样性，接头截面形式的多样化，各种型钢连接使节点形式变化多样且复杂；二是钢构件材质的多样性，使焊接工艺参数的确定变得较为困难，不同钢材化学成分、机械性能不同，焊接材料必须与母材相适应，才能确保节点强度和刚度满足要求；三是焊接施工条件复杂，工程流动性大，节点复杂、高空作业量多、环境恶劣等因素加大了焊工操作难度，温差大、湿度大等因素加大了焊缝成型和保养难度。难点的解决是确保焊接质量的关键问题，企业通过焊接工艺的设计与评定来解决。

2）常用焊接方法

钢结构工程常用的焊接方法有药皮焊条手工电弧焊、自动（半自动）埋弧焊、气体保护焊。

药皮焊条手工电弧焊的原理，是在涂有药皮的金属电极与焊件之间施加电压，由于电极强烈放电导致气体电离，产生焊接电弧，高温下致使焊条和焊件局部熔化，形成气体、熔渣、熔池，气体和熔渣对熔池起保护作用，同时，熔渣与熔池金属产生冶炼反应后凝固成焊渣，熔池金属冷却凝成焊缝，固态焊渣覆盖于焊缝金属表面后成形。如图8-20所示为手工电弧焊原理图、设备及操作示意图。

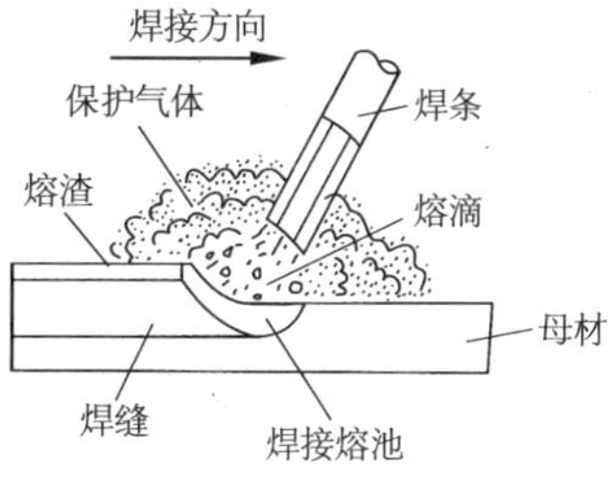

(a) 手工电弧焊过程示意图

(b) 手工电弧焊操作

(c) 直流手工电弧焊焊机

图8-20 手工电弧焊

焊接接头的形式按母材的位置关系，分为对接连接、搭接连接、T 形连接、角接连接四种，如图 8-21 所示。

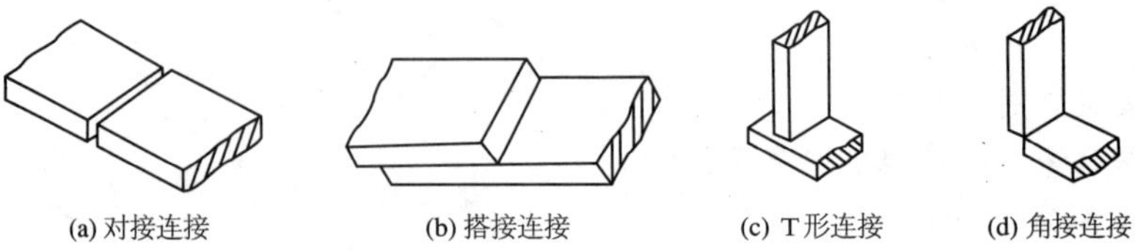

图 8-21　焊接接头方式

焊接连接采用两种最基本的焊缝形式，即对接焊缝和脚焊缝。对接焊缝应根据板材的厚度设计成 I 形、单边 V 形、双边 V 形、K 形、U 形、X 形，其中 I 形（即直边缝）、单边 V 形、双边 V 形、U 形为单面焊接的焊缝，K 形和 U 形为双面焊接的焊缝，如图8-22所示为对接焊缝的 6 种基本形式。角焊缝也有单面和双面之分，根据板材夹角情况分为直角角焊缝、锐角角焊缝，及钝角角焊缝。如图 8-23 所示为直角角焊缝剖面。

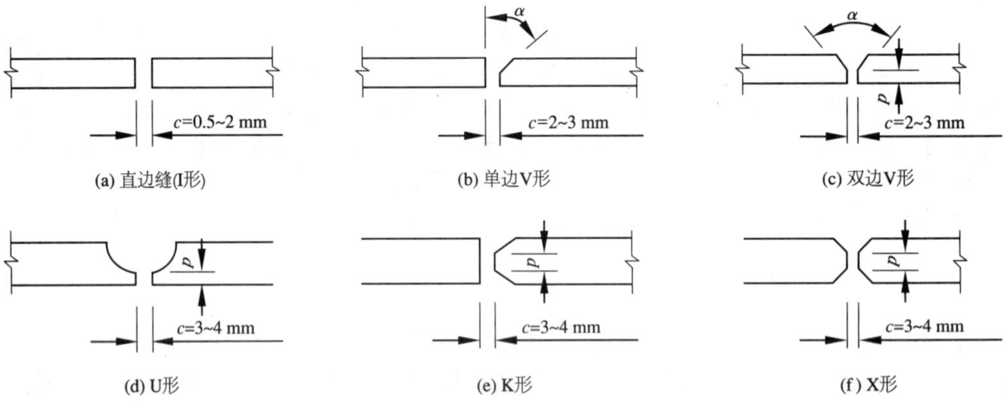

图 8-22　对接焊缝形式

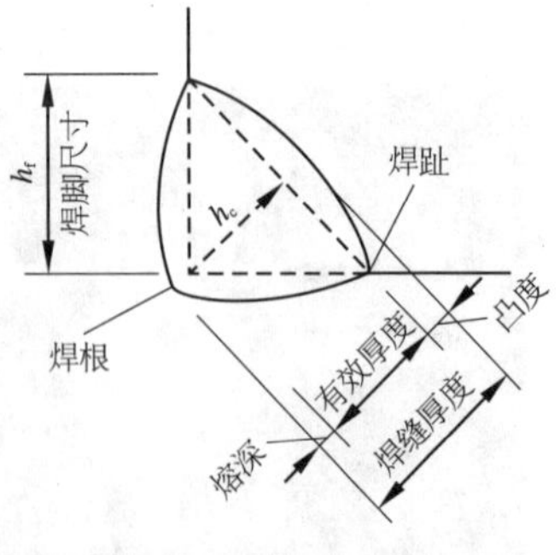

图 8-23　直角角焊缝剖面

根据焊工施焊位置的不同，分为平焊、横焊、立焊、仰焊，如图 8-24 所示，现场施工常采用手工电弧焊或气体保护焊。施工时按照焊缝形式和位置的不同进行组合。

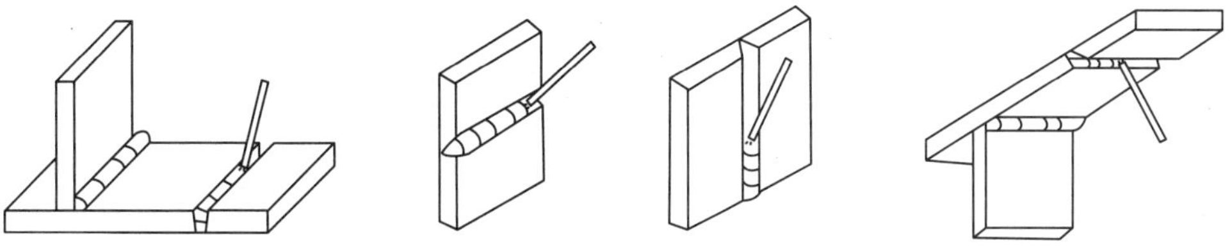

(a) 平焊　(b) 横焊　(c) 立焊　(d) 仰焊

图 8-24　焊缝施焊位置

埋弧焊是当今生产效率较高的机械化焊接方法之一，又称焊剂层下自动电弧焊。与药皮焊条电弧焊一样，是利用电弧热作为熔化金属的热源，但与药皮焊条电弧焊不同的是焊丝表面无药皮，熔渣由覆盖在坡口区的焊剂形成。焊丝与母材之间施加电压并相互接触放弧后使焊丝端部及电弧区周围的焊剂及母材熔化，形成金属熔滴、熔池及熔渣。金属熔池受到浮于表面的熔渣和焊剂蒸气的保护，不与空气接触，避免有害气体侵入。埋弧焊焊接质量稳定、焊接生产效率高，无弧光烟尘少等优点，是压力容器、管段制造、焊接 H 型钢、十字型钢、箱形截面构件制作的主要方法。自动埋弧焊设备由交流或直流电源、焊接小车、控制盒、电缆等组成。图 8-25 为门式全自动埋弧焊机。

图 8-25　门式全自动埋弧焊机

气体保护焊包括钨极氩弧焊（TIG）、熔化极气体保护焊（GMAW）。氩弧焊是利用纯钨或活化钨作为电极（非熔化极），在惰性气体的保护下，电极与母材间产生电弧热，熔化母材和填充金属的焊接方法。熔化极气体保护焊，是采用可熔化的焊丝与母材之间的电弧热来熔化焊丝与母材金属，并向焊接区输送保护气体，使电弧、熔化焊丝、熔池及附近的母材金属免受有害气体的侵蚀。熔化极气体保护焊广泛应用于碳素钢、低合金钢、不锈钢等所有金属的焊接中，目前应用较多的是 CO_2 气体保护焊。

CO_2 气体保护焊是采用喷枪喷出 CO_2 气体作为电弧焊的保护介质，使熔化金属与空气隔绝，保护焊接过程的稳定。用于钢结构的 CO_2 气体保护焊按焊丝分为实芯焊丝 CO_2 气体保护焊（GMAW）和药芯焊丝 CO_2 气体保护焊（FCAW）。按熔滴过渡形式分为短路过渡、滴状过渡、射滴过渡。按保护气体性质分为纯 CO_2 气体保护焊和 $Ar + CO_2$ 气体保护焊。

CO_2 气体保护焊设备包括焊接电源、送丝机两大部分，以及气瓶、流量计、预热器、焊枪、电缆等附件。送丝机由枪体、导电嘴、导丝嘴、导气嘴、保护罩、开关等组成。焊枪电缆一般为电缆与送丝、送气软管同轴式，使焊枪轻巧便于操作。供气系统由气瓶、流量调节器、气管组成。图 8-26 所示为气体保护焊设备及工程案例。

(a) 气体保护焊设备　(b) 二氧化碳气体保护焊(杭州某超高层大楼施工)

图 8-26　气体保护焊设备及工程案例

3）焊条

焊条是由药皮和焊芯两部分组成，包裹在药皮中的金属芯为焊芯，焊条有碳钢焊条 E43XX 和低合金钢焊条 E50XX、E55XX。E 表示焊条，数字表示熔敷金属抗拉强度的最小值（单位为 kgf/mm^2）。长度通常为 200 ~ 700 mm，焊条的长度取决于焊条的直径、焊芯的材质、药皮的组成，以及便于操作等因素。

焊条与母材的对应关系如下：Q235 钢材，采用 E43 焊条；Q345 钢材，采用 E50 焊条；Q390、Q420 钢材，采用 E55 焊条。

焊条的直径是指焊芯直径，不包括药皮厚度。焊芯直径粗，焊条长度就长，相同直径的焊条，不锈钢焊芯长度比结构钢焊芯长度短。焊条药皮由矿石、铁合金或纯金属、化工物料和有机物的粉末混合均匀后粘在焊芯上。结构钢的药皮类型参见《碳钢焊条》（GB/T 5117）：《低合金钢焊条》（GB/T 5118），根据药皮成分的不同分为钛钙型焊条和低氢钠型两种焊条。这两类焊条的特点如下：

（1）钛钙焊条。药皮中含有 30% 以上的氧化钛和 20% 以下的钙或镁碳酸盐矿石，熔渣流动性好，脱渣容易，电弧稳定，熔深适中，飞溅少，焊波整齐，焊接电源为交流或直流正、反接，适用于全位置焊接。如图 8-27 所示为钛钙型药皮低碳钢焊条。

（2）低氢钠型。药皮成分主要是碳酸盐矿石和萤石，碱度较高，熔渣流动性好，焊接工艺性能一般，焊波较粗，角焊缝略突出，熔深适中，脱渣性好，焊接时要焊条干燥，并采用短弧焊，焊接电流为直流反接，熔敷金属具有良好的抗裂性能和力学性能，适用全位置焊接。

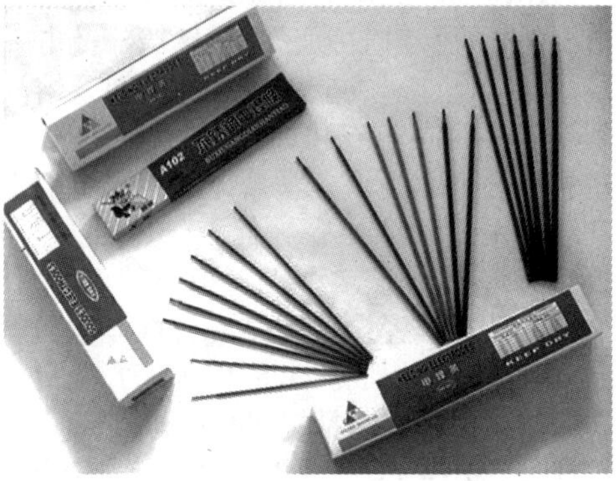

图 8-27　钛钙型药皮低碳钢焊条

4）焊丝

埋弧焊焊丝既是填充金属，同时也是导电电极，焊丝表面不涂防氧化作用的焊剂，分为：碳锰钢、锰硅钢、锰钼钢和锰钼钒钢。埋弧焊丝选择既要考虑焊剂成分的影响，又要考虑母材成分的影响，为达到所要求的焊缝金属成分，可采用一种焊剂（熔炼焊剂）与几种焊丝配合，也可采用一种焊丝与几种焊剂（烧结焊剂）配合。

焊丝经送丝滚轮和导电嘴送入焊接电弧区，电源两端分别接在导电嘴和工件上，连续送进焊丝在焊剂下与焊件间产生电弧，焊丝、工件、焊剂溶化形成熔池，熔池后方边缘冷却凝成焊缝，液态熔渣随后也冷凝形成坚硬的渣壳。送丝机构、焊剂漏斗及控制盘装在小车上实现移动，通过操作控制盘按钮实现自动控制。

5）焊剂

焊剂在焊接时能熔化形成熔渣和气体，对熔化金属起保护和冶金处理作用的一种颗粒状物质。图 8-28 所示为常用焊剂。焊剂和焊丝选配原则，参考《钢制压力容器焊接工艺评定》（JB 4708），焊剂和焊丝的匹配是埋弧焊工艺的重要因素，将直接影响接头的抗拉强度和弯曲性能。焊丝与焊剂配用重量比为焊丝 ：焊剂 =1. 1 ~ 1. 6，焊剂从料斗中流出30 ~ 50 mm 厚焊剂均匀堆敷在焊接工件上，为获得高质量的接头，合理选用焊丝和焊剂非常重要。

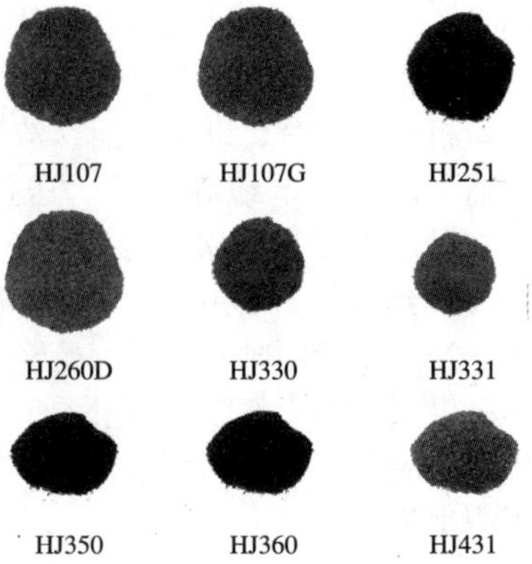

图 8-28　常用焊剂

6）常见焊缝符号的识读（表 8-4）

表 8-4　　常见焊缝符号

接头形式	焊缝名称	形　式	标注方法
对接连接	I 形对接焊缝	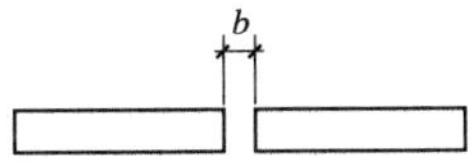	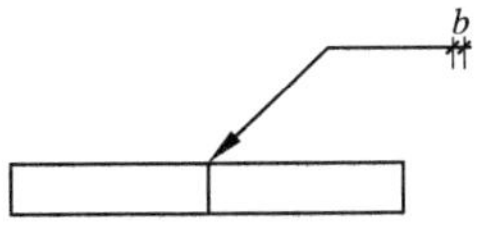
对接连接	单边 V 形坡口 对接焊缝	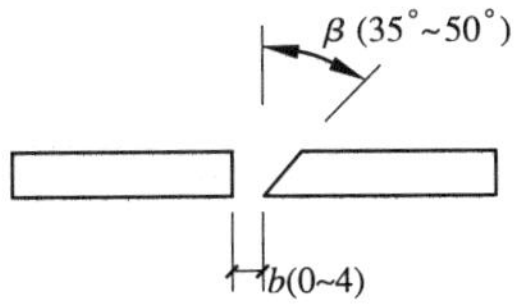	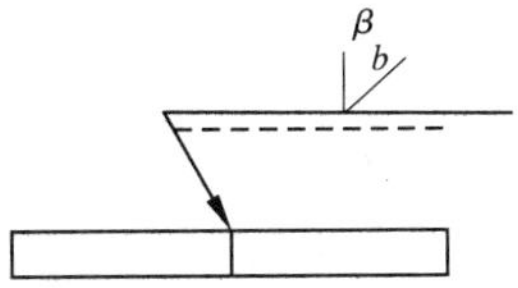
对接连接	带钝边单边 V 形 坡口对接焊缝	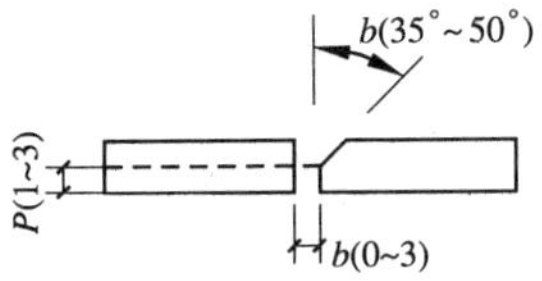	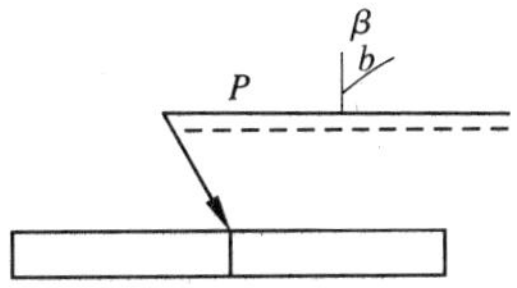
对接连接	带垫板双边 V 形 坡口对接焊缝	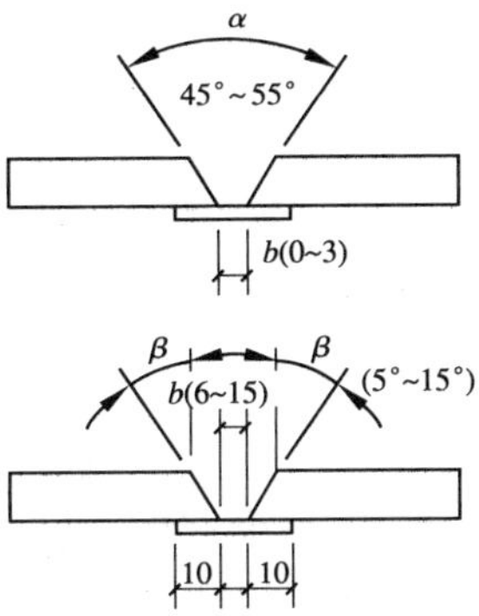	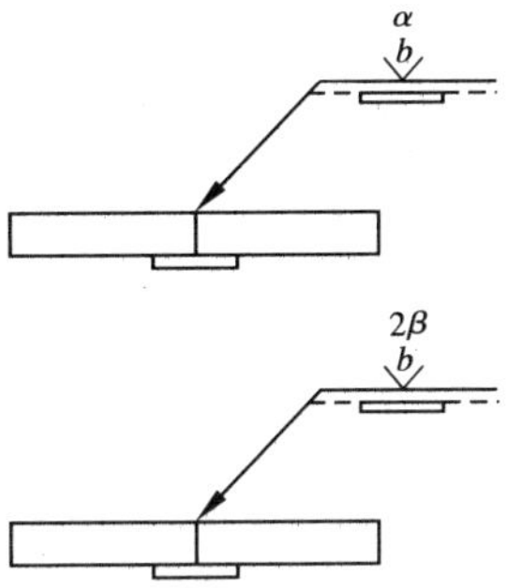
对接连接	Y 形坡口 对接焊缝 （带钝边双边 V 形 坡口对接焊缝）	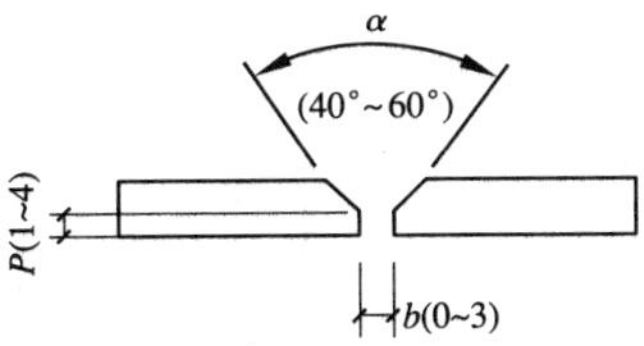	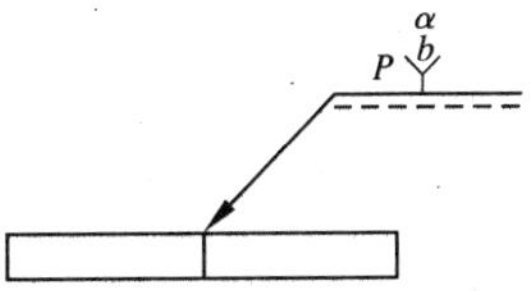
对接连接	带垫板 Y 形 坡口对接焊缝	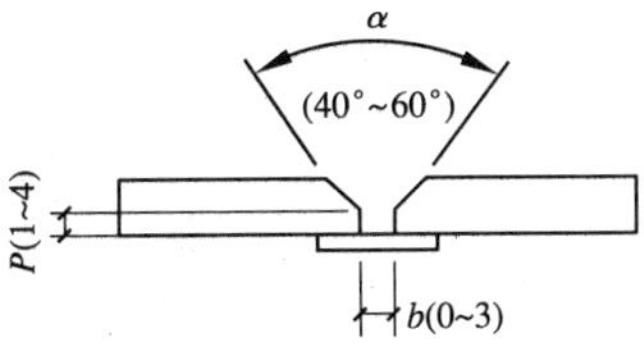	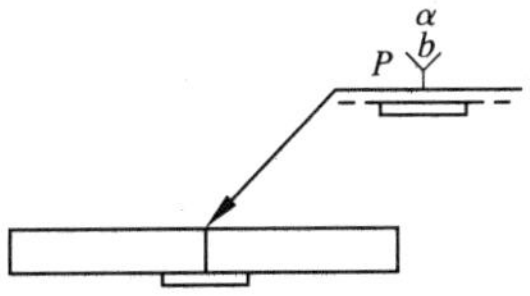

(续表)

接头形式	焊缝名称	形　式	标注方法
对接接头	双面单边 V 形坡口对接焊缝（K 形）	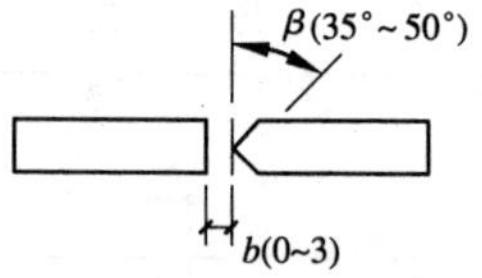	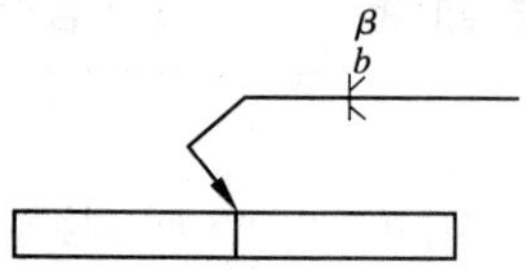
对接接头	双面双边 V 形坡口对接焊缝（X 形）	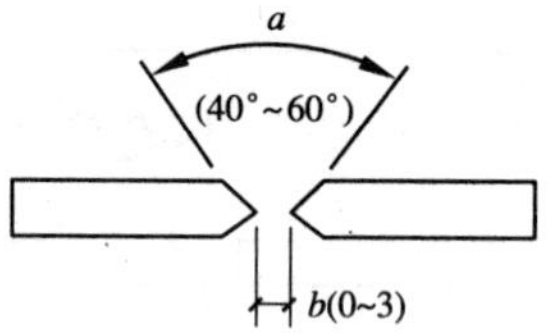	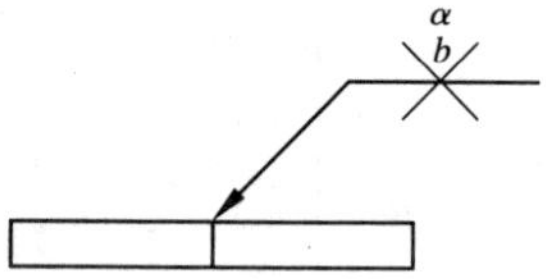
T 形接头	单面角焊缝	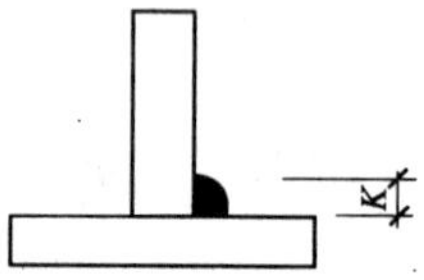	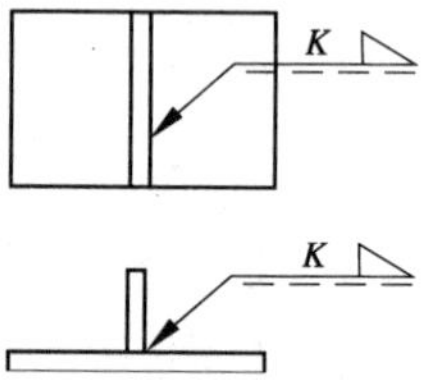
T 形接头	双面角焊缝	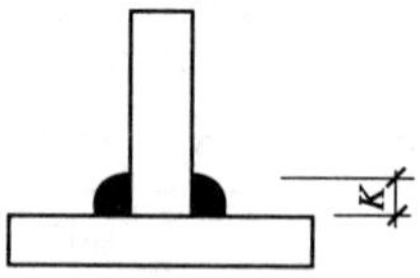	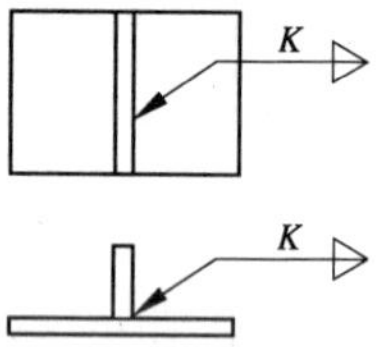
T 形接头	带钝边 K 形对接焊缝（未焊透）	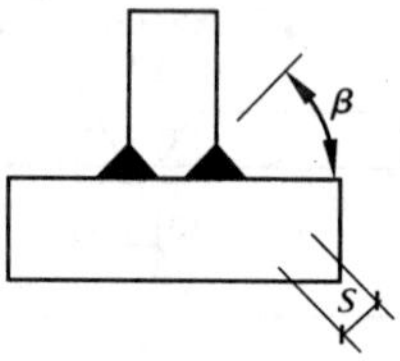	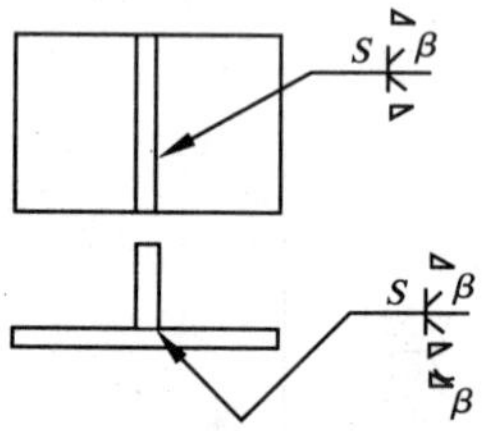
T 形接头	双单边 V 形坡口焊缝（不焊透）	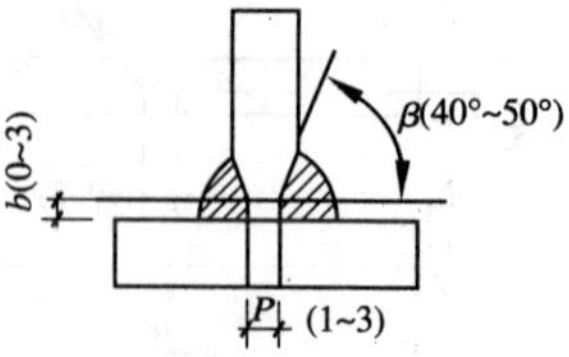	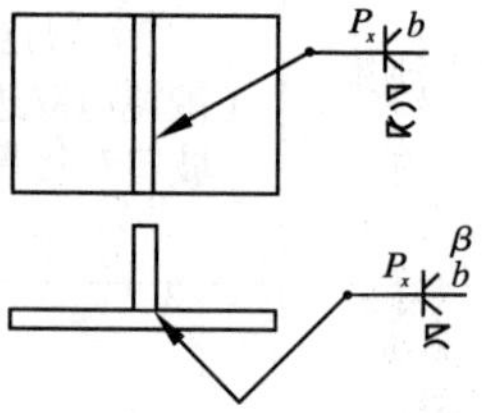
搭接接头	双面角焊缝		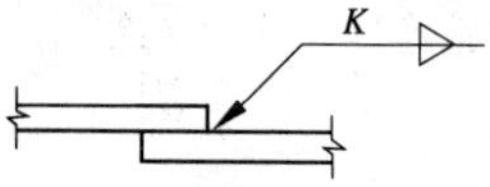

（续表）

接头形式	焊缝名称	形　　式	标注方法
搭接接头	双面角焊缝	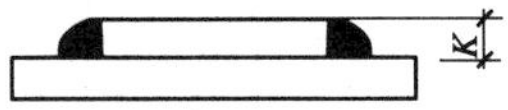	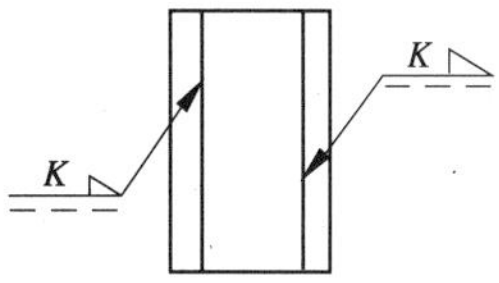
搭接接头	双面角焊缝	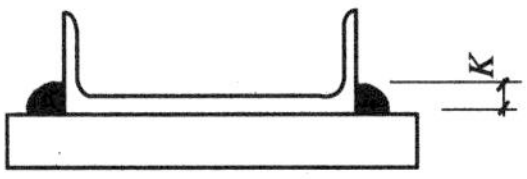	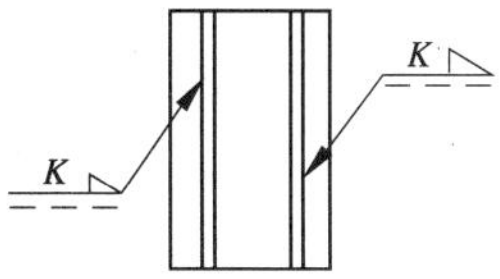
搭接接头	四周围焊角焊缝	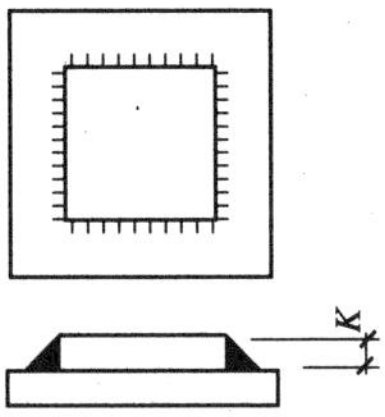	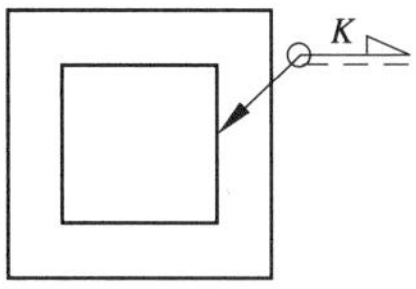
搭接接头	三面围焊 单面角焊缝	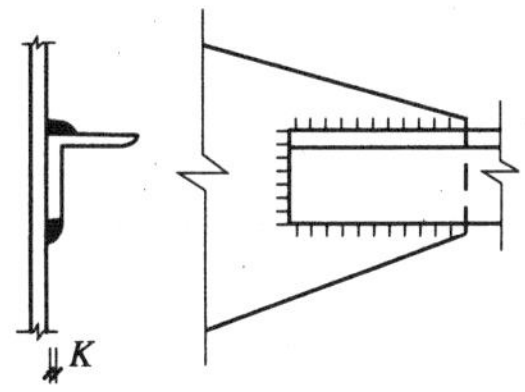	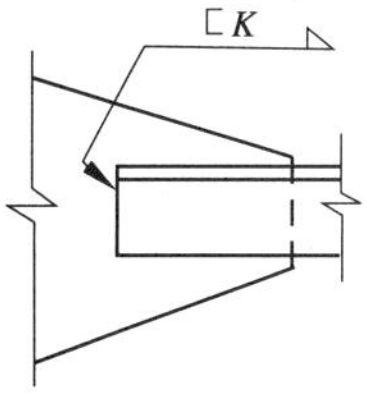
搭接接头	L 形围焊 单面角焊缝	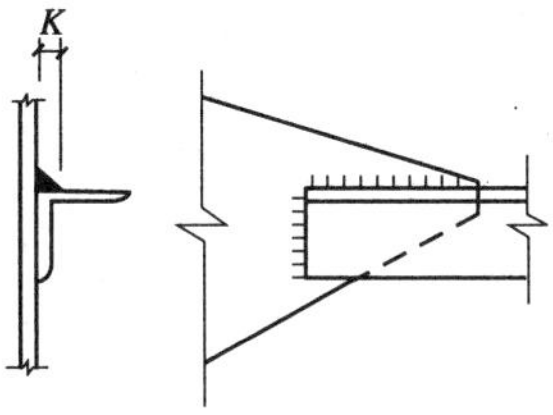	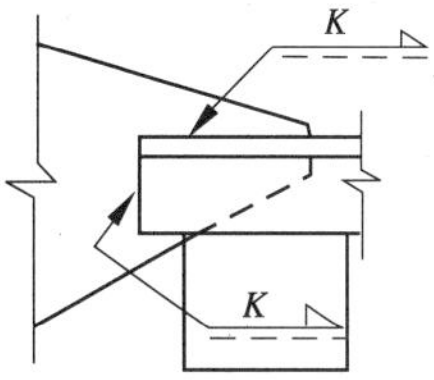
T 形接头	L 形 围焊单面角焊缝	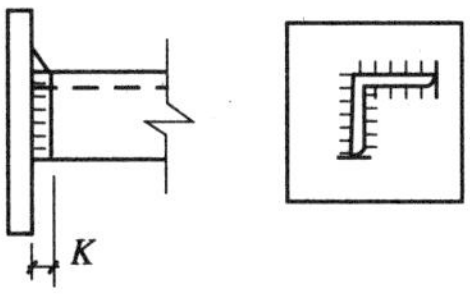	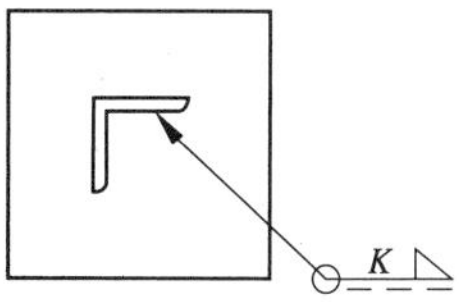
搭接接头	三面围焊 双面角焊缝	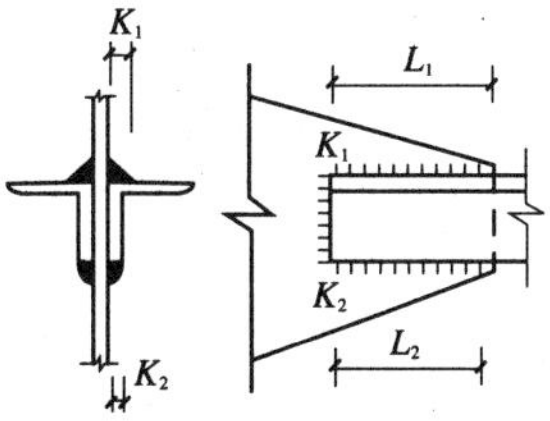	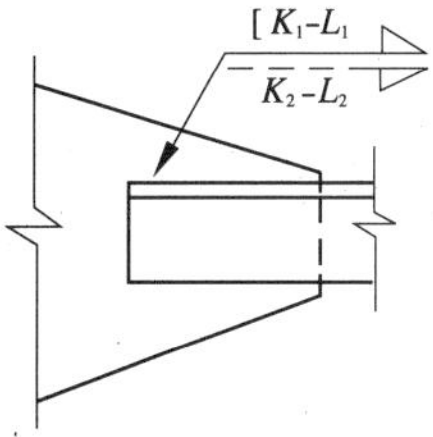

(续表)

接头形式	焊缝名称	形　式	标注方法
搭接接头	槽焊缝	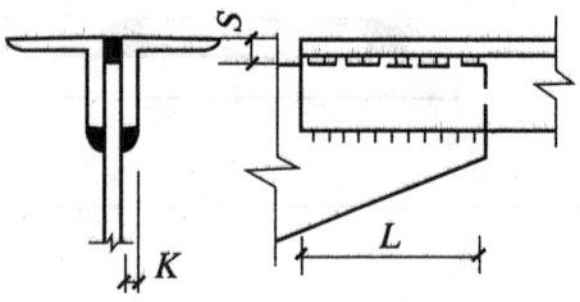	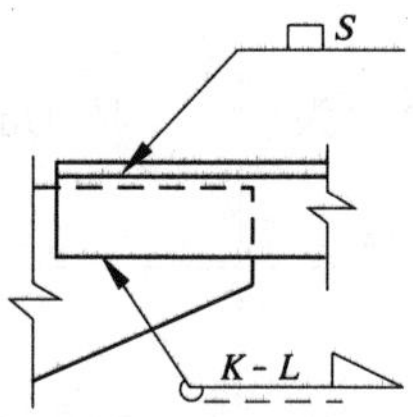
对接接头	喇叭形对接焊缝	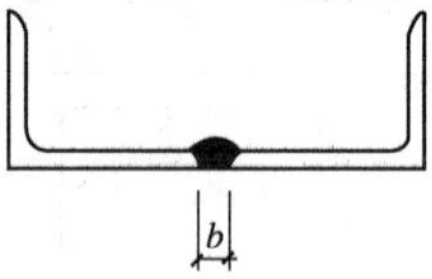	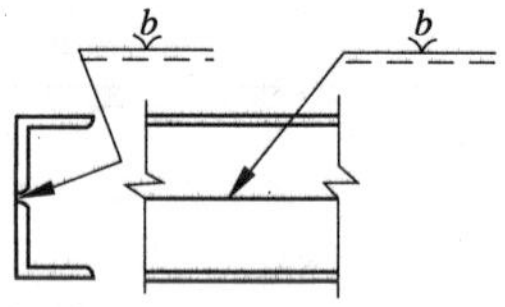
搭接接头	双喇叭形对接焊缝	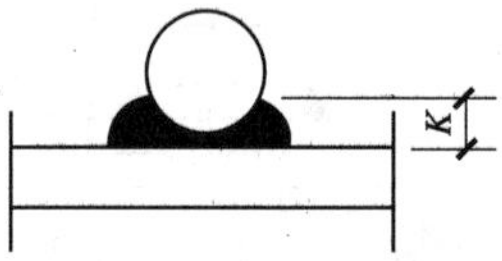	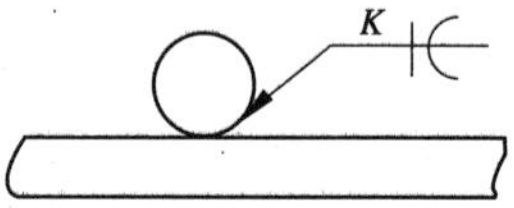
搭接接头	塞焊缝	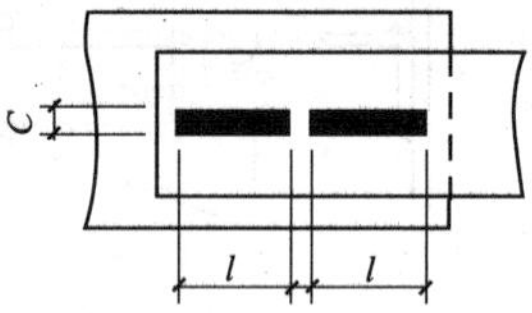	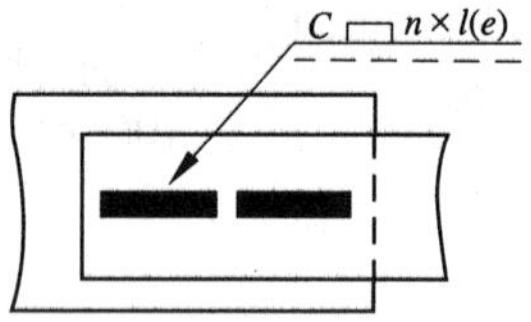
搭接接头	塞焊缝	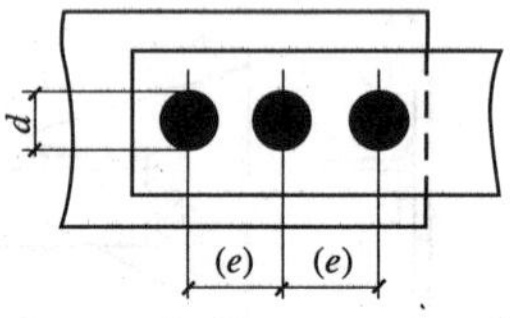	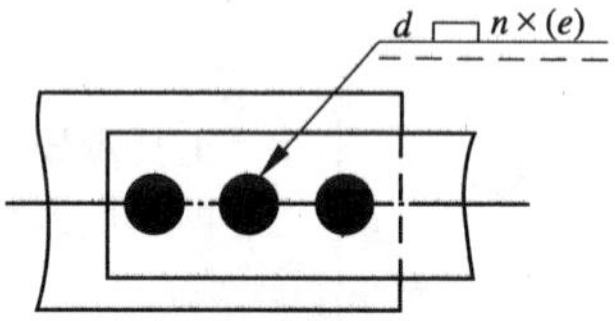
T形接头	较长双面角焊缝	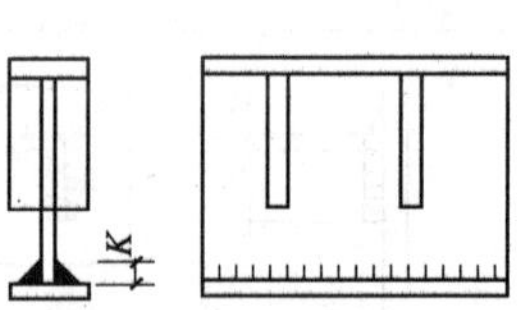	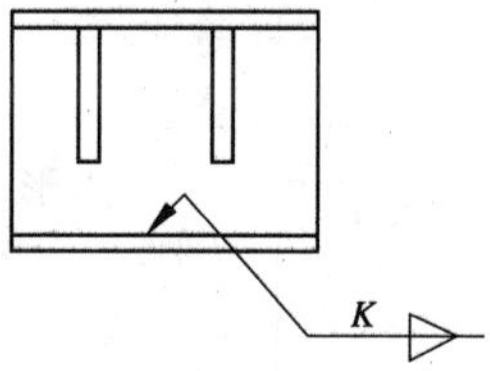
对接接头	平面封底V形焊缝	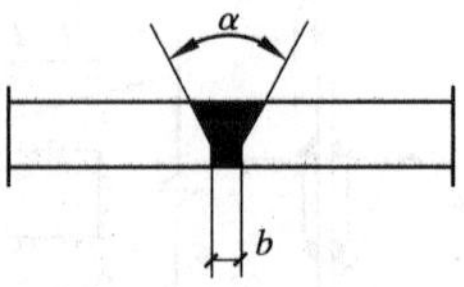	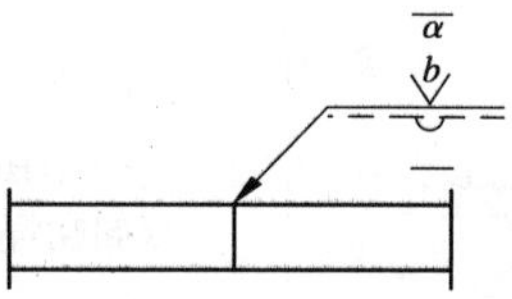

注：b 为母材间隙，β 为剖口切割角度，P 为钝边高度，α 为剖口切割角度。

2. 螺栓连接（**bolt connection**）

1）螺栓连接的特点

螺栓分为普通螺栓和高强度螺栓，如图 8-29 所示。

图 8-29　高强度螺栓（黑色）和普通螺栓（金属色）

螺栓连接的优点：施工工艺简单，安装方便，适用于工地安装连接，工程进度和质量易保证。

螺栓连接的缺点：因开孔对构件截面有一定的削弱，且被连接的板件需要相互搭接或另加拼接板，因而比焊接连接用材多，构造也较烦琐。

2）普通螺栓连接

建筑钢结构中常用的普通螺栓牌号为 Q235，普通螺栓强度等级较低，一般为 4. 4 级、4. 8 级、5. 6 级，例如 4. 8S，“S” 表示级，“4” 表示栓杆抗拉强度为 400 MPa，0. 8 表示屈强比，则屈服强度值为 400 ×0. 8 =320 MPa。建筑钢结构中使用的普通螺栓一般为六角头螺栓，常用规格有 M8，M10，M12，M16，M20，M24，M30，M36，M42，M48，M56，M64 等。普通螺栓质量等级按加工制作质量及精度分为 A，B，C 三个等级，A 级加工精度最高，C 级最差，A 级螺栓为精制螺栓，B 级螺栓为半精制螺栓，A，B 级适用于拆装式结构或连接部位需传递较大剪力的重要结构中，C 级螺栓为粗制螺栓，由圆钢压制而成，适用于钢结构安装中的临时固定或用于承受静载的次要连接。普通螺栓可重复使用，建筑结构主结构螺栓连接，一般应选用高强螺栓，高强螺栓不可重复使用，属于永久连接的预应力螺栓。

3）高强度螺栓连接

高强度螺栓连接按受力机理分为摩擦型高强度螺栓和承压型高强度螺栓。摩擦型高强度螺栓靠连接板叠间的摩擦阻力传递剪力，以摩擦力刚好被克服作为连接承载力的极限状态；承压型高强度螺栓是当剪力大于摩擦阻力后，以栓杆被剪断或连接板被挤坏作为承载力极限。图 8-30 为普通螺栓和高强度螺栓受力机理。

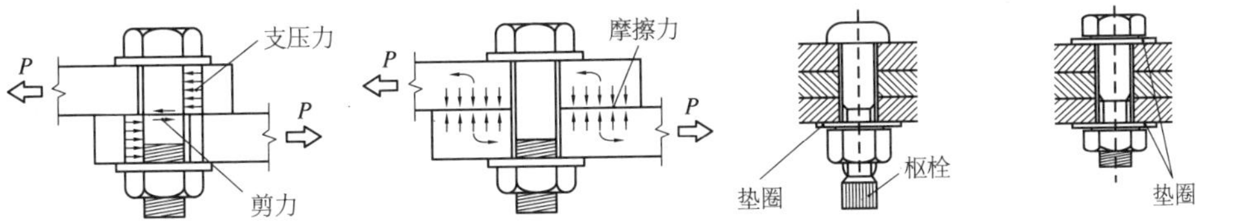

(a) 普通螺栓连接　(b) 高强度螺栓连接　(c) 扭剪型高强度螺栓　(d) 大六角图高强度螺栓

图 8-30　普通螺栓和高强度螺栓受力机理

高强度螺栓按形状不同分为大六角头高强度螺栓和扭剪型高强度螺栓。大六角头高强度螺栓一般采用指针式扭力（测力）扳手、预置式扭力（定力）扳手或电动扭矩扳手施加预应力，目前使用较多的是电动扭矩扳手，按拧紧力矩的 50% 进行初拧，然后按 100% 拧紧力矩进行终拧，大型节点初拧后，按初拧力矩进行复拧，最后终拧。扭剪型高强度螺栓的栓头为盘头，栓杆端部有一个承受拧紧反力矩的十二角体（梅花头），和一个能在规定力矩下剪断的断颈槽。扭剪型高强度螺栓通过特制的扭剪型电动扳手，拧紧时对螺母施加顺时针力矩，对梅花头施加逆时针力矩，终拧至栓杆端部断颈拧掉梅花头为止，如图 8-31 所示。

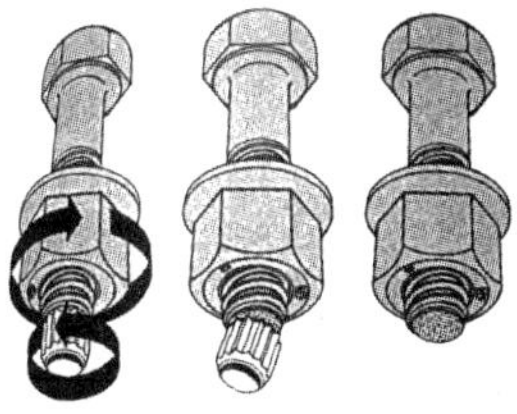

图 8-31　扭剪型高强度螺栓紧固过程

大六角头高强度螺栓连接副，由一个螺栓、一个螺母、两个垫圈组成。扭剪型高强螺栓连接副，由一个螺栓、一个螺母、一个垫圈组成。高强度螺栓机械制造如图8-32所示。高强螺栓，使用日益广泛，大六角头螺栓常用8.8S和10.9S两个强度等级，扭剪型螺栓只有10.9S，目前扭剪型螺栓10.9S使用较为广泛。10.9S中的10表示抗拉强度为1 000 MPa，9表示屈服强度比为0.9。扭剪型高强螺栓为M16，M20，M22，M24等，大六角高强螺栓有M12，M16，M20，M22，M24，M27，M30等型号。表8-5为高强度螺栓连接副性能等级及规格。

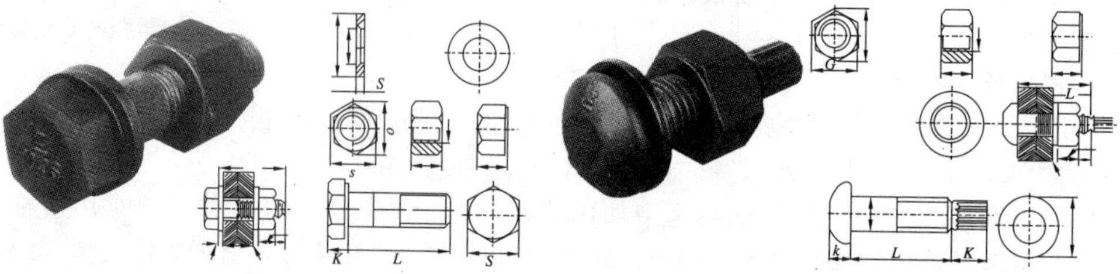

(a) 大六角头高强度螺栓连接副　　(b) 扭剪型高强度螺栓连接副

图8-32　高强度螺栓机械制造图

表8-5　**高强度螺栓连接副性能等级及规格**

类　型	名　称	性能等级	规　格	连接副组成
GB/T 1228	钢结构用高强度大六角头螺栓	8.8S 10.9S	M12-M30	1件螺栓 1件螺母 2件垫圈
GB/T 1229	钢结构用高强度大六角螺母			
GB/T 1230	钢结构用高强度垫圈			
GB/T 3632	钢结构用扭剪型 高强度螺栓连接副	10.9S	M16-M24	1件螺栓 1件螺母 1件垫圈
GB/T 3633	钢结构用扭剪型、高强度螺栓连接副技术条件			

4）常见螺栓符号的识读（表8-6）

表8-6　**螺栓、孔、电焊铆钉的表示方法**

名称	图　例	说　明
永久螺栓	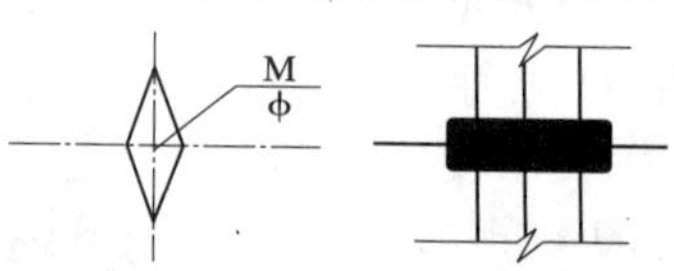	(1) 细“+”表示定位线； (2) M表示螺栓型号； (3) φ表示螺栓孔直径；
高强度螺栓	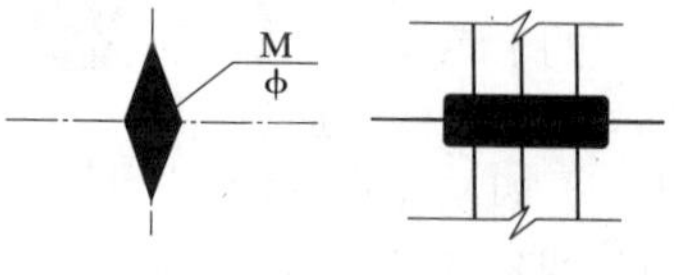	

（续表）

名称	图　　例	说　　明
安装螺栓	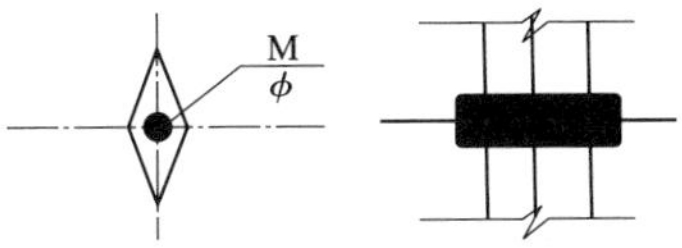	（4）采用引出线表示螺栓时，横线上标注螺栓规格，横线下标注螺栓孔直径； （5）*d* 表示膨胀螺栓、电焊铆钉直径
胀锚螺栓	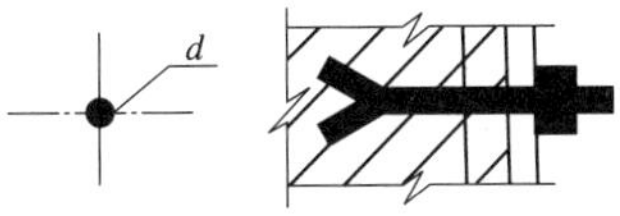	

3. 自攻螺钉连接（**screw connection**）

自攻螺钉多用于薄金属板间的连接，连接时先对被连接板制出螺纹底孔，再将自攻螺钉拧入被连接件螺纹底孔中，由于自攻螺钉螺纹表面具有较高硬度（≥HRC45），其螺纹具有弧形三角截面普通螺纹，螺纹表面也具有较高硬度，可在被连接板的螺纹底孔中攻出内螺纹，从而形成连接。

自攻螺钉具有低拧入力矩和高锁紧性能，在轻型钢结构中被广泛应用。

自钻自攻螺钉与普通自攻螺钉的不同之处是普通自攻螺钉在连接时，须经过钻孔（钻螺纹底孔）和攻丝（包括紧固连接）两道工序；而自钻自攻螺钉在连接时，是将钻孔和攻丝两道工序合并后一次完成，先用螺钉前面的钻头进行钻孔，接着就用螺钉进行攻丝和紧固连接，可节约施工时间，提高工效。

自攻螺钉根据形状不同分为六角头、半沉头和沉头式，六角头适用于钻头允许露出的场合，六角头自攻螺钉比半沉头自攻螺钉具有更大的力矩。沉头自攻螺钉适用于钉头不允许露出的场合，半沉头自攻螺钉适用于钉头允许轻微露出的场合。如图 8-33 所示为常用自攻螺钉。自攻螺钉在装拆时，沉头和半沉头开槽自攻螺钉需用一字形螺钉旋具，十字槽自攻螺钉需用十字形螺钉旋具，内六角花形自攻螺钉需用内六角花形扳手。六角头自攻螺钉需用活扳手、呆扳手、梅花扳手或棘轮套筒扳手。

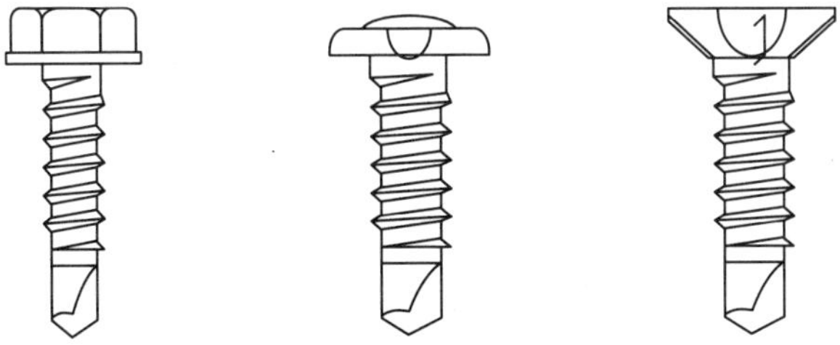

(a) 六角头　　(b) 半沉头　　(c) 沉头式

图 8-33　常用自攻螺钉

4. 铆钉连接

铆钉连接按照铆接应用情况，可以分为活动铆接、固定铆接、密缝铆接。固定铆接在桥梁建筑中运用，属于刚性连接，密封铆接在管道容器中应用，活动铆接在建筑工程中一般不使用。

固定铆接的工艺过程：钻孔→去毛刺→插入铆钉→顶模→机铆成形。铆钉的常用形状有半圆头、平头、沉头铆钉，抽芯铆钉，空心铆钉，通常是利用自身形变进行连接。

铆钉连接根据施工温度不同分为冷铆和热铆，冷铆连接是在常温下通过高压使铆柱变形，铆柱区域产生应力，设备和铆钉间不出现间隙。热铆连接，压缩焊头发热，在铆柱上形成铆钉头所需压力，铆钉头中产生的残余应力较小，热铆可以拆卸，冷铆不可拆卸。

8.2.2 钢结构安装常用机具

1. 螺栓连接工具

1）活络扳手

活络扳手又叫活动扳手、活络扳头、活扳手，其开口宽度可以调节，能扳动一定尺寸范围内的六角头或方形螺栓、螺母，是一种旋紧或拧松有角螺丝钉或螺母的工具。开口宽度不能调节的为呆扳手，常用型号200 mm、250 mm、300 mm 三种，应根据螺母的大小选配。扳动小螺母时，需要不断转动蜗轮，调节扳口大小，手应握在靠近呆扳唇，并用大拇指调制蜗轮以适应螺母大小。活络扳手扳口夹持螺母时，呆扳唇在上，活扳唇在下，切不可反过来使用。

2）棘轮扳手

棘轮套筒扳手，是一种手动螺栓松紧工具，单头、双头多规格活动柄棘轮梅花扳手带有固定孔，由不同规格尺寸的主梅花套和从梅花套通过铰接键的阴键和阳键咬合方式连接。由于一个梅花套具有两个规格的梅花形通孔，使它可以用于两种规格螺丝的松紧，从而扩大了使用范围，节省了原材料和工时费用，活动扳柄可以方便地调整扳手使用角度。这种扳手用于螺栓、螺钉的松紧操作，具有适用性强，使用方便和造价低的特点。

3）梅花扳手

梅花扳手又叫闭口扳手，俗称眼睛扳手，只适用于扳动六角螺栓、螺母。特点是承受扭矩大，使用安全，特别适用于场地狭小，位于凹处不能容纳活动扳手的工作场地，拆装位于稍凹处的六角螺母或螺栓特别方便。

4）电动扳手

电动扳手，是以电源或电池为动力的扳手，是一种拧紧螺栓的工具。主要分为冲击扳手、扭剪扳手、定扭矩扳手、转角扳手、角向扳手。电动扳手主要应用于钢结构安装行业，专门安装钢结构高强螺栓，对于高强螺栓紧固先初拧再终拧，而且每步都需严格控制扭矩大小。扭剪型高强螺栓初拧使用冲击电动扳手或定扭矩扳手，终拧必须使用扭剪扳手；大六角高强螺栓初拧和终拧，都必须使用定扭矩扳手。对螺栓多的大接头还需进行复拧。

电动扳手特点是：操作方便、省时省力、价格稍高。冲击电动扳手主要是初拧螺栓，使用简单，对准螺母开启电源开关即可，电动扭剪扳手主要用于终拧扭剪型高强螺栓，对准螺母开启电源开关直至将螺栓的梅花头剪断为止。电动定扭矩扳手，既可初拧又可终拧，使用时先旋转度数调节扭矩，再紧固螺栓。

5）手动扭矩扳手

手动扭矩扳手现阶段分为机械音响报警式、数显式、指针式（表盘式）、打滑式（自滑转式）。其中，机械音响报警式，采用杠杆原理，当力矩到达设定力矩时会出现“嘭”的机械相碰声，扳手形成死角，再用力会出现过力现象。数显式和指针式（表盘式）雷同，都是把作用力矩可视化，现阶段的数显和指针式都是在机械音响报警式扭矩扳手的基础上设置力矩显示装置后开展工作的。打滑式采用过载保护、自动卸力模式，当力矩到达设定力矩时会自动卸力，同时也会出现机械相碰的声音，此后扳手自动复位，如再用力，会再次打滑，不会出现过力现象。

如图 8-34 所示为常用螺栓连接工具。

(a) 活络扳手　(b) 棘轮套筒扳手　(c) 冲击电动扳手　(d) 电动扭矩扳手　(e) 指针式手动扭矩扳手

图 8-34　常用螺栓连接工具

2. 索具设备

吊装用索具设备包括绳索、吊具、滑车、倒链、千斤顶、卷扬机及地锚等。这些设备，有的可作为完整起重机械的组成部分，有的可组成简单的起重系统，有的本身就可单独作为起重机具使用。

1）绳索

钢丝绳是吊装中的主要绳索，由高强碳素钢丝先捻成股，再由股捻制成的绳。吊装中常用钢丝绳的型号为三种。相同直径的钢丝绳，每股中的钢丝数越多，钢丝越细，则钢丝绳的柔性越好，但耐磨性较差。建筑工地用的多为普通绳，由 0.3 ~ 3 mm 直径的高强钢丝捻成，主要规格有 6 × 19，6 × 37，6 × 61 三种。钢丝绳按捻制的方法不同又可分为交互捻、同向捻及混合捻三种类型。同向捻钢丝绳表面较平整，也较柔软，抗弯曲疲劳性能较好，较耐用，但易卷曲、扭结、压扁，吊重物时易旋转，绳股断头时钢丝易散开。吊装作业中应避免使用同向捻钢丝绳，多采用交互捻钢丝绳。后者虽然较硬，耐用程度稍差，但没有同向捻绳的缺点，利用构件平稳起吊和安装，且该类绳强度较高，使用方便。

钢丝绳使用一段时间后，常有磨损、锈蚀、弯曲、变形、断丝等现象，应视其损坏程度降低允许拉力使用或报废，其合用程度判断及报废标准均有具体规定。

白棕绳，又称麻绳，广泛应用于建筑工地，多用于牵拉、捆绑，有时也用于吊装轻型构件绑扎绳。使用中，如发生扭结，应设法抖直，否则绳子受拉时容易折断。应放在干燥和通风良好的地方，以免腐烂；不要与油漆、酸、碱等化学物品接触，以防腐蚀。

2）吊具

吊具是起重机械中吊取重物装置，吊取钢构件包括吊钩、卡环、卡扣（钢丝绳夹头）、花篮螺丝、吊索（又称千斤索）和横吊梁（又称铁扁担）等。

3）滑车、滑车组

滑车是起重机和其他起重设备的重要组成部件。滑车分类：按滑轮个数分为单门、双门至八门；按轴承分为滑动轴承和滚动轴承；按使用方式分为动滑车和定滑车。动滑车主要用于改变钢丝绳受力方向；定滑车按所起作用不同又可分为普通定滑车、导向定滑车和平衡滑车。按滑车与吊物的连接方式分为吊钩式滑车、链环式滑车、吊环式滑车、吊架式滑车四种。使用时应查明其允许荷载，不得超荷使用。使用前应检查各构造部件，如有损伤、裂缝、转动或转动不灵时不得使用。其吊钩中心应在所吊构件的中心垂直线上，以免起吊时构件摆动。滑车组起重时，上、下滑车之间应有1.0～3.0 m的距离，以防钢丝绳相互扭结。

滑车组是由一定门数的定滑车、动滑车绕过它们与钢丝绳组成。滑车上钢丝绳的引出端称为“跑头”，固定在夹板上的一端称为“死头”；跑头既可从定滑车引出，也可从动滑车引出；死头可以固定在定滑车上，也可固定在动滑车上。滑车上支持动滑车的工作绳数称为“走数”，根据绳索绕过定滑轮、动滑轮的个数和工作绳根数命名，称为“走”，如“六六走十三”，表示绳索绕过6个定滑轮、6个动滑轮、工作绳为13根的滑车组。

4）倒链

倒链又称手动葫芦，是一种以手工为外力的起重工具，操作人员拉动链条带动动力盘，动力盘带动内部齿轮，齿轮通过减速加力的原理，使末端齿轮上的负荷链条转动，使负荷链条下方的物体提至理想高度。电动葫芦是用电的起重工具，与倒链原理相同，只是把用人力倒链换成了电机，速度更快。常用的型号有0.5～20 t SH形，起重高度不超过12 m，0.5～2 t间隔0.5 m选用，3～20 t间隔1 m选用。起重高度是指最低与最高工作之间距离。

5）千斤顶

千斤顶，是一种用刚性顶举件作为工作装置，通过顶部托座或底部托爪在行程内顶升重物的轻小起重设备。千斤顶是一种广泛应用于载重车辆或移动设备上支承设备自重、调整设备水平的一个重要液压元件，主要用于厂矿、交通、建设部门作为起重、支撑，是独立的简易起重工具，可用于将构件或重物顶升或降落不大高度；校正构件的安装偏差和构件的变形。千斤顶按结构特征可分为齿条千斤顶、螺旋千斤顶和液压（油压）千斤顶三种。钢构件安装中使用的主要是螺旋千斤顶和液压千斤顶。常用的千斤顶有螺旋式LQ型千斤顶；3～200 t油压、5～100 t油压千斤顶。

6）卷扬机

卷扬机又叫绞车，垂直提升、水平或倾斜曳引重物的简单起重机械。分手动和电动两种，不但可用来垂直起吊，还可平拉、斜拉，用滑轮来调接方向，靠电动机带动圆滚卷钢丝绳来拉动重物。电动卷扬机由电动机、联轴节、制动器、齿轮箱和卷筒组成，共同安装在机架上。以电动机为动力，牵引力大，产品通用性高、结构紧凑、体积小、重量轻、速度快、使用方便，广泛用于构件安装过程中物料的升降或平拖，也可作现代化电控自动作业线配套设备。卷扬机安装位置应选择在地势稍高、地基坚实之处，以防积水和保持稳定；卷扬机与构件起吊点之间的距离应大于起吊高度，以便机械操作人员观察起吊情况，使用应注意安全。

7）地锚

地锚是用于将缆风绳、卷扬机、绞磨、起重滑车组的定滑轮、导向滑轮及简易缆式起重机的承重绳固定到地基上的设备。地锚包括锚体，锚体设置于地上钻孔形成的锚孔中，沿锚孔的不同深度在锚体上设有多个锚定体，牵引线材以U字形回转状绕过锚定体上的闩，而牵引线材被张紧后其端部在锚孔孔口被固定，其特征是在各锚定体之间设置增强构件。

3. 起重设备

1）汽车式起重机

汽车式起重机，也叫汽车吊，是将起重装置安装在载重汽车底盘上的一种自行杆式起重机。其动力由汽车发动机供应，有可伸缩、俯仰的箱形吊臂的可伸缩的支腿，采用液压操纵。汽车起重机的起重机构和回转台安装在载重汽车底盘或专业的汽车底盘上。底盘两侧设有4个支腿，以增加起重机的稳定性。汽车起重机机动性能好，运行速度高，可与汽车编队行驶，但不能负荷行驶，对工作场地要求较高。常用的型号有 QY20 型、QY25 型、QY32 型、QY50 型、NK－450 型、NK－500 型等。如图 8-35 所示为两种常用汽车式起重机。

优点：转移迅速，机动灵活，对路面破坏小。但起吊时必须将支脚落地，不能负载行驶，且对工作场地要求较高，必须平整、压实，以保证操作平稳安全。

(a) 国产汽车式起重机

(b) 进口汽车吊

图 8-35　汽车式起重机

2）履带式起重机

履带式起重机，是将起重回转台安装在履带行驶机构上的一种自行杆式起重机。在回转台上装有起重臂、发动机、传动机构、卷扬机和操纵室，其尾部挂有平衡重。履带式起重机由回转台和履带行驶机构两部分组成。在回转台上装有起重臂、动力装置、绞车和操纵室，尾部装有平衡重，回转台能做 360°回转。履带式起重机可以作负载行驶，可在一般平整坚实的路面上工作与行驶。履带式起重机的起重量一般都较大，行驶速度慢、自重大，对路面有破坏性。履带式起重机是目前结构安装工程中的主要起重机械。常用的型号有 KH 180-3 型、KU 300-2 型、P & H5300R 型等。

优点：操纵灵活，使用方便，可在一般道路上行驶和工作，车身能回转，臂杆可俯仰，可以负载行驶，在场地比较平整，要求吊装高度不大的渡槽、桥梁、单层厂房等安装中应用广泛。缺点：稳定性较差，转移速度慢，对路面有一定的破坏作用。图 8-36 为常用履带式起重机。

3）塔式起重机

塔式起重机，是将起重臂置于型钢格构式塔身上部的一种起重机。按行走机构分为固定式和行走式（又分轨道式和轮胎式）；按变幅机构分为动臂变幅式和小车变幅式；按回转部位分为上回转式和下回转式；按升高方式分为附着自升式和内爬式。塔式起重机的主要工作参数包括起重量、起吊幅度、起吊高度。

图 8-36　常用履带式起重机

塔式起重机的金属结构重量占起重机总重量很大比例，提升高度高、动作平稳，但起重量一般都不大，转移、安装、拆卸都比较麻烦，行走式还需要铺设轨道。塔式起重机主要用于高层建筑物的结构安装中。常用的型号有 TC6020 型、TOPKIT HK40/21B 型、FO/23B 型、H3/36B 型、C7022 型、TOPKIT MC 300K12 型等。塔式起重机起吊高度大，有效工作范围广，是多、高层钢结构工程安装中常用的起重机械，如图 8-37 所示。

图 8-37　塔式起重机吊装钢结构

8.2.3　门式刚架轻型钢结构安装

1. 安装特点

门式刚架轻型钢结构属轻钢结构的一个分支，具有轻型、快速、高效等安装特点，结合节能环保型新型建材，实现工厂化加工制作、现场施工组装，方便快捷、建设周期短；结构坚固耐用、建筑外形新颖美观、质优价宜、经济效益明显；柱网尺寸布置灵活、能满足不同环境条件下施工和使用要求。如图 8-38 所示为门式轻型钢结构建筑系统。

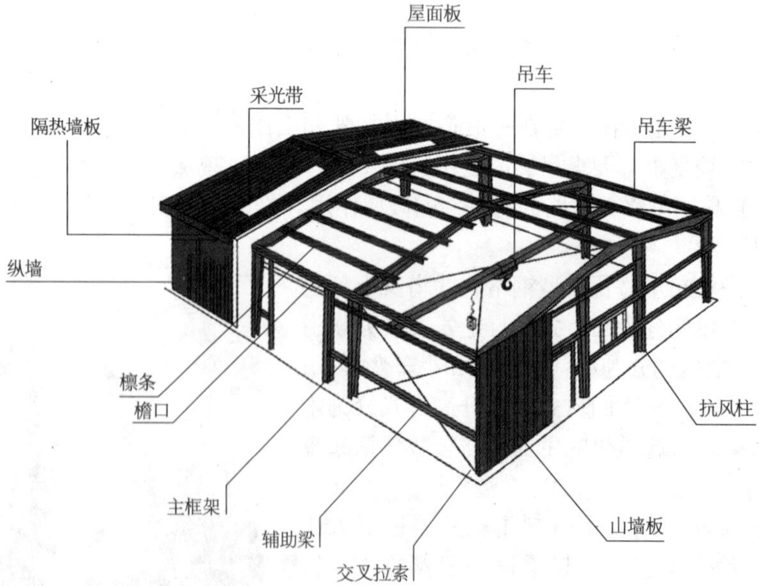

图 8-38　门式轻型钢结构建筑系统

门式刚架轻型钢结构房屋适用于大跨度低层工业厂房、超级市场、展览馆以及仓储式库房，安装摈弃传统钢结构大量现场施焊，采用预制构件现场螺栓连接，不用搭脚手架即可完成安装工作。门式刚架有其自身长处，也有其自身短处，正确理解、熟悉其技术特点，对安装工作显得极为重要。由于受传统钢结构建造方式的影响，在门式刚架轻钢结构安装中存在不少不合理乃至错误的安装方式，造成工程质量隐患，同时也会造成工程费用的浪费。

2. 工作流程及安装顺序示意

1）门式刚架轻型钢结构安装流程（图8-39）

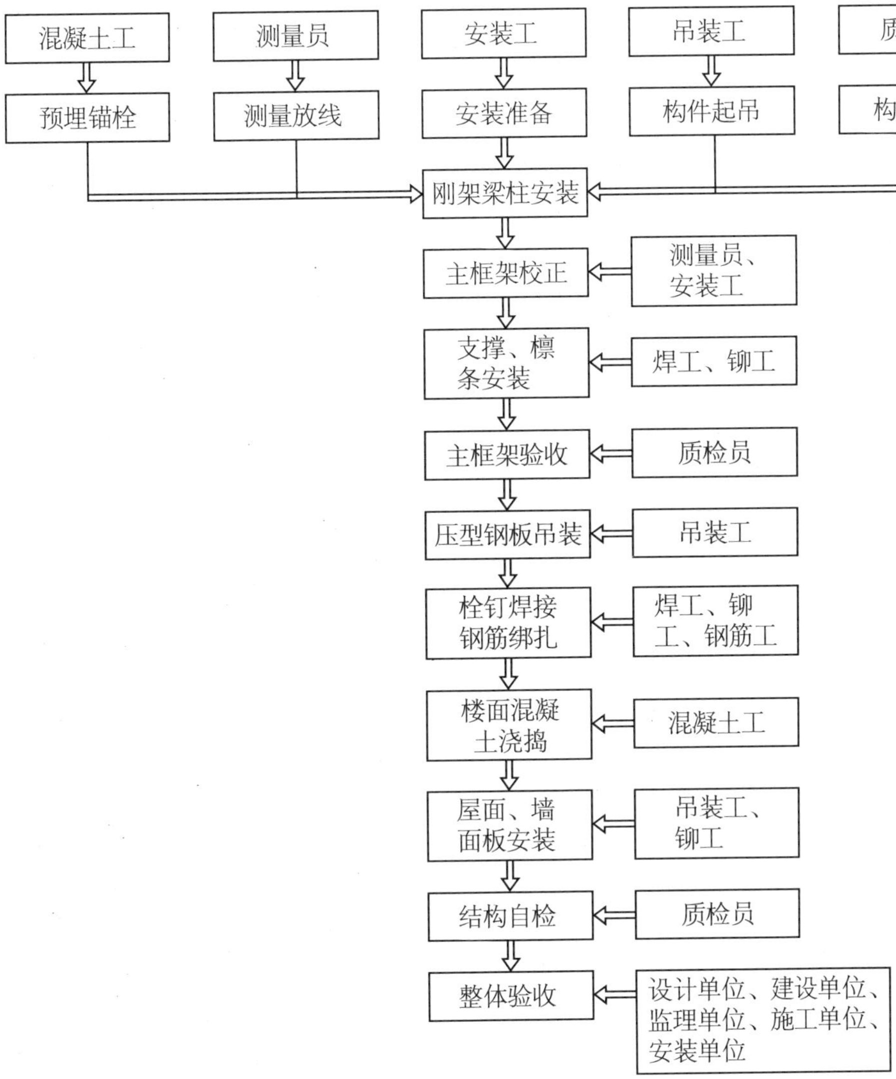

图8-39 门式刚架轻型钢结构安装流程

2）门式刚架轻型钢结构安装顺序示意（图 8-40）

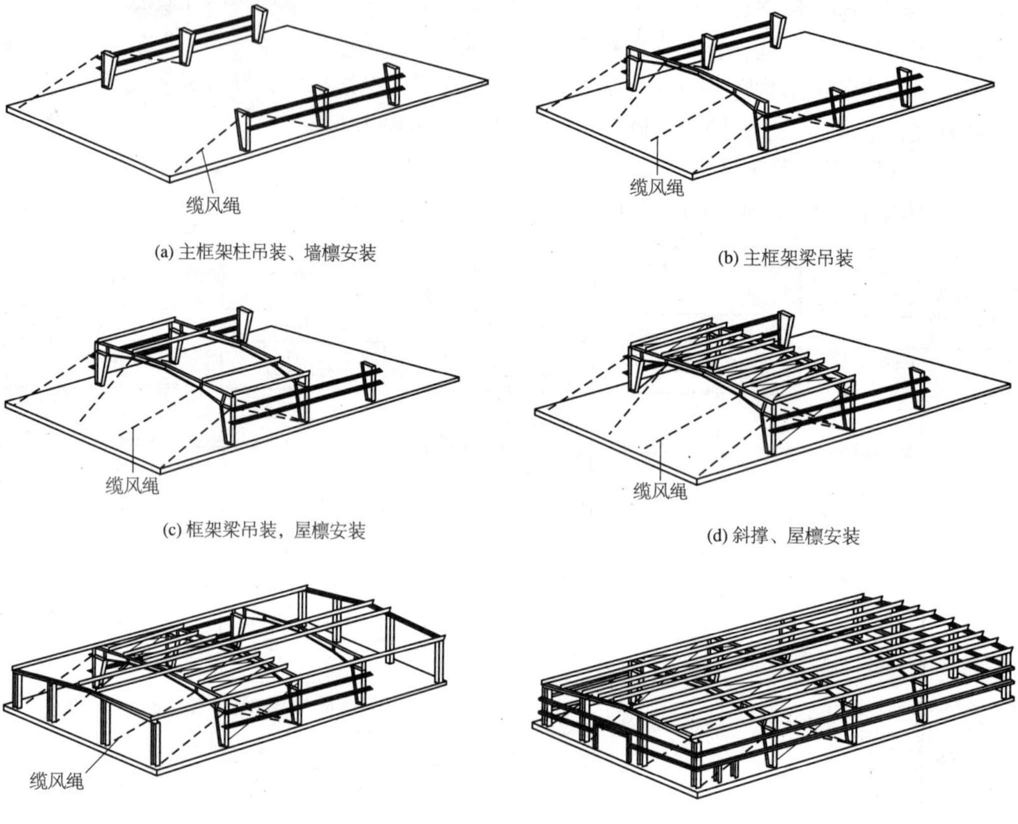

(a) 主框架柱吊装、墙檩安装

(b) 主框架梁吊装

(c) 框架梁吊装，屋檩安装

(d) 斜撑、屋檩安装

(e) 其余框架安装，檩条、斜撑安装

(f) 墙檩、屋檩、门架、隅撑安装

图 8-40　门式刚架轻型钢结构安装顺序示意

3. 成品运输

1）运输准备

成品运输的准备工作包括技术准备、工具准备、构件准备三部分。

其中，技术准备包括制定运输方案、设计制作运输架、验算构件强度；工具准备包括车辆工具的选择、装运工具材料的选用；构件准备包括构件清点、检查、外观修饰等。

（1）技术准备：应根据钢构件的基本形式，结合现场起重设备、运输车辆的具体条件，制定切实可行经济实用的装运方案；设计、制作运输架时，应根据构件重量、外形尺寸，设计制作各种类型构件的钢、运输架，要求构造简单，装运受力合理、稳定、重心低、重量轻、节约钢材，能适应多种类型构件通用，装拆方便；验算构件强度时，对大型屋架、多节柱等构件，根据装运方案确定条件，验算构件最不利截面处的抗裂度，避免装运时出现裂缝，如抗裂度不够，应进行适当加固处理。

（2）工具准备：运输工具的准备包括运输车辆及装运工具的选用。

运输车辆应根据构件形状和几何尺寸、重量、起重工具、道路条件、经济效益，确定合适的运输车辆、吊车型号、台数和装运方式。装运工具包括钢丝绳扣、倒链、卡环、花篮螺栓、千斤顶、信号旗、垫木等。

（3）构件准备：包括构件的清点、检查、外观修饰等。构件清点应按吊装顺序核对，确定构件装运先后顺序，编号核对构件的型号及数量，检查构件尺寸、几何形状、预埋件、吊环位置及其牢固性，安装孔位置及贯通情况。检查构件焊接情况包括：焊脚尺寸、焊缝外观是否符合设计要求，超差应采用碳弧气刨处理后重新焊接。发现缺陷及损伤后应进行外观修饰，如裂缝、焊脚尺寸不够、长度偏小、咬边、弧坑、气孔、夹渣、焊瘤、余高超标等必须处理，经补焊修饰后检验合格方可运输出厂。

2）成品运输

（1）多节柱运输

长度小于或等于 8 m 的刚架梁、柱，采用普通载重汽车装运，长度大于 8 m 的梁、柱，采用 8 t 以上载重汽车、半拖挂车或全拖挂车装运，每车装 1 ~ 3 根，设置钢支架，用钢丝绳、倒链拉牢固定。柱下设至少两个支承点，抗裂抗变形能力较差的长柱，运前采用平衡梁三支点支承，或设置一个辅助垫点（仅用木楔塞紧）。搁置时前端伸至驾驶室顶面距离不宜小于 0.5 m，后端离地面应大于 1 m。

运输道路应平整坚实，确保有足够路面宽度及转弯半径，载重汽车单行道宽度不得小于 3.5 m，拖挂车单行道宽度不小于 4 m，并适当考虑汇车点，双行道宽度不小于 6 m。载重汽车要求转弯半径不小于 10 m，半拖挂车转弯半径不小于 15 m，全拖挂车不小于 20 m。公路运输构件装运高度极限为 4.3 m，如需通过隧道则高度极限 3.8 m，构件超过车身一般不得超过 2 m。

高、宽比大构件或层叠装运构件，应根据构件外形尺寸、重量，设置工具式支承框架、固定架、支撑或倒链等予以固定，以防倾倒，严禁采用悬挂式堆放运输。对支承运输架应进行设计计算，保证足够的强度和刚度，支承稳定牢固，装卸方便。大型构件采用拖挂车运输，在构件支承处应设有转向装置，使其能自由转动，同时应根据吊装方法及运输方向确定装车方向，以免现场掉头困难。

（2）吊车梁运输

门式刚架厂房中吊车梁跨度小于或等于 6 m 时，采用普通载重汽车装运，每车装 4 ~ 5 根；6 ~ 12 m 的吊车梁，采用 8 t 以上载重汽车、半拖挂车或全拖挂车装运，平板上设钢支架，每车装 3 ~ 4 根，根据吊车梁侧向刚度情况决定采用平放或立放。

4. 常见问题（表 8-7）

表 8-7　　门式刚架安装常见问题的预防及处理

原因及现象	危害性	预防及处理
测量放线、找标高存在偏差，模板设置不牢固，混凝土沉降，造成基础定位轴线和支承面出现超差	轴网、标高存在误差，导致柱脚安装出现偏差，影响整个结构工程的安装	应确保测量控制网、测量放线仪器、量具精度，基础模板支承必须牢固，要有足够的刚度和强度。混凝土下料振捣时，要防止撞击模板产生位移。浇筑过程中，应定时检查标高，初凝前表面应二次抹压找平，预埋钢板或支座应二次找正标高和水平度
地脚螺栓预埋未采用支架固定，或固定架刚度不够，混凝土浇捣时振动碰撞，造成地脚螺栓位置及垂直度超差	造成地脚螺栓位置垂直度超差，钢柱安装困难，强行安装造成底板孔壁产生较大应力，底板水平度难以确保，降低基础传力的可靠性	地脚螺栓埋设，为保证位置和垂直度，应设置钢或钢木混合固定架，固定架要有足够的强度和刚度，基础混凝土浇捣前应认真检查地脚螺栓尺寸、位置、标高、垂直度，将底板用下部调整螺栓调平后，采用无收缩砂浆二次灌浆填实

(续表)

原因及现象	危害性	预防及处理
运输、装拆箱时受到撞击、埋设后未采取保护措施等造成地脚螺栓螺纹损坏，造成安装时无法顺利旋入螺母	由于螺纹损坏，无法旋入螺母紧固结构构件，影响传力，影响刚架的整体刚度和稳定性	当螺纹损坏长度不超过其有效长度时，可用钢锉修整螺纹，当螺纹损坏长度超过有效长度时，可用气割切除并用相同材质栓杆制成螺纹，对接端头采用35°～45°坡口对接焊接，用相应直径规格、长度套管套入加固补强
吊车梁制作时产生扭曲变形，垫板设置不平，钢吊车梁垂直度、水平度偏差过大，螺栓孔不重合	偏差过大，影响轨道安装，吊车制动架无法正常工作，直接影响吊车安全性能	钢柱制作时应严格控制底板至牛腿面的长度尺寸及扭曲变形，安装应严格控制定位轴线，调整好垂直度和牛腿水平度，吊装前对吊车梁的扭曲变形予以矫正。梁各部分位置固定后检查安装尺寸，达标后进行制动架的安装和紧固
由于水平支撑制作的长度、孔心距不准确，与屋架组合连接时位置不符，造成屋架水平支撑安装后出现上拱或下挠现象	由于质量不符合要求，使支撑受力不在一个平面内，降低承压时的受力性能，影响屋架侧向稳定性	严格控制构件制作、安装尺寸，水平支撑长度较长，刚度不够时，应用木杆进行加固，吊点位置要合理，尽量保持在一个平面内，防止产生弯曲变形，安装时对水平支撑稍作上拱处理，连接位置发生偏差，不得强行牵拉入位连接。支撑用临时螺栓先固定，矫正后焊接固定
刚架计算失误造成刚架柱在风荷载作用下，出现拔出现象	设置少量柱间支撑来抵抗纵向风荷载，支撑传给柱脚拉力大，柱脚没有可靠抗拔措施，造成柱子拔出	风荷载较大地区的刚架柱受拉，柱脚设计必须考虑抗拔构造，可采用锚栓端部焊锚板
设计中没有考虑柱间支撑，施工过程未及时安装支撑	柱间支撑受力较大，一旦省略危害较大	应严格按规范执行，考虑蒙皮效应的同时，还应设置柱间支撑，安装刚架过程中及时安装支撑，形成稳固的核心框架
钢支撑安装只采用定位焊临时固定，构件安装完毕后，未进行支撑永久焊缝的施焊，支撑与屋架、刚架柱间的连接板漏焊	定位焊临时固定强度低，施工时遇到外力，如刮风、碰撞等，会使定位焊开裂，造成屋架失稳甚至倒塌	柱间、屋架间支撑安装校正以临时定位焊固定后，应由另一组焊工立即满焊进行永久固定，并加强检查，防止个别焊缝长度、焊脚尺寸不够，防止出现漏焊现象
由于加工控制不严，造成刚架构件腹板与端板的夹角制作出现误差，造成刚架梁柱连接处端板无法合拢	强行用螺栓拉在一起，缝隙仍无法避免，造成端部附加应力增大，严重影响工程质量	详图绘制时尺寸精准，加工下料时严格控制腹板与端板间的夹角，安装前进行工地预拼装，端板连接处经矫正后再安装合拢。若缝隙较大，工地无法矫正时，及时返厂矫正
屋面防水的构造处理差，遇到雨雪天气，水逐渐渗入，保温材料吸水超重造成超过承载力，出现倒塌现象	雨雪造成屋面保温材料吸水量超重后，严重影响结构的安全性和适用性	屋面防水处理到位，雨水充沛、冬季雪荷载大的地区，更应重视屋面防水处理

(续表)

原因及现象	危害性	预防及处理
刚架安装形成空间单元后，未及时对柱底板和基础顶面的空隙灌浆固定，或灌浆不充分，导致柱脚底板下有空隙	未灌注细石混凝土固定或底板下存在空隙，导致刚架一旦受外力作用将发生移动或倾斜	刚架安装形成空间单元后，即使对柱底板和基础顶面的空隙灌注细石混凝土，最后固定，使柱底板端由铰接变为固接，增强整体的稳定性

8.2.4 多、高层钢结构施工

1. 施工特点

多、高层钢结构施工是将工厂生产的钢构件，经运输、中转、堆放、配套后，运抵现场，用吊装设备安装就位后，进行拼装、校正、固定，形成空间受力骨架。根据建筑物结构形式的不同，构件施工顺序有所不同。多、高层钢结构施工过程与钢筋混凝土结构的主要区别有以下几个方面。

(1) 节地、省材、环保。钢材强度高，结构构件截面尺寸小，节省材料，减少结构构件占地面积；钢构件安装时按需可控供应，现场无须设置构件贮藏仓库，仅需配备起重设备使用空间及调运构件所需的临时堆场，大大节省了施工用地；安装操作无噪、无尘，废料少，对周围环境及居民生活影响小，可循环利用，绿色环保。

(2) 进度快、工期短。多、高层钢结构构件工厂制作，工业化程度高，钢构件吊装、校正、固定均在施工现场进行。湿作业量少，全钢结构建筑施工周期约为钢筋混凝土结构的 1/3 ~ 1/2，可提高资金投资效益，但钢-混凝土结构，由于多重因素影响，施工周期与混凝土结构基本持平。

(3) 精度要求高、立体交叉施工多。多、高层建筑物由于高度大，任何主要构件制作和安装的精度都将直接影响建筑物整体垂直度，型钢和构件的加工安装精度必须严格控制，确保整个建筑物内外偏差控制在允许范围内。多、高层钢结构建造过程中，安装过程与土建施工可以同时展开，相互穿插，形成立体交叉施工，同一垂直面有许多工种同时施工。组织多、高层钢结构施工时，必须充分认识到这一特点，需要制定合理的施工方案，精心组织施工，确保工程质量。

(4) 防火、防腐处理要求高。钢材耐热但不耐火，耐火性能差是钢材的致命弱点。外界温度达到 430℃ ~540℃，钢材强度急剧下降，塑性变形能力迅速增强。温度达到 600℃时，完全丧失承载能力。建筑高度在 200 m 以上的超高层建筑物一旦失火，消防水压无法满足灭火需要，因此，多、高层钢构件表面必须严格进行防火处理，确保火灾发生时能延长耐火时间，保障生命及财产安全。裸露在空气中的钢构件容易产生锈蚀，构件出厂前经过涂装处理，连接部位在现场进行有效防护，以确保构件满足耐久性要求。

(5) 影响进度的因素多。① 结构本身的复杂度，制约钢构件安装进度；② 高空作业受风、雨、雪、雷电、冰冻等气候条件影响施工进度；③ 登高作业产生不安全感，降低安装工效；④ 高层钢结构焊接受风荷载影响较大，降低焊接工作效率；⑤ 土建施工中混凝土的浇捣与养护，制约工程整体进度的提高。

2. 节点连接

节点的可靠连接是确保多、高层钢结构安全可靠的关键。梁柱通过节点连接形成整体，通过节点传递荷载以确保结构整体安全性。因此，节点本身必须具有足够的强度和延性，满足设计要求，构造简单，制作和安装方便。

多、高层钢结构中节点连接形式主要有柱与基础连接、柱与柱对接、梁与柱连接、梁与梁连接、梁柱与斜撑连接等，如图8-41所示为梁柱连接节点示意。

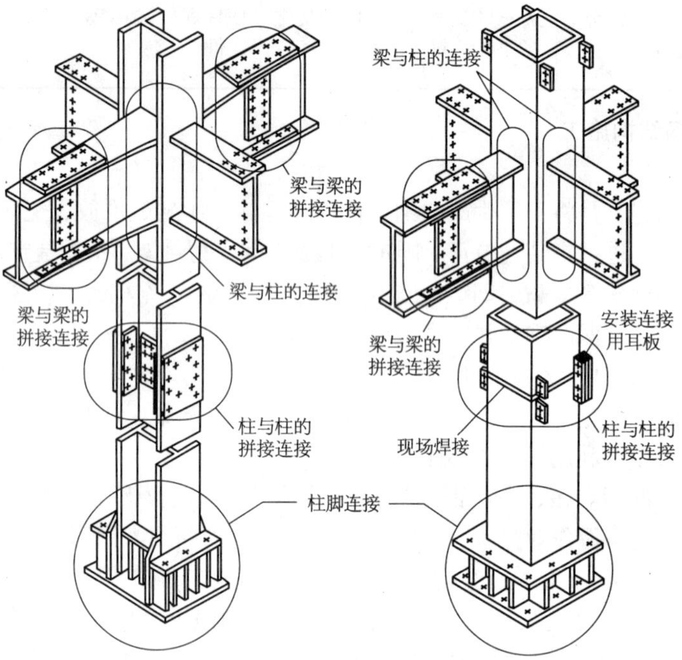

图8-41　多、高层钢结构梁柱连接节点

节点连接按所采用的方法不同分为全焊接连接、全螺栓连接、栓焊混合连接。常用的工字形、H形、十字形、箱形截面的梁柱，其节点连接通常采用以下几种方式进行组合：

(1) 翼缘采用全焊透坡口对接焊缝连接，腹板角焊缝连接，属于全焊接连接；

(2) 翼缘和腹板均采用角焊缝连接，属于全焊接连接；

(3) 翼缘、腹板均采用全焊透坡口对接焊缝连接，属于全焊接连接；

(4) 翼缘采用全焊透坡口对接焊缝连接，腹板采用摩擦型高强度螺栓连接，属于栓焊混合连接；

(5) 翼缘和腹板均采用摩擦型高强度螺栓连接，属于全螺栓连接。

1) 柱与基础连接

钢结构柱脚，即钢柱与钢筋混凝土基础或基础梁的连接节点。柱脚节点作为结构传力的重要部位，其设计、制造、安装三个环节都必须确保质量。按照柱脚受力不同分为铰接柱脚和刚性固定柱脚。铰接柱脚仅传递竖向力和水平力，刚性固定柱脚除了传递竖向力和水平力，还传递弯矩。多、高层钢结构一般采用刚性固定柱脚，有露出式柱脚、埋入式柱脚、包脚式柱脚之分，如图8-42所示，下面主要介绍这三种刚性固定柱脚。图8-43为常用刚性固定柱脚构造图。

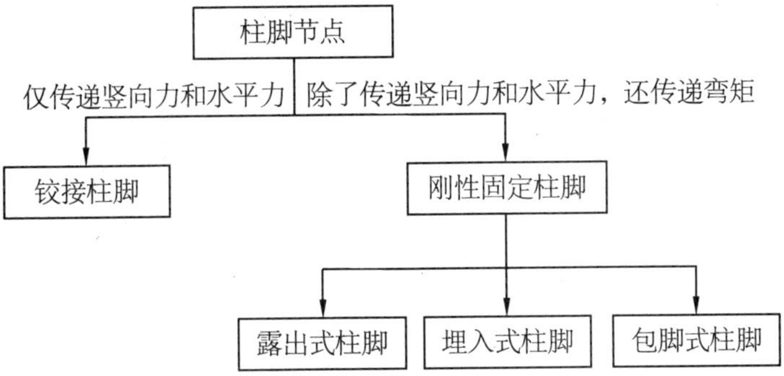

图 8-42　柱脚节点

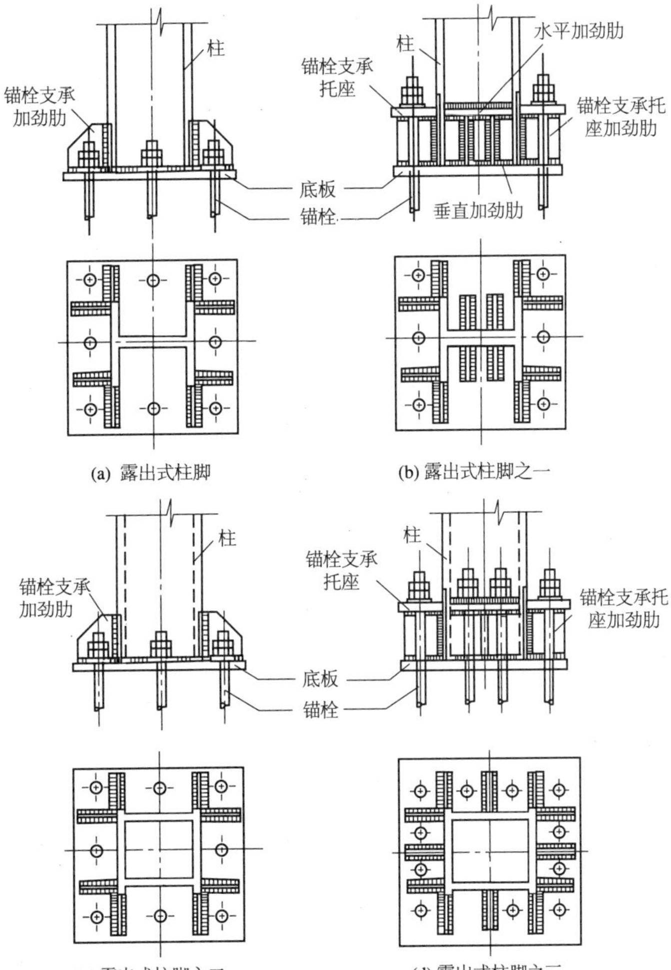

(a) 露出式柱脚　(b) 露出式柱脚之一

(c) 露出式柱脚之二　(d) 露出式柱脚之三

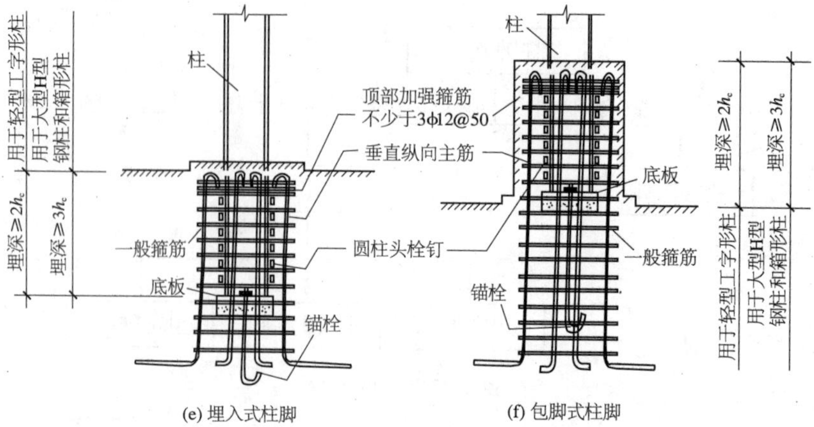

(e) 埋入式柱脚

(f) 包脚式柱脚

图 8-43　常用刚性固定柱脚

(1) 露出式刚性柱脚

主要由底板、加劲肋、锚栓、锚栓支承托座等组成刚性固定柱脚，各部分都应具有足够的强度和刚度，且相互间应有可靠连接。荷载较大时，为提高柱脚底板刚度，减小底板厚度，可采用增设加劲肋和锚栓支承托座等方式进行补强。如图 8-44 所示为露出式刚性柱脚补强措施。

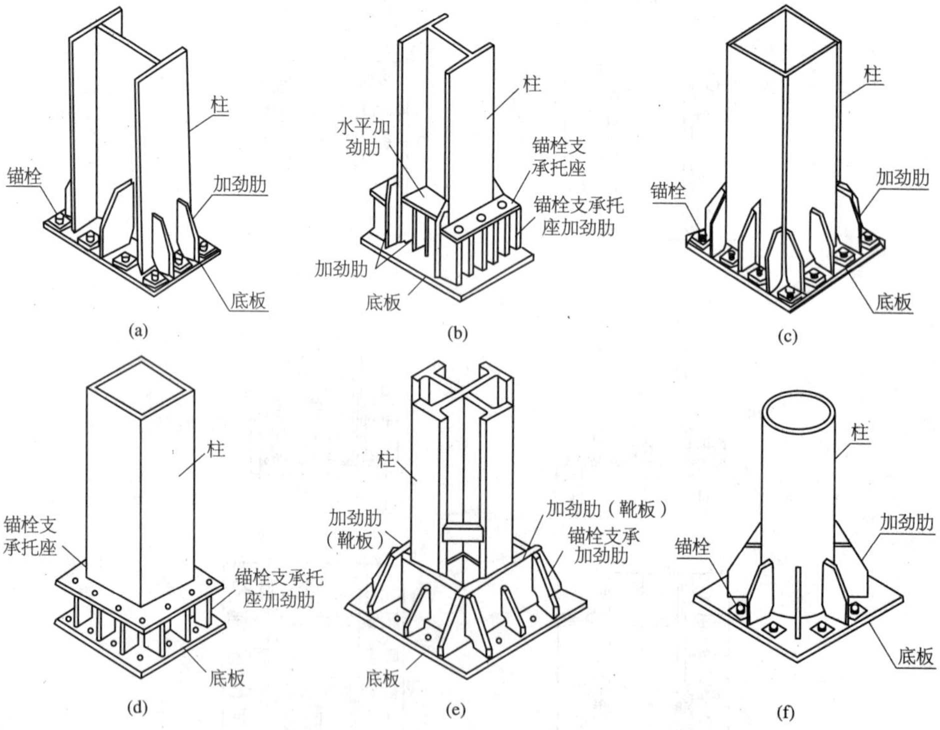

图 8-44　露出式刚性柱脚补强措施

柱脚底板下部二次浇筑细石混凝土或水泥砂浆，将造成柱脚初期刚度很大，可采用高强度微膨胀细石混凝土或高强度膨胀水泥砂浆，如灌注C30～C40 细石混凝土或 M50 的膨胀水泥砂浆。

(2) 埋入式刚性柱脚

直接将钢柱埋入钢筋混凝土基础或基础梁的刚性柱脚，埋入方法一种是先将钢柱脚组装固定在设计标高处，后浇灌混凝土；另一种是预先按要求浇灌混凝土，留出钢柱的插入杯口，钢柱脚安装后填充杯口部分的混凝土。因前一种方法对确保钢柱脚和基础的整体刚度有利，故工程实践中多数采用前一种。埋入式刚性柱脚的加劲补强如图8-45所示。

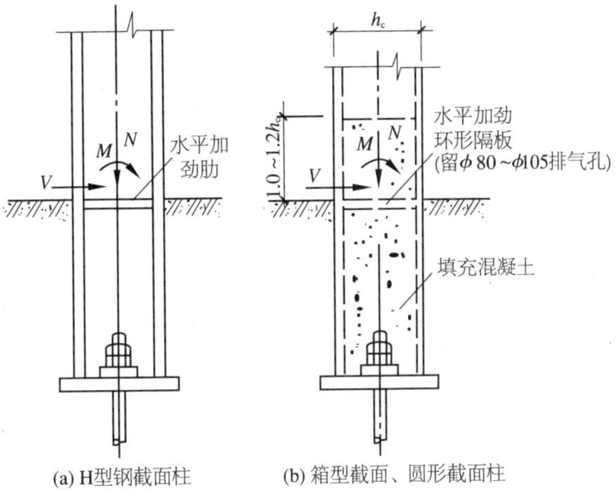

图8-45 埋入式刚性柱脚加劲补强

钢柱埋入深度直接影响柱脚的固定程度，影响承载力和变形能力，施工中为防止钢柱局部压屈和变形，在钢柱向基础传递水平压应力最大值附近，设置水平加劲肋是一个有效补强措施；箱形截面柱、圆形钢管柱除设置水平加劲环形横隔外，在箱内和管内浇筑混凝土也能获得良好的补强效果。

埋入式柱脚的锚栓仅作安装过程的固定之用，直径根据与底板厚度相协调的原则来确定，一般取20~42 mm，不宜小于20 mm。锚栓端部设置弯钩、锚板或锚梁，锚固长度不宜小于25d，d为锚栓直径，柱脚底板锚栓孔径，宜取锚栓直径加5~10 mm。锚栓垫板的孔径取栓杆直径加2 mm。垫板厚度一般与柱脚底板同厚，柱脚底板下设调节螺母，上设紧固螺母和止退螺母，柱安装校正完毕后，应将锚栓垫板与底板焊牢，其焊脚尺寸不宜小于10 mm。埋设锚栓群时应采用固定支架，确保锚栓群位置正确，如图8-46所示。

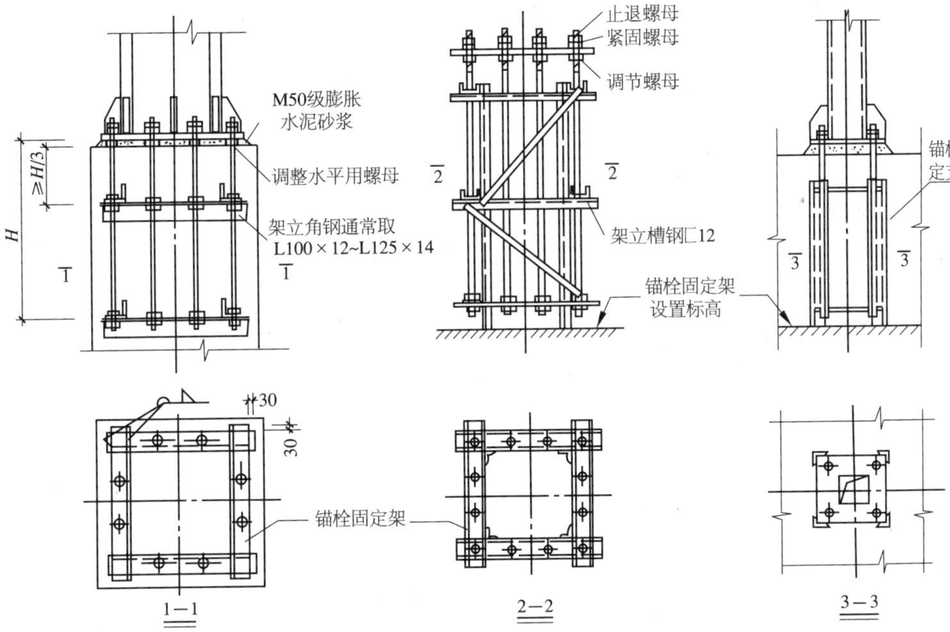

图8-46 锚栓群固定支架的设置

(3) 包脚式刚性柱脚

是钢柱脚外侧采用钢筋混凝土包裹的刚性柱脚。柱脚外包的钢筋混凝土包脚高度、尺寸、配筋，特别是顶部加强箍筋的配置，对柱脚内力传递和恢复力特性起重要作用。钢柱外侧面混凝土保护层厚度不应小于 18 mm，同时应满足配筋构造要求。包脚钢筋混凝土部分垂直纵筋配置，符合最小含钢率 0.2% 要求，且不宜小于 ϕ22，上端设置弯钩；纵筋锚固长度，不应小于 35d，d 为纵筋直径，垂直纵筋中心距大于 200 mm 时，应增设直径 ϕ16 架立钢筋，包脚顶部配置不少于 3ϕ12@50 加强箍筋，一般箍筋采用 ϕ10@100，如图8-47所示为包脚式柱脚配筋形式。

2）柱与柱对接

钢框架一般采用工字形、H 型钢柱或箱形截面钢柱，柱子一般为贯通式。柱安装单元以 2～4 个楼层高度为一节，特大或特重柱其安装单元根据起重、运输、吊装等机械设备能力来确定，预制的每节柱，在工地进行垂直对接，对接节点设置在内力较小处，且考虑到提高现场焊接安装的工效，通常将柱与柱的对接节点设置于距楼面 1.1～1.3 m。图 8-48 所示为柱与柱的对接节点形式。

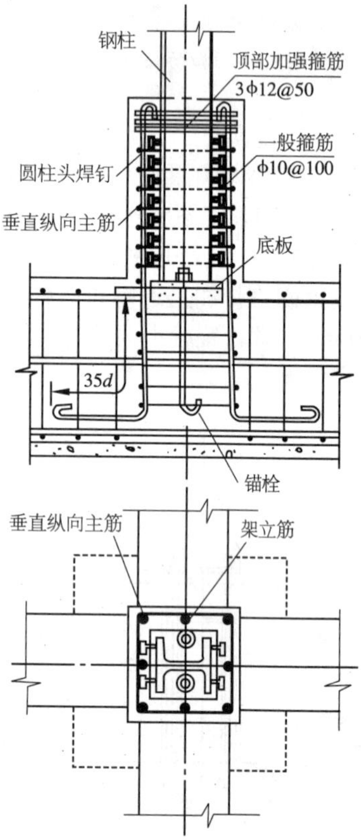

图 8-47　包脚式柱脚配筋形式

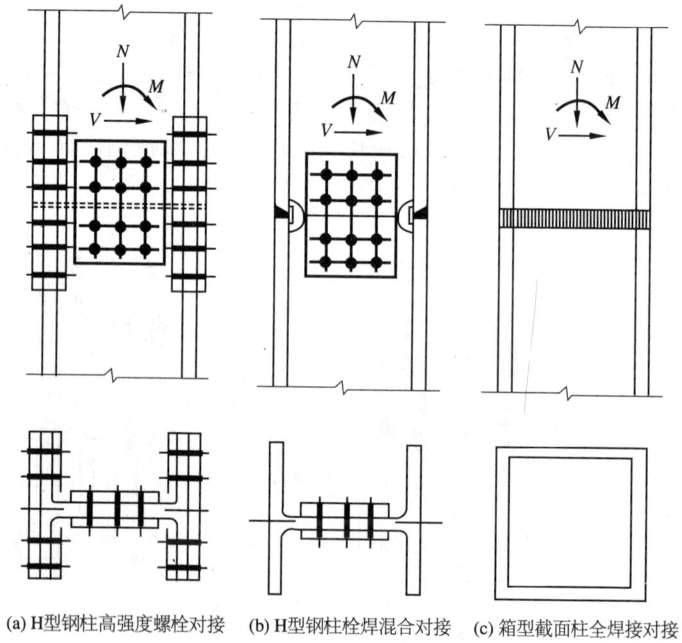

图 8-48　柱与柱的对接节点形式

H 型钢柱的对接可选用全螺栓连接、全焊接连接，或栓焊混合连接；箱形截面柱、圆形截面柱的对接采用全焊透坡口对接焊缝连接；十字形截面钢骨或 T 形截面钢骨混凝土柱的钢骨采用全焊透坡口焊缝对接。

柱与柱对接时，为便于上、下柱的错位矫正，确保安装质量和架设安全，需预先在柱端焊接耳板作为临时固定之用。耳板采用普通钢板制作，厚度不应小于 10 mm；当采用双面角焊缝进行耳板与柱的焊接时，其焊脚尺寸不宜小于 8 mm，上下柱的连接螺栓数目各 3 个，螺栓直径不应小于 20 mm。如图 8-49 所示为箱形截面柱工地拼接示意。对接钢柱的轴线、标高、垂直度调整完成后进行施焊，焊接完成后采用气割的方式将耳板割除。H 型钢柱和十字形截面钢柱耳板的设置示意，如图 8-50 所示。

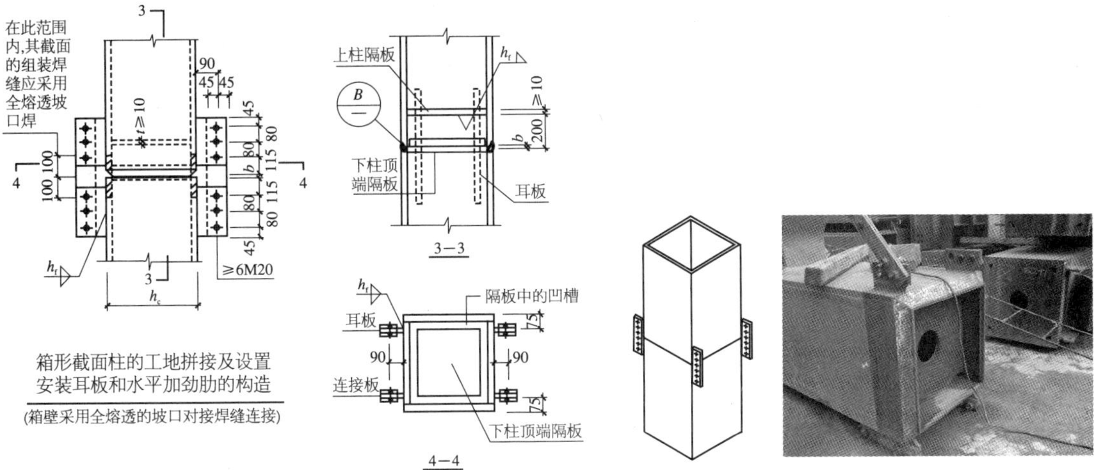

(a) 工地拼接图　　(b) 耳板设置及水平加劲肋构造　　(c) 箱形柱底耳板设置及对接坡口处理形式

图 8-49　箱形截面柱工地拼接示意

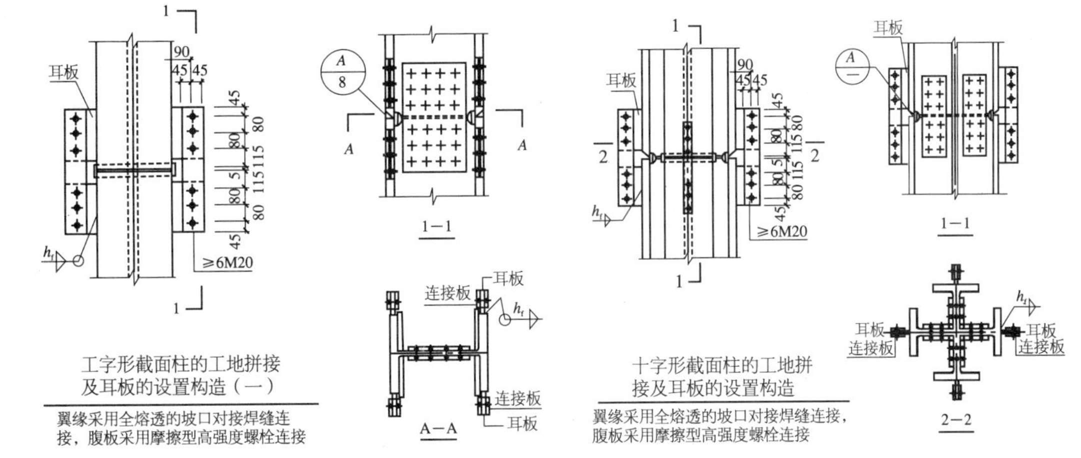

(a) 工字形或H形截面工地拼接耳板设置　　(b) 十字形截面工地拼接耳板设置

图 8-50　柱与柱的工地拼接示意

3）梁与柱连接

梁与柱连接通常是采用柱贯通型连接形式。梁贯通型连接形式则多数运用于十字形截面型钢混凝土柱中。梁与柱连接，按梁对柱的约束刚度可分为铰接连接、半刚性连接和刚性连接三种形式。

（1）铰接连接

当梁与柱为铰接连接时，连接只能传递梁端的剪力，而不能传递梁端弯矩或只能传递很少量的弯矩。梁与柱的铰接连接一般仅将梁的腹板与柱翼缘或腹板相连，或简支设置于柱的支托上，其连接可采用焊接或高强度螺栓连接。当连接与梁端剪力存在偏心时，连接除了按梁端剪力计算外，尚须考虑偏心弯矩的影响。

（2）半刚性连接

梁与柱的半刚性连接除能传递梁端剪力外，还能传递一定数量的梁端弯矩，但这与梁端截面所能承担的弯矩相比，一般只有25%左右。

（3）刚性连接

梁与柱的刚性连接，除了能传递梁端剪力外，还能传递梁端截面的弯矩，而且这种连接能保持被连接构件的连续性。高层钢结构刚性连接传递弯矩，其制作方法主要有两种：一是把梁与预先焊在柱上的短梁相对接，短梁的翼缘和腹板在工厂预先焊在柱上；另一种是把梁的端头在现场直接连接到柱上。因梁端为H型钢，可采用全螺栓连接、全焊接连接或栓焊混合连接。

梁与柱的铰接连接和半刚性连接在实际工程应用中被用于一些比较次要连接上，对于高层钢结构建筑，则主要采用刚性连接形式，如图8-51所示。

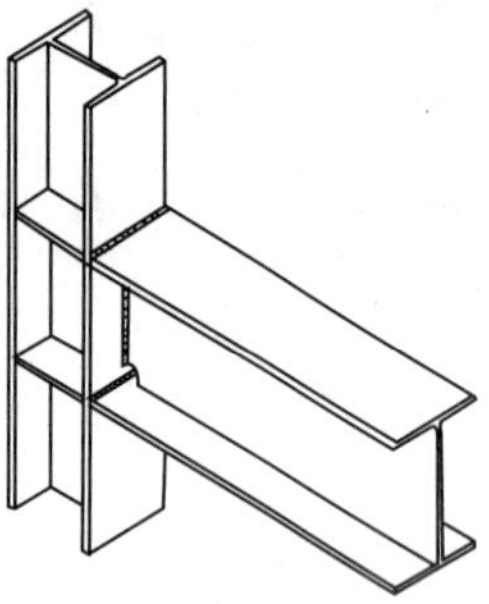

(a) 梁翼缘和腹板直接焊接在柱上，翼缘采用对接焊缝，腹板采用贴角焊缝

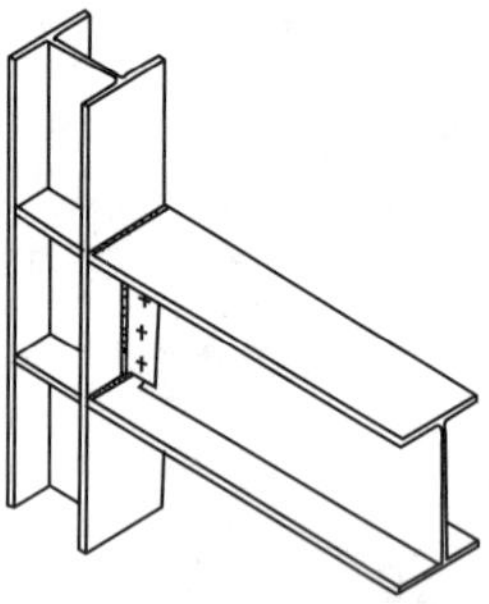

(b) 梁翼缘采用对接焊缝与柱连接，腹板通过高强度螺栓与节点板相连，节点板采用贴角焊缝焊于柱上

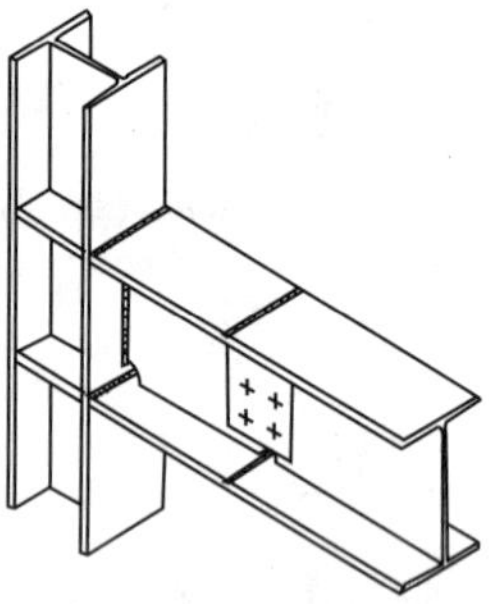

(c) 柱上伸出工厂预制的悬臂小梁段，梁翼缘与悬臂梁翼缘对焊，腹板与悬臂梁段腹板上的节点板栓接

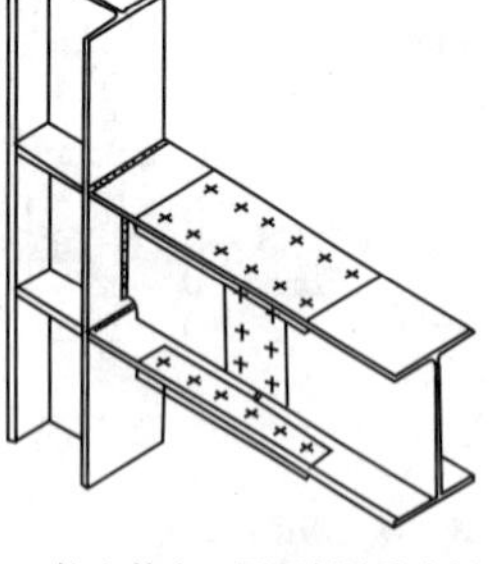

(d) 柱上伸出工厂预制悬臂小梁段，梁翼缘及腹板均采用高强度螺栓与悬臂梁段相连

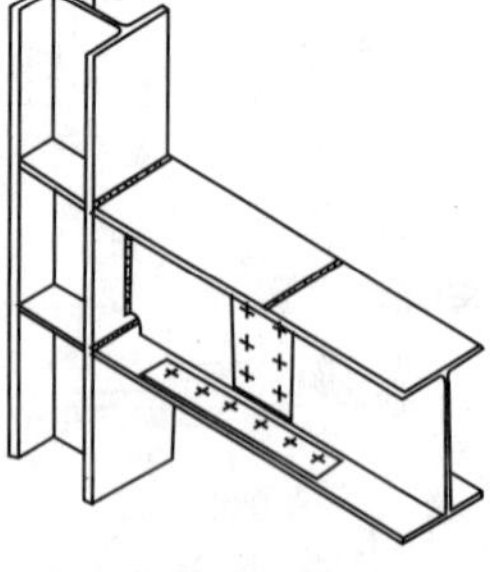

(e) 柱上伸出工厂预制悬臂小梁段，上翼缘与悬臂端对接 焊接，下翼缘及腹部采用高强度螺栓连接

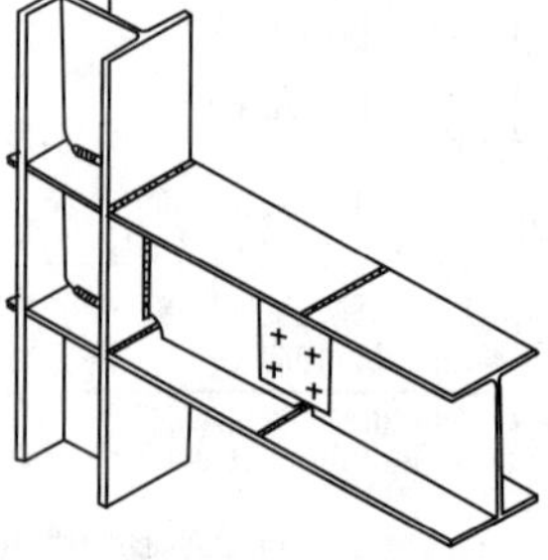

(f) 梁贯通型节点，当梁内力大，梁板厚于柱板时采用，柱的连接件与梁焊在一起，梁翼缘焊接，腹板栓接

图8-51　梁与柱的刚性连接节点

如图8-52所示，为梁与H型钢柱连接，分为强轴方向连接和弱轴方向连接。

4）梁与梁连接

梁与梁的连接形式包括梁与梁的对接连接，次梁与主梁的搭接。

主梁与次梁连接时，主梁为次梁的支座，在主梁侧面横向连接次梁，通常采用以下两种做法：

（1）次梁两端与主梁的连接作铰接处理，即简支梁形式，计算简图如图8-53（a）所示，节点连接示意如图8-54所示；

（2）次梁两端与主梁的连接作刚性连接处理，即连续梁形式，计算简图如图8-53（b）所示，节点连接示意如图8-55所示。

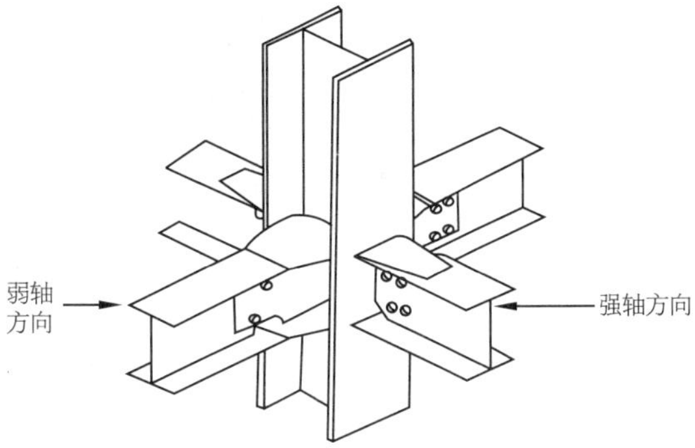

图8-52　梁与H型钢柱的强弱轴连接

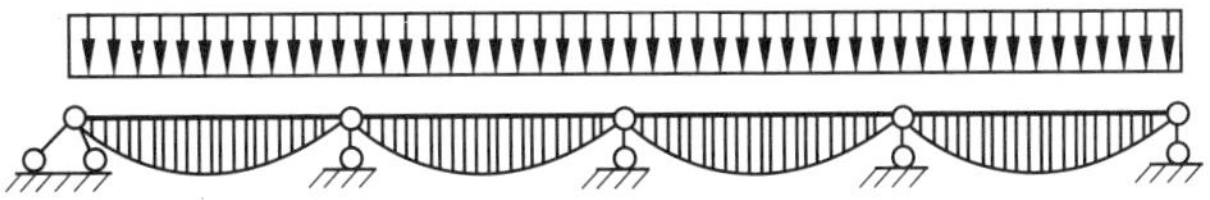

(a) 简支梁形式

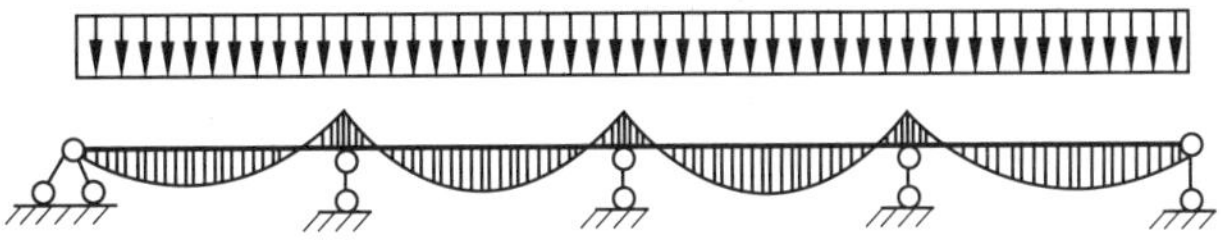

(b) 连续梁形式

图8-53　次梁与主梁连接的计算简图

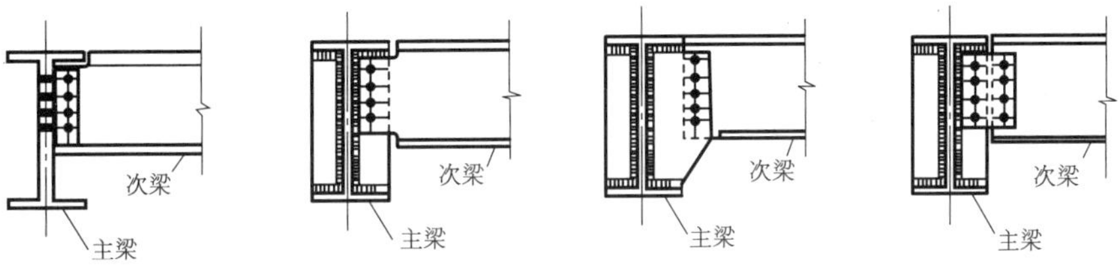

图8-54　次梁与主梁的铰接连接（简支梁形式）

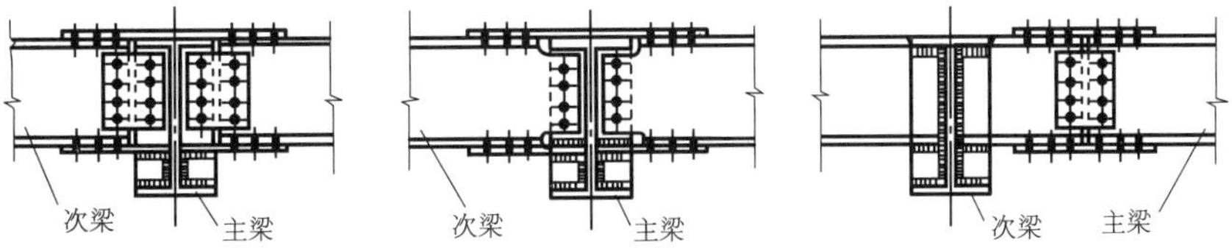

图8-55　次梁与主梁的刚性连接（连续梁形式）

5）梁柱与斜撑连接

结构中的支撑体系主要用于承受水平荷载，支撑杆截面通常采用双角钢、双槽钢、H型钢、箱形截面，与梁柱连接应能充分传递杆件内力，同时应留有一定余量，满足抗震设计的要求。双角钢、双槽钢组合截面支撑，通过节点板与梁柱连接。大型的重要构件或侧向刚度要求较高的结构，采用抗压性能好的H型钢截面或箱形截面。支撑与梁柱的连接，通常借助相同截面的悬伸支撑杆来实现，支撑杆件本身采用拼接连接。

图 8-56 为常见支撑形式。

(a) 人字撑节点　　(b) X形撑杆　　(c) 斜撑节点大样

图 8-56　支撑形式

3. 工作流程及钢安装示意（图 8-57、图 8-58）

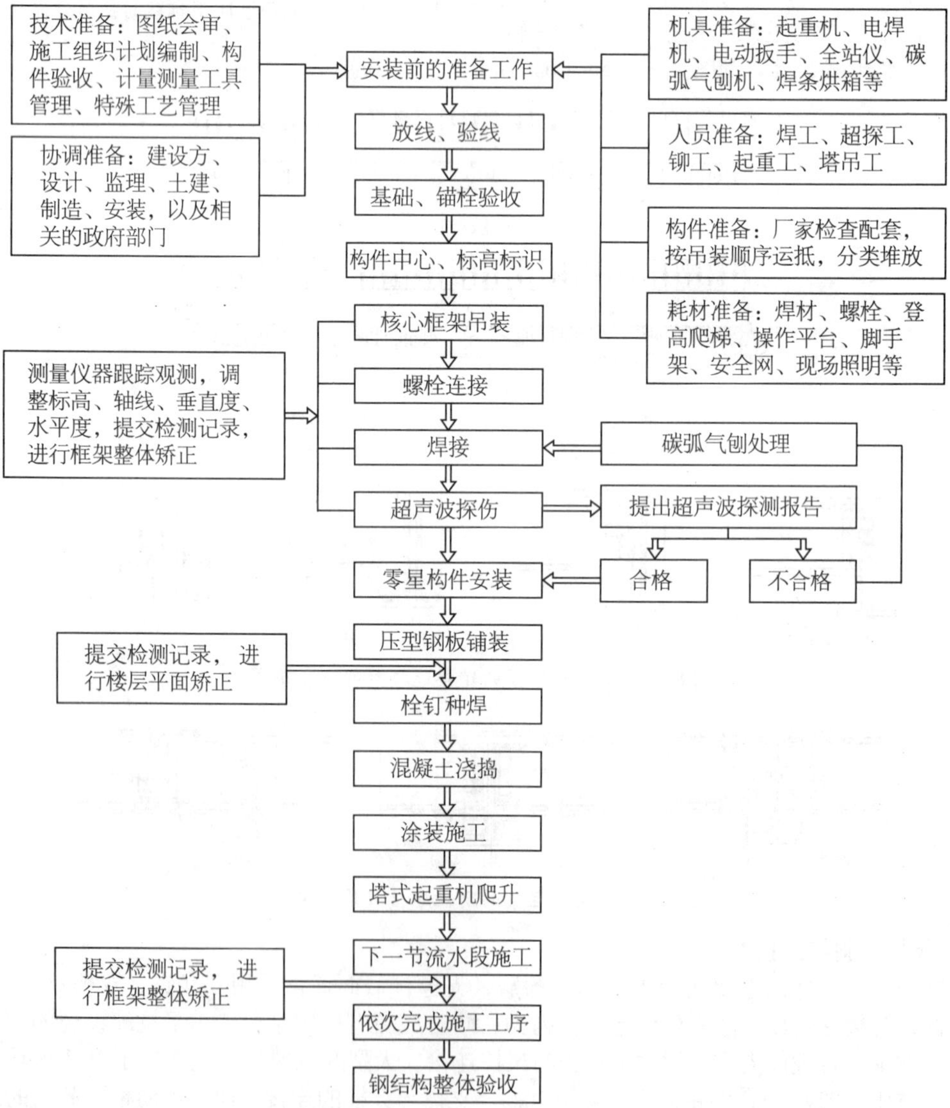

图 8-57　多、高层钢结构安装流程图

(a) 柱脚安装　(b) 节点焊接　(c) 楼面铺设

(d) 构件吊装　(e) 防火涂装　(f) 幕墙安装

图 8-58　多、高层钢结构安装示意

4. 常见问题（表 8-8）

表 8-8　多、高层钢结构安装常见问题的预防及处理

原因及现象	危害性	预防及处理
节点焊接后出现错边、焊瘤、弧坑、未焊透、焊穿、未熔合、气孔、夹渣等现象	错边导致受力不均，产生偏心，影响结构承载力，焊瘤、弧坑、焊穿会造成应力集中，使焊缝力学性能降低，导致出现裂纹；未焊透、未熔合会造成焊道分离，降低接头机械强度；气孔、夹渣会造成截面减小，降低连接强度	号料、画线、切割时，应严格控制误差，组对时调整对接错边量。防止焊瘤应选用适宜焊接电流，注意熔池大小，调整焊接电流和焊接速度，使熔化时间和运条速度保持协调；防止弧坑尽量减少断弧次数，埋弧焊自动焊操作时，采取先填满熔池，后按开关断电，先停车后停丝。防止未焊透、未熔合，运条应照顾母材熔化，使两边均匀；焊条、焊丝、表面清洁，坡口边缘清除杂质，下雨、刮风要有遮挡
柱与柱、柱与梁焊接不按分层、对称、同步的顺序进行，随意施焊，产生残余应力，使焊缝出现收缩裂纹	钢框架梁柱接头不按顺序施焊，易造成应力集中，同时使焊接变形增大，矫正困难	柱与柱对接焊采用两人同时在两相对面等温、等速对称焊接，柱与梁的接头，在柱两侧对称同时进行焊接，以减少焊接变形和残余应力，焊时一般先焊 H 型钢下翼缘板，再焊上翼缘板，两侧先焊一端，待冷却至常温后再焊另一端

(续表)

原因及现象	危害性	预防及处理
碳弧气刨操作不当，出现前后、左右摆动，出现排渣偏向操作人员，不注意收弧处理	操作时出现摆动，刨出槽线不直，深浅不一，影响质量；排渣偏向操作人员造成吹起来的铁水落到操作者身上，严重时造成烧伤；不注意收弧处理，引起收弧处出现严重焊接缺陷	运条要求准、平、正，保持稳定；压缩空气稍向外侧吹，使大部分渣朝前翻，少量渣向外侧排，防止伤人；建议采用过渡式收弧，严禁先关闭压缩空气气门，造成收弧出现缺陷
全焊透一、二级焊缝，不进行探伤直接使用，或焊缝表面缺陷未经处理直接使用	全焊透焊缝，不按规范要求采用超声波或射线探伤，内部存在缺陷不能及时发现处理，发现缺陷未做及时处理，均会影响焊接质量	焊透一、二级焊缝应采用超声波探伤进行缺陷检查，超声波探伤不能作出判断时，采用射线探伤；对未焊透、咬边、弧坑、气孔、夹渣、焊瘤、余高超标必须处理，处理方法可采用砂轮打磨、铲凿、钻、铣等方法，必要时进行焊补
栓钉焊接后未做现场弯曲试验，焊脚不均匀，存在未熔合现象，出现气孔、焊层、热影响区裂纹等	栓钉焊接操作人员未经培训，操作不熟练，未掌握好焊接设备及参数设置，焊接材料不合格，焊机灵敏度不够等，都会造成弯曲不合格，降低栓钉焊接质量	栓钉弯曲检验，从原来坐标轴弯曲 30°后，跟部未出现裂纹表示合格，通过提高焊接工人的技术水平，熟悉设备的性能指数，来改善栓钉焊接质量
螺栓、螺母、垫圈出现锈蚀，螺纹损伤现象，栓杆伸出螺母外长度不均匀，外露螺纹长度不够，紧固没有放松措施	出现锈蚀螺栓、螺母、垫圈投入使用，螺纹有损伤，外伸长度不均等均会严重影响工程质量	储存、运输、施工过程中，应防止其受潮生锈，防止碰撞，不应与其他零部件混放一起，以防撞击损伤螺纹。连接紧固后的螺栓涂上凡士林、黄干油或油漆作防腐保护
高强度螺栓连接副，以及摩擦面抗滑移系数，未经检验直接使用	未经检验直接使用，易造成有缺陷的螺栓，性能等级、扭矩系数不符合设计要求的螺栓投入使用	提供螺栓连接副的质量检验报告书，安装前复验高强度螺栓的扭矩系数和紧固轴力。构件制造的同时进行抗滑移系数试验，安装单位应检验运到现场的构件摩擦面抗滑移系数是否符合设计要求
螺栓孔偏差过大、栓杆长度存在误差，栓孔不能自由穿入，用气割扩孔或用冲钉锤击扩孔后强行打入孔内	制孔的工艺不合理，号孔出现累计误差，造成螺栓不能自由穿入，栓孔不能自由穿如，用气割扩孔或用冲钉锤击扩孔，费工费时，影响质量和施工进度，强行打入损伤螺纹，影响顶紧效果，改变受力状态	严格控制加工精度，避免累积误差。孔眼稍小或出现“双眼皮”时，应采用绞刀或电钻修好后，穿入高强度螺栓，切忌用锤击方式强行打入
高强度螺栓采取一次终拧而成，大型节点未及时进行初拧、复拧、终拧，完成后 48 h 内未进行终拧扭矩检查	操作人员未经过初拧，直接终拧，使螺栓部分轴力消耗在克服钢板变形上，轴力分摊后降低，造成预拉力不足，影响连接强度；未及时封闭连接点，雨水可能渗漏	当天安装完毕的高强度螺栓应当天进行初拧、复拧和终拧。终拧完成后 1 h 后，48 h 内进行终拧扭矩检查，数量按节点数抽查 10%，且不应少于 10 个，每个被抽查节点按螺栓数抽查 10%，且不应少于 2 个

（续表）

原因及现象	危害性	预防及处理
未注意环境温度和条件对焊接质量的影响，在低温、雨、雪、刮风等气候条件下，未采取措施直接施焊，进行螺栓连接	低温下容易产生萃硬现象，大风天气对气体保护焊影响较大，雨雪等潮湿天气，电弧放电会导致空气中水分热分解形成氢气，使焊接产生延迟裂纹，造成构件连接处存在隐患	温度低于 0℃ 时，应将周围母材预热到 20℃ 后焊接；电弧焊风速超过 8 m/s，气保焊风速超过 2 m/s 时应设置防风装置；雨雪潮湿天气，应打开节点清除积水，擦净水分确认完全干燥后进行拴接，焊接应设置防雨雪棚，并采取电加热、火焰加热等方法去潮，冬季施工应注意焊材选用，严格按工艺进行，防止裂纹出现
基础支承面标高超差，钢柱底板下设计标高块不符合要求，基础灌浆质量不符合要求	基础支承面超差，影响钢柱标高和安装质量；标高块设置不均匀、不对称，基础灌浆质量不符合要求，均会导致传力不匀，造成基础偏心受压，降低受力性能	防止标高超差，加强各道工序控制，对基础支承面标高进行严格检查，发现超差及时调整，混凝土终凝前进行二次找平、找标高。标高块采用无收缩水泥砂浆制作，布置均匀对称，强度不应低于 30 MPa
多高层安装未划分流水段，不按构件的安装顺序供货和吊装，管理混乱	不划分流水段，不按安装顺序吊装，易造成供货和管理混乱。结构安装过程中的整体性和对称性差，易出现误差积累，影响安装速度和安装质量	按平面形状、结构形式、机械数量等划分流水段，划分时充分考虑安装过程中的整体稳定性和对称性。顺序一般由中央向四周扩展，减少累积误差
钢柱、钢梁尺寸偏短，定位的钢柱、钢梁不及时矫正、固定	制作时未考虑焊接收缩，造成钢柱、钢梁出现尺寸偏短现象，造成安装困难、造成柱梁歪斜，未及时形成稳定空间体系，直接影响安装的质量	制作时应将收缩值加到构件制作长度中，柱高应考虑柱自重压缩的影响，梁应考虑挠度变化对构件长度的影响。梁柱节点间隙小于 4 mm 时，气割并用砂轮打磨后焊接，间隙很大焊接有困难时，由焊接主管工程师会同设计、监理共同研究处理。定位的钢柱、钢梁及时固定形成稳定空间体系

项目 8.3　钢-混凝土组合结构施工

学习重点：

1. 掌握组合板特点及其安装要点。
2. 了解钢管混凝土结构安装流程及工作重点。
3. 了解型钢混凝土结构安装流程及工作重点。

8.3.1　组合板结构施工

以压型钢板为底模，采用栓钉将板连接于型钢梁上，绑扎钢筋，浇筑混凝土层，组合形成整个楼面系统，称为组合板结构。压型钢板作为钢结构建筑的重要配套产品，主要用于楼承板和围护结构中，也可用于其他构筑物，在轻型钢结构，多、高层钢结构，组合结构建筑中得到普遍应用。如图 8-59 所示为组合板结构以及压型钢板辊压成型设备。

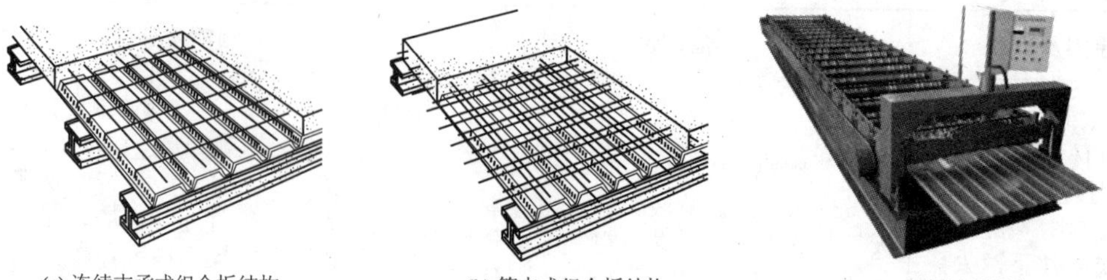

(a) 连续支承式组合板结构　　(b) 简支式组合板结构　　(c) 辊压成型设备

图 8-59　组合板结构以及压型钢板辊压成型设备

1. 组合板结构特点

(1) 重量轻、强度高、承重大、抗震性好；

(2) 施工简单、快捷，拼装方便，外观整洁美观；

(3) 压型钢板取代传统模板，可以作为结构强度的一部分；

(4) 省去模板费用及支模费用；

(5) 易于配筋、配线、配管施工。

压型钢板根据不同使用功能可压制成单波形、双曲波形、肋形、V 形、加劲型等。如图 8-60 所示为压型钢板与混凝土的组合。屋面和墙面常用板厚为 0.4～1.6 mm 用于承重楼板厚度达 2～3 mm甚至更厚。波高一般为 10～200 mm 不等。根据用途不同分为楼面承载用板和屋面墙面围护用板，楼承板按形状不同分为开口式楼承板、燕尾式楼承板、闭口式楼承板。如图 8-61 所示为常用楼承板型号。围护用材形式丰富，包括彩色压型钢板、彩钢琉璃瓦、聚氨酯发泡夹心板、铝镁锰屋面板、拱形彩钢板等。如图 8-62 所示为屋面、墙面围护用板材。

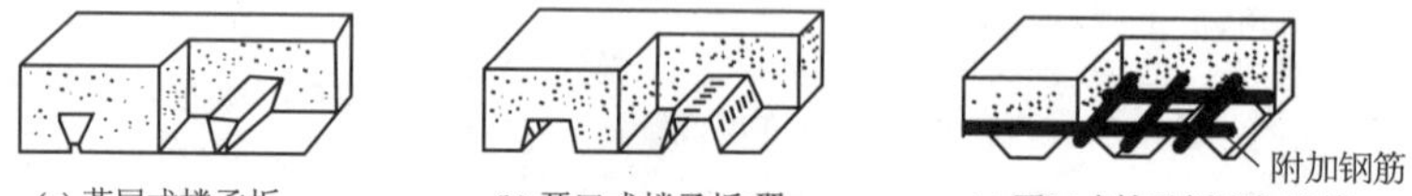

(a) 燕尾式楼承板　　(b) 开口式楼承板(翼缘轧制凹凸槽纹)　　(c) 开口式楼承板附加钢筋

图 8-60　压型钢板与混凝土的组合

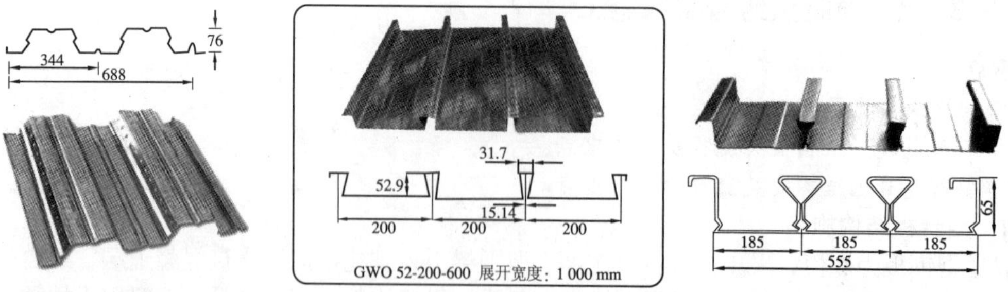

(a) YX76-344-688(开口式)　　(b) YX51-200-600 (燕尾式)　　(c) YX65-185-555 (闭口式)

图 8-61　常用楼承板型号

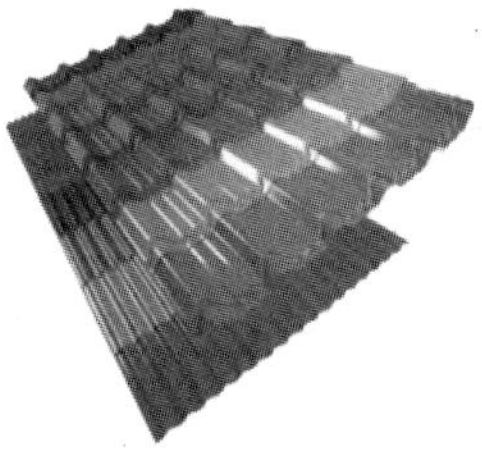

(a) 仿古彩钢琉璃瓦

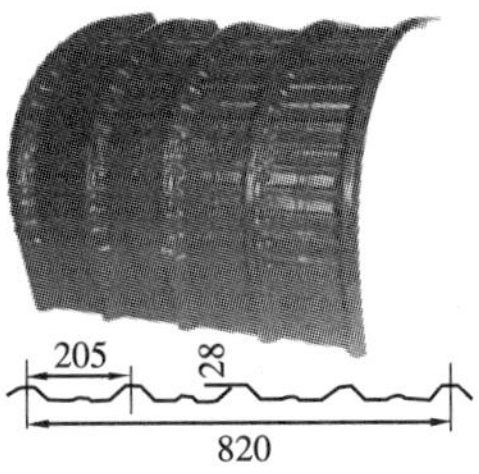

(b) 弧型屋面彩色压型钢板

(c) 聚氨酯发泡夹心板

图 8-62 屋面、墙面围护用板材

压型钢板型号表示为：YX 为波高；H 为波距；S 为有效覆盖宽度 B。

楼承板常用型号有：YX76－344－688 型楼承板（展开宽度 1 000 mm），YX76－305－915 型楼承板（展开宽度 1 250 mm），YX35－125－750 型楼承板（展开宽度 1 000 mm），YX51－200－600 型燕尾式楼承板，YX65－185－555 型闭口楼承板（展开宽度 1 055 mm）等。

2. 施工准备

（1）施工前绘制压型钢板排板平面图，注明柱、梁、压型钢板相互关系，板尺寸、块数、搁置长度，板与柱相交处切口尺寸，板与梁的连接方法，减少现场切割工作量。

（2）小型工程板材应一次准备完毕，大型工程板材按计划分步准备，向供应商提出分步供应清单，注明每批板材规格、型号、数量、连接件、配件的规格及数量，规定到货时间、指定堆放位置。到货后立即清点数量、规格，有质量问题及时处理。

（3）供货方提供板材质量证明文件，出厂前对板材进行抽检，钢带压制板材，每卷钢带抽检板材不少于 3 块，用钢板压制板材，每作业班次抽检不少于 3 块。

（4）按合同规定包装出厂，成捆包装的压型钢板，每捆侧面挂两个标志，上方板面喷涂或粘贴标志。应注明标准号、供方名称或厂标、原板材牌号、厚度、产品型号、批号、长度、张数、重量及捆号。

（5）因成型所造成的表面缺陷，深度（高度）不得超过原板材标准规定厚度公差之半，不允许有用 10 倍放大镜能观察到的裂纹存在，镀锌钢板及彩色涂层钢板制成的压型钢板不得有镀层、涂层脱落以及影响使用性能的擦伤。

3. 运输与保管

（1）压型钢板长度不大于 3 m 的捆扎不得少于 2 道，长度为 3 ~ 6 m 的捆扎不得少于 3 道，长度大于 6 m 者捆扎不得少于 4 道，捆扎时需用木板垫隔，不得挤伤压型钢板，对于无外包装压型钢板装卸应采用吊具，严禁直接使用钢丝绳捆绑起吊。长途运输采用集装箱，车辆内设置带橡胶垫的枕木，间距小于 3 m。较长压型钢板运输，设置刚性支承胎架，外伸长度不应大于 5 m，与车身、刚性胎架牢固捆绑，防止滑移。

（2）起吊、堆放时多设支点，在支点处设置垫板以免形成集中荷载，不得堆放过高，以防出现变形；压型钢板长期存放应设置雨棚，保持良好通风环境，防潮、防锈。

（3）压型钢板应按不同材质、板型分别堆放。室内堆放一般采用组装货架，工地堆放则一般采用设有橡胶衬垫的架空枕木，以防地面有水浸泡。架空枕木应有一定倾斜度，以防止上面积水，堆放处应置于无污染、不妨碍交通、不受重物撞击的安全地带。工地堆放时，其板型堆放顺序应与施工顺序相吻合。

4. 安装重点

(1) 放线前对安装面已有建筑物进行测量，对施工偏差进行记录并进行调整；根据排板平面图确定起始线位置。屋面、墙面安装彩色压型钢板，先在檩条上标定起点，沿跨度方向在每根檩条上标出起点，起点连线与建筑纵轴线垂直，宽度方向每隔几块板标注一次，用于限制和检查宽度方向的安装偏差，安装完成后应对配件的安装作二次放线，以保证檐口线、屋脊线、门窗口和转角线等水平度和垂直度。

(2) 压型钢板与混凝土之间的组合效应，是通过接触面间采用可靠的连接而形成。接触面连接件应具有足够的抗剪切粘结度，抵抗楼板在外载作用下产生的水平剪力，确保压型钢底板连同承载的梁及混凝土结合形成整体。抗剪连接件一般采用圆柱头焊钉（俗称栓钉）、槽钢、弯起筋等。目前工程中使用最多的是电弧焊圆柱头焊钉，选用普通碳素钢，性能符合《电弧螺栓焊用圆柱头焊钉》（GB/T 10433）要求，抗拉强度设计值采用 200 N/mm^2。栓钉除了用于组合板结构，还可用于型钢混凝土组合构件，在公路、桥梁、塔架结构工程也被广泛应用。

(3) 压型钢板铺设前必须清扫钢梁顶面杂物，对出现弯扭的压型钢板进行矫正，板与钢梁顶面间隙控制在 1 mm 以下；压型钢板铺设按照排板平面图进行，用墨线标出钢梁上翼缘铺设位置，按不同板型将板块数量配置好，对切口、开洞处进行补强处理，通常直接将抗剪连接件栓钉穿透压型钢板焊于钢梁的上翼缘。如图 8-63 所示为组合板楼盖结构施工。

(a) 压型钢板组合楼盖　　(b) 压型钢板楼面

(c) 铺设前必须清扫钢梁顶面杂物　　(d) 组合板楼面钢筋的绑扎

图 8-63　组合板楼盖结构施工

(4) 压型钢板作为混凝土浇筑的模板，同时又是钢筋绑扎的工作平台，用圆柱头焊钉（栓钉）作为抗剪件，穿透压型钢板与钢梁上翼缘焊接。栓钉焊枪属于特殊弧焊机，直接将螺柱瞬间焊接于母材上，就像将螺柱种植在母材上一样，因此将栓钉焊接称为“种焊”或“植焊”。栓钉焊机分为拉弧式螺栓焊机和电容储能式螺栓焊机。如图 8-64 所示为栓钉及焊枪。

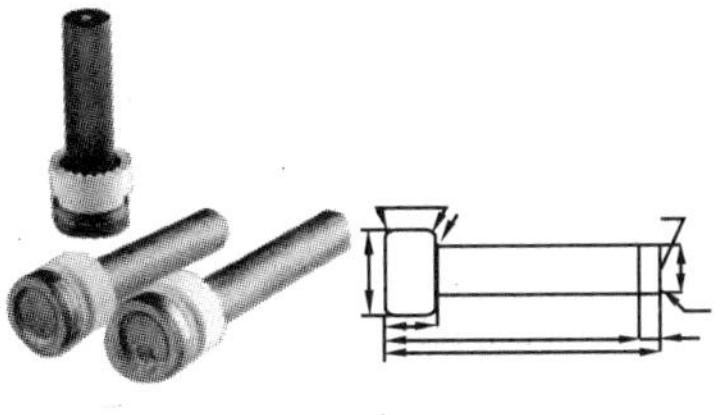

单位: mm

	公称	10	13	16	19	22	25
d	min	9.64	12.57	15.57	18.48	21.48	24.48
	max	10	13	16	19	22	25
d_s	max	18.35	22.42	29.42	32.50	35.50	40.50
	min	17.65	21.58	28.58	31.50	34.50	39.50
k	max	7.45	8.45	8.45	10.45	10.45	12.55
	min	6.55	7.55	7.55	9.55	9.55	11.45
r	min	2	2	2	2	3	3
WA参考		4	5	5	6	6	6

圆柱头焊钉机械性能

单位:mm

抗拉强度 δ_bN/mm²		屈服点 δ_sN/mm²	伸长率 δ_s%
min	max	min	min
400	550	320	14

(a) 圆柱体焊钉(栓钉)

(b) 拉弧式螺柱焊枪

(c) 储能式螺柱焊机

图 8-64　圆柱体焊钉及焊枪

(5) 压型钢板安装后，将其板底采用直角角焊缝或塞焊缝与钢梁及时焊接，为防止压型钢板间移动、错开，焊缝间距小于或等于 300 mm，长度 20 ~ 30 mm 为宜。

8.3.2　钢管混凝土结构施工

1. 钢管混凝土结构特点

混凝土抗压强度高，抗拉强度低，抗弯能力弱，钢材的强度高，抗弯能力强，弹塑性良好，受压时钢材容易失稳，丧失轴向抗压能力。钢管混凝土结构（concrete filled steel tubular structure）将钢材与混凝土二者优点结合，灌入钢管内的混凝土处于三向受压状态，抗压强度大大提高，钢管内灌混凝土后，钢管的刚度也得以提高，承载能力稳定性增大。钢管混凝土的特点如下：

(1) 承载力高、延性好、抗震性能优越。钢管对混凝土的约束作用使混凝土处于三向受压状态，提高了混凝土抗压强度，管内的混凝土有效防止钢管局部屈曲。钢管混凝土柱承载力高于相应的钢管柱与钢筋混凝土柱承载力之和，材料的相互作用使管内混凝土破坏从脆性破坏转为塑性破坏，构件延性性能明显改善，耗能能力大大提高，抗震性能优越，钢管混凝土柱的抗震性能优于钢柱。圆钢管混凝土受压构件借助于圆钢管对其内部混凝土有效的约束作用，使钢管内部的混凝土处于三向受压状态，使混凝土具有更高的抗压强度。但是圆钢管混凝土结构的施工难度大，施工成本较高。相比之下，方钢管混凝土结构的施工较为方便，但钢管混凝土受到的约束作用较小，结构的承载力稍低。

(2) 施工方便，工期短。钢管作为劲性骨架承担施工荷载和结构重量，施工不受混凝土养护时间影响，管内不设钢筋，便于混凝土浇捣。施工时无须模板，节省支模、拆模的人工费用和时间。工程中将螺旋焊接钢管插入采用钢筋混凝土预留杯口制成的基础，形成埋入式刚性柱脚。螺旋焊接钢管系采用钢带展开后螺旋焊接而成。如图 8-65 所示为钢带与螺旋焊接钢管。由于厚度一般小于 40 mm，工厂焊接和现场对接的困难不大，构件自重小，运输、吊装均比较简便。钢管混凝土柱的钢管外皮兼有纵向钢筋和横向箍筋功能，泵送混凝土现场浇灌的施工速度快，高位抛落非振捣混凝土施工方法更能简化浇筑工序，也可采用管柱下部设置临时浇灌孔，混凝土泵自下而上灌筑混凝土的方法，浇筑后管内具有相当稳定的湿度条件，水分不易蒸发，可简化养护工艺和时间。

(a) 钢带

(b) 螺旋焊接

图 8-65　钢带与螺旋焊接钢管

(3) 抗火、防火、耐腐蚀。由于钢管内填有混凝土，能吸收大量的热能，减慢了钢柱的升温速度，因此增加了柱子的耐火时间，一旦钢柱屈服，混凝土可以承受大部分轴向荷载，防止结构发生瞬间倒塌。钢管中浇筑混凝土使钢管外露面积减少，受外界气体腐蚀面积比钢结构少得多，抗腐和防腐所需费用比钢结构节省。

(4) 钢管焊接质量要求高。钢管混凝土柱用的钢管，焊接、制作要求较高。焊接时除一般钢结构制作要求外，还应严格保证管的平直度，不得出现翘曲、表面锈蚀和冲击痕迹。如图 8-66 所示为钢管混凝土工程现场照片。

(a) 圆形钢管混凝土柱

(b) 方钢管混凝土柱

(c) 钢管混凝土柱脚

图 8-66　钢管混凝土工程现场照片

2. 工作流程（图 8-67）

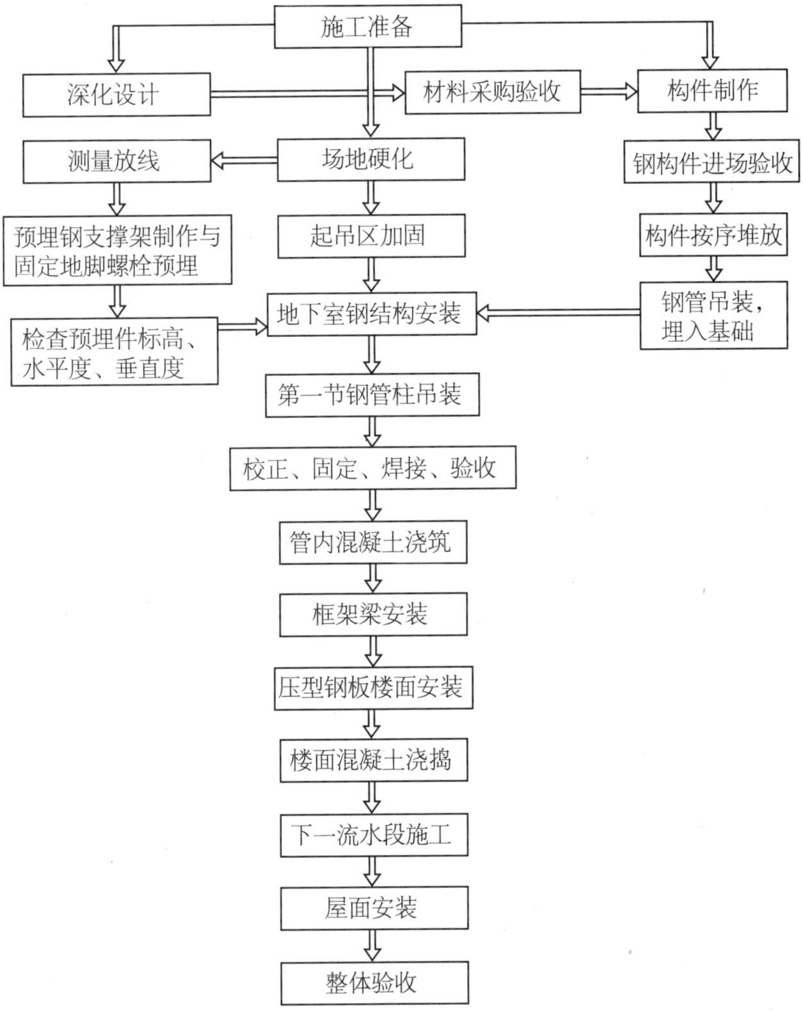

图 8-67　钢管混凝土结构安装流程

3. 工作重点

1）钢管制作

钢管制作加工应符合现行有关钢结构规范，制作应符合设计要求，以及《钢管混凝土结构设计与施工规程》（CECS 28）的相关规定。为减少现场工作量，保证质量，钢管、环形封顶管、抗剪环箍、柱脚定位环板及螺栓配件等制作在工厂内完成，经检验合格运至现场安装。

钢管混凝土柱用钢管焊接、制作要求较高，优先采用螺旋焊管，无螺旋焊接管时，也可以用滚床自行卷制钢管。卷制前将板端开好坡口，坡口端与管轴严格垂直。焊接时严格保证管平直度，不得有翘曲、表面锈蚀和冲击痕迹。结构要求焊后管肢平直，管肢对接焊接前，小直径钢管应采用点焊定位，大直径钢管应采用附加钢筋焊于钢管外壁做临时固定。现场拼接时，管内接缝处必须设置附加衬管。高层建筑中采用变径钢管，变径管对接处节点构造复杂，仔细施焊，确保节点质量。

2）钢管柱吊装

吊装时，应注意减少吊装荷载造成的变形，根据钢管本身强度和稳定性验算后确定吊点。吊装时包裹管口，防止异物落入管内。预制钢管混凝土构件应待管内混凝土达到设计强度的50%方可吊装。吊装完毕后立即进行校正并加以临时固定，确保构件的稳定性。

钢管对接是安装中的难点，要求焊后管肢平直，必须充分考虑焊接变形影响，确定合理的焊接顺序。钢管柱一般2～3层一节，长度一般不超过12 m，重量轻、刚度大，起吊安装效率高。

3）管内混凝土浇筑

管内混凝土浇筑，目前采用泵送顶升法、高位抛落免振捣法、人工逐层浇筑振捣法等施工工艺。钢管即是模板，同时又具有良好的强度和密闭性。管内无纵横向钢筋骨架，混凝土浇筑便利。

泵送顶升法。在接近地面适当位置安装一个带阀门进料弯管，弯管与泵车相连后自下而上直接顶升灌注，混凝土通过泵送顶升的压力达到内部密实而无须振捣。在顶升完毕后，才能切除管柱下部临时浇筑口，才能开始底层内装修工程，下部若干层可以提前投入使用。

高位抛落免振捣法。充分利用混凝土从高空顺管落下的动能，达到混凝土自密实目的，免去繁重振捣工作，为保证混凝土高位抛落不振捣成型下的密实性与均匀性，对配合比要求除满足混凝土强度要求外，还必须保证混凝土浇筑时不分层和不离析。

人工逐层浇筑振捣法。先浇筑一层厚度不小于100 mm的水泥砂浆，以封闭管底并使自由下落的混凝土不致产生弹跳现象。随后将混凝土逐层灌入，且每浇筑一定量的混凝土后，采用内部或者外部振捣器进行振捣。手工逐层浇筑振捣法施工速度较慢，且施工人员必须严格遵守操作规程，方可确保混凝土的浇筑质量。

8.3.3 型钢混凝土结构施工

1. 型钢混凝土结构特点

型钢混凝土结构（steel reinforced concrete structure，简称SRC结构）是指型钢周围布置钢筋，浇筑混凝土的结构。根据《型钢混凝土组合结构技术规程》（JGJ 138），型钢分为实腹式和空腹式。实腹式SRC构件抗震性能好，空腹式SRC构件抗震性能与普通钢筋混凝土构件基本相同。因此，目前抗震结构中多采用实腹式SRC构件。实腹式型钢可采用焊接型钢或直接采用热轧型钢。

1）与普通混凝土结构比较呈现的优点

（1）型钢混凝土构件承载能力是同样外形的钢筋混凝土构件承载能力的一倍以上，无含钢率的限制，可以减小构件截面，对于高层建筑，构件截面减小，可以增加使用面积和层高，经济效益显著。

（2）型钢在浇筑混凝土之前已形成钢结构，具有较大的承载能力，能承受构件自重和施工荷载，因此，可将模板悬挂在型钢上，不需设置支撑，这样可简化支模，加快施工速度；另外，浇筑的型钢混凝土不必等待混凝土达到一定强度就可继续施工上层，这样可缩短工期，由于无须临时立柱，也为进行设备安装提供了可能。

（3）型钢混凝土结构的延性比钢筋混凝土结构明显提高，因而此种结构具有良好的抗震性能。刚度加强，抗屈能力提高。

2）与钢结构比较呈现的优点

（1）同钢结构比较，外包混凝土参与承受荷载，与型钢结构共同受力；同时由于外包了混凝土，能够抵抗有害介质侵蚀，防止钢材锈蚀等作用。

（2）由于钢筋混凝土和型钢共同受荷载，使型钢混凝土成为节约钢材的一种有效手段，因此，型钢混凝土框架较钢结构可节省钢材50%以上。

(3) 受力性能好，型钢混凝土结构构件内部的型钢由于受到外部钢筋混凝土的约束，克服了普通的钢结构构件的受压失稳的弱点，同时也克服了钢结构的耐火性能差的弱点，型钢混凝土结构具有良好的耐火性和耐久性。

如图 8-68 所示为十字形截面 SRC 柱与的 H 型钢截面 SRC 梁连接节点。

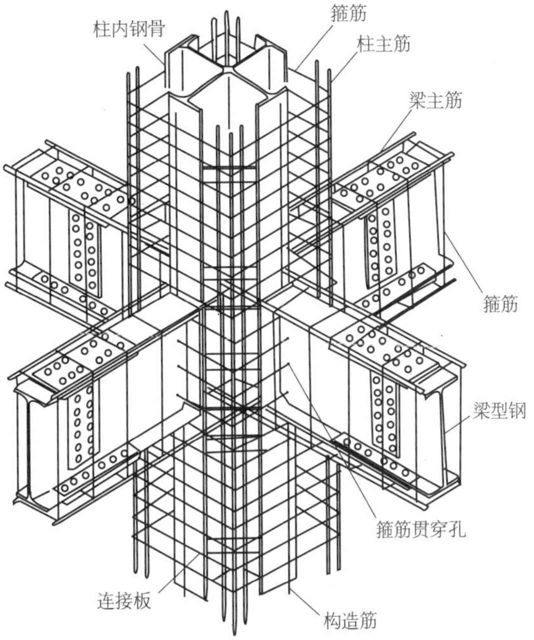

图 8-68　型钢混凝土（SRC）结构梁柱连接的典型节点

2. 工作重点

型钢混凝土组合结构是型钢和钢筋混凝土两种材料的组合形成整体，SRC 结构构件中的型钢与外包钢筋混凝土形成整体，共同受力，受力性能优于两种构件的简单叠加，SRC 结构构件与钢构件比较，外包混凝土可防止钢构件局部屈曲，并提高钢构件整体刚度，能显著改善钢构件平面扭转屈曲性能，使钢材强度充分发挥。外包混凝土加大了构件耐腐蚀和耐火能力，与 RC 结构相比，由于配置了型钢，大大提高承载力，尤其是采用实腹型钢的 SRC 构件，其抗剪承载力提高很大，改善受剪破坏时脆性性质，提高结构整体抗震性能。

型钢混凝土组合结构中型钢骨架具有相当的承载力，施工时，型钢骨架构成强度大、刚度大的结构体系，作为浇筑混凝土时挂模、滑模的骨架，大量节省模板支撑，承担施工荷载。型钢混凝土结构施工应充分利用这一特点，可创造出高效施工方法。施工工艺应符合《型钢混凝土组合结构技术规程》(JGJ 138)、《钢结构工程施工规范》(GB 50755) 的规定。

1) 模板工程

SRC 结构施工中的模板工程是决定施工进度的关键，选择合理模板材料和支模方法至关重要。高层现浇型钢混凝土结构施工中，模板体系的选择应根据工程特点，结合实际情况，设计有效的支撑系统。包括墙体模板、柱子模板、梁模板、水平结构模板、滑升模板、爬升模板，以及相应的配件，根据体系的模数化、刚度大、平整性、组合灵活、支撑系统工具化等特点来合理选择模板体系。图 8-69 所示为楼盖梁底模板支撑。

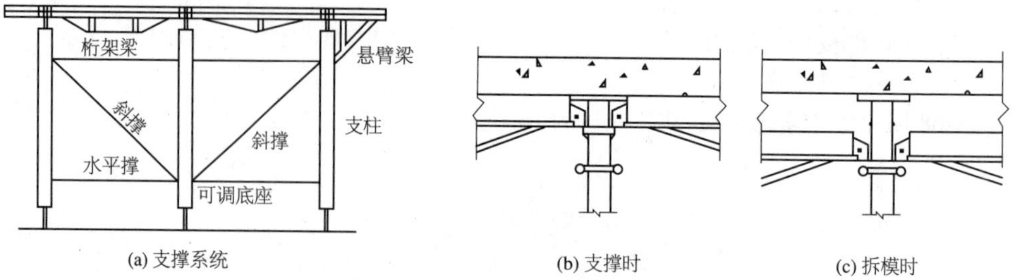

图 8-69　楼盖梁底模板支撑

为便于梁钢筋绑扎，截面宽度高度较大的梁，可采取先铺设梁底模板，梁侧模待钢筋绑扎完成后封闭的措施。梁截面尺寸较小梁可先穿螺杆，再固定梁侧模板，板底模板铺设自跨中开始起铺，拼缝处遇有张口状缝隙，可采用镀锌铁皮板进行封闭。混凝土施工前必须对模板支撑进行检查，模板支撑必须牢固可靠，以防止混凝土浇筑出现质量问题。模板安装完毕后，在模板表面测量基准点实际标高，记录实测数值与设计标高值进行对比，对未满足设计要求的进行调整。设计中采用压型板组合楼面者无需铺设板底模板。

升梁提（滑）模板是一种现浇多层型钢混凝土框架结构施工工艺，体系装置由：提升设备、操作平台、垂直运输设备、模板系统、导向和支撑装置、垂直和水平度控制设备等组成。施工时，应对柱型钢骨架进行群柱稳定验算，验算其最大自由长度时的最不利情况。施工时型钢骨架的安装，应遵守钢结构有关规定和规程。

外挂脚手架整体升降模板体系，是在地面把钢-混凝土结构使用墙、梁、柱模板系统和供外墙装修用的外挂脚手架整体组装在承力架下，并在建筑物内安装工具式钢柱或柱型钢骨架，并安装电动升板机，根据一定施工程序，用升板机整体提升承力架，墙、梁和柱的模板则随着承力架上升来施工主体结构，再自上而下整体逐层下降外挂脚手架进行外墙装修。

2）型钢工程

型钢骨架施工应遵守钢结构有关规范和规程规定，施工质量应满足以下要求：

(1) 材料要求。结构用钢、焊接材料、高强度螺栓、普通螺栓均应有质量证明文件。结构用钢质量应符合《碳素结构钢》（GB/T 700）、《高强度低合金结构钢》（GB/T 1591）的规定。焊接材料、高强度螺栓、普通螺栓应具有质量证明书，且应符合《碳钢焊条》（GB/T 5117）、《低合金钢焊条》（GB/T 5118）、《熔化焊用钢丝》（GB/T 14957）、结构用高强度大六角头螺栓、大六角螺母、垫圈及连接副的技术要求（GB 1231）的规定。

(2) 制作要求。型钢制作必须采用机械加工，宜由专业钢结构制作厂家承担，制作厂家应根据施工详图，编制工艺书，按工艺要求对型钢进行切割、焊接、运输、吊装、探伤检验。栓钉焊接前应清除构件焊接面的油锈；焊接后检查栓钉高度允许偏差应在 ±2 mm 以内，同时按有关规定抽样检查其焊接质量。型钢钢板制孔应采用工厂车床制孔，严禁现场用氧气切割开孔。加工柱型钢骨架时在型钢腹板上预留穿钢筋的孔洞要相互错开。柱型钢腹板上预留孔洞的孔径一般孔洞较钢筋直径大 4 ~ 6 mm 为宜。梁中型钢的翼缘下部和梁柱接头处，由于浇筑混凝土时有部分空气不易排出，或因梁的型钢翼缘过宽妨碍浇筑混凝土，为此，需预留排出空气的孔洞和混凝土浇筑孔。

(3) 安装要求。拼接前应清除构件焊接面油渍和锈迹，焊工应持证上岗。安装应严格按图纸规定的轴线和位置定位，孔位应正确；吊装过程中应使用经纬仪严格校准垂直度，并及时定位。

安装垂直度、吊装误差范围应符合《钢结构工程施工及验收规范》（GB 50205—1995）的规定。安装柱型钢骨架时需重复观测纠正垂直偏差值。

在上、下型钢骨架连接处设临时连接，观测纠正垂直偏差值后进行焊接或螺栓固定。在梁的型钢骨架安装后，再次进行观测并纠正因荷载增加、焊接收缩或螺栓松紧不一致而产生的偏差值。为防止上层型钢骨架垂直偏差积累超过容许值而影响整个结构质量，除了校准柱型钢骨架的下部位置外，还应将上部安装垂直中心线对准。确保型钢柱拼接和梁柱节点连接的焊接质量，焊缝质量应满足一级焊缝质量等级要求。对一般焊缝，应外观质量检查，达到二级质量等级要求。工字形和十字型钢柱的腹板与翼缘、水平加劲肋与翼缘焊接应采用坡口熔透焊缝，水平加劲肋与腹板连接可采用角焊缝。箱形柱隔板与柱的焊接宜采取坡口熔透焊缝。

3）钢筋工程

钢筋绑扎工艺与混凝土结构基本相同，由于柱纵向钢筋不能穿过梁翼缘，只能设在柱截面四角或不与梁相交部位，梁柱节点部位的柱箍筋穿越型钢梁腹板的预留孔，只能将箍筋分段制成 U 形或 L 形，穿过梁腹后按搭接长度要求采用电弧焊接。节点区受力较复杂，不应将箍筋直接焊在梁腹板上，当腹板上开孔较小时，不得采用气割扩孔，应征得设计单位认可后采用电钻补孔或铰刀扩孔。

如图 8-70 所示为型钢混凝土结构工程实例。

图 8-70　型钢混凝土结构工程实例（杭州武林门旅游客运中心型钢角柱安装）

思考与训练

一、实训练习

1. 认识钢结构工程常用型钢的品种及规格，通过进入钢结构型材库或建筑材料市场参观，认识常见型钢规格及其标注方法。

2. 设定工程背景，给定结构类型、荷载特性、连接方法、工作条件、安全等级、抗震设防、环境类别等，结合建筑钢材选用原则，选择合适的型材。

3. 提供一榀门式刚架施工详图，根据详图编制钢结构制作工艺书，提供实训场地进行放样、剪切、开坡口、端铣、制孔、摩擦面加工等操作。

4. 提供箱形截面钢柱（梁）图纸，编制制作工艺流程图，书写构件成品验收要点。

5. 提供螺旋楼梯安装详图，选定组装方法，编写组装实施方案。

6. 提供一榀主框架钢梁 GL 和钢柱 GZ 施工图，编写厂家预拼装方案。

7. 进入实训车间，采用手工电弧焊进行对接焊缝、角焊缝的焊接。

8. 进入实训工地，安装型钢梁柱的高强度螺栓连接节点。

9. 设计并制作典型梁柱节点模型，选取 H 型钢梁柱节点，或箱形柱 H 型钢梁节点，能准确地判断连接方式是属于全焊接、栓焊混合连接或是全螺栓连接等形式。

10. 设计并制作钢结构刚性固定柱脚模型，如固定露出式柱脚、埋入式柱脚、包脚式柱脚。

11. 实训现场安装模拟基础锚栓固定及调整过程，模拟柱脚灌浆全过程。

12. 高层钢框架安装流程设计，结合现场吊装施工实例，认知对称吊装、对称固定，按作业区域，平行顺序同时进行吊装的重要性。

13. 提供：① 钢柱、钢梁质量检测表；② 高强度螺栓、栓钉检测表；③ 标高测量示意图表；④ 钢柱垂偏、位移测量示意图表；⑤ 焊缝外观质量检测表；⑥ 焊缝超声波探测报告，结合工程项目，选取上述表格进行模拟填写，从而掌握钢框架安装质量验收要点。

14. 提供钢管混凝土或型钢混凝土组合结构施工图，编写审图纪要，开展图纸会审模拟。

二、思考题

1. 施工图深化设计主要目的是什么？深化设计如何才能与结构设计更好地进行衔接？
2. 绘制钢结构工程详图有哪些需要注意的地方？
3. 钢结构常用型钢有哪些类型？钢材验收应达到什么要求？
4. 门式刚架制作和安装常见问题有哪些？如何预防和处理？
5. 多、高层钢结构施工过程与钢筋混凝土结构的主要区别？
6. 多、高层钢结构安装前，需要做哪些准备工作？
7. H 形截面或箱形截面的梁柱连接节点，可采用哪些连接方法进行组合？
8. 梁柱连接根据约束刚度不同，可分为哪几种形式？各有什么特点？
9. 按柱脚节点受力情况不同，可分为哪几种主要形式？施工时应如何区别对待？
10. 多、高层钢结构吊装过程中，有哪些需要注意的地方？
11. 进行高层钢结构施工方案设计时，如何根据现场情况选择塔吊类型及附着方式？
12. 第一节钢柱安装时，如何预检定位轴线位置、基顶标高以及锚栓预埋位置？
13. 造成锚栓埋设位置偏移、标高不符、尺寸超差等的原因有哪些？如何处理？
14. 可采取哪些措施来控制基础混凝土浇捣时造成的锚栓偏移现象？
15. 柱底灌浆前，应采取哪些措施来保证灌浆质量？
16. 上、下两节钢柱对接前、后应采取哪些有效措施来确保垂直度？
17. 吊装就位后，如何调整钢柱的标高、轴线和垂直度？
18. 上一节钢柱的定位轴线从下一节钢柱直接引上，容易造成哪些误差？
19. 高层钢结构立体施工组织设计应注意哪些问题？
20. 人、货两用电梯安装和使用过程中，有哪些安全事项必须重视？
21. 钢结构建筑工程质量控制依据哪些内容具体实施？
22. 如何进行焊缝的外观检测和超声波探测？如何填写焊接工程质量检查与评定表？
23. 高强度螺栓连接如何进行质量检查与评定？
24. 如何填写钢柱、钢梁质量检测表？
25. 如何填写构件的标高、垂直偏差、位移测量示意图表？
26. 压型钢板与钢筋混凝土组合楼板有哪些特点？其安装要点该如何掌握？
27. 钢管的制作与吊装应注意哪些要点？
28. 管内混凝土浇筑有哪些方法，技术要点如何掌握？
29. 型钢混凝土结构与钢结构、钢筋混凝土结构比较有哪些特点？
30. 型钢钢骨有哪些组合形式？型钢钢骨制作有哪些需要掌握的要点？

三、知识链接

钢筋桁架模板系统是将楼板中钢筋在工厂加工成钢筋桁架，并将钢筋桁架与镀锌压型钢板焊接成一体的组合模板（图 8-71）。与以往的楼板施工方法不同，在建设现场，可以将钢筋桁架模板直接铺设在钢梁上，然后进行简单的钢筋工程，便可浇注混凝土，提高了楼板施工效率。钢筋桁架板的特点：

1. 桁架受力模式合理，选材经济，综合造价优势明显；
2. 缩短施工周期，无须支模拆模，现场钢筋绑扎工作量减少 60% ~70%，降低人工成本，缩短 20% ~40% 的施工周期；
3. 钢筋桁架受力模式合理，更好地提高楼承板刚度，从而减少临时施工支撑及周转材料，楼板抗裂性能好；
4. 耐火性能与传统现浇楼板相当，优于普通压型钢板组合楼板；
5. 底模不参与使用阶段受力，和现浇板一样，不需涂刷防火、防腐材料；
6. 钢筋桁架排列均匀，上、下层钢筋间距及混凝土保护层厚度有可靠保证，栓钉焊接质量更容易保证；
7. 楼板的双向刚度相近，有利于建筑物抗震。

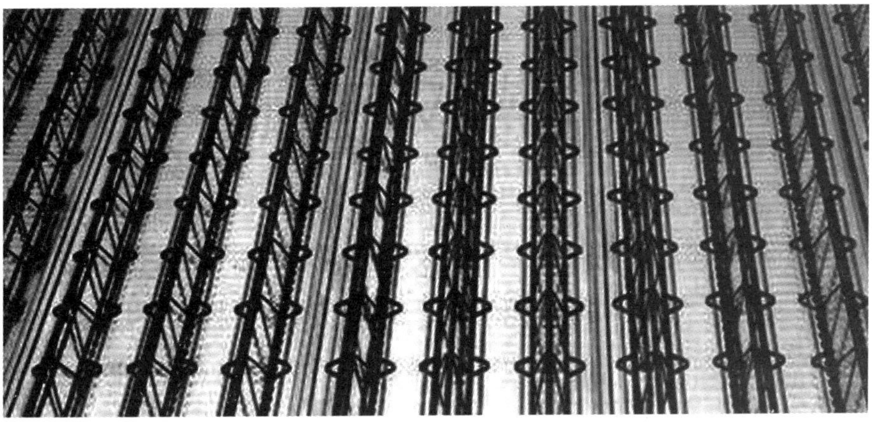

图 8-71　钢筋桁架模板

常用规范汇编

钢结构设计、制作、施工的相关规范规程汇编

中华人民共和国国家标准
建筑结构荷载规范 GB 50009
建筑结构制图标准 GB/T 50105
钢结构设计规范 GB 50017
钢结构工程施工规范 GB 50755

(续表)

钢结构工程施工质量验收规范 GB 50205
高耸结构设计规范 GB 50135
冷弯薄壁型钢结构技术规范 GB 50018
钢结构焊接规范 GB 50661
建筑抗震设计规范 GB 50011
碳素结构钢 GB/T 700
低合金高强度结构钢 GB/T 1591
耐候结构钢 GB/T 4171
厚度方向性能钢板 GB/T 5313
建筑结构用钢板 GB/T 19879
冷轧钢板和钢带的尺寸、外形、重量及允许偏差 GB/T 708
热轧钢板和钢带的尺寸、外形、重量及允许偏差 GB/T 709
热轧 H 型钢和剖分 T 型钢 GB/T 11263
热轧型钢 GB/T 706
金属材料夏比摆锤冲击试验方法 GB/T 229
金属材料弯曲试验方法 GB/T 232
建筑用压型钢板 GB/T 12755
钢及钢产品力学性能试验取样位置及试样制备 GB/T 2975
碳钢焊条 GB/T 5117
低合金钢焊条 GB/T 5118
电弧螺栓焊用圆柱头焊钉 GB/T 10433
钢结构用高强度大六角头螺栓 GB/T 1228
钢结构用高强度螺栓、大六角螺母、垫圈技术条件 GB/T 1231
钢结构用扭剪型高强度螺栓连接副 GB/T 3632
钢结构防火涂料 GB 14907
气焊、焊条电弧焊、气体保护焊和高能束焊的推荐坡口 GB/T 985. 1
埋弧焊的推荐坡口 GB/T 985. 2
钢结构手工超声波探伤方法和探伤结果分级 GB 11345

(续表)

中国工程建设标准化协会标准
钢结构防火涂料应用技术规范 CECS24
钢管混凝土结构设计与施工规程 CECS28
矩形钢管混凝土结构技术规程 CECS159
钢管混凝土叠合柱结构技术规程 CECS188
门式刚架轻型房屋钢结构技术规程 CECS102
建筑钢结构防火技术规范 CECS200
栓钉焊接技术规程 CECS226
中华人民共和国行业标准
建筑地基处理技术规范 JGJ 79
混凝土异形柱结构技术规程 JGJ 149
型钢混凝土组合结构技术规程 JGJ 138
高层民用建筑钢结构技术规程 JGJ 99
钢结构高强度螺栓连接的设计、施工及验收规程 JGJ 82
建筑施工高处作业安全技术规范 JGJ 80
焊接 H 型钢 YB 3301
建筑结构用冷弯矩形钢管 JG/T 178

单元9
预应力混凝土工程施工

单元概述：本单元是学习预应力混凝土技术的载体，在此基础上，需要你领悟预应力混凝土技术施工组织和管理方面的要领，培养自己对预应力混凝土技术的实施应用能力。

学习目标：

1. 通过学习能够学会组织预应力混凝土工程的施工。
2. 通过学习能够掌握如何控制预应力混凝土工程的工程质量。

教学建议：采用多媒体教学法学习施工工艺，采用案例教学法学习施工组织和施工管理的要领，采用讨论教学法培养学生的实施应用能力。

学时建议：总学时建议为8学时，平均每个项目建议2学时，另外2学时用于讨论。

关键词：预应力混凝土（prestressed concrete）；先张法（pre-tensioned system）；后张法（post-tensioned system）

项目9.1　认识预应力混凝土结构

1．预应力混凝土结构的基本概念

普通钢筋混凝土结构中，混凝土抗拉强度低的缺点使混凝土过早开裂，限制了自身的发展。(图9-1)在结构承受外荷载前，人为地在结构受拉区预先施加一种压应力，利用混凝土抗压强度高的特点来帮助结构抗拉，从而推迟裂缝的出现和限制裂缝的开展，提高了结构的抗裂度和刚度，这种预先加上去的应力叫预应力，施工预应力的混凝土结构叫预应力混凝土（prestressed concrete）结构。

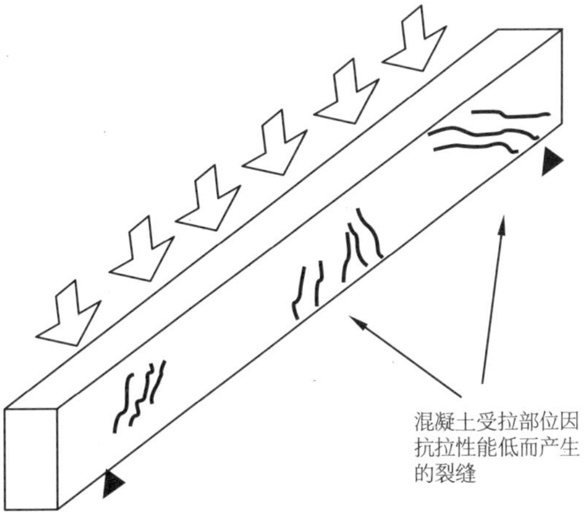

图9-1　弯曲构件受拉区的裂缝

2．预应力混凝土的特点

预应力混凝土与普通钢筋混凝土相比，具有以下特点。

(1) 截面小、自重轻、刚度大、抗裂度高、耐久性好、节省材料。工程实践证明：可节约钢材40%～50%，节省混凝土20%～40%，减轻构件自重20%～40%。

(2) 可以有效地利用高强度钢筋和高强度等级的混凝土，能充分发挥钢筋和混凝土各自的特性，并能扩大预制装配化程度，节约材料，缩短工期。

(3) 预应力混凝土的施工，需要专门的材料与设备及特殊的施工工艺，其工艺比较复杂，操作要求较高。当其用于大开间、大跨度与重荷载的结构中，综合效益较好。

3. 预应力的施加方法

根据与构件制作的先后顺序分为：先张法（pre-tensioned system）、后张法（post-tensioned system）两大类。按钢筋的张拉方法又分为机械张拉和电热张拉，后张法中因施工工艺的不同，又可分为一般后张法、后张自锚法、无粘结后张法、电热法等。

4. 预应力钢筋的种类

为了获得较大的预应力，预应力筋常用高强度钢材，目前较常见的有以下六种：冷拔低碳钢丝、冷拉钢筋、碳素钢丝、钢绞线、热处理钢筋、精轧螺纹钢筋。

5. 预应力混凝土结构对混凝土的要求

在预应力混凝土结构中，一般要求混凝土的强度等级不低于C30，当采用碳素钢丝、钢绞线作预应力钢筋时，混凝土的强度等级不低于C40。目前，在一些重要的预应力混凝土结构中，已开始采用C50～C60的高强混凝土，并逐步向更高强度等级的混凝土发展。在预应力混凝土构件的施工中，不能掺用对钢筋有侵蚀作用的氯盐等，否则会发生严重的质量事故。

项目9.2　先张法

先张法是在浇筑构件混凝土之前先张拉预应力筋，并将其临时锚固在支座或钢模上，然后浇筑构件混凝土，待混凝土达到一定强度，混凝土与预应力筋之间已具有足够的黏结力后，即可放松预应力筋，预应力筋弹性回缩，借助于混凝土与预应力筋的粘结，对混凝土构件产生预压应力。

先张法多用于预制构件厂生产定型的预应力中、小型构件，先张法生产有台座法和机组流水法（钢模法）两种。台座法是构件在台座上生产，即预应力筋的张拉锚固、混凝土的浇筑、养护和预应力筋的放松等工序都在台座上进行，预应力筋的张拉力由台座承受。机组流水法是利用钢模板作为固定预应力筋的承力架，构件连同模板通过固定的机组，按流水方式完成其生产过程。图9-2为先张法（台做法）生产示意图。图9-3为先张法施工工艺流程。

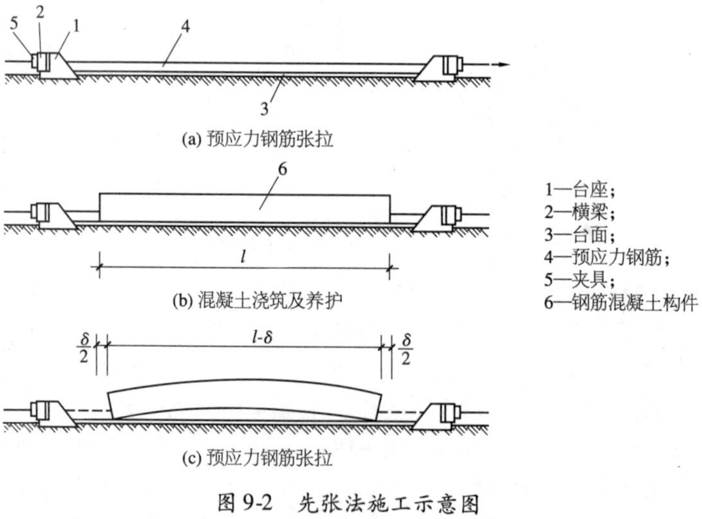

图9-2　先张法施工示意图

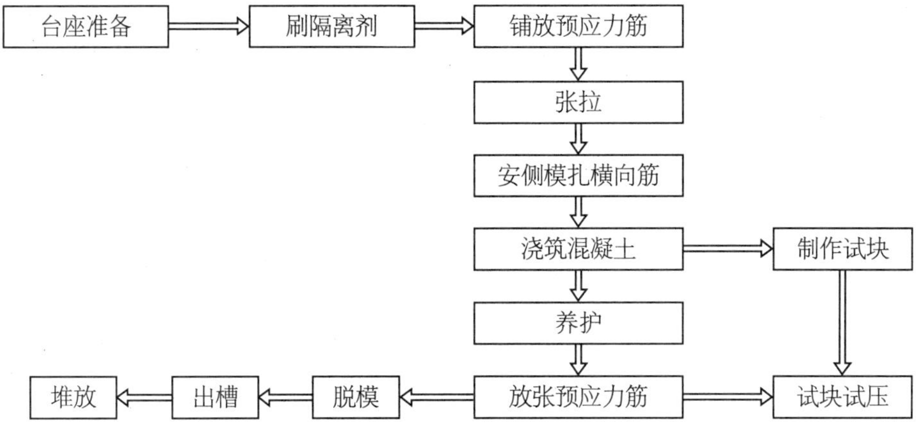

图 9-3　先张法施工工艺流程

9.2.1　先张法张拉设备

下面主要以台座法生产为例进行介绍。

1. 台座

用台座法生产预应力混凝土构件时，预应力筋锚固在台座横梁上。台座承受全部预应力筋的拉力，台座分为墩式台座（图 9-4）、槽式台座（图 9-5）、桩式台座、构架式台等。

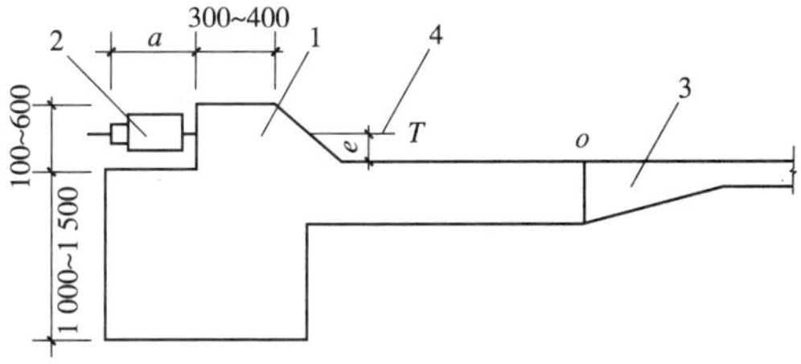

1—牛腿；2—横梁；3—混凝土台面；4—预应力筋

图 9-4　墩式台座

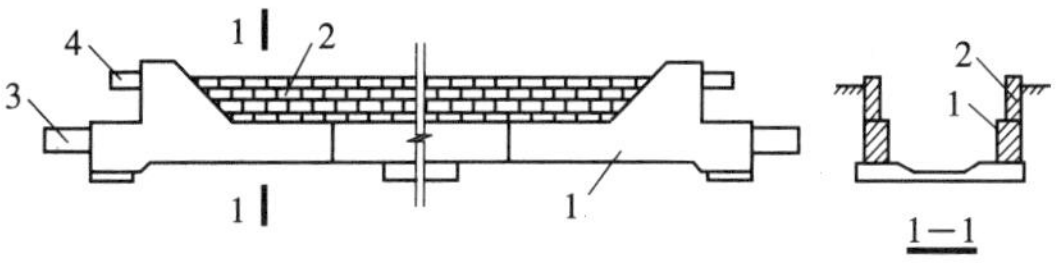

1—混凝土压杆；2—砖墙；3—下横梁；4—上横梁

图 9-5　槽式台座

2. 张拉机具和夹具

夹具是预应力筋张拉和临时固定的锚固装置，先张法中预应力筋可用钢丝或钢筋，钢丝张拉与钢筋张拉所用夹具和机具不同，这里分别介绍。

1）钢丝的夹具和张拉机具

（1）钢丝夹具。图 9-6 是张拉端夹具，图 9-7 是固定端夹具。

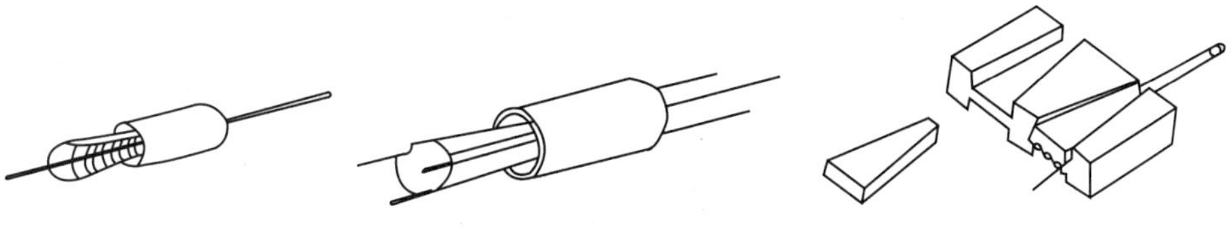

(a) 圆锥齿板式　　(b) 圆锥三槽式　　(c) 楔形

图 9-6　张拉端夹具

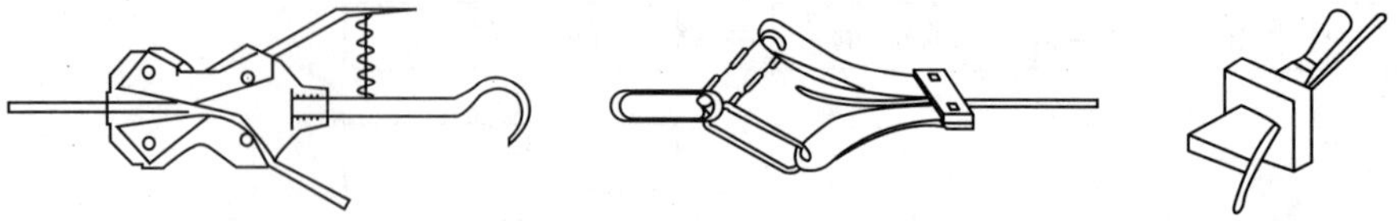

(a) 钳式　　(b) 偏心式　　(c) 楔形

图 9-7　固定端夹具

（2）钢丝的张拉机具。一般用小型电动卷扬机张拉。

2）钢筋的夹具和张拉机具

（1）钢筋夹具。钢筋锚固多用螺丝端杆锚具（详见后张法）、镦头锚、销片夹具（图 9-8）和压销式（图 9-9）等。

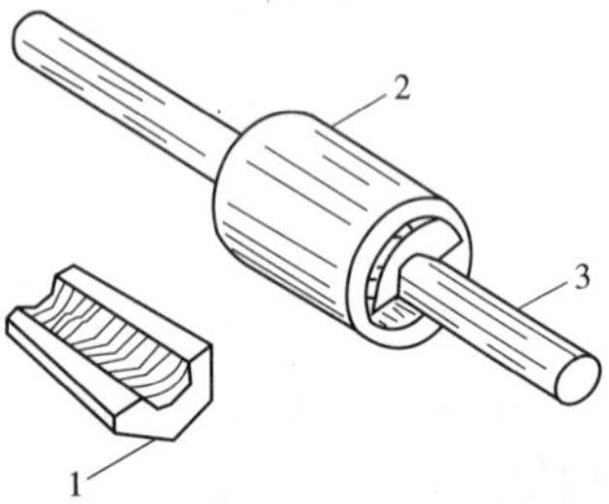

1—销片；
2—套筒；
3—预应力筋

图 9-8　销片式夹具

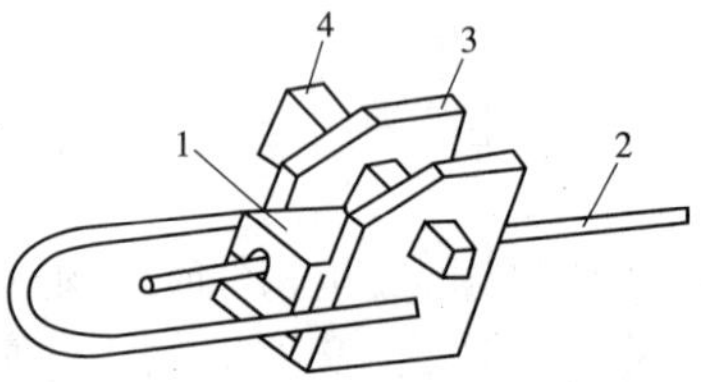

1—夹块；
2—钢筋；
3—夹具外壳；
4—销块

图 9-9　压销式夹具

（2）钢筋的张拉机具。先张法粗钢筋的张拉，可用 YC－20 型穿心式千斤顶，见图 9-10。

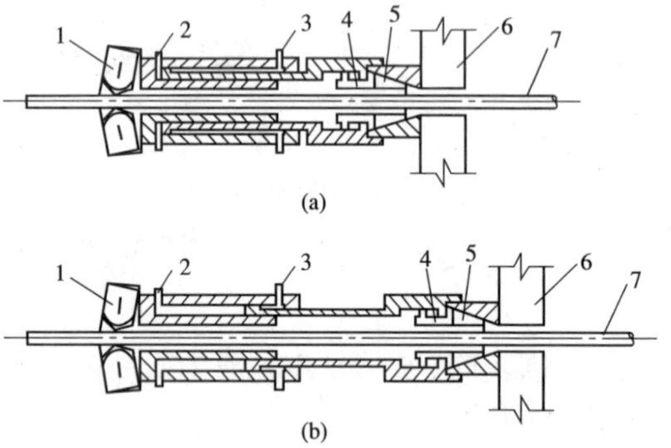

1—偏心夹具；
2—后油嘴；
3—前油嘴；
4—弹性顶压头；
5—销片夹具；
6—预应力筋

图 9-10　YC－20 型穿心式千斤顶

9.2.2　先张法主要施工工艺

1. 预应力筋的铺设

为了便于脱模，在预应力筋铺设前，对台面及模板应先刷隔离剂；为避免铺设预应力筋时破坏隔离剂，玷污预应力筋，影响筋与混凝土的结合，应在预应力筋设计位置下面先放置好垫块或定位钢筋后铺设。

预应力钢丝宜用牵引车铺设，如遇钢丝需要接长可使用钢丝拼接器，应当用 20～22 号铁丝将钢丝连接段密排绑扎；预应力钢筋铺设时，钢筋接长或钢筋与螺杆的连接，可采用套筒连接器。

钢筋采用焊接时，应合理布置接头位置，尽可能避免将焊接接头拉入构件内。

2. 预应力筋的张拉

预应力筋的张拉应按设计要求进行。

1）张拉控制应力

预应力筋的张拉工作是预应力施工中的关键工序，应严格按设计要求进行。预应力筋张拉控制应力的大小直接影响预应力效果，影响到构件的抗裂度和刚度，因而控制应力不能过低。但是，控制应力也不能过高，不允许超过其屈服强度，以使预应力筋处于弹性工作状态。否则会使构件出现裂缝的荷载与破坏荷载很接近，这是很危险的；此外，过大的超张拉会造成反拱过大，造成预拉区出现裂缝。因此，预应力筋的张拉控制应力应符合设计要求。当施工中预应力筋需要超张拉时，可比设计要求提高 5%，但其最大张拉控制应力不得超过表 9-1 的规定。

表 9-1　　最大张拉控制应力允许值

钢　　种	张拉方法	
	先张法	后张法
碳素钢丝、刻痕钢丝、钢绞线	$0.8f_{ptk}$	$0.75f_{ptk}$
热处理钢筋、冷拔低碳钢丝	$0.75f_{ptk}$	$0.70f_{ptk}$
冷拉钢筋	$0.95f_{ptk}$	$0.90f_{ptk}$

2）张拉程序

预应力筋的张拉程序：0 →105% σ_{con}（持荷 2 min）→σ_{con}或 0 →103% σ_{con}。

预应力筋进行超张拉（103% ~105% 控制应力）主要是为了减少松弛引起的应力损失值。所谓应力松弛是指钢材在常温高应力作用下，由于塑性变形而使应力随时间延续而降低的现象。这种现象在张拉后的头几分钟内发展得特别快，往后则趋于缓慢。

3）预应力筋的张拉

预应力筋的张拉力，应根据设计的张拉控制应力与钢筋截面积及超张拉系数之积而定。

$$N = m\sigma_{con}A_y$$

式中 N——预应力筋张拉力，N；

m——超张拉系数，1.03 ~1.05；

σ_{con}——预应力筋张拉控制应力，N/mm^2；

A_y——预应力筋的截面积。

张拉预应力筋可单根进行也可多根成组同时进行。多根成组同时进行时，应先调整预应力筋的初应力，以保证张拉完毕应力一致。初应力值一般取 10% 的控制应力。

预应力钢丝的应力可利用 2CN -1 型钢丝测力计或半导体频率记数测力计进行测定。

张拉时为避免台座承受过大的偏心压力，应先张拉靠近台座面重心处的预应力筋，再对称张拉两侧的预应力筋。

3. 混凝土的浇筑与养护

确定预应力混凝土的配合比时，应尽量减少混凝土的收缩和徐变，以减少预应力损失。收缩和徐变都与水泥的品种、用量、水灰比、骨料孔隙率、振动成型等有关。预应力筋张拉完成后，钢筋绑扎、模板拼装和混凝土浇筑等工作应尽快跟上。混凝土应振捣密实。混凝土浇筑时，振动器不得碰撞预应力筋，做好钢筋的保护工作。混凝土未达到规定的强度前，也不允许碰撞或踩动预应力筋。

混凝土可采用自然养护或湿热养护。但必须注意，当预应力混凝土构件在台座上进行湿热养护时，应采取正确的养护制度以减少由于温差引起的预应力损失。预应力筋张拉后锚固在台座上，温度升高预应力筋膨胀伸长，使预应力筋的应力减小。在这种情况下混凝土逐渐硬结，而预应力筋由于温度升高而引起的预应力损失不能恢复。因此，先张法在台座上生产预应力混凝土构件，其最高允许的养护温度应根据设计规定的允许温差（张拉钢筋时的温度与台座养护温度之差）计算确定。当混凝土强度达到7.5 MPa（粗钢筋配筋）或10 MPa（钢丝、钢绞线配筋）以上时，则可不受设计规定的温差限制。以机组流水法或传送带法用钢模制作预应力构件，湿热养护时钢模与预应力筋同步伸缩，故不引起温差预应力损失。

4. 预应力筋的放张

在进行预应力筋的放张时，混凝土强度必须符合设计要求，当设计无具体规定时，混凝土强度不得低于设计标准值的75%。该强度可由同条件养护的试块确定。

1）放张顺序

预应力筋的放张顺序，应符合设计要求；当设计无具体要求时，应符合下列规定。

（1）对承受轴心预压力的构件（如压杆、桩等），所有预应力筋应同时放张。

（2）对承受偏心预压力的构件，应先同时放张预应力较小的区域的预应力筋，再同时放张预压力较大区域的预应力筋。

（3）当不能按上述规定放张时，应分阶段、对称、相互交错地放张，以防止在放张过程中构件产生弯曲、裂纹及预应力筋断裂现象。

2）放张方法

（1）对预应力筋钢丝或细钢丝的板类构件，放张时可直接用钢丝钳或氧炔焰切割，并宜从生产线中间处切断，以减少回弹量，且有利于脱模；对每一块板，应从外向内对称放张，以免构件扭转两端开裂。

（2）对预应力筋数量较少的粗钢筋构件，可采用氧炔焰在烘烤区轮换加热每根粗钢筋，使其同步升温，钢筋内应力均匀徐徐下降，外形慢慢伸长，待钢筋出现颈缩现象时，即可切断。

（3）对预应力筋配置较多的构件，不允许采用剪断或割断等方式突然放张，以避免最后放张的几根预应力筋产生过大的冲击而断裂，致使混凝土构件开裂。为此，应采用千斤顶或在台座与模梁间设置砂箱和模块或在准备切割的一端预先浇筑混凝土块等方法，进行缓慢放张。

项目9.3　后张法

构件或块体制作时，在放置预应力筋的部位预先留有孔道，待混凝土达到规定强度后在孔道内穿入预应力筋，并用张拉机具夹持预应力筋将其张拉至设计规定的控制应力，然后借助锚具将预应力筋锚固在构件端部，最后进行孔道灌浆（亦有不灌浆者），这种施工方法称为后张法，如图9-11所示。

后张法的特点是直接在构件上张拉预应力筋，构件在张拉过程中完成混凝土的弹性压缩，因此不直接影响预应力筋有效预应力值的建立。锚具是预应力构件的一个组成部分，不能重复使用。

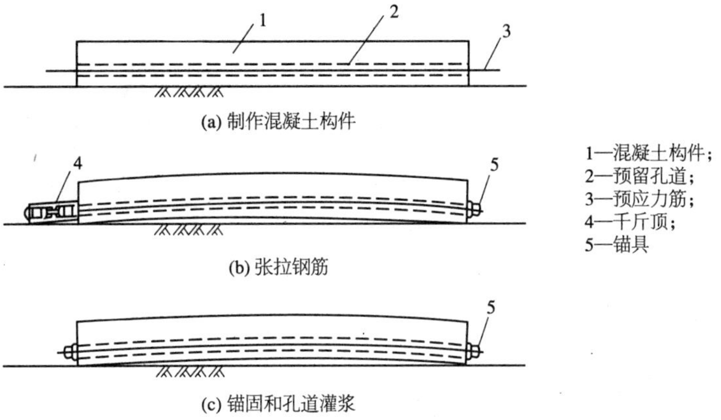

图 9-11 预应力混凝土后张法生产示意图

后张法宜用于现场生产大型预应力构件、特种结构和构筑物，亦可作为一种预制构件的拼装手段，目前大跨屋架往往采用此法。

后张法施工工艺流程如图 9-12 所示。

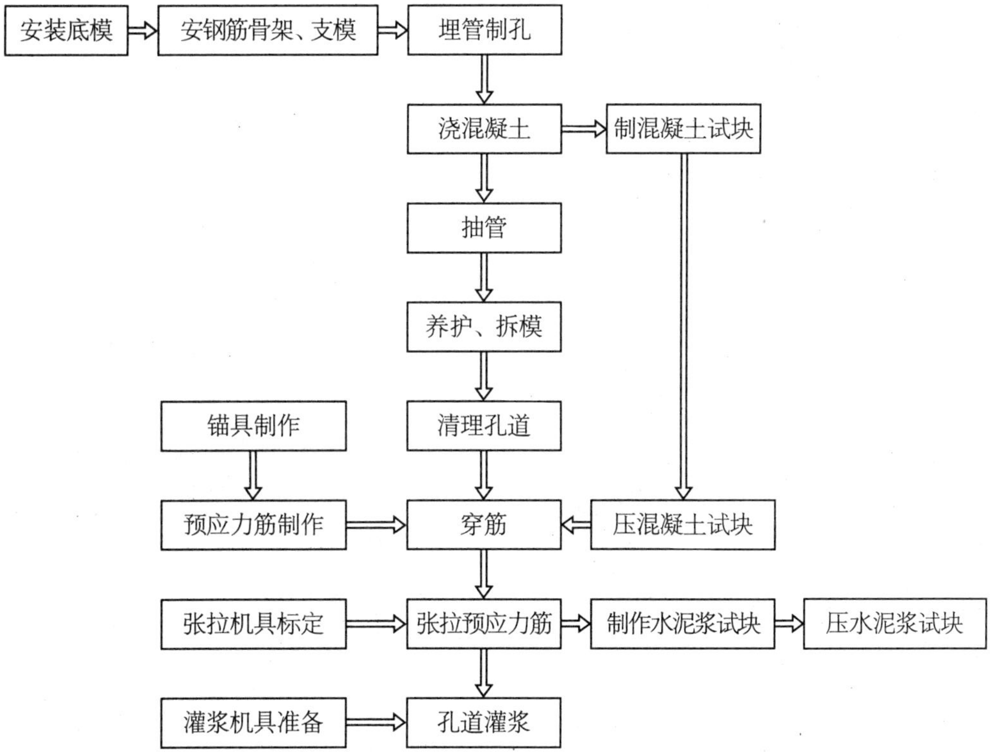

图 9-12 后张法施工工艺流程

9.3.1 预应力筋、锚具和张拉机具

在后张法施工中，预应力筋、锚具和张拉机具是配套使用的。后张法中常用的预应力筋有：单根粗钢筋、钢筋束（或钢绞线束）和钢丝束三类。锚具分张拉端锚具和固定端锚具，张拉端锚具常用的有螺丝端杆锚具（图9-13）、JM－12型锚具（图9-14）、锥形锚具（图9-15），固定端锚具常用的有邦条锚具（图9-16）和镦头锚具（图9-17）。张拉机具有拉杆式千斤顶（图9-18）、锥锚式千斤顶（图9-19）、穿心式千斤顶（图9-20）。

图9-13　螺丝端杆锚具

图9-14　JM－12型锚具

图9-15　锥形锚具

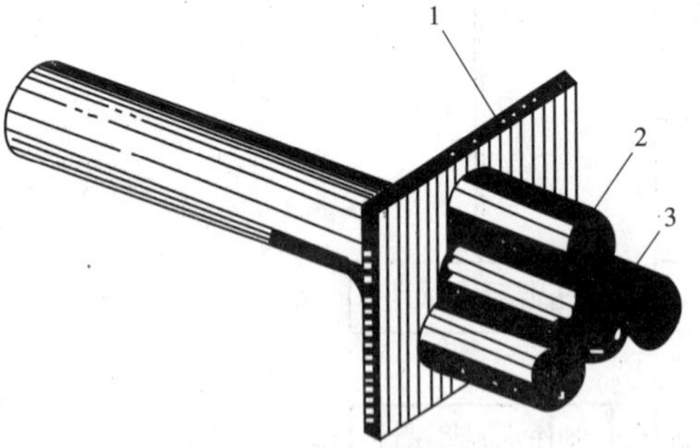

1—衬板；2—帮条；3—预应力钢筋

图9-16　帮条锚具

图9-17　镦头锚具

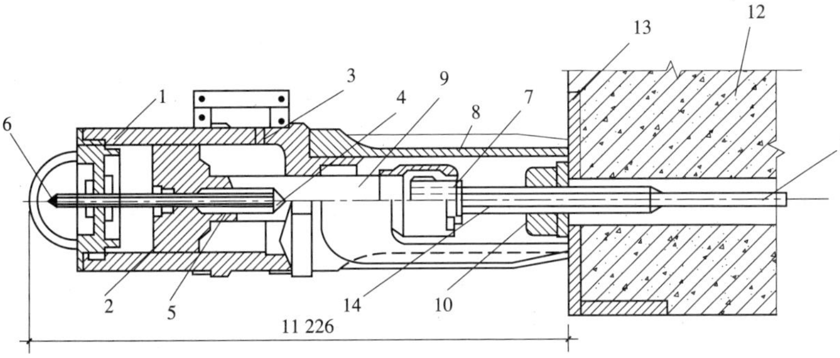

1—主缸；2—主缸活塞；3—主缸油嘴；4—副缸；5—副缸活塞；6—主缸油嘴；7—连接器；8—顶杆；9—拉杆；10—螺母；11—预应力筋；12—混凝土构件；13—预埋钢板；14—螺纹端杆

图9-18 拉杆式千斤顶构造示意图

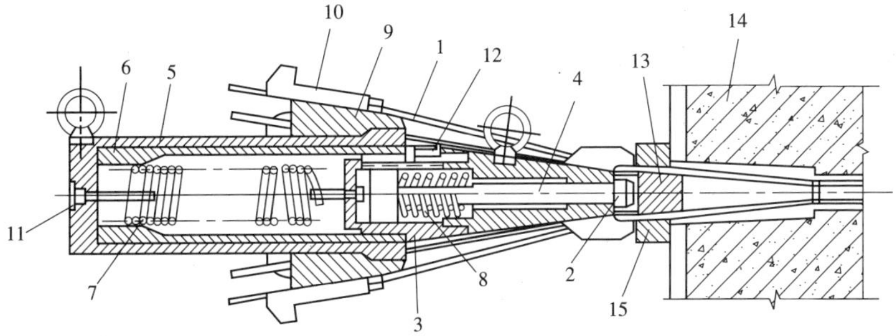

1—预应力筋；2—顶压头；3—副缸；4—副缸活塞；5—主缸；6—主缸活塞；7—主缸拉力弹簧；8—副缸压力弹簧；9—锥形卡环；10—模块；11—主缸油嘴；12—副缸油嘴；13—锚塞；14—构件；15—锚环

图9-19 锥锚式双作用千斤顶构造示意图

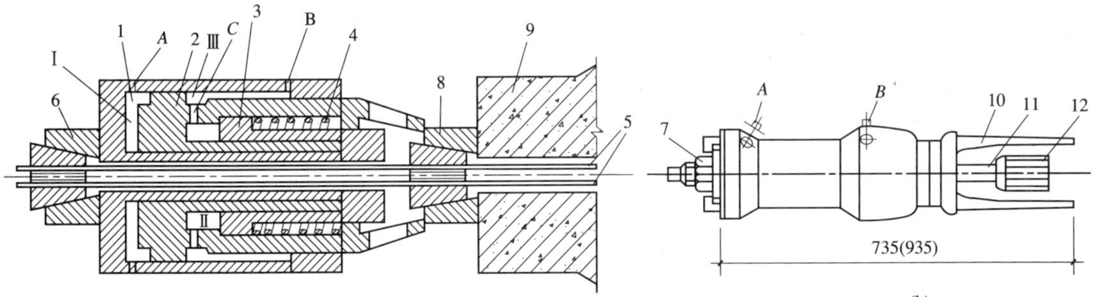

(a) (b)

Ⅰ—张拉工作油室；Ⅱ—顶压工作油室；Ⅲ—张拉回程油室

A—张拉缸油嘴；B—顶压缸油嘴；C—油扎

1—张拉液压缸；2—顶压液压缸（即张拉活塞）；3—顶压活塞；4—弹簧；5—预应力筋；6—工具式锚具；7—螺母；8—工具锚具；9—混凝土构件；10—顶杆；11—拉杆；12—连接器

图9-20 YC－60型穿心式千斤顶构造示意图

9.3.2 后张法主要施工工艺

1. 孔道留设

孔道留设方法有钢管抽芯法、胶管抽芯法和预埋管法等。

1）钢管抽芯法

钢管抽芯法用于直线孔道。在构件的模板和钢筋安装完成后，在留设孔道的部位预埋钢管，在混凝土浇筑和养护过程中，间隔一定时间慢慢转动钢管一次，一般为 15 min，避免混凝土粘结钢管，待混凝土初凝后、终凝前将钢管抽出，形成孔道。

钢管要平直，表面要光滑，安放位置要准确。一般用间距不大于 1 m 的钢筋井字架固定钢管位置（图 9-21）。每根钢管的长度最好不超过 15 m，以便于旋转和抽管，较长构件则用两根钢管，中间用套管连接（图 9-22）。钢管的旋转方向两端相反。

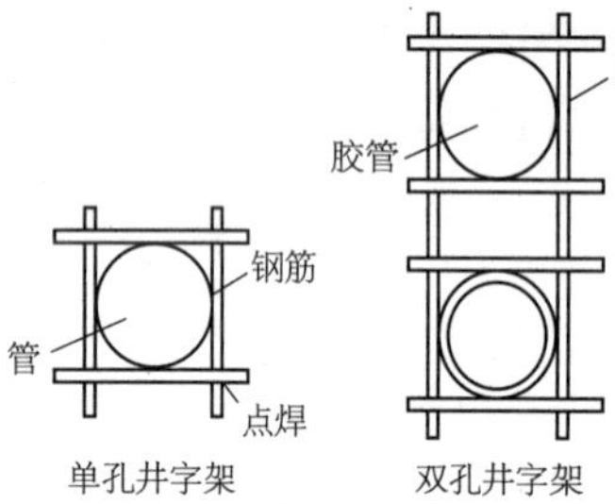

图 9-21 固定钢管或胶管位置的井架

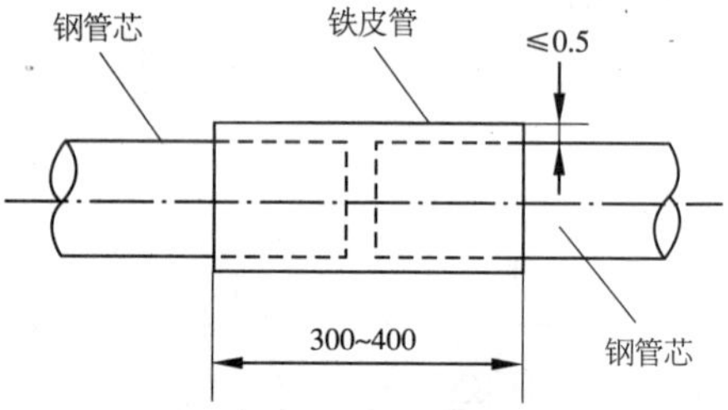

图 9-22 铁皮套管

要恰当掌握抽管时间，过早会塌孔，过迟，混凝土与钢管黏结力过大，造成抽管困难。一般在混凝土初凝后，终凝前，以手指按压混凝土不粘浆又无明显印痕时即可抽管，常温时约在混凝土浇筑后 3 ~ 5 h。

抽管顺序宜先上后下、先曲后直，抽管可用人工或卷扬机，注意速度均匀，边抽边转，与孔道成一直线。

2）胶管抽芯法

胶管有五层或七层夹布胶管和钢丝网胶管两种。夹布胶管质软、弹性好，适用于留设直线或曲线孔道。胶管的位置固定用钢筋井字架，如图 9-21 所示，井字架的间距不大于 0.5 m。浇筑混凝土前，胶管内应先充入压力为 0.5 ~ 0.8 MPa 的压缩空气或压力水，此时胶管直径可增大约 3 mm，待浇筑的混凝土初凝后，放出压缩空气或压力水，管径缩小而与混凝土脱离，便于抽出。钢丝网胶管质硬，且有一定弹性，预留孔道时与钢管一样使用，所不同的是浇筑混凝土后不需转动，抽管时利用其有一定弹性的特点，在拉力作用下断面缩小即可抽出。胶管与阀门连接按图 9-23 所示进行，胶管的端部要按图 9-24 所示处理。

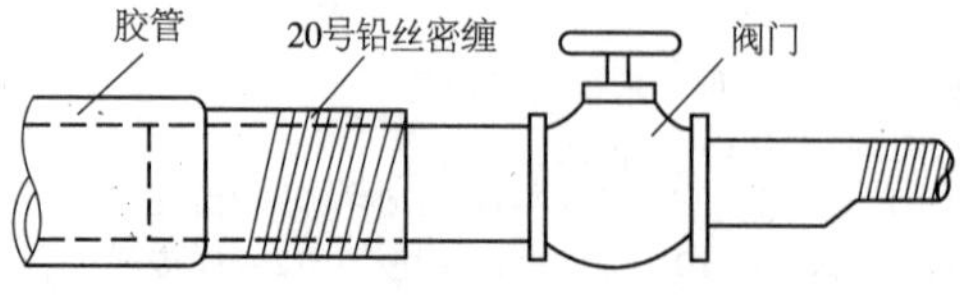

图 9-23 胶管与阀门连接

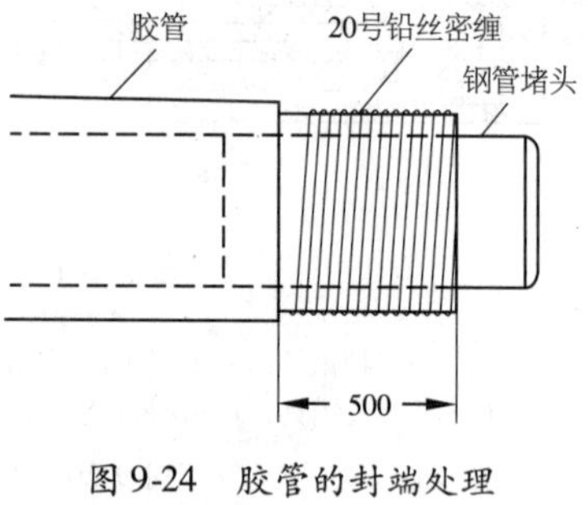

图 9-24 胶管的封端处理

3）预埋管法

预埋管法是采用与孔道直径相同的金属管埋入混凝土构件中留设孔道，金属管无须抽出，施工比较简单、方便，且孔道的形状、留设的位置也比较容易保证，故目前应用较多。

金属管一般采用薄钢管、镀锌钢管或金属螺旋管（波纹管）制作。镀锌钢管仅用于施工周期长的超高竖向孔道或有特殊要求的部位；金属螺旋管由于具有刚度好、弯折方便，连接容易、与混凝土粘结良好等特点，它不但用于直线孔道，更适用于各种曲线孔道，是现代后张预应力筋孔道成型用的理想材料。

金属螺旋管的长度，由于运输关系，每根取4～6 m，也可根据实际工程需要确定螺旋管的长度，减少螺旋管接头数量。螺旋管的接头采用大一号同型螺旋管连接，连接长度为200～300 mm，其两端用密封胶带或塑料热缩管封裹（图9-25）；螺旋管安装时，应事先按设计图中预应力筋的曲线坐标在侧模或箍筋上定出曲线位置，其固定采用钢筋支架，间距为600 mm。钢筋支架应焊在箍筋上，箍筋底部应垫实（图9-26）。螺旋管固定后，必须用铁丝扎牢，以防浇筑混凝土时上浮而引起质量事故。

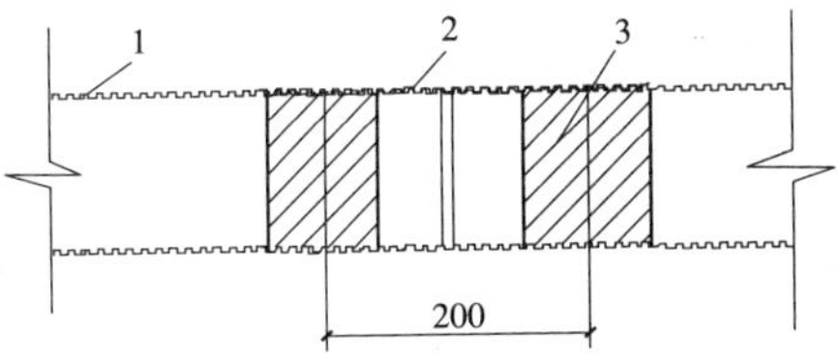

1—波纹管；2—接头管；3—密封胶带

图9-25　波纹管的连接

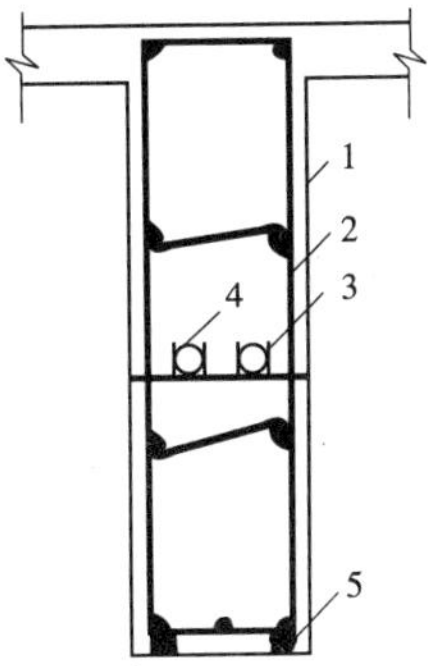

1—梁侧模；2—箍筋；3—钢筋支托；
4—螺旋管；5—垫块

图9-26　波纹管的固定

留设孔道时，还应按规范要求留设灌浆孔。灌浆孔可设在构件两端及跨中，其孔距不宜大于12 m。

2. 预应力筋张拉（图9-27）

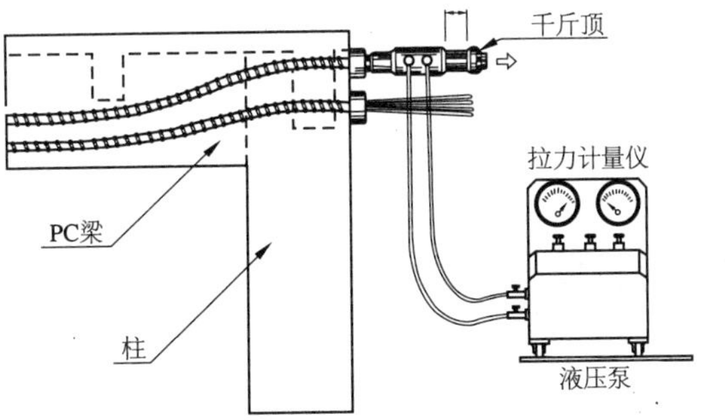

图9-27　预应力筋张拉示意图

1）张拉控制应力和超张拉最大应力值

控制应力直接影响预应力的效果，当控制应力越高，建立的预应力值就越大，构件的抗裂性也越好。但控制应力和构件抗裂度如果过高，则预应力筋在使用过程中经常处于高应力状态下，构件出现裂缝的荷载与破坏荷载很接近，往往在破坏前没有明显的警告，这是很危险的。在先张法中也作此说明。因此控制应力和超张拉最大应力值均不宜超过表9-1所列数值。另外控制应力过高，钢筋可能超过流限，产生塑性变形，影响预应力值的准确性和张拉工艺的安全，而且构件混凝土预压应力过大时会导致混凝土的徐变应力损失增加，所以施工中应严格控制张拉应力。

2）张拉的程序。

与先张法的张拉程序相同（略）。

3）张拉注意事项

（1）预应力筋张拉时，构件混凝土强度应按设计规定，但不宜低于设计强度的75%，以减少混凝土收缩、徐变和弹性压缩的应力损失。块体拼装的预应力构件，其拼装立缝处的混凝土或砂浆强度如设计无规定时，不应低于块体混凝土设计强度等级的40%，且不得低于15 MPa。

（2）对配有多根预应力筋的构件，不能同时张拉，只能分批、对称地进行张拉。对称张拉是为避免张拉时构件截面呈过大的偏心受压状态。分批张拉，要考虑后批预应力筋张拉时产生的混凝土弹性压缩，会对先批张拉的预应力筋的应力产生影响。为此，先批张拉的预应力筋的张拉应力应增加其应力损失值，其值按有关公式计算。

（3）对平卧叠浇的预应力混凝土构件，如后张法预应力混凝土屋架等构件，一般在施工现场平卧重叠制作，重叠层数为3~4层，其张拉顺序宜先上后下逐层进行。为了减少上、下层之间因摩擦引起的预应力损失，可逐层加大张拉力。

3. 孔道灌浆

预应力筋张拉后，应随即进行孔道灌浆，尤其是钢丝束，张拉后应尽快进行灌浆。灌浆宜用不低于32.5级的普通硅酸盐水泥调制的水泥浆，对空隙大的孔道，水泥浆中可掺适量的细砂，但水泥浆和水泥砂浆的强度不宜低于20 MPa，且应有较大的流动性和较小的干缩性、泌水性（搅拌后3 h的泌水率宜控制在2%）。水灰比一般为0.40~0.50。为使孔道灌浆密实，可在灰浆中掺入0.05‰~0.1‰的铝粉或0.25%木质素磺酸钙。

灌浆前，用压力水冲洗和润湿孔道。灌浆过程中，可用电动或手动灰浆泵进行灌浆，水泥浆应均匀缓慢地注入，不得中断。灌满孔道并封闭气孔后，宜再继续加注至0.5~0.6 MPa，并稳定一段时间，以确保孔道灌浆的密实性。对不掺外加剂的水泥浆，可采用两次灌浆，以提高灌浆的密实性。

灌浆顺序应先下后上。曲线孔道灌浆宜由最低点注入水泥浆，至最高点排气孔排尽空气并溢出浓浆。

项目9.4 无粘结预应力混凝土

无粘结预应力混凝土的施工方法，是在预应力筋的表面刷涂料并包塑料管后，如同普通钢筋一样先铺设在安装好的模板内，然后浇筑混凝土，待混凝土达到设计要求强度后，进行预应力筋的张拉和锚固。这种预应力工艺的优点是不需要预留孔道和灌浆，施工简单、方便，张拉时摩擦力较小，预应力筋易弯成曲线形状等。

无粘结预应力混凝土的施工流程如图9-28所示。

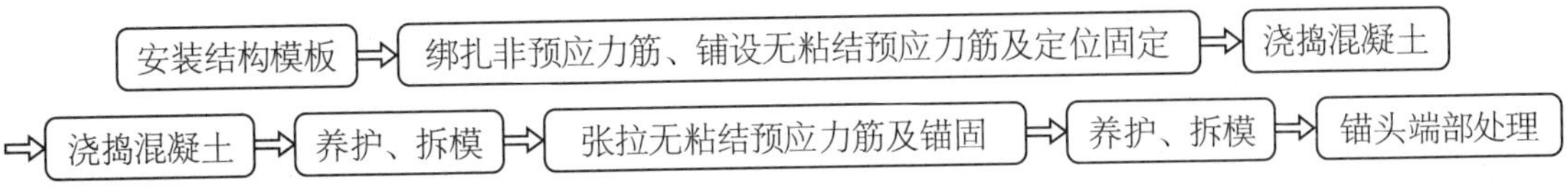

图 9-28　无粘结预应力混凝土的施工流程

9.4.1　制作无粘结预应力筋的材料准备

1. 预应力筋

一般选用 7 根 $\phi^s 5$ 高强钢丝组成的钢丝束，也可选用 7 根 $\phi^s 4$ 或 7 根 $\phi^s 5$ 的钢绞线（图 9-29）。为保护预应力筋束长期不受腐蚀，无粘结预应力筋束表面应涂刷涂料，一般选用 #1 或 #2 建筑油脂作为无粘结预应力筋束的表面涂料。无粘结预应力筋束的外包层，一般常用的有塑料布、塑料薄膜或牛皮纸，其中塑料布或塑料薄膜防水性能、抗拉强度和延伸率较好。此外，还可选用聚氯乙烯、高压聚乙烯、低压聚乙烯和聚丙烯等挤压成型作为预应力筋束的涂层包裹层。

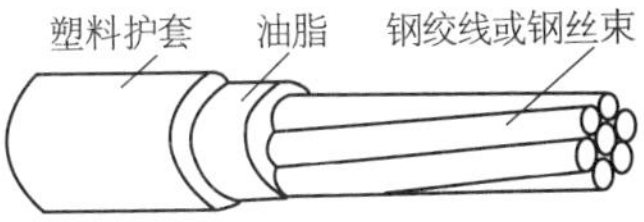

图 9-29　无粘结预应力钢绞线

2. 锚具

无粘结预应力钢绞线张拉端所用的锚具如图 9-30 所示，固定端所用锚具如图 9-31 所示。

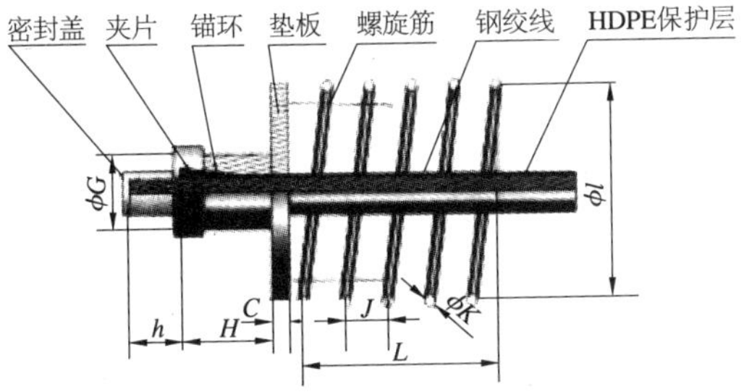

图 9-30　无粘结预应力钢绞线张拉端所用的锚具

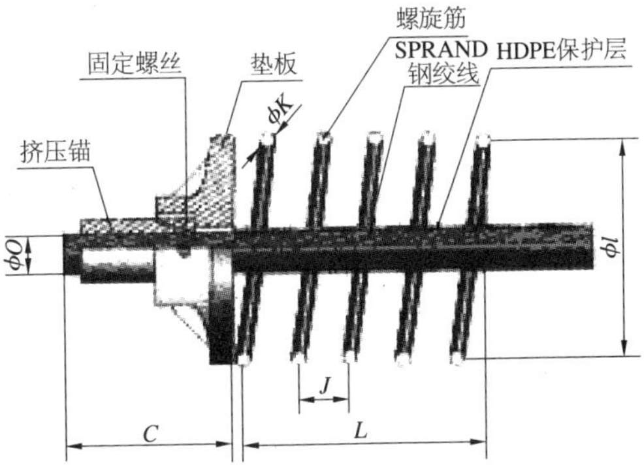

图 9-31　无粘结预应力钢绞线固定端所用的锚具

无粘结预应力构件中，锚具是把预应力束的张拉力传递给混凝土的工具，外荷载引起的预应力筋束内力全部由锚具承担。因此，无粘结预应力筋束的锚具不仅受力比有粘结预应力筋的锚具大，而且承受的是重复荷载。因而无粘结预应力筋束的锚具应有更高的要求。一般要求无粘结预应力筋束的锚具至少应能承受预应力筋束最小规定极限强度的 95%，而且不超过预期的滑动值。

9.4.2　无粘结预应力混凝土主要施工工艺

1. 无粘结预应力筋束的铺设

在铺设前，应对无粘结筋逐根进行外包层检查，对有轻微破损者，可包塑料带补好，对破损严重者应予以报废。无粘结预应力筋束在平板结构中一般为双向曲线配置，因此其铺设顺序很重要。一般可先根据双向钢丝束交点的标高差，绘制钢丝束的铺设顺序图，钢丝束波峰低的底层钢丝束先行铺设，然后依次铺设波峰高的上层钢丝束，这种可以避免两个方向钢丝束的互相穿插。钢丝束铺设波峰的形式是用钢筋制成的“铁马凳”来架设，铁马凳高度应根据设计要求的钢丝束曲率确定，铁马凳间距不宜大于 2 m，钢丝束检查其曲率与水平位置无误后，用铅丝将其与非预应力钢筋绑扎牢固，防止钢丝束在浇注混凝土施工过程中发生位移。

2. 无粘结预应力筋束的张拉

无粘结预应力筋束的张拉与普通后张法带有螺丝端杆锚具的有粘结预应力钢丝束张拉方法相似。张拉程序一般采用0 →103% σ_{con}。由于无粘结预应力筋束多为曲线配筋，故应采用两端同时张拉。无粘结预应力筋束的张拉顺序，应根据其铺设顺序，先铺设的先张拉，后铺设的后张拉。

无粘结预应力筋束一般长度大，有时又呈曲线形布置，减少其摩阻损失值是一个重要的问题。影响摩阻损失值的主要因素是润滑介质、包裹物和预应力筋束截面形式。摩阻损失值，可用标准测力计或传感器等测力装置进行测定。施工时，为降低摩阻损失值，宜采用多次重复张拉工艺。

3. 锚头端部的处理（图9-32）

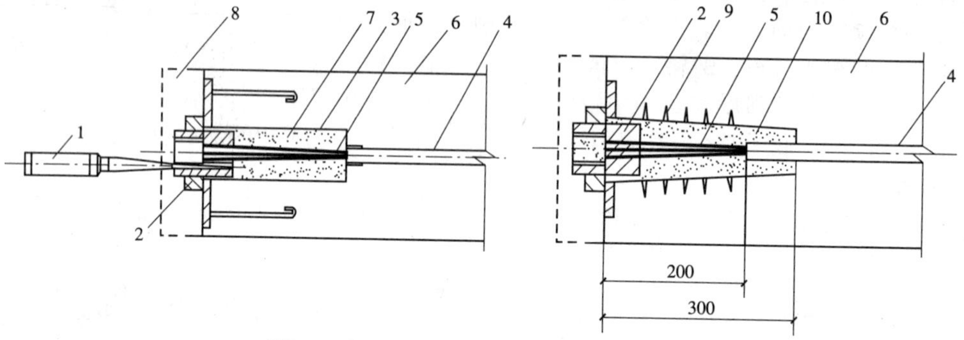

1—油枪；2—铺具；3—端部孔道；4—有涂层的无粘结预应力束；
5—无涂层的端部钢丝；6—构件；7—注入孔道的油脂；8—混凝土封闭；
9—端部加固螺旋钢筋；10—环氧树脂水泥砂浆

图9-32 锚头端部处理方法

无粘结预应力筋束通常采用镦头锚具，外径较大，钢丝束两端留有一定长度的孔道，其直径略大于锚具的外径。钢丝束张拉锚固以后，其端部便留下孔道，且该部分钢丝没有涂层，必须采取保护措施，防止钢丝锈蚀。

无粘结预应力筋束端部处理的办法，目前常用的有两种办法：一是在孔道中注入油脂并加以封闭；二是在两端留设的孔道内注入环氧树脂水泥砂浆，将端部孔道全部灌注密实，以防预应力钢筋发生局部锈蚀。灌注用环氧树脂水泥砂浆的强度不得低于35 MPa，灌浆同时将锚环内也用环氧树脂水泥砂浆封闭，既可防止钢丝锈蚀，又可起一定的锚固作用。最后浇筑混凝土或外包钢筋混凝土，或用环氧砂浆将锚具封闭。用混凝土做堵头封闭时，要防止产生收缩裂缝。当不能采用混凝土或环氧砂浆作封闭保护时，预应力钢筋锚具要全部涂刷抗锈漆或油脂，并加其他保护措施。

思考与训练

1. 先张法施工工艺主要包括哪些施工过程？
2. 后张法施工工艺主要包括哪些施工过程？
3. 先张法与后张法的最大控制应力如何确定？
4. 无粘结预应力的施工工艺主要包括哪些施工过程？其锚头端部应如何处理？

参考文献

[1] 洪树生．建筑施工技术［M］．北京：科学出版社，2007.
[2] 建筑施工手册（第4版）编写组．建筑施工手册［M］．4版．北京：中国建筑工业出版社，2003.
[3] 赵永安．图解钢筋工基本技术［M］．北京：中国电力出版社，2009.
[4] 赵永安．图解混凝土工基本技术［M］．北京：中国电力出版社，2009.
[5] 梁敦维．图解防水工基本技术［M］．北京：中国电力出版社，2009.
[6] 杨嗣信，余志成，侯君伟．模板工程现场施工［M］．北京：人民交通出版社，2005.
[7] 杨嗣信，余志成，侯君伟．建筑工程模板施工手册［M］．北京：中国建筑工业出版社，2004.
[8] 梁新焰．建筑防水工程手册［M］．太原：山西科学技术出版社，2005.
[9] 深圳市建设局，深圳大学建筑设计研究院，深圳大学建筑系．建筑防水图集A［S］．深圳：2002.
[10] 深圳大学建筑系，深圳大学建筑设计研究院．建筑防水图集B［S］．深圳：2002.
[11] 中华人民共和国水利部．GB 50218—94 工程岩体分级标准［S］．北京：中国计划出版社，1995.
[12] 中华人民共和国住房和城乡建设部．JGJ 94—2008 建筑桩基技术规范［S］．北京：中国建筑工业出版社，2008.
[13] 中国建筑科学研究院．JGJ 79—2012 建筑地基处理技术规范［S］．北京：中国建筑工业出版社，2013.
[14] 中国建筑科学研究院，哈尔滨工业大学．JGJ 130—2011 建筑施工扣件式钢管脚手架安全技术规范［S］．北京：中国建筑工业出版社，2011.
[15] 中国建筑标准设计研究院．06G101－6 混凝土结构施工图平面整体表示方法制图规则和构造详图［S］．北京：中国计划出版社，2003.
[16] 洪哲．基槽（坑）检验——基础施工前的重要工作［J］．黑龙江交通科技，2002（3）：31-33.
[17] 胡学峰．施工阶段的基槽检验及局部处理方法［J］．江苏煤炭，2004（3）：70-71.
[18] 阮碧海．箱形基础裂缝的原因及处理方法［J］．国外建材科技，2007（2）：67-69.
[19] 上海市金属结构行业协会．建筑钢结构制作工艺师［M］．北京：中国建筑工业出版社，2006.
[20] 上海市金属结构行业协会，朱光照．建筑钢结构焊接工艺师［M］．北京：中国建筑工业出版社，2006.
[21] 上海市金属结构行业协会，罗仰祖．建筑钢结构安装工艺师［M］．北京：中国建筑工业出版社，2007.
[22] 上海市金属结构行业协会．建筑钢结构涂装工艺师［M］．北京：中国建筑工业出版社，2007.
[23] 靳百川．轻型房屋钢结构构造图集［M］．北京：中国建筑工业出版社，2002.
[24] 李星荣，魏才昂．钢结构连接节点设计手册［M］．2版．北京：中国建筑工业出版

社，2007.
[25] 李幗昌．钢结构设计问答实录（建设工程问答实录丛书）[M]．北京：机械工业出版社，2008.
[26] 吴欣之．现代建筑钢结构安装技术 [M]．北京：中国电力出版社，2009.
[27] 陈绍蕃．现代钢结构设计师手册（上）[M]．北京：中国电力出版社，2006.
[28] 刘大海，杨翠如．高楼钢结构设计（钢结构钢混凝土混合结构）[M]．北京：中国建筑工业出版社，2003.
[29] 聂建国，刘明，叶列平．钢混凝土组合结构 [M]．北京：中国建筑工业出版社，2005.
[30] 吴成材，刘景凤．建筑钢结构焊接技术 [M]．北京：机械工业出版社，2006.
[31] 筑龙网．钢结构工程施工技术案例精选 [M]．北京：中国电力出版社，2008.
[32] 筑龙网．钢结构施工方案范例精选（附盘）[M]．北京：中国电力出版社，2007.
[33] 马怀忠，王天贤．钢-混凝土组合结构 [M]．北京：中国建材工业出版社，2006.
[34] 戴为志，刘景凤．建筑钢结构焊接技术："鸟巢" 焊接工程实践 [M]．北京：化学工业出版社，2008.
[35] 鲍广鑑．钢结构施工技术及实例 [M]．北京：中国建筑工业出版社，2005.
[36] 李守巨．钢结构工程监理细节 100 [M]．北京：中国建材工业，2007.
[37] 李静．轻钢结构住宅体系节能系统的研究 [J]．工业建筑，2014，44（8）：55-60.
[38] 解剑豪．多层轻钢结构住宅施工技术 [J]．科技创新导报，2009（14）：43.
[39] 杨强跃．杭萧多高层钢结构住宅体系的制作和施工 [C]．第二届全国钢结构施工技术交流会论文集，2008，5.
[40] 何山．探讨轻钢结构厂房的施工技术要点分析 [J]．中国建筑金属结构，2013（11）.
[41] 蒋俊玲．新型轻钢结构多层住宅施工技术研究 [J]．新型建筑材料，2009（10）：89-90.
[42] 李群虎．大跨度轻钢结构施工技术 [C]．首届全国钢结构施工技术交流会论文集，2006，12.
[43] 范永辉．高层钢结构工程施工技术 [C]．第五届全国钢结构工程技术交流会论文集，2014，7.
[44] 赵东明．超高层钢结构转换层施工技术 [J]．钢结构，2014，(7)：67-69.
[45] 王伟，孙伟波，陈诚，等．超高层钢结构支撑架柱脚底座施工技术 [J]．施工技术，2014（8）：38-40.
[46] 建筑施工手册（第 3 版）编写组．建筑施工手册 [M]．3 版．北京：中国建筑工业出版社，2000.
[47] 顾建平．建筑装饰施工技术 [M]．天津：天津科学技术出版社，2003.
[48] 中华人民共和国建设部．GB 50210—2001 建筑装饰装修工程质量验收规范 [S]．北京：中国建筑工业出版社，2002.
[49] 彭圣浩．建筑工程质量通病防治手册 [M]．北京：中国建筑工业出版社，2002.
[50] 杨天佑．建筑装饰工程施工手册 [M]．北京：中国建筑工业出版社，1997.
[51] 中华人民共和国住房和城乡建设部．GB 50854—2013 房屋建筑与装饰工程工程量计算规范 [S]．北京：中国计划出版社，2013.